Technische Physik
in Einzeldarstellungen
Herausgegeben von W. Meissner

13

Die Technische Physik der Lichtbogenschweissung

einschliesslich der Schweissmittel

Von

Prof. Dr.-Ing. William M. Conn

Kansas City, Missouri, USA

Mit 231 Abbildungen

Springer-Verlag / Berlin · Göttingen · Heidelberg
J. F. Bergmann / München
1959

ISBN-13: 978-3-540-02478-1   e-ISBN-13: 978-3-642-94766-7
DOI: 10.1007/978-3-642-94766-7

Vorwort

Beim Studium der Lichtbogenschweißung findet man eine Fülle von außerordentlich interessanten Erscheinungen. Vielfach sind in der stürmischen Entwicklung der letzten Jahre die praktischen Erfahrungen der Technik den theoretischen Erkenntnissen weit vorausgeeilt, so daß auch jetzt noch viele der beobachteten Phänomene ungeklärt sind. Diese Monographie sucht nun eine doppelte Aufgabe zu erfüllen. Einerseits wird versucht, dem technischen Physiker und dem Studierenden einen Überblick über den Stand der Forschung auf diesem Gebiet zu geben und die Anwendung grundlegender Erkenntnisse aufzuzeigen, andererseits sollen dem in der Schweißtechnik Tätigen Antworten auf Fragen nach dem „Warum" der Erfahrungen der Praxis gegeben werden. Die Weiterentwicklung der Lichtbogenschweißung erfordert das enge Zusammenwirken von Theoretikern und Praktikern.

Der Lichtbogen zwischen zwei Kohleelektroden wurde in dieser Monographiensammlung vor einigen Jahren durch FINKELNBURG [2][1] eingehend behandelt. Lichtbögen zwischen metallischen Elektroden, die bei Schaltvorgängen auftreten (und keineswegs erwünscht sind), wurden in dieser Sammlung durch HOLM [1] erwähnt. In der Zwischenzeit sind elektrische Lichtbögen zwischen Kohle- und Metallelektroden in wachsendem Maße untersucht worden, und unsere Kenntnis der sich im Bogen abspielenden Vorgänge hat sich erheblich erweitert.

Bei Verwendung des Lichtbogens zum *Schweißen* wird im allgemeinen ein Bogen zwischen einer (meist beweglichen) Elektrode und dem (meist feststehenden) Werkstück gezogen. Ein flüssiges Schweißbad bildet sich aus dem Material des Werkstückes, das gegenüber der Elektrode aufgeschmolzen wird. Dem Schweißbad kann Material aus einer abschmelzenden Elektrode oder einem Zusatzdraht zugefügt werden. Das Schweißbad bildet nach Erstarrung und Abkühlung die Schweißnaht. Auch hier liegt ein wachsendes Beobachtungsmaterial vor, dessen quantitative Auswertung durch Anwendung rationaler Methoden, d. h. durch Berücksichtigung von erkennbaren Veränderlichen und Ausschaltung von vernachlässigbaren Größen, zu interessanten Folgerungen geführt hat — vgl. z. B. das Schweißen von Eisen- und Nichteisenmetallen in einer Atmosphäre von Kohlendioxyd. Weitere Erkenntnisse werden aus dem jetzt beginnenden Einsatz von

---

[1] Zahlen in eckigen Klammern beziehen sich auf das alphabetisch angeordnete Literaturverzeichnis am Ende des Buches.

Analogierechenverfahren und aus Anwendungen des Ähnlichkeitsprinzips erwartet, wie etwa der interessante Versuch von HAGEN [1] zeigt, die Eigenschaften neuer Entwicklungen auf dem Gebiet der Schmelzschweißung vorauszusagen.

Lichtbögen unter Verwendung von Kohle- und Metallelektroden werden in der Schweißtechnik einerseits für Verbindungs- und andererseits für Auftragschweißungen eingesetzt. Für den Physiker und den Ingenieur sind hierbei vor allem Eigenschaften von Interesse, durch die sich die Lichtbogenschweißung gegenüber anderen Schweißmethoden auszeichnet. Das sind insbesondere: a) leichte und weitgehende Regulierfähigkeit der zugeführten Wärmeleistung und deren Anpassung an eine vorliegende Aufgabe, b) Erzeugung hoher Temperaturen in einem kleinen Raum und c) die Möglichkeit, die Eigenschaften der erzeugten Schweißung weitgehend zu kontrollieren und zu reproduzieren.

Die Theorie der Lichtbogenschweißung enthält Elemente aus verschiedenen Wissenschaftsgebieten, insbesondere solche aus Physik und Chemie, Metallurgie und Mechanik sowie aus Keramik und Glastechnologie. Man kann dieses so umfangreich erscheinende Gebiet von verschiedenen Standpunkten aus betrachten, wovon hier drei erwähnt seien.

a) Die chemisch-physikalische Betrachtungsweise geht von der Definition aus, daß bei der Lichtbogenschweißung die Verbindung von wenigstens zwei Metallen unter Einwirkung von Wärmeenergie erfolgt. **An der Berührungsgrenze der Metalle entsteht dabei atomare Bindung.** Hierbei ist es wesentlich, zwischen den zu verbindenden Metallen alle nicht-metallischen Zwischenschichten vor oder während der Schmelzung zu entfernen. b) Der Metallurge geht davon aus, daß die Schweißverbindung zwischen Metallen gleicher chemischer Zusammensetzung erfolgen kann bzw. daß ein Zusatzwerkstoff andersartiger Zusammensetzung als das Ausgangsmaterial verwendet wird. Weiter zieht er die Änderungen in den metallurgischen und Festigkeits-Eigenschaften der Schweißraupe und ihrer Nachbargebiete heran, die auf thermischen Vorgängen vor, während und nach der Lichtbogenschweißung beruhen. c) Der technische Physiker betrachtet die bei der Schweißung ablaufenden physikalischen Vorgänge, die meist hohe Temperatur erfordern. Er versucht Makroparameter, wie Spannung, Stromstärke, Bogenlänge und Werkstoffübergang zwischen der Elektrode und dem Werkstück, mit Mikroparametern, wie Erzeugung und Verhalten von Ladungsträgern im Bogenplasma, an den Elektroden und im Bogenraum, zu verbinden. Er ist weiter stark an den im Lichtbogen auftretenden Kräften interessiert. Neben den bei hoher Temperatur verlaufenden Vorgängen befaßt er sich mit der Ausbreitung und Verteilung der dem Werkstück zugeführten Wärme.

In dem vorliegenden Buch wird der Versuch unternommen, die Gesetze der Lichtbogenphysik zur Lösung der Probleme des in der Praxis stehenden Ingenieurs heranzuziehen, ohne jedoch auf rein metallurgische Fragen einzugehen. Es wird versucht, mathematische Formulierungen zu vermeiden oder doch so einfach wie möglich zu halten und auf die Originalarbeiten zu verweisen, die zu weiterem Studium herangezogen werden können. Von Interesse dürfte es sein, daß hier wohl erstmalig der Versuch unternommen wurde, als den „*normalen*" Werkstoffübergang im Schweißbogen das Auftreten von feintropfigem, sprühregenartigem Material anstelle von grobtröpfigem Übergang anzusehen. Weiter werden die Vorgänge bei der Unterpulverschweißung der Behandlung von Mantelelektroden vorangestellt. Diese Art der Darstellung weicht von der die historische Entwicklung betonenden Methodik ab, ermöglicht jedoch eine logische Folge der Diskussion von nackten Metallelektroden zunächst in Luft, dann in Schutzgas und schließlich unter Pulver.

In der Hauptsache wurde die Fachliteratur der letzten zehn bis fünfzehn Jahre berücksichtigt. Es wurden aber auch ältere Arbeiten herangezogen, die zum Verständnis notwendig erscheinen. Von den zahlreichen Veröffentlichungen, die in Fachzeitschriften sowie in Buchform, Patenten und Versuchsberichten vorliegen, werden insbesondere Arbeiten berücksichtigt, die in deutscher, englischer und französischer Sprache vorliegen. Leider konnte der Verfasser infolge sprachlicher Schwierigkeiten die Arbeiten aus der UdSSR und aus Japan nur soweit berücksichtigen, als sie in Übersetzungen oder Auszügen in den oben genannten Sprachen vorlagen. Weiter werden hier auch Ergebnisse aus dem Laboratorium des Verfassers, insbesondere zur Physik des Werkstoffüberganges und des Unterpulverschweißens, mitgeteilt, die bisher noch nicht veröffentlicht wurden bzw. die nur in kurzen Mitteilungen und Patentschriften niedergelegt sind.

Abschließend möchte ich mir gestatten, meinen Kollegen und Mitarbeitern für wertvolle Ratschläge bei Abfassung dieses Buches meinen Dank auszusprechen. Herr Dr. E. DEEG vom Max-Planck-Institut für Silikatforschung, Würzburg, war so gut, das Manuskript eingehend durchzusehen und viele Anregungen zu geben, für die ich ihm zu großem Dank verbunden bin. Herr Dr. JOSEPH C. SHIPMAN und seine Mitarbeiter in der Linda Hall Library in Kansas City waren immer bereit, schwer zugängliche Arbeiten zu beschaffen. Der Herausgeber dieser Monographienreihe gab viele hilfreiche Anregungen. Der Springer-Verlag hat die Ausstattung in bekannter sorgfältiger Weise vorgenommen. Für Anregungen und Verbesserungsvorschläge für eine spätere Auflage wird der Verfasser sehr dankbar sein.

Kansas City, Missouri, USA,

im November 1958 **William M. Conn**

Inhaltsverzeichnis

Inhaltsverzeichnis

IX
Seite

I. Einleitung

Die *ersten Beobachtungen* eines Lichtbogens, der für einige Zeit mehr oder weniger stabil brennt — im Gegensatz zu dem schon lange bekannten Funken, der einen kurzzeitigen Lichtbogen darstellt — liegen nur etwa 150 Jahre zurück. MÜLLER [1], SPRARAGEN und LENGYEL [1] und FINKELNBURG und MAECKER [1] geben als ersten Beobachter eines Lichtbogens H. DAVY an und als Entdeckungsjahr 1808. RITTER [1] berichtet über eine Wiederholung der Versuche von DAVY.

Eine ausführliche Literaturzusammenstellung (N. N. [1]), zum Teil mit Wiedergabe der ursprünglichen Veröffentlichung, nennt W. W. PETROV als den ersten Beobachter und als Entdeckungsjahr 1803. NIKITIN [3] und STEINBERG [1] erwähnen PETROV und als Jahr 1802.

Die Verwendung des *Lichtbogens für Schweißzwecke* begann erst gegen Ende des 19. Jahrhunderts. Im folgenden sind Angaben aus Arbeiten von V. D. WILLIGEN [1, 2], SCHIMPKE und HORN [1], GILL und SIMONS [1], V. CONRADY [2], BROUN und POGODIN-ALEXEJEW [2], NIKITIN [3], POGODIN-ALEXEJEW [1], UDIN, FUNK und WULFF [1], FLINTHAM [1] und SÉFÉRIAN [2] zusammengefaßt:

a) Zwei Kohleelektroden: H. MOISSAN 1881, ZERENER 1886, DRP [1];

b) Kohleelektrode/Metallwerkstück: N. V. BENARDOS etwa 1880, V. BENARDOS und OLSZEWSKI [1], DE MERITENS 1881, Patent 1885;

c) Metallelektrode/Metallwerkstück: N. G. SLAWJANOW 1888, DRP und USA-Patent [1, 2], COFFINS 1889;

d) Schutzgasschweißung: N. V. BENARDOS 1885, P. ALEXANDER [1];

e) Mantelelektrode: O. KJELLBERG 1907.

f) Unterpulverschweißung: Einige historische Angaben, gestützt auf persönliche Erfahrungen des Verfassers, werden in Ziff. 272 gebracht.

Das Gesamtgebiet der Schweißverfahren und die Stellung der Lichtbogenschweißung in ihm werden übersichtlich in Abb. 1 nach SCHIMPKE und HORN [1] dargestellt. Eine Übersicht über die verfügbaren Wärmequellen und die beim Schweißen benutzten Schutzmittel für das flüssige Metall wird als Tabelle in Abb. 2 nach V. NEUENKIRCHEN [1] wiedergegeben. Es ergibt sich hiernach die Möglichkeit zahlreicher neuer Kombinationen von Wärmequelle und Schutzmittel, die für Entwicklungsarbeiten von Interesse erscheinen. Gesichtspunkte

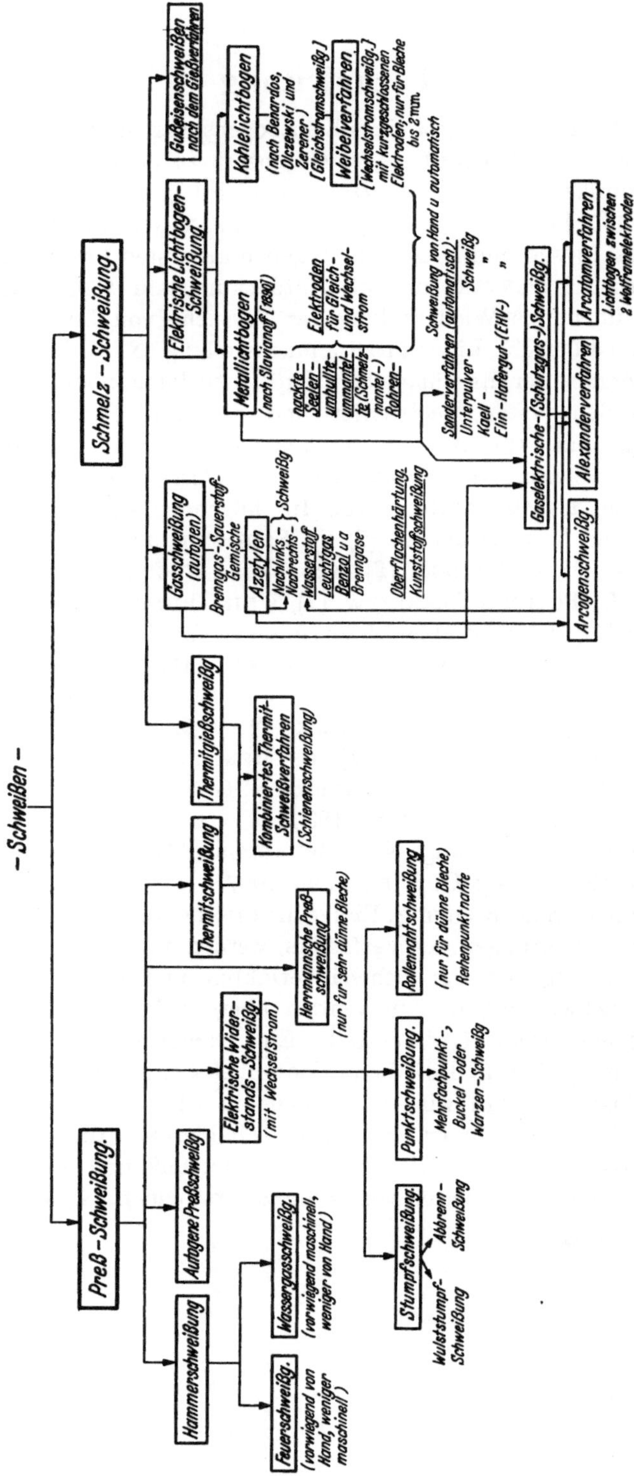

Abb. 1. Übersicht uber die verschiedenen Schweißverfahren

für die Wahl von Schweißverfahren für bestimmte vorliegende Aufgaben finden sich beispielsweise bei GREENBERG [1], CHYLE [1] und MALISIUS [1].

Das Vereinigen metallischer Werkstoffe mittels Lichtbogenschweißung erfolgt nach DIN 1910 (Beuth-Verlag [2]) unter Anwendung von Wärme durch örtlich begrenzten Schmelzfluß, meist mit Einschmelzen von Zusatzwerkstoff. Eisen und Stahl und die meisten ihrer Legierungen sind mittels Lichtbogen schweißbar. Dazu kommen in immer größerem Umfang die Nichteisenmetalle. So werden Aluminium, Kupfer, Nickel,

Wärmequellen	Schutzmittel					
	keine	Umhüllung	Einschlüsse	Pulver	Paste	Gas
1. keine	vorhanden	—	—	—	vorhanden	vorhanden
2. Reibung	vorhanden	—	—	—	—	—
3. Heizelement	vorhanden	—	—	—	—	—
4. Heißgas	vorhanden	—	—	—	—	—
5. Ofen	vorhanden	—	—	vorhanden	—	—
6. Gasbrenner	vorhanden	—	vorhanden	vorhanden	vorhanden	vorhanden
7 Aluminothermie	vorhanden	—	—	—	—	—
8. Lichtbogen	vorhanden	vorhanden	vorhanden	vorhanden	vorhanden	vorhanden
9. Widerstand	vorhanden	—	—	—	—	vorhanden
10. Induktion	vorhanden	—	—	—	—	—
11. Dielektrikum	vorhanden	—	—	—	—	—
12. Strahlung	vorhanden	—	—	—	—	—

Bem · In den Rubriken ohne das Wort „vorhanden" existieren noch keine Verfahren. Diese leeren Rubriken sind die Lücken in den Schweißverfahren. Nicht alle Lücken können zukünftige Verfahren ergeben

Abb. 2. Lückentafel

Magnesium und ihre Legierungen in großem Maßstab durch den Lichtbogen verschweißt. Bei anderen hochschmelzenden Metallen, wie Titan, Tantal, Molybdän, Wolfram, Niob und Zirkon, die in den letzten Jahren für Sonderzwecke Bedeutung erlangten, ist dies erst in geringerem Umfang der Fall, vgl. die Zusammenstellung von ZEYEN [9].

Von den zahlreichen Literaturangaben über die technische Durchführung von Lichtbogenschweißungen seien die folgenden zusammenfassenden Darstellungen erwähnt: SCHIMPKE und HORN [1], GREENBERG [1], LINCOLN [1], ERDMANN-JESNITZER [1, 2], STOUT und DOTY [1] und SÉFÉRIAN [2]. Eine interessante Zusammenstellung von KOCH [1] der bei der Lichtbogenschweißung auftretenden Faktoren wird als Tabelle in Abb. 3 wiedergegeben, wobei drei Gruppen unterschieden werden.

Die keineswegs einfach zu erfüllende, grundlegende Forderung für eine *Verbindungsschweißung* ist, daß sowohl die Schweißnaht als auch die an die Schweißnaht angrenzende Zone des Grundmetalls sich nicht — oder doch nur möglichst wenig — von dem ursprünglichen Grundmetall unterscheiden. Physikalische, metallurgische und Festigkeitseigenschaften sollen im Idealfall völlig übereinstimmen. Für die *Auftragschweißung* gilt, daß bei Verwendung von gleichem aufgetragenen und Grundmetall (Reparaturschweißung) eine möglichst weitgehende Übereinstimmung der Schweißung und des Grundmetalls bestehen soll.

1*

Bei Aufbringung von Schichten, die bei der Metallbearbeitung verschleißmindernd wirken oder rost-, hitze- und korrosionsfest sein sollen,

I. Schmelzvorgang

A. Anschmelzen des Grundwerkstoffes

1. Schmelztemperatur bzw. Schmelzintervall
2. Schmelzwarme
3. Spezifische Warme
4. Warmeableitung
5. Warmeausdehnungszahl
6. E-Modul
7. Streckgrenze
8. Formanderungsvermogen
9. Homogenitat
10. Siedetemperatur

B. Einschmelzen des Zusatzwerkstoffes

a) Stoffliche Umsetzungen im Lichtbogen

1. Schmelztemperatur bzw. Schmelzintervall
2. Schmelzwarme
3. Spezifische Warme
4. Siedetemperatur

b) Einwirkung der Atmosphare

1. Zusammensetzung der Atmosphare
2. Affinitat der Komponenten des Zusatzstoffes zu den Elementen der Atmosphare
3. Ionisation der Atmosphare
4. Reaktionsgeschwindigkeit als Funktion von Druck und Bewegung
5. Warmeableitung bzw. Konvektion durch die Atmosphare

c) Reaktion des Grundwerkstoffes mit dem Zusatzwerkstoff

1. Gegenseitiges Losungsvermogen im flussigen Zustand
2. Losungsvermogen fur Fremdstoffe
3. Spezifische Gewichte der Lösungsschichten
4. Diffusionsvorgange
5. Viskosität und Oberflachenspannung

II. Abkühlungsvorgang aus dem Schmelzbereich

1. Erstarrungsintervall
2. Schmelzwarme
3. Warmeleitzahl
4. Spezifische Warme
5. Kristallisationsgeschwindigkeit und Keimzahl
6. Ausscheidung von Fremdstoffen (Gase)
7. Umwandlungen im festen Zustande (Schaubilder)
8. Warmeausdehnungszahl (Volumenanderungen, Schrumpfungen)
9. E-Modul
10. Streckgrenze
11. Formanderungsvermogen
12. Homogenitat
13. Geometrische Form und Abmessungen
14. Warmeabstrahlungsvermogen

III. Langzeitige Änderungen im Betriebszustande

1. Umwandlungs- bzw. Ausscheidungstendenz im festen Zustande (Alterung)
2. E-Modul
3. Streckgrenze
4. Formanderungsvermogen

Abb. 3. Abhangigkeit der Schweißeignung von den Werkstoffeigenschaften

soll eine möglichst geringe Vermischung des Schweißgutes mit dem aufgeschmolzenen Grundmetall (dilution) verursacht werden.

Es ist fast immer möglich, durch mehr oder minder langwieriges und entsprechend kostspieliges *Herumprobieren*, wozu meist auch noch geschulte Kräfte eingesetzt werden müssen, recht gute Resultate für Verbindungs- und Auftragschweißungen zu erzielen. Im Gegensatz hierzu führen *Kenntnisse* der physikalischen Vorgänge, die bei der Lichtbogenschweißung auftreten, sowie der durch den Bogen ausgelösten Phänomene und der Methoden zu ihrer Beherrschung zu einem *Verständnis* der bei einer neuen Aufgabe zu berücksichtigenden Faktoren. Gleichzeitig werden dann die Lücken erkennbar, die in unserem derzeitigen Wissen noch bestehen. Dies führt weiter zur Aufstellung eines Programms für Forschungsarbeiten und für Versuche im technischen Maßstab.

Die folgende Darstellung der technischen Physik der Lichtbogenschweißung versucht, an dem großen jetzt verfügbaren Beobachtungsmaterial grundlegende Gesichtspunkte aufzuzeigen, die von Wichtigkeit für die erfolgreiche Durchführung von Lichtbogenschweißungen sind. Die Darstellung geht nicht nach historischen Gesichtspunkten vor; vielmehr wird versucht, den Stand unseres heutigen Wissens darzustellen. Ausgegangen wird von den physikalischen Eigenschaften des Lichtbogens als der Hauptwärmequelle. Dann werden andere Wärmequellen bei der Lichtbogenschweißung diskutiert, die bisher weniger beachtet wurden.

Wir wenden uns dann Fragen zu, die sich mit dem Übergang des Werkstoffes beim Lichtbogenschweißen befassen. Solange die Schweißung horizontal erfolgt, d. h. die Elektrode sich oberhalb des Werkstückes befindet, scheint das Hinzufügen von erschmolzenem Elektrodenmetall oder Zusatzdraht zum Schmelzbad auf dem Werkstück keine Schwierigkeiten zu bereiten. Wenn jedoch an vertikalen Wänden oder „über-Kopf" geschweißt wird, fragt man sich, „Wie ist es möglich, daß Material von der Elektrode zum Werkstück übergeht, da entgegen der Schwerkraft geschweißt wird?" Dies führt zu einer Diskussion der Kräfte im Lichtbogen, die der Gegenstand zahlreicher Experimentaluntersuchungen und vieler Theorien gewesen sind. Man kann jetzt Aussagen über die Natur der hier wirkenden Kräfte machen, obwohl noch eine Reihe von offenen Fragen bestehenbleibt.

Weitere Fragen erheben sich zum Mechanismus des Werkstoffüberganges im Schweißbogen. Wir haben hier einerseits die außerordentlich hohen Temperaturen im Bogenplasma zu betrachten, die weit höher sind als die Verdampfungstemperaturen der übergehenden Metalle. Trotzdem erfolgt der Materialtransport in Tropfenform. Weiter lehrt die Erfahrung, daß unter bestimmten Bedingungen der Werkstoffübergang in einzelnen, verhältnismäßig großen Tropfen erfolgt, während in anderen Fällen ein sprühregenartiger Übergang beobachtet wird. Auch hier erhebt sich die Frage nach den Ursachen der beobachteten Erscheinungen und nach Mitteln, die Vorgänge in erwünschter Weise zu kontrollieren und zu beeinflussen.

Weiter werden als Sonderaufgaben die Vorgänge in den Schmelzbädern, die Einführung von Legierungselementen in die Schweißnaht, die Ursache für und die Entfernung von Gas und Dampf aus der Schweißung sowie wärmephysikalische Gesichtspunkte, insbesondere die Messung, Ausbreitung und Verteilung der zugeführten Wärmeenergie behandelt. In den letzten Abschnitten des Buches wird der Versuch unternommen, die Anwendung der grundlegenden Erkenntnisse an ausgewählten Beispielen der heute gebräuchlichen Lichtbogenschweißverfahren der Technik aufzuzeigen.

II. Grundlagen der Lichtbogenschweißung

Beim Lichtbogenschweißen erfolgt die Umsetzung der zugeführten elektrischen bzw. chemisch gebundenen Energie vorwiegend in Wärmeenergie. Es werden genügend hohe Temperaturen erzeugt, um die zu verbindenden Werkstoffe örtlich zu schmelzen. Der Bogen geht von der Elektrode zur Stoßstelle der Werkstücke über. In dem sich bildenden flüssigen Schmelzbad, das sich auf hoher Temperatur befindet, spielen sich chemische, physikalische und metallurgische Vorgänge ab. Gleichzeitig werden benachbarte Zonen des Grundmetalls erhitzt. Bei Fortschreiten des Bogens erstarrt das flüssige Bad unter Kristallbildung, und die Schweißnaht und das Grundmetall kühlen sich auf die Ausgangstemperatur ab.

Die Schweißung soll hierbei unter den bestmöglichen Bedingungen vorgenommen werden. Bei Kenntnis der chemischen, physikalischen und metallurgischen Unterlagen kann man die Durchführung der Schweißung und die Eigenschaften der Schweißnaht vorausbestimmen. Man wird z. B. die geeigneten Legierungselemente, die günstigste Eindringtiefe der Schweißnaht in das Grundmetall und das beste Abkühlungsverhalten des Schweißgutes wählen. Man findet eine optimale Kombination von Strom, Spannung, Bogenlänge und Schweißgeschwindigkeit, die mit den Bedingungen im Bogenraum, der Polarität der Elektrode und den elektrischen Daten der Energiequelle eng verknüpft ist. Die Aufgabe kann als gelöst angesehen werden, wenn Schweißungen erhalten werden, die hohe Gütewerte mit gutem Aussehen der Naht verbinden.

A. Wärmequellen

Wir beginnen mit der Besprechung des Lichtbogens als der wichtigsten Wärmequelle.

1. Der Schweißbogen

a) Überblick

1. **Einführung.** In den ersten Kapiteln befassen wir uns kurz mit der Lichtbogenphysik, insbesondere den Temperaturen, die beim Schweißbogen eine Rolle spielen. Dann werden weitere Wärmequellen,

die Erhitzung der Elektroden durch Stromwärme, der Einfluß exothermer Vorgänge und schließlich die Verwendung von Zusatzwärme zur Schmelzung des Zusatzmaterials unabhängig von der Aufschmelzung des Grundstoffes behandelt. Die folgenden Kapitel befassen sich mit den Kräften im Lichtbogen, dem Werkstoffübergang bei der Lichtbogenschweißung, den Schmelzbädern, der Energiebilanz und der Ausbreitung der dem Werkstück zugeführten Wärmeenergie.

Im Anschluß hieran werden ausgewählte Aufgaben für das Schweißen in Luft, in Schutzgasen und mit Schlackenbildnern besprochen, bei dem die Grundlagenforschung eine sich immer erweiternde Rolle spielt.

Die Verwendung des Lichtbogens als Wärmequelle kann nach zwei Methoden erfolgen:

2. Lichtbogen zwischen zwei Elektroden. Ein Lichtbogen wird zwischen zwei Elektroden gezogen, die den zu verschweißenden Werkstücken mehr oder weniger genähert werden können. Die Werkstücke werden, ausgehend von der Oberfläche, lokal geschmolzen. Falls erwünscht, kann Zusatzmaterial in Drahtform dem Schweißbad zugefügt werden. Die Elektroden können aus Kohle, Graphit oder hochschmelzenden Metallen (letztere in Schutzgas) bestehen. Abb. 4 stellt eine Apparatur für den unabhängig vom Werkstoff brennenden Lichtbogen in der Anordnung von ZERENER [1] und der Ausführungs-

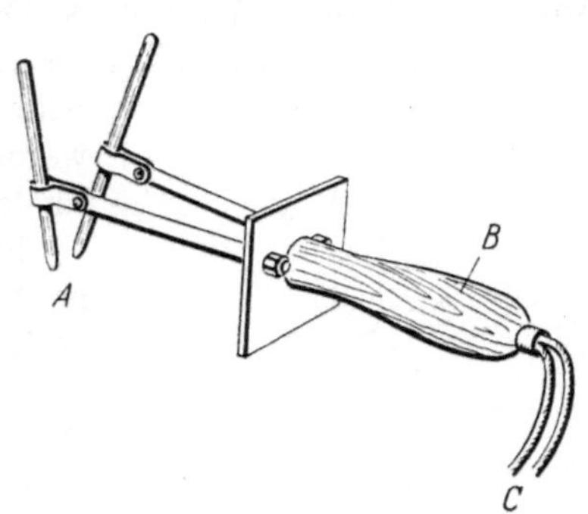

Abb. 4. Gerät für unabhängig vom Werkstück brennenden Lichtbogen nach LINCOLN [1]:
A Elektroden; *B* Griff; *C* Stromkabel

form von LINCOLN [1] für Wechselstrom dar. Es werden hier Kohleelektroden verwendet, die den zu schweißenden Werkstücken gegenüberstehen. Die Erhitzung erfolgt im wesentlichen durch Strahlung des Bogens und der auf hoher Temperatur befindlichen Elektrodenenden. Durch Verwendung eines Blasmagneten kann der Bogen auch zu einer stichflammenähnlichen Form ausgebildet werden. Beim ,,*Arcatom-Verfahren*" nach LANGMUIR [1] werden zwei Metallelektroden aus Wolfram in ähnlicher Anordnung wie in Abb. 4 verwendet, die durch Wasserstoffatmosphäre geschützt werden. Wir gehen hierauf in Ziff. 82 näher ein.

3. Bogen zwischen Elektrode und Werkstück. Bei der zweiten Methode wird der Lichtbogen zwischen einer Elektrode und den zu verschweißenden Werkstücken gezündet. Die Werkstücke besitzen meist einen wesentlich größeren Querschnitt als die Elektroden. Durch die direkte Wärmewirkung des Bogens bildet sich an den zu verbindenden Werkstücken das Schmelzbad, dessen Breite größer als der Durchmesser des Bogens ist. Die Elektrode, der Bogen und das Schweißbad bewegen sich entlang der zu schweißenden Naht.

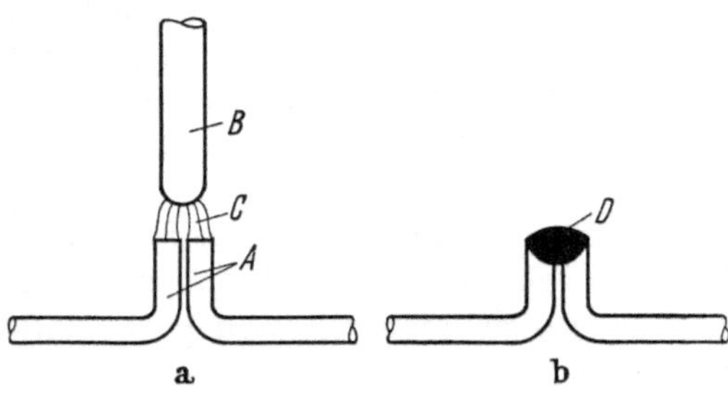

Abb. 5. Verbindungsschweißung mit permanenter Elektrode ohne Zusatzdraht:

a) beim Schweißen; b) nach dem Schweißen
A Werkstück; B Elektrode; C Lichtbogen; D Schweißung

4. Permanente Elektrode. Im einfachsten Falle wird der Lichtbogen zwischen einer „permanenten" Elektrode B, z. B. Kohle oder Wolfram (letzteres in Schutzgas wie oben), die nur sehr langsam verbraucht wird, und den darunterliegenden Werkstücken A gezogen. Vgl. die schematische Abb. 5. Das dem Lichtbogen ausgesetzte Ende der Elektrode wird hoch erhitzt, bleibt jedoch unterhalb seines Schmelzpunktes. *Verbindungsschweißungen* werden nach dieser Methode besonders für leichte Bleche häufig durchgeführt.

Für *Auftragschweißungen* mit permanenter Elektrode B wird ein Zusatzdraht D in den Lichtbogen gebracht (Abb. 6). Eine dünne Schicht an der Oberfläche des Werkstücks und das Ende des Zusatzdrahtes schmelzen. Das entstehende flüssige Schmelzbad am Werkstück bildet nach der Erstarrung die Auftragschweißung.

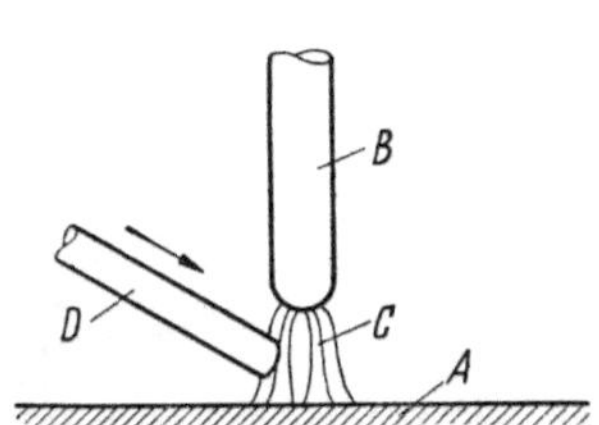

Abb. 6. Auftragschweißung mit permanenter Elektrode und Zusatzdraht

A Werkstück; B Elektrode; C Lichtbogen; D Zusatzdraht

5. Abschmelzelektrode. Größte Verbreitung hat die Lichtbogenschweißung mit Abschmelzelektrode gefunden. Die Elektrode B kann z. B. aus Stahl, Aluminium, Kupfer usw. bestehen und Legierungszusätze enthalten. Das der Elektrode gegenüberliegende Material der Werkstücke A wird aufgeschmolzen. Gleichzeitig schmilzt das Ende der Elektrode und geht durch den Lichtbogen zum Schweißbad über. Nach Erstarrung und Abkühlung bildet sich aus dem Schweißbad die Schweißnaht, die somit Bestandteile des Grundmetalls und der Elektrode sowie sonstige Zusätze enthält. Abb. 7 zeigt die Verwendung der Abschmelzelektrode B für eine Verbindungsschweißung und Abb. 8 für eine Auftragschweißung.

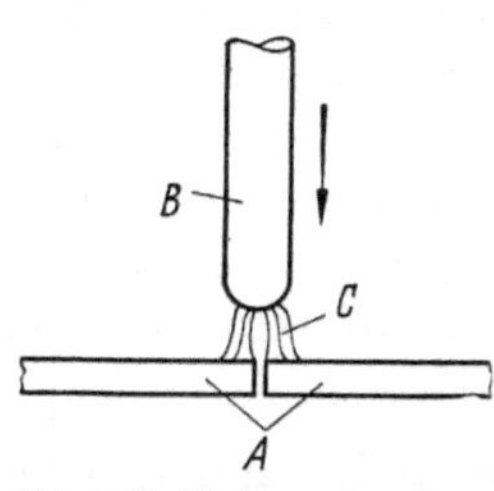

Abb. 7. Verbindungsschweißung mit Abschmelzelektrode:

A Werkstücke; B Elektrode, die in Pfeilrichtung A genähert wird; C Lichtbogen

Bei Vornahme der Lichtbogenschweißung in Luft bilden sich Oxyde und Nitride in der Schweißnaht, die in den meisten Fällen unerwünscht sind. Man schützt daher die Schweißzone und das noch flüssige Schweißgut gegen Luftzutritt mittels einer der folgenden Methoden: α) Die Schweißung erfolgt in Schutzgas, beispielsweise Argon, Helium, Kohlendioxyd usw.; β) Die Schweißung findet unterhalb eines pulverförmigen Schweißmittels statt, wobei gleichzeitig eine Schlackenschicht zum Schutz des Schmelzbades und der Schweißung gebildet wird; γ) Die Schweißung erfolgt innerhalb einer Schutzatmosphäre, die von den Umhüllungsbestandteilen der Elektrode oder von den Bestandteilen einer Seelenelektrode gebildet wird. Gleichzeitig findet Schlackenbildung wie oben statt. Weiter werden Kombinationen dieser Methoden verwendet.

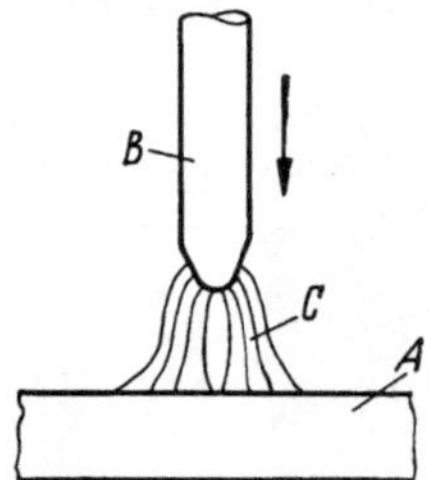

Abb 8. Auftragschweißung mit Abschmelzelektrode. *A* Werkstück;　*B* Elektrode,　*C* Lichtbogen

b) Lichtbogenphysik

α) *Vorentladung*

6. Allgemeines zur Lichtbogenphysik. Wir beschränken uns hier auf eine kurze Darstellung der Lichtbogenphysik, soweit sie von Interesse für die Lichtbogenschweißung erscheint. Die Zündung des Lichtbogens spielt in der Schweißtechnik eine äußerst wichtige Rolle. Es handelt sich einerseits um das Zünden bei Beginn des Schweißens mit Gleich- oder Wechselstrom, andererseits um das Wiederzünden des Bogens nach jeder Halbperiode bei Wechselstrom bzw. um das Wiederzünden des Bogens nach Kurzschluß, der durch den Werkstoffübergang von der Abschmelzelektrode in Form großer Tropfen oder unregelmäßiger Stücke verursacht wird. Ausgegangen wird von der Vorentladung, die Townsend- und Kanalaufbau bis zum Durchschlag und Lichtbogenbildung einschließt. Weiter werden Zündung des Bogens und Bogenmechanismus, z. B. Plasma, Vorgänge an Kathode und Anode des Bogens, Temperaturen im Bogen, Kennlinien sowie das Leitvermögen im Bogenraum und Mittel zu seiner Kontrolle behandelt.

7. Townsend- und Kanalaufbau. Die elektrische Leitfähigkeit der Luft ist bei Atmospharendruck und Zimmertemperatur sehr gering. Legt man an zwei gegenüberstehende, koaxiale Elektroden eine Gleichspannung und steigert diese allmählich, so tritt nach einiger Zeit eine Vorentladung und schließlich der Lichtbogen auf. Es gelang Raether [1, 2], die Elementarvorgange, die zum Durchschlag führen, mittels Nebelkammer und kurzzeitigen Spannungsstößen sichtbar zu machen, und quantitative Daten für ihre Entwicklung in den Lichtbogen zu erhalten. Hierbei werden zwei Stufen beobachtet. Die erste ist mit dem bekannten TOWNSEND-*Aufbau* identisch und umfaßt die Werte $p \cdot d < 1500$ Torr $\cdot$ cm (p = Gasdruck, d = Elektrodenabstand, 1 Torr = 1 mm Hg). Fur Werte $p \cdot d > 1500$ Torr wird die zweite Stufe erhalten, die als „*Kanalaufbau*" bezeichnet wird.

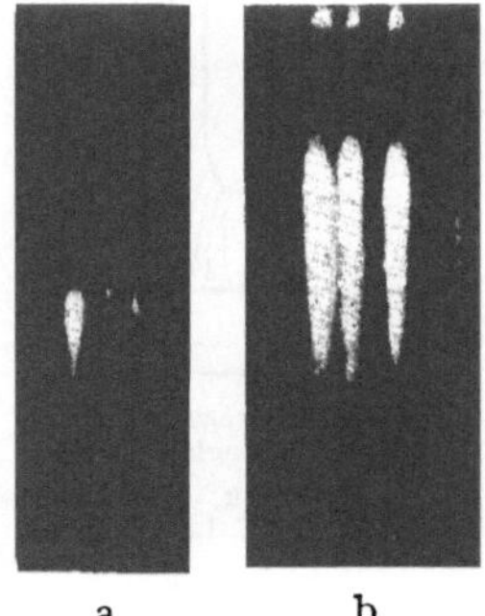

a b

Abb. 9. Elektronenlawinen in CO_2, 250 Torr, $E/p = 35$ Volt/cm $\cdot$ Torr Die Teilbilder a) und b) zeigen die Anderung der Lawinenlange bei Vergroßerung der Stoßdauer um $9,3 \cdot 10^{-8}$ sec (unten Kathode, oben Anode)

Zur Einleitung des Zundmechanismus ist es notwendig, daß „zufällig" einige freie Elektronen in der Entladungsstrecke vorhanden sind. Sie können auf Höhenstrahlung, Photoelektronen od. dgl. zurückzuführen sein. Unter Einwirkung des elektrischen Feldes E werden sie genügend beschleunigt, um durch Stoß Ionenpaare zu bilden. Der durch ein Elektron ausgelöste Strom wird, nachdem das Elektron im Feld den Weg x durchlaufen hat, durch Stoßionisation auf das $e^{\alpha x}$-fache verstärkt. α ist die in Abhängigkeit von der Feldstärke und dem Gas bekannte Zahl der Ionenpaare, die pro cm Weglänge bei 1 Torr gebildet wird. Beispielsweise hat α bei Luft, 20° C, 270 Torr und $E = 8,7$ kV/cm den Wert 0,5 cm^{-1}. Bei $x = 3,6$ cm Elektrodenabstand werden 10 Ionenpaare durch ein Elektron gebildet. Bei Erhöhung auf 9,5 kV/cm werden infolge des raschen Anstiegs von α bereits 350 Ionenpaare erhalten. Hierbei ist die Geschwindigkeit der Elektronen in Feldrichtung von der Größenordnung 10^7 cm/sec.

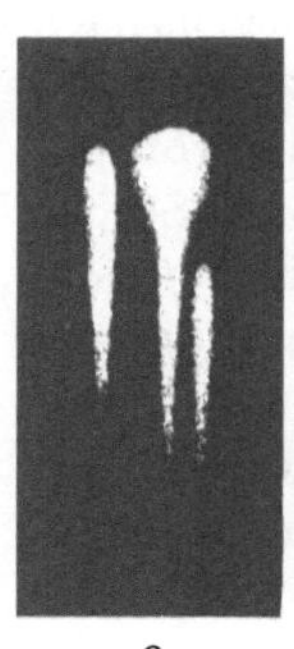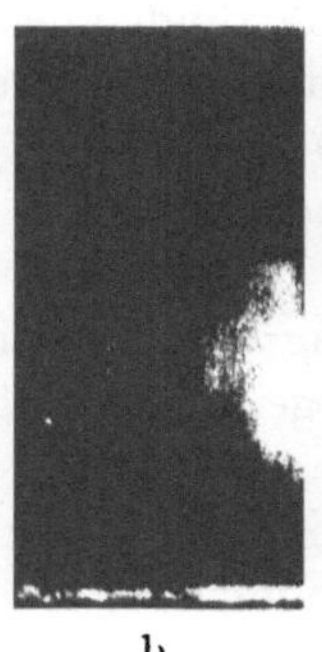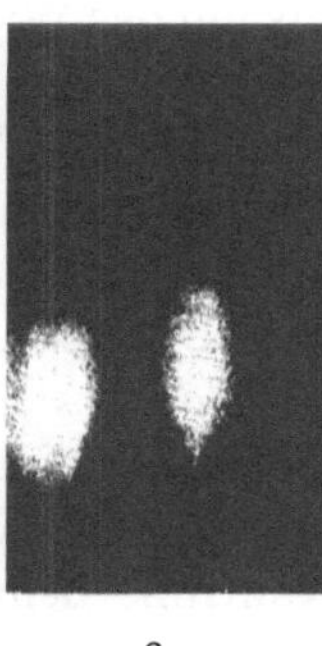

a b c

Abb 10. Die Veranderung der Lawine bei Annaherung an die kritische Verstarkung ($\alpha \cdot d = 20$) Der Lawinenkopf verdickt sich (Teilbilder a, b) und zeigt schließlich (Teilbild c) den Ansatz des anodengerichteten Kanals (Luft, 273 Torr)

Der Einsatz der Lawinen bei der Mindestfeldstärke und ihre von der Kathode ausgehenden tropfenförmigen Spuren lassen sich in den Nebelkammeraufnahmen von RAETHER [1] klar erkennen, vgl. die Abb. 9 und 10. (Die kegelförmige Gestalt der Lawine beruht auf Diffusion der Elektronen.)

Lawinen dieser Art ergeben sich in Luft, Stickstoff, Wasserstoff, Sauerstoff, Argon, Kohlendioxyd und vielen anderen Gasen sowie in einigen Dämpfen.

8. Kritischer Wert. Der Übergang in die Kanalentladung erfolgt beim „kritischen Wert" $\alpha \cdot d = 20$. Bei diesem Wert verbreitert sich die

Lawine infolge elektrostatischer Abstoßungskräfte, wird instabil und bildet sich in eine *zur Anode laufende Kanalentladung* aus. Vgl. die schematische Abb. 11. Die Kanalentladung hat annähernd konstanten Querschnitt und verläuft parallel zu den Feldlinien. Mit zunehmendem $\alpha\,d$ tritt dann ein weiterer Kanal auf, der *zur Kathode* gerichtet ist. Überraschenderweise geht dieser Kanal *nicht* von der Anode aus, sondern vom Kopf der anodengerichteten Lawine, vgl. Abb. 11c. Die

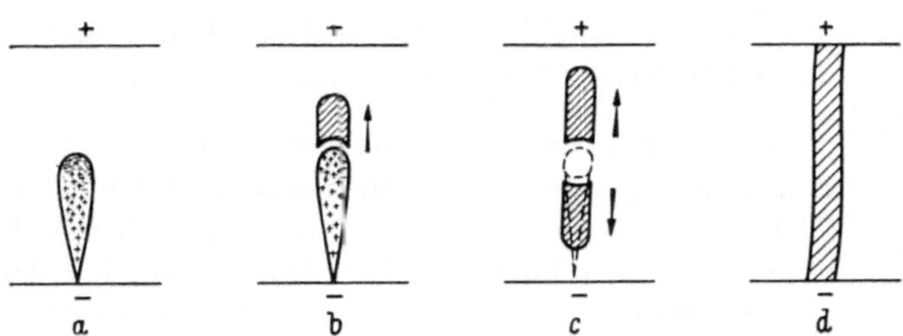

Abb. 11. Schematische Darstellung der Entwicklung der Lawine
(a) anodengerichteter, (b) kathodengerichteter, (c) doppelseitiger Kanal, (d) Trägerschlauch, in dem sich durch Stromsteigerung der hellleuchtende Bogen ausbildet (RAETHER [1])

Ausbildung des zweiten Kanals ist auf das Auftreten von Photoelektronen zurückzuführen, wobei die Geschwindigkeit auf mehr als 1 bis 2×10^8 cm/sec anwächst. Dieser Kanal zeigt vielfach verastelte oder geknickte Bahnen sowie eine Kontraktion vor der Kathode.

9. Trägerschlauch. Anoden- und kathodengerichtete Kanäle bilden weiterhin einen zusammenhängenden Trägerschlauch, der die leitende Verbindung zwischen den Elektroden herstellt und als *Vorentladungskanal* für den Lichtbogen bzw. Funken dient (der Funke wird als nichtstationärer Lichtbogen kurzer Dauer aufgefaßt), vgl. Abb. 11d. Die Zeit für den Aufbau der TOWNSEND-Entladung beträgt 10^{-4} bis 10^{-6} sec; die Zeitdauer vom Eintreten des kritischen Wertes bis zur Bildung des Vorentladungskanals nur einige 10^{-8} sec. Während der TOWNSEND-Aufbau viele aufeinanderfolgende Lawinengenerationen erfordert, benötigt der Kanalaufbau nur eine einzelne Elektronenlawine.

10. Raumladungsverteilung. Für die Vorgänge im Entladungskanal ist die Berücksichtigung der Raumladungsverteilung von Interesse. Die schweren positiven Ionen sind innerhalb von 10^{-8} sec als stillstehend anzusehen, während die leichter beweglichen Elektronen das Bestreben haben, seitlich abzudiffundieren. Sie werden jedoch vom Feld der positiven Ionen zurückgehalten. So bildet sich ein *radiales Feld* nach Abb. 12 aus. In diesem Schlauch werden die Elektronen, die bei ihrem Lauf zur Anode von der Achse weggestreut werden, durch das radiale *Gegenfeld* stärker in die Achsenrichtung gezwungen. Sie laufen auf eine größere Strecke im Längsfeld E_l zwischen den Elektroden und nehmen mehr

Energie auf als wenn das radiale Feld E_r nicht vorhanden wäre. Hieraus resultiert eine größere Ausbeute der Stoßionisierung und schließlich eine Zunahme der Trägerzahl und des Stromes. Bei Absinken der Feldstärke des Längsfeldes tritt die Bedeutung des Radialfeldes, das bestehenbleibt, noch mehr hervor. Es steigert trotz Absinkens der Elektrodenspannung den Strom im Kanal. Bei Vorhandensein mehrerer Vorentladungskanäle wird der Bogen in demjenigen Kanal entstehen, der das stärkste Radialfeld enthält und in dem sich somit die schnellste Stromsteigerung ergibt.

Abb. 12
Bahn eines Elektrons während der freien Weglänge λ, wenn dem Längsfeld E_l ein radiales Feld E_r überlagert wird, nach RAETHER [1]

11. Durchschlag. Der Zündmechanismus endet in einem Durchschlag, einem hell leuchtenden Stromfaden hoher Leitfähigkeit, der den Raum zwischen beiden Elektroden überbrückt. Mit Zunahme der Stromstärke und Abnahme der Spannung ist ein kugelförmiger *Expansionsstoß* verbunden, vgl. VANYUKOV und Mitarbeiter [1].

Die Aufbauzeit zur Bildung des Plasmas kann für eine gegebene Anordnung durch zwei Methoden verkürzt werden: Überspannung und zusätzliche Ionisation der Entladungsstrecke.

Abb. 13 zeigt nach Messungen von RAETHER [2] die Aufbauzeit der Entladung in Abhängigkeit von der angelegten *Überspannung* $\dfrac{\varDelta U}{U_D}$, wobei U_D die statische Durchbruchspannung (bzw. Wechselspannung mit der Amplitude U_D, gemessen als Gleichspannung) darstellt. Liegt eine Überspannung vor, so wird das Stadium der Lawine abgekürzt, und der Kanalaufbau beginnt bereits bei weniger als 1500 Torr · cm. Eine Überspannung von 60% ergab z. B. bei den Versuchen eine Verminderung der Aufbauzeit von 10^{-7} auf 2×10^{-8} sec.

12. Entladungsstrecke. Eine zusätzliche *Ionisation der Entladungsstrecke* kann z. B. durch Einführung von Photoelektronen erfolgen. Weiter können physikalisch und chemisch wirksame Zusatzmaterialien, die niedrige Ionisierungsspannung und kleine Verdampfungswärme besitzen, von außen in die Entladungsstrecke eingeführt werden. Sie dienen zur Erhöhung des Leitvermögens zwischen den Elektroden wäh-

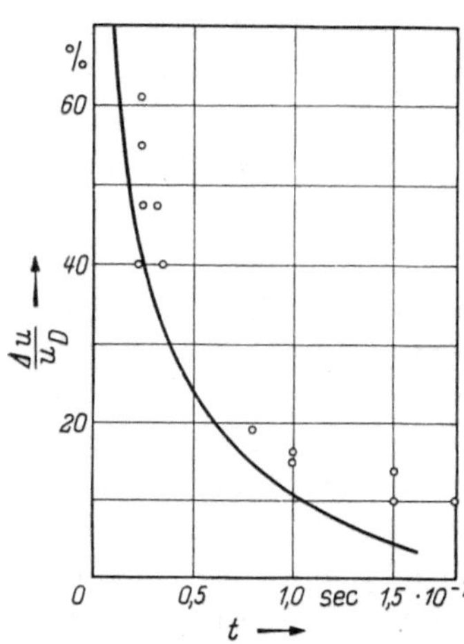

Abb. 13. Aufbauzeit t in Luft bei hohen Überspannungen, $p\,d = 1500\ \text{Torr} \cdot \text{cm}$

rend der Vorentladung und damit zur Herabsetzung der Aufbauzeit des Vorentladungskanals, der Zündspannung und der Brennspannung des Bogens. Hiervon wird in der Schweißtechnik in weitgehendem Maße Gebrauch gemacht. Besprechung erfolgt in Ziff. 47.

Elementarvorgange im *inhomogenen Feld*, z. B. Spitze gegen ebene Flache, sind den bisher diskutierten Beobachtungen im homogenen Feld ähnlich. Beispielsweise ergibt eine positive, spitzenförmige Elektrode gegenüber einer negativen Platte in Luft und Stickstoff eine Verastelung von mehreren klar ausgebildeten Kanälen. Negative Elektroden ergeben diffuse Entladungen in Luft und verastelte Kanale in Kohlendioxyd. Durch geringe Gaszusatze bzw. durch Zusatz von 1% Chloroform oder Tetrachlorkohlenstoff zu Luft werden nach NAKAYA und YAMASAKI [1, 2] die Verastelungen fur die positiven Kanale aufgehoben, und die Kanäle folgen den Feldlinien des angelegten Feldes.

13. Literaturübersicht. Von den vielen weiteren Arbeiten, die sich mit den mit der Vorentladung verbundenen Vorgangen befassen, seien erwahnt: v. ENGEL und STEENBECK [1, 2], LOEB [1, 2, 3], BROUN und POGODIN-ALEXEJEW [1, 2], DOW [1], KÖHRMANN und RAETHER [1], KÖHRMANN [1, 2], HUDSON [1], MEEK [1], AUER [1], VOGEL und RAETHER [1] und VOGEL [1]. In der zuletzt zitierten Veröffentlichung wird auf Grund theoretischer Überlegungen eine zeitliche Verzögerung der Entwicklung von Elektronenlawinen in Stickstoff und Luft auf 1 μsec hergeleitet. Diese Verzögerung stimmt mit den Ergebnissen neuer Versuche überein.

β) *Zundung des Schweißbogens*

14. Übersicht über Zündmethoden. Bei Berücksichtigung der Vorgange während der Vorentladung kann man nun die in der Technik benutzten Methoden zur Zündung des Bogens sowie die empirisch gefundenen Maßnahmen zu ihrer Beeinflussung besser verstehen und weiterentwickeln. Wir befassen uns in diesem Abschnitt mit der *erstmaligen* Zündung des Bogens. Die Wiederzündung, z. B. bei Wechselstrombögen zu Beginn der zweiten Halbperiode, wird dann in Ziff. 33 behandelt.

Bei der sog. „*Kurzschlußzündung*" berührt man zunächst mit der beweglichen Elektrode das Werkstück. Beim allmählichen Zurückziehen der Elektrode vom Werkstück tritt der Lichtbogen auf. Kurzschlußzundung liegt auch vor, wenn zwischen Elektrode und Werkstück eine „Zündpille" — eine kleine Kugel aus Stahlwolle — gebracht wird oder wenn ein Draht bzw. eine „Zündelektrode", die zwischen Elektrode und Werkstück gebracht werden, zum „Ziehen" des Bogens verwendet werden. Weiter kann dadurch gezündet werden, daß *Zundspitzen* in der Spannungskurve vorgesehen werden. Diese Methode wird sowohl bei

Gleich- als auch bei Wechselstromschweißung verwendet. Schließlich werden *Hochfrequenzstoß* und *-überlagerung* in vielen Fallen vorgezogen. Diese Methoden werden hier kurz vom physikalischen Standpunkt aus behandelt, wobei wir uns vor Augen halten wollen, daß Vorentladung, Durchschlag und Bogenzündung innerhalb sehr geringer Zeitintervalle erfolgen müssen, denn im allgemeinen bewegt sich die Elektrode über das Werkstück sobald der Schweißstrom eingeschaltet wird. Auch soll im Falle von abschmelzenden Metallelektroden die Lichtbogenbildung so schnell erfolgen, daß das flüssige Metall am Ende der Elektrode keine Zeit hat, Tropfen zu bilden, die abschmelzen und zum Werkstück übertragen werden. Hierdurch könnte der Bogen leicht verlöschen, bevor er sich voll ausgebildet hat.

15. Kurzschlußzündung. Wir nehmen an, daß eine Elektrode einem größeren Werkstück gegenübersteht, an dem eine Schweißung vorgenommen werden soll. (Die hier entwickelten Gesichtspunkte gelten natürlich ebenso für den Fall, daß sich zwei Elektroden von etwa gleichem Durchmesser, wie bei den Zerener- und Arcatomverfahren, gegenüberstehen.) Die Elektrode ist mit dem Stromerzeuger (Schweißumformer, Transformator od. dgl.) direkt, das Werkstück über Erde verbunden. Bei Verwendung von negativer Elektrode und positivem Werkstück spricht man von „*gerader Polarität*" (englisch DCSP = direct current, straight polarity), bei positiver Elektrode und negativem Werkstück von „*umgekehrter Polarität*" (DCRP = direct current, reverse polarity). Bei Wechselstrom von 50 Hz wechselt das Vorzeichen der Elektrode bei jeder Halbperiode.

Bei Berührung von Elektrode und Werkstuck erfolgt Kurzschluß. Untersuchungen von HOLM [1] und anderen haben für Metallbögen gezeigt, daß selbst bei mechanisch bearbeiteten „Kontaktflächen" häufig nicht mehr als 0,1 bis 1% der Oberflächen miteinander in metallische Berührung kommen. Hinzu kommt der Einfluß von Rost, Oel und anderen Verunreinigungen, die ebenfalls zur Verringerung der tatsächlichen Kontaktflächen beitragen. Das gleiche gilt für Kohleelektroden und metallische Werkstücke.

Der gesamte Kurzschlußstrom I muß durch die effektiven Kontaktflächen fließen, die sich infolge des Übergangswiderstandes nach der Beziehung $I^2 R$ (R = Widerstand) schnell auf hohe Temperatur erhitzen. Die Kontaktflächen schmelzen und entwickeln bereits vor sowie nach Erreichung des Siedepunktes Metalldämpfe bzw. Kohlenstoffdampf; weiter werden die im erhitzten Metall bzw. der Kohle enthaltenen Gase ausgestoßen. Metalldämpfe werden in der Entladungsstrecke leicht ionisiert. Ionisierungsspannungen betragen z.B. für Eisen, Kupfer und Aluminium 7,83, 7,72 und 5,97 Volt (FINKELNBURG und HUMBACH [1]). Die Ionisierungsspannungen permanenter Gase liegen höher, für Wasserstoff z. B. bei 13,60 Volt. Kontaktflächen aus Kohlenstoff und hochschmelzenden Metallen wie Wolfram, Molybdän, Tantal, Thorium usw. werden auf so hohe Temperaturen erhitzt, daß sie nicht nur Metalldampf, sondern durch Glühemission auch Elektronen abgeben.

Die zulässige *Dauer des Kurzschließens* richtet sich nach den Betriebsdaten des Stromerzeugers. Tyrner [1] fand, daß die Minimalzeit für den Kurzschluß 40 msec betragen soll, um sichere Zündung für Lichtbögen zwischen Metallelektroden zu erhalten. Wenn die Elektrode vom Werkstück zurückgezogen wird, bilden sich zunächst mehrere flussige Metallbrücken, dann verbleibt eine einzige Brücke, die weiter erhitzt wird, bis sie schließlich explosionsartig verdampft. Hierbei werden weitere Ladungstrager erzeugt, und gleichzeitig ergeben sich Bereiche hoher Temperatur an Elektrode und Werkstuck, an denen der Bogen ansetzen kann.

Die Ladungstrager verkürzen die Zeitdauer fur die Entwicklung des Vorentladungskanals und setzen die Durchschlagsspannung herab, die dadurch in den Bereich der Leerlaufspannung des Stromerzeugers gebracht wird. Es erfolgen Durchschlag und Ausbildung des Bogens, wobei das Entladungsplasma des Lichtbogens aus den vorhandenen freien Elektronen und Ionen besteht. Seine Aufheizung erfolgt dann schnell mit zunehmender Stromdichte. Gleichzeitig erfolgt Einstellung der übrigen Lichtbogenparameter wie Kathoden- und Anodenfall usw. auf konstante Werte.

Es ist bekannt, daß die Zundspannung eines Kohlebogens unter sonst gleichen Bedingungen niedriger liegt als die eines Metallbogens. Dies erscheint zunächst überraschend, da die Ionisierungsspannung des Kohlenstoffes 11,26 V beträgt und damit größer ist als die Ionisierungsspannungen der Metalle. Die Erklärung ist, daß die bei Kohle (ebenso Wolfram usw.) auftretende erhebliche Glühelektronenemission das Leitvermögen der Entladungsstrecke im Vergleich zu den niedrig schmelzenden Metallen (Eisen usw.), bei denen Glühelektronenemission keine Rolle spielt, wesentlich erhöht.

Der Mechanismus der Bogenbildung durch Kurzschlußzündung ist ähnlich den von Holm [1] beobachteten und weitgehend durchgerechneten Erscheinungen bei der Trennung von Kontakten. Weitere Arbeiten an Kontakten sind bei Harvey [1], Hopkins [1] und Germer [1] zusammengestellt. Eine stufenweise Ionisation wird von Amann [1] angenommen, die der Stoßionisation bei geringen Betriebsspannungen vorangeht.

Kurzschlußzündung kann nicht verwendet werden, wenn Gefahr besteht, daß hierdurch unerwünschte Verunreinigungen in die Schweißnaht gelangen; z. B. können bestimmte Stahlsorten nicht mit Kohlebögen geschweißt werden.

Bei Verwendung von *Stahlwolle* als Zündpille zwischen Elektrode und Werkstück wird diese bei Einschalten des Stromes schnell erhitzt und verdampft. Die Wirkung der entstehenden Ladungsträger ist die gleiche wie oben diskutiert.

16. Spannungsspitzen. Zur Erleichterung der Bogenzündung wird in vielen Fällen eine kurzzeitig wirkende hohe Spannung der Schweißspannung überlagert. Beispielsweise wird für *Gleichstrom* und 1 mm Bogenlänge eine Spitzenspannung von 5 kV bei 50 Hz verwendet. Bei *Wechselstrom* werden meist Lichtbögen von so hoher Stromstärke verwendet, daß die Bogenspannung, wie aus Abb. 14a nach Dow [1] hervor-

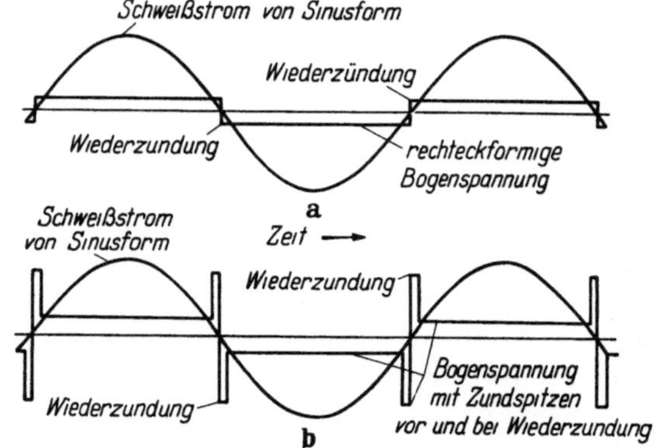

Abb 14 Spannung und Stromstarke bei Wechselstrombogen in Abhangigkeit von der Zeit
a) ohne, b) mit Zundspitzen

geht, praktisch unabhangig von der Stromstärke ist. Man kann daher die Form der Bogenspannung als rechteckförmig ansehen.
Für die erstmalige Zündung des Bogens sowie für die später behandelte Wiederzündung ist es günstig, wenn bei jeder Halbperiode kurzzeitige Stöße hoher Spannung auftreten, Abb. 14b.
Zur Erklärung der Spannungsspitzen sei darauf verwiesen, daß ein Lichtbogen nicht unterhalb eines bestimmten Minimalwertes des Stromes bestehen kann. Unterhalb dieses Wertes liegt die Vorentladung hoher Spannung vor. Entsprechende Verhältnisse ergeben sich bei Annäherung der Stromkurve an den Nullwert gegen Ende der ersten Halbperiode. Durch Anwendung von Zusatzgeräten, meist Kondensatoren, können die Spannungsspitzen der Kurve erhöht, die Zeitdauer zur Bildung der Vorentladung verkürzt und sichere Bogenzündung erhalten werden.

17. Hochfrequenzzündung. Die Verwendung eines hochfrequenten Wechselfeldes führt zu einer erheblichen Herabsetzung der Zündspannung und zur Stabilisierung von Wechselstrombögen. Die hochfrequente Spannung kann sowohl einer Gleich- als auch einer Wechselspannung überlagert werden. Die Herabsetzung der Zündspannung beruht darauf, daß ein Hilfsbogen wie folgt erzeugt wird: Die Schwingungsamplitude der Ladungsträger nimmt mit steigender Frequenz schnell ab. Es werden Werte erreicht, bei denen die Elektronen während der Zeit einer Halbperiode die jeweilige Anode nicht mehr erreichen. Sie pendeln zwischen Elektrode und Werkstück im Rythmus des Feldes, so daß die Wahrscheinlichkeit für das Eintreten wirksamer Stoßprozesse im Gas vergrößert wird. Die sich ergebende große Zahl der Ladungsträger führt zum Durchschlag und zur Bildung eines kurzzeitigen Lichtbogens. Dieser Hilfsbogen erzeugt trotz seiner Dauer von nur einigen Mikrosekunden genügend Ladungsträger, um die Zündung des normalen Schweißbogens bei verhältnismäßig niedriger Spannung einzuleiten.

Bei Zündung mittels hochfrequenter Wechselfelder wird somit vermieden, daß die Elektrode das Werkstück bei der Zündung berührt. Verunreinigungen des Schweißmetalls, z. B. durch Wolframelektroden bei Schutzgasschweißung, werden daher vermieden. Die Einrichtung kann so getroffen sein, daß ein Hochfrequenzstoß nur zu Beginn der Schweißung erfolgt und daß das Zündgerät dann abgeschaltet wird, oder es kann dauernde Hochfrequenzüberlagerung zur Bogenstabilisierung vorgesehen sein. Hierbei werden Spannungen von etwa 1 bis 5 kV und Stromstärken von 2 bis 4 A erreicht. Die angewandten Frequenzen liegen meist im Bereich von 0,2 bis 4 MHz, wobei es wesentlich ist, daß Störungen von Rundfunk, Fernsehen usw. vermieden werden. Theoretische und praktische Gesichtspunkte zur Verwendung von Hochfrequenzstrom bei der Lichtbogenschweißung, insbesondere die Einstellung der richtigen Phasenlage von Hochfrequenz- und Schweißspannung, wurden kürzlich durch WEINSCHENK [1] ausführlich behandelt. Über Apparaturen, auf die wir hier nicht eingehen können, berichten u. a. HOCH [1] und BERGMANN [1].

γ) *Bogenmechanismus*

18. **Übersicht.** Als die beiden wichtigsten Lichtbogentypen sind Bögen mit hochschmelzenden Elektroden, z. B. Kohle, Wolfram usw., und Bögen mit niedriger schmelzenden Metallelektroden anzusehen. Die erstgenannten Elektroden werden auch als „*permanente Elektroden*" (ein geringer Verbrauch oder „Abbrand" des Elektrodenmaterials ist natürlich auch hier vorhanden), die letztgenannten als „*Abschmelzelektroden*" bezeichnet. Die Gesetzmäßigkeiten des stationären, ungestört brennenden „physikalischen Lichtbogens" sind weitgehend untersucht worden. Wissenschaftliche Untersuchungen des entlang der Schweißnaht fortschreitenden „Schweißlichtbogens" sind hingegen erst seit einigen Jahren aufgenommen worden. Beim Schweißbogen wird ruhiges Brennen unter reproduzierbaren Bedingungen durch eine Reihe von Einflüssen gestört: Es treten, insbesondere bei Verwendung geringer

Energie, oft Schwankungen von Länge, Stromstärke und Spannung des Bogens auf. Dazu kommt der Übergang von Material durch den Bogen, das von der Elektrode oder einem Zusatzdraht zum Schweißbad übertragen wird. Ein Schweißbogen dieser Art kann daher nicht wie der physikalische Bogen seine Einstellung auf längere Zeit beibehalten. Vielmehr wechseln seine Parameter in schneller Folge. Glücklicherweise erfordert die *Einstellung des Gleichgewichtes im Bogen* eine sehr geringe Zeit. Sie beträgt weniger als 0,001 sec.

Erst in neuerer Zeit ist es durch planmäßige Untersuchungen in den Forschungslaboratorien verschiedener Länder gelungen, auch einen quasistationären Schweißbogen zu erzielen. Man versteht jetzt die Gesetzmäßigkeiten, die im Schweißbogen eine Rolle spielen, besser und kann sie entsprechend besser beherrschen, wenn auch viele Fragen noch ungeklärt sind. Als ein Ziel der modernen schweißtechnischen Wissenschaft kann die Forderung gestellt werden, daß Schwankungen im Betrieb des Bogens vermieden werden und daß unter allen Betriebsbedingungen ausgezeichnete Schweißungen erhalten werden. Hierbei wird vorausgesetzt, daß die aus Versuchen und Theorie folgenden Betriebsdaten sorgfältig in der technologischen Durchführung eingehalten werden. In den folgenden Ausführungen wird zunächst auf die grundlegenden Eigenschaften des physikalischen Lichtbogens kurz eingegangen. Es folgt eine Besprechung der Eigenschaften des Schweißbogens.

Der Lichtbogen gehört zu den „*selbständigen Entladungen*". Er erzeugt sich selbst sämtliche für den Stromtransport benötigten Ladungsträger und setzt sich selbständig fort, nachdem er gezündet hat. (Entladungen mit fremdgeheizten Elektroden spielen hier keine Rolle.) Lichtbögen werden nach Zündung bei Atmosphärendruck durch verhältnismäßig niedrige Spannung und hohe Stromstärke gekennzeichnet. Man spricht nach FINKELNBURG [2] von „*Niederstrom- und Hochstromkohlebögen*" und nach ERDMANN-JESNITZER [3] von „*Niederstrom- und Hochstrommetallbögen*". Die Grenze zwischen Niederstrom- und Hochstrombögen liegt bei etwa 50 bis 130 A. Die physikalische Begründung hierzu wird in Ziff. 21 gegeben.

Ein Lichtbogen zeigt im allgemeinen drei charakteristische Bereiche: Kathodenfallgebiet, Bogensäule und Anodenfallgebiet. Vgl. die schematische Abb. 15. Die Kathoden- und Anodenfallgebiete grenzen unmittelbar an die Kathode bzw. die Anode an. Beide besitzen sehr geringe Dicke. Der Rest des Bogenraumes wird durch die Bogensäule eingenommen. Aus dem Kathodengebiet emittierte *Elektronen*, die bis zu 99% des Stromes transportieren, durchlaufen den Kathodenfall, gelangen dann in die Bogensäule, weiter in das Anodenfallgebiet und werden schließlich von der Anode aufgenommen. Elektronen werden durch thermische Emission, Feldemission oder eine Kombination dieser geliefert, vgl. Ziff. 23.

Tab. 1 gibt Schmelzpunkt, Dampfdruck beim Schmelzpunkt und Wärmeleitzahl von Kohle (Graphit, Koks, Ruß) und einigen hoch- und niedrigschmelzenden Metallen wieder, die für das Verhalten der Elektroden bei Betrieb des Bogens von Interesse sind.

Die stark beschleunigten Elektronen erhitzen die Anode auf hohe Temperatur, wobei niedrigschmelzende Metalle gegenüber den Ansatzstellen der Bogenentladung zum Schmelzen und Sieden gebracht werden können. Material von der Anode, das beim Erhitzen, Schmel-

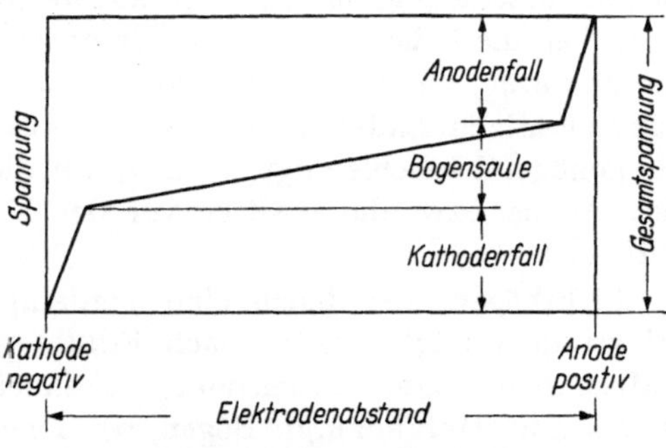

Abb. 15. Spannungsverlauf am Lichtbogen; vgl. Text

zen und Sieden verdampft, wird *ionisiert* und bewegt sich in Kathodenrichtung. In gleicher Richtung wandern sonstige positive Ladungsträger, die aus den im Raum vor der Anode ionisierten Dämpfen und Gasen stammen. (Es sei angemerkt, daß für eine aus hochschmelzendem

Tabelle 1. *Schmelzpunkt, Dampfdruck beim Schmelzpunkt und Warmeleitzahl bei 0° C einiger hoch- und niedrigschmelzender Metalle sowie von Kohlenstoff*

Material	Schmelzpunkt °K	Dampfdruck beim Schmelzpunkt Torr	Warmeleitzahl bei c°C cal·sec^{-1}·cm^{-2}·°C^{-1}·cm
C	3815　(a)[1]	—	0,012　(e)
Hochschmelzende Metalle			
W	3650 ± 20　(a)	$1{,}75 \times 10^{-2}$　(c)	0,40　(a)
Ta	3300 ± 50　(a)	$5{,}0 \times 10^{-3}$　(c)	0,13　(a)
Mo	2900 ± 50　(a)	$2{,}2 \times 10^{-2}$　(c)	0,34　(a)
Zr	2140 ± 40　(a)	$1{,}4 \times 10^{-5}$　(c)	—
Th	2100 ± 50　(a)	$9{,}3 \times 10^{-5}$　(c)	—
Niedrigschmelzende Metalle			
Fe	1800　(a)	5×10^{-2}　(a)	0,17　(d)[2]
Ni	1726　(b)	2×10^{-2}　(a)	0,14　(d)
Si	1687　(b)	1×10^{-1}　(a)	—
Cu	1360　(a)	1×10^{-3}　(a)	0,91　(d)
Al	930　(a)	—	0,52　(d)
Mg	926　(a)	4　(a)	0,41　(a)

[1] sublimiert

[2] Vgl die ausfuhrliche Zusammenstellung der Warmeleitzahlen fur Eisen- und Stahlsorten im Gebiet 0 bis 1200° C bei RYKALIN [1] Literaturnachweis. (a) D'ANS und LAX [1]; (b) GILDE [1]; (c) SHERWOOD [1], (d) APPS und MILNER [1]; (e) WRIGHT [1]

Metall oder Kohle bestehende Anode auch hier bei hinreichender Erhitzung eine thermische Elektronenemission einsetzt.)

Die *Ionen* werden nach Durchgang durch die Bogensäule im Kathodenfall beschleunigt und prallen auf die Kathode auf. Sie tragen hier dazu bei, die hohe Temperatur, die durch den Zündmechanismus ausgelöst wurde, aufrechtzuerhalten bzw. die Kathode auf hohe Temperatur zu erhitzen. Ladungsträger erreichen die Elektroden nur dann, wenn sie genügend beschleunigt wurden, um die negative Raumladung vor der Anode bzw. die positive vor der Kathode zu überwinden, vgl. Ziff. 23.

Lichtbögen, bei denen eine Verdampfung von der metallischen Elektrode erfolgt, werden nach FINKELNBURG und MAECKER [1] als „*Metalldampfbögen*" bezeichnet; bei ihnen erfolgt Stromleitung vorwiegend im Metalldampf. Bögen, bei denen die Verdampfung von der Elektrode durch Wasserkühlung oder durch Verwendung eines die Elektroden kühlenden Gasstromes unterdrückt wird, werden als „*Gasbögen*" bezeichnet; hier erfolgt Stromleitung nur durch das Gas. Eine Kombination beider Bogentypen ergibt sich bei einigen weiter unten besprochenen Schweißverfahren, z. B. bei Verwendung einer Wolframelektrode gegenüber einem Werkstück aus Stahl in einer Argon-Schutzgasatmosphäre. In der Nähe der Elektrode liegt dann ein Gasbogen und in der Nähe des Werkstücks ein Dampfbogen vor. Verwendung einer Abschmelzelektrode aus dem gleichen Material wie das Werkstück, z. B. Kupfer/Kupfer, ergibt einen reinen Dampfbogen.

Wir beginnen nun mit einer kurzen Besprechung der uns interessierenden Elementarvorgänge im „Plasma" des „*physikalischen*" Lichtbogens. Zum eingehenderen Studium des Lichtbogens sei besonders auf den kürzlich erschienenen Handbuchartikel von FINKELNBURG und MAECKER [1] verwiesen, in dem der Stand der gegenwärtigen Kenntnisse zusammengefaßt und eine Übersicht über die ältere Literatur gegeben wird. Von weiteren zusammenfassenden Darstellungen seien genannt: MAECKER [2], BROUN und POGODIN-ALEXEJEW [2], DOW [1], MEEK und CRAGGS [1], v. ENGEL [1] und WIENECKE [4].

19. Plasma. Die Bogensäule eines in Luft frei brennenden Lichtbogens zeigt nach zahlreichen Messungen, daß die im Lichtbogenraum, d. h. dem Raum zwischen Kathoden- und Anodenfallgebieten, befindlichen Elektronen, positiven Ionen, Atome und Moleküle in Übereinstimmung mit der LANGMUIRschen Theorie keine Raumladung besitzen. Für den Bogen als Ganzes ergibt sich *Quasineutralität*. Eine große Zahl von Experimentaluntersuchungen und theoretischen Arbeiten ergibt weiter, daß im Plasma *thermisches Gleichgewicht* herrscht. Die im Plasma vorhandenen Ladungsträger verwenden ihre Energie dazu, das Gas durch Zusammenstöße auf eine so hohe Temperatur zu bringen, daß sich ein Ionisationsgrad ergibt, der in Übereinstimmung mit der EGGERT-SAHASchen Theorie steht. Nach der EGGERT-SAHA-Gleichung, vgl. Ziff. 47, hängt das thermische Ionisationsgleichgewicht nur von der Temperatur und dem effektiven Ionisationspotential ab. Voraussetzung hierbei ist, daß die Grenze der Bogensäule so weit von den Elektroden entfernt ist, daß kein Einfluß auf die Vorgänge im Bogenraum zu befürchten ist; vgl. hierzu auch den Einfluß von festen oder flüssigen Oberflächen auf die Vorgänge im Bogen, auf die wir in Ziff. 80 zurückkommen werden.

Ein thermisches Plasma dieser Art besitzt hohe thermische und elektrische Leitfähigkeit sowie eine Reihe von optischen und magnetischen Eigenschaften, die bei den üblichen Gasen nur in Ausnahmefällen beobachtet werden. Alle Elementarprozesse stellen sich auf das thermische Gleichgewicht ein. Die Einstellzeit der Elektronentemperatur beträgt nur 10^{-12} bis 10^{-17} sec, die Einstellzeit zwischen Elektronen- und Gastemperatur 10^{-7} bis 10^{-5} sec. Bei stationärem Betrieb des Bogens werden zwei *Gleichgewichtsbedingungen* erfüllt: a) Ladungsträger werden innerhalb des Plasmas nur zum Ersatz von Trägern erzeugt, die durch Abdiffusion durch die Plasmaoberfläche und Rekombination verlorengegangen sind. b) Die Energiezufuhr (Strom $\times$ Spannung) muß gleich dem Energieverlust durch die Oberfläche sein. Verluste erfolgen durch Wärmeleitung, Strahlung, Konvektion und Ionisationsenergie der radial diffundierenden Ionen. Weiter wird die Gleichgewichtseinstellung durch Magnetfelder, Strömungen im Plasma, thermische Eigenschaften des Gases, in dem der Bogen brennt, und Dampfentwicklung von den Elektroden beeinflußt. Auch sind die meisten zweiatomigen Gase aus der Atmosphäre, wie Sauerstoff und Stickstoff, bei Bogentemperaturen dissoziiert und tragen erheblich zum Wärmeübergang bei: Sie rekombinieren; ebenso tun dies Ionen und Elektronen in dem umgebenden kälteren Gas oder an festen Oberflächen, etwa der Elektrode und dem Werkstück.

Die Gleichgewichtsbedingungen können durch ein Plasma von beliebigem Querschnitt erfüllt werden, doch würde bei sehr großem Durchmesser der Energieverlust durch die große Oberfläche sehr hoch sein. Das andere Extrem wäre ein Plasma von äußerst geringem Querschnitt, bei dem jedoch ebenfalls sehr hohe Energieverluste pro Oberflächeneinheit infolge der äußerst hohen Temperaturen und der hohen Konzentration der Ladungsträger erfolgen würden. Versuche und theoretische Überlegungen ergeben, daß ein Minimum des Produktes aus der freien Oberfläche und den Energieverlusten pro Oberflächeneinheit für gegebene Bogenparameter bei einem bestimmten Durchmesser erreicht wird, auf den sich der Bogen automatisch einspielt und bei dem geringste Energie erforderlich ist.

20. Minimumprinzip. Das „Minimumprinzip" von STEENBECK [1] sagt für einen stationär brennenden Lichtbogen aus, daß sich die Temperaturverteilung und damit die Stromdichteverteilung in der Bogensäule so einstellen, daß der Spannungsverlust entlang der Säule für eine gegebene Stromstärke und feste Randbedingungen einen Minimalwert annimmt. Für die theoretische Begründung des Minimumprinzips sei auf die Ausführungen von MAECKER und PETERS [1] und PETERS [1] verwiesen. In der letztgenannten Arbeit wird für den elektrischen Lichtbogen unter Vernachlässigung aller nichtelektrischen Kräfte auf den Stromtransport für die Entropieerzeugung die folgende Beziehung abgeleitet:

$$\Theta = \frac{1}{T_R} \int (j, \mathfrak{E}) \, d\tau = \frac{I\,U}{T_R} \,. \tag{1}$$

Hier bedeuten Θ die gesamte Entropieproduktion pro cm Säulenlänge, T_R die Randtemperatur des Bogens, j die elektrische Stromdichte, $\mathfrak{E}$ die elektrische Feldstärke, $d\tau$ das Volumelement, I die Stromstärke und U die Brennspannung. Wenn Θ im stationären Zustand ein Minimum sein soll, so muß auch bei I und $T_R = $ const die Brennspannung U einen Minimalwert annehmen.

21. Niederstrom- und Hochstrombogen. Der Übergang von Niederstrom- zu Hochstromkohlebögen wurde erstmalig von FINKELNBURG [2] quantitativ erfaßt. Metallbögen zwischen hoch- und niedrigschmelzenden Elektroden wurden erst in den letzten Jahren eingehender untersucht, vgl. z. B. die Arbeiten von ERDMAMN-JESNITZER [1, 2], LORENZ [1, 2, 4], BURHORN [1], L. A. KING [2] und MANTEL [2]. Die Beobachtungen zeigen, daß Vorgänge in stationär brennenden Kohle- und Metallbögen große Ähnlichkeit besitzen, z. B. erfolgt der Umschlag von Niederstrom- zu Hochstrombögen bei kritischen Stromstärken von 50 bis 130 A. Unterhalb und oberhalb des kritischen Wertes brennen die Lichtbögen sehr ruhig und stationär.

Im folgenden wird eine Übersicht über die charakteristischen Unterschiede zwischen physikalischen Nieder- und Hochstrombögen gegeben.

a) Dampfausbrüche aus den Elektroden treten oberhalb der kritischen Stromstärke auf; hierbei werden Geschwindigkeiten von 10^3 bis 10^4 cm/sec beobachtet. Beim Hochstrombogen treten Dampfausbrüche zunächst bei der Anode, dann auch bei der Kathode auf. Es handelt sich um Kohle- bzw. Metalldämpfe, Tabelle der Verdampfungsdaten in Ziff. 38. Über neue Untersuchungen des Dampfaustrittes aus der Kathode von Kohlebögen, die bis zu 1800 A vorgenommen wurden, berichtet WIENECKE [5, 6]. Es treten bei >1400 A mehrere „*Fäden*" auf, die scharf begrenzt sind und als „überkontrahierte Säule" bezeichnet werden. Sie dürften dadurch bedingt sein, daß sich der normale Brennfleck in mehrere Brennflecke teilt, vgl. Ziff. 254 zum Schweißen mit hoher Stromdichte.

b) Die beim Niederstrombogen diffuse und strukturfreie Bogensäule zeigt bei Kohle- und Metallbögen hoher Stromstärke vielfach *Kontraktion* oder *Kernbildung*. Es treten koaxial zum Kern des Bogens weitere Schichten auf, die man als *Aureolen* bezeichnet, vgl. Ziff. 32.

c) Das Plasma des Hochstrombogens zeigt im Gegensatz zu dem des Niederstrombogens erhebliche *Steifheit*. Es fällt mit der Achsenrichtung der Elektrode zusammen und folgt Änderungen in der Lage der Elektrode (Ziff. 93).

d) Die kontrahierte Säule zeigt sehr *hohe Temperatur*, die steil in radialer Richtung abfällt. Die Achsentemperaturen betragen für die beiden Bogentypen 4000 bis 7000 bzw. 10000 bis 50000° K (Ziff. 35).

e) Die *Stromdichten* betragen 40 bis 300 A/cm² im Niederstrom-gegenüber 10^3 bis 10^7 A/cm² im Hochstrombogen. Die Bogensäule eines Niederstrombogens zeigt mit zunehmender Stromstärke vergrößerten Durchmesser bei praktisch konstanter Temperatur. Für die kontrahierte Säule ergeben sich oberhalb der kritischen Stromstärke mit wachsender Belastung Temperaturzunahme und praktisch konstanter Durchmesser (Ziff. 35).

f) Beim Hochstrombogen gehen *Plasmaströmungen* in achsialer Richtung von Kontraktionsstellen, d. h. Stellen hoher Stromdichte, aus. Diese Strömungen können sowohl von der Kathode als auch der Anode ausgehen. Liegen Kathoden- *und* Anodenbrennfleck vor, so treten gegenläufige Strömungen auf (Ziff. 136).

g) Neutrales, kaltes *Gas aus der Umgebung* des Bogens wird durch die Plasmaströmungen in das Plasma hereingezogen und thermisch ionisiert (Ziff. 35).

Die Plasmakontraktion bzw. Kernbildung von Hochstrombögen wird nach MAECKER [1, 2] zum Teil durch das *Eigenmagnetfeld* des Bogens bedingt, jedoch ergibt die Durchrechnung, daß es allein nicht ausreicht, um die beobachtete Kernbildung bei Stromwerten von etwa 50 bis 100 A zu erklären. Untersuchungen von L. A. KING [1, 2] an Lichtbögen, die in den Molekülgasen CO_2, O_2, H_2 und N_2 brannten, wiesen auf einen weiteren Faktor hin, der beim Auftreten der kritischen Stromstärke eine Rolle spielt. Die Erklärung liegt in der *Dissoziationsenergie* der Gase vgl. Tab. 2. Der Gang der kritischen Stromstärke mit der Dissoziations-

Tabelle 2. *Kritische Stromwerte für Kernbildung des Lichtbogens in verschiedenen Gasen nach* L A. KING [2]

Gas	CO_2	O_2	H_2	N_2
Dissoziationsenergie in eV ...	4,3	5,084	4,477	9,762
90% Dissoziationstemperatur in °K	3800	5110	4575	8300
Kritische Stromstärke (A) ...	0,1	0,5	1,0	50

energie der zweiatomigen Gase ist ersichtlich. Auf den Mechanismus, der dem Auftreten eines Kernes in bestimmten Schweißbogentypen zugrunde liegt, wird in Ziff. 266 eingegangen.

Der Spannungsabfall in der Bogensäule, meist 10 bis 50 V/cm, kann als gleichförmig über ihre ganze Länge angesehen werden. Er erhöht sich mit zunehmenden Energieverlusten an die Umgebung. Die größten, zahlenmäßig erfaßbaren .Verluste erfolgen durch Wärmeleitung und Strahlung. Von diesen betragen Strahlungsverluste 1 bis 10%. Die Verluste durch Konvektion können durch Wahl der äußeren Bedingungen ausgeschaltet werden. Somit verbleibt das Wärmeleitvermögen als entscheidender Faktor für die Einstellung des Gleichgewichtszustandes (Ziff. 36).

22. Kathoden- und Anodenfallgebiete. Beim Studium der Vorgänge an den Elektroden eines Lichtbogens erhebt sich die Frage, „Wie ist es möglich, eine Temperaturdifferenz von mehreren tausend Grad zwischen Raumtemperatur und Plasmatemperatur zu überbrücken und dabei einen stationär brennenden Lichtbogen zu betreiben?" Hier sei zunächst darauf hingewiesen, daß ein unmittelbarer Kontakt von Lichtbogensäule und Elektrodenmaterial nicht stattfindet. Er würde zu sehr schnellem Schmelzen und Verdampfen führen und zur Zerstörung der Elektroden, vgl. etwa das Einbringen eines Platindrahtes in die Bogensäule, der dort innerhalb ganz kurzer Zeit schmilzt. Der Schutz der Elektroden erfolgt durch die Kathoden- und Anodenfallgebiete hoher Feldstärke, die zwischen Bogensäule und Elektrodenstirnflächen liegen.

Zwischen dem kalten Einspannende der Elektrode und ihrer Stirnfläche besteht ein sehr erheblicher Temperaturgradient. Die *Brennflecktemperaturen* betragen bei hochschmelzenden Metallen häufig bogenseitig 3000 bis 3200° K, bei Kohleelektroden 3500 bis 4800° K (weitere Angaben in Ziff. 38). Erhitzung erfolgt vorwiegend durch Bombardement mit Ladungsträgern aus dem Bogenplasma. Dazu kommen Strahlung, Konvektion und Wärmeleitung vom Bogen. Weitere Wärmequellen stellen Stromwärmeerhitzung (Ziff. 61) und Erhitzung durch exotherme Vorgänge (Ziff. 77) dar. Die Stirnflächen der Elektroden sind vielfach geschmolzen. Der Werkstoffübergang erfolgt *nicht* durch Verdampfen und Kondensation des Materials, sondern durch Übergang in Form von flüssigen oder erstarrenden Partikeln (Ziff. 166). Der nächste, sehr erhebliche Temperatursprung ergibt sich in den Elektrodenfallgebieten.

Dort kann sich, abweichend vom Plasma, *kein thermisches Gleichgewicht* einstellen: Bei der geringen Dicke dieser Schichten erfolgt vielfach die Elektronenbeschleunigung so plötzlich, daß die Stoßzahl zu klein ist, um den thermischen Ausgleich herbeizuführen. Die Ionisierung muß dann in den Fallgebieten durch überthermische Elektronen erfolgen, die im Feld beschleunigt sind. Nur bei Lichtbögen von sehr hoher Temperatur kann auch in den Fallgebieten die Feldstärke so klein werden, daß vorwiegend thermische Ionisation und thermisches Gleichgewicht vorliegen.

Das umfangreiche Beobachtungsmaterial zeigt, daß das STEEN-BECKsche *Minimumprinzip* nun wie folgt formuliert werden kann: Für eine gegebene Stromstärke stellt sich die Summe von Kathoden- plus Anodenfall plus Spannungsabfall in der Bogensäule auf einen Minimalwert ein. Neben der Stromstärke des Bogens spielen die zu überbrückenden Temperaturgradienten und die thermischen Eigenschaften der in Wechselwirkung tretenden festen, flüssigen und gasförmigen Phasen eine Rolle. Zu den letzteren gehören wieder in erster Linie thermische und elektrische Leitfähigkeit, weiter Schmelz- und Verdampfungstemperaturen und Ionisierungsspannungen.

Bei Diskussion von Kathoden- und Anodenfall und der damit verbundenen Erscheinungen muß man sich vor Augen halten, daß der *Zustand der Elektrodenoberfläche* durch eine Reihe von Faktoren beeinflußt wird. Dazu gehören die Stromwärmeerhitzung und das intensive Bombardement mit Ladungsträgern, besonders wenn mit hohen Stromdichten gearbeitet wird. FINKELNBURG und MAECKER [1] weisen mit Recht darauf hin, daß man sich nicht eine wohldefinierte Elektrodenoberfläche vorstellen darf. Vielmehr dürfte die Gitterstruktur der Oberfläche auf eine Tiefe von mehreren Atomlagen gestört sein — vgl. die Verflüssigung und Verdampfung der Elektroden bei hohen Leistungen. Bei Vorhandensein eines stationären oder nur wenig beweglichen Brennfleckes werden sich die Gitterstörungen nur auf den Brennfleckdurchmesser erstrecken, während der Rest der Oberfläche gar nicht oder nur wenig angegriffen wird. Der Brennfleck befindet sich somit gewissermaßen in einem „*Tiegel*". Man kann diese Erscheinung technologisch ausnutzen, beispielsweise zur Einführung von Legierungselementen aus der Umhüllung durch die Abschmelzelektrode in das Schweißgut, vgl. Ziff. 235.

23. Kathode. Die Hauptaufgabe des Kathodenfalls ist die Beschleunigung der ausgehenden Elektronen, die zur Ionisation befähigt werden. Die positiven Ionen werden in entgegengesetzter Richtung beschleunigt und heizen durch Abgabe ihrer Energie die Kathode auf, wodurch weitere Elektronenemission ermöglicht wird.

Eine Übersicht über den gegenwärtigen Stand der Kathodenfalltheorien, die von verschiedenen Forschern vorgeschlagen wurden, geben FINKELNBURG und MAECKER [1]. Insbesondere wird dort erörtert, wie bei der thermischen Elektronenemission die hohe Temperatur, bei der Feldemission das hohe elektrische Feld und bei der Ionenemission die Plasmaschicht auf der erforderlichen hohen Temperatur gehalten werden und wie die Raumladungsverhältnisse beschaffen sind, die den Stromfluß zwischen Säulengrenze und Kathode bestimmen. Es wird darauf hingewiesen, daß wir zwar in der Lage sind, einen großen Teil der Beobachtungen zu erklären, daß wir jedoch bisher keine Theorie gefunden haben, die sämtliche experimentell sichergestellten Phänomene an der Kathode völlig erklären kann. Von besonderem Interesse für die Lichtbogenschweißung sind die folgenden Punkte:

Ladungsträger für die elektrische Überbrückung des Raumes zwischen Kathodenstirnfläche und Säule des Bogens sind bei Verwendung von *Kohle* und *hochschmelzenden* Metallen vorwiegend thermische *Elektronen*, die von der hocherhitzten Kathode emittiert werden, vgl. Ziff. 267. Falls hohe Stromstärken gefordert werden, kommen hierzu überthermische, durch hohe Feldstärke beschleunigte Elektronen aus dem Raumladungsgebiet, das unmittelbar an den eigentlichen Kathodenfall anschließt.

Bei *Metallkathoden mit niedrigerem Schmelzpunkt* werden bei Vorliegen von genügend hoher Feldstärke vor der Kathode Elektronen durch Feldemission geliefert.

Als dritte Möglichkeit für die Bildung von Ladungsträgern kommt hinzu: Falls sich das kathodenseitige Ende der Säule auf so hoher Temperatur befindet, daß die erforderliche Ionenstromdichte abgegeben werden kann, kann der Strom zwischen Kathodenoberflache und Bogensäule durch *positive Ionen* getragen werden.

Es sei hier angemerkt, daß sich einige niedrigschmelzende Metalle, z. B. Aluminium und Magnesium, beim Schweißen manchmal ebenso verhalten wie die hochschmelzenden Metalle. Dies beruht auf der Bildung von *Oxydschichten* auf ihrer Oberfläche, die hohe Schmelzpunkte besitzen. Sie werden beim Schweißen mittels besonderer Methoden entfernt, vgl. Ziff. 267.

Bei den meisten Lichtbögen, die zum Schweißen verwendet werden, findet eine Kombination von 2 oder 3 Methoden der Ladungsträgerbildung statt. So spricht man von „thermischer Feldemission", wenn thermische Emission und Feldemission gleichzeitig erfolgen. Die zu bewältigenden *Stromdichten* können bis zu 10^7 A/cm^2 betragen. Der *Kathodenfall* beträgt im allgemeinen 5 bis 20 V. Die Dicke des Anodenfallgebietes entspricht einer Ionenweglänge, etwa 10^{-3} cm. Werte für den Kathodenfall und für die *Elektronendichte* finden sich bei FINKELNBURG und MAECKER [1]. Beispielsweise sind in der Achse eines 200 A-Kohlehochstrombogens in 1,42 cm Abstand von der Kathode 7×10^{16} Elektronen/cm^3 vorhanden.

Die Beobachtung zeigt, daß drei Typen von Kathodenansätzen auftreten:

24. Brennfleckbogen. Im ersten Falle tritt an der Kathode ein gut definierter Brennfleck auf, vgl. Abb. 16a. Es handelt sich hierbei um einen *Brennfleckbogen*. Der Stromaustritt erfolgt an der zufällig heißesten Stelle der Kathode. Die Bildung des Brennflecks erfolgt nach WEIZEL und THOURET [1] gleichzeitig mit der Kontraktion der Bogensäule vor der Kathode. Der Brennfleckdurchmesser ist wesentlich geringer als der Durchmesser der ungestörten Saule und hängt von der Stromdichte ab. Die mittlere Stromdichte ist im kontrahierten Teil gegenüber der ungestörten Saule erhöht und der Kathodenfall ist erniedrigt. Weiter ergibt sich, daß die Temperatur des Plasmas in Kathodennähe ansteigt, dann in der Raumladungsschicht sprunghaft auf die Kathodentemperatur abfallt. Ein Dunkelraum zwischen Kathode und Plasma ist nicht sichergestellt. Die Größe eines wohldefinierten Brennflecks hoher Temperatur, der durch den Kathodenmechanismus aufrecht-

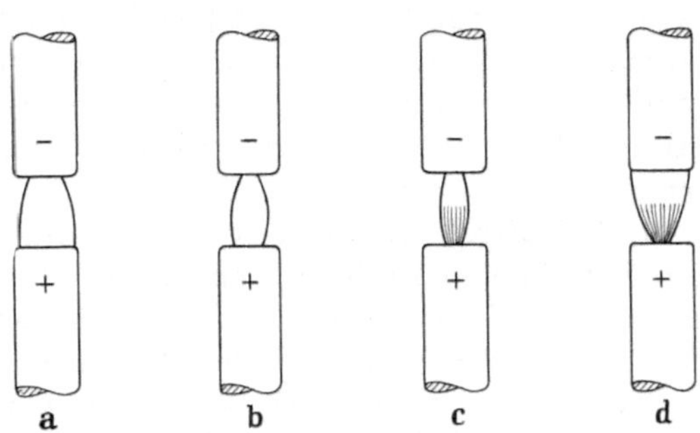

Abb. 16. Formen des Lichtbogens, schematisch; Kathode: a) Brennfleckbogen; b) nichtstationärer Brennfleckbogen; c) nichtstationärer Brennfleckbogen, verfärbt durch Anodenmaterial; d) brennfleckloser Lichtbogen; Anode: a) Niederstrombogen; b) nichtstationärer Brennfleckbogen; c), d) kontrahierter Bogen

erhalten wird, betragt z. B. 1 mm². Die im Brennpunkt erreichte maximale Temperatur wird vielfach gleich der Siedetemperatur des Kathodenmaterials angesetzt, doch durften erhebliche Überhitzungen auftreten. Der Brennfleck bleibt einigermaßen ruhig bei Kathoden aus Kohle und hochschmelzenden Metallen.

25. Nichtstationärer Brennfleckbogen. Im zweiten Fall wird ein stark kontrahierter Brennfleck hoher Stromdichte erhalten, der sich bei niedrigschmelzenden Metallen sehr schnell auf der Kathode bewegt, Abb. 16b. Dieser „nichtstationäre Brennfleckbogen" verlischt häufig und bildet sich neu aus. Die regellose, ruckartige Bewegung des Brennflecks wird oft durch explosionsartigen Dampfaustritt aus der Oberflache der Kathode verursacht. Weiter wird oft beobachtet, daß mehrere kleine Brennflecke gleichzeitig auftreten. Ein Dunkelraum ist nicht mit Sicherheit erkennbar. Es handelt sich hier um einen Feldbogen, der einen verhältnismaßig großen Bereich der Kathodenoberfläche aufschmilzt Abb. 16c zeigt einen nichtstationaren Brennfleckbogen, bei dem die Anode so stark erhitzt wird, daß Material von ihr abdampft und den Bogenkern färbt (Ziff. 266).

26. Brennfleckloser Bogen. Im dritten Fall tritt kein Brennfleck auf, es handelt sich um den erst seit verhältnismäßig kurzer Zeit eingehender untersuchten „*brennfleckloser Bogen*". Er bildet sich bei Steigerung der

Stromstärke *plotzlich* aus dem Brennfleckbogen aus. Der Kathodenansatz der Bogensäule erfolgt gegenüber der *gesamten* Oberfläche der
Kathode, vgl. Abb. 16d. Brennflecklose Lichtbögen sind eingehend für
Kohle- und Wolframelektroden unter Verwendung von Quecksilber
und Xenon experimentell und theoretisch untersucht worden, vgl.
THOURET, WEIZEL und GÜNTHER [1], WEIZEL und THOURET [1] und
ECKER [1]. Hierbei wurden Ströme bis etwa 30 A benutzt. (Private Mitteilung von Prof. Dr. WEIZEL.) BUSZ und FINKELNBURG [1] erhielten
brennflecklose Bögen bei wassergekühlter Wolframkathode und wassergekühlter Kupferanode in Argon, wobei Stromstärken bis 200 A und
Stromdichten bis 10^4 A/cm^2 erreicht wurden. Die Beobachtungen zeigten:

1. Bei Erreichen einer kritischen Belastung, die bei gegebener
Stromstärke und Kathodentemperatur auftritt, verschwindet plötzlich
der Brennfleck an der Kathode. Gleichzeitig breitet sich der Fußpunkt
des Bogens über ihre gesamte Oberfläche aus.

2. Die Kontraktion der Säule nahe der Kathode verschwindet.

3. Ein wohldefinierter Dunkelraum tritt zwischen Bogensäule und
Kathodenoberfläche auf. Die Übergangsschicht ist stärker als beim
Brennfleckbogen und hat eine Dicke von etwa 0,1 mm.

4. Die Brennspannung beim Auftreten des brennflecklosen Bogens
ändert sich nur sehr wenig gegenüber derjenigen des Brennfleckbogens.

5. Die Stromdichte ist, entsprechend dem größeren Bogendurch-
messer, geringer.

6. Die Temperatur der Kathode ist erheblich höher als beim Brennfleckbogen.

Brennflecklose Bögen werden sowohl bei Gleichstrom als auch bei
Wechselstrom erhalten. Abb. 17 zeigt drei kurzzeitige Aufnahmen eines
Wechselstrombogens und seines Brennflecks, der abwechselnd auf der
oberen und unteren Elektrode auftritt. Der Brennfleck verschwindet
zuerst in der Halbperiode, in der die obere Elektrode die Kathode ist.
Bei erhöhter Strombelastung verschwindet er auch auf der unteren
Elektrode. Die Spannungsoszillogramme in Abb. 17 zeigen zuerst *Zündspitzen* bei beiden Elektroden, dann nur noch bei der unteren Elektrode,
und schließlich fallen sie ganz weg. Die Deutung des Fortfalls der
Zündspitzen beim brennflecklosen Bogen kann wie folgt vorgenommen
werden: Die Kathode ist bei diesem Bogen so hoch erhitzt, daß thermische Elektronenemission und starke Verdampfung und Ionisierung
des Elektrodenmaterials erfolgen. Dazu tritt bei Kohleelektroden eine
geringe Wärmeleitung des Elektrodenmaterials, so daß die Temperatur
der Elektroden bei Spannungswechsel nur wenig sinkt. Daher ist im
Verein mit der großen Zahl der Ladungsträger keine erhöhte Spannung
bei Wiederzündung erforderlich (Ziff. 47). Beim Brennfleckbogen hingegen werden unter den Bedingungen der Abb. 17 bei Spannungswechsel

Plasma und Raumladungszone sehr schnell abgebaut. Nach Nulldurch-
gang wird eine erhöhte Spannung nötig, um den Bogen wieder zu
zünden und den Brennfleck wieder aufzubauen.

Bei Erniedrigung der Stromstärke eines brennflecklosen Bogens
tritt plötzlich der Brennfleckbogen wieder auf. Die kritische Stromstärke ist hierbei niedriger als bei Übergang in der Gegenrichtung.

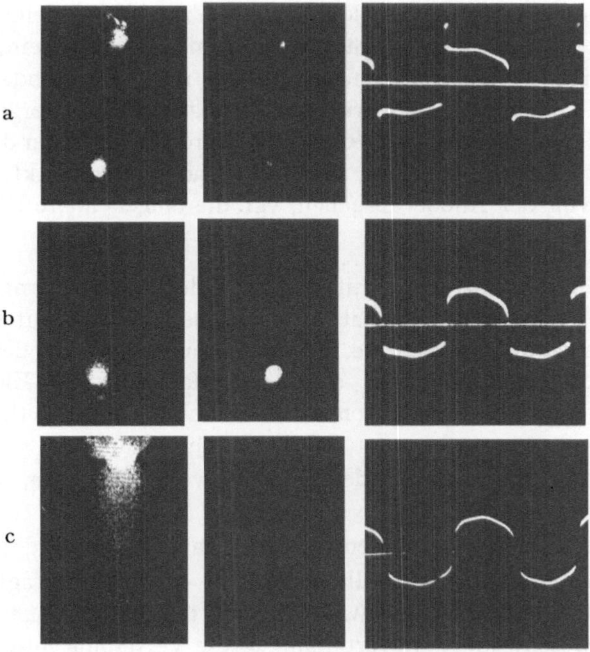

Abb 17. Übergang vom Brennfleckbogen zum brennflecklosen Bogen bei Wechselstrom, Xenonlampe,
zwei Wolframelektroden Die linken Aufnahmen des Bogens sind normal, die rechten hingegen schwach
belichtet, um die Brennflecke sichtbar zu machen

a) Brennfleck und Wiederzundspitze an beiden Elektroden ;   b) Brennfleck und Wiederzundspitze an
der unteren Elektrode,   c) beide Elektroden ohne Brennfleck und ohne Wiederzundspitze

Geringere kritische Stromstärke ergibt sich auch, wenn die Kathode
koaxial oberhalb von der Anode angeordnet ist als bei umgekehrter
Lage. Zur Erklärung sei darauf hingewiesen, daß eine Temperaturerhöhung der oberen Elektrode durch aufsteigende Gase erfolgt.
Die höhere Temperatur läßt den brennflecklosen Bogen bereits bei
geringerer Stromstärke auftreten (vgl. Abb. 17). Weiter ist von Interesse, daß unter sonst gleichen Bedingungen ein Wechselstrombogen
eine höhere Stromstärke zur Auslösung des brennflecklosen Bogens
erfordert als der Gleichstrombogen. Auch dieses deutet auf den Einfluß
der Temperatur der Elektrode hin.

Der Verfasser möchte bereits hier darauf hinweisen, daß der brennflecklose Bogen wohl eine in der Schweißtechnik bekannte, bisher jedoch

schwer verständliche Erscheinung zu erklaren vermag. Es handelt sich um den *Werkstoffübergang* von einer abschmelzenden Elektrode in das Schweißbad, der eine sehr wichtige Rolle in der modernen Schweißtechnik spielt. Die beim Schweißen üblichen Stromstärken liegen meist höher als bisher beim physikalischen, brennflecklosen Bogen untersucht. Der Werkstoffübergang erfolgt im allgemeinen in Form von verhältnismäßig großen Tropfen oder unregelmäßigen Brocken. Bei Steigerung der Stromstärke tritt dann plötzlich ein Umschlag in einen „feintropfigen", dann in einen „sprühregenartigen" Übergang ein, der aus kleinsten Tröpfchen besteht und einen sehr ruhig brennenden Bogen ergibt. Der Übergang des Werkstoffes erfolgt bei der letztgenannten Form von der gesamten Oberfläche der Elektrode aus, an der der Bogen nun ansetzt. Er ist nicht nur auf die Kathode beschränkt, sondern kann auch von der Anode ausgehen, vgl. die eingehendere Diskussion in Ziff. 171.

27. Anode. Der Strom unmittelbar vor der Anodenstirnfläche ist praktisch als reiner Elektronenstrom anzusehen. Es herrscht hier eine im wesentlichen unkompensierte, negative Raumladung, die den Potentialabfall vor der Anode, d. h. den Anodenfall, bewirkt. Elektronen werden hier zur Anode und Ionen, die durch Feld- oder thermische Ionisation erzeugt wurden, zur Säule hin beschleunigt.

Drei Prozesse, die im Anodenfallgebiet vor sich gehen, seien besonders hervorgehoben:

1. Die Erzeugung von Ionen, die zur Kathode abwandern.

2. Die allmähliche Umwandlung der mit einer ausgeprägten Vorzugsrichtung behafteten Geschwindigkeitsverteilung der Ionen in eine thermische Geschwindigkeitsverteilung. Diese Verteilung muß derjenigen entsprechen, die in der Säule mit quasineutralem, thermischem Plasma vorliegt; hier ist die Temperatur über viele freie Weglängen konstant.

3. Schließlich erfolgt der Übergang von der Gastemperatur der Säule zur Temperatur der Anode.

Für eine zusammenfassende Übersicht über den heutigen Stand unserer Kenntnisse des Anodenfalls beim physikalischen Lichtbogen sei auch hier auf den Handbuchartikel von FINKELNBURG und MAECKER [1] verwiesen. Die Klärung der Vorgänge an der Anode zeigt noch viele Lücken, doch sind in den letzten Jahren viele Probleme der Lösung näher gebracht worden, wobei die Erlanger Gruppe unter Leitung von FINKELNBURG und die Stuttgarter Gruppe unter HÖCKER und BEZ wesentliche Beiträge geliefert haben.

Der Anodenfall besitzt für verschiedene Arbeitsbedingungen Werte, die sich von fast Null bis über 30 V erstrecken. Wir legen nun einen Lichtbogen zugrunde, der zwischen Homogenkohlen brennt. Im

Niederstromgebiet ergibt sich zunächst kein Brennfleck auf der Anode. Der Fußpunkt des Bogens verteilt sich vielmehr gleichförmig über einen Durchmesser gleich der Anodenstirnfläche, vgl. Abb. 16a. Als nächstes Stadium tritt bei Temperaturerhöhung ein kleiner, auf der Anodenstirnfläche herumwandernder *Anodenbrennfleck* auf, Abb. 16b, wobei die Stromdichte z. B. 40 A/cm² beträgt. Bei Stromerhöhung vergrößert sich der Brennfleckdurchmesser, so daß die Stromdichte unverändert bleibt. Abb. 18 gibt nach BEZ und HÖCKER [2] eine schematische Darstellung des Potentialverlaufes vor der Anode eines Niederstromkohlebogens, dessen Saulenquerschnitt kleiner als derjenige der Anodenstirnflache ist. Aus dem Verlauf der Äquipotentiallinien kann man schließen, daß in diesem Bogenstadium die Elektronen in das anodische Plasma der 7000° K-Zone einwandern, da die Temperatur vor der Randzone nur 4000° K beträgt, so daß weder Feld- noch thermische Ionisierung möglich sind. In der Mitte der Entladung betragt der Anodenfall auf ungefähr einer freien Weglange λ_e der Elektronen 20 V.

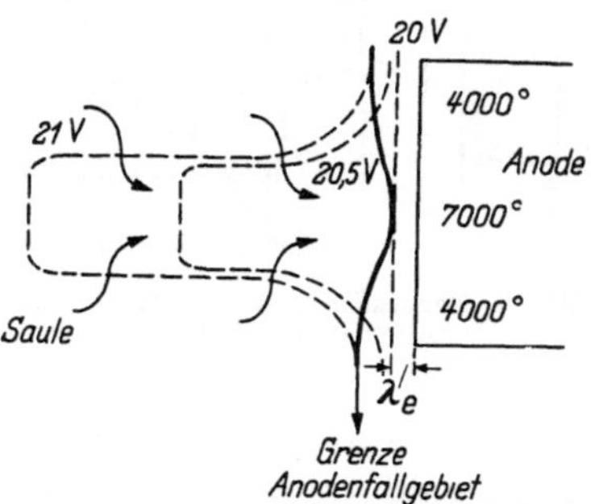

Abb 18 Schematische Darstellung des Potentialverlaufs vor der Anode eines Niederstromkohlebogens (Saulenquerschnitt < Anodenstirnflache, die Temperaturangaben bedeuten Gastemperaturen vor der Anode)

Mit zunehmender Stromstärke erreicht der Saulenquerschnitt den Durchmesser der Anode. Bei weiterer Steigerung sind zwei Möglichkeiten vorhanden: Der Anodenbrennfleck greift auf die Mantelfläche der Anode über; dies ist meist unerwunscht und kann apparativ verhindert werden (Ziff. 268). Die andere Möglichkeit besteht darin, daß sich der Bogen vor der Anodenstirnfläche kontrahiert, Abb. 16c und d, wobei eine erheblich höhere Stromdichte erhalten wird. Im letzteren Fall bewegt sich bei weiterer Stromsteigerung der Anodenbrennfleck mit großer Geschwindigkeit auf der Kohlenanode, z. B. mit 3×10^4 cm/sec. Es finden heftige Dampferuptionen von der Anode aus statt, und ein „*Mikrobrennfleck*" bildet sich innerhalb des Anodenflecks aus. Die Stromdichte für den Mikrobrennfleck ergab sich z. B. als 5×10^4 A/cm². Er bewirkt einen starken „Abbrand" (Materialverlust durch Verdampfung und Zerstäubung) der Anode. Dann folgt der brennflecklose Bogen.

Die Abb. 19 und 20 zeigen nach BEZ und HÖCKER [2] die *Raumladungsverteilung* vor der Anode eines Hochstromkohlebogens. Bei Abb. 19 ist die Verteilung derart, daß sich stabile Saulenverhaltnisse mit achsenparallelen Feldlinien einstellen. Im Fallgebiet dagegen wird die Raumladungsverteilung instabil und führt zur Kontraktion. Bewegung der Elektronen senkrecht zu den Äquipotentiallinien ergibt weitere Kontraktion der Stromfäden und in Achsennähe eine Erhöhung der negativen Ladungsdichte und des Potentials über den Wert der Abb. 19 hinaus. In Abb. 20 bewirkt das kontrahierte Raumladungsgebiet, daß auch in der Säule die Äquipotentialflächen nicht mehr parallel zur Anodenstirnfläche sind. Als Folge davon wandern die Elektronen in die Außenzone und bauen wieder ein Potentialfeld wie in Abb. 19 auf, das dann zu der in Abb. 20 dargestellten Verteilung führt. Es ergibt sich, mit anderen Worten, eine periodische Schwankung für Potential und Raumladung vor der Anodenstirnfläche.

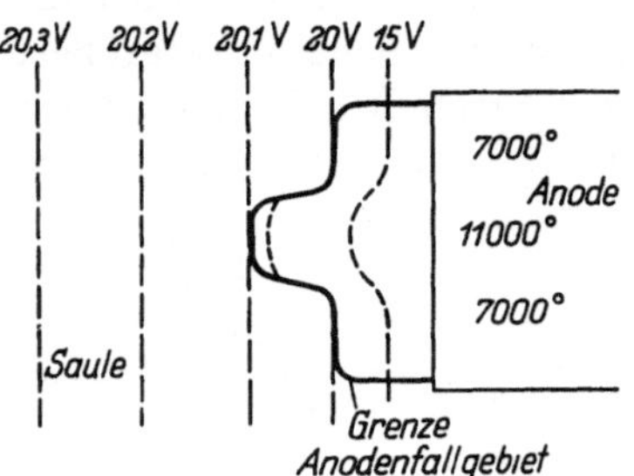

Abb 19 Raumladungen vor der Anode des Hochstrombogens, 1 Phase

28. Zischender Bogen. Gleichzeitig mit Überschreiten der üblichen Stromdichte von etwa 40 A/cm² beginnt der Hochstrombogen zu zischen. Die Zischfrequenzen für Stromstärke und Spannung liegen bei 1 bis 2 kHz, ihnen sind weitere Frequenzen von 50 bis 80 kHz überlagert. Die Betriebsdaten sind z. B. im Niederfrequenzgebiet 13 A und 30 V und im Hochfrequenzgebiet 0,5 A und 3 V. Das Zischen des Bogens ist seit langem bekannt, vgl. die Zusammenstellung bei FINKELNBURG und MAECKER [1]. Eine neue Arbeit von BEZ und HÖCKER [4] weist für den Hochstrombogen mit Homogenkohlen in Luft nach, daß die starke Anodenverdampfung bei Bildung des Mikrobrennflecks zusammen mit magnetischen Kräften die niederfrequente Zischerscheinung auslöst, während die hochfrequenten Schwankungen von Stromstärke und Spannung als Folgen des instabilen Anodenfallmechanismus erklärt werden.

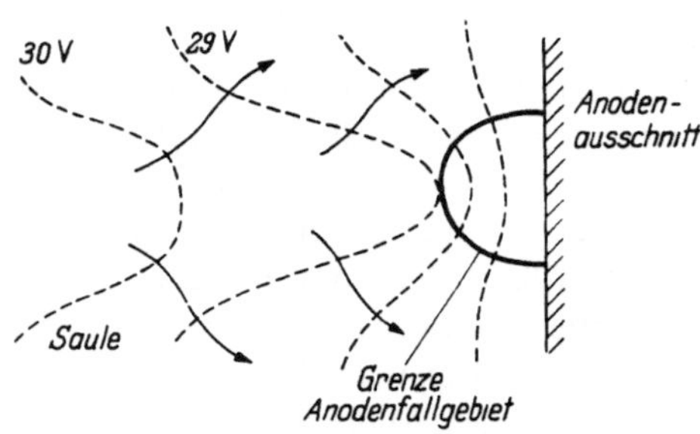

Abb 20 Raumladungen vor der Anode des Hochstrombogens, 2. Phase

29. Höchststrombogen. Bei weiterer Steigerung der Belastung verringert sich das Zischen und hört schließlich bei sehr hohen Stromstärken auf. Der Kern der Entladung wird mehr und mehr stabil und hängt weniger von Störungen seitens der Randzone ab.

Die Vorgänge vor der Anode von *Metallbögen* sind erst in den letzten Jahren eingehender untersucht worden. Man erhält auch beim Metallbogen unter Verwendung von hochschmelzenden Metallen, sowie bei niedriger schmelzenden Elektrodenmaterialien, eine dem Kohlebogen parallele Sequenz beim Übergang vom Niederstrom- zum Hochstrombogen und über den zischenden zum ruhigen, stationär brennenden Höchststrombogen der modernen Technik (Ziff. 40).

Als Beispiel sei hier für einen zwischen einer Wolframkathode und einer wassergekühlten Kupferanode in *Stickstoff* brennenden Bogen die Abhangigkeit des Anodenfalls von der Stromstärke nach den Untersuchungen von Busz-Peuckert und Finkelnburg [1] wiedergegeben (Abb. 21). Es wird eine Gerade erhalten, die sich durch die Beziehung darstellen läßt, $U_A = 22 - 0{,}1\,I$. Hier sind U_A der Anodenfall in V und I die Stromstarke in A.

Bei Lichtbogen mit kontrahiertem Fußpunkt vor der Anode und gut ausgebildetem Brennfleck tritt *Plasmastromung* in Richtung zur Kathode auf, ahnlich wie an der Kathode des Hochstrombogens. Es ist anzunehmen, daß die Plasmaströmung den Anodenfall und die Anodenleistung beeinflußt, doch liegen bisher nur vereinzelte Angaben hierzu vor. Zahlenwerte für den Anodenfall finden sich bei Finkelnburg und Maecker [1].

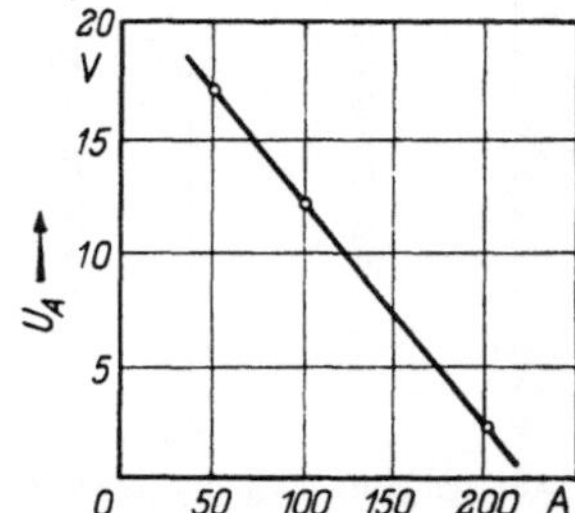

Abb 21 Abhangigkeit des Anodenfalls U_A von der Stromstarke in Stickstoff fur Bogenlangen $> 2\,$mm

30. Bogentypen beim Schweißen.

Es sei hier erwahnt, daß man fruher den zum *Schweißen* verwendeten Lichtbogen mit permanenten bzw. abschmelzenden Elektroden sorgfaltig unterhalb des Zischgebietes hielt. Heute geht man oft weit über das Zischgebiet hinaus. *Man findet in zunehmendem Maße, daß die Verwendung sehr hoher Stromstarken einen sehr ruhigen und stationär brennenden Lichtbogen ergibt, insbesondere daß der Werkstoffubergang durchaus gleichformig erfolgt,* vgl. Ziff. 170.

31. Anodenfallgebiet.

Für den Mechanismus des Anodenfalls ist die Stromdichte vor der Anode bestimmend. Bei relativ niedrigen Stromdichten erfolgt Feldionisierung und bei höheren Werten thermische Ionisierung.

Feldionisierung findet statt, wenn a) die Dicke des Anodenfallgebietes von der Größenordnung einiger freier Elektronenweglangen ist und b) wenn die Transportlänge (freie Weglänge fur Stöße mit neutralen Teilchen) der positiven Ionen λ_i^t merklich kleiner ist als die der Elektronen λ_e^t.

Das Anodenfallgebiet kann schematisch nach Bez und Hocker [1, 2, 3], Hocker und Bez [1] und Höcker [1] entsprechend Abb. 22 unterteilt werden, um einen klaren Überblick uber die Vorgänge zu gewinnen. Wir betrachten wieder den frei in Luft brennenden Lichtbogen mit Homogenkohlen von 40 A/cm² Stromdichte, 50 bis 60 A Stromstärke mit einem Anodenfall von 20 V, einer Temperatur vor der Anode von 4000° K und einer Säulentemperatur von 7000° K. Die Dicke des Anodenfallgebietes wird von der Abbremsung der Ionen bestimmt. Sie hängt etwas von der Höhe des Anodenfalls ab und erstreckt sich größenordnungsmäßig über etwa 15 freie Weglängen der Ionen, das sind bei Bögen mäßiger Temperatur 4,4 freie Weglängen der Elektronen, für das obige Beispiel $5{,}5 \times 10^{-3}$ cm. Die Gebiete II bis IV der Abbildung werden wie folgt gekennzeichnet:

Das *Beschleunigungsgebiet III* dient zur Aufnahme der zur Ionisierung erforderlichen Mindestenergie. Hier findet keine Stoßionisation statt; Elektronen- und Ionenstrom sind konstant und gleich dem Wert, den sie in der Säule besitzen.

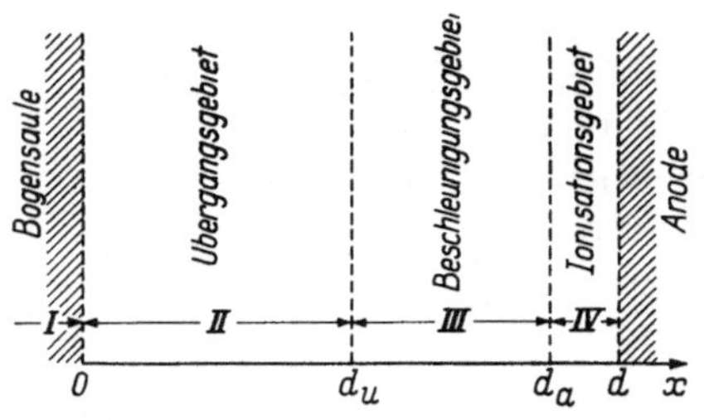

Abb 22 Aufteilung des Anodenfallgebietes
d_u Grenze Ubergangsgebiet/Beschleunigungsgebiet,
d_a Grenze Beschleunigungsgebiet/Ionisationsgebiet,
d Grenze Ionisationsgebiet/Anode

Die im *Ionisationsgebiet IV* stoßenden Elektronen, die im Beschleunigungsgebiet die nötige Energie erhielten, ionisieren neutrale Atome. Der Elektronenstrom nimmt in Richtung auf die Anode zu, der Ionenstrom im gleichen Maße ab, wobei die Summe beider konstant bleibt.

Im *Übergangsgebiet II* geht die Bewegung der Elektronen allmählich in freien Fall zur Anode uber. Der steile Spannungsanstieg innerhalb einer freien Elektronenweglange ist nur moglich, wenn gleich zu Beginn des Beschleunigungsgebietes eine erhebliche negative Raumladung vorliegt, während in der Saule die Raumladung verschwindet.

Die Ionen kommen aus dem Ionisationsgebiet mit einer Fallbewegung heraus, die im Beschleunigungsgebiet im wesentlichen beibehalten wird, jedoch im Übergangsgebiet in ungeordnete Bewegung umgewandelt wird, wie es der Anschluß an die Saule verlangt. Tab. 3 gibt eine Übersicht und weitere Zahlenangaben hierzu. Sie folgen aus den Gleichungssystemen, die von BEZ und HÖCKER für die verschiedenen Gebiete gesondert aufgestellt wurden. Werte für die Raumladung, die thermische Energie der Ionen, die Feldstärke und die Dicke der einzelnen Gebiete geben gute Übereinstimmung mit Versuchsergebnissen.

Thermische Ionisierung wird mit zunehmender Stromdichte erhalten. Der Übergang von der Feldionisierung zur thermischen Ionisierung ist mit Erhöhung der anodischen Plasmatemperatur verbunden. λ_e^t nimmt ab und λ_i^t wird größer. Schließlich wird eine *Grenze* erreicht, die durch die Bedingung $\lambda_i^t \approx \lambda_e^t$ charakterisiert ist.

Es ist nun von besonderer Wichtigkeit für technologische Zwecke, daß die hier auftretende Grenze der Feldionisierung *sehr empfindlich* ist. Sie hängt von der Zusammensetzung des Trägergases und jedweder

Veränderung in ihm ab, die z. B. durch mehr oder weniger starke Verdampfung von Anodenmaterial bei zunehmender Temperatur und erhöhter Anodenfall-energie auftreten kann (Änderung der Wirkungsquerschnitte und Ionisierungs-spannungen). Bezüglich des Einflusses von spurenförmigen Zusätzen zum Schweißbogen vgl. Ziff. 51.

Die *kritische Temperatur*, oberhalb der im Anodenfall keine Feldionisierung mehr möglich ist, liegt z. B. für Kohle-bögen bei 9000° K, für Wolfram-Kupfer-bögen in Argon- oder Stickstoffatmo-sphäre bei 6400 bis 7500° K. Oberhalb der kritischen Temperatur beginnen die Ionen die anodische Säulengrenzschicht aufzuheizen. Die Ionisierung vor der Anode erfolgt dann durch Elektronen, deren Energie mehr als die Ionisierungs-energie beträgt. Hierbei kann die mitt-lere Elektronenenergie und der dafür verantwortliche Anodenfall *unter* die Ionisierungsspannung sinken. Dies ent-spricht einer sprunghaften Erniedrigung der Brennspannung, die in der Technik oft bei Erhöhung der Stromstärke beob-achtet wird.

δ) Verloschen und Wiederzünden des Bogens

Als nächste Aufgabe werde der Mechanismus untersucht, der beim Ver-löschen des Bogens und, falls erforder-lich, seiner Wiederzündung vorliegt.

32. Verloschen des Bogens. Ein plötz-liches Verloschen kann die folgenden Ursachen haben: a) Abschalten bei Beendigung der Schweißung, b) Kurz-schluß zwischen Elektrode und Werk-stück infolge des Überganges von groben Brocken oder von großen Tropfen von der Elektrode zum Schweißbad und c) übermäßige Verlängerung des Bogens,

Tabelle 3 *Schematisierte Darstellung der Vorgänge im Anodenfall des Niederstromkohlebogens. Da sich die Ionen von der Anode zur Säule bewegen, sind die auf Ionen bezüglichen Spalten dem Fortschreiten der Vorgänge nach von unten nach oben zu lesen, nach* HOCKER [1]

	Dicke [10^{-3} cm]	Elektronen		Ionen		Ladungs-dichte
		Art der Bewegung	durchfallenes Potential [V]	Art der Bewegung	durchfallenes Potential [V]	
I	Säulenähnlicher Teil	4	Drift → freier Fall	$1\left(> \dfrac{1}{e}\dfrac{3}{2}kT\right)$	freier Fall → Drift	19	$\varrho^+ \approx \varrho^-$
II.	Übergangsgebiet . . .	1,2	freier Fall			18	
III.	Beschleunigungsgebiet	1,8		$14(= U_i)$	freier Fall	16	$\varrho^+ \ll \varrho^-$
IV.	Ionisationsgebiet . .	0,4		19	Entstehung	5	
		7,4					

die zu seinem Abriß führt. Dazu kommt als d) bei Wechselstrombögen das Verlöschen des Bogens bei Polwechsel nach jeder Halbperiode.

Die Vorgänge in der Säule und an den Elektroden der Lichtbogenentladung, die wir in den vorigen Kapiteln besprochen haben, führen dazu, daß bei Abschalten des Stroms, d. h. Fortfall der äußeren Energiezufuhr, der Bogen nicht sofort völlig aufhört. Es vergeht vielmehr eine gewisse Zeit, bis er völlig erloschen ist. Die Bestimmung dieses Zeitintervalls und die Auflösung des Mechanismus des abklingenden Bogens sind bereits seit langerem von Interesse, vgl. Untersuchungen und Literaturübersichten bei HOLM [1], WITTE [1] und ROHLOFF [1, 2, 3], zu denen in letzter Zeit die Untersuchungen von LORENZ [3], V. CALKER [1], WIENECKE [3], WEINSCHENK [1] und KIRDO [1] getreten sind.

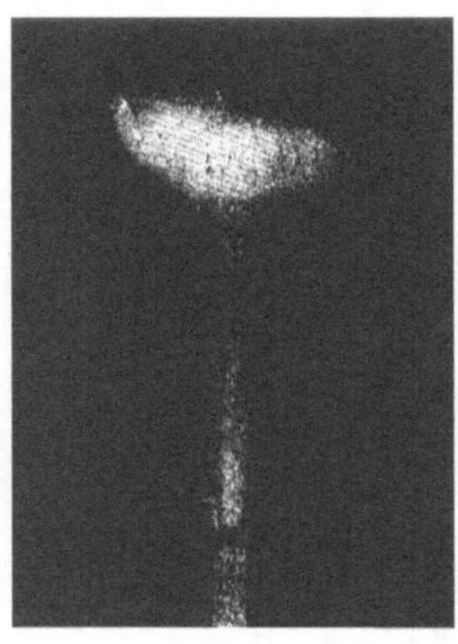

Abb 23 Hochstromkohlebogen, 200 A, Saule mit Kern, innerer und außerer Aureole

Wir gehen von einem *Hochstromkohlebogen* aus, der zwischen Graphitelektroden mit Gleichstrom von 200 A betrieben wird. Abb. 23 zeigt nach WIENECKE [3] die Saule mit dem Kern, der von den Aureolen umgeben wird; die Kathode von 5 mm Dmr. liegt unten, die Anode von 35 mm Dmr. oben. Der weißstrahlende Kern emittiert vorwiegend ein kontinuierliches Spektrum. Das Innere der Säule ist von der *blau-violetten Aureole* durch einen Dunkelraum getrennt. Ihr Emissionsspektrum zeigt im wesentlichen CN-Banden. Weiter folgt nach außen, wieder getrennt durch einen Dunkelraum, die schmalere, *gelbrote Aureole*, die beim stationaren Bogen seitlich an der Anode ansetzt. Ihre Strahlung stammt von CaO-Molekülen (Ca ist als Verunreinigung in den Elektroden enthalten), vgl. Ziff. 37.

Zeitlupenaufnahmen eines 200 A-*Kohlehochstrombogens* nach Abschalten des Stromes sind nach WIENECKE [1] in Abb. 24 wiedergegeben. Der Bogenkern als heißester Teil der Bogensäule kühlt sich am schnellsten ab. Er verschwindet zunächst an der Kathode und zieht sich dann auf die Anode zurück. Er ist nach etwa 130 μsec vollständig verschwunden, und die Achsentemperatur beträgt nur noch weniger als 9750° K. Die blau-violette Aureole verschiebt sich ähnlich wie der Bogenkern, jedoch mit geringerer Geschwindigkeit, zur Bogenachse. Sie verschwindet zunächst in Kathodennähe und zieht sich in Richtung auf die Anode zurück.

Die gelb-rote Aureole andert sich merklich erst *nach* Verschwinden des Bogenkerns. Sie wandert zunächst bis zur Ansatzstelle des Kathodenbrennflecks. Dann entfernt sich das Restplasma von der Kathode, bleibt jedoch durch einen leuchtenden Schlauch geringen Durchmessers mit ihr verbunden. Das Restplasma hält sich bis zu 5 msec, wobei die noch *auf hoher Temperatur befindliche Anode* der Abb. 24 die Abkuhlung stark verzogert. LORENZ [2] fand Abklingzeiten bis zu 25 msec.

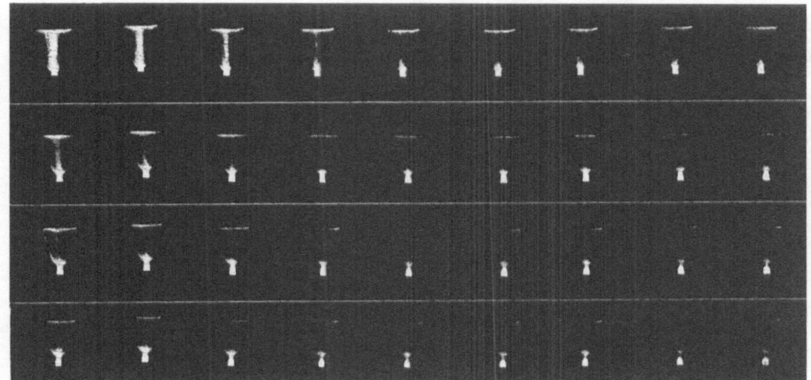

Abb 24 Aufnahmeserie eines abklingenden Hochstromkohlebogens, 200 A, Kathode unten, Elektrodenabstand 3,5 cm, zeitlicher Bildabstand 22 μsec Erstes Bild 25 μsec nach Abschalten des Bogenstromes

Der Energieausgleich des abklingenden Bogens mit der Umgebung ist wiederholt behandelt worden. WIENECKE [*1, 3*] bestatigt durch seine Versuchsdaten und Rechnungen, daß Abkühlung des abklingenden Bogens dadurch erfolgt, daß Energie (Enthalpie) im wesentlichen durch

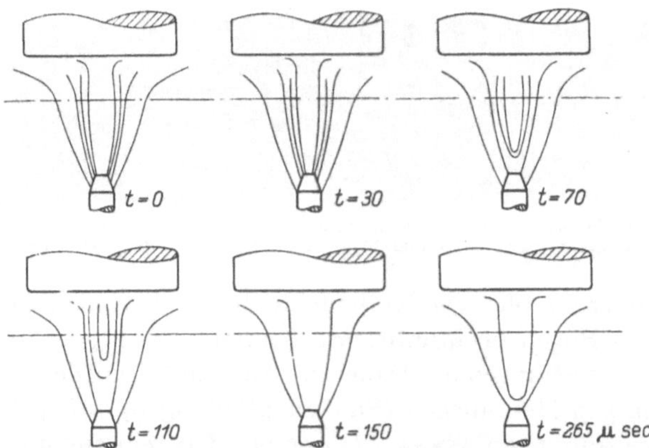

Abb 25 Isothermenfeld eines abklingenden Hochstromkohlebogens zu verschiedenen Zeiten nach Abschalten des Stromes mit eingezeichneter Bezugsflache (Temperatur der Isothermen von außen nach innen 4000, 6200, 7800 und 9750° K)

Warmeleitung abgegeben wird, während Strahlung und Konvektion nur geringe Rollen spielen. Das Isothermenfeld der Bogensäule vor dem Abschalten und beim Abklingen des Bogens wird nach dem gleichen Forscher als Funktion der Zeit in Abb. 25 dargestellt.

Das Abklingen von *Metallhochstrombogen* wurde ebenfalls von WIENECKE [*1*] neu untersucht. Er erhielt für einen Bogen zwischen einer

wassergekühlten Wolframkathode und einer wassergekühlten Kupferanode in Stickstoff- bzw. Argonatmosphäre die Zeitlupenaufnahmen der
Abb. 26 und 27. Die Kathode befand sich koaxial in 10 mm Abstand
oberhalb der Anode. Der *Stickstoffbogen* zeigt, ähnlich dem Kohlebogen in
Luft, einen Kern. Der Kern verschwindet ebenfalls nach etwa 130 μsec,
nachdem er sich von der Kathode abgesetzt hat. Auch hier tritt ein

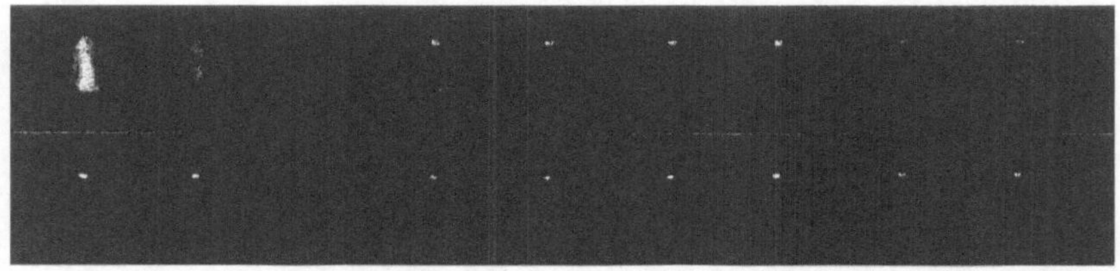

Abb. 26. Abklingender Stickstoffbogen, 200 A, Kathode oben, Elektrodenabstand 1,0 cm, zeitlicher
Bildabstand 24 μsec. Erstes Bild 43 μsec nach Abschalten des Bogenstromes

Verbindungsschlauch zur Kathode auf, der jedoch nur kurze Zeit
dauert. Bereits nach etwa 1 msec ist das leuchtende Plasma verschwunden. Beim *Argonbogen* mit gekühlten Elektroden ist keine Kernbildung
erkennbar. Das Plasma zieht sich nach Abschalten zunächst zusammen
und bildet dann ebenfalls einen Schlauch zur Kathode. Der Abkling-
vorgang ist innerhalb 0,35 msec beendet, erfordert somit die geringste
Zeit der drei genannten Bogenarten.

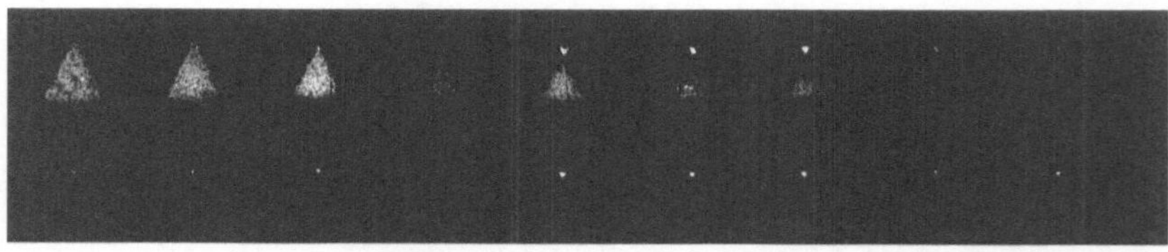

Abb. 27. Abklingender Argonbogen, 200 A, Kathode oben, Elektrodenabstand 1,0 cm, zeitlicher Bildabstand 25 μsec. Erstes Bild 32 μsec nach Abschalten des Bogenstromes

Ob Nachverdampfen von Kathodenmaterial die Schlauchbildung der
abklingenden Bögen beeinflußt, wie ROHLOFF meint, ist nicht sichergestellt. Untersuchungen der Dauer des Abklingens und des Neuaufbaues
von kurzzeitigen Metallbögen (Funkenentladungen) auf spektrographi-
schem Wege durch v. CALKER [1] ergaben Übereinstimmung mit den
Zeitlupenbestimmungen. Die Trägerdichte im abklingenden Bogen kann
nach der EGGERT-SAHA-Theorie berechnet werden, vgl. Ziff. 47.

Die *Temperaturen der Elektroden* zeigen für den abklingenden Bogen
bei Kohle und Metallen charakteristische Unterschiede. Infolge der
geringen Warmeleitfähigkeit der Kohle sinkt die Temperatur im Brennfleck nur langsam, während die hohe Wärmeleitfähigkeit der Metalle
ein sehr schnelles Absinken der Elektrodentemperatur bewirkt. Die
thermische Elektronenemission bleibt für den Kohlebogen während der

Löschpause des Wechselstromes zunächst erhalten, sinkt jedoch beim Lichtbogen zwischen hochschmelzenden Metallen zu sehr geringen Werten ab. Sie spielt beim Bogen zwischen niedrigschmelzenden Metallen keine Rolle. Kohle-Metall-Kombinationen zeigen Werte, die zwischen denen der Komponenten liegen.

33. Wiederzünden des Bogens. Beim Lichtbogenschweißen soll Wiederzündung des Bogens nach seinem Erlöschen durch Kurzschluß erfolgen. Weiter soll bei Verwendung von Wechselstrom nach jeder Halbperiode Wiederzündung eintreten. Die gegenteilige Aufgabe, nämlich die Verhinderung der Wiederzündung, liegt bei Wechselstromschaltern vor, uber die HOLM [1] und andere berichtet haben. Eingehende Untersuchungen des Mechanismus der Wiederzundung eines Bogens

Abb 28 Zeitlupenaufnahme eines wiederdurchzundenden Hochstromkohlebogens mit von der unten liegenden Kathode hervorwachsendem Bogenkern nach Stromunterbrechung von 700 μsec Endstromstarke 200 A, zeitlicher Bildabstand 19 μsec Erstes Bild 45 μsec nach Wiederanlegen der Spannung

nach kurzer Unterbrechung verdanken wir TODD und BROWNE, JR. [1], TIMOSHENKO [1], LORENZ [2, 3, 4, 5], WIENECKE [2,3] und WEINSCHENK [1, 2]. Es ergibt sich hieraus das folgende Bild:

Die Ruckzundung erfolgt um so schneller, je langsamer der Verlust von Ladungstragern in der Restsaule, den an die Elektroden grenzenden Saulenteilen und dem Bogenraum erfolgt. Weiter spielt der Verlauf der Spannungskurve, die durch die Größen des außeren Stromkreises bedingt wird, eine erhebliche Rolle. Unter gegebenen Bedingungen ist beim Wiederzunden eines Bogens die Zeitdauer ausschlaggebend, die seit Verlöschen des Bogens verflossen ist. Bei sehr kurzzeitigen Unterbrechungen ist das Leitvermogen der Entladungsstrecke hoher als bei erstmaliger Zundung, da sich noch erhebliche Mengen von Ladungsträgern im Lichtbogenraum vorfinden, die eine Zündung erleichtern. Man findet daher in den meisten Fällen, daß die Spannung fur Wiederzündung des Bogens niedriger ist als die Spannung fur erstmalige Zündung; sie liegt jedoch hoher als die Betriebsspannung für stationäres Brennen des Bogens. Hat sich die Löschpause uber eine zu lange Zeit, ausgedehnt, so ist die Dichte der Ladungstrager so gering geworden, daß die Zündung in gleicher Weise erfolgen muß, wie in Ziff. 14 für die erstmalige Zündung eines Bogens beschrieben wurde. LORENZ [5] bezeichnet diese beiden Arten der Zundung als „Kathoden-" bzw. „Saulenzündung".

Abb. 28 zeigt nach WIENECKE [2] den Aufbaumechanismus eines kurzzeitig unterbrochenen Hochstromkohlebogens. Es erfolgt Ausbildung des Plasmastrahles von der Kathode aus, bevor sich ein neuer Kern bilden kann. Anschließend wächst der Kern zur Anode vor. Hierbei treten folgende Geschwindigkeiten auf: Am Rand des vorwachsenden Kerns ergeben sich unmittelbar vor der Kathode 70 m/sec und in einem Abstand von 2,5 cm von der Kathode 25 m/sec. In der Achse ergeben sich vor der Kathode (extrapoliert) 340 m/sec und in 3 cm Abstand nur noch 70 m/sec. Der große Unterschied zwischen Rand- und Achsengeschwindigkeit wirkt sich auch auf das Profil des vorwachsenden Bogenkerns aus.

Die *Kurzschlußdauer* beträgt beim Werkstoffübergang nach LORENZ [5, 6] 0,01 bis 1 msec. Werte von der Größenordnung 0,01 msec würden nach den Meßresultaten für den Kohlebogen der Abb. 24 zu unmittelbarer Wiederzündung führen, da der Bogen noch nicht völlig abgeklungen ist. Der Metallbogen ist hingegen innerhalb dieser Zeit praktisch verloschen. Zur sicheren Wiederzündung müssen zusätzlich Ladungsträger eingeführt und/oder erhöhte Spannung bzw. Hochfrequenzstoß oder -überlagerung vorgesehen werden, wie in Ziff. 17 besprochen. Bei erhöhter Kurzschlußdauer, beispielsweise 1 msec oder mehr, muß selbst für den Kohlebogen eines der obigen Mittel zur raschen Bildung des Vorentladungskanals benutzt werden. Dies gilt insbesondere für den Fall, daß die Elektroden genügend Zeit hatten sich abzukühlen. Die Wiederzündung von Metallbögen erfolgt daher bei längerer Unterbrechung ebenso wie bei erstmaliger Zündung.

Bei *Wechselstrom* soll die Wiederzündung regelmäßig nach jedem Polwechsel erfolgen. Lichtbögen, die zwischen *Kohleelektroden* betrieben werden, ergeben meist ohne besondere Schwierigkeiten Wiederzündung. (Über Methoden zur Beeinflussung des Leitvermögens der Bogenstrecke durch Zusätze, vgl. Ziff. 47.)

Bei *Metallbögen* werden meist Zusatzgeräte zu den Stromquellen eingeschaltet. Sie können den Zweck haben, Zündspitzen der Spannungskurve zu erhöhen (vgl. Abb. 14), so daß das Lawinenstadium der Vorentladung herabgesetzt wird und beschleunigter Kanalaufbau erfolgt, somit Verringerung der Aufbauzeit der Vorentladung und sichere Bogenzündung erhalten wird.

In anderen Fällen überlagert man dem eigentlichen Bogenstrom eine hochfrequente Komponente derart, daß während der Löschpause des 50 Hz-Wechselstromes genügend Ladungsträger in der Bogenstrecke erzeugt werden, um sichere Wiederzündung zu erhalten und den Bogen zu stabilisieren, vgl. Ziff. 17. Als Beispiel sei der Fall erwähnt, daß eine *Elektrode* sehr *hohe Temperatur* besitzt, während sich die andere Elektrode oder das *Werkstück* auf *niedriger Temperatur* befindet. In der einen Halbperiode stehen dann mehr Ladungsträger für den Stromtransport zur Verfügung als in der anderen. Das Resultat ist häufige Verzögerung oder Aussetzen der Zündung und Gleichrichterwirkung, die unerwünscht ist, z. B. beim Schutzgasschweißen von Aluminium und anderen niedrigschmelzenden Metallen und Legierungen mittels Wolframelektrode. Abhilfe wird hier durch passende Anordnung von Kondensatoren und konstante Hochfrequenzüberlagerung gebracht, wodurch die Stabilisierung des Bogens sichergestellt wird.

ε) *Temperaturen des Bogens und der Elektroden*

34. Drei Temperaturbezirke. In den bisherigen Abschnitten wurde wiederholt auf die Bedeutung der Temperatur als entscheidende Größe für die Vorgänge im „physikalischen Lichtbogen" und in seiner technologischen Anwendung, dem „Schweißbogen", hingewiesen. Wir wollen nun die Temperaturverhältnisse, die im Lichtbogen vorliegen, im Zusammenhang betrachten. Für verschiedene Bogentypen und innerhalb verschiedener Bereiche des gleichen Bogens schwanken die Temperaturen in weiten Grenzen. Die Schwierigkeiten, die bei der Bestimmung der sehr hohen Bogentemperaturen (bis zu $50000°$ K) auftreten, sind wohl bekannt. Man ermittelt diese Temperaturen z. B. mit Hilfe von Messungen der Elektronendichte, der Schall- oder Stoßwellengeschwindigkeit, der Intensität bestimmter Spektrallinien oder Banden und der Absorption von Röntgenstrahlen.

Im physikalischen Bogen liegen zwei Temperaturbezirke gleichzeitig vor: a) Temperatur der Lichtbogensäule und b) Temperatur der Elektroden. Hinzu kommt beim Schweißlichtbogen als dritter Temperaturbezirk c) die Temperatur des Werkstoffes, der zwischen Elektrode oder Zusatzdraht und Werkstück übergeht. Wir besprechen in diesem Kapitel die Temperaturen der Bogensäule und der Elektroden, gehen dann in Ziff. 68 und 207 auf die Temperatur des übergehenden Werkstoffes und damit verbundene Fragen ein.

35. Temperatur der Bogensäule. Bei den uns interessierenden thermischen Bögen sind die Elektronen-, Ionen- und Gastemperaturen in der Säule praktisch gleich. Auf die Temperatureinstellung des Bogens haben wärmephysikalische, elektrische und geometrische Parameter Einfluß. Hier sind zu nennen Wärmeleitung und Konvektion, elektrische Leitfähigkeit der Bogenatmosphäre und der Umgebung sowie Ionisationspotential der Bogengase und der Metalldämpfe. Zwischen diesen Größen besteht ein funktioneller Zusammenhang. *Wird bei einem stationär brennenden Bogen nur einer dieser für seinen zeitlichen und räumlichen Aufbau wichtigen Parameter geändert, dann müssen sich zwangsläufig mehrere oder alle anderen Parameter ändern;* insbesondere muß sich die Plasmatemperatur neu einspielen. So besteht bei Erhöhung der Stromstärke des Bogens die Tendenz, den Durchmesser der Säule bzw. ihre Temperatur zu erhöhen. Als Folge davon werden thermische und elektrische Leitfähigkeit beeinflußt usw. Die Wiedereinstellung des thermischen Gleichgewichtes findet hierbei in äußerst kurzer Zeit statt.

Resultate von Temperaturbestimmungen der Bogensäule finden sich u. a. bei v. ENGEL und STEENBECK [2], SPRARAGEN und LENGYEL [1], FINKELNBURG [2], SCHIMPKE und HORN [1] und BROUN und POGODIN-ALEXEJEW [2] zusammengestellt.

Wir teilen das umfangreiche Beobachtungsmaterial in zwei Gruppen ein: 1. Beobachtungen an frei brennenden Lichtbögen in Luft und 2. an Bögen, die in einer Schutzgasatmosphäre betrieben werden. Es sei jedoch bemerkt, daß in praktisch allen Fällen eine *Verdampfung des Elektrodenmaterials* oder des Zusatzdrahtes erfolgt. Die Verdampfungsprodukte wirken als Schutzgas, üben jedoch erst bei hohen Stromdichten einen Einfluß auf die Säule aus.

Tab. 4 gibt eine Zusammenstellung von typischen Achsentemperaturen der Bogensäule in Luft und in Schutzgasatmosphären. Es werden Niederstrom- und Hochstrombögen unterschieden, und jede Gruppe wird in sich noch nach permanenten und Abschmelzelektroden eingeteilt. Obwohl die Zahl der Messungen bisher gering ist, ist diese Tabelle aus verschiedenen Gründen von erheblichem Interesse:

a) Es zeigt sich, daß — entgegen früheren Annahmen — die Achsentemperaturen von Hochstrombögen mit *Kohle- und Metallelektroden* verhältnismäßig geringe Unterschiede aufweisen. LORENZ [2] erwähnt als eine gemeinsame Betriebstemperatur 10000° K, die mit anderweitigen Bestimmungen gut übereinstimmt. Auch sonst hat sich auf Grund der Untersuchungen der letzten Jahre große Ähnlichkeit der Eigenschaften von Kohle- und Metallbögen ergeben.

b) Der Einfluß der *Schutzgasatmosphäre* auf Niederstrombögen mit Eisenelektroden ergibt nach GORDON, COTTER und PARKER [1]: Die höchste Bogentemperatur tritt für Kohlendioxyd mit 5900° K auf. Es folgen in abnehmender Reihenfolge Stickstoff, Luft und Argon.

c) Das *Temperaturfeld* für einen in *Luft* brennenden Hochstrombogen zwischen Kohleelektroden wurde bereits in Abb. 25 gebracht. Isothermen für Hochstrombögen in Argon zwischen Wolframkathode und Kupferanode (beide wassergekühlt) wurden von BUSZ und FINKELNBURG [1] und BUSZ-PEUCKERT [1] ermittelt, Abb. 29. Für Stromstärken von 100, 200 und 500 A ergaben sich die sehr hohen Achsentemperaturen von 18000, 20000 und 28000° K nahe der Kathode, ohne daß ein Kern auftrat. Ein entsprechender Metallbogen in *Stickstoff* ergab Kernbildung und 30000° K bei 500 A. Die minimale Brennspannung der Bögen in Argon ergab sich zu 7,5 V, d. h. noch unterhalb der ersten Anregungsspannung des Trägergases, die der Stickstoffbögen als 14 V. Bei Bögen mit Wolframkathode und Kohleanode ergaben sich die gleichen Werte.

Bei gegebenen geometrischen Parametern ergibt eine Erhöhung der Wärmeleitzahl eine Verringerung des Durchmessers und eine Erhöhung

Tabelle 4. *Beispiele für die Achsentemperatur der Bogensäule in Luft und Schutzgasen, in °K*

Atmosphäre	Luft	Helium	Argon	Stickstoff	Kohlendioxyd	Wasserstoff
1. Niederstrombogen						
a) Permanente Elektrode:						
Homogenkohle	5500—7000			8300	3800	3950—5000[1]
Wolfram	5300—6300					
b) Abschmelzelektrode:						
Eisen	3600—6300	(4900)[2]	5200	5520	5900	
Kupfer	4050					
2 Hochstrombogen						
a) Permanente Elektrode.						
Homogenkohle	7000—13000					
b) Abschmelzelektrode.						
Eisen	6000—12000					
c) Kombinierte Elektroden:						
Wolfram/Kupfer, wassergekühlt			18000—30000	18000—30000		

[1] Arcatomverfahren
[2] Bogen unstetig brennend

3a*

der Temperatur der Bogensäule, z. B. beim Übergang von Argon zu Stickstoff oder von Luft zu Wasserstoff. Das *Plasma* von Metallbögen hat z. B. in Argon bei 30000° K eine *Zusammensetzung* von 66% freien Elektronen, 29% doppelt ionisierten Argonatomen, 4,6% A^+ Ionen, Rest A^{+++} Ionen. Die Strahlung der Argonbögen ist wegen der geringen Plasmadichte bei hohen Temperaturen sehr gering, so daß weniger Strahlungsverluste als in Luft entstehen und eine höhere Temperatur erreicht wird; auch die hohe Ionisierungsspannung des Trägergases wirkt im Sinne der höheren Temperatur.

d) Der Einfluß der *Plasmaströmungen* auf die Temperatur der Bogensäule kann wie folgt verstanden werden: Die von Engstellen des Hochstrombogens ausgehenden Plasmaströmungen besitzen zunächst

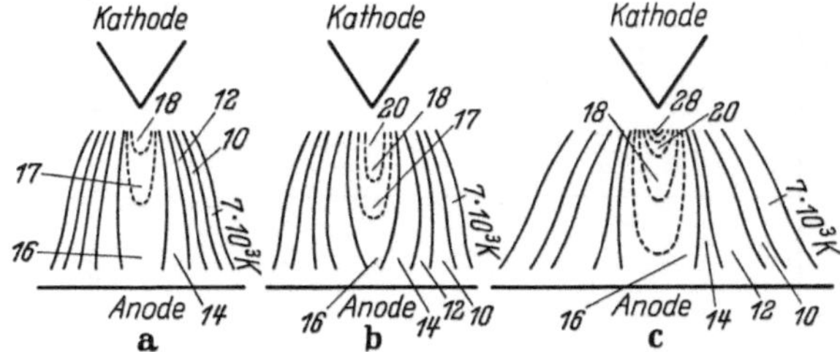

Abb. 29. Isothermen im (a) 100, (b) 200 'und (c) 500 A Argonbogen. Die gestrichelten Isothermen wurden aus extrapolierten bzw. interpolierten Kurvenstucken des radialen Temperaturverlaufes erhalten

wegen der hohen Stromdichte sehr hohe Temperatur. Sie werden zunächst die Achsentemperatur der Säule im Vergleich zu einem Plasma ohne diese Strömungen zu erhöhen suchen. Gleichzeitig erhöht sich jedoch auch die Wärmeleitfähigkeit, so daß sich beschleunigter Temperaturausgleich und damit wieder praktisch gleichförmige Temperatur über die Gesamtlänge der Bogensäule ergibt, vgl. Ziff. 263. FINKELNBURG und MAECKER [*1*] weisen auf die Rolle der elektrischen Leitfähigkeit σ im Plasmastrahl hin. Falls die σ-Werte bei erhöhter Temperatur nicht wesentlich größer sind als die der Umgebung, werden die elektrischen Stromlinien durch die Plasmaströmung kaum verändert; Beispiel: Metallhochstrombogen in *Argon* zwischen gekühlten Elektroden, bei dem sich *kein Kern* ausbildet (Ziff. 266).

Wenn jedoch der Wert von σ im Plasmastrahl mit der Temperatur zunimmt, wird mehr JOULEsche Wärme erzeugt und damit die Temperatur des Plasmastrahles erhöht. In Molekülgasen ergeben sich bei genügender Stromdichte vor der Kathode so hohe Temperaturwerte, daß die Gase dissoziieren und der typische *Kern* ausgebildet wird, vgl. Tab. 2; Beispiel: Metallhochstrombogen in *Stickstoff*, Ziff. 32. Das aus der Umgebung einströmende kalte Gas wird schnell auf hohe Temperatur erhitzt und in Richtung der gegenüberliegenden Elektrode be-

schleunigt, es hat somit keinen Einfluß auf die Temperatur der Bogensäule.

Die Bogentemperatur kann für gegebene Energiezufuhr dadurch
erhöht werden, daß der Bogen allseitig durch ein Pulver eingeschlossen
wird, das man als „Schweißmittel", „Flußmittel" oder „Flux" bezeichnet. Bei dieser „*Unterpulverschweißung*" brennt der Bogen in einem
engen Hohlraum zwischen der Elektrode und dem Werkstück. Die
Verluste durch Wärmeleitung und Strahlung sind wesentlich geringer
als im frei brennenden Bogen, vgl. Ziff. 271.

36. Die Temperaturverteilung im ungestörten Bogen. Sie läßt sich mit
Hilfe der ELENBAAS-HELLERschen Differentialgleichung ermitteln, die
den meisten Säulentheorien der letzten Jahre zugrunde liegt, vgl. z. B.

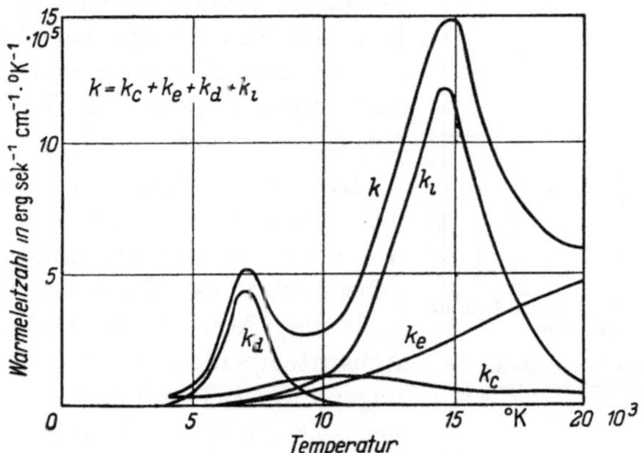

Abb. 30. Abhangigkeit der Warmeleitzahl k von der Temperatur fur Stickstoff, nach L. A. KING [2]:
k_c Klassische Warmeleitzahl von Atomen und Molekulen; k_e Beitrag der freien Elektronen; k_l Beitrag der Diffusion ionisierter Paare; k_d Beitrag der Diffusion dissoziierter Paare

MANNKOPFF [1], SCHIRMER [1] und FINKELNBURG und MAECKER [1].
Die einem Lichtbogen zugeführte Energie wird durch Wärmeleitung,
Strahlung und Konvektion wieder abgegeben. Hierbei spielt, wie bereits
in Ziff. 21 erwähnt, die Wärmeleitung die wesentliche Rolle, während
die Strahlung und Konvektion vernachlässigt bzw. kompensiert werden
können, vgl. auch Ziff 237.

L. A. KING [2] schreibt die Beziehung für das Energiegleichgewicht
eines zylinderförmigen Bogens in der Form

$$\sigma E^2 = -\frac{1}{r}\frac{d}{dr}\left(r\,k\,\frac{dT}{dr}\right). \tag{2}$$

Hierin bedeuten σ die elektrische Leitfähigkeit, E den Spannungsabfall,
r den Radius der Bogensäule, k die Wärmeleitzahl und T die absolute
Temperatur.

Abb. 30 zeigt für Stickstoff (N$_2$), dem Hauptbestandteil der Luft,
die Abhängigkeit der einzelnen Komponenten und die der resultierenden

Wärmeleitzahl k zwischen den üblichen Lichtbogentemperaturen von 4000 bis 20000° K. Es ergibt sich für k, wie auch bei anderen zweiatomigen Gasen beobachtet wurde, eine Kurve, die zwei Maxima besitzt. Sie liegen hier bei etwa 7000 und 14000° K. Abb. 31 gibt nach L. A. King [2] den Gang der *elektrischen Leitfähigkeit* σ für Stickstoff bis zu hohen Temperaturen wieder. Die Steigung der Kurve ist bis zu etwa 8000° K sehr groß und nimmt dann allmählich ab.

Berechnete und einige gemessene *Achsentemperaturen* für Lichtbögen in Stickstoff werden in Abb. 32 nach L. A. King [2] dargestellt. Die Grenzen für Nieder- und Hochstromkohlebögen sind nach Finkelnburg [3] bei 7000 und 10000° K eingezeichnet.

Die beiden Maxima der Abb. 30 werden durch *Dissoziation* bzw. *Ionisation* des Gases verursacht. Entsprechend ergeben sich in der Kurve des Temperaturverlaufes, Abb. 32, zwei Wendepunkte. Achsentemperaturen des Niederstrombogens in Stickstoff fallen in das Gebiet positiver Steigung bis zum ersten Maximum der k-Kurve. Der Hochstrombogen mit Kern beginnt bei etwa 50 A für Homogenkohlen im Gebiet negativer Steigung. Die Achsentemperatur erhöht sich weiter mit der Stromstärke entsprechend der Zunahme von k für ionisierte Gase.

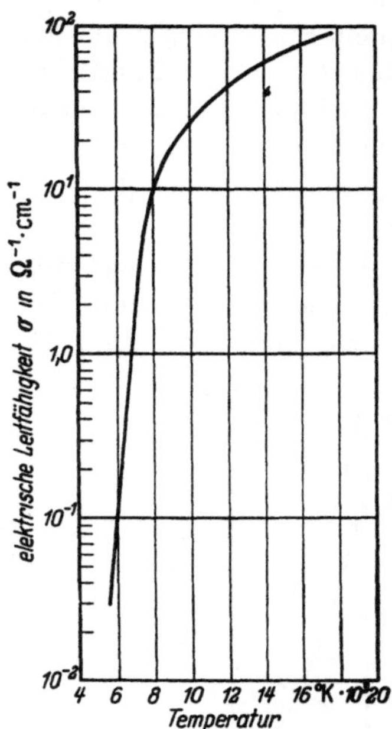

Abb. 31. Elektrische Leitfähigkeit σ für Stickstoff in Abhängigkeit von der Temperatur

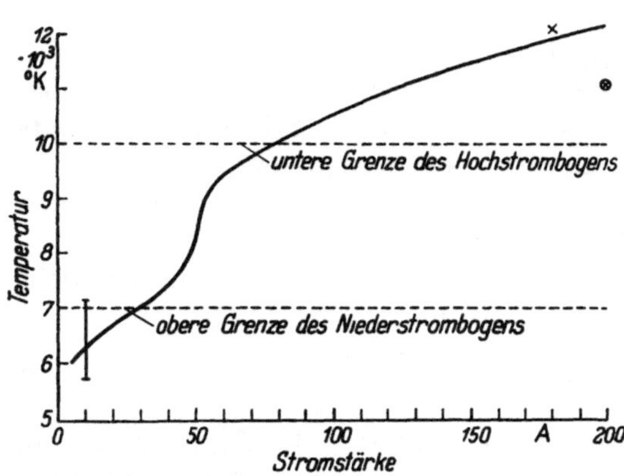

Abb. 32. Veränderung der Achsentemperatur in Abhängigkeit von der Stromstärke für den Stickstoffbogen; x Ornstein [1], ⊛ Maecker [3]. Temperaturen für den Niederstrombogen in Luft sind durch die Gerade parallel zur Temperaturachse links angedeutet

37. Radiale Temperaturverteilung in der Lichtbogensäule.

Sie ist für die Lichtbogenschweißung von besonderem Interesse, weil sie Form und Güte der Schweißnaht weitgehend beeinflußt, Ziff. 266. Der Temperaturabfall in radialer

Richtung ist sehr steil; von der hohen Temperatur in der Bogenachse erfolgt der Abfall zur Raumtemperatur auf einer Strecke von wenigen mm. Der Durchmesser des Bogenrandes beträgt je nach Stromstärke etwa 3 bis 60 mm. Abb. 33 gibt für einen Niederstrombogen mit *Eisenelektroden* den radialen Temperaturverlauf nach Burhorn [1] wieder. Der Bogen brannte mit 5 A, die Temperatur wurde spektrophotometrisch ermittelt.

Die radiale Temperaturverteilung für *Kohlebögen* hoher Stromstärke wurde sehr eingehend durch Maecker [1, 2, 3] unter Verwendung verschiedener Methoden untersucht. Abb. 34 zeigt die Zusammenfassung aller Temperaturmessungen. Die Meßmethoden sind in die Figur eingetragen. Die nach verschiedenen Verfahren ermittelten Werte schließen sich gut aneinander an. Die Temperaturen für die

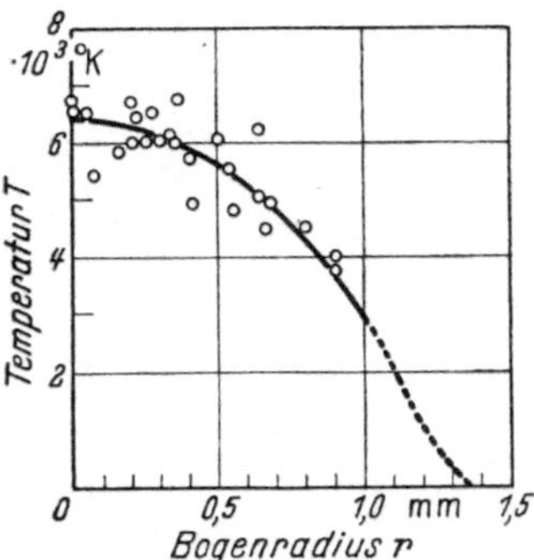

Abb. 33. Radialer Temperaturverlauf für einen Eisen-Niederstrombogen: Gastemperatur ermittelt aus Doppler-Breiten geeigneter Linien, Elektronentemperatur aus der absoluten Intensität des Kontinuums und dem relativen Intensitätsabfall der Linien 4260 und 4383 Å (Kurve)

Aureolen, die den Bogenkern von Hochstrombögen umgeben und deren Abklingen bereits in Ziff. 32 diskutiert wurde, zeigen nach Maecker [3] den folgenden Verlauf (Abb. 35): Ausgehend von einer Temperatur von 11 000° K in der Bogenachse ergibt sich an der äußeren Begrenzung des Kerns eine Temperatur von etwa 9750° K. Die Temperatur der durch einen Dunkelraum vom Kern getrennten blau-violetten Aureole fällt von 7800 auf 6200° C. Die Maximaltemperatur der ebenfalls durch einen Dunkelraum von der blau-violetten Aureole getrennten gelb-roten Aureole beträgt 4000° K.

Nach Überlegungen von Maecker und Peters [1]

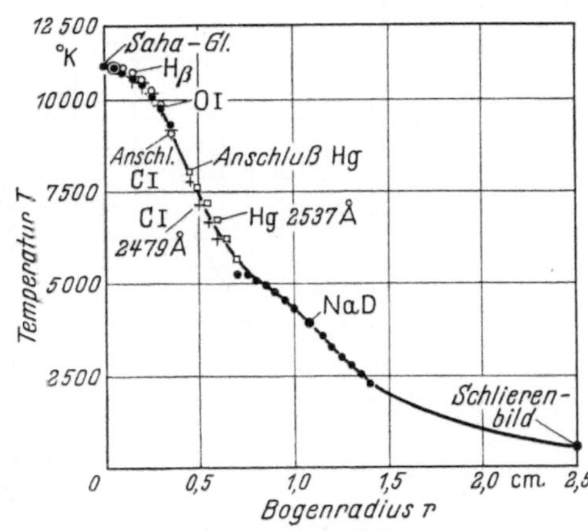

Abb. 34. Temperatur als Funktion des Radius für einen Kohle-Hochstrombogen im Querschnitt $Q = 1{,}42$ cm über der Kathode. Verbindung aller Temperaturmessungen

und Peters [1] wird ein Querschnitt durch den Lichtbogen eingeteilt in einen elektrisch leitenden Kern von gegebenem Radius und konstanter Temperatur, die elektrische Leistungszone, und eine sich anschließende Energieableitungszone, die sich bis zu dem Bogenrand erstreckt, der Raumtemperatur besitzt. Es wird gezeigt, daß im Bogen neben dem Energiesatz auch das Entropieprinzip erfüllt sein muß,

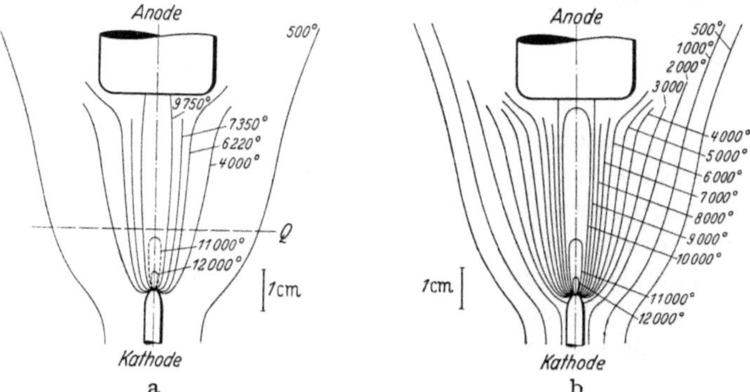

Abb. 35. Isothermenfeld im Hochstromkohlebogen von 200 A, ermittelt aus den absoluten Temperaturmessungen in Verbindung mit den Aureolen:
a) Gemessene Isothermen,   b) interpolierte Isothermen

woraus wieder das STEENBECKsche Prinzip der minimalen Brennspannung folgt, das in Ziff. 22 diskutiert wurde.

Die von L. A. KING [1, 2] mit Hilfe von Gl. (2) berechnete radiale Temperaturverteilung in einem *Stickstoffbogen* wird in Abb. 36 wieder-

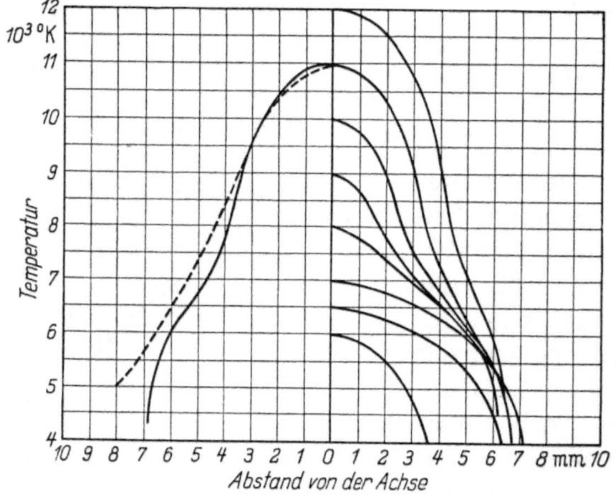

Abb. 36. Radiale Temperaturverteilung im Stickstoffbogen.
Ausgezogene Kurven: Theoretische Werte; gestrichelte Kurve: zum Vergleich Werte von MAECKER [3] für den Kohlebogen in Luft

gegeben. In die gleiche Abbildung sind weiter Versuchsergebnisse von MAECKER [3] eingetragen, die für einen in *Luft* brennenden *Kohlebogen* von 200 A erhalten wurden. Es ergibt sich gute Übereinstimmung der theoretischen und gemessenen Werte. Die Kurven von KING zeigen, daß mit steigender Stromstärke die Temperatur des Kerns und sein Radius zunehmen. Bei 40 bis 50 A wird ein Radius von 7 mm erreicht, der nun mit wachsender Stromstärke (maximal 600 A und 14000° K) nicht mehr überschritten wird. Bei der Berechnung des Radialverlaufes der Temperatur in *einatomigen Gasen* ergibt sich ein steilerer Temperaturanstieg vom Bogenrand zur maximalen Temperatur, ohne daß Wendepunkte wie beim Molekülbogen auftreten. Dies entspricht dem gleichförmigen Verlauf der Wärmeleitfähigkeit in diesen Gasen, vgl. z. B. die Rechnung von SCHIRMER [1] für den Metallbogen in Xenon, die sich auf die Differentialgleichung von MANNKOPFF [1] stützt.

38. Temperatur der Elektroden. Der Temperatursprung von der Bogensäule zu den Elektroden erfolgt in den sehr dünnen Schichten, die Anode und Kathode vorgelagert sind. In den Anoden- und Kathodenfallgebieten, deren Mechanismus in Ziff. 22 diskutiert wurde, herrscht kein thermisches Gleichgewicht. Im Anodenfallgebiet werden z. B. nach BEZ und HOCKER [3] Elektronentemperaturen von 180×10^{3}° K erreicht.

Zusammenstellungen von älteren Beobachtungen der Temperaturen an Kathoden und Anoden von Gleichstrombögen finden sich bei v. ENGEL und STEENBECK [2] und SPRARAGEN und LENGYEL [1], neuere Zusammenstellungen bei BROUN und POGODIN-ALEXEJEW [2], EULER [1], FINKELNBURG und MAECKER [1] und MANTEL [2]. Einige Werte der Elektroden- bzw. Brennflecktemperaturen sind in Tab. 5 zusammengestellt.

Tabelle 5

Elektroden- bzw. Brennflecktemperaturen in °K

Material	Temperaturbereich (beobachtete Werte bei Dauerbetrieb)
Kohle	3500—4800
Wolfram	3000—3200
Eisen	2500—2720
Aluminium	3350—3450

Genaue Temperaturmessungen der Elektroden eines stationär brennenden Bogens sind besonders schwierig, weil ihre Stirnflächen meist aufgerauht sind (Ziff. 22) und vielfach stark sieden. COBINE und BURGER [1] benutzten daher bei ihren Untersuchungen einen kurzzeitigen Lichtbogen von 1/120 sec Dauer. Tab. 6 gibt eine Übersicht über die Siedetemperaturen von Kohlenstoff und verschiedenen Metallen. Weiter werden die Temperaturen von Anodenflecken nach Messungen und theoretischen Betrachtungen von COBINE und BURGER gegeben, die gute Übereinstimmung miteinander zeigen. Hierbei wurde angenommen, daß Strahlung von der Oberfläche und Wärmeleitung zur Elektrode vernachlässigt werden können. Minima und Maxima der Verdampfungs-

geschwindigkeit werden in Tab. 6, Verdampfungsgeschwindigkeiten in
g/cm²/sec in Abhängigkeit von der Temperatur für verschiedene Anoden-

Tabelle 6. *Siedepunkt von Kohlenstoff und Metallen; Temperatur des Anodenflecks
und Verdampfungsgeschwindigkeit bei kurzzeitiger Erhitzung nach* COBINE *und*
BURGER [1]

Material	Siedepunkt °K	Anodenflecktemperatur in °K			Verdampfungsgeschwindigkeit g/cm²/sec	
		Minima	Maxima	Versuchs-ergebnisse	Minima	Maxima
C	4640	4600	5330	4780	1,4	18
W......	5950	6700	(8300)	7470	16	200
Mo	5077	5380	6810	6580	10	160
Zr ...	3850	4430	5500	—	13	200
Ti ...	3550	3870	5040	5050[1]	8	100
Fe	3008	3070	3760	3750[1]	9	130
Ni	3110	3040	3650	—	9	130
Cu ...	2868	2490	3040	2920	11	180
Al ...	2770	2640	3320	3270	7	90
Ag	2485	2390	2980	2880[1]	25	330
Zn	1180	1370	1630	1580[1]	80	600
Sn	3000	3760	5760	5930[1]	30	400

[1] Hoher Wert, der Tropfenverluste einschließt

werkstoffe in Abb. 37 gebracht. Weiter werden in den Kurven Siedepunkte und Temperaturbereiche für die Anodenflecke dargestellt. Die
Stromdichten für den Anodenfleck betrugen hierbei zwischen 8000 und

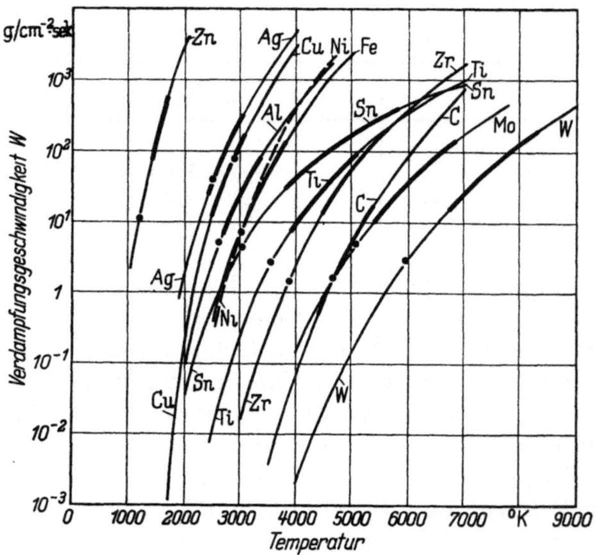

Abb. 37. Verdampfungsgeschwindigkeit für Metalle und Kohle.
Punkte geben die Siedepunkte und stark ausgezogene Kurventeile den wahrscheinlichen Temperaturbereich des Anodenflecks, nach COBINE und BURGER [1]

50000 A/cm². In den meisten Kurven liegen die für den Anodenfleck verfügbaren Temperaturen höher als die Siedetemperaturen, jedoch ergibt sich eine Grenze für die erreichbaren Temperaturen durch die Verdampfungsgeschwindigkeit, die für die Elektrodenmaterialien mit wachsender Temperatur sehr erhebliche Werte annimmt.

39. Siedepunktserhöhung. Weitere Gesichtspunkte, die herangezogen werden können, um die Beobachtung zu erklären, daß die Siedepunkte der Elektrodenwerkstoffe überschritten werden, sind u. a.:

a) Es erscheint durchaus möglich, daß bei den kurzzeitigen Bögen in ähnlicher Weise eine erhebliche *Siedepunktserhöhung* auftritt, wie sie bei der plötzlichen Erhitzung hochschmelzender Systeme, z. B. im Sonnenofen von Conn [*10*] beobachtet wird.

b) Vor kurzem schlug Holm [*2*] vor, zu berücksichtigen, daß vor dem Kathodenbrennfleck ein *Druckaufbau* in Höhe von 10 bis 25 atm erfolgen kann. Dadurch werden Schmelz- und Siedepunkte der Elektroden erhöht.

c) In Fällen, in denen sich *hochschmelzende Oxyde* der Elektrodenwerkstoffe bilden, ergeben sich erhebliche Erhöhungen der Siedetemperaturen im Vergleich zu den Metallen selbst. So zeigen Aluminium und sein Oxyd 2770 und 2970° K, Magnesium und sein Oxyd 1375 und 3070° K. Oxydbildung wird vermieden, wenn die Bögen in Edelgasen, Stickstoff oder Wasserstoff betrieben werden.

d) Weiter ergibt sich, daß beim Umschlag des Brennfleckbogens zum *brennflecklosen Bogen* die Elektrodentemperatur wesentlich erhöht ist. So erwähnen Finkelnburg und Maecker [*1*] für einen Kohlebogen eine Temperaturerhöhung der Kathode von 3200 auf 4000° K. Auch bei Niederstrombögen ergibt sich Temperaturerhöhung der Kathode bei Ausbildung des brennflecklosen Bogens, wie bereits in Ziff. 26 besprochen.

Die Temperaturen der Elektroden sind für den Verlauf und das Ergebnis der *Schweißungen* der Technik von entscheidender Bedeutung. Meist werden an der Anode höhere Temperaturen als an der Kathode erhalten. Man wird im allgemeinen versuchen, die Temperatur an der Stirnfläche der Elektroden unterhalb des Schmelz- bzw. des Sublimationspunktes zu halten, wenn Kohle und hochschmelzende Metalle verwendet werden, bzw. in der Nähe des Schmelzpunktes, wenn niedrigschmelzende Metalle verwendet werden. Eine Annäherung an oder eine Überschreitung des Siedepunktes kann bislang nur in einigen Spezialfällen gerechtfertigt werden (vgl. z. B. Ziff. 260).

Bei dem im *nichthomogenen Feld* zwischen einer stabförmigen Elektrode und dem zu schweißenden Werkstück brennenden Bogen wird die Elektrode bei Gleichstrombetrieb entweder als Kathode oder als Anode verwendet. *Die Wahl der Polarität* hängt in erster Linie davon ab, ob höhere Temperaturen am Werkstück oder an der Elektrode gewünscht werden. Zusätzliche Gesichtspunkte zur Frage der Polarität werden weiter unten diskutiert (Ziff. 57). Desgleichen wird auf die Temperaturen im Schweißbad, das sich beim Fortschritt des Bogens unterhalb oder hinter der Elektrode entlang der Schweißnaht ausbildet, später eingegangen.

Es sei angemerkt, daß eine hohe Anodentemperatur für den Betrieb eines Lichtbogens nicht unbedingt erforderlich ist. Man kann etwa einen Bogen mit *gekühlter Anode*, wie bei den oben besprochenen Arbeiten der Erlanger Gruppe, betreiben und gleichzeitig das Auftreten von Anodendampf in der Bogensäule praktisch vermeiden.

ζ) *Charakteristik*

Für das elektrische Verhalten des Lichtbogens sind drei Größen maßgebend: Bogenspannung, Stromstärke und Länge des Bogens. Wir besprechen zunächst die Charakteristik des Gleichstrom-, dann die des Wechselstrombogens. Es folgt ein Überblick über die physikalischen Gesichtspunkte, die bei den Stromquellen der Schweißtechnologie von Interesse sind, insbesondere über Beziehungen der Kennlinien von Stromquellen und der Kennlinien von Lichtbögen.

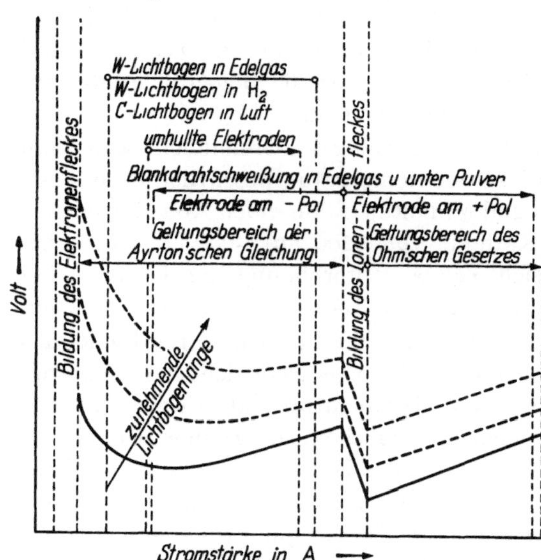

Abb. 38. Strom-Spannungs-Charakteristiken der Lichtbogenentladung, schematisch

40. Gleichstromlichtbogen. Zusammenstellungen von älteren Arbeiten finden sich z. B. bei v. ENGEL und STEENBECK [2], COBINE [1], SPRARAGEN und LENGYEL [1] und LeCOMTE und RÖLL [1]. Zur besseren Übersicht teilen wir die Bögen in 2 Gruppen ein, nämlich in solche mit konstanter und solche mit nichtkonstanter Bogenlänge.

I. Konstante Bogenlänge

Bei Messungen der Brennspannung in Abhängigkeit von der Stromstärke ist es wesentlich, daß sich der Bogen im stationären Gleichgewicht befindet, d. h. gut „eingebrannt" ist, um reproduzierbare Werte zu ergeben. Messungen dieser Art ergeben die sog. *statische Charakteristik* des Bogens. In Abb. 38 werden schematisch nach MANTEL [2] Kennlinien von Lichtbögen wiedergegeben, die auf die ursprünglichen

AYRTONschen Messungen [1] zurückgehen. Die Figur ist durch moderne Messungen ergänzt, und die Arbeitsbereiche verschiedener Schweißverfahren sind angedeutet.

Die Kennlinien der Abbildung zeigen für mehrere Bogenlangen mit zunehmender Stromstärke zunächst einen steilen Spannungsabfall, dann von etwa 50 bis 60 A praktisch konstante Spannung und daran anschließend eine Zunahme der Spannung mit der Stromstärke. Es folgt ein starker Spannungsabfall während der Ausbildung des Ionenflecks, was zu dem zischenden Bogen fuhrt (Ziff. 28), dann wieder eine Zunahme der Bogenspannung mit zunehmender Belastung. Oberhalb des Arbeitsbereiches des zischenden Bogens bildet sich ein sehr ruhig brennender Bogen aus, der dem Ohmschen Gesetz gehorcht und sich als besonders günstig für den Werkstoffübergang in fein verteilter Form und hohe Abschmelzleistung der Elektrode erwiesen hat (vgl. Ziff. 170).

Der Spannungsverlauf im Lichtbogen wird bis zu etwa 15 A durch die bekannte AYRTONsche Gleichung wiedergegeben. Bei Stromstärken bis zu 50 A wird die NOTTINGHAMsche Gleichung (1) verwendet

$$E = A + B/i^{n}. \tag{3}$$

Hierin bedeuten E die Feldstärke in V/cm und i die Stromstärke in Amp.; A, B und n sind Konstanten, und zwar hängt A vom Kathoden-
und Anodenfallpotential, B von der Bogenlänge und n von der Zusammensetzung der Elektrode und der Bogenatmosphäre ab. Die Werte für n liegen nach NOTTINGHAM zwischen 0,26 und 1,3. Diese Beziehung unterscheidet sich von der Ohmschen Beziehung, die Proportionalität zwischen Strom und Spannung verlangt. Es seien einige Beispiele für den Bogen konstanter Länge angeführt.

Kennlinien von Niederstrombögen in *Luft* zwischen verschiedenen *Metallelektroden*, die bei

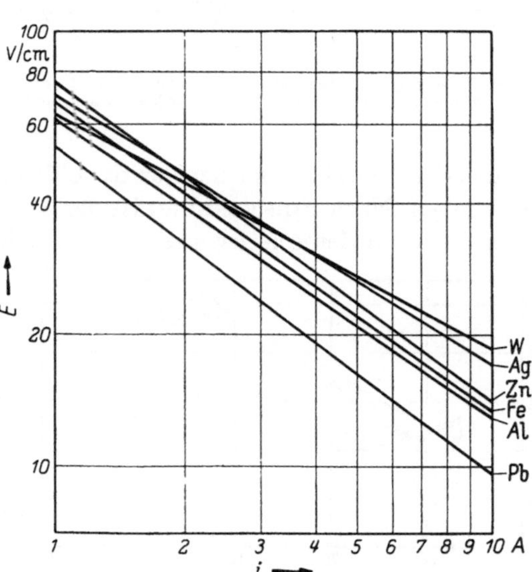

Abb 39. Gradienten (Volt/cm) als Funktion der Stromstarke fur verschiedene Metallelektroden in Luft

1 bis 10 A betrieben wurden, werden in Abb. 39 nach SUITS [1] wiedergegeben. Diese 10 mm langen Lichtbögen besitzen durchweg fallende Kennlinien. Abb. 40 gibt nach dem gleichen Verfasser Kennlinien für

Lichtbögen zwischen *Kohleelektroden*, die in verschiedenen *Gasen* und *Dämpfen* betrieben wurden. Es ergeben sich verschiedene Steigungen für verschiedene Gase, die mit den Wärmeübertragungseigenschaften dieser Gase und der Diffusionsgeschwindigkeit der Ladungsträger in Verbindung gebracht werden können, vgl. Ziff. 266.

Als weitere Beispiele seien einige Strom-Spannungs-Kennlinien von *Kohlebögen* in *Luft* in Abb. 41 nach FINKELNBURG [*1*] wiedergegeben. Die Bogenlänge zwischen den koaxialen Elektroden betrug 6 mm. Bei geringen Stromstärken ergibt sich wieder die fallende Charakteristik, an die sich ein Minimum der Spannung, dann der Anstieg anschließt. Der Beginn des Anstieges wird mit zu-

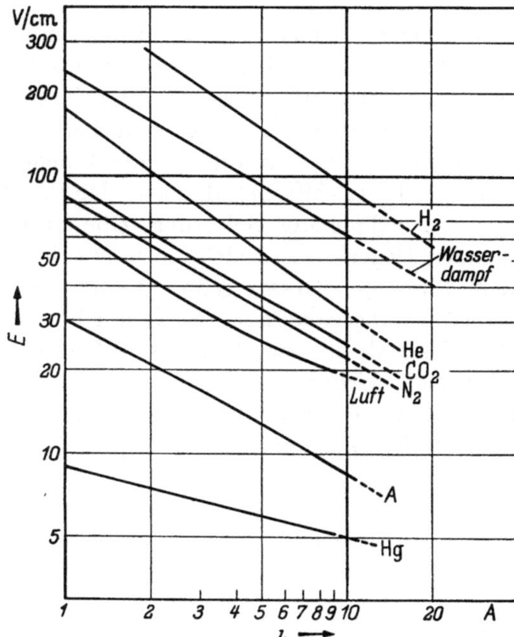

Abb. 40. Gradienten als Funktion der Stromstärke für Lichtbogen zwischen Kohleelektroden in verschiedenen Gasen und Dämpfen

nehmendem Durchmesser der Positivkohlen nach höheren Stromstärken verschoben. Nach FINKELNBURG ist das Verhalten des Anodenfalles als maßgebend für den Anstieg anzusehen. Die Knickstellen in den Kurven für 5, 7, 9 und 11 mm Anodendurchmesser (Dochtkohlen) ergeben sich, wenn die Temperatur der Anode so hoch gestiegen ist, daß aus dem Dochtmaterial Dampfausbrüche erfolgen. Die in die Bogenatmosphäre gelangenden Dämpfe aus Cersalzen usw. verursachen erhöhtes Leitvermögen in der Säule, Tem-

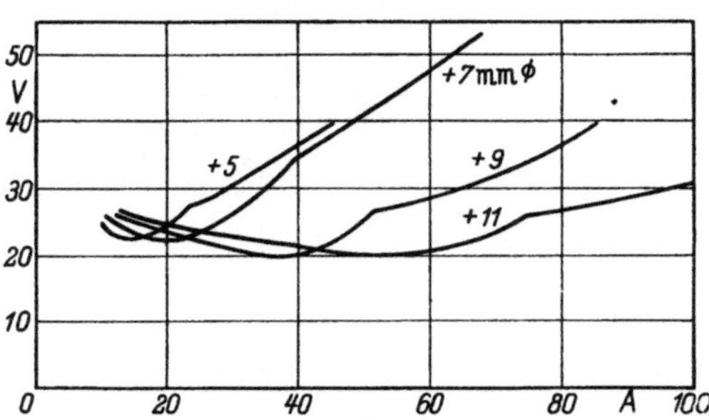

Abb. 41. Charakteristiken des BECK-Bogens bei 6 mm Bogenlänge und koaxialer Kohlenstellung für Positivkohlen von 5, 7, 9 und 11 mm Dmr.

peraturabfall und geringere Spannungszunahme bei Erhöhung der Stromstärke für den Rest der Kurven (BECK-*Effekt*). Der Einfluß leicht ionisierbarer Bestandteile auf den Bogen wird eingehender in Ziff. 50 behandelt.

Die Spannungserhöhung mit zunehmender Bogenlänge macht sich in der *Schweißtechnik* besonders bei der Handschweißung mit Abschmelzelektroden bemerkbar. Das Geschick des Schweißers soll, soweit wie möglich, den Elektrodenabbrand kompensieren, um bei konstanter Bogenlänge eine gleichförmige Einbrandtiefe usw. zu erhalten. Bei halbautomatischen und automatischen Einrichtungen wird die kurze Schweißelektrode durch einen Draht ersetzt, der von einem Ring fortlaufend dem Schweißbogen zugeführt wird. Die Geschwindigkeit des Drahtvorschubes wird dabei automatisch so eingestellt, daß der Abbrand der Elektrode gerade kompensiert wird, vgl. Ziff. 268. Auch bei Verwendung einer permanenten, hochschmelzenden Elektrode wird mit konstanter Bogenlänge gearbeitet, wobei Zusatzmaterial, falls erwünscht, in den Lichtbogen eingebracht wird, vgl. Ziff. 266.

II. Nicht-konstante Bogenlänge

Die Länge des Bogens hat im allgemeinen keinen Einfluß auf Kathoden- und Anodenfall. Für einen Bogen, der zwischen bestimmten Elektrodenmaterialien und in gegebener Gasatmosphäre brennt, ergibt sich

$$E = C + D l. \tag{4}$$

Hierin sind E die Feldstärke in V/cm und l die Länge der Bogensäule in cm; die Konstante C hängt von den Elektrodenfällen, der Elektronenemission der Kathode und den Ionisations- oder Anregungsspannungen des Gases, D von der Leitfähigkeit der Säule und den geometrischen Bedingungen ab. Für einen gegebenen Bogen nimmt die Brennspannung zu, wenn die Bogenlänge vergrößert wird. In der Schweißtechnologie versucht man, mit möglichst kurzen Bögen zu arbeiten, um die Spannung niedrig zu halten, es sei denn, daß spezielle Aufgaben vorliegen, die lange Bögen erfordern, etwa bei der Tiefeinbrandelektrode, vgl. Ziff. 86. Als „Faustregel" gilt nach SCHIMPKE und HORN [*1*]: Bogenlänge $\leqq$ Elektrodendurchmesser.

Als Beispiel für einen *Eisenbogen* mit wassergekühlten Nacktelektroden, der in *Luft* brannte, sei Abb. 42 nach EASTON [*1*] wiedergegeben. Innerhalb der Versuchsgenauigkeit ergibt sich zwischen 40 und 240 A eine praktisch konstante Spannung des Bogens. Weitere Meßergebnisse finden sich bei RÖLL [*1*] (auch bei SPRARAGEN und LENGYEL [*1*] und LECOMTE und RÖLL [*1*] wiedergegeben). Die Messungen erstreckten sich für nackte und umhüllte Elektroden bis etwa 250 A und 32 V; sie ergaben in fast allen Kurven einen Spannungsanstieg mit der Stromstärke.

Abb. 42 zeigt weiter die Zunahme der Bogenspannung mit wachsender Bogenlänge des *Eisenbogens*. Der Gang der Brennspannung als Funktion des Elektrodenabstandes für Niederstrom-Lichtbögen zwischen *Wolfram*-Elektroden in *Argon* und *Helium* ist in Abb. 43 nach

SKOLNIK und JONES[1] wiedergegeben, der Verlauf einer entsprechenden Kurve für den Hochstrombogen zwischen gekühlten *Wolfram*- und *Kupfer*-

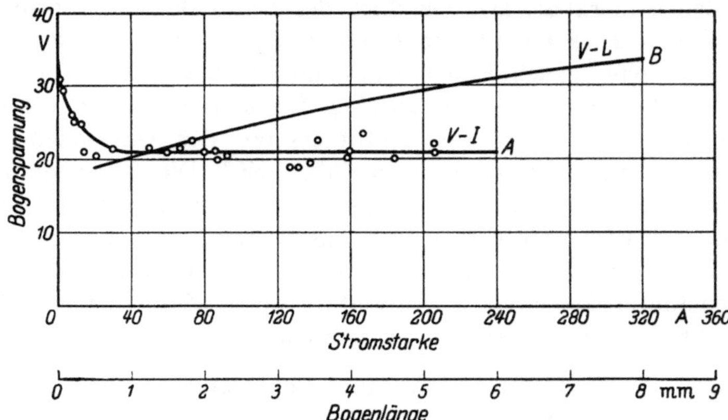

Abb. 42. Bogenspannung *V* in Abhängigkeit von der Stromstarke *I* und Bogenlange *L* fur einen Eisenbogen zwischen nackten Elektroden in Luft

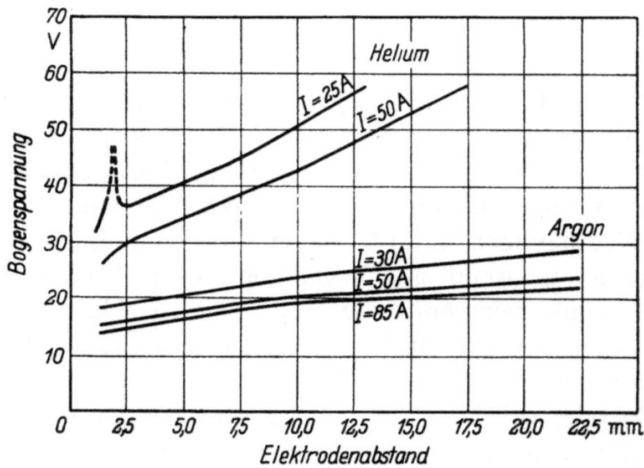

Abb. 43. Bogenspannung als Funktion der Bogenlange zwischen Wolframelektroden in Argon und Helium

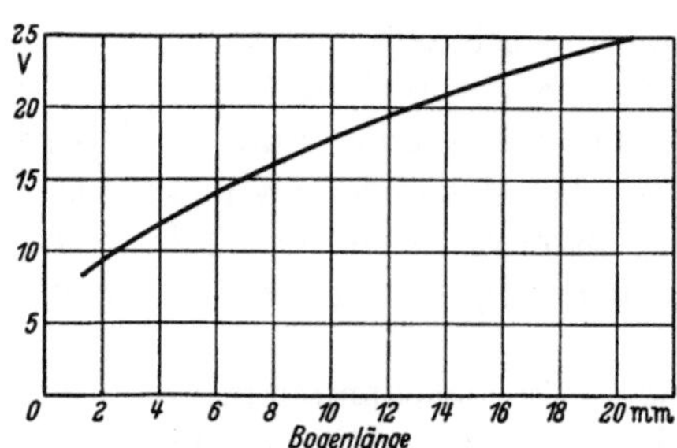

Abb. 44. Brennspannung als Funktion der Bogenlange des 200 A-Bogens zwischen gekuhlten Wolfram- und Kupferelektroden in Argon

Elektroden in *Argon* in Abb. 44 nach BUSZ und FINKELNBURG[1]. Es sei angemerkt, daß sich bei dem Argonbogen von B & F, der bei ungewöhnlich niedriger Brennspannung betrieben wurde, Anzeichen dafür fanden, daß der Anodenfall von der Bogenlänge nicht unabhängig ist, doch liegen hierzu bisher nur wenige Beobachtungen vor.

41. Wechselstromlichtbogen. Bestimmt man für einen 50 Hz-Wechselstromlichtbogen, bei dem sich die Polarität der Elektroden nach jeder Halbperiode ändert, vermittels oszillographischer Messungen die Momentanwerte von Spannung und Stromstärke und vereinigt sie in einem Diagramm, so ergibt sich die als „*dynamische Charakteristik*" bezeichnete Kennlinie. Abb. 45 gibt eine schematische Darstellung nach FINK [1]. Die Maximal- und Minimalspannungen entsprechen hierbei den Zündgipfeln. Ihnen folgt eine Spannungsabnahme mit wachsender Stromstärke und schließlich Durchgang der Spannung durch Null. Die bei der dynamischen Charakteristik auftretende Hysteresisschleife kommt dadurch zustande, daß die Spannung bei der zunehmenden Phase der Stromstärke größer ist als bei der abnehmenden Phase, vgl. Ziff. 33.

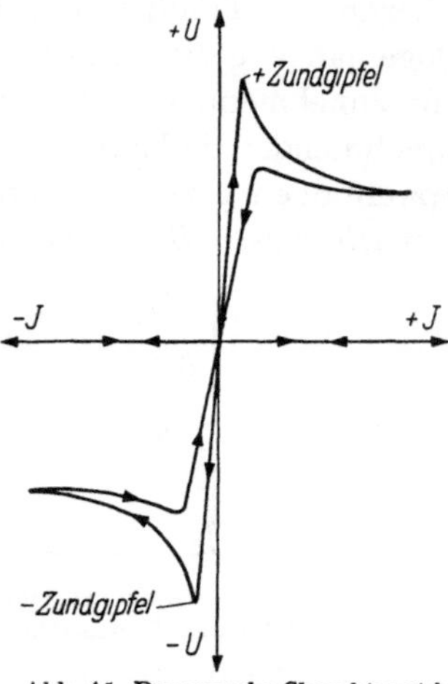

Abb. 45. Dynamische Charakteristik des Wechselstromlichtbogens

Das Verhalten der *Zündgipfel* und der Kennlinien in Abhängigkeit von der *Frequenz*, der *Lichtbogenlänge* und der *Stromstärke* wird in den Abb. 46 bis 48 nach FINK [1] dargestellt. Sie beruhen auf den Untersuchungen von HAGENBACH [1]. Aus Abb. 46 geht der Abbau der

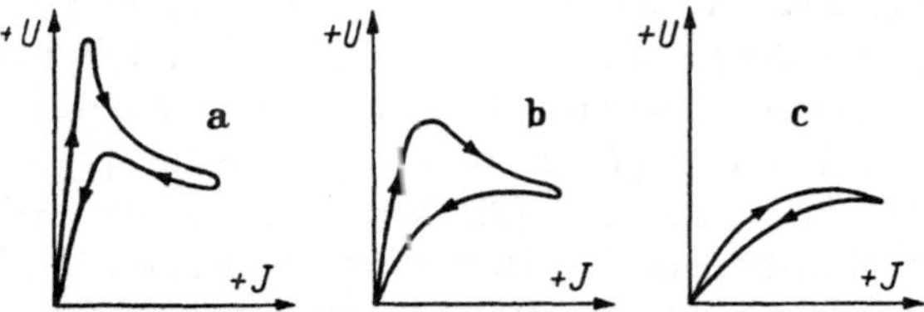

Abb. 46. Verlauf des Zündgipfels für den Kohlebogen bei verschiedenen Frequenzen
a) Niedrige Frequenz   b) Mittlere Frequenz   c) Hohe Frequenz

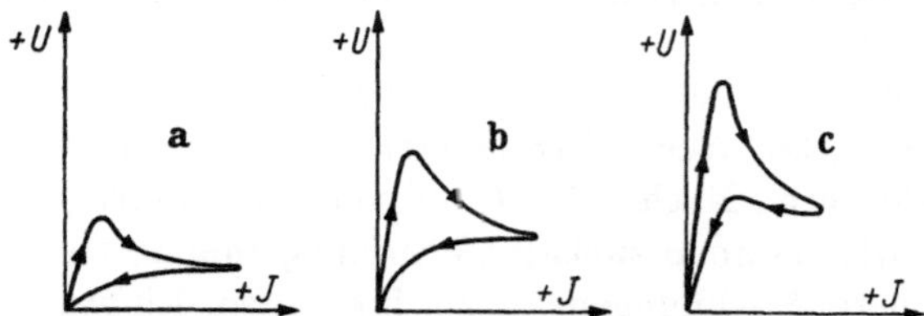

Abb. 47 Verlauf des Zündgipfels bei verschiedenen Lichtbogenlängen
a) Geringe Bogenlänge   b) Mittlere Bogenlänge   c) Große Bogenlänge

Zündspannung mit zunehmender Frequenz klar hervor, der so wichtig für die erstmalige Zündung des Bogens und für seine Wiederzündung ist. Aus Abb. 47 folgt die Zunahme der Zündspannung mit wachsender Bogenlänge entsprechend der statischen Strom-Spannungs-Charakteristi des Gleichstrombogens. Der Einfluß der hocherhitzten Elektroden, die nur geringe Temperaturverluste während der Zündpause erleiden (thermische Trägheit des Elektrodenmaterials), wird mit wachsender Bogenlänge geringer. Abb. 48 zeigt die Abnahme der Zündspannung mit zunehmender Stromstärke, die auf vermehrter Trägerbildung mit zunehmender Belastung beruht, so daß der Bogen bei niedrigeren Spannungen gezündet werden kann. Endlich sei auf Abb. 17 für den *brennflecklosen Bogen* verwiesen, bei dem sich gänzlicher Fortfall der

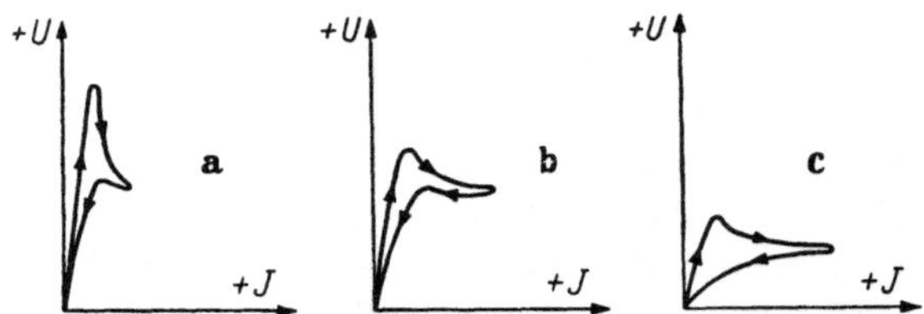

Abb. 48. Verlauf des Zündgipfels bei verschiedenen Lichtbogenstromstärken:
a) Niedrige Stromstärke b) Mittlere Stromstärke c) Hohe Stromstärke

Zündspitzen ergab, wenn genügend hohe Stromstärke und Kathodentemperatur vorlagen.

Wir gehen nun auf einige Fragen ein, die von besonderem Interesse für den Schweißbogen sind und auf der Anwendung der obigen Gesichtspunkte beruhen.

42. Stromquellen für die Lichtbogenschweißung. Es gibt eine Reihe ausgezeichneter Bücher und zusammenfassender Darstellungen, in denen Stromquellen diskutiert werden. Erwähnt seien GREENBERG (Welding Handbook) [1], LINCOLN [1], SUDASCH [1], NEESE [1], DAVIES [1], SCHNEIDER [1] und MALISIUS [2]. Weiter seien die Arbeiten von KOMERS und Mitarbeitern [1], ORTON und NEEDHAM [2], WELCH [1], HAZLETT und GORDON [1] und WALLER [1] erwähnt. Eine Diskussion zur besten Gleichstromquelle durch mehrere Autoren findet sich in Verbindung mit den Ausführungen von HEADAPOHL, WILSON und GLENN [1].

Als Richtwert diene, daß Schweißbögen bei Gleichstrombetrieb etwa 40 bis 60 V, bei Wechselstrombetrieb etwa 60 bis 70 V Leerlaufspannung erfordern. Nach VDE 0540 und 0541 beträgt aus Sicherheitsgründen die maximal zulässige Leerlaufspannung 70 V. In Fällen, in denen höhere Spannungen, z. B. für tiefen Einbrand, benötigt werden (90 bis 95 V), hilft man sich dadurch, daß im Leerlauf die Spannung automatisch auf weniger als 70 V herabgesetzt wird.

Wesentlich ist es bei allen Stromquellen, daß sie über genügend Reserve verfügen und sich bei Dauerbelastung nicht zu stark erwärmen, um in dem für bestimmte Arbeiten benötigten Strom- und Spannungsbereich den besten Wirkungsgrad zu ermöglichen. Im Verlauf der letzten Jahre haben wir immer klarer erkannt, daß eine einzige Stromquelle nur in Sonderfällen allen Anforderungen zu genügen vermag.

Es werden drei Gruppen von Stromerzeugern unterschieden: *Schweißumformer, Schweißgleichrichter* und *Schweißtransformatoren.* Jede Gruppe umfaßt eine Reihe von Sonderbauarten. Beispielsweise verwendet man kleinste, tragbare Transformatoren mit einem Schweißstrombereich bis zu 150 A für viele Hand- und halbautomatische Schweißungen, während für automatische Unterpulver- oder Schutzgasschweißung Transformatoren, die bis zu 1000 A, vereinzelt auch mehr liefern, zur Verfügung stehen.

43. Beziehungen der Kennlinien für Stromquelle und Lichtbogen.

Die Strom-Spannungs-Charakteristik einer *Stromquelle* kann innerhalb

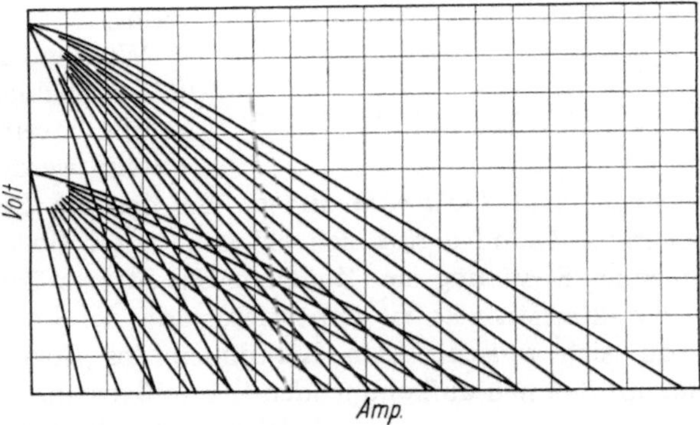

Abb. 49 Strom-Spannungs-Kennlinien für zwei Einstellpunkte eines Umformeraggregates

weiter Grenzen eingestellt werden, um den jeweiligen Anforderungen zu genügen. Ein moderner Umformer besitzt z. B. 30 Spannungs- und 100 Stromstufen, so daß 3000 verschiedene Einstellungen möglich sind.

Abb. 49 gibt nach LINCOLN [1] einige verschieden steile Kennlinien wieder, die durch zwei Einstellpunkte eines Umformeraggregates erreicht werden können. Man kann Umformer auch so bauen, daß sie Kurven nach Abb. 50 liefern. Kurve *A* ergibt konstanten Strom mit zunehmender Spannung. Dies wäre jedoch nicht praktisch, da man dann den Bogen nicht wie üblich löschen könnte, wenn die Schweißung beendet ist.

Kurve *B* zeigt den Fall, daß bei zunehmender Stromstärke die Spannung konstant bleibt. Zieht man bei

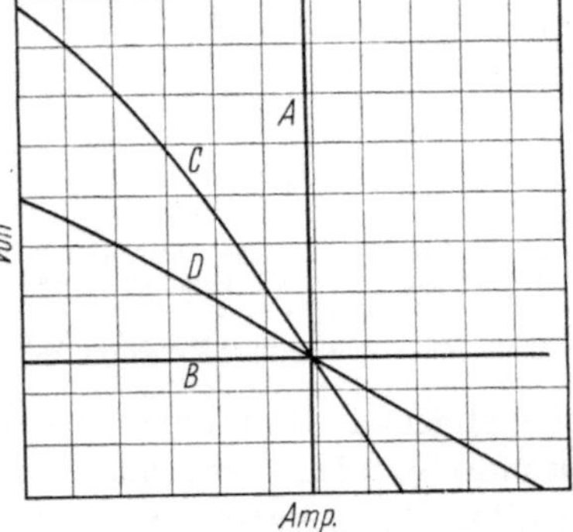

Abb 50. Verschiedene Typen von Strom-Spannungs-Kennlinien.

A Konstante Stromstärke; *B* Konstante Spannung; *C* und *D* Kennlinien verschiedener Steilheit nach LINCOLN [1]

dieser Kennlinie einen Bogen durch Kurzschlußzündung, so wird die Spannung auf Null zu sinken versuchen, was jedoch durch die Konstruktion der Maschine verhindert wird. Es ergeben sich daher unmittelbar nach der Zündung sehr hohe Stromstärken, vgl. Ziff. 45. In den meisten Fällen wird, besonders für die Handschweißung, mit statischen Kurven der Form C oder D gearbeitet. Kennlinien der gleichen Form treten auch bei Verwendung von Gleichrichtern oderTransformatoren auf. Abb. 51 zeigt als Beispiel maximale und minimale statische Kennlinien für einen 500 A-Transformator.

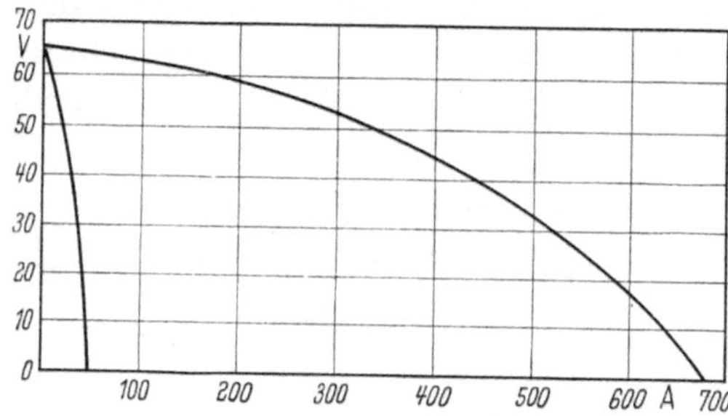

Abb. 51. Maximale und minimale statische Kennlinien für einen Transformator nach Lincoln [1]

Während somit Kennlinien beliebiger Steigung für die Stromquellen erhalten werden können, liegen die Dinge beim *Lichtbogen* anders. Bei dem im Betrieb meist üblichen Energieaufwand ergibt sich bei konstanter Bogenlänge und mit zunehmender Spannung eine Zunahme der Stromstärke, d. h. eine steigende Charakteristik. Es ist nun interessant, die Beziehungen zu verfolgen, die sich zwischen den Kennlinien des Bogens und der Stromquelle mit den neu aufkommenden Schweißverfahren der letzten Jahre entwickelt haben. Dabei spielten der technische Physiker und der Ingenieur neben dem Mann der Praxis gleicherweise ausschlaggebende Rollen. Wir gehen von der auch heute noch für Handschweißung, Tiefeinbrandelektroden usw. meist verwendeten Kombination aus:

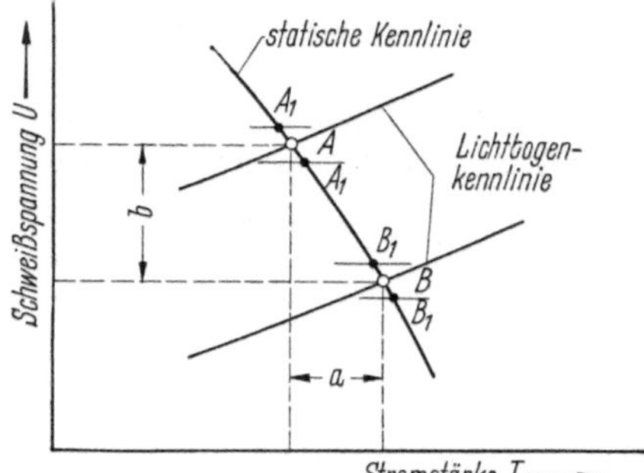

Abb. 52. Fallende statische Kennlinie des Transformators und steigende Kennlinien des Lichtbogens; $A_1 A_1$ und $B_1 B_1$ Bereich der Spannungsschwankungen, vgl. Text

44. Steigende Lichtbogen-, fallende Quellenkennlinie. Abb. 52 gibt nach H. Neumann [2] eine fallende statische Kennlinie für einen Schweißtransformator und eine steigende Kennlinie für einen Lichtbogen wieder, der zum Tiefeinbrandschweißen verwendet wird (wir sehen hier zunächst von dem Einfluß der Elektrodenumhüllung ab). Die beiden Kurven schneiden sich im Arbeitspunkt A. Während des Schweißens von Hand brennt die Elektrode ab. Ihre Temperatur nimmt zu, die Stromstärke wächst, und die Spannung sinkt. Punkt A wandert entsprechend auf der statischen Kennlinie nach B. Die Länge des Weges $A\,B$ wird durch die Steilheit der Kurve beeinflußt. Je kleiner a und b sind, um so geringer

sind die Unterschiede der Stromstärke und der Spannung zu Beginn und Ende der Schweißung und um so gleichförmiger ist das Schweißgut.

In Abb. 53 werden 2 Quellenkennlinien gezeigt, wobei die Leerlaufspannung der steilen Charakteristik höher als die der flachen ist. Es ergeben sich für die steile Kennlinie günstigere Verhältnisse zur Erzielung guter Schweißnähte als für die flach

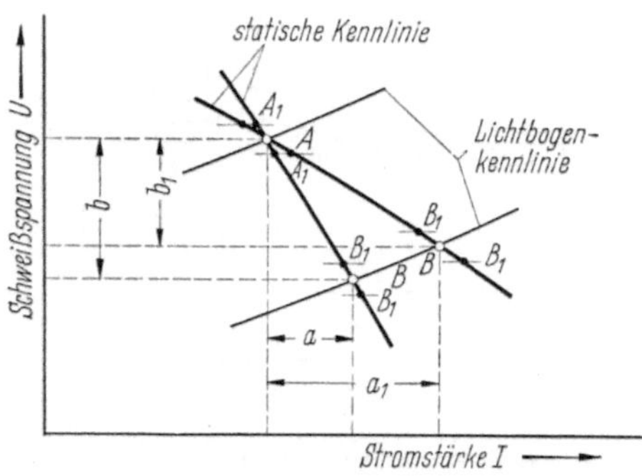

Abb. 53. Steigende Lichtbogenkennlinie und steile und flache statische Kennlinien nach H. Neumann [2], vgl. Text

verlaufende Kurve. Das Optimum würde hiernach eine vertikal verlaufende Kurve wie A in Abb. 50 sein, die jedoch aus den oben besprochenen Gründen praktisch nicht brauchbar ist. Gleichzeitig wäre es wünschenswert, die als $A_1—A_1$ und $B_1—B_1$ angedeuteten Spannungsschwankungen von etwa 4 V auszuschalten (vgl. 45).

Die Arbeitsbereiche eines Transformators sind nach diesen Überlegungen durch Versuche zu überprüfen. Als Beispiel sind in Abb. 54 die Bedingungen dargestellt, unter denen 15 mm dicke Bleche bei Fugenbreiten von $0\ldots4$ mm mit einer Elektrode von 4 mm Dmr. geschweißt werden. Eine eingehende Diskussion der

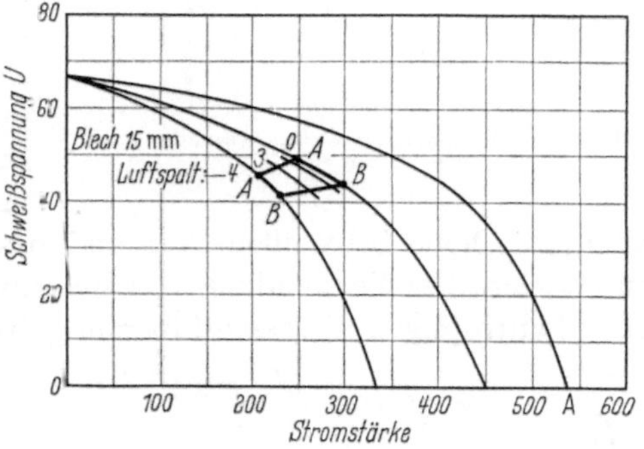

Abb. 54. Strom-Spannungs-Charakteristik eines Transformators nach H. Neumann [2]; Beispiel siehe Text

automatischen Regulierung des Schweißbogens und der Rolle der Stromquelle wird von Needham und Hull [1] und Needham und Smith [1] gegeben.

45. Steigende Lichtbogen-, Konstante-Spannung-Quellenkennlinie. Zur Eliminierung von Spannungsschwankungen, die die Güte der Schweißnaht wesentlich beeinflussen, verwendet man beim Schutzgasschweißen mit Abschmelzelektrode (z. B. „Sigmaschweißung" oder „MIG-Verfahren", Ziff. 268) vielfach Kennlinien für die Stromquellen, die bei konstanter oder nahezu konstanter Spannung ($\pm0{,}5$ V) verlaufen (vgl. z. B. Abb. 55 nach Rockefeller und Scarr [1]). Nach Wolff [2] wird bei dieser Anordnung der volle Schweißstrom, etwa 400 A, innerhalb von weniger als 0,5 sec erhalten. Kurzschlußzündung wird dann

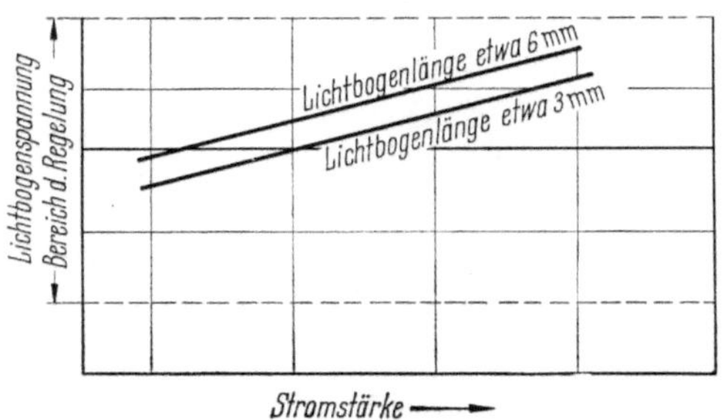

Abb. 55. Kennlinien eines Lichtbogens und einer Stromquelle konstanter Spannung für zwei Bogenlängen

dadurch ermöglicht, daß die Drahtspitze, bevor noch ein Festbrennen erfolgen kann, absprüht. Andernfalls wird etwa ein Zusatzgerät für Hochfrequenz eingeschaltet. Oszillogramme für die Bogenzündung mit üblicher Stromquelle und einer Stromquelle konstanter Spannung werden von HELMBRECHT und HACKMAN [1] gegeben, vgl. Abb. 56 und 57, die die Einstellzeiten beider Methoden vergleichen. Es ergibt sich eine wesentliche Erhöhung der Einstellgeschwindigkeit auf Dauerbetrieb bei der Schaltung der Abb. 57.

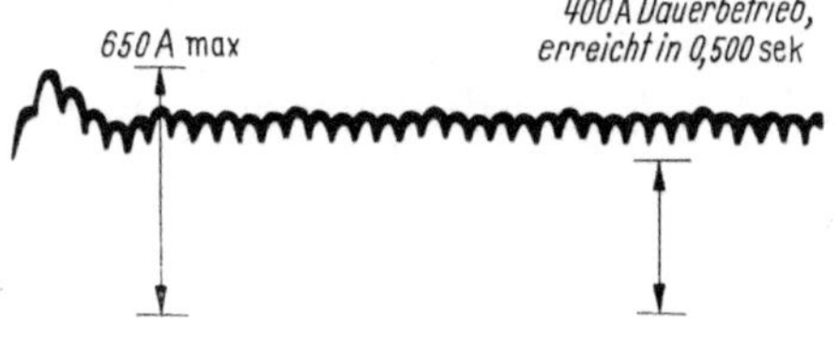

Abb. 56. Oszillogramm der Lichtbogenzündung mit üblicher Stromquelle

46. Steigende Lichtbogen-, steigende Quellenkennlinie.

Bei den modernen Schutzgasschweißungen mit Abschmelzelektrode sowie bei der Unterpulverschweißung werden sehr hohe Stromdichten verwendet, um feintropfigen Werkstoffübergang, hohe Schweißleistung und beste Qualität der Schweißnaht zu erzielen. Bei Verwendung von *Edelgasen* erfolgt z. B. der Umschlag zum feintropfigen Werkstoffübergang bei Verwendung von Elektroden von 2,4 mm Dmr. bei etwa 70 A/mm² und bei nur 0,8 mm Dmr. bei etwa 200 A/mm², vgl. Ziff. 169. Die Elektroden müssen, dem starken Abbrand entsprechend, sehr rasch nachgeführt werden. Unter diesen Umständen hat es sich am günstigsten erwiesen, mittels eines Spezialumformers oder -gleich-

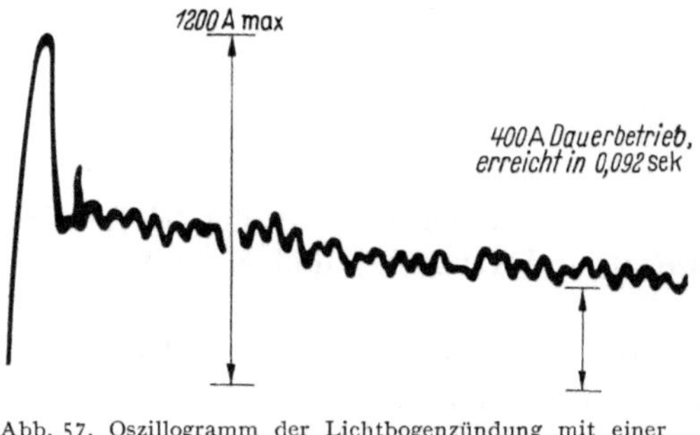

Abb. 57. Oszillogramm der Lichtbogenzündung mit einer Stromquelle konstanter Spannung

richters die Strom-Spannungs-Kurven des Lichtbogens und des Umformers nahezu zusammenfallen zu lassen und mit *konstanter Bogenlänge* zu arbeiten, vgl. Abb. 58 nach TUTHILL [1, 2].

Bei *automatischer Regulierung der Bogenlänge* werden Elektrodenvorschubgeschwindigkeit, Stromstärke und Leerlaufspannung eingestellt. Die konstante Bogenlänge beeinflußt besonders günstig die Einbrandtiefe in das Grundmetall, die Durchmischung des Schmelzbades und die Form und Festigkeitseigenschaften der Schweißraupe und Nachbargebiete. Schwankungen der Stromstärke haben bei dieser Schaltung keinen Einfluß, vielmehr ergeben sich gleichförmige Schweißnähte, die gut reproduzierbar sind. Als Beispiel für die Verwendung von konstanter Bogenlänge seien einige Betriebsdaten für das Schweißen einer Aluminiumlegierung erwähnt: Es wird eine Aluminiumelektrode von 1 mm Dmr. in Argongas verwendet; die Bogenlänge beträgt 9,5 mm bei 210 A und 30 V. Die Vorschubgeschwindigkeit der Elektrode beträgt dann nach Abb. 58 13,30 m/min. Die Steigung der Kennlinien ändert sich, wie wir oben sahen, wenn andere Elektrodendurchmesser, Werkstoffe und Schutzgase verwendet werden.

Liegt die Leerlaufspannung des Stromerzeugers nur wenig höher als die Bogenspannung, so ergeben sich besonders einfache Verhältnisse für die automatische Regulierung des Lichtbogens. Hierbei spielt auch nach Versuchsergebnissen von

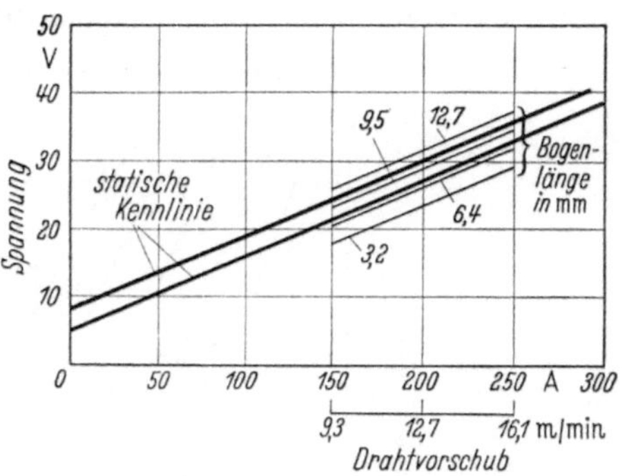

Abb. 58. Strom-Spannungs-Kennlinien für konstante Bogenlängen; Beispiel: Aluminium-Elektrode von 1 mm Dmr. in Argon-Schutzgas

OZAWA und MORITA [1] — und ihrer mathematischen Analyse unter Zugrundelegen der Gleichung (3) nach NOTTINGHAM — die *Überlagerung* einer sinusförmigen Schwingung über die Spannungskurve eine Rolle. Die Frequenz der überlagerten Kurve ist dem Strom proportional und hängt ebenso wie die Amplitude vom Material der Elektrode ab.

Die Verwendung von *Kohlendioxyd* als Schutzgas ist nach TUTHILL [3] und WELCH [1] mit gutem Erfolg möglich, wenn mit konstanter Bogenlänge anstelle von konstanter Spannung gearbeitet wird. Hierbei wird mit einem sehr kurzen Bogen geschweißt, wobei vielfach höhere Stromdichten und Abschmelzgeschwindigkeiten als beim Argonbogen erreicht werden, vgl. die Diskussion in Ziff. 264.

η) *Leitvermögen im Bogenraum*

47. Eggert-Saha-Beziehung. Zur Zündung des Lichtbogens wird die Zündspannung an die Elektroden gelegt, und Ladungsträger werden mit Hilfe des diskutierten Mechanismus der Vorentladung — TOWNSEND-aufbau und Kanalaufbau — aus dem Trägergas selbst gebildet. Im Bogenraum stellt sich schnell thermisches Gleichgewicht ein. Der Ionisationsgrad kann für ein bestimmtes Gas nach der Beziehung von EGGERT [1] und SAHA [1] berechnet werden

$$\frac{x^2}{1-x^2} = \frac{(2\pi m)^{3/2}}{p}\,\frac{(k\,T)^{5/2}}{h^3}\,\exp(-E_i/k\,T). \tag{5}$$

Hier bedeuten x Ionisationsgrad des Gases, m Masse des Moleküls, p Gasdruck, h PLANCKsche und k BOLTZMANNsche Konstante, T absolute Temperatur und E_i Ionisierungsarbeit $= e\,U_i$ mit der Ionisierungsspannung U_i.

Der Ionisationsgrad eines Gases wird somit durch die Temperatur der Bogenstrecke und die Ionisationsspannung des Gases bestimmt. Abb. 59 gibt nach LORENZ [2] eine anschauliche graphische Darstellung

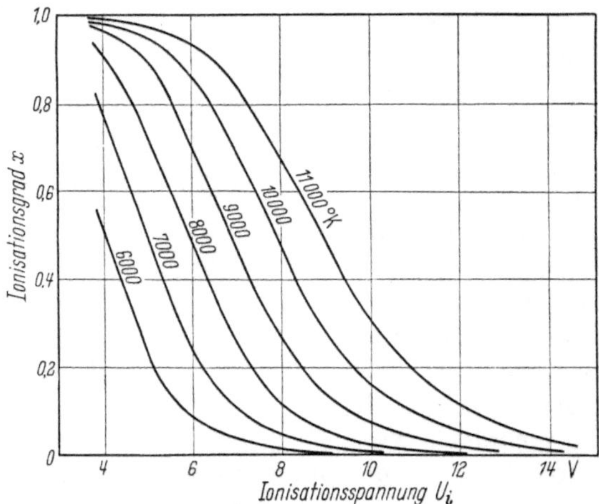

Abb. 59. Abhängigkeit des Ionisationsgrades x eines Gases von der Ionisationsspannung U_i als Funktion der Temperatur bei Atmosphärendruck

des Ionisationsgrades für $p = 1$ atm in Abhängigkeit von der Ionisationsspannung bis zu 11 000° K, der Achsentemperatur eines Hochstromkohlebogens. Hierbei wurde die vereinfachte Gleichung zugrunde gelegt:

$$\frac{x^2}{1-x^2} = 3{,}0 \times 10^{-7}\,T^{5/2}\,\exp(-11600\,U_i/T). \tag{6}$$

Für eine bestimmte Ionisationsspannung ist der Abfall des Ionisationsgrades mit der Temperatur sehr steil.

Einige Gase und Dämpfe verschiedener Ionisationsspannung ergeben nach GREENE [1] die Kurven der Abb. 60. Der Anteil des ionisierten Gases oder Dampfes zeigt erhebliche Unterschiede für die Edelgase Argon und Helium sowie die metallischen Dämpfe Aluminium, Eisen, Kupfer und Magnesium. So sind bei einer Temperatur von

6000° K etwa 10% des Al-Dampfes, jedoch nur ein Teil in 100000 des Argons ionisiert, und ein Teil des Al-Dampfes würde in 10000 Teilen Argon die Hälfte des Stromes führen. Die Menge des *Metalldampfes im Bogenraum* hängt vorwiegend vom Siedepunkt des Elektrodenmetalls ab sowie von der Diffusionsgeschwindigkeit des Dampfes in das Schutzgas. Siedepunkte für einige Metalle wurden in Tab. 6 gegeben. Ionisierungsspannungen für einige hier interessierende Elemente finden sich in Tab. 7. Die Elemente der ersten Hauptgruppe des periodischen Systems besitzen die geringsten Ionisierungsspannungen; für die zweite usw. Gruppe nehmen diese zu.

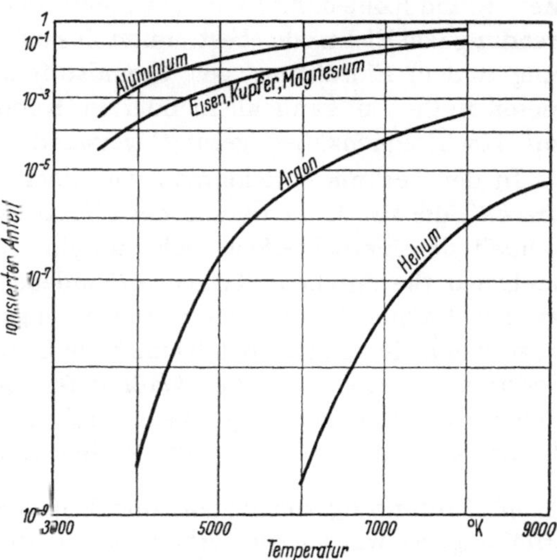

Abb. 60. Thermische Ionisation einiger Gase und Dampfe, berechnet aus der EGGERT-SAHA-Gleichung, in Abhangigkeit von der Temperatur

Die Zündspannung für die Bogenentladung kann, wie bereits in Ziff. 17 besprochen, vermittels Hochfrequenzüberlagerung herabgesetzt werden. Hinzu kommen drei andere Methoden zur Herabsetzung der Zündspannung, die wir hier etwas eingehender besprechen wollen. Sie beruhen auf der *Erhöhung*

Tabelle 7. *Ionisierungsspannung einiger Elemente in eV nach* LANDOLT-BÖRNSTEIN [2]

Nr.	Element	Ionisationsstufen		Nr.	Element	Ionisationsstufen	
		I	II			I	II
1	H	13,59	—	19	K	4,34	31,7
2	He	24,56	54,1	20	Ca	6,11	11,9
5	B	8,28	25,1	22	Ti	6,84	13,6
6	C	11,27	24,8	25	Mn	7,43	15,64
7	N	14,55	29,6	26	Fe	7,83	16,5
8	O	13,62	35,2	28	Ni	7,63	18,2
9	F	17,43	34,9	29	Cu	7,72	20,2
11	Na	5,14	47,3	30	Zn	9,39	18,0
12	Mg	7,64	15,0	40	Zr	6,95	14
13	Al	5,97	18,8	42	Mo	7,06	—
14	Si	8,15	16,4	50	Sn	7,30	14,6
15	P	10,9	19,7	74	W	7,94	—
16	S	10,36	23,4	82	Pb	7,42	15,0
18	A	15,76	27,5				

der Dichte der Ladungsträger im Bogenraum, die in der Regel aus Materialien geringer Ionisierungsspannung und geringer Verdampfungswärme gebildet werden. Es werden unterschieden a) Einführung von Metall- und Kohledampf von den Elektroden in den Bogenraum, b) Verwendung von Elektroden bestimmter Zusammensetzung und Vorbehandlung und c) Einführung von Fremdstoffen in den Bogenraum. Jede dieser Methoden kann allein oder in Kombination, auch zusammen mit Hochfrequenzüberlagerung, verwendet werden.

In der Technik spricht man von einer *„Ionisation der Lichtbogenstrecke"*, die zur Erniedrigung der effektiven Zündspannung führt. Es handelt sich hierbei jedoch nicht um eine Beeinflussung der im quasineutralen thermischen Plasma vorhandenen Ladungsträger; vielmehr werden Ladungsträger, deren Ionisierungsarbeit gering ist, in den Bogenraum eingeführt, so daß eine hohe Ladungsträgerdichte resultiert. Dadurch verbessert sich die *Stabilität des Lichtbogens*, worauf im nächsten Abschnitt näher eingegangen wird. Die praktische Durchführung der Erhöhung der Zahl der Ladungsträger gestaltet sich folgendermaßen:

48. Einführung von Metall- und Kohledämpfen durch Temperaturerhöhung. Es wurden wiederholt Beobachtungen an Niederstrom- und Hochstrombögen erwähnt, aus denen hervorging, daß niedrigschmelzende Metalle wesentlich höhere Zündspannungen als hochschmelzende Metalle ergaben. Voraussetzung war vielfach, daß der Bogen nur kurzzeitig eingeschaltet wurde oder daß Kühlung der Elektroden durch Wasser, Gas oder Dampf erfolgte. Es lagen somit *„Gasbögen"* vor.

Bei *nichtgekühlten* Elektroden und bei Dauerbetrieb steigt die Temperatur des Elektrodenmaterials rasch an. Es wird Gleichgewicht zwischen der zugeführten und abgegebenen Energie erreicht. Die Elektrodentemperatur kann zum Schmelzen und Sieden, vereinzelt auch zur Überschreitung der Siedetemperatur nach Tab. 6 führen. Mit steigender Temperatur wird eine zunehmende Menge von leicht ionisierbarem Metalldampf bzw. dem etwas höhere Ionisierungsspannung erfordernden Kohledampf in das Trägergas abgegeben; vgl. Abb. 37 bezüglich der erreichbaren Verdampfungsgeschwindigkeit. Somit liegen *„Metalldampfbögen"* oder *„Kohledampfbögen"* vor.

Weitere Quellen für Ladungsträger sind a) bei Kurzschlußzündung entstehende Metalldämpfe, b) Dämpfe aus dem auf hoher Temperatur befindlichen Schmelzbad, das sich beim Schweißen unterhalb bzw. hinter dem vorwärtsschreitenden Schweißbogen ausbildet, c) Metalldampf, der von dem in Tropfenform übergehenden Elektrodenmaterial bzw. vom Zusatzdraht abgegeben wird, Ziff. 162, und d) Metall- oder Kohledampf, der bei der hohen Kathodentemperatur des brennflecklosen Bogens abgegeben wird, vgl. hierzu den Fortfall der Zündspitzen in den Oszillogrammen der Abb. 17, der auf erhöhter Trägerbildung beruht.

Man hat es somit in der Hand, durch *Kontrolle der Energiezufuhr* zum Bogen selbst und durch Kontrolle der noch zu besprechenden Stromwärmeerhitzung der Elektroden (Ziff. 61) und exothermer Prozesse (Ziff. 77) nicht nur die Temperatur des Bogens, sondern auch die Temperatur der Elektrode, die Temperatur des übergehenden Werkstoffes und die Temperatur des Schmelzbades, entsprechend den Anforderungen der Technik, innerhalb weiter Grenzen einzustellen und die *Ladungsträgerdichte* im Bogenraum in erwünschter Weise zu beeinflussen. Man kann hierbei bis zu so hohen Temperaturen gehen, die ohne Zerstörung der Kohle und der hochschmelzenden Metalle noch ertragbar sind, daß die Zahl der durch thermische und durch Feldemission erzeugten Ladungsträger maximale Werte erreicht. Entsprechend wird man bei niedrigschmelzenden Elektroden bis nahe zur Siedetemperatur erhitzen, besonders wenn oxydbildende Metalle verschweißt werden sollen.

Der *Metalldampf*, der sich im Entladungsraum ausbreitet, wird ionisiert und schützt gleichzeitig das Schweißbad, die übergehenden Tropfen und das heiße Elektrodenmaterial vor *Oxydierung und Nitridbildung* infolge der Einwirkung von Luft oder sauerstoffhaltigem Schutzgas. Als Beispiel seien Versuche von ROTHSCHILD [1] erwähnt. Er fand einen überraschend niedrigen Abbrandverlust durch Oxydation bzw. durch Verdampfung von Legierungsbestandteilen beim Schweißen in Kohlendioxyd- oder Argon plus 1% Sauerstoff-Atmosphären, wenn die Länge der Hochstrombögen gering war. Optimale Ergebnisse wurden bei 1,6 mm Bogenlänge erhalten. Die Abbrandverluste nahmen mit zunehmender Bogenlänge schnell zu. Hierbei ergab sich die Notwendigkeit, eine Stromquelle zu verwenden, deren Charakteristik konstante Bogenlänge ergab (Ziff. 46).

49. Verwendung von Spezialelektroden (Nacktdraht). Die Einführung von zusätzlichen Ladungsträgern in den Bogenraum kann auch dadurch erfolgen, daß in der Elektrode oder im Werkstück enthaltene Substanzen bei normaler Belastung der Elektrode freigesetzt werden. TICHODEEV [1] erhielt trotz sorgfältiger Reinigung der Elektroden bei einer Reihe von Versuchen unbefriedigende Schweißungen. Der Bogen war nicht stabil und erforderte z. B. 25 V Betriebsspannung. Dann ergab sich plötzlich, ohne daß Änderungen in der Versuchsanordnung oder der Energiezufuhr vorgenommen wurden, eine Reihe von ausgezeichneten Schweißungen, bei denen der Bogen durchaus stabil mit nur 16 bis 18 V brannte. (Besonders der umgekehrte Fall, daß zunächst gute, dann plötzlich schlechte Schweißungen erhalten werden, ist im Betrieb höchst peinlich.) Nach eingehenden Untersuchungen fand TICHODEEV, daß die Elektroden *nichtmetallische Schlackeneinschlüsse* enthielten, wenn gute Schweißungen erhalten wurden, jedoch frei von

Einschlüssen bei schlechten Resultaten waren. Die Menge der Schlackeneinschlüsse (worunter auch Desoxydationsprodukte verstanden seien) war äußerst gering, oft weniger als 0,01 Gew.-%, reichte jedoch aus, um eine genügende Menge leicht ionisierbarer Bestandteile in den Bogen einzuführen und ihn so zu stabilisieren. In diesem Sinne wirkende Elektrodenbestandteile sind z. B. Spuren von Oxyden, wie FeO, MnO und CaO, während Aluminium, das bei der Stahlerzeugung zur Desoxydierung verwendet wird, sowie Silizium die Schweißresultate ungünstig beeinflussen.

Es wurde auch versucht, derartige *Einschlüsse künstlich* in die Elektroden einzubauen. ERDMANN-JESNITZER und KLAAS [1] berichten über sehr interessante Versuche hierzu. So wurden Elektroden mit Aluminium in wechselnden Mengen legiert mit dem Resultat, daß bei Verwendung von Elektroden mit mehr als 1,13 % Al keine Lichtbogenstabilität mehr zu erhalten war.

Schließlich gehört in diese Gruppe der Ersatz von Elektroden aus reinem Wolfram durch *Wolframelektroden*, die einen geringen Zusatz von *Thorium* oder anderen Metallen enthalten, die das Elektronenaustrittspotential herabsetzen. CHAPIN, COBINE und GALLAGHER [1] empfehlen einen Thoriumoxydgehalt bis zu 15%. Tab. 8 bringt ihre Versuchsergebnisse für einige Legierungen. Die Elektrode mit hohem Thoriumoxydgehalt besitzt die günstigste Spannung. Sie zeigt gleichförmigstes Zünden, vgl. Ziff. 267. Im allgemeinen wird jedoch mit einem geringeren Thoriumgehalt geschweißt.

Tabelle 8. *Betriebsdaten für Elektroden aus Wolfram und thoriertem Wolfram. 1,6 mm Bogenlänge, 0,42 m³/h Argon-Schutzgas, 2,4 mm Elektrodendurchmesser, Hochfrequenzzundung, gerade Polarität, angespitzte Elektroden*

Elektrode (Kathode)	Minimale Leerlaufspannung in V Werkstück (Anode)			Betriebsstromstarke	Abschmelzen der Elektrode bei
	Kupfer	SS[1]	Si[2]	A	A
Wolfram	>95	>95	>95	50—300	400
Thoriertes W (1 % ThO_2)	40—65	55—70	70—75	10—350	385
Thoriertes W (15 % ThO_2)	35	40	40	6—310	350

[1] Rostbeständiger Stahl;   [2] Siliziumstahl

50. Zusatz von Fremdstoffen. Zusätze mit niedriger Verdampfungstemperatur und geringer Ionisationsspannung, die das Leitvermögen im Bogenraum beeinflussen und die in der Elektrode oder dem Werkstück enthalten sind, verdampfen *unmittelbar* nach der erstmaligen Zündung des Lichtbogens, da sich Elektrode und Werkstück an den Fußpunkten des Bogens sofort *zu erhitzen* beginnen. Anders liegen die Dinge bei Elektroden, die mit einem Mantel versehen sind, der Fremdstoffe zur Vermehrung der Ladungsträgerdichte enthält. Die Zündung erfolgt am Ende der Elektrode, von der, um guten Kontakt zu erhalten, der Überzug oder Mantel entfernt ist; die erstmalige Zündung erfolgt also *ohne* Beihilfe der Fremdstoffe. Diese Zusatzstoffe können erst in den Bogenraum abgegeben werden, nachdem sich die Elektrode durch *Wärmeleitung* genügend hoch erhitzt hat.

Will man eine *sofortige* Wirkung der Fremdstoffe im Bogenraum erzielen, so kann man *vor* Ziehen des Bogens den Kontakt zwischen den Elektroden (bzw. Elektrode/Werkstück) genügend lange aufrechterhalten, bis durch *Stromwärmeerhitzung* (deren Bedeutung häufig im Betrieb übersehen wird) wenigstens ein Teil der Elektrode auf so hohe Temperatur gebracht wird, daß die zur Stabilisierung des Bogens dienenden Hüllenbestandteile verdampfen können. Der Verfasser weiß aus seinen Versuchen und der Praxis, wie schwierig es ist, den Schweißer oder die die Maschine bedienenden Leute hieran zu gewöhnen, zumal bei zu langer Kontaktzeit die ganze Elektrode in Rotglut gerät und am Werkstück „klebenbleibt" (Verschweißung von Elektrode und Werkstück).

Bei *Wiederzündung* des Lichtbogens nach einer kurzen Unterbrechung liegen die Dinge insofern günstiger, als die Elektroden sich infolge thermischer Trägheit nur langsam abkühlen, so daß die Abgabe von Ladungsträgern durch Verdampfung in den Bogenraum nicht völlig unterbrochen wird, vgl. hierzu die Zeitlupenaufnahmen der Abb. 26 und 27, bei denen die Elektroden noch hohe Temperatur besitzen, während der Lichtbogen verlöscht, sowie die Abb. 28 während der Wiederzündung eines kurzzeitig unterbrochenen Bogens. Die durch Verdampfung von Fremdstoffen in den Bogenraum eingeführten Ladungsträger erleichtern die Zündung des Bogens in Zusammenwirken mit der thermischen Elektronenemission und den im Bogenraum während der Löschpause verbliebenen Trägern.

Zur Berechnung des wirksamen Ionisierungspotentials in einem Gemisch von Gasen und Dämpfen im Lichtbogenraum kann die Formel (5) von EGGERT und SAHA herangezogen werden. Eine einfache Beziehung wird von POGODIN-ALEXEJEW [*1*] angegeben:

$$U_{i,\text{eff}} = -kT \ln\left(n_1 \exp\left(-\frac{U_{i1}}{kT}\right) + n_2 \exp\left(-\frac{U_{i2}}{kT}\right) + \cdots \right.$$
$$\left. + n_k \exp\left(-\frac{U_{ik}}{kT}\right)\right) . \tag{7}$$

Hierin bedeuten $U_{i,\text{eff}}$ das wirksame Ionisierungspotential des Lichtbogengases, $U_{i_1} \ldots U_{i_k}$ die Ionisierungspotentiale der einzelnen Komponenten im Bogenraum, $n_1 \ldots n_k$ die relative Konzentration der Komponenten, k die BOLTZMANNsche Konstante und T die absolute Temperatur. Je kleiner der Wert von $U_{i,\text{eff}}$ ist, um so leichter wird der Bogen gezündet und um so besser ist seine Stabilität.

Die Einführung der Fremdstoffe in den Bogenraum kann in mannigfacher Weise vorgenommen werden. Wir teilen sie hier in folgende

Gruppen: Hauchdünne Umhüllungen; Pasten und imprägnierte Bänder; Mantelelektroden; Dochtkohlen und Seelenelektroden; sowie Schweißmittel für die Unterpulverschweißung.

51. Hauchdünne Überzüge. Überzüge dieser Art finden sich auf der Oberfläche nackter Elektroden (und Seelenelektroden), die beim Schweißen in Luft und in Schutzgasatmosphäre sowie beim Unterpulverschweißen verwendet werden. Sie haben vorwiegend die Aufgabe, das Leitvermögen im Bogenraum durch Erhöhung der Ladungsträgerdichte zu verbessern. Untersuchungen von hauchdünnen Umhüllungen sind daher von erheblichem physikalischem Interesse. Es sei angemerkt, daß diese Umhüllungen nicht dazu geeignet sind, Oxydierung usw. bei Nacktdrahtschweißung in Luft zu verhindern (Ziff. 220).

Zusammenstellungen älterer Arbeiten auf diesem Gebiet finden sich u. a. bei MARTIN, RIEPPEL und VOLDRICH [1], ZEYEN [1], UDIN, FUNK und WULFF [1] und CAREY und MANN [1]. Man kann unterscheiden zwischen Rückständen auf den Elektroden, die bereits bei Herstellung der Elektroden und ihrer Vorbehandlung gebildet sind, und Materialien, die in äußerst dünner Schicht auf die Elektroden aufgebracht werden.

Auf der Oberfläche nackter Elektroden finden sich häufig *Rückstände vom Ziehprozeß*, z. B. metallische Seife und Kalküberzug. Weiter ist die *Glühhaut*, die beim Weichglühen von Drähten gebildet wird, zu erwähnen. *Rost, Zunder, Fettreste* u. dgl. wirken manchmal in überraschend günstiger Weise zur Verbesserung der Schweißresultate. So konnte der Verfasser [6] bei Unterpulverschweißungen in zahlreichen Versuchsreihen feststellen, daß stark rostige Elektroden, die mehrere Jahre alt waren, bei dringend benötigten Untersuchungen ganz ausgezeichnete Resultate ergaben. In allen diesen Fällen fand man, daß sorgfältig *gereinigte* oder *gebeizte* Elektroden höhere Zündspannungen und weniger stabile Lichtbögen ergaben als ungereinigte Drähte.

Quantitative Untersuchungen an „*präparierten*" oder „*aktivierten*" Elektrodendrähten wurden von TICHODEEV [1] vorgenommen. Er untersuchte die Wirkung vieler Zusatzmaterialien in der Weise, daß er sie mittels Bindemittel oder in einem feinen Gewinde auf die Elektroden auftrug. Weitere Untersuchungen hierzu liegen z. B. von LINCOLN [1], HUMMITZSCH und RAPATZ [1], CHRENOW nach BROUN und POGODIN-ALEXEJEW [2], MULLER [1], ERDMANN-JESNITZER und KLAAS [1], LESNEWICH [1, 2] und CAMERON und BAESLACK [1] vor.

Bei diesen Untersuchungen ergab sich, daß Alkalien wie K, Na, Rb und Li, alkalische Erdmetalle wie Ca, Mg, Sr, und Ba, sowie Ti, V und Mo neben FeO und MnO als „*Stabilisatoren*" wirken. Auch hier zeigten Al, Si und deren Oxyde ein ungünstiges Verhalten entsprechend Ziff. 49. Die Ionisierungsspannungen der Stabilisatoren sind nach Tab. 7 durchweg niedrig. Trotz der sehr geringen Mengen von Fremdstoffen, die bei hauchdünnen Umhüllungen verwendet werden, ergeben sich für eine große Zahl von Legierungen, die auf Eisen, Kupfer, Aluminium, Titan usw. beruhen, gut reproduzierbare Werte und stabile Lichtbögen mit sprühregenartigem Werkstoffübergang nach Ziff. 200. Die Stärke der Überzüge beträgt z. B. 3×10^{-3} mm. Nach LESNEWICH [1] werden z. B. 3 bis 5×10^{-3} Gew.-% Rubidium verwendet, nach LUDWIG [4] 0,06 bis 0,16 mg/cm eines Anstrichs der Zusammensetzung 55 bis 80% TiO_2, 10 bis 30% MnO_2 und 10 bis 35% $CaCO_3$.

52. Pasten und imprägnierte Bänder. Zusätze von Elementen mit niedriger Ionisationsspannung können zur Einführung in den Bogenraum in Form von Anstrichen oder Pasten auf die zu verschweißenden Nähte aufgebracht werden. Die Pasten enthalten meist auch schlackenbildende Bestandteile, die zum Schutz gegen Oxyd- und Nitridbildung in der Schweißraupe dienen. So bestehen pastenförmige Flußmittel für die Aluminiumschweißung mit Kohlebogen nach KLJATSCHKIN [1] vorwiegend aus Chloriden und Fluoriden der Alkalien. Flußmittel können auch mittels Zusatzdraht oder in Pulverform durch Bestreuen der Stoßkanten aufgetragen werden.

Faserstoffe, Papier oder Asbest in Bandform, die mit Stabilisatoren imprägniert sind, werden bei ENGEL und STEENBECK [2] und LINCOLN [1] erwähnt. Sie werden in Form einer Ummantelung der Elektrode oder des Zusatzdrahtes in den Bogen eingeführt und auch heute noch bei Handschweißungen mittels Kohle- und Metallbögen verwendet. Hierbei erfolgt bei Verkohlung der Bänder starke Gas- und Dampfentwicklung, so daß der Bogenraum gegen Luftzutritt geschützt und der Bogen weiter stabilisiert wird. Häufig findet man auch Kombinationen von Pasten und imprägnierten Bändern.

53. Mantelelektroden. Der Einschluß des Bogenansatzes innerhalb des abschmelzenden Umhüllungsstoffes, dessen Dicke oft gleich dem Durchmesser des Metalldrahtes, oft auch noch größer ist, ergibt eine hohe Trägerdichte im Bogenraum unmittelbar nach der Zündung, wenn die bei den hauchdünnen Umhüllungen erwähnten Vorsichtsmaßnahmen beachtet werden. Die zur Herabsetzung der Zündspannung und zur Stabilisierung des Bogens dienenden Fremdstoffe sind im wesentlichen die gleichen, wie bei den hauchdünnen Hüllen verwendet. Diese Zusatzstoffe werden als Bestandteile der Umhüllung und vereinzelt auch als Überzüge des Elektrodenmetalls eingeführt. Der Elektrodenmantel enthält weiter Bestandteile, die verschiedenen Zwecken dienen, vgl. Ziff. 316. Man versucht, Substanzen zu verwenden, die gleichzeitig *mehrere Aufgaben* erfüllen können. So werden zur Bogenstabilisierung und gleichzeitig zur *Schlackenbildung* Feldspat, Titanverbindungen, Kalziumkarbonat, Kaliumsilikate usw. verwendet. Zur Bogenstabilisierung und Erhöhung der *Abschmelzleistung* dienen Mantelelektroden, die neben den oben besprochenen Stabilisatoren *pulverförmiges Eisen* enthalten. Dieses wird durch den Lichtbogen hoch erhitzt und geht unter Dampfabgabe in den Bogenraum zum Schweißbad über. Die Bogenstabilisierung und eine zusätzliche *exotherme Wirkung* werden bei Verwendung organischer Materialien und bestimmter Metalloxyde erreicht, beispielsweise von Zellstoff und Nickeloxyd (Ziff. 183).

Für manche Aufgaben hat es sich als zweckmäßig erwiesen, im Gegensatz zu den obigen Ausführungen mit verhältnismäßig *geringem Leitvermögen* der Bogenstrecke zu arbeiten. So untersuchte ERDMANN-JESNITZER [4] mittels Zeitlupenaufnahmen das Verhalten von *Bündelelektroden* (mehreren an der gleichen Stromquelle liegenden stabförmigen Elektroden, die dem Werkstück gegenüberstehen). Er erhielt die besten Resultate mit Elektroden vom Typ „Kb"[1], die wenig zur Erhöhung der Ladungsträgerdichte im Bogenraum beitragen und hohe Zündspannungen von 60 bis 90 V benötigen. Lichtbogenbildung zwischen den Einzelelektroden wurde vermieden und eine hohe Abschmelzleistung erreicht.

54. Dochtkohlen und Seelenelektroden. Die Zufuhr von Ladungsträgern in den Bogenraum kann erheblich gesteigert werden, wenn die einzuführenden Fremdstoffe in das Innere der Elektrode gebracht werden. Bei *Dochtkohlen* sind die Zusatzmaterialien sofort bei Bogenzündung verfügbar. Beim *Beckbogen* werden z. B. Ceroxyde und -fluoride sowie andere Substanzen niedriger Ionisationsspannung in eine Längsbohrung der Anodenkohle eingebracht, die bei hinreichender Erhitzung starke Dampfbildung und eine lange und wohlausgebildete Metallsalzflamme verursachen. Letzteres ist auch lichttechnisch von großem Interesse, wie die eingehenden Untersuchungen von FINKELNBURG [2] und die zusammenfassende Darstellung von FINKELNBURG und MAECKER [1] zeigen.

Seelenelektroden geben die Möglichkeit, granulierte oder pulverförmige Zusatzstoffe, die sich nicht in die Umhüllung der Mantelelektroden einbauen lassen, direkt in den Bogenraum einzuführen, beispielsweise Boride großer Teilchengröße für Auftragschweißungen (Ziff. 325). Weiter enthalten die meisten Seelenelektroden, je nach ihrem Verwendungszweck, mehr oder weniger große Mengen von Fremdstoffen, die zur Erhöhung der Ladungsträgerdichte dienen. Das Vorhandensein von Spurenelementen auf der Oberfläche von Seelenelektroden wurde bereits oben vermerkt (Ziff. 51).

55. Schweißmittel für die Unterpulverschweißung. Bei der Entwicklung der Schweißmittel für die Unterpulverschweißung („UP-Schweißung") bemühte man sich, die Zusammensetzung — im Gegensatz zur Hülle der Mantelelektroden — so einfach wie möglich zu halten, vgl. Ziff. 298. So verwendeten JONES, KENNEDY und ROTERMUND [1, 2, 3]

---

[1] kalkbasische Elektrode (Tab. 60)

Kalzium-Magnesium-Metasilikate. Der Verfasser [2, 3, 9] ging von Mullit aus, der neben Oxyden von Aluminium und Silizium geringe Mengen von „Verunreinigungen" (z. B. 4%) enthält, vgl. Ziff. 299. Die Bildung zusätzlicher Ladungsträger zur Einführung in den Bogenraum beruht auf der Gegenwart von Elementen geringer Ionisationsspannung; im JONES-KENNEDY-ROTERMUND-Schweißmittel sind es Kalzium und Magnesium, im CONN-Schweißmittel Bogenstabilisatoren, wie Kalzium und Alkalien. Im Gegensatz zur üblichen Praxis bei hauchdünn umhüllten Elektroden sowie bei normalen Mantelelektroden werden die Zusatzstoffe bei der UP-Schweißung sofort bei der Zündung in den Bogenraum abgegeben, da der Lichtbogen in diesem Augenblick ja völlig durch das Schweißmittel umgeben wird.

Über die Wirkungsweise der Alkalien und Alkalierdmetalle bei Schweißmitteln dieser Art, insbesondere die Ausbildung eines langen Lichtbogens für die *Schweißung sehr starker Bleche*, berichten z. B. MANTAI [1] und MANNIN [1]. WEINSCHENK [2] weist darauf hin, daß je nach der Zusammensetzung des bei der UP-Schweißung verwendeten Pulvers Oszillogramme mit oder ohne *Zündspitzen* erhalten werden. Falls nicht genügend Ladungsträger vorhanden sind, kann die Zündspitze den Wert der Leerlaufspannung erreichen. Fortfall der Zündspitzen ergibt sich bei Einführung erheblicher Mengen von Ladungsträgern niedriger Ionisierungsspannung, die aus dem Schweißmittel abgegeben werden. Gleichzeitig erhält man niedrige Zündspannung und gute Bogenstabilität, die charakteristisch für die UP-Schweißung sind. Es sei angemerkt, daß in neuester Zeit versucht wird, *aktivierte Elektroden* auch bei der UP-Schweißung zu verwenden, doch sind die Versuche noch nicht abgeschlossen. Im übrigen sei auf die Besprechung der UP-Schweißung in Ziff. 271 verwiesen.

56. Einfluß des Ionisationsgrades auf die Bogentemperatur. Die EGGERT-SAHA-Gleichung (5) zeigt, daß zur Einstellung des erforderlichen Ionisationsgrades die Säulentemperatur um so höher sein muß, je größer die Ionisierungsspannung U_i des Trägergases ist. Somit wird für gegebene Energiezufuhr zum Bogen eine um so höhere Plasmatemperatur erhalten, je höher U_i ist. (Meist handelt es sich hier um die Ionisierungsspannung der ersten Ionisationsstufe, doch kann bei Lichtbögen hoher Stromdichte auch die zweite eine Rolle spielen.)

Durch Zusatz von Dampf oder Gas niedriger U_i wird die Bogentemperatur, besonders bei geringer Stromstärke, erheblich verringert. Als Beispiel für den Einfluß alkalischer Dämpfe auf die Temperatur eines Bogens zwischen *Eisenelektroden* seien Messungen von M. J. BROUN, die bei POGODIN-ALEXEJEW [1] erwähnt werden, wiedergegeben. Bei Verwendung von 280 A und einem kohlenstoffarmen Stahl wurde in Luft eine scheinbare Temperatur (Achsentemperaturen wurden nicht bestimmt) von $6100 \pm 200°$ K erhalten. In Na_2CO_3-Dämpfen wurden $4800 \pm 200°$ K und in K_2CO_3-Dämpfen nur $4300 \pm 200°$ K erhalten. Die Herabsetzung der Lichtbogentemperatur entspricht der Erniedrigung der Ionisierungsarbeit bei diesen Salzen.

Im folgenden Kapitel werden einige bisher noch nicht behandelte Eigenschaften des Schweißlichtbogens besprochen, die physikalisch und technisch von Interesse sind.

ϑ) *Ausbildungsform und Stabilität des Schweißbogens*

57. Unbehinderter Lichtbogen. Zusammenstellungen älterer Untersuchungen finden sich bei v. ENGEL und STEENBECK [2], COBINE [1], LECOMTE und RÖLL [1], DOW [1], GÄNGER [1] und BRUCKNER [1].

Wir haben uns bisher mit Lichtbögen zwischen zwei stabförmigen Elektroden oder einer stabförmigen und einer plattenförmigen Elektrode befaßt. Wir gehen nun zu Untersuchungen des *„unbehinderten"* Lichtbogens über, der zwischen *zwei plattenförmigen Elektroden* brennt, die parallel zueinander angeordnet sind. Auf diese Weise wird der Einfluß der Elektrode geringen Durchmessers auf den Bogen eliminiert, so daß die Ausbildungsform des Bogens in Abhängigkeit von der *Polarität* untersucht werden kann.

Zum Studium des unbehinderten Bogens geringer Stromstärke benutzten DUNKERLEY und SCHAEFER [1] Kathoden aus schwach oxydiertem Wolfram oder Tantal, denen Anoden aus niedrigschmelzenden Metallen gegenüberstanden. Der Bogen wurde zwischen den Platten in Gegenwart eines transversalen Magnetfeldes von 150 Gauß gezündet. Die auf den Bogen wirkende Kraft trieb ihn zwischen den Platten senkrecht zur Richtung des Magnetfeldes mit einer Geschwindigkeit von 1,8 m/min entlang. Ein Lichtbogen von etwa 2000 A/cm² Stromdichte ergab eine kontinuierliche Bogenspur auf der Anode, jedoch einzelne, punktförmige Eindrücke auf der Kathode; m. a. W. der Bogen setzte sich an der hochschmelzenden Kathode fest, während sich der Anodenfußpunkt gleichförmig weiterbewegte. Die resultierende sprunghafte Fortbewegung ist in Abb. 61 nach DUNKERLEY und SCHAEFER [1]

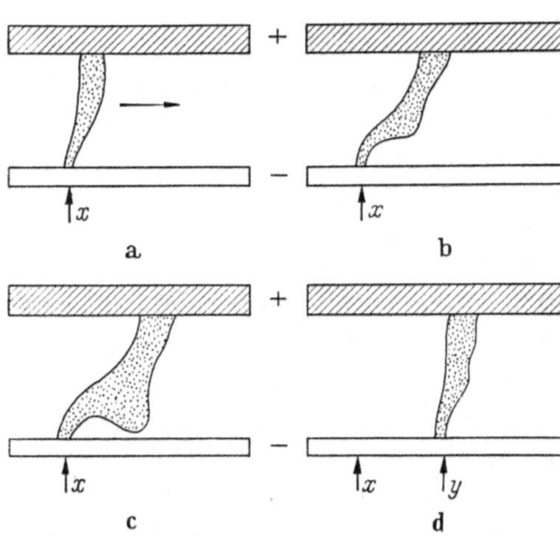

Abb. 61. Unbehinderter Lichtbogen; sprunghafte Bewegung des Kathodenfußpunktes bei kontinuierlicher Wanderung des Anodenfußpunktes; Kathode: Tantal

angedeutet: Der Bogen hat sich in Punkt x infolge der Beschaffenheit der Oberfläche der Kathode (Tantal) verankert und springt dann zu Punkt y über. Bei hochschmelzender Anode und niedrigschmelzender Kathode ergeben sich nach WINSOR und LEE [1] entsprechende Resultate.

Umfangreiche Untersuchungen des unbehinderten Lichtbogens wurden von LeComte und Röll [1] mittels Laufbildkamera durchgeführt. Ihre Resultate für verschiedene Werkstoffe und für ähnliche Parameter, wie sie beim Schweißen verwendet werden, sind in Abb. 62 zusammengefaßt. Unbehinderte Lichtbögen zeigen für zwei Kohleplatten einen Fleck geringen Durchmessers an der Kathode und eine breite Basis an der Anode. Bei Eisen, Gußeisen und Bronze ergab sich die Basis an der Kathode und der Fleck an der Anode. Bei Kupfer wechselte die Basis zwischen den Elektroden. Das Verhalten von Aluminium war identisch mit dem von Kohle und wird dadurch erklärt, daß sich *auf der Aluminiumoberfläche eine Oxydschicht mit hohem Schmelzpunkt* gebildet hat.

Lf.	Werkstoff	Grundausbildung	Basislage
a	Eisen	minus ▽ plus	Basis vorwiegend am Minuspol, Fleck am Pluspol
b	Gußeisen	minus ▽ plus	Basis am Minuspol, Fleck am Pluspol
c	Bronze	minus ▽ plus	Basis am Minuspol, Fleck am Pluspol
d	Kupfer	minus ⋈ plus	Lage der Basis nicht eindeutig. Eine Gesetzmäßigkeit ist nicht zu erkennen
e	Aluminium und Legierung	minus △ plus	Basis vorwiegend am Pluspol, Fleck am Minuspol
f	Kohle	minus △ plus	Basis am Pluspol, Fleck am Minuspol

Abb. 62. Bogenformen des unbehinderten Lichtbogens bei verschiedenen Materialien nach LeComte und Roll [1]

Bei Kohle und Aluminium liegen vorwiegend thermische, bei niedrigschmelzenden Elektroden vorwiegend Feldbögen vor. Bei Verwendung verschiedener Metalle als Plattenelektroden werden die Bogenformen der Abb. 63 erhalten. Es zeigt sich, daß Aluminium bzw. sein Oxyd wieder als vorwiegend thermisch emittierend anzusehen sind. Bei der Kombination Eisen/Aluminium und bei Bronze/Aluminium tritt der Brennfleck an der Elektrode auf, die aus Aluminium besteht, ganz gleich ob sie positiv oder negativ gepolt ist. Das Verhalten von Aluminium, Magnesium und anderen Oxydbildnern beim Schweißen zwischen einer stabförmigen Elektrode und einem Werkstück ergibt ähnliche Resultate und muß in der Technik sorgfältig beachtet werden, vgl. Ziff. 267e.

Bei einer nackten Elektrode und gerader Polarität, d. h. Elektrode am Minuspol, ergibt sich im inhomogenen Feld der Technik die *höhere Temperatur am Werkstück*, das die größere Masse besitzt und einen größeren Wärmebetrag zum Aufschmelzen benötigt. Bei umgekehrter Polarität (positive Elektrode) wird die höhere Temperatur an der Elektrode erhalten. Bei *Mantelelektroden* kann höhere Temperatur am Werkstück sowohl durch gerade als auch durch umgekehrte Polung erhalten werden; im letzteren Falle werden Elektrodentypen mit Umhüllungen verwendet, die geeignete Zusatzstoffe enthalten, vgl. Ziff. 318. Bei den meisten Lichtbögen im inhomogenen Feld ist die Stromdichte an der stabförmigen Elektrode höher als am Werkstück. Je nach Polung kann man von „*kathodischen*“ oder „*anodischen*“ *Hochstrombögen* sprechen.

Lf.	Werkstoff	Bogen-Ausbildung	
a	Aluminium Eisen	minus △ plus	Kathode Aluminium— Aluminium-Lichtbogen
b	Eisen Aluminium	minus ▽ plus	Kathode Eisen — Eisen-Lichtbogen
c	Aluminium Bronze	minus △ plus	Kathode Aluminium — Aluminium-Lichtbogen
d	Bronze Aluminium	minus ▽ plus	Kathode Bronze — Bronze-Lichtbogen

Abb. 63. Bogenausbildung zwischen verschiedenen Werkstoffen nach Le Comte und Röll [1]

58. Bewegung des Lichtbogens. Der Einfluß der Bewegung des Lichtbogens auf die Kathoden- und Anodenfallgebiete ist wiederholt untersucht worden. Bei negativer Polung der Elektrode, z. B. einer Kohlekathode, die sich entlang einer ruhenden Anode aus Stahl mit niedrigem Kohlenstoffgehalt bewegt, folgt der Bogen ohne Schwierigkeit, solange die Bewegungsgeschwindigkeit gering ist. Bei Versuchen von Jones, Kouwenhoven und Skolnik [1], bei denen die Kohlekathode fest stand und ein Stahlband als Anode verwendet wurde, das sich mit hoher Geschwindigkeit bewegte, ergab sich auf der Anode nicht mehr eine gleichförmige Spur des Bogens. Es traten vielmehr einzelne Punkte gleichförmigen Durchmessers auf, deren Radius von der Stromstärke abhing. Abb. 64 gibt die Abhängigkeit der Zahl der pro Sekunde erhaltenen Anodenpunkte von der Stromstärke wieder. Die Geschwindigkeiten betrugen hierbei 10,8 bis 113 m/min entsprechend Handschweißungen hoher Geschwindigkeit bis zu automatischen Schweißungen hoher Geschwindigkeit; die Stromdichten betrugen hierbei bis zu 90 A/mm².

Bei umgekehrter Polarität sind zwei Fälle möglich. Ein hochschmelzendes Werkstück (Kathode) bewirkt, daß der Brennfleck nur langsam über die Kathodenoberfläche bewegt werden kann, da sich die von ihm überstrichenen Oberflächengebiete nur langsam auf Glüh-

temperatur erhitzen können (maximale Wanderungsgeschwindigkeit bei
Kohlekathode 6 m/min). Bei zu schneller Bewegung der Elektrode folgt
ihr der Bogen nicht gleichförmig, sondern sprungweise (vgl. Abb. 61).
Dieses „Kleben" des Bogens von umgekehrter Polarität erfolgt nach
ORTON und NEEDHAM [2] z. B. beim Schweißen von Titan mit Wolfram
als Anode. Titan hat verhältnismäßig hohe thermische Elektronenemission, und der Kathodenfleck hat die Tendenz, sich lokal, etwa an
submikroskopischen Spitzen,
festzusetzen. Im anderen
Falle, nämlich bei Verwendung eines Werkstoffes mit
niedrigem Schmelzpunkt als
Kathode, folgt der Bogen
der Bewegung der Elektrode
gleichförmig, solange die
Fortbewegungsgeschwindig -
keit nicht zu hohe Werte
annimmt.

59. Ladungsträgerdichte.
In allen Fällen ist es somit
möglich, durch eine Er-
höhung der Stromstärke
und damit der Ladungs-
trägerdichte im Bogenraum
sowie durch Einführung von

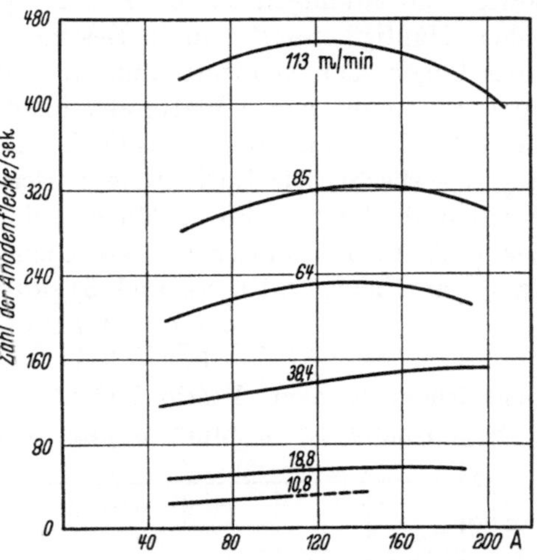

Abb. 64. Zahl der Anodenflecke/sek in Abhängigkeit
von der Stromstärke bei Bewegung des Bogens

Fremdstoffe geringer Ionisationsspannung höhere *Geschwindigkeits-*
werte und gute Schweißungen zu erzielen, bevor der Bogen unstabil
und damit die Schweißraupe unbefriedigend wird.

60. Stabilität. Die Stabilität des Lichtbogens hängt eng mit den
Lichtbogenparametern zusammen. Von neueren Arbeiten zur Stabili-
tät seien die Untersuchungen von RABKIN und MEDOVAR [1], LIPETZ-
KII [1], WYANT, WINSOR und SCHETKY [1], WINSOR, SCHETKY und
WYANT [1], LORENZ [2···5] und ERDMANN-JESNITZER und KLAAS [1]
erwähnt.

Die Gesamtstabilität des Bogens wird durch räumliche, thermische
und elektrische Parameter bestimmt. Änderungen in der räumlichen
Anordnung oder dem thermischen Gleichgewicht beeinflussen die elektrischen Daten und umgekehrt. Ein stabiler Bogen soll die Tendenz
besitzen, selbst dann gleichförmig zu brennen, wenn die Parameter
häufig wechseln, z. B. beim Überkopfschweißen von Hand. Der Wärmefluß zum Werkstück und die Niederlegung der Schweißraupe sollen
möglichst gleichförmig erfolgen. Für gegebene Energiezufuhr wird Stabilität des Bogens durch Kontrolle der Trägerdichte im Bogenraum, der

Art des Schutzgases oder -dampfes und des Elektrodenmaterials erreicht. Hinzu kommt die Art des Werkstoffüberganges, die in Ziff. 172 eingehender diskutiert wird.

Die Stabilität des Bogens wird in verschiedener Weise zahlenmäßig ausgedrückt. So entwickelten WINSOR, SCHETKY und WYANT [1] *Apparaturen*, die auf der Messung der zugeführten elektrischen Energie, Zahl und Dauer der Unterbrechungen des Bogens durch Werkstoffübergang sowie Schwankungen der effektiven Spannung und Stromstärke beruhen. Häufig benutzt man die Bestimmung der *maximalen Abreißlänge* eines Bogens zur Kennzeichnung der Stabiltät. Man führt hierzu eine Schweißung auf ebener Platte aus, bis der Bogen konstant brennt, hält dann den Vorschub an und zieht die Elektrode langsam hoch, bis der Bogen verlischt. Die Entfernung zwischen Platte und Elektrode beim Abriß stellt die Abreißbogenlänge l_B dar. Die Stabilität eines Bogens, der in einem bestimmten Gas zwischen gegebenen Elektroden brennt, kann dann nach v. ENGEL und STEENBECK [1] durch die Beziehung

$$S_l = \frac{l_B - l}{l} = \frac{1}{l}\left(\frac{U - a}{c} + t\,v\right) - 1 \tag{8}$$

ausgedrückt werden. Hierin bedeuten S_l Stabilität; l Arbeitslänge; U Bogenspannung; a Anoden- plus Kathodenfall; c Spannungsabfall in der Bogensäule in V/cm; t Zeit und v Verlängerungsgeschwindigkeit des Bogens.

Der Bogen brennt um so stabiler, je größer S_l ist. Die Einführung von Materialien geringer Ionisationsspannung nach Ziff. 51 beeinflußt die Stabilität in weitgehendem Maße. Abb. 65 gibt nach ERDMANN-JESNITZER und KLAAS[1]

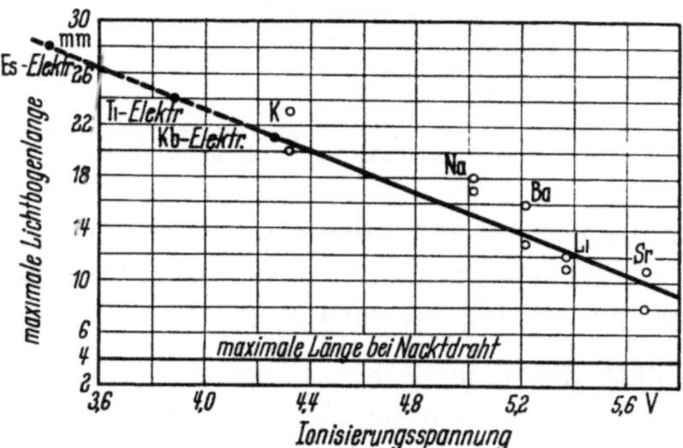

Abb. 65. Maximale Lichtbogenlange in Abhängigkeit von der Ionisierungsspannung

die maximale Lichtbogenlänge als Funktion der Ionisierungsspannung wieder. Es ergibt sich ein linearer Zusammenhang zwischen Ionisierungsspannung und Lichtbogenstabilität, gemessen durch die Abreißlänge. In die Figur sind auch Messungen für drei Elektrodentypen, die mittels Formel (7) berechnet wurden, eingetragen. Sie ergeben die gestrichelte Kurve, deren Steigung mit der für die Ionen erhaltenen Kurve zusammenfällt. Tab. 9 gibt nach HAZLETT [1] die relative Bogenstabilität, die durch Einführung verschiedener Substanzen in den Bogenraum erhalten wird. Die Stabilität nimmt in der Tabelle von oben nach unten ab.

Ein Bogen sollte im Idealfall so stabil brennen, daß er überhaupt nicht beeinflußt wird durch die Polarität der Elektroden, die Stromart, das Wandern des Fußpunktes des Bogens, die plötzliche Verlängerung des Bogens und das Erreichen maximaler Stromdichten; er soll sich sofort nach Wiederzünden regenerieren. Mit anderen Worten, es sollte *Automations-Betrieb* vorliegen. Dazu kommt noch die besonders beim maschinellen Schweißen verlangte Unempfindlichkeit des Lichtbogens gegen Schwankungen in der Entfernung der zu verbindenden

Tabelle 9. *Relative Bogenstabilität, die bei verschiedenen Chemikalien erhalten wird. (Beste Stabilität = 1, geringste Stabilität = 5 gesetzt.) Unterpulverschweißung durch käufliche Schweißpulver und die Chemikalien der Tabelle; 1,6 mm Dmr. der Elektrode (1,0% Mn-haltig), 29 V, 225 A, Schweißgeschwindigkeit 0,33 m/min*

Bogen-stabilität	Schweißmittel	Bogen-stabilität	Schweißmittel
1	käufliche Schweißmittel nach Tab. 52	4	MnO_2
			$MgCO_3$
2	K_2CO_3		MgO
	$CaCO_3$		Al_2O_3
3	Fe_2O_3		CaF_2
	SiO_2	5	Na_2SiO_3
	Na_2CO_3		

Bleche und anderer mechanischer Faktoren. Es ist wirklich erstaunlich, in wie hohem Maße diese Anforderungen durch die modernen Schweißmethoden bereits erfüllt werden. Andererseits ist erkennbar, wie wichtig es ist, dahin zu gelangen, daß eine Schweißung unter so gleichförmigen, reproduzierbaren Bedingungen wie nur irgend möglich ausgeführt wird.

2. Die Stromwärmeerhitzung

Bisher wurde der Lichtbogen als Wärmequelle zur Erhitzung von zwei Elektroden oder von einer Elektrode und dem Werkstück behandelt. Wir betrachten jetzt eine weitere Wärmequelle, deren Bedeutung vielfach unterschätzt wird. Es handelt sich um die Erwärmung der Elektroden des Lichtbogens durch Widerstandserhitzung im Dauerbetrieb.

61. Allgemeines zur Stromwärmeerhitzung. Die Literatur über Stromwärmeerhitzung bei der Lichtbogenschweißung ist sehr beschränkt. Zusammenstellungen finden sich z. B. bei DOAN [*1*], RAPATZ und HUMMITZSCH [*1*], STERN [*1*], AMANN [*1*], WOLFF [*1*], HUMMITZSCH und RAPATZ [*1*], TER BERG und LARIGALDIE [*1*], DE ROP und SCHMIDT-BACH [*1*], WILSON, CLAUSSEN und JACKSON [*1*], RYKALIN [*3*] und LESNEWICH [*2*].

Das *Joulesche Gesetz* für Widerstandserhitzung der Elektroden, von dem man früher glaubte, daß es auf dem Gebiet der Lichtbogenschweißung keine oder nur eine sehr geringe Rolle spielt, lautet

$$Q = 0{,}238\, I^2\, R\, t. \qquad (9)$$

Hierin sind Q Wärmemenge in cal, 0,238 elektrisches Wärmeäquivalent in cal/Watt sec, I Stromstärke in Amp., R elektrischer Widerstand des Leiters in Ohm und t Zeit in sec. Die Stromwärmeerhitzung stabförmiger Elektroden wird zweckmäßigerweise für nackte Elektroden und für Mantelelektroden getrennt behandelt. Dazu kommt noch die Stromwärmeerhitzung geschmolzener Schlacken- und Metallbäder in Zusammenhang mit der UP-Lichtbogenschweißung und der Elektro-Schlacke-Schweißung.

a) Nackte Elektroden

62. Freie Elektrodenlänge. Nackte Elektroden schließen „permanente" Elektroden, die nur sehr langsam abbrennen, und Abschmelzelektroden, die beim Schweißen in Luft, in Schutzgas oder unter Pulver verwendet werden, ein. Für Handschweißung werden Abschmelzelektroden in Form von Stäben, die z. B. 450 mm lang sind, verwendet. Ihre Länge verringert sich in verhältnismäßig kurzer Zeit durch Abbrand. Bei halbautomatischer und automatischer Schweißung wird eine drahtförmige Elektrode kontinuierlich mit gegebener Geschwindigkeit in den Schweißbogen eingeführt und dort abgeschmolzen. In allen Fällen wandern Elektrode und Lichtbogen entlang der zu schweißenden Naht oder *vice versa*. Man bestimmt nun die Erhitzung der „*freien Elektrodenlänge*" durch Stromwärme, d. h. der Entfernung zwischen Fußpunkt des Bogens an der Elektrode und Hülse des Elektrodenhalters, durch die die Stromzufuhr zur Elektrode erfolgt.

Voraussetzung für die folgenden Beobachtungen und Überlegungen ist wieder ein gleichförmig brennender Lichtbogen, bei dem gleichförmiger Nachschub der Elektrode und gleichförmige Fortbewegungsgeschwindigkeit des Bogens und der Elektrode entlang der Naht erfolgen.

63. Zahlenwerte. Die Energiebilanz für eine Kathode von 4 mm Dmr. eines mit 150 A betriebenen Eisenbogens wurde von DOAN [*1*] aufgestellt. Er fand, daß durch Stromwärmeerhitzung nur insgesamt 3,20 cal/sec in der Elektrode und dem an ihr gebildeten flüssigen Tropfen erzeugt wurden, während insgesamt 143,55 cal/sec an der Kathode zur Verfügung standen, vgl. die Darstellung in Ziff 239. Nach Versuchen und Rechnungen von ROSENTHAL [*3*] wird die Stromwärmeerhitzung der Elektrode praktisch durch Verluste von ihrer Oberfläche durch Strahlung, Konvektion und Leitung kompensiert. Weiter ist die Wärmemenge, die vom Fußpunkt des Bogens an die Elektrode durch Wärmeleitung abgegeben wird, so gering, daß sie vernachlässigt werden kann. MANTAI [1] gibt einige Werte in Kurvenform für die $I^2 R$-Erhitzung durch einen 800 A-Bogen nach Messungen und Rechnungen von KULI- KOW, bei denen die Abschmelzleistung für Elektroden verschiedener freier Länge bestimmt wurde. Es wird Erhöhung der Abschmelzleistung, verringerter Anteil von Grundmetall und verringerte Schmelztiefe er- halten, die jedoch bei den großen Schwankungen der freien Länge keine Rolle spielen. Nach POGODIN-ALEXEJEW [1] liefert die Stromwärme- erhitzung der Elektrode nur 2 bis 5% der Wärmemenge, die zur Schmelzung von Grundmetall und Elektrodenmetall erforderlich ist. Schließlich seien noch Untersuchungen von ROTHSCHILD [1] in Kohlen- dioxyd-Schutzgasatmosphäre mit Abschmelzelektrode erwähnt, bei denen die maximale freie Länge der Elektrode 38 mm betrug und bei denen gute Schweißungen erhalten wurden, vgl. Ziff. 178.

Auf die Gesichtspunkte, die für den Mechanismus der Strom- wärmeerhitzung nackter Elektroden von Interesse sind, wird ins- besondere in den Untersuchungen von AMANN [1] und WILSON, CLAUSSEN und JACKSON [1] eingegangen:

AMANN teilte eine Elektrode für Handschweißung von 420 mm Nutzlänge in zehn Abschnitte von 40 mm Länge ein (je 10 mm an den Enden zum An- und Ausfahren des Bogens) und bestimmte die Brennzeit jedes Abschnittes. Es ergab sich die *Abschmelzkurve OEC* der Abb. 66. Sie stellt die Abschmelzlänge L dieser Elek- trode in Abhängigkeit von der Zeit dar. Die Kurve steigt bis Punkt E annähernd linear an, biegt dann jedoch nach Punkt C ab, der bereits nach der Zeit t_0 erreicht wird, während bei line- arem Verlauf der Kurve ein höherer t-Wert zu erwarten wäre.

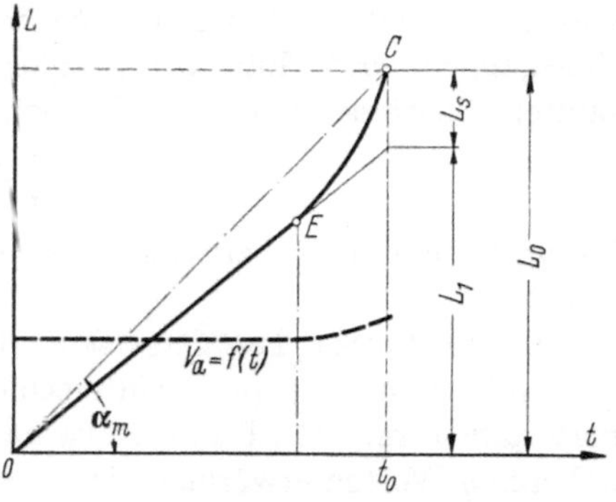

Abb. 66. Aufgliederung der Abschmelzkurve, vgl. Text

Entsprechend ist die Abschmelzgeschwindigkeit v_a von O bis E an- nähernd konstant und nimmt dann stetig zu.

Als Grund für die Zunahme von v_a ist die *Joulesche Erwärmung* der Elektrode anzusehen. Wenn diese Erwärmung nicht stattfinden würde, würde während der Abschmelzzeit t_0 nur die Elektrodenlänge L_1 abgeschmolzen werden. Der Längenunterschied zwischen der tatsächlich abgebrannten Länge L_0 und L_1 wird als L_s bezeichnet. L_s hängt somit von der Stromwärmeerhitzung ab und wächst mit zunehmender Erwärmung der Elektrode. Die in der Elektrode erzeugte Temperaturzunahme be- schleunigt somit den Abschmelzprozeß, m. a. W. die *Abschmelzleistung*.

64. Differentialgleichung für die Wärmeentwicklung. Zur Erwärmung der Elektrode tragen neben der Stromwärmeerhitzung auch noch Wärmeleitung vom Lichtbogen zur Elektrode und Wärmestrahlung des Bogens bei. AMANN versuchte, den Einfluß der drei Anteile rechnerisch zu bestimmen. Eine Differentialgleichung wurde für die *Wärmeentwicklung* an der Elektrode aufgestellt, die nach zweimaliger Integration die Beziehung ergab

$$Q_1 = 0{,}24\,\frac{I^2 L_0}{q\,t_0}\left(0{,}53\,t^2 - \frac{0{,}39}{t_0}\,t^3 + 0{,}1\,t_0\,t\right)\text{cal.} \tag{10}$$

Hierin bedeuten Q_1 theoretische Wärmemenge ohne Verluste, die im Zeitintervall zwischen Schweißbeginn bis zur Zeit t in der Elektrode entwickelt wird, I Schweißstromstärke, q Elektrodenquerschnitt, sonstige Bezeichnungen wie in Abb. 66. Die Gl. (10) zeigt, daß die *Stromwärmeerhitzung mit der 3. Potenz der Zeit* zunimmt.

Die Rechnung ergibt weiter, daß die *Gesamtwärmemenge* Q_{12}, die während der gesamten Abschmelzzeit des Stabes entsteht $(t = t_0)$, dargestellt wird durch

$$Q_{12} = 0{,}058\,\frac{I^2}{q}\,L_0\,t_0\,\text{cal.} \tag{11}$$

Hieraus folgt, daß die Stromwärme mit *zunehmendem Elektrodendurchmesser* abnimmt. Dies entspricht den Beobachtungen der Praxis und ist besonders günstig für Mantelelektroden, auf die weiter unten eingegangen wird. Für den *Temperaturanstieg* ΔT während der gesamten Abschmelzzeit t_0 ergibt sich weiter

$$\Delta T = \frac{0{,}16}{c\,s\,\sigma}\,\frac{I^2}{q^2}\,t_0\;{}^\circ\text{C.} \tag{12}$$

Hierin bedeuten c spezifische Wärme, s Dichte und σ elektrische Leitfähigkeit.

Die *elektrische Leitfähigkeit* σ (bzw. der spezifische Widerstand $\varrho = 1/\sigma$) weist erhebliche Unterschiede für verschiedene Elektrodenmaterialien auf, vgl. Tab. 10. Die hochlegierten Stähle Nr. 4 und 5 mit höheren ϱ-Werten erwärmen sich danach bei gleichem Stromdurchgang stärker als die unlegierten mit niedrigeren ϱ-Werten. Der Gang von σ bei

Tabelle 10. *Chemische Zusammensetzung, spezifischer elektrischer Widerstand, Schmelztemperatur, Schweißstromstärke und Drahtlängen von verschiedenen Manteldrähten bei 4 mm Dmr. des Drahtes nach* HUMMITZSCH *und* RAPATZ [1]

Draht Nr.	Chemische Zusammensetzung					spezifischer Widerstand ϱ $\dfrac{\Omega \cdot \text{mm}^2}{\text{m}}$	Schmelztemperatur °C	Schweißstromstärke A	Drahtlänge der Elektrode mm
	% C	% Si	% Mn	% Cr	% Ni				
1	0,11	0,05	0,65	—	—	0,15	1520	160—180	450
2	0,13	0,13	1,67	—	—	0,20	1510	140—160	400
3	0,11	0,15	2,01	—	—	0,21	1512	140—160	400
4	0,14	1,02	5,93	18,56	8,47	0,79	1430	100—130	350
5	0,15	0,92	1,99	24,52	18,05	0,88	1410	100—120	350

der Erhitzung der hier interessierenden Materialien ist wie folgt: Zunächst langsame Abnahme mit der Temperatur, solange die Elektrode fest ist; starke Abnahme beim Schmelzen, allmähliche Abnahme für die flüssige Phase und Absinken gegen Null bei der Verdampfung. Man verwendet bei Handschweißungen geringere Längen für hochlegierte als für unlegierte Elektroden, so daß die Stromwärmeerhitzung der freien Elektrodenlängen etwa gleiche Beträge erreicht.

Aus den Gl. (11) und (12) ergeben sich zwei interessante Folgerungen: Bei konstanter Schweißzeit bleibt die Widerstandserwärmung konstant, wenn das Verhältnis I^2/q konstant bleibt, und die Temperaturerhöhung bleibt konstant, wenn I^2/q^2 konstant bleibt.

Die Wärmemengen für die 3 Komponenten, die, wie erwähnt, zur Erwärmung der Elektrode beitragen, ergeben nach AMANN bei 4 mm Elektrodendurchmesser, 240 A Stromstärke und einem Schmelzpunkt des Elektrodenmaterials von 1515° C: durch JOULEsche Erhitzung 9,3 kcal und durch Wärmeleitung 0,09 kcal; die Wärmestrahlung ist vernachlässigbar. Die Folgerung erscheint gerechtfertigt, daß bei Erwärmung der Elektrode praktisch *nur* die Widerstandserwärmung eine Rolle spielt.

Vor kurzem veröffentlichte Versuche und Überlegungen von WILSON, CLAUSSEN und JACKSON [1] befassen sich mit der Rolle der Stromwärmeerhitzung nackter Elektroden bei der Unterpulverschweißung und beim Schweißen in einer Schutzgasatmosphäre. Abb. 67 zeigt ihre Versuchsergebnisse für die *Abschmelzleistung* einer Stahlelektrode von 2,4 mm Dmr. Es wurde UP-Schweißung mit 400 A Wechselstrom verwendet. Die freie Länge der Elektrode erstreckte sich hierbei von

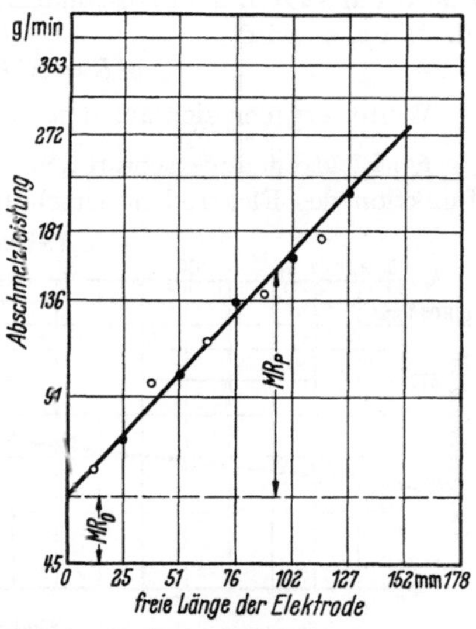

Abb. 67. Abschmelzleistung MR als Funktion der freien Länge der Elektrode

12 bis 128 mm. Als Abschmelzleistung wird das pro Minute abgeschmolzene Elektrodengewicht definiert, als freie Länge der Elektrode die Entfernung von der Unterkante der zur Stromzufuhr dienenden Hülse des Elektrodenhalters bis zur Oberfläche des Bleches, auf dem die Schweißungen erfolgten. Die freie Länge der Elektrode schließt also hier die Länge des Bogens ein, die möglichst gering gehalten wurde. Weiter wurde bei der Unterpulverschweißung *röntgenographisch* kontrolliert, daß der *Bogen oberhalb der Platten-*

oberfläche brannte (bei V-Naht brennt der Bogen vielfach unterhalb der Plattenoberfläche). Bei den Versuchen ergab sich eine sehr erhebliche Zunahme der Abschmelzleistung mit Zunahme der freien Länge der Elektrode (Meßbereich 0 bis 38 mm in Schutzgasatmosphäre, 0 bis 300 mm bei UP-Schweißung, 300 bis 2500 A, Elektrodendurchmesser 1,6 bis 12,7 mm).

In halblogarithmischer Darstellung, wie in Abb. 67, zeigen die Versuchsergebnisse praktisch linearen Anstieg der Abschmelzleistung mit der freien Länge der Elektrode. Extrapoliert man die Kurve, so schneidet sie die y-Achse bei der „*Elektrodenlänge Null*". Dieser Wert wird als MR_0 bezeichnet. Er liegt nach Kompensierung für die Bogenlänge bei 55 g/min. Bei der Elektrodenlänge Null ist die Abschmelzleistung *nur* durch die Wärme des Lichtbogens bedingt, und es findet keine Stromwärmeerhitzung der Elektrode statt. Für andere Elektrodentypen, andere Durchmesser der Elektroden und andere Stromstärken ergeben sich entsprechende Kurven. Bezeichnet man nun die gesamte Abschmelzleistung als MR und die Abschmelzleistung durch Stromwärmeerhitzung als MR_P, so wird

$$MR = MR_0 + MR_P. \tag{13}$$

Weiter ergeben sich aus den Versuchen die folgenden Beziehungen:

65. Elektrodenquerschnitt „Null". Trägt man die Werte von MR_0 als Funktion des Elektrodenquerschnittes auf, so erhält man Abb. 68. Es

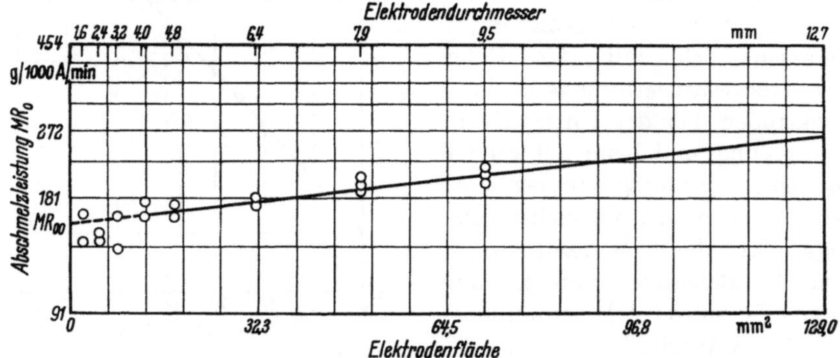

Abb. 68. Werte von MR_0 als Funktion des Elektrodenquerschnittes und des Elektrodendurchmessers d; MR_{00} entspricht dem Elektrodenquerschnitt Null, MR_{0a} dem Wert $MR_0 - MR_{00}$; nach Wilson, Claussen und Jackson [1]

ergibt sich in halblogarithmischer Darstellung ein geringer, annähernd linearer Anstieg mit dem Elektrodenquerschnitt. Durch Extrapolation der Kurve erhält man einen Schnittpunkt mit der y-Achse bei einem Werte von 160 g/1000 A/min. Dieser Wert entspricht somit einem „Elektrodenquerschnitt Null". Er wird als MR_{00} bezeichnet und wird bei Gleichstrombetrieb je nach Polarität durch den Anoden- bzw. Kathodenfall und die Stromstärke, bei Wechselstrombetrieb durch einen Mittelwert von Anoden- und Kathodenfall und die Stromstärke kontrolliert. Bezeichnet man weiter mit MR_{0a} die Zunahme der Abschmelzleistung in Abhängigkeit vom Querschnitt der Elektrode, so ergibt sich

$$MR_0 = MR_{00} + MR_{0a} \tag{14}$$

und für die *gesamte Abschmelzleistung*

$$MR = MR_{00} + MR_{0a} + MR_P. \tag{15}$$

Weiter ergibt sich aus den Versuchsresultaten, daß MR_0 für gegebenen Elektrodendurchmesser proportional der Stromstärke ist, wie auch in früheren Untersuchungen gefunden wurde.

66. Abschmelzleistung MR_P. MR_P hängt nach Abb. 69 in doppelt logarithmischer Darstellung praktisch linear vom Produkt aus Strom-

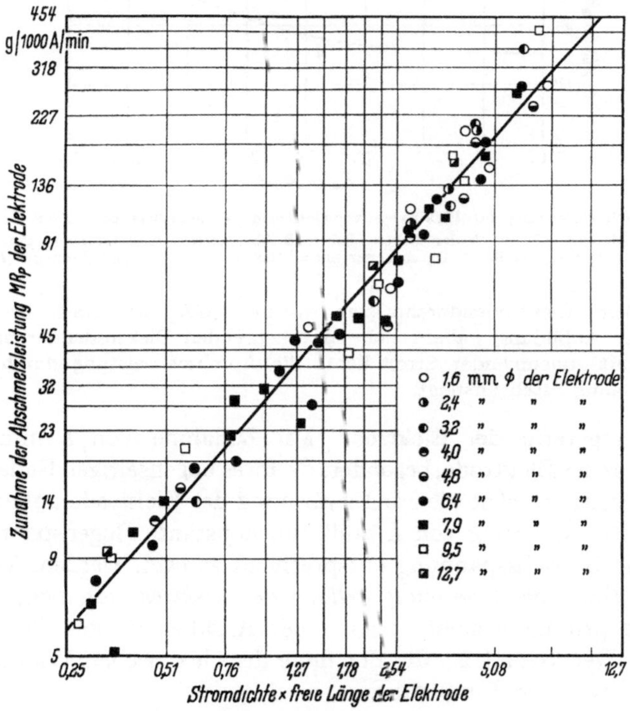

Abb. 69. Zunahme der Abschmelzleistung infolge von Stromwärmeerhitzung für Elektroden verschiedenen Durchmessers, nach WILSON, CLAUSSEN und JACKSON [1]

dichte und freier Elektrodenlänge ab. Hieraus ergibt sich, ähnlich der Gl. (11), die Beziehung

$$MR_P = \frac{K_2}{1000} \left(\frac{I^2 L}{d^2} \right)^{K_3}. \tag{16}$$

Beispiel 1. Bei einem Elektrodendurchmesser von 4,5 mm und einer Stromstärke von 600 A ergibt sich eine Abschmelzleistung von 122 g/min bei einer

freien Länge der Elektrode von 50 mm. Bei Zunahme der freien Länge auf
150 mm wächst die Abschmelzleistung auf 177 g/min. Diese Werte ergeben sich
rechnerisch bzw. graphisch aus den Abb. 68 u. 69. Die Zunahme der gesamten
Abschmelzleistung beträgt 45%.

Beispiel 2. In Abb. 70 ist für eine Stromstärke von 1000 A und die Elektrodendurchmesser 0 bis 12,7 mm in Kurve *A* die Abschmelzleistung durch den
Lichtbogen allein und in Kurve *B* die gesamte Abschmelzleistung für eine Elektrode, deren freie Länge das achtfache ihres Durchmessers beträgt, eingetragen.
Kurve *B* zeigt ein Minimum bei 6,3 mm Elektrodendurchmesser, da MR_{0a} mit

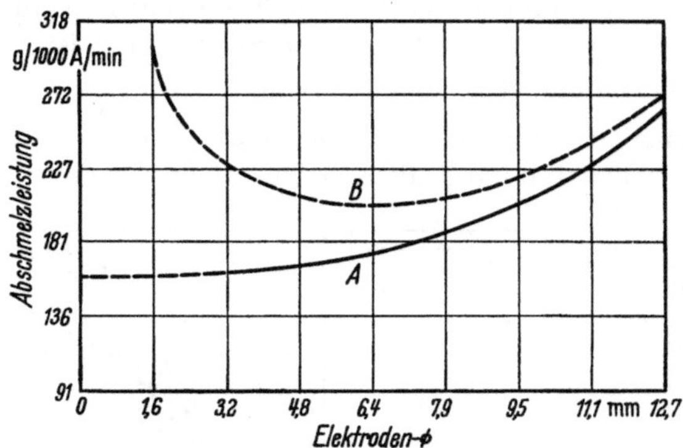

Abb. 70. Abschmelzleistung für Elektroden verschiedenen Durchmessers bei 1000 A Stromstärke:
A Abschmelzleistung MR_a durch den Bogen allein; *B* Abschmelzleistung für eine Länge der freien
Elektrode von 8 × ihrem Durchmesser nach WILSON, CLAUSSEN und JACKSON [1]

zunehmendem Elektrodendurchmesser zu- und MR_P abnimmt. Die beiden
Kurven der Abbildung nähern sich mit wachsenden Elektrodendurchmessern,
während mit zunehmender Stromdichte die Abschmelzleistung durch Stromwärmeerhitzung rasch ansteigt.

67. Temperatur der Elektrode. Mit Zunahme von L nimmt die
Temperatur der Elektrode, besonders die ihres bogenseitigen Endes, stark
zu. Gleichzeitig wächst die zur Erwärmung der Elektrode aufgewandte
Energie. Bei Änderung von L muß, um konstante Bogenspannung zu
halten, die Betriebsspannung entsprechend geregelt werden. Versuche
zur Ermittlung der *Spannung entlang der Elektrode* ergaben, daß die
Spannung pro Längeneinheit nach der Ansatzstelle des Bogens hin
zunimmt. Der Grund ist die Zunahme des elektrischen Widerstandes
von Stahl mit der Temperatur.

Die Verteilung von Temperatur, Wärmemenge und Spannung kann
für verschiedene L-Werte durch stufenweise Berechnung erhalten werden, wenn die folgende Beziehung zugrunde gelegt wird:

$$L = \frac{\Delta T \, S_{(0-t)} \, D_{(0-t)} \, A^2 \, B}{I^2 \, \varrho_{(0-t)}} . \tag{17}$$

Hierin bedeutet ΔT die Temperaturstufe, z. B. 50° C, für die die
Rechnung durchgeführt wird, $S_{(0-t)}$ die spezifische Wärme zwischen 0
und t° C in Watt sec/g/° C, $D_{(0-t)}$ die Dichte in g/cm³, A die Querschnitt-

fläche der Elektrode in cm², B die Geschwindigkeit der Elektrodenzufuhr in cm/sec, I die Schweißstromstärke in Ampere und $\varrho_{(0-t)}$ den
spezifischen elektrischen Widerstand in Ohm · cm.

68. Abschmelzleistung und Wärmeverluste. Es lassen sich nun aus
den Versuchen und Rechnungen einige interessante Folgerungen ziehen:
Die durch den Lichtbogen bedingte *Abschmelzleistung* ist offenbar für alle
freien Elektrodenlängen gleichen Durchmessers konstant. Die vom Lichtbogen an das Ende der Elektrode übertragene *Wärmemenge* ist die gleiche
für alle Elektrodenlängen, nimmt jedoch mit dem Elektrodendurchmesser
zu. Der von der Elektrode zum Schmelzbad *übergehende Werkstoff* besitzt
eine *Temperatur*, die nicht viel höher als ihr Schmelzpunkt sein dürfte. Die
letzte Folgerung ist indirekt und beruht auf der folgenden Überlegung:
Das durch Vorerhitzung geschmolzene Metall muß sich, um durch den
Bogen übergehen zu können, im gleichen Zustand wie das bei Elektrodenlänge Null übergehende Metall befinden. Rechnung und Versuch
ergeben übereinstimmende Resultate, wenn angenommen wird, daß
die Temperatur des geschmolzenen Metalls nahe der Schmelztemperatur
liegt. Wird jedoch eine wesentlich höhere Temperatur, etwa 2000° C,
angenommen, so ergibt sich keine Übereinstimmung. Entsprechend
sollte sich das flüssige Metall, das zum Übergang durch den Bogen
bereit ist, nur wenig oberhalb seines Schmelzpunktes befinden, vgl.
Ziff. 80.

In Gl. (17) nach WILSON und Mitarbeitern werden Wärmeverluste
durch Strahlung, Konvektion und Wärmeleitung durch die Elektrode
nicht berücksichtigt. Sie berechnen sich für die hier untersuchten
Stromwärmebereiche zu maximal 6%.

69. Polarität. Obwohl die Polarität der Elektroden natürlich keinen
Einfluß auf die I^2R-Erhitzung besitzt, ergibt sich auch hier bei
gleicher freier Elektrodenlänge für gerade Polarität bei Schutzgas- und
UP-Schweißung höhere Abschmelzleistung gegenüber der umgekehrten
Polarität und der Wechselstromschweißung, vgl. hierzu Ziff. 255 c.

70. Konstante Spannungsquelle. Hierbei steht bei erhöhter freier
Länge der Elektrode für den Lichtbogen eine geringere Spannung zur
Verfügung. Entsprechend sollte die Schweißraupe enger und die Einbrandtiefe in das Werkstück größer werden. Andererseits nimmt jedoch
mit zunehmender freier Länge die Menge des abgeschmolzenen Metalls
zu; dadurch wird eine Verbreiterung und Überhöhung der Naht erhalten.
Somit kann man bei der UP-Schweißung und bei der Schutzgas
schweißung infolge der erhöhten Abschmelzleistung mit erhöhter Ge
schwindigkeit schweißen, ohne daß die Stromstärke erhöht und ohne
daß die Eindringungstiefe in das Werkstück unerwünscht vergrößert
wird.

71. Schweiß- oder Flußmittel. Die bei Unterpulverschweißung verwendeten Flußmittel haben nach WILSON und Mitarbeitern nur geringen Einfluß auf die Abschmelzleistung des Bogens (MR_0) und keinen Einfluß auf die MR_P-Werte, die durch Stromwärmeerhitzung bedingt sind. Untersuchungen des Verfassers [6] haben jedoch gezeigt, daß die Abschmelzwerte des Bogens in erheblichem Maße durch die Zusammensetzung, die Methode der Aufbereitung und die Höhe der Brenn- oder Schmelztemperatur des Schweißmittels kontrolliert werden können. So ergeben Materialien mit niedrigem *Ionisationspotential*, die in den Bogenraum auf dem Wege über das Schweißmittel gelangen, eine beachtliche Erhöhung der Abschmelzleistung, vgl. Ziff. 55. Eine Beeinflussung der MR_P-Werte wurde auch hier nicht beobachtet. Auch TER BERG und LARIGALDIE [1] berichten über eine Zunahme der Abschmelzleistung mit zunehmendem SiO_2-Gehalt der Umhüllung für Mantelelektroden, vgl. Ziff. 255 d.

Die folgenden *Beispiele* zeigen die praktische Bedeutung der Stromwärmeerhitzung. Abb. 71 gibt die nach den obigen Gleichungen berechnete und durch Versuche bestätigte Temperatur- und Spannungsverteilung bei der *UP-Schweißung* mit einer Stahlelektrode von 3,2 mm Dmr. und 150 mm freier Elektrodenlänge bei 300 A wieder. Ähnliche Kurven werden in Abb. 72 nach MANTEL [2] für drei Legierungen unter verschiedenen Versuchsbedingungen in *Schutzgasatmo-*

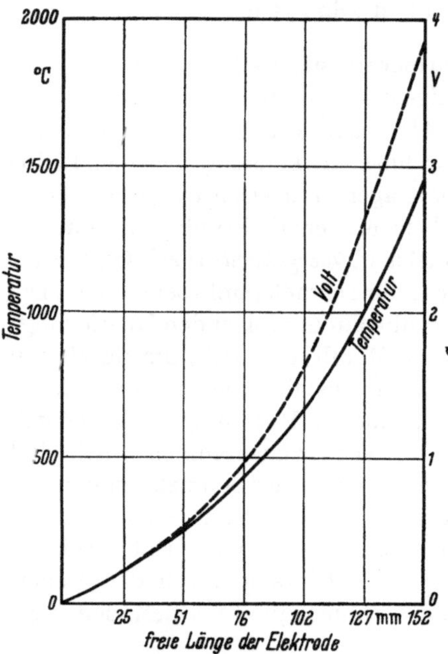

Abb. 71. Berechnete Spannungs- und Temperaturverteilung infolge Stromwärmeerhitzung zwischen Kontakthülse und Elektrodenende bei der UP-Schweißung nach WILSON, CLAUSSEN und JACKSON [1]

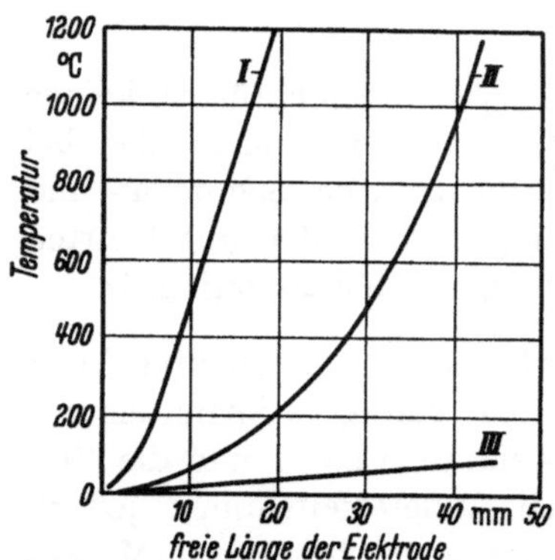

Abb. 72. Widerstandserwärmung des freien Drahtendes von 3 Legierungen bei der Schutzgasschweißung in Argon mit Sauerstoffzusatz:

I Rostfreier Stahl, Drahtgeschwindigkeit 2,5 m/min
II Kohlenstoffstahl, Drahtgeschwindigkeit 2,5 m/min
III Aluminium, Drahtgeschwindigkeit 5,0 m/min
Schweißstrom 300 A; Draht 2 mm Dmr.

sphäre wiedergegeben. Eine Veränderung der freien Drahtlänge bewirkt insbesondere für die Kurven *I* und *II* eine beträchtliche Verschiebung der Drahterhitzung und da-mit der Abschmelzgeschwin-digkeit.

Abb. 73 zeigt den Einfluß der freien Länge der Elek-trode auf die Abschmelz-geschwindigkeit von kohlen-stoffarmem und rostfreiem Stahl sowie für Aluminium von 1,6 mm Dmr. in *Edel-gasatmosphäre* bei 300 A. Entsprechende Werte für kohlenstoffarmen und rost-freien Stahl sowie für Kupfer werden für *UP-Schweißung* in Abb. 74 gebracht, wobei jedoch eine wesentlich höhere Stromstärke, 1500 A Wechsel-strom, und 4,8 mm starke

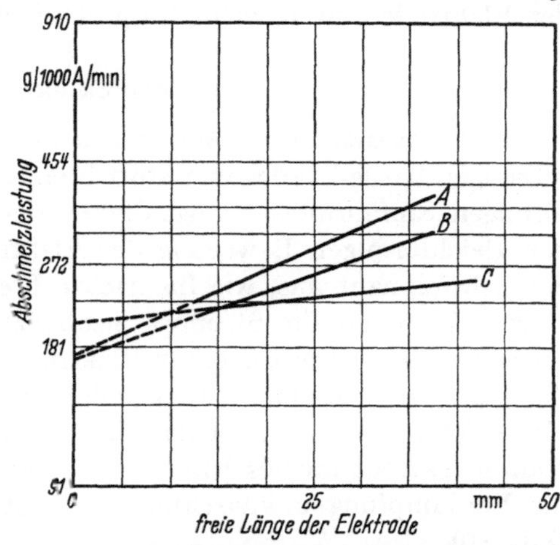

Abb. 73. Abschmelzleistung in Abhangigkeit von der Lange der freien Elektrode in Edelgasatmosphare nach WILSON, CLAUSSEN und JACKSON [*1*]:

A Rostfreier Stahl, Typ 304 USA; *B* Kohlenstoffarmer Stahl, *C* Aluminium

Elektroden verwendet wurden. Der elektrische Widerstand der hier unter-suchten Materialien verhält sich bei Raumtemperatur für Kupfer :

Aluminium : kohlenstoff-armem : rostfreiem Stahl wie 1 : 1,6 : 10 : 42. Ent-sprechend ergibt sich die größte Zunahme der Abschmelzleistung durch Stromwärmeerhitzung für den rostfreien Stahl, während bei Aluminium und Kupfer geringere Zu-nahme erfolgt.

Eingehende Unter-suchungen über die Rolle der Stromwärmeerhit-zung bei der Schutzgas-schweißung von Stahl und Aluminium finden sich in der kürzlich er-

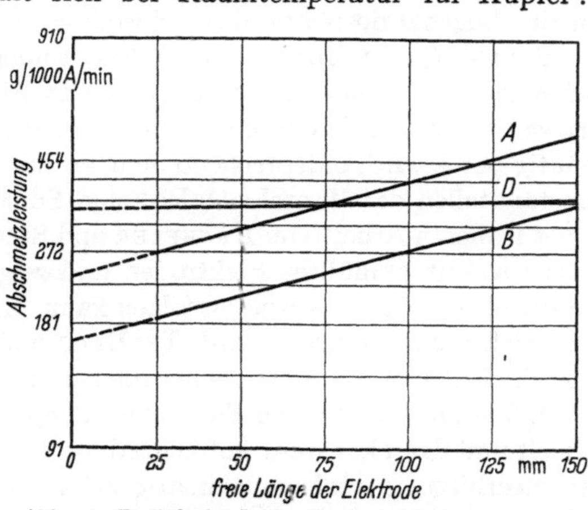

Abb 74. Einfluß der Lange der freien Elektrode auf die Abschmelzleistung bei der Unterpulverschweißung nach WILSON, CLAUSSEN und JACKSON [*1*]:

A Rostfreier Stahl, Typ 304 USA; *B* Kohlenstoffarmer Stahl; *D* Kupfer

schienenen Arbeit von LESNEWICH [2], der die freie Länge der Elek-trode und die Bogenlänge getrennt bestimmte. Im allgemeinen ergab sich eine gute Übereinstimmung der neuen Resultate mit den oben besprochenen Ergebnissen verschiedener Forscher. Ein Einfluß des Schutzgases (Argon, Kohlendioxyd usw.) auf die Stromwärmeerhitzung der Elektrode konnte nicht festgestellt werden.

b) Mantelelektroden

72. Voraussetzungen. Wir gehen hier von entsprechenden Voraussetzungen bezüglich des ungestört brennenden Lichtbogens, der gleichförmigen Einführungsgeschwindigkeit der Elektrode in den Bogen und der gleichförmigen Bewegung der Elektrode und des Bogens entlang der Schweißnaht aus, wie für nackte Elektroden unter a) besprochen wurde. Während die Stromwärmeerhitzung von wachsendem Nutzen für Schweißungen mit nackten Elektroden zu werden verspricht, liegen die Dinge bei umhüllten Elektroden anders. Es wurde bereits darauf hingewiesen, daß in manchen Fällen eine *kurzzeitige Erhitzung* einer Mantelelektrode mittels JOULEscher Wärme dazu benutzt werden kann, die Verdampfung erwünschter Bestandteile des Mantels einzuleiten (Ziff. 50).

73. Vermeidung der Stromwärmeerhitzung. Im normalen Betrieb muß *eine zu starke Erwärmung des mit Umhüllung versehenen Elektrodendrahtes vermieden werden*. Zu hohe Temperatur des Drahtes würde zur Verdampfung und Verbrennung bzw. zum Schmelzen der meist heterogenen Bestandteile des Mantels führen, bevor sie bestimmungsgemäß in die Bogenatmosphäre, das Schweißbad usw. gelangen können.

STERN [1] gibt Kurven für die Erwärmung des Drahtes beim Handschweißen bei mehreren Stromstärken in Abhängigkeit von der Zeit. Er weist darauf hin, daß die Schweißung bei Überhitzung des Mantels häufig porös wird, entsprechend dem Verlust bzw. der Oxydierung von Bestandteilen des Mantels. DeRop und Schmidt-Bach [1] geben nach einer früheren Arbeit von Krekeler und Schmidt-Bach [1] die Strombelastbarkeit umhüllter Elektroden und zeigen, bis zu welchen Elektrodenlängen Abschmelzung erfolgen kann, ohne daß das Einspannende der Elektroden kirschrot wird. TerBerg und Larigaldie [1] schlagen vor, die Elektroden *vor* dem Schweißen auf hohe Temperatur zu bringen, so daß sofort bei Beginn der Schweißung hohe Abschmelzleistungen erzielt und dann konstant aufrechterhalten werden können. Die Stromwärmeerhitzung wird auch niedrig gehalten, wenn, wie oben erwähnt, möglichst *große Elektrodendurchmesser* verwendet werden. Muß man jedoch mit kleinen Elektrodendurchmessern, bei denen dann hohe Stromdichte auftritt, arbeiten, so wird man möglichst *kurze Elektroden* verwenden bzw. den Schweißvorgang häufig unterbrechen, etwa das Werkstück abwechselnd an gegenüberliegenden Seiten schweißen. Das gleiche gilt für hochlegierte Elektroden, die hohen elektrischen Widerstand besitzen und daher zur Überhitzung des Mantels neigen.

Ein weiteres Mittel zur Vermeidung einer zu starken Erhitzung der Mantelelektroden besteht nach AMANN [1] darin, den *Wärmestrom durch den Mantel* der Elektrode planmäßig zu leiten. Abb. 75 zeigt die Wärmeleitverhältnisse in einer umhüllten Elektrode. Man versucht, den Wärmeverlust dQ/dt möglichst hoch zu halten, so daß der Aufheizung des Elektrodendrahtes entgegengearbeitet wird. Es werden drei Gesichtspunkte zu beachten sein: α) Man wird eine möglichst große Wärmeübergangszahl zwischen Draht und Umhüllung anstreben und wärmeisolierende Schichten, insbesondere Lufteinschlüsse, vermeiden; β) Man wird der Umhüllungsmasse, die meist nach metallurgischen Anforderungen zusammengesetzt ist, eine möglichst große spezifische Wärme geben, um durch große Wärmeaufnahme den Elektrodenstab zu entlasten $(dQ/dt > dQ_2/dt)$; γ) Schließlich wird man dafür sorgen,

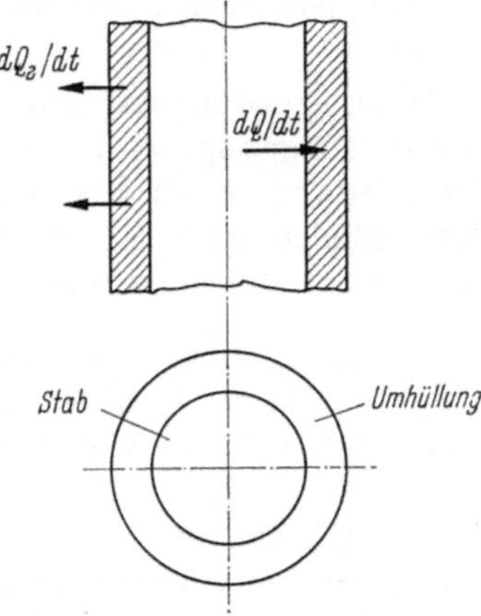

Abb. 75. Wärmestrom durch den Mantel einer umhüllten Elektrode

daß die Oberfläche der Elektrode gut Wärme an die Umgebung abgibt, z. B. durch Aufrauhen der Oberfläche, vgl. Ziff. 317.

74. Vergleich mit der UP-Schweißung. Hier liegen die Verhältnisse viel günstiger als bei Mantelelektroden. Beim UP-Schweißen befindet sich nach Untersuchungen des Verfassers [1, 8] zunächst Luft zwischen den Körnern des Schweißmittels, die in Lichtbogennähe durch Dämpfe und Gase ersetzt wird, die von der Elektrode, dem Werkstück (Schmelzbad), dem übergehenden Werkstoff und dem Schweißmittel abgegeben werden. Diese Gase und Dämpfe wirken gleichzeitig isolierend, so daß man eine Überhitzung der Schmelzbäder vermeidet, bevor das Schweißmittel dem Lichtbogen ausgesetzt wird (Ziff. 282).

c) Geschmolzene Schlacke

Die Stromwärmeerhitzung spielt in der Unterpulverschweißung nicht nur eine Rolle bei der Erhitzung der Elektrode und der *Nebenschlußstromerhitzung der Schlacke* zwischen Elektrode und Werkstück bei der üblichen UP-Schweißung, Ziff. 272, sondern auch bei der neu entwickelten Elektro-Schlacke-Schweißung.

75. Frühere und jetzige Ansichten zur UP-Schweißung. In den bereits erwähnten Arbeiten von JONES, KENNEDY und ROTERMUND [1, 2, 3] wurde angenommen, daß bei der UP-Schweißung mit den von ihnen entwickelten Schweißmitteln *kein Lichtbogen* vorhanden sei. Diese Annahme stand im Gegensatz zu dem UP-Schweißverfahren von ROBINOFF,

PAINE und QUILLEN [1], bei dem ein Lichtbogen klar erkennbar ist. JONES und Mitarbeiter nahmen an, daß das Schweißmittel, das zwischen der Elektrode und dem Werkstück schmilzt, vorwiegend durch JOULE-sche Wärme erhitzt wird. Abschmelzung der Elektrode und Aufschmelzen des Werkstücks würden somit durch die *Stromwärme* verursacht werden.

Diese Annahme hat sich in der Zwischenzeit als irrig erwiesen. Wie in Ziff. 272 gezeigt wird, erfolgt nur ein sehr geringer Prozentanteil der Stromleitung durch die flüssige Schlacke, während ein unter einer Schweißmittelschicht brennender Lichtbogen den überwiegenden Teil des Stromtransportes übernimmt.

76. „Elektro-Schlacke-Schweißung". Dieses Verfahren ist in den letzten Jahren in der UdSSR entwickelt worden und wird jetzt weitgehend verwendet, vgl. die Veröffentlichungen von WOLOSCHKEWITSCH [1, 2], GÜNTHER [3, 4], B. E. PATON und Mitarbeitern [1], v. HOFE [2], ANDERS [3], ZEYEN [9] und R. MÜLLER [1]. Das Prinzip dieses Verfahrens beruht auf der Ausnutzung der Wärme, die sich bei Stromdurchgang durch eine elektrisch leitende, geschmolzene Schlacke ergibt. Zu Beginn des Schweißvorganges wird ein Lichtbogen wie bei der üblichen UP-Schweißung gezündet. Das Schweißmittel besitzt niedrige Schmelz- und hohe Siedetemperatur, so daß eine weite Regulierbarkeit im Schmelzintervall besteht. Der Lichtbogen ist stationär, vielfach werden mehrere Lichtbögen verwendet, die parallel an der Stromquelle liegen. Das geschmolzene Material wird mit Hilfe von wassergekühlten Kupfergleitschuhen auf dem zu verschweißenden Werkstück gehalten. Sobald genug Schweißpulver geschmolzen ist, erfolgt Kontakt zwischen der Elektrode und der Schmelze, und der Lichtbogen verlöscht. Der Elektrodendraht schmilzt dann in dem durch JOULEsche Wärme hocherhitzten Schlackenbad.

Dieses Stadium wird in Abb. 76 dargestellt. Es werden zwei oder mehr Elektroden verwendet. Sie können entweder nur axial verschiebbar sein, oder sie können auch in Richtung der Blechdicke pendeln. Tiefe des Schlacken-

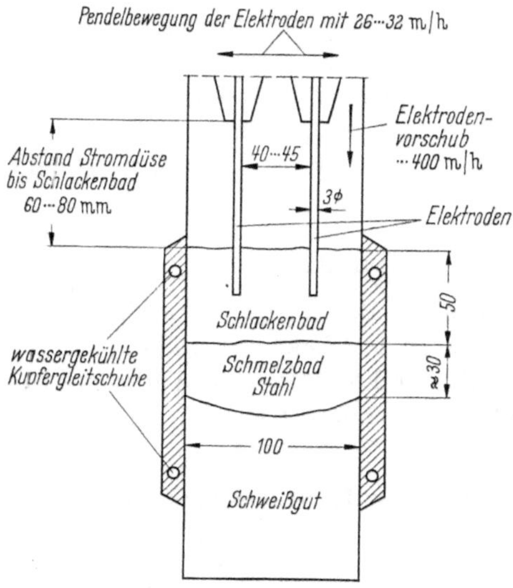

Abb. 76. Schema der Elektro-Schlacke-Schweißung (parallel zum Schweißspalt) nach ANDERS [3]

bades, Stromdichte zur Aufrechterhaltung eines flüssigen Schlacken-
und Schmelzbades und Abkühlungskurven der Schweißung richten
sich nach den zu verschweißenden Materialien. Entscheidend sind
Viskosität, Oberflächenspannung, Wärme- und elektrische Leitfähigkeit usw. bei hohen Temperaturen, vgl. Ziff. 207. Als Beispiel
gibt ANDERS [2]: 3 mm Schweißdraht, 80 bis 85 A/mm², Vorschubgeschwindigkeit bis zu 400 m/h. Der Vorteil der Elektro-Schlacke-
Schweißung im Vergleich mit anderen Schweißverfahren liegt vorwiegend in der Möglichkeit, sehr dicke Bleche, z.B. 600 mm Stärke und
mehr, in einem Arbeitsgang zu verschweißen sowie Auftragschweißungen von niedrig- und hochlegierten Stählen in verhältnismäßig
kurzer Zeit auszuführen. Die verwendeten Schweißpulver werden in
Ziff. 304 besprochen.

3. Exotherme Vorgänge

77. Übersicht über exotherme Vorgänge. Als weitere Wärmequelle
kommen bei der Lichtbogenschweißung exotherme (wärmeabgebende)
Vorgänge in Betracht. Es handelt sich um a) Rekombination von positiven und negativen Ladungsträgern, die durch Anregung oder Ionisation von Atomen oder Molekülen entstanden sind, zu neutralen Ge-
bilden; b) Assoziation (Wiedervereinigung) von Atomen, angeregten
Atomen und Ionen, die unter Einwirkung des Lichtbogens durch Dissoziation gebildet sind, zu Molekülen und c) Bildungswärmen verschiedener, während des Schweißvorganges exotherm verlaufender chemischer
Reaktionen. Die Literatur auf diesem Gebiet ist sehr umfangreich. Es
seien hier genannt: v. ENGEL und STEENBECK [1, 2], SCHIMPKE und
HORN [1], THIEMER [1], ZEYEN [1], DOW [1], POGODIN-ALEXEJEW [1],
SÉFÉRIAN [2], FOWLER [1] und NEUERT [1].

a) Rekombination von Ladungsträgern

78. Allgemeines zur Rekombination. Die Rekombination zwischen
positiven und negativen Ladungsträgern erfolgt in allen Fällen unter
Energieabgabe. Handelt es sich um ein positives Ion und ein Elektron,
so wird ein Energiebetrag gleich der Ionisierungsarbeit des vorliegenden
Atoms frei. Bei Rekombination eines positiven und eines negativen
Ions ist der frei werdende Energiebetrag gleich der Ionisierungsarbeit
abzüglich der Trennungsarbeit des Elektrons. Verschiedene Typen des
Rekombinationsprozesses werden durch FOWLER [1] besprochen. Wir
beschränken uns hier auf diejenigen Typen, die von Interesse für die
Lichtbogenschweißung sind.

Wir gehen davon aus, daß die Wahrscheinlichkeit der Neutralisation
um so größer ist, je größer die Zahl der negativen und positiven Ladungsträger pro Volumeneinheit eines Gases ist. Bezeichnet man die Zahl der
Rekombinationsprozesse in der Zeit dt mit dz und die Zahl der nega-

tiven und positiven Ladungsträger, die je eine Ladung besitzen mögen, mit N^- und N^+, so verschwinden bei jedem Rekombinationsprozeß je ein positiver und ein negativer Träger. Hieraus folgt nach v. ENGEL und STEENBECK [1, 2] das *Rekombinationsgesetz*

$$\frac{dN^+}{dt} = \frac{dN^-}{dt} = -\varrho\, N^+ N^-, \tag{18}$$

wobei die Proportionalitätskonstante ϱ als „Rekombinationskoeffizient" bezeichnet wird. Der Wert von ϱ hängt von der Zusammensetzung und dem Zustand des neutralen Gases sowie von der Art und Geschwindigkeit der Ladungsträger in der Volumeneinheit ab. Es werden drei Fälle betrachtet:

α) *Volumenrekombination.* Diese erfolgt zwischen *positiven und negativen Ionen*, wenn sie einander genügend nahe sind, so daß sie vermittels der COULOMB-Kräfte angezogen werden. Beim Durchgang durch das Gas verlieren sie einen erheblichen Anteil ihrer kinetischen Energie in Zusammenstößen mit neutralen Teilchen und besitzen nur noch geringe kinetische Energie bei der Wiedervereinigung.

β) *Direkte Rekombination.* Bei Zusammenstoß von *Elektronen und positiven Ionen* ergibt sich ein neutrales Atom und ein Photon, das die Überschußenergie besitzt.

γ) *Stufenweise Rekombination.* Sie erfolgt, wenn die Unterschiede in der Geschwindigkeit von Elektron und Atom oder Ion so groß sind, daß eine direkte Rekombination wenig wahrscheinlich ist. Das Elektron lagert sich dann an das Teilchen an, und das so gebildete negative Ion vereinigt sich in der zweiten Stufe mit einem positiven Ion.

79. Bogenplasma. Im quasineutralen thermischen *Plasma* des Lichtbogens, das sich auf einer Temperatur von z. B. 6000 bis 12000° K befindet, erfolgt praktisch keine Rekombination, wohl aber in seiner unmittelbaren Umgebung. Die mittlere Geschwindigkeit der Plasmaelektronen ist bei der hohen Temperatur so groß, daß praktisch keine Elektronen geringer Geschwindigkeit vorhanden sind, die direkt rekombinieren können. Stufenweise Rekombination ist ebenfalls im Bogen wenig wahrscheinlich, da das zunächst gebildete negative Ion im Plasma nicht beständig ist. Anders liegen die Dinge in den *Aureolen* und der Umgebung des Lichtbogens, wo günstige Bedingungen für die Rekombination herrschen — verhältnismäßig geringe Energiedichte und geringere Temperatur, so daß die aus dem Plasma nach außen bewegten Ladungsträger direkt oder in zwei Stufen rekombinieren können.

80. Oberflächeneffekt. Befindet sich eine materielle Oberfläche in der Nähe der Bogensäule, etwa in Richtung der seitlichen Diffusion der Ladungsträger, so treten die Elektronen in die Oberfläche ein oder verankern sich an ihr, und die Ionen „stehlen" sie von dort zur Bildung von neutralen Teilchen durch Rekombination. Ein Energiebetrag gleich dem, der als Austrittsarbeit zur Befreiung eines Elektrons aus dem Material der Oberfläche nötig wäre, wird frei und erscheint als Wärme. Ebenso wird die kinetische Energie, die das Elektron vor Annäherung an die Oberfläche besaß, überwiegend zur Erwärmung der Oberfläche benutzt. Auch bei der Entladung eines Ions an der Oberfläche wird Energie frei, die zur Aufheizung der Fläche beiträgt, vgl. SPITZER, JR. [1].

Die Rekombination an der Oberfläche ist von besonderem Interesse für die Physik der Lichtbogenschweißung. Es findet hier ein Wechselspiel verschiedener Parameter statt. Als Oberflächen sind nicht nur die Elektrode und das Werkstück anzusehen, sondern auch die *Metalltropfen der Elektrode und die Bestandteile des Mantels* (falls vorhanden), *die durch den Lichtbogen zum Schweißbad übergehen.* Sie alle befinden sich auf wesentlich geringerer Temperatur als das Bogenplasma (Ziff.68). Durch die mit Energieabgabe verbundene Rekombination an den Werkstoffteilchen, die sich durch den Bogenraum verhältnismäßig schnell bewegen, erfolgt Erwärmung des übergehenden Materials, dessen Temperatur ursprünglich nahe der Elektrodentemperatur, d. h. oberhalb des Elektrodenschmelzpunktes, lag. Auf diese Weise gelangt der übergehende Werkstoff bei höherer Temperatur in das Schweißbad, als sonst möglich wäre.

Andererseits hat die Rekombination die Tendenz, der Ionisation im Lichtbogen entgegenzuwirken, ähnlich wie bei der *Entionisierung* von Lichtbögen bei Schaltern durch Einschluß des Bogens in eine enge Löschkammer und Einspritzen von Öltröpfchen in den Bogenraum (Ziff. 33).

b) Assoziation

81. **Übersicht.** Die verschiedenen Möglichkeiten zur Dissoziation und die Energiebeziehungen werden z. B. durch MASSEY [1] und NEUERT [1] zusammengefaßt. Bei der Dissoziation eines mehratomigen Gases werden je nach Energieaufwand neben neutralen Atomen vorwiegend angeregte Atome und Ionen gebildet. Die Assoziation erfolgt unter Energieabgabe in entsprechender Weise, wobei das Endglied wieder ein neutrales Molekül ist. Dissoziationspotentiale sind in Tab. 2 für einige mehratomige Gase gegeben worden. Für die Lichtbogenschweißung sind Wasserstoff, Stickstoff, Kohlendioxyd und Wasserdampf von besonderem Interesse. Wasserstoff wird bei einer der ältesten, doch auch heute noch benutzten Schutzgasschweißmethode, dem „Arcatomverfahren", verwendet, und seine Grundlagen sollen hier etwas näher besprochen werden. Kohlendioxyd findet bei der Schutzgasschweißung in immer stärkerem Umfang Verwendung und wird eingehender später

behandelt (Ziff. 264). Wasserdampf erscheint oft als unerwünschte Zugabe beim Schweißen mit Mantelelektroden.

82. Arcatomverfahren. Bei ihm wird nach dem Grundgedanken von ZERENER [1] gearbeitet, der von LANGMUIR [1] und anderen in die Praxis umgesetzt wurde. Der Lichtbogen brennt unabhängig vom Werkstück zwischen zwei V-förmig angeordneten Elektroden, meist Wolfram, wobei ein Teil der Energie durch Strahlung an das Werkstück übertragen wird (Abb. 4). In der Hauptsache wird der Energieübergang durch Dissoziation und Wiedervereinigung wie folgt erreicht:

Unter der Einwirkung der hohen Lichtbogentemperatur findet die Reaktion statt

$$H_2 \rightarrow 2H - 95\,kcal. \tag{19}$$

Die Reaktion erfolgt in umgekehrter Richtung unter Wärmeabgabe in der kühlen Randzone des Bogens und an Oberflächen, mit denen die Flamme des Bogens in Berührung kommt.

Die Gleichgewichtskonstante berechnet sich aus den Partialdrücken des atomaren und des molekularen Wasserstoffes. Die Dissoziation bei $3000°\,K$ beträgt etwa 10%, steigt dann schnell an und hat bei $5000°\,K$ etwa 95% erreicht. [Bei der üblichen Bogentemperatur von $3950°\,K$ (Tab. 4) ist die Konzentration des atomaren Wasserstoffes 76%.] In der Randzone verbrennt infolge der Lufteinwirkung Wasserstoff zu Wasserdampf gemäß

$$2H + 1/2\,(O_2) = H_2O + 68{,}3\,kcal/Mol, \tag{20}$$

d. h., es liegt eine weitere exotherme Reaktion vor. Diese Verbrennung verhütet die Oxydation von Bestandteilen des geschmolzenen Schweißbades; sie ergibt weiter eine Vorerhitzung des Werkstückes vor dem Schweißen, die meist sehr erwünscht ist, und eine Verringerung der Abkühlungsgeschwindigkeit der Schweißung und der Nachbarzonen, was ebenfalls sehr erwünscht ist. Die Wärme wird also dorthin geliefert, wo sie gebraucht wird. Die Temperatur des Schweißbades wird durch Abstandsänderung des Lichtbogens vom Werkstück sowie durch Einstellung der Stromstärke des Bogens, seiner Form und seiner Länge geregelt. Unter konstanten Bedingungen stellt sich schnell thermisches Gleichgewicht im Bogen ein.

Der beim Arcatomverfahren benutzte Wasserstoff wird konzentrisch zu jeder der gekühlten Elektroden zugeführt und umgibt die Elektroden, den Bogen und das aufgeschmolzene Grundmetall. Abb. 77 zeigt einige Formen des Lichtbogens für verschiedene Verwendungszwecke. Die fächerförmige Bogenform ist das Resultat des Magnetfeldes bei den spitzwinklig angeordneten Elektroden.

Charakteristische Betriebsdaten für einen Lichtbogen zwischen zwei Wolframelektroden von 1,0 bis 3,0 mm Dmr. sind: Die sehr hohe Zündspannung von 300 V wird automatisch bei Leerlauf auf < 70 V reduziert. Die Schweißspannung beträgt 50 bis 80 V, die Stromstärke 10 bis 100 A; es wird 50 Hz Wechselstrom (in USA 60 Hz), um den Elektrodenabbrand gleichförmig zu halten, benutzt; der Gasdruck beträgt 100 bis 1200 mm WS und die Temperatur der Elektrodenenden 2700° C.

Das Arcatomverfahren wird meist für Handschweißungen, auch für halbautomatisches und vollautomatisches Schweißen verwendet, vgl.

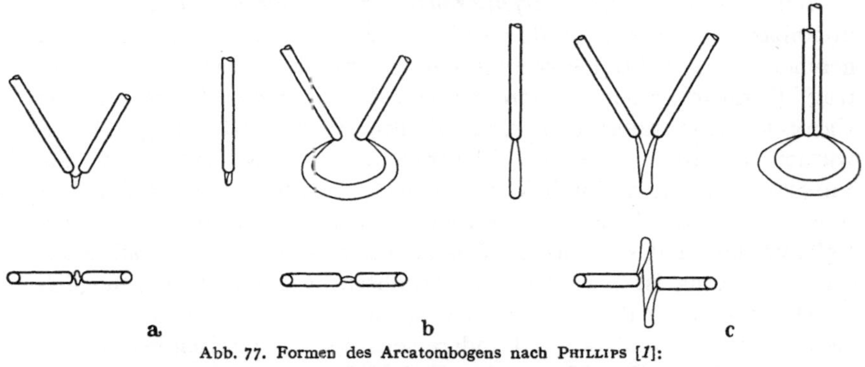

Abb. 77. Formen des Arcatombogens nach Phillips [1]:
a) Ruhiger Bogen;   b) Handschweißung;   c) Automatische Schweißung

Barsch, Senior [1]. Bleche geringer Dicke, z. B. 0,25 bis 3,2 mm, vereinzelt auch Bleche bis 12 mm, aus rostfreiem Stahl, Aluminium, Wolf ram usw., auch Nichtleiter, wie Quarzglas, werden verschweißt. Bei Sonderstählen, bei denen der Abbrand von Legierungselementen vermieden werden soll, wird ein kohlenstoffhaltiges Gas, z. B. Azetylen oder Propan, in Mengen von 1 bis 6% dem Wasserstoff hinzugefügt. Nach Hotchkiss und Webber [1] kann anstelle von Wasserstoff häufig Ammoniakgas eingeführt werden, das zu etwa 75% Wasserstoff und 25% Stickstoff dissoziiert wird. Auch können legierte Zusatzdrähte, Zusatzdrähte mit Ummantelung und pastenförmige Zusatzmittel verwendet werden.

82a. Schweißen mit Plasmapistole. Neuerdings beginnt man, die auf anderen Gebieten entwickelte „Plasmapistole" zum Schweißen zu verwenden. Hierbei wird innerhalb eines Schutzraumes ein Lichtbogen erzeugt, dessen Plasma durch eine Düse aus dem Schutzraum austritt. Durch Einführung von Gas in den Bogenraum kann Schutzgaswirkung für das Werkstück erzielt werden. Durch Regulierung der Energiezufuhr und des Gasdruckes kann mit Plasmatemperaturen von etwa 1700 bis 17000° K und -geschwindigkeiten von 60 bis 6000 m/sec gearbeitet werden, vgl. N. N. (1). Anwendung des Plasmastrahles, Dissoziation und Assoziation des Schutzgases erfolgen entsprechend dem Arcatomverfahren.

83. Schweißen mit feuchten Mantelelektroden. Hier wird z. B. die folgende Reaktion durchlaufen:

$$Fe + H_2O \rightleftarrows FeO + H_2. \tag{21}$$

Das auftretende Gas ist höchst unerwünscht, da es vielfach zu Porosität der Schweißraupe und zu anderen Erscheinungen führt, die die metallurgischen und Festigkeitseigenschaften der Schweißung ungünstig beeinflussen (Ziff. 223).

Bei Verwendung von *Tiefeinbrandelektroden*, die 5 % und mehr verbrennbare, organische Stoffe enthielten, beobachtete man, daß mit zunehmendem Feuchtigkeitsgehalt ein wesentlich größerer „Wärmeeintrag" (Einbringen oder Einströmen von Wärme in das Werkstück nach ERDMANN-JESNITZER) und eine erhöhte Abschmelzleistung erhalten wurden als mit trockenen Elektroden. ERDMANN-JESNITZER und PRIMKE [1] stellten durch Versuche fest, daß die Zunahme des Tiefbrandeffektes der feuchten Elektroden vom Typ Tf auf der exothermen Rekombination des atomaren Wasserstoffes beruht. Eine erhöhte Abschmelzleistung ist bei wesentlich erhöhtem Energieaufwand möglich.

Die Erklärung dürfte darin liegen, daß die Feuchtigkeit einerseits als chemisch gebundenes und andererseits als physikalisch gebundenes Wasser vorliegt. Die Menge des kolloidal gebundenen bzw. in das Kristallgitter eingebauten Wassers hängt wie bei vielen keramischen Produkten von der Zusammensetzung und der Herstellungsmethode ab. Das physikalisch gebundene Wasser wird durch Temperatur und relative Feuchtigkeit der Umgebung, Größe und Verteilung der Poren und Kapillaren, Geschwindigkeit des Schweißbogens entlang der Naht (Dauer der Vorerwärmung), freie Länge der Elektrode (Stromwärmeerhitzung) usw. leicht beeinflußt. Reproduzierbare Werte, die für die technologische Verwendung der Tiefeinbrandelektroden von Interesse sind, lassen sich daher nur mit getrockneten Elektroden erreichen, vgl. hierzu auch Ziff. 86. Eine Zusammenstellung der Resultate von Arbeiten, die sich auf den Einfluß von Feuchtigkeit bei Mantelelektroden beziehen, findet sich z. B. bei ZEYEN [9].

c) Bildungswärmen

84. Allgemeines zu den Bildungswärmen. Beim Erhitzen und Schmelzen der Enden von Abschmelzelektroden oder der Zusatzdrähte, beim Erhitzen und Schmelzen der Umhüllungsbestandteile der Mantelelektroden und der Füllung der Seelenelektroden sowie beim Erhitzen und Schmelzen der Schweißmittel der UP-Schweißung treten chemische Reaktionen auf, die vielfach exotherm verlaufen. Wesentlich ist es, daß diese Reaktionen *unabhängig von der Polung sind*.

Einige exotherme Reaktionen sind in Tabelle 11 zusammengestellt. Eine Zusammenstellung der Reaktionswärmen von mehreren konventionellen Elektroden, die von RAPATZ und HUMMITZSCH [1] berechnet wurden, ist in Tab. 12 wiedergegeben. Der maximale Anteil der Bildungs-

Tabelle 11. *Bildungswärmen einiger Verbindungen, die bei der Lichtbogenschweißung eine Rolle spielen, in* $kcal_{15c}$ *pro Mol; diese exothermen Reaktionen werden als positiv bezeichnet; nach* LANDOLT-BÖRNSTEIN [1]

Reaktionsgleichung	Verbindung	Wärmeentwicklung in kcal/Mol
$Cu + \frac{1}{2}(O_2)$	CuO	$+ 36,4$
$Zn + \frac{1}{2}(O_2)$	ZnO	$83,4$
$2\,Al + 1\frac{1}{2}(O_2)$	$(Al_2O_3)_x$	$393,3$
$Ti + (O_2)$	TiO_2 Rutil	$220,1$
$Zr + (O_2)$	ZrO_2 monokl.	$258,1$
$Th + (O_2)$	ThO_2 regul.	$292,6$
$Mo + 1\frac{1}{2}(O_2)$	MoO_3	$180,4$
$W + 1\frac{1}{2}(O_2)$	WO_3	$195,2$
$W + (O_2)$	WO_2	$131,4$
$Mn + \frac{1}{2}(O_2)$	MnO	$96,7$
$Ca + (O_2)$	CaO_2	$157,4$
$Mg + \frac{1}{2}(O_2)$	MgO	$112,0$
$Fe + \frac{1}{2}(O_2)$	FeO	$64,3$
$3\,Fe + 2(O_2)$	Fe_3O_4	$266,0$
$Sn + \frac{1}{2}(O_2)$	SnO	$66,8$
$C + (O_2)$	CO_2	$94,3$
$C + \frac{1}{2}(O_2)$	CO	$27,1$
$2\,H + \frac{1}{2}(O_2)$	H_2O	$68,3$
$S + (O_2)$	SO_2	$70,3$
$Ni + \frac{1}{2}(O_2)$	NiO	$58,4$

Tabelle 12. *Reaktionswärmen einiger Seelen- und Mantelelektroden*

Elektroden	Abschmelzmenge kg/h	Reaktionswärme aus Hülle oder Seele + Draht kcal	Aufgewandte elektrische Energie kcal	Anteil der Reaktionswärme von der Gesamtwärme %
Seelendraht	1,30	$+ 50$ bis $+ 64,0$	1850	2,6 bis 3,4
dünn getauchter Draht (schwach erzsauer)..	1,30	$+ 16$	1540	1,03
mittelstark umhüllter Draht (sauer)	1,40	$+ 57$	2160	2,50
stark umhüllter Draht (schwach erzsauer) .	1,85	$+ 109$	2240	4,65 ·
stark umhüllter Draht (erzsauer)	1,95	$+ 156$	2320	6,30
stark umhüllter Draht basisch	1,50	$+ 50$ bis $+ 204$[1]	2100 bis 2280	2,3 bis 8,2
stark umhüllter Draht basisch (austenitisch)	1,75	$- 50$ bis $- 140$[2]	1540 bis 1560	3,1 bis 8,2

[1] Hüllen enthalten größere Mengen $FeSi$ 45%
[2] Wärmeverbrauch durch Austreiben der Kohlensäure aus dem Kalk

wärme beträgt danach nur 8,2% der gesamten, zur Verfügung stehenden Wärme. Wenn man erhöhte Reaktionswärmen, die zu erhöhter Abschmelzleistung führen, erreichen will, kann man von den „Hochleistungselektroden" ausgehen, insbesondere den eisenpulverhaltigen und den Tiefeinbrandelektroden. Die folgenden Beispiele zeigen die planmäßige Ausnutzung von exothermen Reaktionen, die physikalisch von Interesse sind.

85. Eisenpulverelektroden. Die Umhüllung der Eisenpulverelektroden der Typen „Ti" und „Es" besitzt große Wandstärke und enthält sehr erhebliche Mengen von Eisenpulver, z. B. 25 bis 50%. Die Abschmelzleistung dieser Elektroden ist sehr hoch. Bei ihrer Verwendung ergeben sich jedoch vielfach Schwierigkeiten beim Schweißen mit hoher Geschwindigkeit. Die Ursache liegt darin, daß sich die verfügbare Energie auf Elektrode, Mantel und Eisenpulver verteilen muß, daß somit das abschmelzende Eisenpulver kühlend wirkt und die Temperatur des Schweißbades stark herabsetzt. RICHTER [2] ging von Eisenpulverelektroden aus und führte *Nickeloxyd* in die Umhüllung ein. Es ergaben sich während des Schweißens exotherme Reaktionen zwischen dem Nickeloxyd und den Legierungsbestandteilen Mangan und Silizium, die nach den Gleichungen verliefen

$$NiO + Mn \rightarrow Ni + MnO_2, \tag{22}$$

$$2NiO + Si \rightarrow 2Ni + SiO_2. \tag{23}$$

Das Resultat war, daß die Temperatur der Elektrode, des übergehenden Werkstoffes und des Schweißbades anstieg und daß gute Schweißungen erhalten wurden. Wurde hingegen *Nickelpulver* direkt in den Elektrodenmantel eingeführt, so ergab sich keine Gelegenheit zum Auftreten exothermer Reaktionen. Die Temperatur des Schweißbades usw. wurde nicht erhöht, sondern verringert, und es konnten nur Schweißungen mit geringer Geschwindigkeit erhalten werden, vgl. Ziff. 183.

86. Tiefeinbrandelektroden. Die meist Zellstoff in Form von Sägespänen, Holzmehl, Zellulose oder dgl. enthaltenden Tiefeinbrandelektroden werden mit wesentlich höherer Spannung als die üblichen Mantelelektroden (Ziff. 316) betrieben. Bei Erhitzung des Zellstoffes durch den Lichtbogen wird eine Mischung von reduzierenden Gasen, insbesondere molekularer Wasserstoff, abgegeben. Nach Dissoziation erfolgt die Assoziation unter erheblicher Wärmeabgabe. Mit Rücksicht auf die hygroskopischen Eigenschaften des Zellstoffes nach Ziff. 84 ersetzt man ihn, wenigstens teilweise, durch andere Materialien, die eine stark exotherme Wirkung haben, z. B. Eisenspat und Titandioxyd, und erhält auch in diesen Fällen den Tiefeinbrandeffekt.

87. Schweißpulver. Die gleichen Überlegungen und Folgerungen gelten für die Schweißmittel des Unterpulverschweißens. Auch hier wird von exothermen Reaktionen weitgehend Gebrauch gemacht. Verwendet man z. B. nach EMERSON [1] ein Schweißmittel, das feinkörniges Eisenoxyd- und Aluminiumpulver enthält, so tritt bei Erwärmung des Mittels durch den Lichtbogen die folgende stark exotherme Reaktion auf

$$3\,Fe_3O_4 + 8\,Al \to 9\,Fe + 4\,Al_2O_3 + 721{,}1\,kcal. \tag{24}$$

Auch hier ergibt die Zusatzwärme eine Verbesserung der Qualität der Schweißung und der Abschmelzleistung.

88. Wärmeausgleich. Exotherme Reaktionen können auch dazu verwendet werden, die *Unterschiede von Kathoden- und Anodenerwärmung auszugleichen*. Hierdurch wird es möglich, viele Elektrodentypen mit gerader oder umgekehrter Polarität zu verschweißen, insbesondere bei Verwendung von Zusatzmitteln nach Ziff. 47 zur Erhöhung des Leitvermögens im Bogenraum.

Man kann auch die durch exotherme Reaktionen erzeugte Zusatzwärme derart einstellen, daß sie gerade die zum *Schmelzen des Mantels oder des Flußmittels benötigte Wärme liefert*, vgl. die Ausführungen zur Wärmebilanz Ziff. 238. Die im Lichtbogen erzeugte Wärme wird dann vorwiegend dazu benutzt, das Plasma aufrechtzuerhalten, das Ende der Elektrode zu schmelzen, den Werkstoff zu übertragen und das Schweißbad aufzuschmelzen. In der Praxis ergibt sich dadurch eine erhöhte Schweißgeschwindigkeit und Abschmelzleistung *ohne* eine Steigerung der Energiezufuhr entsprechend den obigen Überlegungen.

4. Das Vorschmelzen des Zusatzwerkstoffes

89. Allgemeines zum Vorschmelzen. Im allgemeinen wird bei der Lichtbogenschweißung eine einzige Wärmequelle dazu benutzt, das Werkstück an seiner Oberfläche aufzuschmelzen sowie das Zusatzmaterial (Elektrode bzw. Zusatzdraht) zu schmelzen. Eine unabhängige Kontrolle beider Schmelzvorgänge ist kaum erreichbar. Hierbei werden z. B. 60% der aufgewandten Energie zum Aufschmelzen des Grundwerkstoffes benutzt, wenn mit hohen Stromstärken und großen Vorschubgeschwindigkeiten entlang der Naht gearbeitet wird. Es bleiben nur 40% für die übrigen Aufgaben des Lichtbogens verfugbar.

90. Verwendung von zwei Wärmequellen. NIKITIN [1, 2] trennte die Energiezufuhr bei der Lichtbogenschweißung in zwei Teile entsprechend der schematischen Abb. 78. Es wird z. B. ein Lichtbogen mit permanenter Elektrode *1* dazu verwendet, das Grundmetall aufzuschmelzen. Eine zweite Wärmequelle, z. B. Widerstandserhitzung mit Silitstäben, dient zum Schmelzen des Zusatzmaterials in einem kleinen Ofen *2*, der der Bewegung des Lichtbogens entlang der Naht folgt. Das Zusatzmaterial wird in einem dünnen Strahl kontinuierlich oder periodisch aus *2* in das Schmelzbad gegossen. Die hinzugefugte Menge richtet sich nach dem Querschnitt der Naht und der Schweißgeschwindigkeit. Die Ausgußöffnungen besitzen für Nichteisenmetalle minimal 1,4 mm und für Stahl 2,5 mm Dmr. Auf diese Weise kann man sehr starke Bleche in einem Durchgang schweißen, was normalerweise mehrere Lagen erfordert. Bei 3000 A werden z. B. Schweißgeschwindigkeiten von 300 m/h und Abschmelzleistungen von 250 kg/h erreicht.

Man wird erwarten, daß die *Temperatur* des Zusatzmaterials wesentlich geringer ist als die des Schmelzbades in der Nähe des Fußpunktes

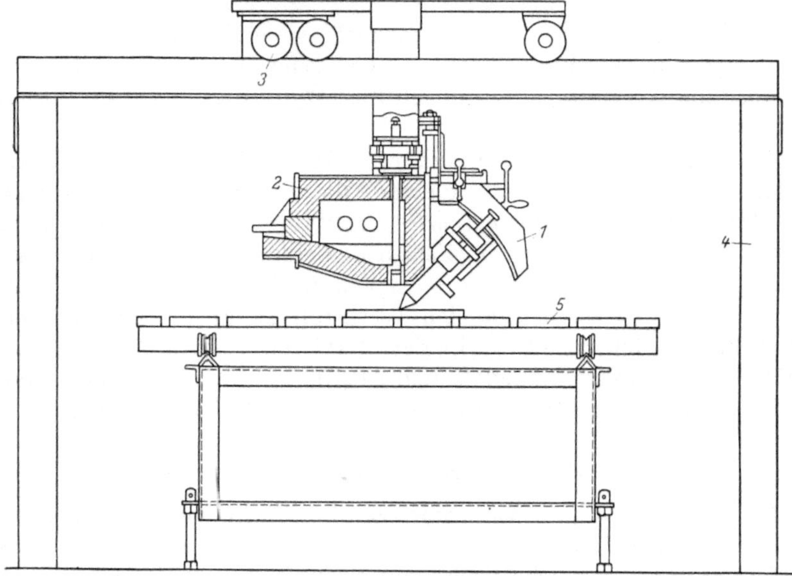

Abb. 78. Verwendung von 2 Wärmequellen bei der Lichtbogenschweißung:
1 Automatischer Schweißkopf mit Kohleelektrode;   *2* Ofen für Metallschmelze;   *3* Bewegungsvorrichtung für den Schweißkopf;   *4* Gestell dazu;   *5* Einstellbarer Arbeitstisch

des Lichtbogens. Man wird weiter erwarten, daß der *Abbrand* von Legierungselementen bei der Nikitin-Methode geringer ist als bei der üblichen Lichtbogenschweißung, da nur ein Teil des Materials des Schweißgutes durch den Lichtbogen hindurchgeht, vgl. Ziff. 231. Weiter sind physikalisch von Interesse die Wärmebilanz, die Durchmischung des Schweißbades und der Schutz des übergehenden Zusatzmaterials und des Schweißbades gegen Oxyd- und Nitridbildung. Die Vorteile der Methode erscheinen sehr erheblich, insbesondere die Möglichkeit, das Zusatzmaterial beliebig einstellen zu können. Es können Legierungsbildner dem Schweißbad zugesetzt werden, die nicht durch die Elektrodendrähte eingeführt werden können (in Legierung) und die bisher durch Seelenelektroden bewältigt werden mußten. Weiter kann Abfallmaterial eines Betriebes, falls seine Zusammensetzung bekannt ist, anstelle einer drahtförmigen Elektrode benutzt werden.

B. Kräfte und Werkstoffübergang
bei der Lichtbogenschweißung

91. Allgemeines über Kräfte und Werkstoffübergang. Eine der physikalisch interessantesten Aufgaben ist das Studium und die Kontrolle der Krafte, die innerhalb des Schweißbogens und in seiner Nähe auftreten. Dazu tritt der Werkstoffübergang von der Elektrode zum Werkstuck, der seit langer Zeit untersucht, doch erst in neuerer Zeit durch Übergang zu sehr hohen Energiebeträgen besser verstanden und kontrolliert werden konnte. Die Wirkung der Kräfte und der Materialtransport sind von besonderer Bedeutung für den Betrieb, da von ihnen die Gute der Schweißung und die Abschmelzleistung weitgehend bestimmt werden.

Es wird zunächst wieder von den Beobachtungstatsachen ausgegangen, dann folgt ihre Besprechung und Versuche zu ihrer Deutung. Hierbei wird sich zeigen, daß die Theorie noch nicht in der Lage ist, alle in der Praxis beobachteten Erscheinungen zu erklären. Dieses Kapitel ist sachlich unterteilt in die Besprechung der Kraftwirkungen im Lichtbogen und die Besprechung des Werkstoffuberganges. Eine scharfe Abgrenzung dieser Themen ist jedoch nicht immer möglich, wenn Wiederholungen vermieden werden sollen.

1. Kräfte im Bogen und ihre Wirkungen

92. Kraftwirkungen und Literaturübersicht. Es werden die folgenden, beim Lichtbogen auftretenden Kraftwirkungen besprochen: Steifheit des Bogens; Blaswirkung; Wirkung mechanischer Kräfte; Kraftwirkung bei der Tropfenbildung und Wirkung explosiver Krafte, die beim Werkstoffubergang mitwirken.

Zusammenfassende Darstellungen zu diesem Kapitel, die auch auf altere Literatur eingehen, finden sich in den Arbeiten von SEELIGER [1], v. ENGEL und STEENBECK [1, 2], JENNINGS und WHITE [1], v. CONRADY [1, 2], SPRARAGEN und LENGYEL [1], FINKELNBURG [2], SCHIMPKE und HORN [1], LORENZ [2], POGODIN-ALEXEJEW [1] und FINKELNBURG und MAECKER [1].

a) Steifheit des Lichtbogens

93. Empirisches über die Steifheit des Bogens. Es wurde bereits in Ziff. 21 erwähnt, daß ein frei brennender Lichtbogen versucht, in Richtung der Elektrodenachsen zu brennen. Bei genügend hoher Stromdichte ergibt sich eine erhebliche Steifheit fur das Bogenplasma, die von vielen Beobachtern diskutiert wurde, vgl. z. B. die neuen Untersuchungen von CHRISTOPHER und BECKER [1]. Die Steifheit des Bogens bleibt in allen Zwangslagen, einschließlich der Überkopfschweißung und der Schweißung an vertikaler Wand, bestehen. Sie erlaubt es, den Schweißbogen genau auf die erwünschte Stelle des Werkstoffes zu lenken, ohne die Umgebung stark aufzuheizen. Abb. 79 zeigt nach GREENE [1] einen geneigten Schweißbogen hoher Stromstärke, bei dem als Elektrode ein Nacktdraht in Edelgasatmosphäre verwendet wird.

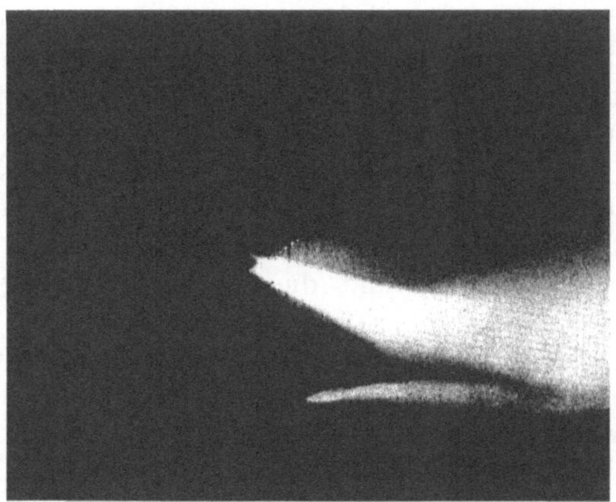

Abb. 79   Geneigter Schweißbogen hoher Stromstarke, nackte Elektrode in Edelgas, Oberflache des werkstuckseitigen Schmelzbades

94. Berechnung der wirksamen Kraft. Die für die Steifheit des Bogens maßgebende Kraft wurde von MULLER, GREENE und ROTHSCHILD [1] für Aluminium in Schutzgasatmosphäre berechnet. Es wurde von dem Eigenmagnetfeld eines Stromelements der Elektrode ausgegangen und die magnetische Feldstärke für einen beliebigen Punkt in der Nähe des Bogens ermittelt. Sie ergibt sich durch Integration über die ganze Länge und den Querschnitt des Drahtes wie folgt:

$$
H = \frac{I}{R}\left[\frac{R\,r}{R^2 + r^2}\left(1 - \frac{l}{\sqrt{R^2 + r^2 + l^2}}\right) + \left(\frac{R\,r}{R^2 + r^2}\right)^3\left(1 - \frac{l}{\sqrt{R^2 + r^2 + l^2}}\right) + \cdots\right].
\tag{25}
$$

Hierin bedeuten H die magnetische Feldstärke, I die Stromstärke, R den Radius des Drahtes, l den axialen und r den radialen Abstand des Punktes. Das Resultat, das mit dem der Magneto-Hydrodynamik übereinstimmt, besagt, daß das Magnetfeld auf die Ströme im Bogen Kräfte ausübt, die den Bogen in der Achsenrichtung der Elektrode zu halten suchen. Abb. 80 gibt nach MULLER, GREENE und ROTHSCHILD als Beispiele Kraftverteilungen für 1,6 und 3,1 mm Elektrodendurchmesser und 200 und 100 A Stromstärken. Die Kurven sind als Vielfache von 5 Dyn/mm Bogenlänge gezeichnet, wobei im linken Teil der Figuren interpolierte Werte eingetragen wurden. Die starke Zusammendrängung der Kurven an der Elektrode zeigt, daß hier das Maximum der magnetischen Kräfte und entsprechend maximale Steifheit vorliegen. Leitet man entsprechende Kurven für andere Drahtdurchmesser und Stromstärken ab, so ergibt sich, daß allgemein höhere Stromstärke und geringerer Elektrodendurchmesser zu erhöhter Bogensteifheit

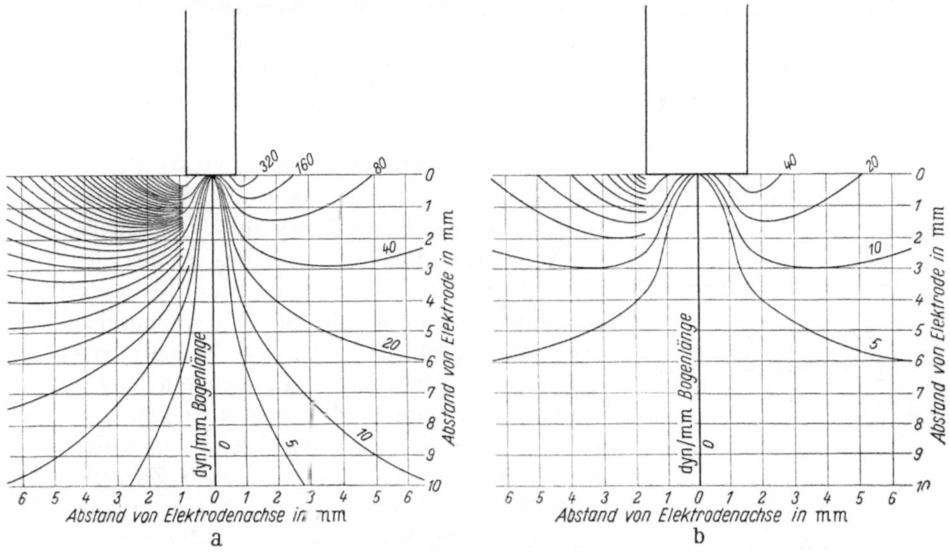

Abb. 80. Kraftverteilung für
a) Elektrode von 1,6 mm Dmr., 200 A,　　b) Elektrode von 3,1 mm Dmr., 100 A, vgl. Text

führen. Man erkennt aus Abb. 80, daß das Eigenmagnetfeld des Bogens einer Ablenkung des Plasmas hoher Geschwindigkeit aus der Achse der Bogensäule entgegenwirkt.

95. Beeinflussung der Steifheit des Bogens. Weitere Faktoren, die die Steifheit beeinflussen, sind die *Atmosphäre des Bogenraumes* und die Verwendung von Richtmagneten. Nach Untersuchungen von ROTH-SCHILD [1] ergibt Kohlendioxyd eine Erhöhung der Steifheit im Vergleich mit Argon und Helium (über den Einfluß von Sauerstoff, der bei Dissoziation von Kohlendioxyd in den Bogenraum gelangt, vgl. Ziff. 118). Anordnung von *Richtmagneten*, deren Kraftlinien vorwiegend parallel mit der Bogenrichtung verlaufen, ergibt erhöhte Steifheit und geringere Störung durch die im nächsten Abschnitt besprochene magnetische Blaswirkung, die insbesondere bei Niederstrombogen beobachtet wird.

b) Blaswirkung

96. Arten der Blaswirkung. Bei der als „Blaswirkung" bekannten Erscheinung handelt es sich vorwiegend um eine *magnetische* Blaswirkung, während die *thermische* Blaswirkung eine geringere Rolle spielt. Wir gehen zunächst auf die magnetische Blaswirkung ein, für die ein erhebliches Beobachtungsmaterial vorliegt.

97. Magnetische Blaswirkung bei Gleichstrom. Wird ein Gleichstrombogen zwischen einer Elektrode und einem Werkstück gezogen, so beobachtet man häufig, daß der Bogen aus der Achsenrichtung der Elektrode abgelenkt und verlängert wird. Die schematische Abb. 81 zeigt nach SCHIMPKE und HORN [1] mehrere Beispiele für die beim Lichtbogenschweißen beobachtete magnetische Blaswirkung. Im Fall I bewegt sich eine mit dem Minuspol der Stromquelle verbundene Kohleelektrode in der Papierebene von links nach rechts. Das Werkstück ist mit der Anode der Stromquelle in Nähe des Beginns und des Endes der Schweißnaht, an den Stellen + und +, d. h. *auf beiden Seiten* der Schweißstelle, verbunden bzw. Werkstück und Stromquelle sind entsprechend geerdet. Es ergibt sich ein Lichtbogen, der symmetrisch zur Elektrodenachse und in ihrer Verlängerung brennt und der keine Blaswirkung zeigt, vgl. auch Ziff. 98.

In Fall III besteht nur noch *eine einzige Verbindung* des Werkstückes mit der Stromquelle. Die Ablenkung des Bogens erfolgt nach dem in Ziff. 98 dargestellten Mechanismus in der dem Anodenanschluß entgegengesetzten Richtung.

Bei Neigung der Elektrode hat der Bogen infolge seiner Steifheit das Bestreben, nicht den kürzesten Weg zwischen Elektrode und Werkstück zu nehmen, sondern in der Elektrodenachse zu brennen, vgl. auch Fall II bei symmetrischer und Fall IV bei unsymmetrischer Erdung.

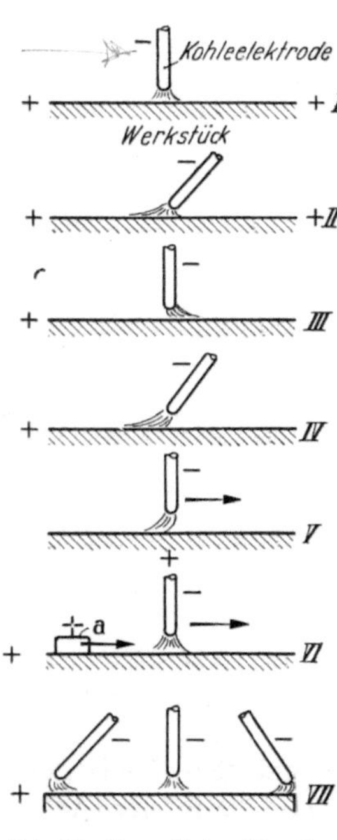

Abb. 81. Magnetische Blaswirkung des Lichtbogens. Erklärung im Text

98. Kräfte bei der magnetischen Blaswirkung. Die magnetische Blaswirkung geht darauf zurück, daß alle stromdurchflossenen Leiter, zu denen Bogen, Elektrode, Kabel und Werkstück gehören, von konzentrischen, magnetischen Kraftlinien umgeben sind. Das Magnetfeld übt auf den Leiter eine Kraft aus, die ihn aus seiner Lage zu bewegen sucht. Nach dem BIOT-SAVARTschen Gesetz ist:

$$F = 0,1\, B\, I\, l. \tag{26}$$

Hierin bedeuten F die Kraft in Dyn, die auf einen Leiter von der Länge l cm in einem Magnetfeld von B Gauß wirkt, und I die Stromstärke in Amp. Solange der Strom fließt, ist die Kraft F wirksam. Bei symmetrischem Magnetfeld wirkt ihr eine gleich große und entgegengesetzt gerichtete Kraft entgegen, so daß die Resultierende auf den Bogen gleich Null ist. Es findet keine Ablenkung statt. Eine Ablenkung des Bogens aus der Elektrodenachse erfolgt, wenn die Symmetrie des Magnetfeldes gestört wird.

Abb. 82 und 83 nach MELLER [1] in der Darstellung von SPRARAGEN und LENGYEL [1] zeigen das Magnetfeld und eine Photographie des Bogens bei Anordnung der Anodenleitungen in Nähe des Beginns und des Endes der Schweißnaht (entsprechend Fall I der Abb. 81).

Weiter entsprechen die Abb. 84 und 85 dem Fall III

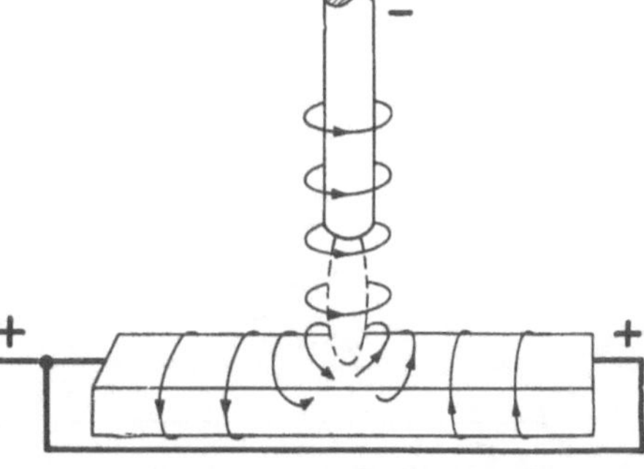

Abb. 82. Magnetfeld bei symmetrischer Anordnung der Anodenverbindung

für Blaswirkung bei nur einer Anodenverbindung. Die Magnetfelder folgen wie angedeutet der Richtungsänderung im Stromverlauf, wenn der Strom in das Werkstück eintritt und zur Erde geleitet wird. Die Kraftlinien sind hier schematisch als Kreise gezeigt (ihre tatsächliche Form

richtet sich nach der Menge und der Anordnung des magnetischen Materials in der Umgebung'. Bei Abbiegen der Stromrichtung werden in *a* der Abb. 84 die Kraftlinien zusammengedrängt und auf der gegenüberliegenden Seite auseinandergezogen. Das hat zur Folge, daß Blaswirkung auf den Lichtbogen in Richtung des Pfeiles ausgeübt wird. Das Magnetfeld ist größer in der Nähe der konkaven Seite eines gekrümmten, stromführenden Leiters als auf der konvexen Seite, vgl. z. B. POST [1].

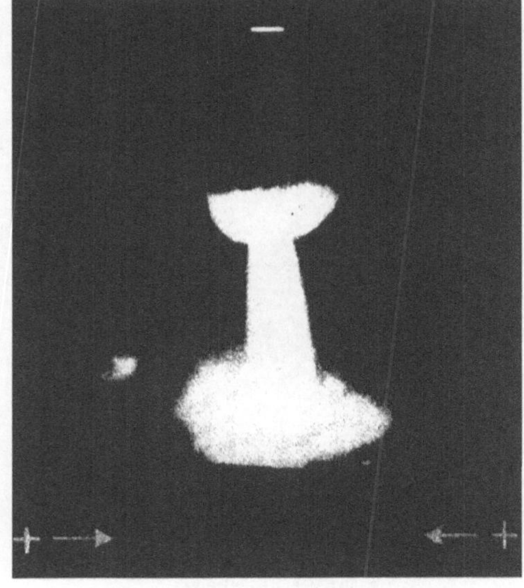

Abb 83 Lichtbogen bei symmetrischer Anordnung der Anodenverbindung

Störungen der Symmetrie des Magnetfeldes und magnetische Blaswirkung ergeben sich weiter bei *Materialanhäufungen* in der Nähe des Bogens, z. B. durch Niederlegen der Schweißraupe (Fall V der Abb. 81), oder wenn in der Bewegungsrichtung des Bogens ein größerer Metallblock vorhanden ist. In beiden Fällen wird der Bogen in Richtung auf die Materialanhäufung geblasen. In ähnlicher Weise wirkt der *Rand des Bleches*, Fall VII, durch den die Kraftlinien zusammengedrängt werden. Entsprechend wird die Blaswirkung stärker, je geringer der Abstand zwischen Bogen und Erdanschlußklemme ist.

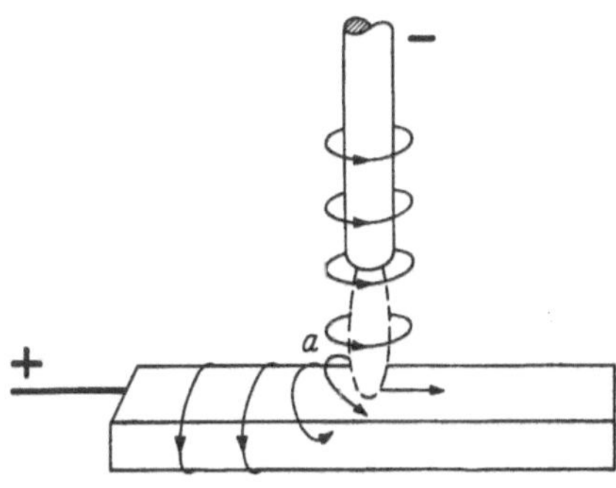

Abb. 84. Blaswirkung bei nur einer Anodenverbindung (nahe der Erdleitung)

Magnetische Blaswirkung tritt bei Verwendung von Nacktelektroden in Luft, Schutzgas und unter Pulver auf, desgleichen bei Mantel- und Seelenelektroden. Bei *nicht-magnetischen Metallen*, z. B. Kupfer, verläuft die Blaswirkung vielfach in umgekehrter Richtung wie bei Stahl. Auch zeigen Elektroden auf hoher Temperatur eine stärkere Blaswirkung als kalte Elektroden.

Als Ursache dürfte die Störung der magnetischen Kraftlinien anzusehen sein, da Stahl, der auf mehr als 760° C erhitzt wird, unmagnetisch wird. Diese *kritische Temperatur* wird durch die vorhandenen Legierungsbildner beeinflußt, z. B. erhöht durch Co und Cr und erniedrigt durch Ni und Cu. Die Größenordnung der Blaswirkung beträgt für einen 100 A-Lichtbogen und einen Leiter von 1 cm Länge bei einem Quermagnetfeld von 10 Gauß etwa 0,1 p (Pond). Die Kraft steht senkrecht zum Magnetfeld und senkrecht zum Leiter.

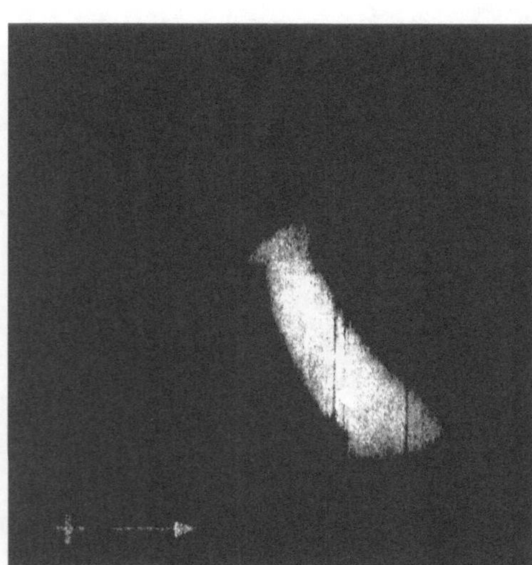

Abb. 85 Lichtbogen bei nur einer Anodenverbindung (nahe der Erdleitung)

Die *Polarität der Elektrode* spielt bei der Blaswirkung keine Rolle: Bei Umkehr der Stromrichtung wird auch das Magnetfeld umgekehrt. Daher bleibt die Blasrichtung die gleiche, wie auch aus Abb. 82 u. 84 hervorgeht.

Die Blaswirkung ist bei der Lichtbogenschweißung in vielen Fällen unerwünscht. Sie stellt jedoch in anderen Fällen eine Hilfe bei der Schweißung dar. Dies sei an einigen Beispielen erläutert.

99. Eliminierung der Blaswirkung. Zur Unschädlichmachung der Blaswirkung kommen in Betracht: α) Kombination der Fälle III und IV bzw. III und V der Abb. 81, so daß Kompensation erfolgt; β) Anordnung eines gemeinsam mit der Elektrode bewegten Metallblockes a, Fall VI der Abb. 81, Resultat: konstante Kompensation der Blaswirkung, jedoch vielfach Kontaktschwierigkeiten zur Erdleitung; γ) Schweißen in Richtung von bereits fertiggestellten Schweißraupen oder von einem Metallblock, der am Ende der Schweißraupe angeordnet wird; δ) Anordnung der Erdung soweit wie möglich von den zu schweißenden Teilen entfernt; ε) Verwendung von möglichst geringer Bogenlänge und Neigung der Elektrode; ζ) gegenseitige Verschiebung von Werkstück und Erdleitung sowie Wicklung des Kabels in zwei oder drei Windungen um das Werkstück nach LINCOLN [1].

Die Überlagerung eines *Magnetfeldes*, das dem Eigenmagnetfeld des Bogens entgegenwirkt, kann in verschiedener Weise erfolgen. Häufig wird das Magnetfeld derart kompensiert, daß die Einbrandtiefe des Bogens in das Werkstück beliebig eingestellt werden kann. Schließlich ist es wesentlich, daß die *Erdung* des Werkstückes und der Stromquelle zuverlässig funktionieren. So war es uns bei der Herstellung der großen Stahlrohre für die Fallrohrleitungen zu den Turbinen vom Grand Coulee Damm im Westen der Vereinigten Staaten zunächst nicht möglich, einwandfreie Schweißungen zu erzielen, obwohl die Versuchsresultate mit den neu entwickelten Verfahren, Schweißmitteln und Maschinen in San Francisco und die Abnahmeversuche in Denver ausgezeichnete Resultate ergeben hatten. Es erwies sich schließlich, daß die Schwierigkeiten durch die Erdung verursacht wurden. vgl. z. B. CONN [2].

Auch bei Verwendung der gleichen Erdleitung für *mehrere Schweißstellen* ergeben sich vielfach Störungen, die zu unkontrollierbarem Blasen führen. Störungen dieser Art können meist durch Einführung getrennter Kabel für die verschiedenen Plätze, an denen Schweißungen gleichzeitig vorgenommen werden, zum Verschwinden gebracht werden.

100. Blaswirkung bei Wechselstrom. Die Verwendung von *Wechselstrom* beseitigt an sich die Blaswirkung nicht. Jedoch tritt hierbei nach den Versuchen und Überlegungen von JENNINGS und WHITE [1] und anderen ein weiteres Phänomen auf. Bei Wechselstrom von 50 Hz kehrt sich das Magnetfeld 100mal pro sec um. Hierdurch werden *Wirbelströme* im Werkstück induziert, die entgegengesetzt zum Schweißstrom verlaufen. Entsprechend hat das durch die Wirbelströme erzeugte Feld die Tendenz, das Magnetfeld des Bogens zu kompensieren. In manchen

Fällen ergibt sich eine Überkompensation und Blaswirkung durch die Wirbelströme. Die Kompensation der Blaswirkung durch Verwendung von Wechselstrom ist ein Faktor, der zu der weiten Verbreitung der Wechselstromschweißung in den letzten Jahren beigetragen hat.

101. Ausnutzung der Blaswirkung. Bei der unter einer Schlackendecke stattfindenden *Unterpulverschweißung* führt im wesentlichen die Steifheit des Bogens zusammen mit der Blaswirkung beim Lichtbogen dazu, daß das aufgeschmolzene Schweißgut, das geschmolzene Zusatzmaterial und die geschmolzene Schlacke entgegen der Bewegungsrichtung des Lichtbogens gemeinsam fortgeschleudert werden (vgl. Abb. 86 nach CONN [*14*]). Hierbei spielen auch andere, weiter unten zu besprechende Kräfte (Ziff. 103) eine Rolle. Nach Abb. 86 werden folgende Vorteile erreicht: a) Vermeidung eines tiefen Schweißbades unterhalb der Aufsatzfläche des Lichtbogens. Dadurch ergibt sich die Möglichkeit des tiefen Einbrandes in das Werkstück (vgl. Ziff. 104); b) gründliche Durchmischung des aufgeschmolzenen Grundmetalls mit dem metallischen Zusatzmaterial und der Schlacke; c) Verzögerung des Temperaturabfalles der in der Erstarrung begriffenen Schweißraupe und der darüber erstarrenden Schlackendecke, so daß Gas- und Dampfabgabe während einer verhältnismäßig langen Zeit und so vollständig wie möglich erfolgen können; vgl. die ausführlichere Diskussion in Ziff. 274.

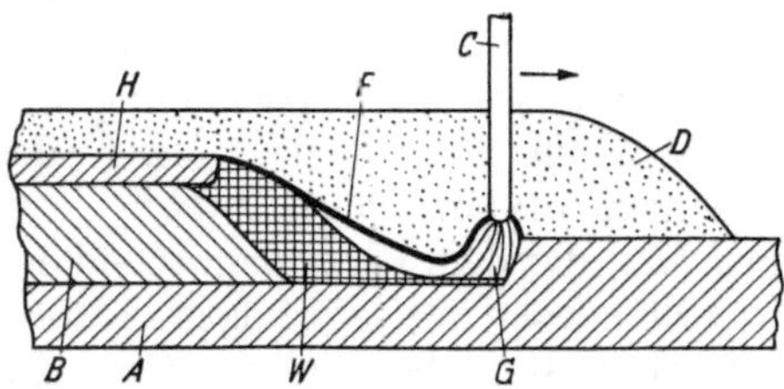

Abb. 86. Unterpulverschweißung, Querschnitt längs der Schweißnaht:

A Werkstück;   *B* Schweißgut;   *C* Nacktelektrode mit bogenseitigem Schmelzbad;   *D* Schweißmittel (Flux); *F* Geschmolzene oder gesinterte Grenzschicht („*F*-Schicht"); *G* Lichtbogen;   *H* Erstarrte Schlacke; *W* Werkstückseitiges Schweißbad

Auch bei der Schweißung mit *umhüllten Elektroden* oder *Seelenelektroden* verhindert die Blaswirkung entgegen der Schweißrichtung, daß die geschmolzene Schlacke dem Bogen vorausläuft. Weiter wird die Abkühlgeschwindigkeit der Schweißnaht und ihrer Umgebung verringert.

Die Verwendung einer *großen Zahl kleiner Richtmagnete* zum Steuern des Bogens in erwünschter Richtung, z. B. beim Rohrleitungsbau, wird neuerdings von H. GÜNTHER [*1*] und JEFFERSON [*1*] dargestellt.

102. Thermische Blaswirkung. Hier sei weiter kurz auf die thermische Blaswirkung hingewiesen. Sie verursacht, daß ein frei brennender Lichtbogen nicht in der Achse der Elektroden brennt (zwei koaxiale Elektroden angenommen), sondern die Form eines Bogens annimmt.

Sie beruht vorwiegend auf dem Auftrieb und der Turbulenz der erhitzten Gase im Lichtbogenraum. Sie tritt bei allen Lichtbögen auf und bewirkt eine Verlagerung der Lichtbogensäule, die jedoch meist vernachlässigt werden kann. Bei langen Lichtbögen, die mit geringer Stromdichte betrieben werden, kann sie praktische Bedeutung erlangen. Der Einfluß der *Konvektion* auf einen Lichtbogen wurde neuerdings durch ROTHER [1] berechnet.

Thermisches und magnetisches Blasen können gleichsinnig oder im Gegensinn wirken und sich dadurch verstärken oder ganz oder teilweise kompensieren. Mitunter erfolgt auch Überkompensation, so daß eine beobachtete Blaswirkung vorwiegend thermisch bedingt sein kann.

c) Wirkung mechanischer Kräfte

103. Allgemeines. Wenn hier von Kraftwirkungen gesprochen wird, sei zunächst die Frage offengelassen, ob es sich um eine einzelne Kraft oder um eine Kombination verschiedener Kräfte handelt, die teils in Richtung des übergehenden Werkstoffes, teils in der Gegenrichtung wirken, und deren Resultierende in Erscheinung tritt. Es handelt sich offenbar um Kraftwirkungen, die mit dem Mechanismus der Lichtbogenschweißung eng verknüpft sind.

Mechanische Kraftwirkungen treten, wie in zahlreichen Untersuchungen festgestellt worden ist, auch im *Vakuum* auf, vgl. z. B. die Arbeiten von DUFFIELD, BURNHAM und DAVIS [1, 2], TANBERG [1], MASON [1] und EASTON, LUCAS und CREEDY [1]. Sie treten weiter bei *Kohleelektroden* auf, an denen keine flüssigen Tropfen gebildet werden. Die Besprechung der mechanischen Kräfte erfolgt unter den Gesichtspunkten: Beobachtungstatsachen/qualitative Angaben, Messung der Kräfte/quantitative Angaben, Natur der Kräfte und Berechnung der Kraftwirkung.

α) *Beobachtungstatsachen*

Hier werden drei Gruppen von Erscheinungen, bei denen Kräfte eine Rolle spielen, behandelt: Grabende Wirkung des Lichtbogens, Kraterbildung an der Oberfläche des Schweißbades und Kräfte beim Übergang des Werkstoffes von der Elektrode zum Schweißbad.

I. Grabende Wirkung

104. Eindringungstiefe des Bogens und Durchmischung des Bades. Eine Erscheinung, die auf die Gegenwart von Kräften bei der Lichtbogenschweißung hinweist, ist die grabende Wirkung (digging action) des Lichtbogens. Die grabende Wirkung des Bogens ergänzt die übrigen Aufgaben des Bogens, insbesondere das Schmelzen des Elektrodenendes und des gegenüberliegenden Grundmetalls und deren gründliche Durchmischung. Die grabende Wirkung des Bogens bestimmt die *Eindring*- oder *Einbrandtiefe*, die bei der Schweißung erreicht wird. (Hierbei wird als „Eindringtiefe" die Entfernung zwischen der ursprünglichen Oberfläche des Bleches und dem tiefsten Punkt, bis zu dem das Material aufgeschmolzen ist, bezeichnet.)

Die Beobachtung zeigt, daß eine gute *Durchmischung* dann erfolgt, wenn ein möglichst steifer Lichtbogen direkt auf das Schweißbad wirkt, und daß eine gute *Eindringung* dann erhalten wird, wenn der Bogen zwischen der Elektrode und einem Werkstück brennt, auf dem sich praktisch *kein* Schweißbad aus flüssigem Metall (mit oder ohne Schlacke) gebildet hat. Brennt jedoch der Bogen zwischen der Elektrode und einem tiefen Bad aus flüssigem Metall mit oder ohne Schlackendecke, so ergibt sich eine wesentlich geringere Einbrandtiefe. Die Anforderungen für gute Durchmischung und gutes Eindringen scheinen sich somit zu widersprechen. Zur Erläuterung diene ein Vergleich aus einem anderen Gebiet der technischen Physik.

105. Vergleich zwischen Grabwirkung und Wasserstrahl. Die Wirkung des Lichtbogens kann mit der eines Wasserstrahls verglichen werden, der gegen eine Sandschicht gerichtet ist. Es können zwei Fälle eintreten: α) Das Wasser und der gelockerte Sand können frei ablaufen.

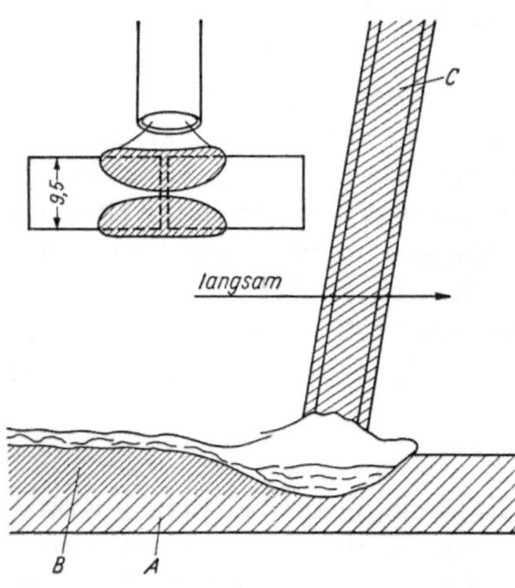

Abb. 87. Älteres Handschweißverfahren für Mantelelektroden; 3 mm Abstand zwischen Elektrodenmantel und Blech:

A Blech; *B* Schweißmetall; *C* Elektrode; Schweißbad *unterhalb* der Elektrode

Es resultiert eine erhebliche Eindringtiefe in die Sandschicht. β) Bleibt jedoch das Wasser oberhalb der Sandschicht stehen, so wird der Strahl zwar die Wasserschicht durchrühren, er wird aber nicht oder doch nur wenig in den Sand eindringen. Die Eindringtiefe bleibt wesentlich geringer als bei Fortschwemmen des Sandes.

Abb. 87 zeigt schematisch nach LINCOLN [*1*] die Vorgänge bei der *Verbindungsschweißung* von zwei Blechen von 9,5 mm Stärke, bei der zwei Schweißlagen verlangt werden. Es wird eine Mantelelektrode verwendet, doch gelten für nackte Elektroden die gleichen Gesichtspunkte. Die Elektrode wird in einer Entfernung von 3 mm über dem Blech geführt. Unterhalb des Bogens befindet sich das Schweißbad, das bei der Wanderung des Bogens nach rechts erstarrt. Der Querschnitt durch die beiderseits fertiggestellte Schweißung zeigt, daß der Einbrand der beiden Schweißraupen weniger als je 50% beträgt. Es ergibt sich also keine völlige Durchschweißung und entsprechend zu geringe Festigkeit usw.

106. Einfluß der Wanderungsgeschwindigkeit des Bogens. Eine wesentliche Verbesserung kann durch ein einfaches Mittel erreicht werden, nämlich durch *Erhöhung der Wanderungsgeschwindigkeit* der Elektrode entlang der Schweißnaht. Abb. 88 zeigt nach LINCOLN [1] das Resultat. Das Schweißbad befindet sich jetzt nicht unterhalb, sondern *hinter* der Elektrodenachse. Es wird dauernd frisches, ungeschmolzenes Metall dem Lichtbogen ausgesetzt. Der Bogen kann sich nun (entsprechend dem Wasserstrahl in der Sandschicht) wesentlich tiefer in das Metall eingraben als vorher (vgl. Abb. 87). Die beiden Schweißraupen zeigen im Querschnitt gute Durchdringung entsprechend einer Einbrandtiefe von mehr als 50% auf jeder Seite des Bleches.

Man erhalt somit durch Erhohung der Bogengeschwindigkeit bei gleichem Energieaufwand α) eine wesentlich größere Schweißlange pro Zeiteinheit,

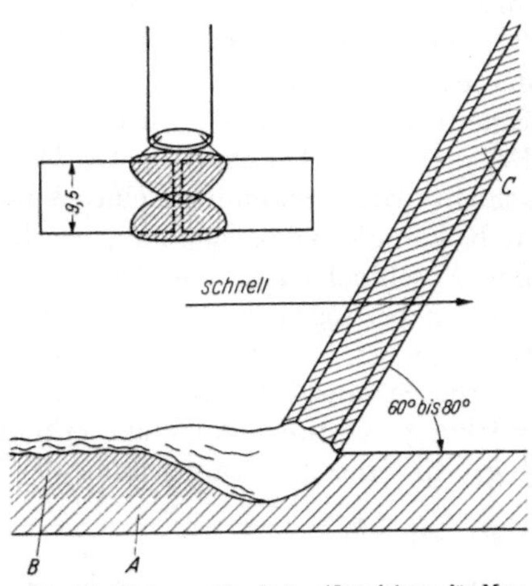

Abb. 88. Modernes Handschweißverfahren für Mantelelektroden; Elektrodenmantel berührt leicht das Blech:

A Blech; *B* Schweißmetall; *C* Elektrode; Schweißbad *hinter* der Elektrode

β) eine Schweißnaht höherer Festigkeit und γ) ein gunstigeres Profil, wie engere Naht, geringere Überhöhung usw. Die Grenze der im Betrieb erreichbaren Schweißgeschwindigkeit hängt von dem gewünschten Aussehen der Schweißraupe und der erforderten Einbrandtiefe ab. Erhöhung der Geschwindigkeit ergibt wie gesagt zunächst größere Tiefe und geringere Breite der Naht. Bei wesentlich erhöhter Geschwindigkeit nimmt dann die Querschnittsfläche der Naht in Breite und Tiefe ab. Man erreicht schließlich so hohe Schweißgeschwindigkeit, daß technologisch nicht verwendbare Schweißungen erzielt werden. Es treten einzelne Schweißpunkte anstelle einer zusammenhängenden Naht auf (Ziff. 58).

107. Beruhrungsschweißung. Es sei darauf hingewiesen, daß die Elektrode der Abb. 88 auch die Durchführung der „Berührungsschweißung" zeigt: Der Elektrodenmantel wird auf dem Blech entlanggezogen, so daß ein Lichtbogen konstanter Länge aufrechterhalten wird, vgl. die Darstellung der *Hochleistungselektroden* in Ziff. 318. Gesichtspunkte bezüglich der Einbrandtiefe gelten natürlich auch dann, wenn in Abb. 88 eine frei gefuhrte Elektrode anstelle der Kontaktelektrode verwendet wird.

Neben der Wanderungsgeschwindigkeit der Elektrode und des Bogens beeinflussen die folgenden Größen die grabende Wirkung und die Einbrandtiefe des Bogens:

108. Bogenlänge. Bei konstanter Energiezufuhr ergibt ein kurzer Bogen eine bessere Eindringung in das Werkstück als ein langer Bogen unter der Voraussetzung, daß ein tiefes Schweißbad vermieden wird. Bei einem langen Lichtbogen läßt sich infolge erhöhter Abschmelzung der Elektrode ein größeres Schweißbad kaum vermeiden, vgl. Ziff. 55. Eine Verkürzung des Lichtbogens entspricht in dem oben genannten Beispiel einer Annäherung der Düse des Wasserstrahles an die Sandschicht. Bei Verwendung eines kurzen Bogens, z. B. beim Schweißen in Kohlendioxydatmosphäre, werden erhöhte Schweißgeschwindigkeit und Abschmelzleistung und eine Verbesserung der Schweißung erhalten. Ein langer Bogen ergibt eine breite Raupe geringer Eindringtiefe, was bei manchen *Auftragschweißungen* erwünscht ist (Ziff. 233).

109. Stromstärke. Erhöhung der Stromstärke verbessert die grabende Wirkung entsprechend einer erhöhten Kraftwirkung des Bogens — (vgl. die erhöhte Grabwirkung des Wasserstrahles auf Sand bei Vergrößerung der Durchflußmenge pro Flächeneinheit der Düse). Mit wachsender Stromstärke, entsprechend dem wachsenden *„Lichtbogendruck"*, ergibt sich nach Messungen, die bei POGODIN-ALEXEJEW [1] erwähnt sind, ein erhöhter Anteil des Grundmetalls im Schweißgut, vgl. Abb. 89 für UP-Schweißung. Die gleiche Figur zeigt die Abhängigkeit der Einbrandtiefe und der Höhe der Schweißraupe von der Stromstärke. Erhöhung der Stromstärke ergibt weiter eine Verbreiterung der

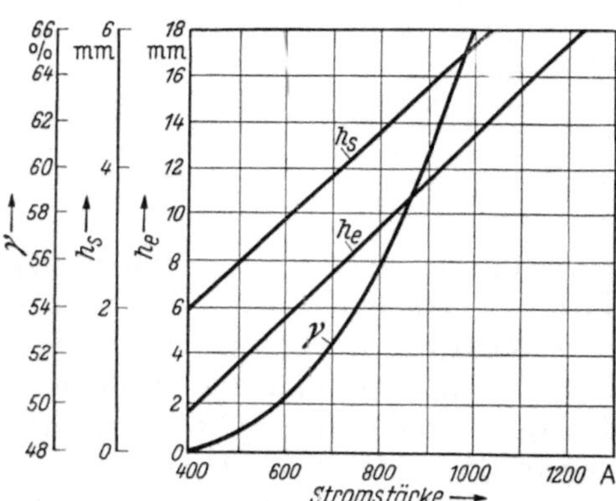

Abb. 89. Einfluß der Stromstärke auf die Nahtform (nach Angaben des Elektroschweißinstitutes der Akademie der Wissenschaften der UdSSR): h_e Einbrandtiefe; h_s Schweißraupenhöhe (Erhöhung der Naht); γ Anteil des Grundmetalls. Schweißmittel: AN-3 (Tab. 53), bimssteinartig; kohlenstoffarme Elektrode von 5 mm Dmr.; Spannung 32 V; Schweißgeschwindigkeit 25 m/sec

Schweißnaht; Erhöhung der *Stromdichte,* etwa durch Verwendung von Elektroden geringeren Durchmessers bei konstanter Stromstärke, ergibt erhöhten Einbrand. Bei Schweißung mit Abschmelzelektroden gehen mechanische Kräfte von der Elektrode *und* von dem als Elektrode dienenden Werkstück aus. Meist kann jedoch die Kraftwirkung vom Werkstück gegenüber der von der Elektrode ausgehenden vernachlässigt werden, entsprechend der geringeren Stromdichte des sich am Werkstück ausbreitenden Schweißbogens.

110. Neigung der Elektrode. Wird zur Kompensation der Blaswirkung die Elektrode geneigt (besonders bei Handschweißung und Sonderaufgaben der UP-Schweißung), so ergeben sich die in Tab. 13 angeführten Versuchsresultate, die bei MANTAI [1] erwähnt werden. Die Elektrode stand zunächst senkrecht über dem Werkstuck und bewegte sich in der Papierebene (Ebene senkrecht Werkstück) nach rechts. Sie wurde dann entgegen dem Uhrzeigersinn geneigt („Winkel voraus"). Es ergibt sich ein erheblicher Einfluß des Neigungswinkels auf Eindringtiefe und Breite der Schweißnaht, und zwar werden geringste Einbrandtiefe, geringster Grundmetallanteil (extrapoliert) und größte Breite bei starkster Neigung der Elektrode erhalten. Dies entspricht den Ausfuhrungen in Ziff. 93, nach denen der Lichtbogen infolge seiner Steifheit die Tendenz hat, nicht den kürzesten Weg zum Werkstück zu nehmen, sondern in der Elektrodenachse zu brennen.

Tabelle 13 *Einfluß der Neigung der Elektrode „mit Vorderwinkel" auf die Abmessungen der Schweißnaht nach E O Paton-Institut fur Elektroschweißung Unterpulverschweißung, Elektrodendurchmesser 6 mm, Stromstarke 1100 A, Lichtbogenspannung 34—36 V, Schweißgeschwindigkeit 60 m/h, Schweißpulver AN-3/2 (Tab 53), bimssteinartig*

Neigungswinkel der Elektrode (gemessen zwischen Blech und Elektrode)	Abmessungen des Querschnittes der Naht					Verbrauch an Schweißpulver in g/cm
	Einbrandtiefe in mm	Hohe der Schweißraupe in mm	Schmelzbreite in mm	Schmelzflache in mm²	Anteil des Grundmetalls bei der Formung der Schweißnaht in %	
90	11,0	4,0	13,0	108	70	1,1
80	10,0	3,5	14,0	—	—	1,4
70	8,5	3,5	17,0	80	65	1,5
60	8,0	3,5	18,0	—	—	2,4
50	7,5	3,0	22,0	66	63	4,3
40	6,0	3,0	22,0	—	—	—
35	4,0	2,5	23,0	50	57	4,3
30	3,0	2,5	24,0	—	—	4,3

111. Bogenstabilisierung. Stabilisierung des Lichtbogens durch Einführung von leicht ionisierbaren Elementen in den Bogenraum (Ziff. 50) oder durch Aktivierung der Elektrode (Ziff. 51) ergibt verbesserte Einbrandtiefe, vgl. insbesondere LESNEWICH [1] und CAMERON und BAESLACK [1]. Bei Versuchen des Verfassers [6] wurden mehrere Flußmittel (Schweißpulver) für *UP-Schweißung*, die sich durch chemische Zusammensetzung, thermische Vorbehandlung und physikalische Parameter unterschieden, nebeneinander auf die zu schweißende Naht gelegt. Der Lichtbogen wurde dann bei konstanter Energiezufuhr durch die Pulver hindurchgeführt. Es ergaben sich für die verschiedenen Flußmittel erhebliche Unterschiede in Bogenlänge, Einbrandtiefe und

Dimensionen des Schweißbades. Weiter hängt die Maximalgeschwindigkeit, bei der ein Pulver noch gute Schweißnähte ergibt, von den thermischen Eigenschaften des Pulvers, besonders von seiner Viskosität und Oberflächenspannung, sowie der Gegenwart von Bestandteilen ab, die das Leitvermögen im Bogenraum beeinflussen. In analoger Weise spielen beim Einbrandverhalten verschiedener Typen von *Mantelelektroden* die thermischen Eigenschaften und die Stabilisierung des Bogens eine wesentliche Rolle.

112. Exotherme Reaktionen. Die Einführung von Bestandteilen, die zu exothermen Reaktionen führen, oder das Schweißen in Gasen, bei denen Dissoziation und Assoziation erfolgen (Ziff. 81), unterstützen die Kraftwirkung des Lichtbogens. Das ist z. B. der Fall bei Verwendung von *Tiefeinbrandelektroden* und sog. „*heißgehenden*" Elektrodentypen sowie von Seelenelektroden und von bestimmten Schweißmitteln der UP-Schweißung.

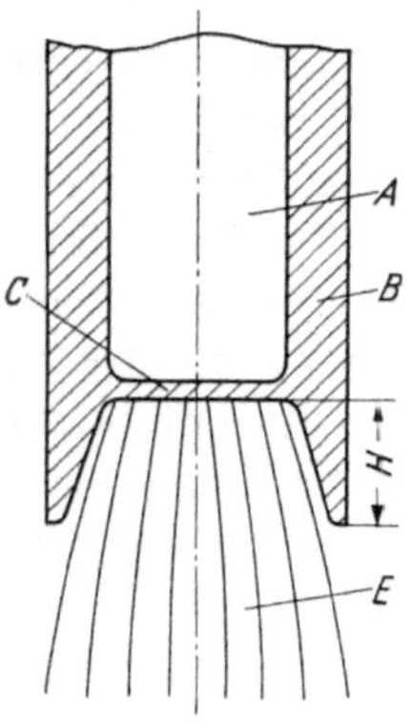

Abb. 90. Tiegelform bei niedrig schmelzendem Elektrodenmantel:

A Kerndraht; *B* Mantel; *C* Schlackenschicht; *E* Lichtbogen; *H* Tiegelhöhe

113. Tiegelbildung. Am bogenseitigen Ende der Mantelelektroden bildet sich je nach Zusammensetzung und thermischen Eigenschaften ein kurzer oder langer „Tiegel". Er entsteht im wesentlichen dadurch, daß der Kerndraht der Elektrode durch Ladungsträgerbombardement usw. schnell abgeschmolzen wird, während die Umhüllung zunächst vorwiegend durch Wärmeleitung vom Draht und Strahlung vom Bogen langsamer erwärmt wird. Bei Dauerbetrieb sind Abschmelzgeschwindigkeit von Tiegel und Kerndraht identisch. Während der Lichtbogen brennt, dürfte der Tiegel, wenigstens teilweise, mit flüssigem Material hoher Temperatur angefüllt sein, an dem der Lichtbogen ansetzt (vgl. die schematische Abb. 90). Es ist ferner anzunehmen, daß der Tiegel einen *Richtungseffekt*

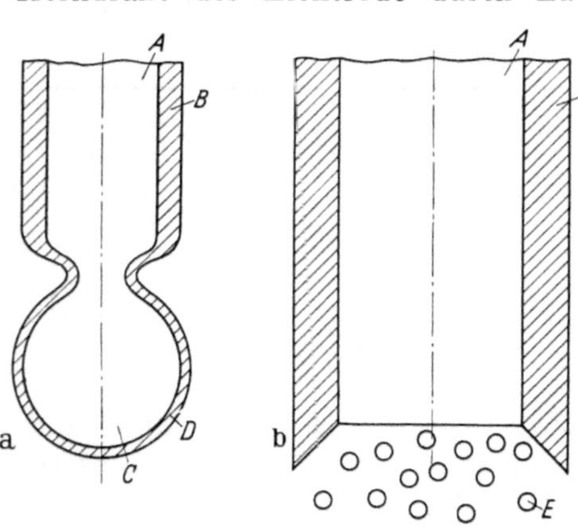

Abb. 91. Übergang des Elektrodenwerkstoffs bei Mantelelektroden

a) Übergang von Einzeltropfen;   b) Übergang von kleinen Tropfen   *A* Kerndraht; *B* Mantel; *C* Tropfen während der Abschnurung, *D* Schlackenhülle des Tropfens, *E* Tropfen geringer Größe mit Schlackenüberzug

auf die von der Elektrode abgeschnürten Tropfen ausübt und eine Konzentrierung am Werkstück, somit verbesserten Einbrand, bewirkt. Abb. 91 zeigt schematisch nach CLAUSSEN [1] den Übergang des Elek-

trodenwerkstoffes von einer Mantelelektrode (a) in Form großer (vgl.
Ziff. 185) und (b) in Form kleiner Tropfen (vgl. Ziff. 181). Weitere Aufgaben des Tiegels werden in Ziff. 235 besprochen.

114. Einfluß von physikalischen Parametern. Auf die Einbrandtiefe
haben physikalische Parameter, wie Form, Größe und Korngrößenverteilung, weiter Schuttgewicht und Porosität der Teilchen einer
Elektrodenumhullung, einer Seelenelektrode und eines Pulvers der
UP-Schweißung, erheblichen Einfluß, vgl. Ziff. 281.

115. Einfluß der Steifheit des Bogens und der Blaswirkung. Die
Verbesserung der Steifheit des Bogens, entsprechend Ziff. 95, und Kompensation der Blaswirkung nach Ziff. 99 unterstutzen die grabende
Wirkung des Bogens und ergeben verbesserte Einbrandtiefe.

116. Vergleich mit Metallspritzverfahren. Die mechanische Kraftwirkung beim Lichtbogen wurde oben mit einem aus einer Duse ausströmenden Wasserstrahl, der gegen eine Sandschicht gerichtet ist,
verglichen. Man kann auch zum Vergleich Metallspritzverfahren heranziehen, die in verschiedenen Ausfuhrungsarten vorliegen, vgl. die zusammenfassenden Arbeiten von v. HOFE [*1, 3, 4*], ANTOSCHIN [*1*] und
KATZ [*1*]. Von Interesse für die beim Lichtbogen auftretenden Krafte
sind diejenigen Metallspritzverfahren, bei denen ein Lichtbogen zwischen einer permanenten Elektrode und einem Draht bzw. zwischen
zwei drahtförmigen Elektroden brennt. Das flussige Metall, das sich am
Ende von einer bzw. von beiden Elektroden bildet, wird zusammen mit
den durch den Bogen übergehenden Elektrodenteilchen durch *Luft
oder Schutzgas* unter hohem Druck gegen das Werkstück geblasen.
Ein flüssiges Schmelzbad wie beim Lichtbogenschweißen ist nur
selten erforderlich. Auflageschichten auf dem Werkstück sind meist nur
wenige Millimeter dick; sie können maximal etwa 8 mm erreichen.

Der Einfluß von physikalischen und chemischen Parametern auf
die Güte der Schweißung bzw. der Auflageschicht beim Metallspritzen
ist in den beiden so verschiedenen Verfahren ähnlich. Insbesondere
scheint die beim Lichtbogenschweißen auftretende Kraftwirkung in
Analogie zur Wirkung der Druckluft beim Metallspritzen zu stehen.

II. Kraterbildung

117. Empirisches über Kraterbildung an der Oberfläche des werkstoffseitigen Schweißbades. Wir betrachten jetzt einen Lichtbogen, der
zwischen einer Abschmelzelektrode und einem flüssigen Schweißbad
auf dem Werkstück brennt, bei dem also auf eine sehr hohe Elektrodengeschwindigkeit längs der Naht wie im vorigen Abschnitt kein besonderer Wert gelegt wird. Voraussetzung sei, daß die Blaswirkung eliminiert ist. Man findet dann, besonders bei hoher Stromdichte, in der
Verlängerung der Elektrodenachse meist eine *Vertiefung in der Ober-*

fläche des Schweißbades. Diese Vertiefung oder dieser „Krater" besitzt annähernd elliptische Form und tritt in allen Zwangslagen auf. (Nähere Angaben über das Schweißbad, auch Berechnung der Kraterdimensionen in Ziff. 139.)

Die Bildung des Kraters weist auf eine Kraftwirkung des Bogens hin. Die Beobachtung (visuell, röntgenographisch, durch Laufbild und Zeitlupenaufnahme) zeigt, daß das geschmolzene Metall bzw. die geschmolzene Schlacke aus der Mitte des Schweißbades nach den Seiten des Bades verdrängt wird, somit aus dem Gebiet höchster Temperatur unmittelbar an der Ansatzfläche des Bogens in ein Gebiet von niedrigerer Temperatur gelangt. Die *Viskosität* η des Schweißbades und seine *Oberflächenspannung* v hängen von der Temperatur des Bades ab. Sie werden weiter durch Zusätze, oft nur in geringen Mengen ($\ll 1\%$), stark beeinflußt. Eine Temperaturzunahme ergibt Abnahme von η und v, während Zusätze verschiedener Art bei konstanter Temperatur entweder zur Erhöhung oder Abnahme von η und v führen, vgl. Ziff. 208 ff.

118. Faktoren zur Begünstigung und Hemmung der Kraterbildung. Versuche haben ergeben, daß die Kraterbildung *begünstigt* wird durch a) hohe Stromstärke und geringe Bogenlänge; b) Einführung bestimmter legierungsbildender Metalle, Fluoride usw.; c) Verwendung von Materialien, die zu exothermen Reaktionen führen, und d) Einführung von *Sauerstoff* in den Bogenraum.

Die Kraterbildung wird *gehemmt* oder *verhindert,* wenn die Oberflachenspannung des Bades und seine Viskositat erhöht werden. Dies kann geschehen durch a) Erniedrigung der Badtemperatur; b) Einführung bestimmter Zusätze und c) Ausschluß von Sauerstoff aus dem Bogenraum. In diesen Fällen scheint mit anderen Worten die Kraft bei gegebener Stromstärke und bei hohen Werten von v und η nicht mehr auszureichen, um eine Vertiefung in der Oberfläche des Schweißbades, d. h. einen Krater, zu erzielen. (Über den Einfluß von Gas- und Kohlenstoffgehalt der Elektrode und des Werkstückes vgl. Ziff. 124, 129.)

Aus dem Verhalten der Krateroberfläche unter verschiedenen Versuchsbedingungen sollte es möglich sein, eine Berechnung der wirksamen Kraft vorzunehmen, doch fehlen heute noch zahlenmäßige Unterlagen für η und v bei den hohen im Schweißbad herrschenden Temperaturen. Man muß daher andere Wege zur Bestimmung der wirksamen Kräfte einschlagen (Ziff. 136).

119. Endkrater bei einer Schweißung. Weiter sei kurz auf den am Ende einer Schweißraupe auftretenden Endkrater hingewiesen, der meist elliptische oder ovale Form besitzt. Der Endkrater ist für hochwertige Schweißungen unerwünscht, da er eine Schwächung der Schweißnaht darstellt, zumal häufig Porosität und Rißempfindlichkeit mit ihm verknüpft sind.

Das Auftreten des Endkraters läßt sich ebenfalls auf mechanische Kraftwirkung zurückführen. Wahrend des Schweißens werden durch die Krafte im Bogen nach Abb. 86 und 88 Metall und Schlacke des Schweißbades entgegen der Bewegungsrichtung des Lichtbogens fortgeschleudert. Beim *Abschalten des Bogens* werden die in Ziff. 32 besprochenen Stufen durchlaufen. Es wurde gezeigt, daß trotz Fortfalls der äußeren Energiezufuhr die Elektrode und das Schweißbad zunächst auf hoher Temperatur verbleiben. Beim Schweißbogen wird nach Abschaltung des Stromes das Aufschmelzen von weiterem Grundmetall unterbrochen. Zunachst kühlt sich die Elektrode, dann das Werkstück ab. Es verbleibt der Endkrater, dessen Form und Dimensionen Anhaltspunkte zur Beurteilung des Aufschmelzverhaltens des Grundmetalls und die Wirksamkeit der schlackenbildenden Zusätze geben. (Jedoch ist die Tiefe des Endkraters nicht gleich der Tiefe der Eindringung des Lichtbogens in das Grundmetall zu setzen, denn geschmolzenes Material, das sich beim Abschalten des Bogens am Boden des Schweißkraters befunden hat, ist hier erstarrt.)

120. Mittel zur Unschädlichmachung des Endkraters. Zur Vermeidung eines Endkraters stehen verschiedene Mittel zur Verfügung: a) Stufenweises Abschalten der Energiezufuhr, wobei die Größe des Schmelzbades und die Tiefe des Kraters infolge Verringerung der Krafte und Erhöhung von η und v allmählich abnehmen; b) Unterbrechung der Wanderung des Bogens entlang der Naht und allmähliches Auffüllen des Kraters, vielfach unter Verwendung einer besonders hierfür entwickelten Stromquelle; c) Abschalten der Energiezufuhr nicht bei Beendigung der Schweißung auf dem zu schweißenden Blech, sondern Übergang der Schweißraupe auf ein in Nahtrichtung an das Werkstück angesetztes kurzes Blechstück, das nach Beendigung der Schweißung wieder abgeschlagen wird.

III. Krafte beim Übergang des Werkstoffes

121. Allgemeine Gesichtspunkte zur Schweißung in Zwangslagen. Zur Erklarung des Werkstoffüberganges wurde in fruheren Jahren angenommen, daß bei der hohen Temperatur der Elektrode eine *Verdampfung des Metalls* erfolgt, die zur Kondensierung des Dampfes auf dem kalteren Werkstück führt. Diese Theorie kann eine Reihe von Erfahrungstatsachen erklären, nicht aber das Vorhandensein von Metalltropfen wechselnder Große im Lichtbogen. Weiter zeigt die Durchrechnung, daß die im Bogen verfugbare Energie nur genügen würde, einen kleinen Anteil des übergehenden Metalls zu verdampfen. Man nimmt heute an, daß nicht mehr als 10% des Werkstoffes verdampft werden. Die Wirkung des verdampften Anteiles wurde bereits in Ziff. 35, 47 besprochen.

Es sei angenommen, daß sich durch einen später zu diskutierenden Mechanismus (Ziff. 142) ein Tropfen von der Elektrode abgelöst hat und schnell zum Schmelzbad am Werkstück durch den Lichtbogen hindurch überführt werden soll. Beim Schweißen von Werkstücken in *horizontaler Lage* könnte man annehmen, daß der Tropfen durch Einwirkung der Schwerkraft von der Elektrode zum Bad gelangt. Jedoch müssen andere Kräfte neben der Schwerkraft vorliegen, wenn die Schweißung „*über Kopf*" oder in *vertikaler Lage* erfolgt. Durch Einregulierung der zugeführten Energie kann man es bei Überkopfschweißung erreichen, daß Tropfen vom Schweißdraht zwischen der Elektrode und dem Werkstück *in der Schwebe gehalten* werden; d. h. die Gravitation und die bei der Schweißung auftretende Kraft (Einzelkraft oder Resultierende von mehreren Kräften) stehen im Gleichgewicht. Beim Schweißen über Kopf überwiegt die mechanische Kraft und überführt den Tropfen in das Schweißbad.

Der Tropfenübergang kann in Form einzelner Tropfen, die von der Elektrode abgeschnürt werden, oder in Form zahlreicher Tropfen geringen Durchmessers erfolgen, vgl. Abb. 91. Im letzteren Fall spricht man weiter von „*sprühregenartigem*" und „*nebelartigem*" Übergang. Hierauf wird in Ziff. 170 eingegangen. Wir befassen uns zunächst mit dem Übergang einzelner Tropfen, deren Durchmesser ähnlich dem Elektrodendurchmesser ist.

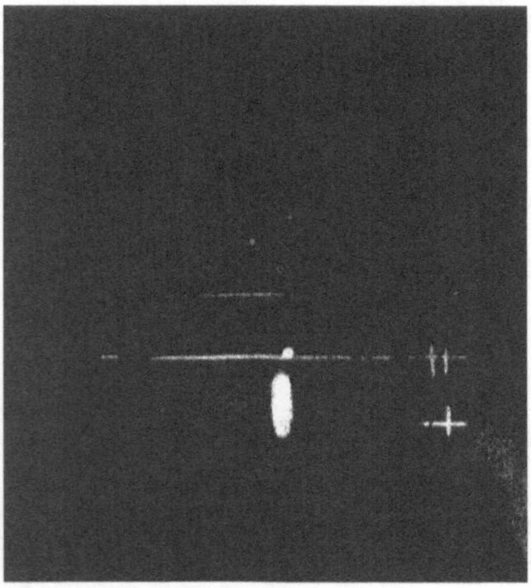

122. Versuche mit Lochplatte. Zur Veranschaulichung der Kraftwirkung bei Überkopfschweißung seien Versuche von WAUGH und EBERLEIN [1] erwähnt, vgl. Abb. 92. Zwei Stahlbleche mit Bohrungen von z. B. 12,7 mm Dmr., die in einer Reihe lagen, befanden sich in einer Entfernung von 76 mm übereinander. Die Schweißung erfolgte über Kopf entlang der Lochreihe im unteren Blech. Es ergab sich, daß Teilchen durch die beiden Lochplatten nach oben geschossen wurden, die im wesentlichen vertikalen Bahnen folgten. Bei den Versuchen wurden nackte und umhüllte Elektroden bei Gleich- und Wechselstrombetrieb verwendet. In allen Fällen ergab sich Austritt von Teilchen entsprechend der Abb. 92. Die von den Teilchen erreichten Höhen waren für die beiden Elektrodenarten und innerhalb verschiedener

Abb 92 Schweißung durch Lochplatte „uber Kopf" bei Elektrode von 3,2 mm Dmr , Bogenlange 4,8 mm, Stromstarke 100 Amp, Schweißgeschwindigkeit 380 mm/mm; Einzeltropfenubergang, die maximale Tropfenhohe ist zur besseren Wiedergabe retuschiert

Mantelelektroden verschieden, desgleichen für Gleich- und Wechselstrom. Auch die Größe der meist kugelförmigen Teilchen und andere physikalische Parameter hatten auf die erreichte Höhe Einfluß. So ergaben sich für 100 A als Wurfhöhen, gemessen oberhalb des oberen Bleches, Werte innerhalb der Grenzen von 140 bis 430 mm. Es liegen danach also erhebliche Kraftwirkungen entgegen der Schwerkraft vor.

Überblickt man die zahlreichen Versuche, die sich mit Kraftwirkungen und dem Werkstoffübergang beim Lichtbogenschweißen befassen, so kann man eine Unterteilung nach physikalischen und chemischen Gesichtspunkten etwa wie folgt vornehmen:

123. Drei Schmelzbäder bei Abschmelzelektroden. Beim Übergang des Werkstoffes von der Elektrode zum Werkstück hat man es mit 3 Schmelzbädern zu tun: dem geschmolzenen Ende der Elektrode, dem übergehenden Tropfen und dem Schmelzbad am Werkstück. Werden Mantel- oder Seelenelektroden verwendet, so befinden sich meist geschmolzene Schlackenhüllen an der Elektrode, auf dem Tropfen und an der Oberfläche des werkstoffseitigen Schmelzbades. Wie bereits erwähnt, sind Viskosität und Oberflächenspannung bei den in den Schmelzbädern herrschenden Temperaturen sehr empfindlich gegen Temperaturänderungen und geringe Zusätze, etwa Legierungsbildner, Desoxydationsmittel usf. Selbst die Einführung von Spurenelementen kann v und η sehr stark erhöhen oder herabsetzen, vgl. Ziff. 209.

124. Gasgehalt der Elektrode. Der Einfluß des Gasgehaltes der Elektrode auf den Werkstoffübergang ist vielfach untersucht worden, vgl. z. B. die Zusammenstellung älterer Arbeiten bei SPRARAGEN und LENGYEL [1] und die Literaturübersichten und eigenen Versuche von M. C. SMITH [1] und FAST [1, 2, 3]. Die älteren, mit geringer Energie durchgeführten Versuche ergaben, daß gasfreie Elektroden nicht für Überkopfschweißung verwendet werden können. Neuere Versuche, z. B. von MULLER, GIBSON und ROPER [1], erwiesen jedoch, daß bei genügend hoher Energiezufuhr auch gasfreie Elektroden für Überkopfschweißung benutzt werden können. Im allgemeinen ergibt sich für gegebene Parameter, daß gashaltige Elektroden den Übergang einer größeren Menge von Elektrodenmaterial erlauben als gasfreie Elektroden. Werden jedoch zu große Gasmengen eingeführt, so ergeben sich *poröse Schweißungen* (Ziff. 219). Man muß daher von Fall zu Fall entscheiden, welche Elektrodentypen und welche Schweißverfahren zu verwenden sind. Die Grenze wird dabei durch die Forderung gesetzt, daß keine erkennbare Porosität in der Schweißung auftreten soll.

Wird eine Mantelelektrode, die chemisch gebundenes *Kohlendioxyd* oder *Wasser* in der Umhüllung enthält und die gute Resultate beim Überkopfschweißen ergibt, durch längeres Erhitzen (auf etwa 850° C) gänzlich von Kohlendioxyd und Wasser befreit, so kann sie nicht mehr für Überkopfschweißung verwendet werden.

125. Kohleelektroden. Untersuchungen von BEER und TYNDALL [*1*], TYNDALL [*1*] und CREEDY, LERCH, SEAL und SORDON [*1*], die längere Zeit zurückliegen, sind für einige der neuesten Untersuchungen wieder von Wichtigkeit geworden. Bei den Untersuchungen ergab sich, daß die meisten Kohleelektroden größere Mengen von Gasen enthalten. Nach der Zündung des Lichtbogens zeigt sich eine erhebliche mechanische Kraftwirkung. Mit zunehmender Brenndauer nimmt die Kraftwirkung allmählich ab, bis sie nach 120 min Brenndauer sehr klein geworden ist. Wird dann eine längere Zeit erhitzte Kohleelektrode über Nacht im Versuchsfeld gelassen, so ergibt sie am nächsten Tag wieder hohe Kraftwirkung bei entsprechend hohem Gasgehalt, d. h., es hat völlige Erholung stattgefunden.

126. Gasgehalt und Viskosität/Oberflächenspannung. Viskosität und Oberflächenspannung einer Metall- oder Silikatschmelze (geschmolzene Schlacke, Glas usw.) werden stark durch den *Gasgehalt der Schmelze* beeinflußt. Bei gegebener Zusammensetzung und Temperatur ergibt sich mit abnehmendem Gasgehalt eine Erhöhung von η und v. Hierbei kann die Viskosität um mehrere Größenordnungen erhöht werden, vgl. Ziff. 201. Bei Elektroden niedrigen Gasgehaltes wird die Tropfenabschnürung entsprechend erschwert. Dies führt dazu, daß für eine gegebene Energiezufuhr und für gegebene mechanische Kraft eine geringere Menge von Werkstoff pro Zeiteinheit zum Schmelzbad am Werkstück übergeht als bei normalem Gasgehalt der Elektrode. Bei sehr geringem Gasgehalt werden die hohe Viskosität und Oberflächenspannung die Abtrennung und den Übergang von Werkstoff verhindern. Wird hingegen die Energiezufuhr erhöht, so nimmt die Kraftwirkung zu. Abtrennung des Tropfens von der Elektrode (Ziff. 142) und Übergang durch den Lichtbogen werden dann auch bei geringem Gasgehalt ermöglicht.

127. Elektroden aus beruhigtem Stahl. Die gleichen Überlegungen gelten für Elektroden aus beruhigtem oder halbberuhigtem Stahl. Die Beobachtung ergibt, daß der Werkstoffübergang stark verringert oder unmöglich wird, wenn beruhigter Stahl (oft mit Aluminium desoxydiert) für Überkopfschweißung verwendet wird, während unberuhigter Stahl mit höherem Gasgehalt mit Erfolg in allen Zwangslagen verwendet werden kann. Auch hier dürfte es sich um die Beeinflussung von η und v durch den Gasgehalt der Schmelze handeln. Es wird *nicht* die verfügbare Kraft geändert, sondern die zum Übergang verfügbare Werkstoffmenge.

128. Sauerstoff im Bogenraum. Während Überkopfschweißung bei Abwesenheit von Sauerstoff im Bogenraum hohe Energiezufuhr entsprechend Ziff. 126 erfordert, zeigt sich weiter, daß durch Zusatz von sehr geringen Mengen Sauerstoff eine wesentlich verbesserte Abschmelzleistung und Schweißung in allen Zwangslagen auch bei geringem Energieaufwand ermöglicht wird, z. B. beim Schweißen mit Argon als Schutzgas. Hier dürfte es sich darum handeln, daß Sauerstoff, selbst in Spuren, η und v stark herabsetzt. Es ergibt sich damit ein flüssigeres (geringere Viskosität besitzendes) Bad an der Elektrode, ein flussigerer abgeschnürter Tropfen und ein flüssigeres Bad am Werkstück. Auch die Oberflächenspannung ist in den drei Bezirken entsprechend dem Gasgehalt erniedrigt. Ebenso wird die Abschnürung von Material erleichtert und eine größere Werkstoffmenge zur Schweißraupe ubertragen. Die bei Gegenwart von Sauerstoff erfolgende Bildung von *Eisenoxyd*, die exotherm verlauft, führt zur Temperaturerhöhung der Schmelzbader, somit zur weiteren Verringerung von η und v und verbessertem Werkstoffübergang.

129. Kohlenstoffgehalt der Elektrode. In der Literatur findet sich weiter die Angabe, daß Elektroden aus reinem Eisen, das keinen Kohlenstoff enthält, nicht überkopf verschweißt werden können und daß sie auch keine Kraterbildung zeigen. Hierzu sei darauf verwiesen, daß Kohlenstoff einen erheblichen Einfluß auf die Werte von η und besitzt· Sie nehmen bei gegebener Temperatur mit abnehmendem Kohlenstoffgehalt der Schmelze stark zu. Ein Zusatz von nur 0,1 % C ergab z. B. nach FAST [1] eine wesentliche Verbesserung des Werkstoffüberganges. Er nahm zur Erklärung an, daß sich aus C und O die Bildung von CO ergibt, das zu explosionsartigem Übergang des Werkstoffes führt. Auch der Verfasser ist der Ansicht, daß explosive Kräfte eine Zusatzrolle beim Werkstoffübergang spielen, vgl. Ziff. 158, daß jedoch die mechanische Kraft als die primäre Ursache anzusehen ist.

In Fällen, in denen Einführung von Sauerstoff, Kohlenstoff usw. zur Verbesserung des Werkstoffüberganges erwünscht erscheint, wird man diese in den Bogenraum durch den Elektrodendraht, durch das Schweißmittel bei der UP-Schweißung, durch die Hülle der Mantelelektrode, die Füllung der Seelenelektrode oder durch direkte Einleitung (Gase) einführen.

Für gegebene Energiezufuhr zum Bogen scheint durch diese Maßnahmen keine Änderung der mechanischen Kraftwirkung zu erfolgen. Die Änderung besteht in den physikalischen Eigenschaften des geschmolzenen Elektrodenendes, des übergehenden Tropfens und des werkstoffseitigen Schweißbades.

β) Messung der Kräfte

130. Literaturübersicht. Die ersten Messungen zur Gewinnung von quantitativen Angaben für die beim Lichtbogenschweißen auftretenden Kraftwirkungen liegen längere Zeit zurück. Erwähnt seien die Arbeiten

von SEELIGER [1], NIEBURG [1], AMANN [1], LE COMTE und RÖLL [1]
ERDMANN-JESNITZER und PRIMKE [1], FINKELNBURG und MAECKER [1,
und neue Untersuchungen von PETRUNICHEV [1].

131. Apparaturen und Versuchsergebnisse. Apparaturen zur Messung der mechanischen Kraftwirkung im Lichtbogen, die die Elektroden voneinander zu entfernen sucht, beruhen meist darauf, daß eine Elektrode des Lichtbogens fest eingespannt wird, während die andere Elektrode der Kraft in Achsenrichtung folgen kann. Mittels einer Drehwaage, einer Meßdose, eines Hebelsystems, einer staurohrartigen Anordnung oder dgl. wird die Größe der Kraft gemessen. Einige typische Apparaturen und Versuchsergebnisse, die mit ihnen erhalten wurden, seien im folgenden besprochen.

A. Abb. 93 gibt eine schematische Zeichnung der von DOAN und LORENTZ, JR. [1] benutzten Apparatur, die nach dem Prinzip der Drehwaage arbeitet. Die Apparatur kann in Luft oder in Schutzgasatmosphäre betrieben werden. Die Verdrehung des Armes, an dem die Elektrode befestigt ist, wird gemessen. Wesentlich ist es, daß die Messungen erst dann vorgenommen werden, wenn der Bogen genügend Zeit

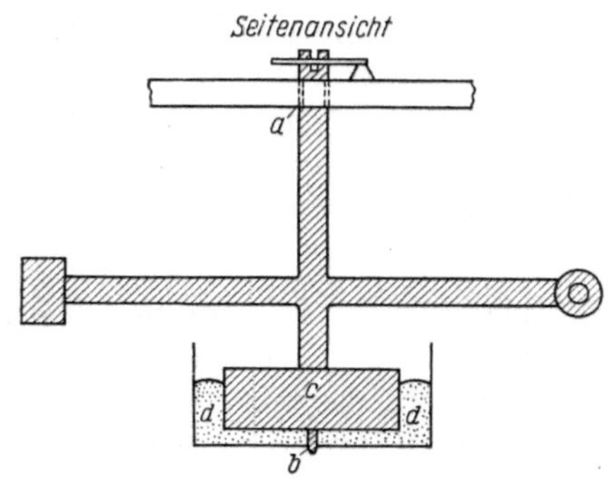

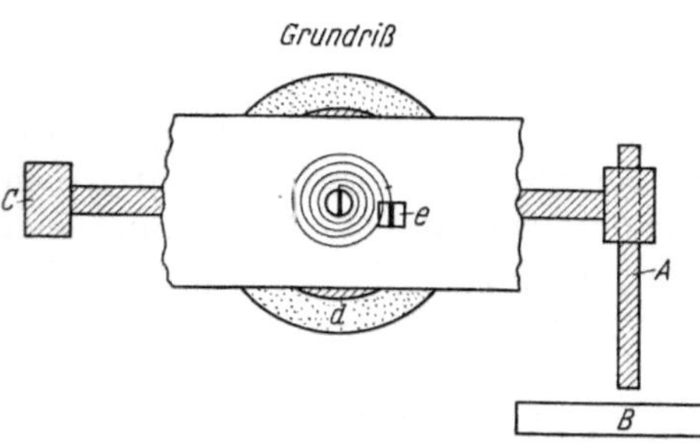

Abb. 93. Drehwaagenapparatur zur Bestimmung von Kräften im Lichtbogen:

A Elektrode; *B* Werkstück; *C* Gegengewicht; *a*, *b* Lager; *c* Aluminiumzylinder, der in Quecksilber *d* schwimmt; *e* Halter für Feder, die bei Bogenzündung aufgewunden wird

gehabt hat, sich einzubrennen. Schwierigkeiten bereitet die Eliminierung von Konvektionsströmungen und anderen Störungsquellen.

Die Versuche wurden in Luft, Helium und Stickstoff für nackte Metallelektroden, Mantelelektroden und Kohleelektroden (amorphe Kohle) sowohl mit gerader als auch umgekehrter Polarität bis zu 220 A und 5 mm Bogenlänge durchgeführt. In allen Fällen ergaben sich *Kräfte von der Größenordnung 0,3 bis 2,7 p* (Pond, 1 p = 981 Dyn). Abb. 94 gibt Versuchsresultate von DOAN und LORENTZ, JR. für die beobachtete Kraft in Abhängigkeit von der Stromstärke für Nacktelektroden von 3,8 mm Dmr. in Luft, Stickstoff und Helium sowie für eine Mantelelektrode mit 3,8 mm Kerndrahtdurchmesser in Luft. Der Verlauf der einzelnen Kurven ist sehr ähnlich. Die Kraft wächst zu-

nächst langsam, dann schnell mit der *Stromstärke* an. *Kohleelektroden* von 9,6 mm Dmr. ergeben Kräfte von 0,6 bis 1,3 p, obwohl keine Tropfenbildung erfolgt. Wie bereits in Ziff. 104 ausgeführt, weist dies darauf hin, daß der Pincheffekt nicht die alleinige Ursache für die beobachtete Kraftwirkung beim Werkstoffübergang sein kann.

B. Untersuchungen von NIE-BURG [1] mittels Meßdose, die sich bis zu 400 A erstreckten, ergaben Kräfte von 0,4 bis 5,4 p für verschiedene Elektrodenarten und gerade und umgekehrte Polarität. Auch hier nahm die Kraftwirkung mit der Stromstärke zu.

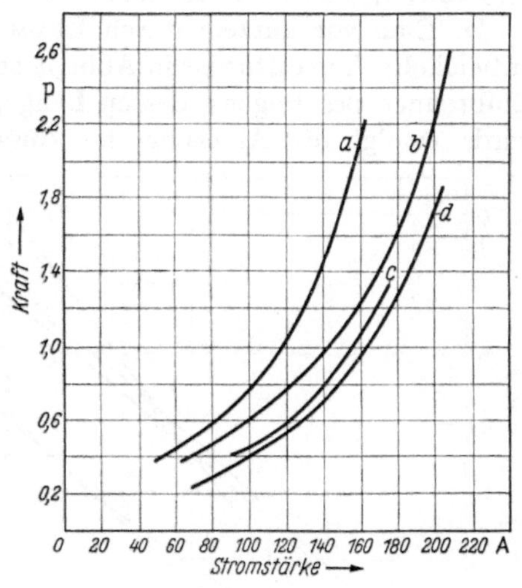

Abb. 94. Kräfte im Bogen bei Verwendung von Stahlelektroden von 3,8 mm Dmr.:

a Mantelelektrode in Luft;   *b* nackte Elektrode in Luft;   *c* nackte Elektrode in Stickstoff;   *d* nackte Elektrode in Helium

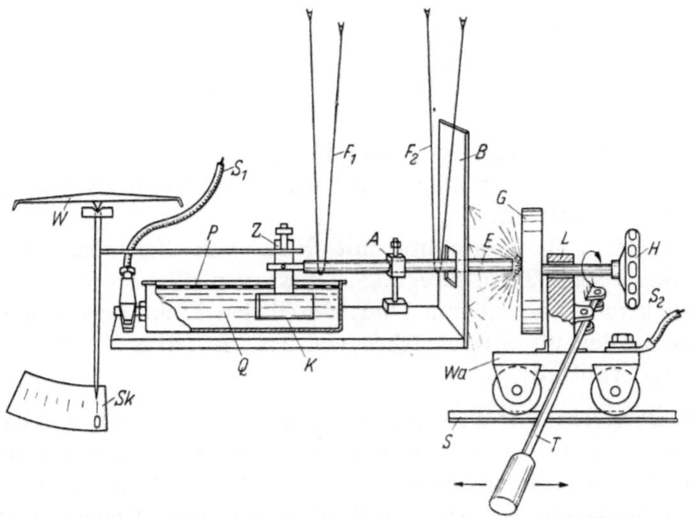

Abb. 95. Apparatur zur Messung der mechanischen Kräfte im Schweißlichtbogen: *Q* Quecksilberwanne, *P* Petroleumabdeckung, *E* Elektrode, *Z* Kreuzkopf, *W* Kraftmeßeinrichtung in Form eines weitgehend trägheitslosen Waagebalkens, *K* Flüssigkeitskontakt in Form eines eintauchenden Kupferbleches in Quecksilber, *T* Transporteinrichtung zur Einhaltung konstanter Lichtbogenlänge im stationären Abschmelzprozeß *Wa* Wagen auf Schienen mit drehbarer Schweißplatte *G*, *A* kleines Ausgleichsgewicht, *B* Schutzblech gegen Spritzer, *S₁* und *S₂* Stromanschluß, *F₁* und *F₂* Hanfgarn-Aufhängung, *H* Handrad, *S* Schienenführung, *L* Lager

C. Versuche von ROHLOFF [*3*], die mit *Kohleelektroden* in einer waagenartigen Anordnung durchgeführt wurden, ergaben bei 150 A und Lichtbogenlängen von 40 bzw. 20 mm als Kräfte auf die Anode 0,15 bzw. 0,35 p; Dmr. der Kathode war 0,7 und der der Anode 4,0 cm.

D. Eine vor kurzem durch ERDMANN-JESNITZER und PRIMKE [*1*] entwickelte Apparatur ist in Abb. 95 schematisch wiedergegeben. Nach Einbrennen des Bogens, dessen Länge, z. B. 4 mm, konstant gehalten wird, erfolgt die Ablesung des Ausschlages des Waagebalkens *W*.

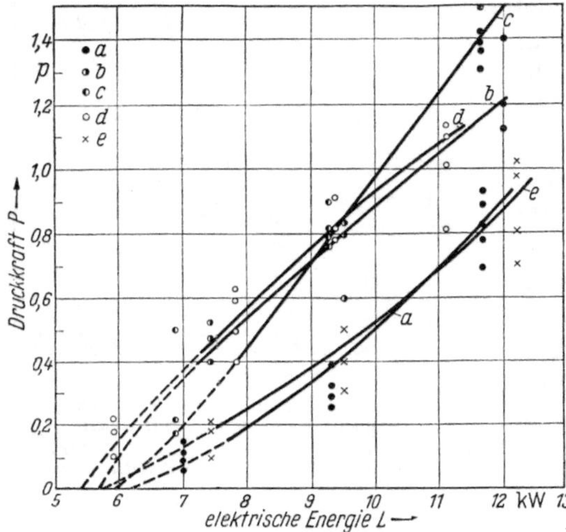

Abb. 96. Druckkraft *P* als Funktion der aufgewendeten elektrischen Energie *L* für Ze-Tiefeinbrandelektroden TfTi VIII (So 85): *a* getrocknet (EWB); *b* normal-feucht (EWB); *c* künstlich stark wasserhaltig; *d* normal-feucht (KJELLBERG); *e* TfTi VII (So 86) normal-feucht

Abb. 96 zeigt Meßresultate für ihre zellstoffhaltigen *Tiefeinbrandelektroden* verschiedenen Feuchtigkeitsgehaltes. Die Maximalwerte der Kraft betragen für 4 mm Kerndrahtdurchmesser etwa 1,5 p bei 225 A und 12 kW für stark wasserhaltige Elektroden, während weniger feuchte und trockene Elektroden geringere Kraftwerte ergeben. Bei anderen Versuchen wurde *keine* Kraftwirkung erhalten, z. B. für ihren *Elektrodentyp KbXs(Kb 52)* und für eine *Kohleelektrode*, selbst bei einer Bogenlänge von nur 2 mm. Andererseits wurden hier erstmalig Kräfte beim *Werkstoffübergang mit Kurzschlußbildung* ermittelt.

E. LUDWIG [*3*] bestimmte mit Hilfe von Zeitlupenaufnahmen (7000 Bilder/sec) Beschleunigung-Zeit-Kurven für Tropfen, die von einer Elektrode von 1,6 mm Dmr. durch den Lichtbogen übergehen. Hieraus wurden für Stromstärken von 245 bis 440 A Kräfte von 0,41 bis 0,90 p ermittelt.

132. Übersicht über die gemessenen Druckkräfte. Die hier erwähnten Kräfte und weitere in Ziff. 136 erwähnte Untersuchungen entsprechen Drücken, die sich über das Gebiet 4×10^2 bis 9×10^4 Dyn/cm² erstrecken, umfassen also ein verhältnismäßig enges Gebiet. Trotzdem sind sie von sehr erheblicher Bedeutung für den Bogenmechanismus.

133. Faktoren, die die mechanische Kraftwirkung beeinflussen. Allgemein ergibt sich nach den bisher erwähnten Untersuchungen, zu denen neue Ergebnisse von PETROV [1] in verschiedenen Schutzgasen treten, daß für ein bestimmtes Gas die Kräfte mit wachsender Stromstärke, abnehmender Bogenlänge und zunehmender Stromdichte zunehmen. Gute Schweißungen dürften dann erhalten werden, wenn für gegebene Parameter Kräfte innerhalb des in Ziff. 132 angegebenen Gebietes zur Verfügung stehen, die einen ordnungsgemäßen Übergang des Werkstoffes von der Elektrode zum Werkstück herbeiführen. Ist die verfügbare Kraft zu gering, so wird nicht genügend Werkstoff übertragen; die Schweißung ist nicht annehmbar. Ist schließlich die verfügbare Kraft zu groß, so ergibt sich eine schlecht aussehende Naht; dazu treten erhebliche Materialverluste durch „Spritzer" (spatter), vgl. Ziff. 179. LE COMTE und RÖLL [1] weisen darauf hin, daß eine Gesamtkraft von 1 p durchaus in der Lage ist, bei einem *Gewicht der übergehenden Tropfen* von 150 mg einen Übergang entgegen der Schwerkraft zu bewirken; vgl. hierzu die physikalischen Parameter des übergehenden Werkstoffes in Ziff. 175.

γ) *Natur der Kräfte*

134. Allgemeines zur Natur der Kräfte. Die Natur der beim Lichtbogen beobachteten Kräfte ist der Gegenstand vieler Versuche und Überlegungen gewesen. Zusammenfassende Darstellungen finden sich z. B. bei SEELIGER [1], SONDEREGGER [1], v. CONRADY [1, 2], SPRARAGEN und LENGYEL [1], LE COMTE und RÖLL [1], LORENZ [2] und ERDMANN-JESNITZER und PRIMKE [1].

Es liegen zweifellos Kräfte vor, die kontinuierliche, mechanische Wirkungen ausüben und bei permanenten und Abschmelzelektroden auftreten. Sie beeinflussen die Einbrandtiefe und die grabende Wirkung des Lichtbogens, die Kraterbildung im werkstoffseitigen Schweißbad und den Werkstoffübergang. Daneben gibt es eine Reihe von Erscheinungen, die sich auf „*Explosive Kräfte*" zurückführen lassen und die im allgemeinen nur bei Abschmelzelektroden auftreten. Sie werden in Ziff. 158 im Zusammenhang besprochen.

135. Mögliche Kräfte im Lichtbogen. Wie bereits oben betont, durften die gemessenen Kräfte als die Resultierenden mehrerer Kraftwirkungen anzusehen sein. Die verfügbaren Einzelkräfte wurden von LORENZ [2] zusammengestellt und ihre Größenordnung wie folgt geschätzt:

1. Aufprall der von der Schweißelektrode übergehenden Metall- und Schlackentropfen, wobei größenordnungsmäßig eine Kraft zur Verfügung stehen würde . . . . $K_1 = 50$ bis 500 Dyn

2. Impulsabgabe der Ladungsträger des Lichtbogens bei einer Stromstärke von 180 A $K_2 = 10$ bis 100 Dyn

3. Elektrodynamische Kräfte nach SACK[2] $K_3 \approx 300$ Dyn

4. Gasdruckwirkung bei zellulosehaltiger
Umhüllung . . . . $K_4 \ll 1$ Dyn[1]
5. Reaktionskraft der geringen Menge des
im Anodenbrennfleck verdampfenden Materials
bei einer Brennflecktemperatur gleich der
Siedetemperatur des Eisens, 2840° C . . . . $K_5 \approx 100$ Dyn

Die Summe der Einzelkräfte ist von gleicher Größenordnung wie die experimentell gemessenen Kräfte. Weiter wurden von verschiedenen Verfassern elektrostatische Kräfte vorgeschlagen. Auch *Kathodenzerstäubung* wurde diskutiert, die jedoch zu geringe Mengen Werkstoff übertragen würde. Die meisten Kraftwirkungen der Aufstellung und die weiter vorgeschlagenen elektrostatischen Kräfte sind jedoch so gering, daß sie bei üblichen Elektroden nur wenig Einfluß gegenüber den Kräften besitzen dürften, die sich auf den Aufprall des übergehenden Elektrodenmaterials (einschließlich der Schlacken) und die magnetohydrodynamischen Kräfte beziehen.

δ) *Berechnung der Kräfte*

Von den Versuchen zur Berechnung der mechanisch wirksamen Kräfte des Lichtbogens seien hier als Beispiele die Berechnung mittels des Geschwindigkeitsfeldes bei der Plasmaströmung und die Berechnung der Druckverteilung im Lichtbogen mittels der LENZschen Regel besprochen, die zu sehr interessanten Resultaten führen.

136. Berechnung mittels Plasmaströmung. Untersuchungen an *physikalischen Lichtbögen zwischen zwei koaxialen Elektroden*, die von MAECKER [*4, 6*] und WIENECKE [*2*] vorgenommen wurden, befaßten sich mit Plasmaströmungen, die in axialer Richtung von Engstellen des Bogenplasmas ausgehen, vgl. Ziff. 21. Es ergab sich, daß die Strömungen auf eigenmagnetischer Kompression beruhen. Durch die große Stromdichte vor Engstellen wird die LORENTZ-Kraft des magnetischen Eigenfeldes des Bogenstromes, die auf die Ladungsträger wirkt, so groß, daß sich im innersten Teil der Bogensäule vor der Engstelle ein Überdruck ausbildet. Der Überdruck wird sich bei einer Engstelle an der Kathode nur in Richtung auf die Anode wegen der nach dort rasch abnehmenden Stromdichte in Form einer Plasmaströmung ausgleichen. Beim Hochstrombogen treten erhebliche Geschwindigkeiten in der Säulenachse auf: Verwendet man Kohleelektroden und 200 A Stromstärke, so beträgt die Anfangsgeschwindigkeit nach Zeitlupenaufnahmen des wiederzündenden Bogens, Abb. 28, mehr als 300 m/sec in der Bogenachse.

---

[1] Dieser Wert wird von ERDMANN-JESNITZER und PRIMKE [*1*] auf Grund ihrer neuen, in Ziff. 131 erwähnten, Untersuchungen als zu niedrig angesehen.

MAECKER [5] und FINKELNBURG und MAECKER [1] bestimmten experimentell den *Rückstoß*, den die Elektrode durch Plasmaströmung erfährt, wenn Ströme bis zu etwa 300 A verwendet werden. Bei der Berechnung integrierten sie die Kraftgleichung über das ganze Bogenvolumen. Weiter wurde berücksichtigt, daß der gesamte, in der Umgebung der Kathode erzeugte Impuls als Impulsstrom durch jeden hinreichend fernen Bogenquerschnitt hindurchgeht. Die Integration für das von WIENECKE ermittelte Geschwindigkeitsfeld ergibt z. B. für den 200 A-Bogen einen Rückstoß von 0,44 p. Abb. 97 zeigt die Resultate der Versuche und Rechnungen, die gute Übereinstimmung untereinander ergeben. Die Werte stimmen auch gut mit den anderweitig gemessenen Werten der wirksamen Kraft (Ziff. 130) überein.

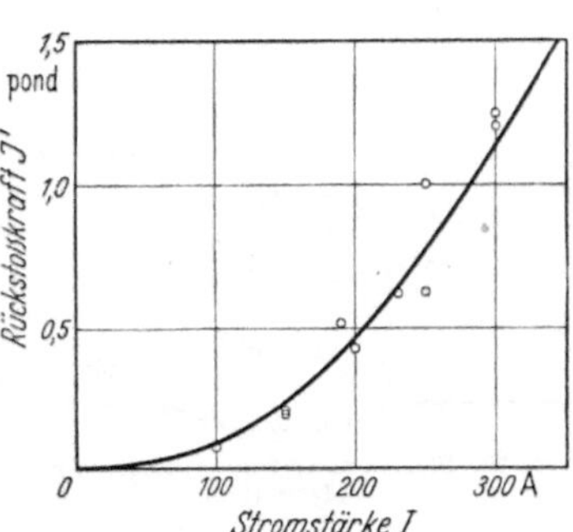

Abb. 97. Rückstoß auf die Kathode eines Hochstromkohlebogens; Punkte gemessen, Kurve berechnet

Neue Untersuchungen von WIENECKE [6], die bis zu 1600 A durchgeführt wurden, ergeben z. B. bei 1400 A und 5 mm Kathodendurchmesser einen Wert von 4,4 p. Beim Kohlebogen ergibt sich bei Stromstärken von mehr als 500 A ein zusätzlicher, sehr erheblicher Rückstoß. Er wird auf Änderungen der Dichte bei der Sublimation des Kathodenmaterials in der „überkontrahierten Säule" (Ziff. 21) zurückgeführt. Insgesamt werden z. B. bei 1400 A etwa 90 p erreicht.

137. Berechnung der Druckverteilung. Die Berechnung der Druckverteilung im *Schweißbogen zwischen einer Elektrode und dem Werkstück* wurde durch GREENE [1] vorgenommen.[1] Es fließe ein Strom von I A durch einen Leiter der Länge l cm in einem Magnetfeld von H Gauß Beträgt der Winkel zwischen dem Leiter und der Kraftlinienrichtung φ, so gilt für die Kraft F die Beziehung

$$F = 0{,}1\,H\,I\,l\sin\varphi. \tag{27}$$

Für $\varphi = 90°$ folgt hieraus Formel (26).

Abb. 98 zeigt nach GREENE [1] schematisch das Plasma eines Schweißlichtbogens mit dem umgebenden Magnetfeld. Zur Vereinfachung ist das Plasma kegelförmig angenommen. In ihm ergibt sich

---

[1] Der Verfasser ist Herrn Dr. W. J. GREENE, Associate Director, Metallurgical Research, Air Reduction Company, Murray Hill, New Jersey, USA, für Überlassung des Manuskriptes seines Vortrages und der Originalrechnungen zu besonderem Dank verpflichtet.

in jedem Punkt eine Kraft, die senkrecht zur Stromrichtung und senkrecht zum Magnetfeld steht. Diese Kraft ist gegen die Bogenachse gerichtet und *nach unten geneigt*. Die Summe der Kräfte hat die Tendenz, das Plasma zu kontrahieren und dadurch in ihm einen Druck zu erzeugen.

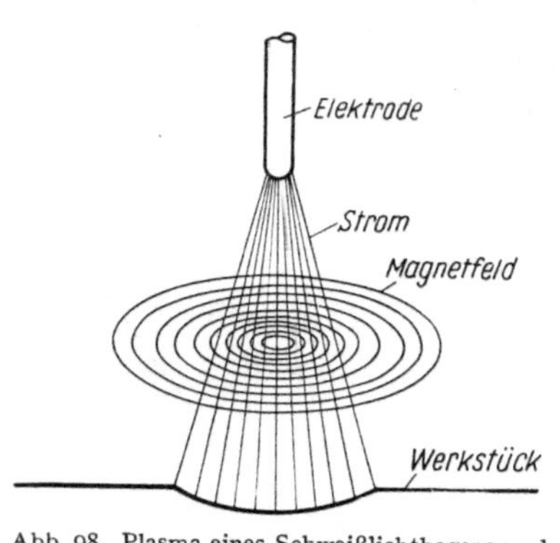

Abb. 98. Plasma eines Schweißlichtbogens und Magnetfeld

Als Folge der eigenmagnetischen Kompression befindet sich der äußere Rand des Bogens auf Atmosphärendruck, während der Druck mit Annäherung an die Achse zunimmt. Für einen Kegel mit dem Öffnungswinkel 2Θ ergibt sich für einen beliebigen Punkt des Kegelquerschnittes nach der Ableitung durch GREENE die folgende Beziehung

$$P=\frac{I^2}{\pi r^2 (1 - \cos\Theta)^2}\ln\frac{(1 - \cos\Theta)\sin^2\psi}{(1 - \cos\psi)\sin^2\Theta}. \tag{28}$$

Hierin bedeuten P den Gesamtdruck in Dyn/cm², falls I in elektromagnetischen Einheiten eingesetzt wird, und zwar für einen beliebigen Punkt des Kegelquerschnitts, der die Koordinaten r (Abstand vom Scheitelpunkt) und ψ (Winkel, gemessen von der Kegelachse) besitzt. Es sei angemerkt, daß bei der Rechnung nur statische Drücke, nicht aber der Fluß von Gasen, der durch die Pumpwirkung des Bogens verursacht wird, berücksichtigt wurde.

138. Berechnung der Druckverteilung in einem kernlosen Schweißbogen. Als Beispiel wurden die Drücke für einen Schweißbogen berechnet, der bei 200 A mit umgekehrter Polarität brennt. (Die gleiche Ableitung gilt auch für gerade Polarität.) Aluminium von 1,6 mm Dmr. dient als Abschmelzelektrode. Der Scheitelwinkel wird zu 60° angenommen. Er wird durch die Elektrode halbiert. Die Bogenlänge

Tabelle 14. *Zur Auswertung von Formel (28), mit $\Theta = 30°$*

ψ	$\sin\psi$	$1 - \cos\psi$	$\dfrac{\sin^2\psi}{1 - \cos\psi}$	$\dfrac{(1 - \cos\Theta)\sin^2\psi}{(1 - \cos\psi)\sin^2\Theta}$	$\ln\dfrac{(1 - \cos\Theta)\sin^2\psi}{(1 - \cos\psi)\sin^2\Theta}$	$\dfrac{1}{(1 - \cos\Theta)^2}\times \ln\dfrac{(1 - \cos\Theta)\sin^2\psi}{(1 - \cos\psi)\sin^2\Theta}$
0	0	0	2	1,071	0,0686	3,82
5°	0,08716	0,00381	1,995	1,069	0,0667	3,72
10°	0,17365	0,01519	1,985	1,063	0,0661	3,40
15°	0,25882	0,03407	1,967	1,053	0,0516	2,88
20°	0,34202	0,06031	1,940	1,040	0,0392	2,18
25°	0,42262	0,09369	1,906	1,020	0,0198	1,10
30°	0,50000	0,13397	1,866	1,000	0	0

beträgt 10 mm. Tab. 14 u. 15 wurden von GREENE zur Auswertung der obigen Formel berechnet. Als Beispiel ergibt sich für $\psi = 15°$ und $r = 0,5$ cm

$$P = 2,88 \cdot 509 = 1465 \, \text{Dyn/cm}^2.$$

Tabelle 15. *Zur Auswertung von Formel (28)*
(200 A Bogenstromstärke entspricht I = 20 abs elektrom. Einheiten)

r in cm	$\dfrac{I^2}{\pi r^2}$	r in cm	$\dfrac{I^2}{\pi r^2}$
0,1	12710	0,9	157
0,2	3180	1,0	127,1
0,3	1416	1,1	105,1
0,4	795	1,2	88,4
0,5	509	1,3	75,4
0,6	354	1,4	65,0
0,7	260	1,5	56,5
0,8	199		

Die berechneten Werte ergeben nach GREENE [1] die Kurven der Abb. 99, die ein anschauliches Bild der Druckverteilung im Schweißbogen vermitteln. Der größte Druck (mehr als 3000 Dyn/cm²) wird in Elektrodennähe erreicht. Der Druck fällt zum Schweißbad hin schnell ab. Die Werte zeigen gute Übereinstimmung mit den aus der Plasmaströmung berechneten und mit den direkt gemessenen Werten, jedoch macht Abb. 99 ein vollständigeres Verständnis der Kräfteverteilung möglich.

139. Ermittlung der Kraterform durch Rechnung. In Abb. 99 ist weiter das *Schweißbad* an der Oberfläche des Werkstückes angedeutet. Die Horizontalen stellen Flächen gleichen hydrostatischen Drukkes für geschmolzenes Aluminium dar, das bei der Berechnung als ideale Flüssigkeit betrachtet wurde. Ferner wurde im ganzen Bad gleichförmige Temperaturverteilung vorausgesetzt. Unter diesen Annahmen gilt

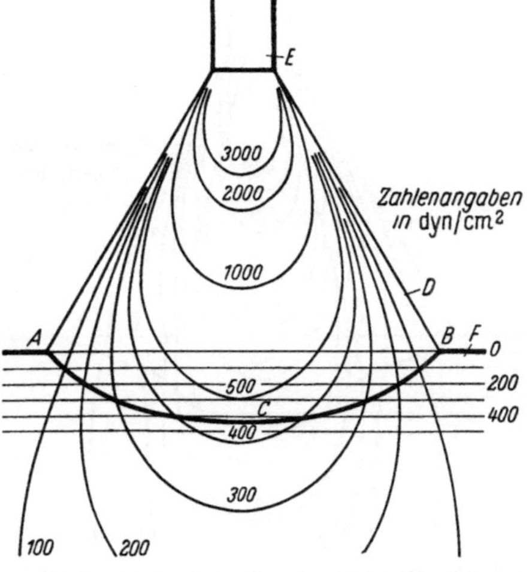

Abb. 99. Druckverteilung in einem Lichtbogen ohne Zentralkern; Aluminium, 200 A, umgekehrte Polarität, Elektrode 1,6 mm Dmr.; Bogenlänge 10 mm:
ACB Krater im werkstückseitigen Schmelzbad *F*; *D* Lichtbogenplasma; *E* Elektrode

$$P = 980 \, s \, d. \tag{29}$$

Hierbei sind P hydrostatischer Druck in Dyn/cm², s spezifisches Gewicht in g/cm³ und d Tiefe in cm. Für geschmolzenes *Aluminium* mit $s = 3$ g/cm³ ergibt sich

$$P = 2940 d.$$

Die Form des Kraters in der Schweißbadoberfläche ergibt sich wie folgt: Man verbindet die Schnittpunkte der für Bogen bzw. Schweißbad geltenden Isobaren (Linien gleichen hydrostatischen Druckes) miteinander. Es ergibt sich die Kurve ACB, deren Form gut mit Beobachtungen im Betrieb übereinstimmt. (Hydrostatische Druckwerte sind in Abb. 99 mit etwa zweifacher Überhöhung eingezeichnet, um die Kurve ACB klar herauszubringen. So tritt der Wert von 200 Dyn/cm² bereits 0,6 mm unter der Oberfläche auf.)

Bezüglich des Einflusses von Oberflächenspannung und Viskosität auf die Kraterbildung vgl. Ziff. 117. Der Einfluß 1. einer Verkürzung oder Verlängerung des Lichtbogens bezüglich der Kraftwirkung auf das Schmelzbad, 2. einer Veränderung der Stromstärke und 3. des Aufschmelzens von Metallen mit verschiedenem spez. Gewicht kann unmittelbar aus Abb. 99 abgelesen bzw. aus Formel (28) berechnet werden, solange Lichtbögen ohne Kern vorliegen. Lichtbögen mit Kern werden nachstehend behandelt.

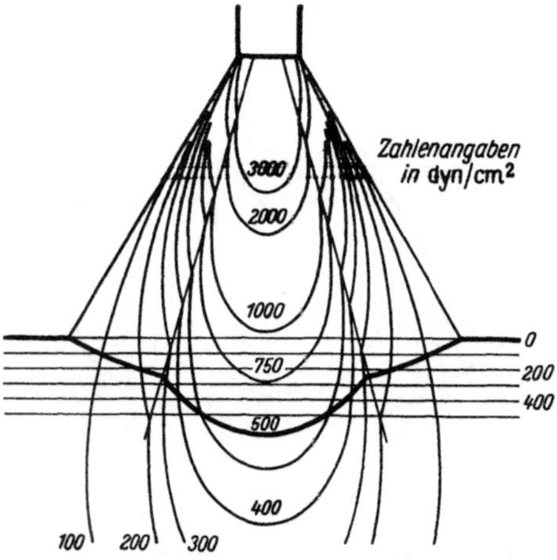

140. Berechnung der Druckverteilung in einem Schweißbogen mit Kern. GREENE [1] führte auch Rechnungen für den Fall durch, daß der Schweißbogen einen Kern besitzt, der Metalldampf enthält und eine größere Stromdichte (62,5%) als der äußere Teil des Bogens führt. Es wurde der Fall durchgerechnet, daß der Scheitelwinkel des Kernes 30° und der des äußeren Bogens 60° beträgt. Die Rechnungen wurden in ähnlicher Weise wie in Ziff. 138 für jeden Bogenteil durchgeführt. Zum Beispiel ergibt sich für einen Punkt im Abstand $r = 0,5$ cm und $\psi = 15°$ ein Wert von

$$P = 8{,}38 \cdot 127 = 1120 \; \text{Dyn/cm}^2.$$

Abb. 100. Druckverteilung in einem Bogen mit Kern; Parameter wie in Abb. 99

Werden die berechneten Werte in ein Diagramm eingetragen, so ergibt sich Abb. 100, die die Kräfteverteilung im Schweißbogen mit Kern darstellt.

141. Ermittlung der Kraterform für einen Bogen mit Kern. Auch in Abb. 100 sind Kurven gleichen hydrostatischen Druckes unter den gleichen Voraussetzungen wie in Ziff. 138 eingetragen. Bei der Verbindung zusammengehöriger Druckwerte ergibt sich jetzt, daß die Krateroberfläche aus *zwei Teilen* zusammengesetzt ist, die dem Kern des Bogens bzw. seinem äußeren Teil entsprechen. In Ziff. 266 wird gezeigt, daß diese Form der Krateroberfläche mit den Ergebnissen der Technik übereinstimmt, bei denen sich auch charakteristische Unterschiede in der Einbrandform und Einbrandtiefe ergeben, je nachdem, ob der Lichtbogen, der beim Schweißen verwendet wird, einen Kern enthält oder nicht. Eine Verringerung der Bogenlänge führt auch beim Schweißbogen mit Kern dazu, daß der Druck auf die Oberfläche des werkstückseitigen Schmelzbades zunimmt und daß ein tieferer Krater gebildet wird.

d) Kräfte bei der Tropfenbildung

142. Empirisches über Tropfenbildung. In diesem Abschnitt wird etwas eingehender auf die Kräfte eingegangen, die bei der Abschnürung einzelner Tropfen von der Elektrode wirksam sind. Die Verhältnisse, die bei gleichzeitiger Abschnürung von mehreren Tropfen vorliegen, werden in Ziff. 148 diskutiert. Die Tropfenbildung unter dem Einfluß der Schwerkraft ist weitgehend untersucht worden. Eine Zusammenstellung der älteren Literatur findet sich z. B. bei BAKKER [1]. Beim Schweißen über Kopf usw. müssen jedoch neben der Schwerkraft andere Kraftwirkungen vorliegen, um die Abtrennung der Tropfen und ihre Übertragung zum Schweißbad zu verursachen. Die Wirkung der bei der Übertragung auftretenden mechanischen Kräfte wurde bereits in Ziff. 103 behandelt. Weitere Kräfte, die mitunter wirksam sind, werden in Ziff. 158 und der Werkstoffübergang selbst in Ziff. 162 dargestellt. Wir betrachten zunächst den geradlinigen Übergang einzelner Tropfen zwischen Elektrode und Schweißbad am Werkstück. Der Übergang erfolge frei, ohne Kurzschlußbildung, wie es oft in Zeitlupenaufnahmen, z. B. von ERDMANN-JESNITZER [1] und WEINSCHENK [2], beobachtet worden ist.

Das bogenseitige Ende der Elektrode befindet sich infolge der kombinierten Einflüsse von Ladungsträgerbombardement, Stromwärmeerhitzung und exothermer Erhitzung auf hoher Temperatur. Die Temperatur der Elektrode fällt steil zum Elektrodenhalter hin ab. Das hocherhitzte Elektrodenende ist bei der Abschmelzelektrode geschmolzen. Viskosität und Oberflächenspannung werden stark durch Temperatur und Zusammensetzung des Elektrodendrahtes und (falls vorhanden) der Umhüllung, der Seele oder des Schweißpulvers beeinflußt.

143. Mechanismus der Tropfenbildung. Um den Mechanismus der Tropfenbildung beim Schweißen mit Abschmelzelektroden zu klären, werden drei Erscheinungen herangezogen, nämlich der seit langem bekannte Pincheffekt sowie die auch auf anderen Gebieten wichtigen Erscheinungen der Bildung von Unduloiden und der mechanischen Verformungen durch axiale Spannungen.

α) *Pincheffekt*

144. Rolle des Pincheffektes beim Werkstoffübergang. Der „magnetische Pincheffekt" wurde eingehend durch NORTHRUP [*1*] bereits im Jahre 1907 untersucht. Zusammenstellungen späterer Arbeiten finden sich z. B. bei MIE [*1*], CREEDY und Mitarbeitern [*1*], LORENZ [*6*] und BURKHARDT et al [*1*].

Bei Durchgang des Stromes I durch einen festen oder flüssigen metallischen Leiter ergibt sich eine Kraft, die senkrecht zur Stromrichtung und senkrecht zum Eigenmagnetfeld, d. h. radial nach innen gerichtet ist. Die Kraft hat die Tendenz, den Leiter zu kontrahieren. Der bei Verwendung eines flüssigen Leiters resultierende Druck ist *unabhängig von der Länge* des Leiters. Er nimmt von der Achse nach außen hin ab.

Beträgt der Radius des Leiters a cm, so ergibt sich im Abstand r cm von der Zylinderachse der Druckgradient zu

$$\operatorname{grad} p = 0{,}00636 \frac{I^2 r}{a^4}\ \frac{\mathrm{Dyn}}{\mathrm{cm}^3}\ . \tag{30}$$

Die Wirkung des Pincheffektes auf die Schweißelektrode sei für verschiedene Fälle betrachtet:

Bei einer Elektrode, die über ihre ganze Länge hin *konstanten Durchmesser* besitzt und die sich auf gleichförmiger, hoher Temperatur befindet, wird *keine Abschnürung* von Material eintreten, das zum werkstückseitigen Schmelzbad überführt werden könnte.

145. Angespitzte Elektrode. Die Temperatur der Elektrode nehme gleichförmig von Zimmertemperatur bis zum Schmelzpunkt zu. Das Resultat wird sein, daß sich der Durchmesser der Elektrode infolge der abnehmenden inneren Reibung unter dem Einfluß der radialen Kraftwirkung am heißen Ende verringert. Die Verringerung wird jedoch nicht plötzlich erfolgen, sondern es wird ein stetiger Übergang vom kälteren zum wärmeren Ende stattfinden, vgl. die bei Schutzgasschweißung usw. allgemein beobachteten „angespitzten" Elektrodenenden, z. B. Abb. 79. Eine geringe Temperaturabnahme des bogenseitigen Endes der Elektrode bei *kletterndem* Bogen kann vernachlässigt werden. Auch in diesem Falle wird *keine* Abschnürung durch Pincheffekt stattfinden können, vgl. auch Ziff. 268.

146. Elektrode mit Einschnürung oder Verdickung. Befindet sich jedoch auf der Oberfläche der Elektrode eine Einschnürung oder Verdickung, die durch irgendwelche Ursachen entstanden ist, oder ändert die Elektrode plötzlich ihre Richtung, so kann Abschnürung durch Pincheffekt erfolgen; der durch das magnetische Feld hervorgerufene Druckgradient nach Formel (30) bewirkt, daß sich eine schnell zunehmende Einschnürung in der Oberfläche des Leiters bildet. Stromdichte, Temperatur und elektrischer Widerstand steigen im Hals der Einsenkung rasch an und es *erfolgt Abschnürung* des Materials von der Elektrode, das meist infolge der Oberflächenspannung Kugelform annimmt. Der Druck beträgt z. B. für 300 A und 4 mm Elektrodendurchmesser in der Elektrodenachse 7000 Dyn/cm². Die Einschnürungsgeschwindigkeit ist etwa 50 bis 150 cm/sec und hängt von dem Elektrodenmaterial, insbesondere seiner Oberflächenspannung und Viskosität ab.

Es ergibt sich somit, daß der Pincheffekt erst dann den Übergang des Werkstoffes zum Schweißbad einleiten kann, wenn durch einen Zusatzmechanismus wenigstens eine Einschnürung oder Verdickung an der Elektrode erfolgt ist.

147. Zusatzmechanismen zum Pincheffekt.

1. Beim Schweißen in horizontaler Lage kann man bei geringem Energieaufwand an eine *Tropfenbildung* in Analogie zum Austritt von Tropfen aus einer Kapillare denken, die zu einer Querschnittsänderung und Abschnürung führen könnte, doch dürfte dieser Mechanismus keineswegs in allen Zwangslagen zur Überführung großer Mengen von Werkstoff ausreichen, wie er heute bei hoher Energiezufuhr verlangt wird.

2. Man kann weiter das *Aufrauhen der Stirnseite* der Elektrode heranziehen (Ziff. 22), das zu plötzlichen Änderungen im Elektrodendurchmesser führen könnte, jedoch ist auch hier nicht erkennbar, wie große Werkstoffmengen bewältigt werden können.

3. Die Aufrauhung der Elektrode durch *Spritzer*, die wenigstens zum Teil vom Schweißbad ausgehen, wird beim Schweißen mit Kohlendioxyd als Schutzgas beobachtet (Ziff. 179), dürfte jedoch bei anderen Lichtbogenschweißverfahren kaum in Betracht kommen.

4. Bei automatischer Lichtbogenschweißung wird die Elektrode durch *Führungsrollen* der Schweißstelle zugeführt, die vielfach Eindrücke auf dem Elektrodendraht zurücklassen, die als Ausgangsstellen für den Pincheffekt dienen könnten. Doch treten derartige Eindrücke bei den Elektroden der Handschweißung nicht auf, bei denen auch Abschnürung erfolgt.

Es folgt hieraus, daß keiner dieser und ähnlicher Mechanismen eine befriedigende Erklärung für das Einsetzen des Pincheffektes, insbesondere die Abtrennung des Werkstoffes vom Elektrodenende, geben kann. Im folgenden werden zwei andere Erscheinungen betrachtet, die unabhängig vom Pincheffekt oder zusammen mit ihm bei der Abschnürung der zu übertragenden Tropfen wirksam sein können. (Der Mechanismus der Tropfenbildung bei sprühregenartigem Übergang wird in Ziff. 170 behandelt.)

β) *Unduloide*

148. Definition. Mit Rücksicht darauf, daß Unduloide und damit verknüpfte Erscheinungen nicht allgemein bekannt sind, sei hier ein kurzer Überblick gegeben. Unduloide sind Umdrehungskörper, deren Erzeugende Sinusform oder annähernd Sinusform besitzt. Sie werden nach PLATEAU [1] dann gebildet, wenn die Länge eines *Flüssigkeitszylinders* geringen Durchmessers größer als sein Umfang ist. Ein Flüssigkeitszylinder dieser Art befindet sich im instabilen Gleichgewicht. Die auftretende Deformation ist eine Kapillaritätserscheinung, bei der Reibungs- und Trägheitskräfte wirksam sind. Auf Grund der Oberflächenspannung nimmt der flüssige Zylinder bei einer kleinen Erschütterung die Gestalt einer „*Perlenkette*" an, die aus einem oder mehreren Unduloiden besteht. Ein Unduloid ist ebenfalls instabil und deformiert sich weiter zu einer Kugel, die eine Figur stabilen Gleichgewichtes darstellt.

Literaturübersichten, die von den Untersuchungen durch PLATEAU [1] ausgehen, finden sich bei BAKKER [1], KLEEN [1] und CONN [12]. PLATEAU untersuchte Flüssigkeiten, bei denen der Einfluß der Schwere vernachlässigbar ist. Abb. 101a zeigt eine Flüssigkeitssäule mit mehreren Unduloiden von der Länge 2 D.

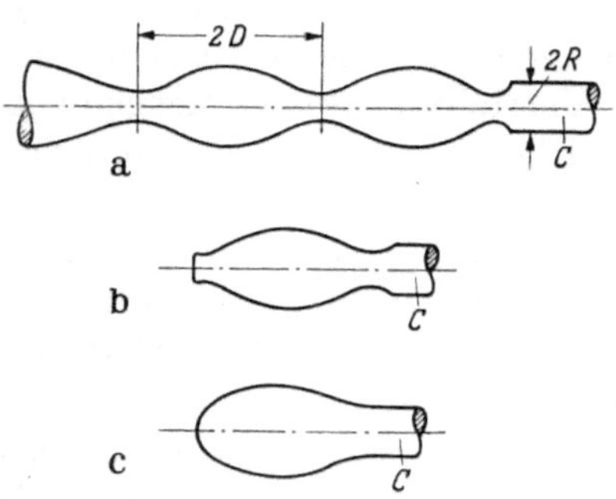

Abb. 101. Unduloide:
a) Bildung von Unduloiden aus geschmolzenem Draht vom Durchmesser 2 R; b) und c) Entwicklungsstadien einzelner Unduloide am geschmolzenen Elektrodenende; C ursprünglicher Draht

149. Unduloide bei Metalldrähten. Erhitzt man einen Draht bis in die Nähe seines Schmelzpunktes, so erhält man ebenfalls Unduloide, wenn die Bedingungen der Instabilität für eine Flüssigkeitssäule wie oben erfüllt sind. Abb. 102 zeigt nach KLEEN [1] Unduloide für verschiedene Drahtdurchmesser und Abb. 103 die Ausbildung von Unduloiden in Abhängigkeit von der Zeit. Bei den zu den Abb. 102 und 103 gehörenden Versuchen wurde der Draht durch Stromwärme erhitzt. Die Länge 2 D der Unduloide nimmt mit abnehmendem Drahtdurchmesser ab. Der Durchmesser der „Bäuche", die bei einem gegebenen Drahtdurchmesser gebildet werden, nimmt als Funktion der Zeit (oder der Stromstärke) zu, während der Durchmesser der „Hälse" oder Verengungen zwischen den Bäuchen abnimmt. Wesentlich ist, daß der Durchmesser der Bäuche größer und der der Hälse geringer als der Durchmesser des ursprünglichen Drahtes ist.

Die Geschwindigkeit der Unduloidbildung und der Kugelbildung wird durch Viskosität und Oberflächenspannung als Funktionen der Temperatur beherrscht. Vorhandensein einer glatten und sauberen Drahtoberfläche ist wesentlich zur Ausbildung von gleichförmigen Undu-loiden. Vorhandensein von *Oxyden* und *Verunreinigungen auf der Draht-oberfläche* ergibt meist Unduloide, die nur unvollkommen oder einseitig aus-gebildet sind; vielfach werden dann bei einem Draht ein oder mehrere Bäuche ausgelassen.

Oft werden *sekundäre Unduloide* zwischen zwei benachbarten Bäuchen erhalten, vgl. z. B. den dünnsten Draht in Abb. 102c, der einige se-kundäre Bäuche zeigt. Auch hier ergeben Fehlstellen der Drahtober-fläche Störungen in der gleichför-migen Folge der Verdickungen und Verengungen.

Abb 102 Unduloide für abnehmende Draht-durchmesser

a, b und *c* von 0,135, 0,094 und 0,060 mm Dnir , Silber, Vergroßerung × 25

Die Zunahme im Durchmesser der Bäuche und die Abnahme in dem der Verengungen führt schließlich zur Trennung der einzelnen Unduloide voneinander. Die Oberflächenspannung bewirkt, daß jedes Unduloid eine *Kugel* ergibt, wobei die primären, sekundären usw. Unduloide je den gleichen Kugeldurchmesser er-geben.

Ist R der Radius der Flüssig-keitssäule, bevor sie instabil wird, so ergibt sich nach PLATEAU und seiner Schule, daß $D/2R$ konstant ist und nur von dem vorliegenden Material abhängt. Auch bei Drähten ergeben sich konstante Werte für $D/2R$ für verschiedene Metalle, je-doch ergibt sich nach den Unter-suchungen des Verfassers [12] auch eine Abhängigkeit vom Druck, bei dem die Unduloidbildung im Ent-ladungsraum erfolgt. Die Werte von $D/2R$ liegen zwischen 1,6 und 3,1.

Abb 103 Unduloidbildung als Funktion der Zeit für den gleichen Drahtdurchmesser

Zeitfolge *e, f, g*, Vergroßerung × 25

Die Länge der Unduloide $2D$ ergab sich in allen Untersuchungen als unabhängig von der zugeführten Energie.

150. Vergleich mit dem Zonenschmelzverfahren. Auch bei der Zonen-schmelzung ergibt sich z. B. nach PFANN und HAGELBERGER [1] eine

Instabilitätsbedingung, die Ähnlichkeit mit der Instabilität zeigt, die zur Unduloidbildung führt. Von Interesse ist, daß die Ableitungen unabhängig voneinander auf verschiedenen Wegen erfolgt sind. Bezüglich anderer Gebiete, bei denen die Instabilität einer Flüssigkeitssäule eine Rolle spielt, sei auf Zusammenstellungen bei KLEEN [1] und SIEMES und KAUFFMANN [1] verwiesen.

151. Unduloide beim Lichtbogenschweißen. Die Schwierigkeiten, die bei der Erklärung der Abschnürung des Werkstoffes von der Lichtbogenelektrode auftreten, veranlaßten den Verfasser [16, 17] zu einer Untersuchung darüber, ob vielleicht auch beim Lichtbogenschweißen die Bildung von Unduloiden eine Rolle spielt. Es wurde davon ausgegangen, daß das bogenseitige Ende der Elektrode in der Regel einen Flüssigkeitszylinder genügender Länge darstellt, der die Instabilitätsbeziehung, Länge > Umfang, erfüllt. Eine derartige Elektrode wird dann Unduloide und weiter Kugeln bilden, die zum Schweißbad überführt werden. Im einfachsten Falle würde man die Bildung von nur einem Unduloid erwarten, das eine Form gemäß Abb. 101b oder c annehmen würde. Abb. 104 nach GREENE [1] macht durchaus den Eindruck, als ob hier eine Verringerung des Elektrodendurchmessers und ein anschließender Bauch vorliegt.

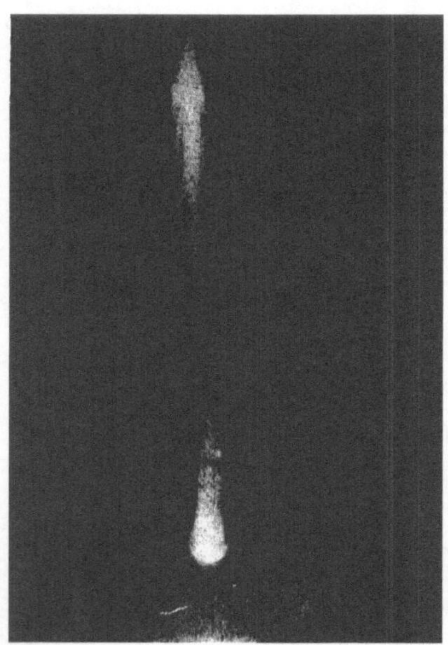

Abb. 104. Tropfenbildung an Elektrode bei Schutzgasbetrieb entsprechend Abb 101 b und c

Ein entsprechender Ablösungsprozeß eines Tropfens bei einer Kupferelektrode wird in Abb. 105a nach KLJATSCHKIN [1] gezeigt.

Je länger das flüssige Ende der Elektrode und je geringer der Elektrodendurchmesser ist, um so größer wird die Zahl der pro Zeiteinheit gebildeten Bäuche sein und um so mehr Material in Kugelform steht zur Überführung in das Schweißbad zur Verfügung. Besonders günstig für eine Unduloidbildung sind die bei der *Stromwärmeerhitzung* diskutierten freien Elektrodenenden (Ziff. 61).

Film- und Zeitlupenaufnahmen, die dem Verfasser von verschiedenen Firmen zur Verfügung gestellt wurden, ließen nur in wenigen Fällen die *gleichzeitige* Bildung von *mehreren Tropfen* an Schweißelektroden mit Sicherheit erkennen. Das würde auf mehrere Unduloide hinweisen. Die einzigen anderweitigen Angaben in der Literatur, die sich auf das Auftreten von mehreren Verdickungen bei Schweißelektroden beziehen, scheinen bei KLJATSCHKIN [1] vorzuliegen. Er beobachtete bei Aluminiumelektroden die Bildung einer zweiten Kugel bei Erwärmung der Elektrode, die er durch Gaseinwirkung erklarte. Seine Resultate sind in Abb. 105b wieder-

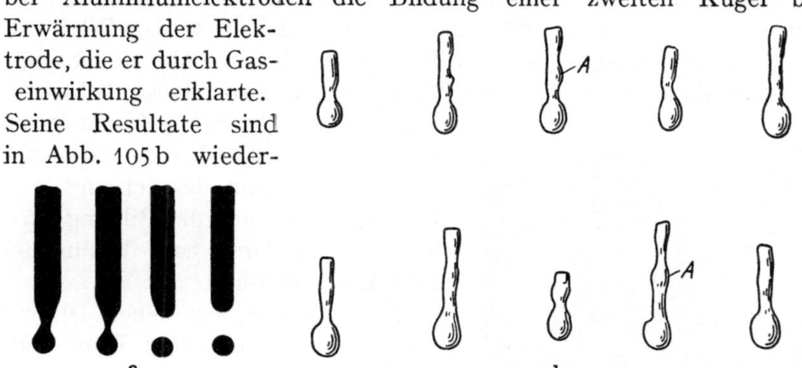

Abb 105 a) Ablosungsprozeß eines Tropfens bei einer Kupferelektrode, b) Bildung einer zweiten Kugel A bei Erwarmung von Aluminium-Elektroden

gegeben. Eine Zurückführung dieser Erscheinung auf Unduloidbildung erscheint auch deshalb von erheblichem Interesse, weil sich am Hals des unteren Tropfens leicht (wohl infolge seiner erhöhten Temperatur) Aluminiumoxyd bildet, das leicht zur Verschlechterung der Festigkeit usw. der Schweißnaht führt.

152. **Modellversuche.** Zum Studium der Unduloidbildung an der Elektrode des Schweißbogens wurden vom Verfasser Untersuchungen mit seiner Apparatur in Kansas City und mit Apparaturen von Temple University, Physics Department, Philadelphia, AFCRC Maynard Test Station, Mass., und Max-Planck-Institut für Silikatforschung, Würzburg, durchgefuhrt. Bei früheren Versuchen von CONN [12, 15] zur Unduloidbildung an dunnen Drähten, die für elektrische Drahtexplosionen von Interesse sind, wurde der Draht an beiden Enden eingespannt. Bei den Modellversuchen zur Lichtbogenschweißung wird ein Draht oder eine Schweißelektrode nur an einem Ende eingespannt. Ihr gegenüber steht eine Metallplatte, die geerdet werden kann, vgl. CONN [16, 17]. Man arbeitet mit kurzzeitigem Übergang elektrischer Energie zwischen Elektrode und Blech (Kondensatorstoßentladung). Die Stromdichte ist hierbei von der Größenordnung $2 \cdot 10^5$ A/mm², und die Lichtbogendauer beträgt etwa 1 bis $2 \cdot 10^{-6}$ sec.

Zur Bestimmung der Länge $2D$ der Unduloide (Abb. 101a) dient eine *Glasplatte*, die senkrecht oder parallel zur Elektrodenachse, z. B. in einem Abstand von 1,5 mm, angeordnet ist. Auf ihr erfolgt die Ablagerung des „charakteristischen Musters", das aus Metalldampfablagerung und -tropfen gebildet wird, wenn Stromdurchgang durch Draht und Metallplatte erfolgt.

Zu photographischen Aufnahmen der Vorgänge beim Zünden des Bogens und dem Beginn des Abschmelzens der Elektrode verwendet man z. B. eine „*Rapatronic Camera*" nach EDGERTON und GERMESHAUSEN [1], die mit einem „Fenster" aus Kunststoff nach CONN [15] ausgestattet wird. Sie erlaubt (unter Verwendung des FARADAY-Effektes) eine Aufnahmedauer von der Größenordnung 1 μ sec. Abb. 106 bringt eine Aufnahme des Verfassers [16], bei der das Fenster der Elektrode anliegt. Man erkennt die Lichtbogenbildung zwischen Elektrode und Blech sowie den Beginn des Zerfalles der Elektrode, der auf die Bildung primarer, sekundärer usw. Unduloide zurückgeführt wird.

Die Versuche, bei denen Drahtstärken bis zu 0,64 mm Dmr. und Bogenlangen von 3 bis 20 mm verwendet wurden, ergaben, daß sich trotz der kurzen Dauer des Lichtbogens Elektrodenmetall, z. B. Aluminium, an drei Stellen fand: α) auf der Metallplatte (Kupfer oder Stahl) in Achsenrichtung der Elektrode; β) am Boden der Apparatur in Form von Kugeln aus metallischem Aluminium und γ) auf der Glasplatte in Form des charakteristischen Musters.

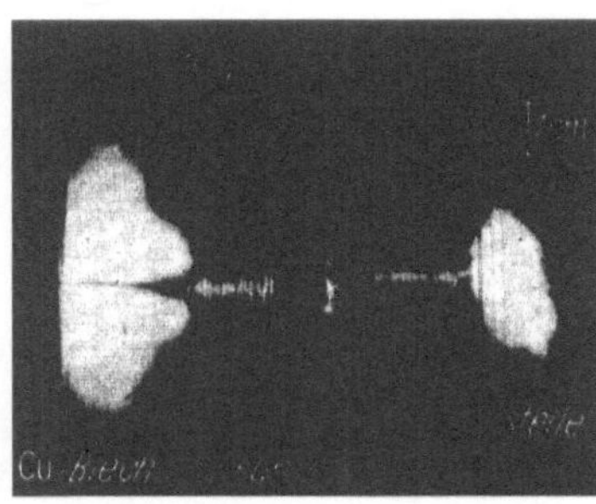

Abb 106. Lichtbogenbildung zwischen Elektrode und Blech und Zerfall der Elektrode bei sehr hohem Energieaufwand

Daten· 0,6 mm Dmr Stahldraht, 49,2 mm freie Lange; Kupferblech 25 · 27   1,6 mm³, Beobachtungsfenster aus Plexiglas 25 × 68 × 9,8 mm³, Abstand Draht Blech 1,6 mm, 72 μF; 5 kV, Aufnahmedauer 1 μsec; Aufnahme 7,3 μsec nach Einleitung der Entladung (Die Dampfwolke an der Einspannstelle wird durch das zur Befestigung der Elektrode dienende Lotmetall verursacht)

Die Versuche ergaben Unduloidbildung unter den gewählten Versuchsbedingungen sowohl bei gerader als auch umgekehrter Polarität. Es wird weiter zu untersuchen sein, ob Unduloide ganz allgemein beim Schweißen mit Lichtbögen auftreten. Weiter bleibt es der Rechnung vorbehalten, zu entscheiden, ob die Abtrennung der Unduloide von der Elektrode durch den Pincheffekt begünstigt wird, oder ob die Deformation des instabilen Flüssigkeitszylinders am Elektrodenende zur Bildung von Tropfen genügt, die dann zum Schweißbad am Werkstück überführt werden.

γ) *Mechanische Verformungen durch axiale Kompression*

153. Empirisches über mechanische Verformungen. Erfolgt die Erhitzung eines eingespannten Metalldrahtes so plötzlich, daß er sich nicht schnell genug axial ausdehnen kann, so treten erhebliche *Kompressionskräfte* auf, vgl. z. B. die Versuchsergebnisse von BETHGE [1] und KVARTSKHAVA, PLIUTTO, CHERNOW und BONDARENKO [1, 2] und ihre Auswertung vermittels der EULERschen Gleichung. Die Drahte zeigten „Knickungen", die Wellenform annahmen.

Beim Lichtbogenschweißen wird, besonders bei hohen Leistungen, die Elektrode sehr schnell in Richtung des Bogens bewegt (entsprechend dem hohen Abbrand der Elektrode). Letztere wird zunächst allmählich durch Stromwärme usw., dann plötzlich durch den Aufprall von Ladungstragern stark erhitzt (Ziff. 22). Das Auftreten von wellenförmigen Ausknickungen erscheint nicht unwahrscheinlich. An ihnen kann dann der Pincheffekt einsetzen. Man würde erwarten, daß einzelne Stücke von der Elektrode abgetrennt werden, die Kugelform anzunehmen suchen und zum werkstückseitigen Schmelzbad übertragen werden.

δ) Drucksteigerung bei Tropfenbildung

154. Beobachtungsergebnisse. Eine Steigerung der mechanischen Kraftwirkung ist wiederholt beim Lichtbogenschweißen beobachtet worden, wenn sich ein Tropfen an der Abschmelzelektrode bildet. Während der Tropfenbildung erhöht sich der Druck standig, und die maximale Wirkung tritt unmittelbar vor Trennung des Tropfens von der Elektrode ein. Danach geht der Druck auf den Normalwert unter den gegebenen Bedingungen zurück. Abb. 107 zeigt Meßresultate von DUFFIELD, BURNHAM und DAVIS [1, 2], die mittels Drehwaage (Ziff. 131) bestimmt wurden. Der Bogen brannte zwischen Eisenelektroden bei geringen Stromstärken. Die erhebliche Druckzunahme bei der Tropfenbildung ist gut erkennbar.

Zur Deutung der Ergebnisse von DUFFIELD und anderen Forschern sei darauf hingewiesen, daß bei Abschnürung des Tropfens von der Elektrode durch Pincheffekt, Unduloide usw. eine Verengung zwischen Elektrode und Tropfen auftritt, deren Durchmesser schnell abnimmt. Die Stromdichte und Temperatur in diesem „Hals" nimmt entsprechend zu, somit auch die mechanische Kraftwirkung, wie in Ziff. 133 besprochen.

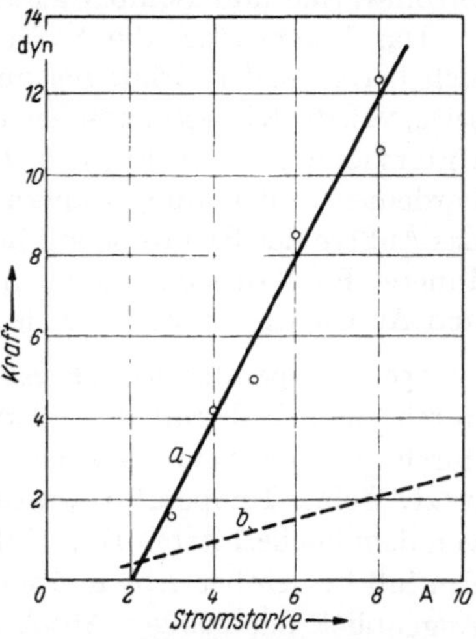

Abb 107 Kräfte beim Niederstrombogen
a Kräfte bei Ablösung eines Tropfens von der positiven Elektrode,　*b* Kräfte bei kontinuierlichem Betrieb

e) Wirkung explosiver Kräfte

Untersuchungen und Überlegungen zur Wirkung explosiver Kräfte beim Werkstoffübergang der Lichtbogenschweißung wurden häufig unternommen, vgl. z. B. die Arbeiten von SACK [2], DOAN und LORENTZ, JR. [1], LARSON [2], ORTON [1], MULLER, GIBSON und ROPER [1],

SCHIMPKE und HORN [*1*], LAPIDUS [*1*], WISNIEWSKI und THOMAS [*1*], LORENZ [*2*], RICHTER [*2*] und SÉFÉRIAN [*2*].

Die Besprechung der Wirkung explosiver Kräfte beim Lichtbogenschweißen sei mit einer Diskussion der Temperaturverhältnisse in der Schweißelektrode und dem abgeschnürten Tropfen eingeleitet.

155. Temperatur der Schweißelektrode. Elektrodentemperaturen wurden bereits in Ziff. 38 diskutiert und Zahlenwerte in Tab. 6 mitgeteilt. Die Temperatur einer Abschmelzelektrode liegt meist zwischen Schmelz- und Siedepunkt, mitunter auch oberhalb des Siedepunktes des Elektrodenmaterials (Ziff. 67, 80). Wir betrachten jetzt das gegenseitige Verhältnis einer Elektrode und eines Tropfens, der durch einen der oben besprochenen Mechanismen abgeschnürt ist. Die Erhitzung der Elektrode erfolgt in der Hauptsache durch zwei Quellen, nämlich Stromwärme und Bombardement mit Ladungstragern.

Das Innere einer durch Stromwärme erhitzten Elektrode befindet sich bei schneller Erhitzung auf höherer Temperatur als ihre Außenseite, vgl. die RÜDENBERGschen Differentialgleichungen [*1*] und die neuen Untersuchungen von FUNFER, KEILHACKER und LEHNER [*1*]. Ein Bombardement mit Ladungsträgern wird hingegen die Wirkung haben, daß das Äußere der Elektrode auf höhere Temperatur gebracht wird als das Innere. Es wird sich somit ein Temperaturausgleich zwischen Innen- und Außenteilen der Elektrode ergeben.

156. Temperatur des abgeschnürten Tropfens. Solange der Tropfen durch einen Hals mit der Elektrode verbunden war, wurde er sowohl durch Stromwärme als auch durch Ladungstragerbombardement erhitzt. Seine Temperatur wurde möglicherweise durch Wärmeleitung von dem hocherhitzten Hals (Ziff. 154) her gesteigert, doch dürfte dieser Einfluß bei großer Abschnürgeschwindigkeit nicht erheblich sein. Im Augenblick der völligen Abschnürung des Tropfens von der Elektrode, d. h. der Unterbrechung des metallischen Zusammenhanges, springt der Fußpunkt des Lichtbogens von dem Tropfen zur Elektrode zurück. Gleichzeitig hört die Erhitzung des Tropfens durch Stromwärme auf.

Würde sich der abgeschnürte Tropfen in Luft befinden, so würde er sich sehr schnell auf Zimmertemperatur abkühlen. Ein im Bogenplasma befindlicher Tropfen, der zum Schweißbad übertragen wird, wird jedoch im allgemeinen durch Strahlung, Konvektion, Zusammenstöße mit Ladungsträgern und exotherme Vorgänge erwärmt. Es können drei Fälle für den Temperaturverlauf im übergehenden Tropfen auf der Strecke zwischen Elektrode und Schweißbad eintreten:

α) *Temperaturzunahme des Tropfens.* Wird die Temperatur des Tropfens über seine Ausgangstemperatur erhöht, so wird er beginnen, schnell zu verdampfen. Dieses Verhalten steht in Widerspruch zu Beobachtungen, nach denen der übergehende Werkstoff das Schweißbad in Tropfenform erreicht. Weiter ergibt die Rechnung, daß die im Bogen frei werdende Wärmemenge *nicht* ausreicht, um das ganze Metall zu verdampfen. Nach Messungen werden nicht mehr als 5 bis 10% Metall verdampft.

β) Konstante Tropfentemperatur. Es wird sich ein Gleichgewichtszustand einstellen, bei dem die dem Tropfen zugeführte Energie gleich ist der durch Strahlung, Konvektion usw. abgegebenen Energie. In diesem Falle wird ein ruhiger Übergang des Tropfens in das Schweißbad erfolgen, wie man bei den meisten erfolgreichen Schweißungen beobachtet.

γ) Temperaturabnahme des Tropfens. Fällt die Temperatur des Tropfens unter die ursprüngliche Elektrodentemperatur, so wird sich ein Temperaturgradient zwischen dem Außenmantel des Tropfens und seinem Innern ausbilden, da sich das Tropfeninnere langsamer als das Äußere abkühlt. Die Folge ist, daß sich der Tropfenmantel stärker zu kontrahieren sucht als der Kern und daß innere Spannungen im Tropfen auftreten. Beim abkühlenden Tropfen spielen weiter die in ihm enthaltenen Gase eine wichtige Rolle. Das soll im folgenden Paragraphen kurz diskutiert werden.

157. Gase im Metall. Es ist bekannt, daß Stahl und andere Legierungen Gase enthalten, die physikalisch gelöst, aber auch chemisch gebunden sein können. Tabellen und Diagramme für die Löslichkeit von Wasserstoff, Stickstoff und anderen Gasen finden sich z. B. bei PHIL-BROOK und BEVER [1], LYMAN [1] und in den bekannten Tabellenwerken. Es besteht eine starke Temperaturabhängigkeit der Aufnahme von Gas durch das Metall, und zwar nimmt der Gasgehalt schnell mit wachsender Temperatur des Metalls zu. So ist die Löslichkeit für Wasserstoff wesentlich höher bei geschmolzenem als bei festem Stahl. Als Richtwert diene die Angabe von POGODIN-ALEXEJEW [1], daß beim Schmelzen von 1 cm³ flüssigen Metalls etwa 10 cm³ Gas entwickelt werden; so gibt ein Tropfen von 32 mm³ Volumen etwa 320 mm³ Gas. Die Rolle der Gase in den Schmelzbädern wird in Ziff. 219 näher besprochen.

158. Explodierender Tropfen. Ein in der Bogensäule übergehender flüssiger Tropfen, dessen Temperatur abnimmt, wird entsprechend dem Gas-Metall-Gleichgewichtsdiagramm Gas abstoßen. Gleichzeitig wird infolge der Gegenwart von Sauerstoff im Lichtbogenraum und infolge der im Draht vorhandenen Oxyde im Metall enthaltener Kohlenstoff zu Kohlenmonoxydgas oxydiert. Von der Außenfläche des Tropfens entweicht das Gas ungehindert in den Bogenraum. Das vom flüssigen Kern des Tropfens abgegebene Gas kann jedoch nicht durch die abgekühlte Außenfläche entweichen und wird sich an der Phasengrenze fest/flüssig ansammeln, wie röntgenographisch durch SACK [1] für übergehende Tropfen bestätigt wurde.

So werden sich erhebliche Drücke im Tropfeninnern aufbauen, und schließlich wird der Gasdruck den durch die Oberflächenspannung ausgeübten Druck überwinden. Das Gas wird aus dem Innern des Tropfens herausgeschleudert, wobei auch Teile des Tropfens durch diese „Explosion" fortgeschleudert werden können. Wir möchten annehmen, daß der Druckausgleich nach der Seite geringster Festigkeit des Tropfens erfolgt, die durch die Ansatzstelle des Halses gegeben wird.

Die Explosion wird durch *Rückstoß* den Transport der von der Elektrode durch Pincheffekt, Unduloidbildung usw. abgetrennten Tropfen durch die Bogensäule zum Schweißbad unterstützen. Es wurde wiederholt angenommen, daß hier eine primäre Kraftwirkung vorliegt, die zusammen mit dem Pincheffekt den Werkstoffübergang beim Schweißen ermöglicht. Doch konnte dann der Werkstoffübergang in Fallen, in denen keine explosive Wirkung beobachtet wurde, nur schwer erklart werden.

Die Folgerung erscheint hiernach berechtigt, daß die mechanische Kraftwirkung, die den Werkstoff in Achsenrichtung zu übertragen sucht, in allen Fällen wirksam ist, wahrend die explosive Kraftwirkung nur in bestimmten Fällen der mechanischen Wirkung uberlagert ist. Es sei angemerkt, daß Explosionen dieser Art meist mit *Stoßwellen* hoher Geschwindigkeit verbunden sind, die zu dem „prasselnden Geräusch" des Lichtbogens, besonders bei hoher Stromdichte, beitragen, möglicherweise auch die Übergangsgeschwindigkeit der Teilchen erhöhen.

Es seien im folgenden drei zusatzliche Beobachtungen zur explosiven Kraftwirkung besprochen, die von Interesse sein dürften.

159. Auftreten von hohlen Tropfen. Fangt man im Lichtbogen ubergehende Metalltropfen und — bei Verwendung von Mantel- oder Seelenelektroden — mit Schlacke uberzogene Metall- und reine Schlackentropfen auf, bevor sie im Schweißbad deponiert werden, so findet man häufig nicht nur die ublichen, massiven, sondern auch innen hohle Tropfen. Letztere besitzen oft eine kleine Öffnung an der Oberfläche. Andere Werkstoffteilchen haben die Form von Kugelkalotten verschiedener Höhen. Die Explosion der im Bogen übergehenden Teilchen erklärt das Auftreten der hohlen Tropfen in befriedigender Weise.

160. Gashüllen bei übergehenden Tropfen. Film- und Zeitlupenaufnahmen zeigen, besonders bei Lichtbögen in Schutzgasatmosphäre, daß häufig einzelne, im Lichtbogen übergehende Tropfen von einer Hülle umgeben sind, die auf die Abgabe von Metalldampf bzw. Gas aus den Tropfen hinzuweisen scheint. Es ist nun interessant, daß in vielen Fällen die Gashülle dem Tropfen vorauszueilen scheint, während man erwarten würde, daß die Gashülle dem Tropfen folgt. Anscheinend ist die Geschwindigkeit der entwickelten Gase und Dampfe dann größer als die Geschwindigkeit des übergehenden Tropfens.

161. Einfluß von Oxydschichten und Verunreinigung der Oberfläche.
Bereits in Ziff. 149 wurde darauf hingewiesen, daß die Gegenwart von
Oxydschichten und anderen Verunreinigungen auf der Oberfläche der
Elektrode die Regelmäßigkeit der Tropfenbildung vielfach ungünstig
beeinflußt. Vorhandensein von Rost, hochschmelzenden Aluminium-
verbindungen usw. auf der Oberflache eines von der Elektrode ab-
gelösten Tropfens kann die Austrittsrichtung der Gase aus dem Tropfen bei der Explosion und die Bewegungsrichtung des Tropfens sehr
erheblich beeinflussen. Der Tropfen wird z. B. nicht in das werkstuckseitige Schweißbad gelangen, sondern seitlich von der Schweißraupe
deponiert werden, vgl. Ziff. 179. Im Extremfall kann der Tropfen sogar
zur Elektrode zurückgelenkt werden.

Der im folgenden behandelte *Übergang des Werkstoffes* von der Elektrode zum Werkstuck wird durch den Einblick in die Wirkung der
Lichtbogenkrafte wesentlich besser verständlich. Besonders die Verwendung hoher Energie, und damit hoher Kraftwirkung, unter modernen Bedingungen macht Lichtbogenschweißungen möglich, die fortlaufend ausgezeichnete Qualität bei hohen Abschmelzleistungen ergeben.

2. Mechanismus des Werkstoffüberganges

162. Allgemeines zum Übergang des Werkstoffes. Die Abtrennung
des Werkstoffes von der hocherhitzten Abschmelzelektrode und sein
Übergang zum werkstuckseitigen Schmelzbad wird durch die im vorigen
Abschnitt besprochenen Kräfte in allen Schweißlagen ermöglicht. In
den folgenden Ausfuhrungen wird versucht, den Mechanismus des
Werkstoffuberganges selbst darzustellen. Zunachst wird ein kurzer
Überblick über Bestimmungsmethoden fur die physikalisch und
schweißtechnisch interessanten Parameter gegeben. Der Übergang des
Werkstoffes bei nackter Elektroden und bei Elektroden für Schweißen
unter Schlackenschutz wird besprochen. In beiden Gruppen erfolgt der
Übergang in Spruhregenform oder in Form einzelner Tropfen. Weiter
wird eine Übersicht uber Faktoren gegeben, die den Werkstoffübergang
beeinflussen und uns Mittel zu seiner Kontrolle erlauben.

a) Bestimmungsmethoden

Zur Gewinnung quantitativer Angaben für die Dimensionen der
übergehenden Teilchen, ihre Größen- und Geschwindigkeitsverteilung,
ihre Zahl pro Zeiteinheit, weiter für das Auftreten von Kurzschlüssen
zwischen Elektrode und Werkstuck bei Übergang großer Tropfen oder
unregelmaßig geformter Teile der Elektrode sind zahlreiche Methoden
ausgearbeitet worden, die nach mechanischen, elektrischen und photographischen (einschließlich rontgenographischen) Gesichtspunkten grup-

piert werden können. Zusammenfassende Darstellungen der älteren Literatur finden sich z. B. bei SPRARAGEN und LENGYEL [1], SCHIMPKE und HORN [1] und POGODIN-ALEXEJEW [1].

163. Mechanische Methoden. Durch den Lichtbogen übergehende Tropfen können mittels eines Blechstreifens oder mittels zweier, übereinander angeordneter Streifen, die mit hoher Geschwindigkeit durch den Bogen geschlagen werden, aufgefangen werden, vgl. z. B. die Untersuchungen von LARSON [1] mit Doppelsonden zur Bestimmung der Geschwindigkeit der Tropfen und mit einfachen Sonden zur Bestimmung der Größenverteilung. Bei einer anderen Methode werden durch schnelles Hin- und Herbewegen der Elektrode die einzelnen Schweißtropfen auf einem Blech auseinandergezogen, vgl. Abb. 108 nach SACK [3] in der Darstellung von SONDEREGGER [1].

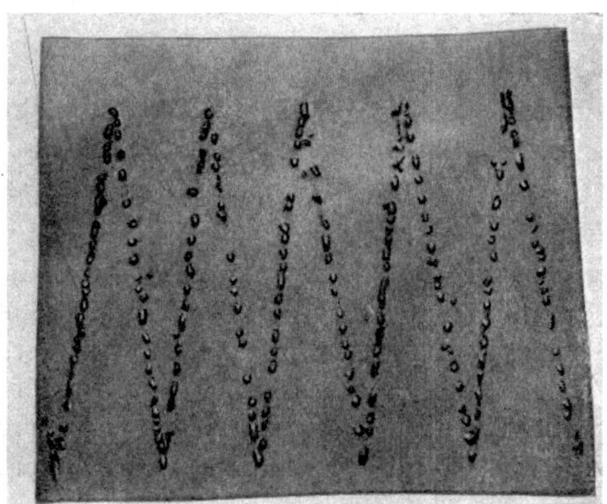

Abb 108. Auseinanderlegung der einzelnen Schweißtropfen durch rasche Hin- und Herbewegung der Elektrode

164. Elektrische Methoden. Hierzu gehört die Aufnahme von *Oszillogrammen* des Spannungs- und Stromverlaufes im Schweißlichtbogen, die Schlüsse auf die Art des Überganges (sprühregenartig oder

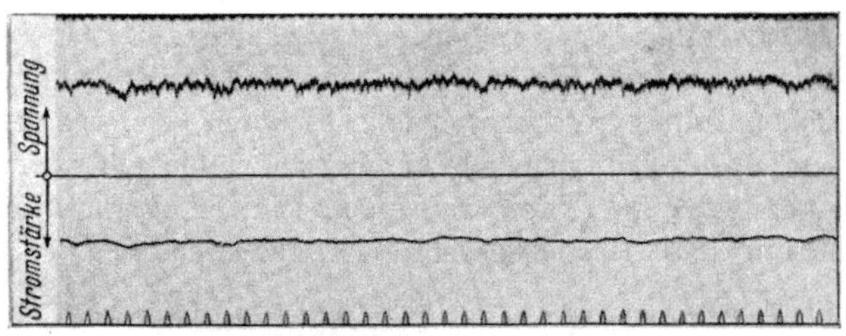

Abb. 109. Sprühregenartiger Werkstoffübergang

grobtropfig), das Auftreten und die Dauer von Kurzschlüssen usw. erlauben. Bei modernen Apparaturen werden die Oszillogramme zusammen mit den nachfolgend erwähnten Zeitlupenaufnahmen auf dem gleichen Film aufgenommen.

Als Beispiele für die beiden Arten des Werkstoffüberganges werden in Abb. 109 u. 110 Oszillogramme nach RAPATZ und HUMMITZSCH [1] fü

Mantelelektroden wiedergegeben. Der sprühregenartige Übergang zeigt gleichförmigen Verlauf, keine Spannungsspitzen und nur geringe Spannungsschwankungen, z. B. 0,06 bis 1,2 V. Der großtropfige Übergang ergibt mehr oder minder regelmaßige Störungen durch Kurzschlußübergang und Tropfenablösung von der Elektrode, die zu Spannungsspitzen und Spannungsschwankungen von 2 bis 5 V führen. Nach MELLER [*2*] und RAPATZ und HUMMITZSCH [*1*] gibt das *Verhältnis von Schweiß- und Bogenspannung* ein Maß für die Zahl und Dauer der Kurzschlusse. Je mehr Kurzschlusse erfolgen und je länger diese andauern,

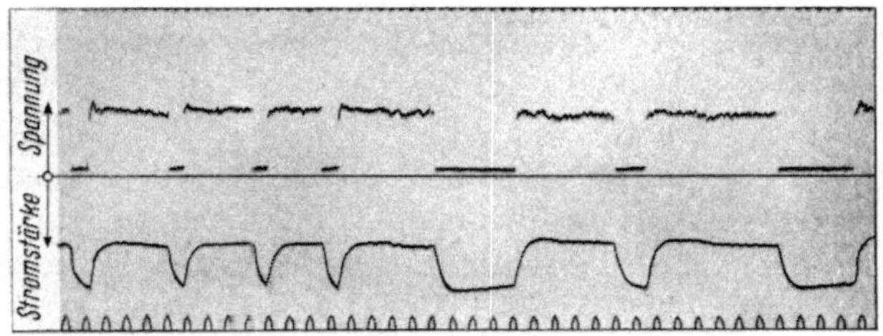

Abb. 110. Großtropfiger Werkstoffübergang mit Kurzschlußbildung

um so niedriger ist die Schweißspannung gegenüber der Bogenspannung. Sind Schweiß- und Bogenspannung gleich, so findet nur sprühregenartiger Tropfenübergang statt.

165. Photographische Methoden. Hierzu gehören Laufbildaufnahmen von Schattenbildern des Abschmelzvorganges unter Verwendung von *Schwarz-Weiß-Film* oder entsprechende Zeitlupenaufnahmen. Mit den heute verfügbaren Lichtquellen großer Flächenhelligkeit kann mit Aufnahmegeschwindigkeiten von mehr als 3200 Aufnahmen/sec gearbeitet werden, vgl. z. B. SKINNER und YENNI [*1*]. ERDMANN-JESNITZER [*5*] fuhrte als erster den *Farbfilm* fur direkte Zeitlupenaufnahmen der Vorgänge im Lichtbogen ein, wobei mit 750 Aufnahmen/sec gearbeitet wurde; weiter benutzte er fur bestimmte Zwecke *Ultrarotaufnahmen* mit stehendem Film. SACK [*1*] untersuchte die Vorgänge beim Werkstoffubergang mittels *rontgenographischer* Schattenaufnahmen, bei denen die den Lichtbogen umgebenden Gas- und Dampfwolken nicht auf dem Film abgebildet wurden, vgl. Ziff. 187.

b) Werkstoffubergang bei nackten Elektroden in Luft und Schutzgas

166. Einsetzen des Werkstoffüberganges. Die Zündung des Bogens erfolgt, wie in Ziff. 14 besprochen. Der Werkstoffübergang beginnt bei nackten Elektroden, die in Luft oder Schutzgasatmosphäre betrieben werden, nach Erhitzung des bogenseitigen Endes der Elektrode auf eine Temperatur oberhalb ihres Schmelzpunktes. Bei dieser Temperatur sind Viskosität und Oberflächenspannung genügend klein, um die Abschnürung des Elektrodenmaterials und die Tropfenbildung zu ermöglichen.

167. Richtung des Werkstoffübergangs. Die Beobachtung zeigt, daß der Werkstoffübergang vorwiegend von der Elektrode zum Werkstück in Richtung der Elektrodenachse erfolgt. Weiter erfolgt der Tropfenübergang vorwiegend innerhalb des Bogenplasmas. „Spritzer", die in wechselnder Menge auftreten, gehen zum Teil vom Elektrodenende und dem Tropfen, zum Teil vom werkstückseitigen Schmelzbad aus. Sie werden vielfach aus dem Plasma herausgeschleudert, vgl. Ziff. 179. Die *Schweißlage* des Werkstückes und die *Polarität* der Elektrode beeinflussen den Werkstoffübergang, vgl. hierzu Ziff. 174. ORTON und NEEDHAM [2] erwähnen z. B., daß beim Schweißen von *Aluminium* mit umgekehrter Polaritat kleine Tropfen erhalten werden, die mit hoher Geschwindigkeit zum Werkstück übertragen werden. Hingegen ergeben sich bei negativer Elektrode (gerade Polaritat) große Tropfen geringer Geschwindigkeit.

168. Parameter für den Tropfenübergang. Tab. 16 gibt nach POGODIN-ALEXEJEW [1] eine Übersicht über die Abhängigkeit der Abmessungen der übergehenden Tropfen von der sekundlichen Tropfenzahl. Die Tabelle ist für einen Schweißdraht von 5 mm Dmr. und

Tabelle 16. *Oberflache und Volumen geschmolzener Tropfen in Abhangigkeit von ihren Abmessungen Elektrode 5 mm Dmr., Abschmelzkonstante 10 g/Ah*

Tropfenzahl in 1 sec	Existenz-dauer des Tropfens in sec	Gewicht des Tropfens in g	Volumen des Tropfens in mm³	Durch-messer des Tropfens in mm	Oberflache des Tropfens in mm²	Quotient aus dem Gewicht und der Oberflache des Tropfens in g/mm² · 10⁻³	Geschwindig-keit der Oberflachen-bildung des Tropfens in mm²/sec
1	1,00	0,70	100	5,6	98,2	7,2	98,2
5	0,20	0,14	20	3,35	35,2	3,9	176,0
10	0,10	0,07	10	2,66	22,3	3,2	223,0
20	0,05	0,035	5	2,12	14,2	2,48	228,4
40	0,025	0,0175	2,5	1,66	8,7	2,02	348,0
50	0,020	0,0140	2,0	1,56	7,6	1,84	380,0

eine Abschmelzleistung von 10 g/Ah berechnet. Weiter sind in der Tabelle die Quotienten aus Gewicht und Oberfläche eines Tropfens sowie die Geschwindigkeit der Oberflächenbildung eines Tropfens enthalten. Letztere nimmt mit zunehmender Tropfenzahl erhebliche Werte an.

169. Kritischer Wert des Werkstoffüberganges. Sowohl bei zunehmender als auch bei abnehmender Energiezufuhr wird ein kritischer

Wert erreicht, bei dem *plotzlich* der großtropfige in den sprühregenartigen Übergang (bzw. umgekehrt) umschlägt. Der *mittlere Tropfendurchmesser* ist oberhalb des kritischen Wertes wesentlich kleiner als darunter. Als Beispiele seien Messungen an Aluminium-, Eisen- und Kupferlegierungen wiedergegeben.

Aluminiumlegierungen in Argon als Schutzgas geben nach Versuchen von MULLER, GIBSON und ROPER [1] bei einem Drahtdurchmesser von 1,6 mm und einer Stromdichte von 60 A/mm² große Tropfen; die Tropfenzahl beträgt 3,6/sec. Bei Erhohung der Stromdichte auf 70 A/mm² sind die Tropfen noch visuell erkennbar, jedoch erhöht sich die Tropfenzahl etwa um das 10fache, nämlich auf 34/sec. Bei weiterer Erhöhung auf 80 A/mm² sind die Tropfen nicht mehr visuell zu erkennen, und die Tropfenzahl erreicht 49/sec. Die vom Elektrodendraht abgeschmolzenen Langen betragen für die drei Versuche 15,9, 1,8 und 1,3 mm/ Tropfen. Der kritische Wert liegt hier zwischen 60 und 70 A/mm².

Bei *Kohlenstoffstahl* in Argonatmosphäre verschiebt sich der kritische Wert der Stromdichte mit abnehmendem Elektrodendurchmesser zu höheren Werten, vgl. Tab. 17 nach MANTEL [2].

Bei *Kupferverbindungen* und anderen Buntmetallen ergeben sich nach Untersuchungen von MOORE und TAYLOR [1] die in Tab. 18 zusammengestellten kritischen Werte, bei denen ein spruhregenartiger Werkstoffübergang in Argon auftritt. Man erhalt auch hier höhere kritische

Tabelle 17. *Kritische Stromdichten in Argon*

Elektrodendraht-durchmesser mm	Kritische Stromdichte A/mm²
0,8	200
1,2	150
1,6	100
2,4	70
3,2	50

Tabelle 18 *Bedingungen zum Eintritt in das Spruhregengebiet in Argon-Atmosphare*

Elektrodendraht	Durchmesser mm	Stromstarke A	Bogenspannung[1] V	Drahtgeschwindigkeit m/min	Stromdichte A/mm²
Cu–Si–Mn	1,1	210	25	6,4	174
	0,9	180	26	8,8	222
Cu–Ti–Al	1,1	260	26	7,5	215
	0,9	180	25	8,8	222
93/7 Aluminium-Bronze .	1,1	210	25	6,6	174
	0,9	160	25	7,5	198
Si-Bronze	1,1	205	26—27	7,5	170
	0,9	165	24	10,7	204
94/5/1 Cu–Ni–Fe+0,3% Al	1,1	210	24	7,2	174
	0,9	180	24	8,5	222

[1] gemessen nahe am Schweißkopf

Stromdichten für geringere Drahtdurchmesser. Weiter werden Zahlenangaben für die Geschwindigkeit gegeben, mit der der Elektrodendraht jeweils in den Lichtbogen eingeführt werden muß.

Photographische Aufnahmen des Schweißbogens werden in Abb. 111 nach CHRISTOPHER und BECKER [1] beim Schweißen von *Kohlenstoffstahl* unter Edelgasschutz bei umgekehrter Polarität gebracht. Abb. 111a zeigt die Bogenform beim Übergang von Einzeltropfen und Abb. 111b

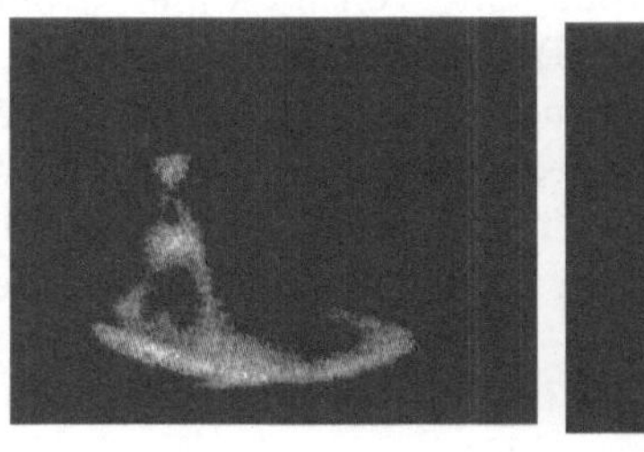 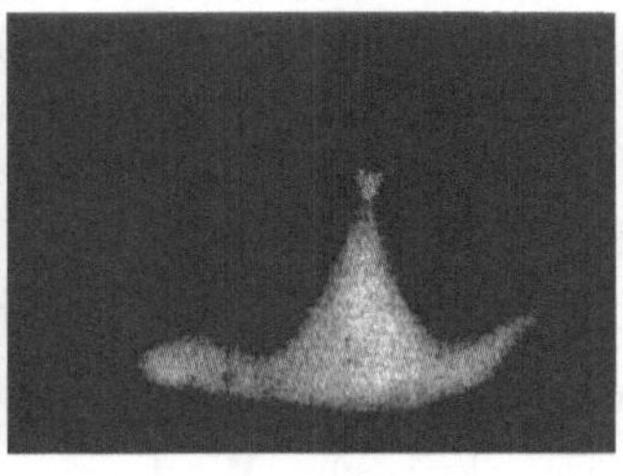

a   b

Abb 111. Schweißlichtbogen mit Übergang von Einzeltropfen und Spruhregenubergang Schweißbogen mit geringer Stromdichte und Einzeltropfenubergang, b) Schweißbogen hoher Stromdichte mit spruhregenartigem Übergang

beim Sprühregenübergang. Der kritische Wert liegt hier zwischen 124 und 140 A/mm². Am Ende der Elektrode bildet sich bei b eine charakteristische Spitze aus, die in der Technik als typisch für gute Schweißresultate unter Edelgasschutz angesehen wird, vgl. Ziff. 173.

Es sei nun etwas näher auf die beiden Arten des Werkstoffüberganges eingegangen. Zunächst wird das Schweißen mit nackten Elektroden, dann das Schweißen unter Schlackenschutz besprochen.

I. Sprühregenartiger Werkstoffübergang bei nackten Elektroden

170. Allgemeines zum Sprühregenübergang. Eine nackte Elektrode stehe einem größeren Werkstück gegenüber. Der Bogen brenne oberhalb des Zischgebietes der Abb. 38 und folge dem OHMschen Gesetz. Die hochbelastete Elektrode brennt im Lichtbogen sehr schnell ab. Entsprechend muß die Elektrode mit hoher Geschwindigkeit in den Bogen eingeführt werden (meist mittels halbautomatischer oder vollautomatischer Schweißgeräte). Die Durchmesser der im Lichtbogen übergehenden Tropfen, die infolge der Oberflächenspannung meist Kugelform besitzen, sind bis zu minimal 0,025 mm gemessen worden, erstrecken sich jedoch bis zu wesentlich geringeren Größen. Bei Überwiegen der Anteile geringster Größe spricht man auch von „*nebelartigem Übergang*".

Der *Materialtransport* erfolgt z. B. bei *Argon* vorwiegend axial im inneren Kern des Lichtbogens, vgl. Abb. 100. Bei *Helium* erfolgt er durch die ganze Bogensäule. Der Durchmesser der Bogensäule nimmt in beiden Fällen von der Elektrode zum Werkstück angenähert kegelförmig zu.

Die Tropfenbildung beim Spruhregenübergang zeigt eine Reihe von Unterschieden gegenüber dem Übergang von Einzeltropfen nach Ziff. 143. Insbesondere sind zu beachten:

171. Zeitfaktor. Beim Spruhregenubergang steht nicht genügend Zeit zur Verfugung, um die Flussigkeitssaule instabil werden zu lassen, wie es etwa beim Übergang großer Tropfen der Fall ist. Deshalb können auch keine einzelnen Tropfen wie in Ziff. 147 von der Elektrode abgeschnürt werden. Vielmehr scheint eine große Zahl kleiner Tropfen *gleichzeitig* aus der Elektrodenoberfläche ausgelost zu werden. Die Tropfenbildung erfolgt bei Atmospharen- oder erhöhtem Druck mit hoher Geschwindigkeit, wahrend sich die Elektrode sehr schnell in den Bogen hineinbewegt, vgl. die Zahlenangaben in Ziff. 174.

172. Energieaufwand. Die zugeführte elektrische Energie ist wesentlich höher als bei Übergang einzelner Tropfen. Der sich nach der Arbeitshypothese in Ziff. 26 ausbildende brennflecklose Bogen ergibt eine wesentlich hohere, in der Nähe des Siedepunktes liegende Elektrodentemperatur als der Brennfleckbogen. Entsprechend nimmt die Verdampfung zu und die Dichte des Schmelzbades an der Elektrode ab. Viskositat und Oberflachenspannung der Schmelze besitzen sehr niedrige, die mechanische Kraftwirkung hohe Werte. Die *Kohäsionskräfte* des Schmelzbades sind bei der hohen Temperatur sehr gering.

Die Stabilität des Lichtbogens mit Spruhregenübergang ist gegenüber dem Bogen mit Einzeltropfenübergang wesentlich verbessert. Insbesondere erfolgt gleichförmiges Brennen des Bogens und gleichförmiger Tropfenübergang hoher Geschwindigkeit; große Tropfen, Kurzschlüsse und Spritzer werden vermieden.

Dazu tritt bei *Mantelelektroden* die Forderung, daß die übergehenden Tröpfchen durch einen Schlackenüberzug geschützt werden. Dieser Punkt wird in Ziff. 181 diskutiert.

173. Mechanismus der Tropfenbildung. Zum besseren Verständnis der Tropfenbildung bei nackten Elektroden können zur Deutung des Sprühregenüberganges z. B. die folgenden Mechanismen einzeln oder gemeinsam herangezogen werden:

α) *Dampfentwicklung.* Die stark erhitzte Elektrodenstirnseite zeigt starke Verdampfung. Die entstehenden Dampfe kondensieren sich in Form kleiner Tröpfchen dicht oberhalb der Elektrodenoberfläche. Die Temperatur der Tröpfchen ist geringer als die der Elektrode. Die Tröpfchen werden sofort nach ihrer Bildung zusammen mit Spritzern, die — ähnlich wie im SM-Ofen — aus der siedenden Schmelze an der Elektrode herausgeschleudert werden, durch die mechanischen Kräfte des Bogens zum Werkstück übertragen. Hierbei kann die Übertragung durch explosive Kräfte nach Ziff. 158 unterstützt werden. Hier ist allerdings einzuwenden, daß bei diesem Vorgang Legierungsbildner und andere Zusatzmaterialien, die bei niedrigeren Temperaturen als das Material der Elektrode, verdampfen, verlorengehen würden, was jedoch den Erfahrungen der Technik nur zum Teil entspricht.

β) *Elektrodenzerstäubung.* Bildung von Teilchen geringen Durchmessers erfolgt, wenn ein physikalischer Lichtbogen zwischen zwei Elektroden aus Edelmetallen brennt, vgl. z. B. die Beobachtungen von EHRENHAFT [1] und LASKI [1]. Die sich bildenden Teilchen besitzen 6 bis 10×10^{-4} mm Dmr., liegen somit größenordnungsmäßig niedriger als die beim Werkstoffübergang im Schweißbogen beobachteten Teilchen. Eine Agglomeration zu größeren Tropfen, die ebenfalls beobachtet wird, ergibt dann den Anschluß an die im Schweißbogen gemessenen Teilchen von 0,025 mm Dmr. und mehr.

γ) *Kollisionstheorie (Kathodenzerstäubung).* Zum Mechanismus der Teilchenbildung kann auch die Kollisionstheorie herangezogen werden,

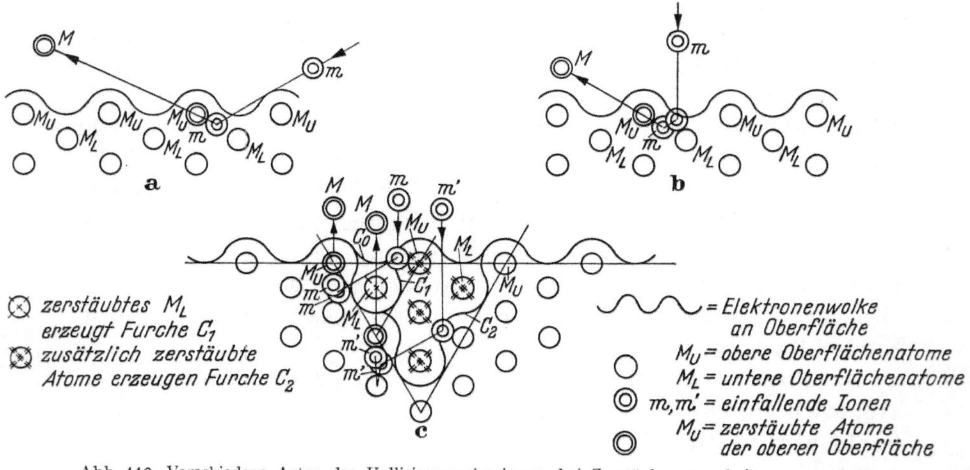

Abb. 112. Verschiedene Arten des Kollisionsmechanismus bei Zerstäubungserscheinungen, vgl. Text: a) Schräger Ioneneinfall; b) Senkrechter Ioneneinfall, doppelte Kollision; c) Senkrechter Ioneneinfall, dreifache Kollision (M = zerstäubtes Material)

vgl. z. B. die zusammenfassenden Arbeiten von WEHNER [1], SEITZ und KOEHLER [1] und HENSCHKE [1]. Abb. 112 zeigt schematisch nach Versuchen und Überlegungen von HENSCHKE [1] drei Arten von Vorgängen, die zur Abgabe von Atomen und Aggregaten aus der Oberfläche einer Kathode führen. In Abb. 112a fällt das kugelförmig angenommene Ion m schräg auf die metallische Oberfläche derart auf, daß Kollision mit einem Atom M_U der Oberfläche *von hinten* erfolgt. Die herausgeschleuderte Masse M verläßt die Oberfläche unter einem Winkel, der kleiner ist als 90°. Senkrechter Ioneneinfall nach Abb. 112b führt zu Zerstäubung mittels einer zweimaligen Kollision und schräger Abgabe von M. Bei senkrechtem Einfall des Ladungsträgers und dreifacher Kollision nach Abb. 112c erfolgt der Austritt von M senkrecht zur Metalloberfläche. Aus den Parametern der Kollisionsteilnehmer lassen sich Beziehungen ableiten, die in guter Übereinstimmung mit den Versuchsresultaten stehen.

Die *angespitzten Elektrodenenden*, z. B. in Abb. 79, wurden in Ziff. 145 auf Pincheffekt bei hoher Strombelastung zurückgeführt. Man beobachtet nun, daß das Plasma senkrecht oder nahezu senkrecht zum angespitzten Ende der Elektrode ansetzt, vgl. die schematische Abb. 113a. In Abbildung 113b ist zum Vergleich eine stumpf auslaufende Elektrode eingezeichnet. Während die Tropfenauslösung in b wesentlich durch dreifache Kollision stattfinden wird, kann man für die angespitzte Elektrode in a Kollisionsvorgänge nach allen drei Mechanismen erwarten, insbesondere senkrechten Einfall mit geneigtem Austritt nach Abb. 113c. Gleichzeitig erkennt man, daß die größere Ansatzfläche des Bogens in 113a und c eine größere Menge von Kollisionsprodukten und entsprechend eine erhöhte *Abschmelzleistung*

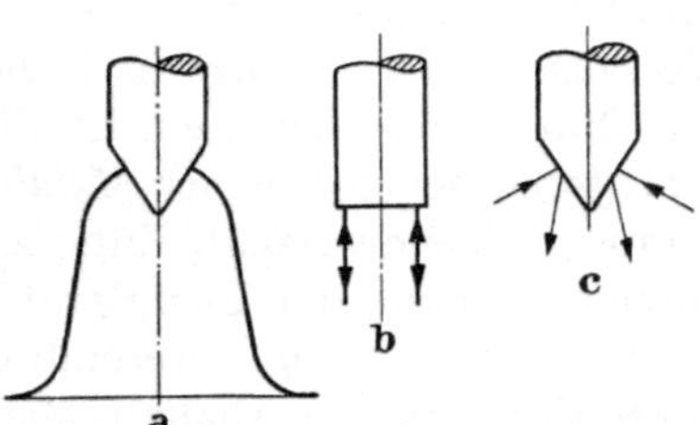

Abb. 113. Lichtbogenansatz, Kollisionsmechanismus:

a) Angespitzte Elektrode mit Plasma; b) Stumpfe Elektrode; c) Angespitze Elektrode, Kollisionsprodukte

gegenüber 113b liefern wird. Ob ein Zusammenhang zwischen dem Spitzenwinkel des Kegels der Elektrode und dem Austrittswinkel der Teilchen aus der Elektrode besteht, ist nicht bekannt. Mit wachsender Temperatur und Abnahme von η und r sowie der Kohäsionskräfte wird der einfallende Ladungsträger die Entfernung von größeren Aggregaten aus der Elektrode bewirken.

Bei allen Überlegungen ist zu berücksichtigen, daß man es unter den Bedingungen des Schweißbogens nicht mit einer glatten Oberfläche des auf hoher Temperatur befindlichen Elektrodenendes zu tun hat. Vielmehr ist der *Zustand der Oberfläche* nach Ziff. 22 und 38 keineswegs wohldefiniert. Die Störung der Struktur der stark zerklüfteten Oberfläche dürfte sich auf eine Tiefe von vielen Atomlagen erstrecken. Die Bewegungsrichtung der aus der Oberfläche herausgeschleuderten Atome, Ladungsträger und Aggregate wird daher zum Teil gegen die Elektrodenachse geneigt sein. Durch Einwirken der Raumladungsverteilung im Entladungskanal nach Ziff. 10 und die mechanischen Kräfte des Bogens werden die Teilchen vorwiegend in Achsenrichtung geleitet und zum Werkstück übergeführt.

δ) *Ablösung von Teilen der Flüssigkeitsschicht.* Weiter werden die im Metall vorhandenen bzw. sich entwickelnden Gase bei den geringen verbleibenden Kohäsionskräften der Schmelze dazu führen, daß Teile der äußersten, hocherhitzten Ansatzfläche des Bogens an der Elektrode (natürlich unter Zwischenschaltung des Elektrodenfallgebietes nach Ziff. 22) fortgeschleudert werden. Aus den fortgeschleuderten Teilen bilden sich unter dem Einfluß der Oberflächenspannung Tropfen verschiedenen Durchmessers. Die Tropfen bewegen sich unter Einwirkung der starken mechanischen Kräfte mit hoher Geschwindigkeit zum Werkstück, wobei die explosive Wirkung bei Abkühlung der Tropfen nach Ziff. 158 begünstigend wirkt.

Man vergleiche hierzu auch die Versuche des Verfassers [12], bei denen dünne *Drähte*, die zwischen zwei Elektroden gespannt sind, durch Kondensatorentladung *stark erhitzt* werden. Ordnet man eine Glasscheibe parallel zur Drahtachse an, so erhält man auf ihr in der Regel einen *Metalldampfniederschlag*. In Nähe der Elektroden, die eine Kühlung der Drahtenden bewirken, ist die Verdampfung geringer. Es werden dort große Mengen feiner *Metalltropfen* erhalten, die aus dem Draht herausgeschleudert sind. Entsprechend kann man beim Schweißbogen durch Erhöhung der Energiezufuhr zunächst *Abgabe von Tropfen* und geringe Verdampfung unterhalb des Siedepunktes der Elektrode, dann *starke Verdampfung* erhalten. Man wird daher die Energiezufuhr derart regeln, daß man im Gebiet der Tropfenbildung bleibt, so daß keine hohen Verdampfungsverluste entstehen.

Es kann vorläufig noch nicht entschieden werden, ob einer dieser Erklärungsversuche allein ausreicht, um alle bisher vorliegenden Beobachtungen über den sprühregenartigen Werkstoffübergang bei nackten Elektroden zu deuten oder ob eine Kombination mehrerer Vorgänge zur Erklärung notwendig ist. Auch hier fehlen noch quantitative Unterlagen aus eingehenderen Messungen, die wichtige und interessante *Forschungsaufgaben* darstellen.

Im folgenden wird eine kurze Übersicht über das bisher vorliegende Zahlenmaterial gegeben.

174. Zahlenwerte. Die Tab. 19 u. 20 geben einige Meßresultate, die neuerdings von SKINNER und YENNI [1] beim Schweißen von *Aluminium* und *Stahl* in den Schutzgasatmosphären Argon, Argon + 5% Sauerstoff, Helium, Helium + 5% Sauerstoff erhalten wurden. Weiter zeigen die Tabellen den Einfluß einer horizontalen *Schweißlage* von Aluminium und Stahl sowie einer vertikalen Lage von Aluminium. Entsprechende Versuche mit Stahl bei gerader und umgekehrter *Polarität* bei vertikaler und Überkopfschweißung ergaben Bogenlängen und Durchmesserbereiche der Teilchen von der gleichen Größenordnung wie in den Tab. 19 u. 20.

Beste Resultate wurden mit *Argon* und Argon plus Sauerstoff unter Verwendung von *umgekehrter Polarität* (Wärmekonzentration an der

Elektrode) erhalten. Der Werkstoffubergang von der Elektrode durch den Bogen zum Schweißbad am Werkstuck erfolgt fast ohne Verdampfungsverluste. Die ubergehenden Tropfen sind sehr klein und bewegen sich mit hoher Geschwindigkeit durch den Bogen. Die Bogenlänge bleibt konstant. Die Spritzerverluste (Ziff. 179) sind so gering, daß sie vernachlässigt werden können. (Die Rolle des Sauerstoffzusatzes wird in Ziff. 201, Gesichtspunkte fur die Verwendung von Argon und Helium werden in Ziff. 263 diskutiert.)

Tabelle 19 *Lichtbogen und Werkstoffubergang bei Aluminium, horizontale und vertikale Schweißlagen*

Schutzgas	Schweißlage	Bereich Bogenspannung V	Bereich Bogenlange mm	Tropfendurchmesser mm	A[1]	Spritzer
Argon	horizontal	21,5—23,7	5,8— 6,9	1,3—2,3	+	keine
Argon + 5% Sauerstoff	horizontal	20,8—23,2	5,1— 5,8	2,0—2,0	+	keine
Helium	horizontal	22,8—26,2	3,8— 4,8	1,0—2,0	—	stark
Helium + 5% Sauerstoff	horizontal	22,2—30,0	1,5— 2,3	1,0—2,5	—	stark
Argon	vertikal	23	9,4—11,9	1,3—1,3	+	keine
Argon + 5% Sauerstoff	vertikal	23	10,1—12,2	1,3—1,3	+	keine
Helium	vertikal	28	2,8— 4,6	0,8—1,5	—	stark
Helium − 5% Sauerstoff	vertikal	28	2,0— 3,8	0,5—1,5	—	stark

[1] A Bogenstabilitat, + gut, − schlecht

Daten Stromstarke, umgekehrte Polaritat, 210 A fur horizontale, 180 A fur vertikale Schweißlage, Tropfengeschwindigkeit etwa 3 m/sec in allen Fallen, Elektrode Oxweld Nr 23, 1,6 mm Dmr , Schutzgasverbrauch 1,4 m³/h fur Argon, 2,8 m³/h fur Helium, Schweißgeschwindigkeit horizontal 50 cm/min, vertikal 25 cm/min, Blech 6,4 mm; Aluminiumlegierung 2-S

Tabelle 20 *Lichtbogen und Werkstoffubergang bei Stahl in horizontaler Schweißlage*

Schutzgas	Bereich Bogenlange mm	Tropfendurchmesser mm	Tropfengeschwindigkeit	Bogenstabilitat	Spritzer
Umgekehrte Polaritat, 280 A					
Argon	4,0—5,1	0,8—1,3	hoch	gut	keine
Argon + 5°₀ Sauerstoff ..	4,0—5,1	0,8—1,3	hoch	gut	keine
Helium	1,5—5,1	0,5—2,0	mittel	schlecht	stark
Helium + 5% Sauerstoff	unstabil	0,5—2,0	niedrig	schlecht	stark
Gerade Polaritat, 340 A					
Argon	unstabil	3,3—5,1	niedrig	schlecht	stark
Argon + 5% Sauerstoff..	4,8—9,4	1,5—3,6	mittel	besser	mittel
Helium	unstabil	1,3—6,9	niedrig	schlecht	sehr stark
Helium + 5% Sauerstoff	1,5—5,6	1,3—4,1	niedrig	schlecht	sehr stark

Daten Spannung Argon 28 V, Helium 35 V; Elektrode Oxweld Nr 32 CMS, 1,6 mm Dmr., Gasverbrauch wie in Tabelle 19, 50 cm/min Geschw auf 6,4 mm Blech

Als Beispiel für die *Geschwindigkeitsverteilung* in Abhängigkeit von der Bogenlänge bei Stahl in vertikaler Schweißlage wird Abb. 114 nach SKINNER und YENNI [1] gebracht. Bei Durchgang eines Tropfens durch den 5,6 mm langen Lichtbogen bleibt nach Zeitlupenaufnahmen seine mittlere Geschwindigkeit bis kurz vor Erreichen des Werkstückes konstant, nimmt dann von 1,2 auf 1,9 m/sec zu. Die *Dauer* des Tropfendurchganges durch den Bogen beträgt nur etwa 4×10^{-3} sec. Bei Schweißung in vertikaler Lage wird der Tropfen durch die Wirkung der *Schwerkraft* um 0,08 mm nach unten abgelenkt. Dieser Wert kann gegenüber der horizontal durchlaufenen Strecke von

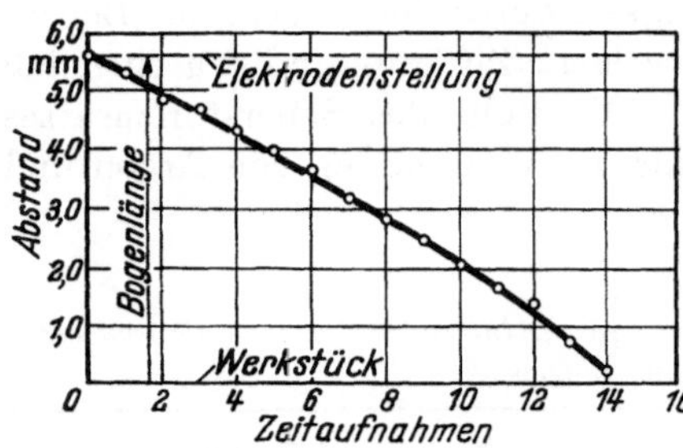

Abb 114. Geschwindigkeit von Tropfenubergang bei vertikaler Schweißlage für Stahl Daten

Schutzgas 2,1 m³/h Argon, 195 A umgekehrte Polaritat; Bogenspannung 25 V; Elektrode Oxweld Nr. 32 CMS, 1,2 mm Dmr , Zeitlupenaufnahme mit 3225 Aufnahmen/sec, mittlere Tropfengeschwindigkeit 1,3 m/sec, maximale Tropfengeschwindigkeit 1,9 m/sec

5,6 mm vernachlässigt werden. Bei geringeren Tropfengeschwindigkeiten und größerem Tropfendurchmesser spielt die Schwerkraft eine zunehmende Rolle.

II. Übergang einzelner Tropfen bei nackten Elektroden

175. Allgemeines zum Übergang einzelner Tropfen und unregelmäßiger Stücke von der Elektrode. Bei Verwendung geringer Stromdichte, z. B. 60 A/mm² nach Ziff. 169, werden bei nackten Elektroden Tropfen erhalten, deren Durchmesser etwa gleich dem Durchmesser der Elektrode ist. (Der maximal beobachtete Tropfendurchmesser beträgt 6 mm.) Eine Temperaturerhöhung des Elektrodenendes durch erhöhte Energiezufuhr ergibt eine Erniedrigung von Oberflächenspannung v und Viskosität η, so daß der Pincheffekt eine Verringerung des Durchmessers des Elektrodenendes bewirken kann, die dann zu den „mittelgroßen" Tropfen der Technik führt. Die Tropfen folgen in mehr oder minder regelmäßigen Abständen aufeinander, vgl. Ziff. 143 zum Mechanismus der Tropfenbildung. Die Zeitdauer des Tropfenüberganges beträgt nur einen Bruchteil der gesamten Schweißzeit. Es werden vier Typen des Überganges einzelner Tropfen unterschieden: freier Übergang der Tropfen, Übergang mit Kurzschlußbildung, kreisende Tropfen und Übergang von Spritzern.

176. Freie Tropfen. Der Tropfen wird von der Elektrode abgeschnürt und durch mechanische Kraftwirkung, evtl. unter Zuhilfenahme von explosiven Kräften, beschleunigt. Der Tropfen bewegt sich frei und meist geradlinig durch den Bogenraum zum Werkstück, vgl. den Ausschnitt aus einem Zeitlupenfilm in Abb. 115 nach WILSON, CLAUSSEN und JACKSON [1] (Zeitfolge von oben nach unten).

177. Kurzschlußübergang. Der Tropfen berührt vor oder während der Abschnurung das Schweißbad, so daß ein Kurzschluß entsteht und der Bogen verlöscht. Die grundlegenden Untersuchungen von HILPERT [1] zeigten bereits, daß das Metall während des Kurzschlusses über die flüssige Verbindungsbrücke von der Elektrode zum Schweißbad unter Einwirkung der Oberflächenspannung übergeht. Abb. 116 gibt neuere Zeitlupenaufnahmen von ERDMANN-JESNITZER [5] wieder. Nach Beendigung des Überganges von geschmolzenem Material (Abb. 116c) nimmt der Querschnitt der Brücke unter dem Einfluß des Pincheffektes weiter ab. Gleichzeitig erfolgt Temperaturerhöhung, dann Durchschmelzen der Brücke, schließlich Wiederzünden des Lichtbogens entsprechend Ziff. 15. Das Durchschmelzen der Brücke erfolgt oft infolge der gebildeten oder aus dem Metall ausgestoßenen Gase *explosionsartig*. Je höher die Temperatur des elektrodenseitigen Schmelzbades und die des Tropfens ist, um so geringer ist die Viskosität der Schmelze und um so schneller erfolgt der Werkstoffübergang. Bei Erniedrigung der Bogenspannung, etwa von 32 auf 20 V, nimmt die Bogenlänge ab, und die Zahl der Kurzschlüsse nimmt zu. Zwischen dem ausschließlichen Übergang freier Tropfen und dem ausschließlichen Kurzschlußübergang treten Übergangsfälle auf, bei denen sowohl freie Tropfen als auch Kurzschlußübergang vorliegen.

Die *Kurzschlußdauer* verteilt sich z. B. nach Bestimmungen von ORTON und NEEDHAM [1] wie folgt: 96% — 10^{-2} sec, 3% — 10^{-3} sec und 1% — 10^{-4} sec. Bei Kurzschlußdauer von 0,01 sec erfolgt der Übergang einzelner Tropfen z. B. in Abständen von etwa 0,1 sec. Einzeltropfen treten also nicht wie beim sprühregenartigen Werkstoffübergang kontinuierlich im Bogenplasma auf, sondern periodisch in verhältnismäßig langen Zeitintervallen, vgl. auch Ziff. 33.

LORENZ [6] bestimmte aus Zeitlupenaufnahmen von ERDMANN-JESNITZER mit 750 und 1500 Aufnahmen/sec die folgenden Kurzschluß-

Abb 115 Übergang von Tropfen von Elektrode zum Schweißbad bei Verwendung von Edelgas Daten

Zeitlupenaufnahme mit 3000 Aufnahmen/ sec, umgekehrte Polarität, 30 V, 250 mm/min, 350 A; 3,2 mm Elektrodendurchmesser dauern: Dünn umhüllte Elektroden ergeben am häufigsten 0,8 bis 1,5 × 10⁻² sec, mittelstark umhüllte Elektroden vom Typ Ti, 1×10^{-3},

a

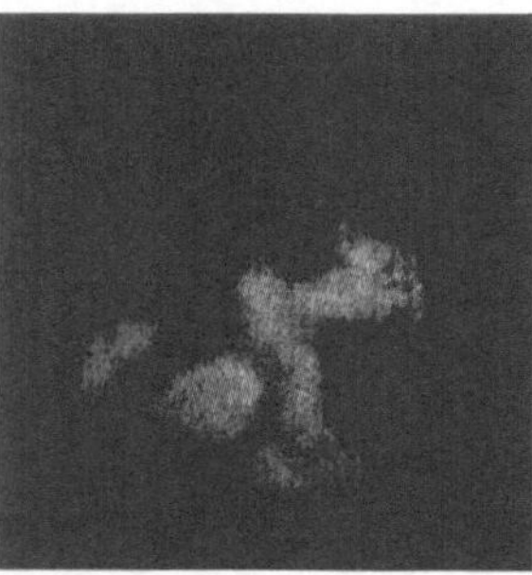

b

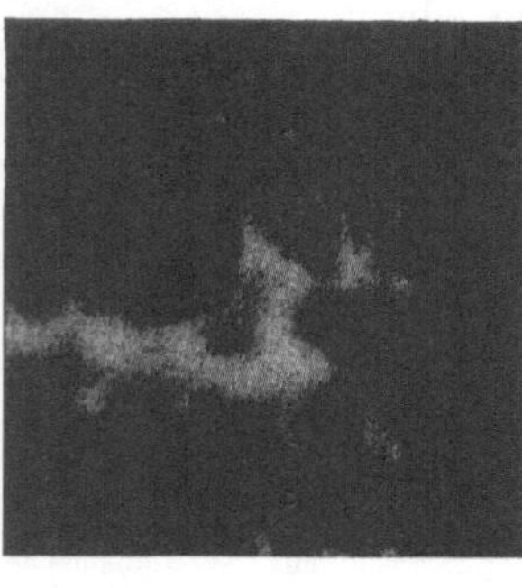

c

Abb 116. Nacktdrahtelektrode in Luft, Kurzschlußübergang des Tropfens ins Bad, Zeitfolge a), b), c)

vereinzelt bis 2×10^{-2} sec. Beim Typ Es treten nur ganz vereinzelt Kurzschlüsse auf, deren Dauer 1 bis 5×10^{-3} sec beträgt. Eine Bronzeelektrode ergibt 1 bis $1,5 \times 10^{-2}$, gelegentlich bis etwa $2,5 \times 10^{-2}$ sec Kurzschlußdauer.

178. Kreisende Tropfen. Aus der Elektrodenachse verschobene Tropfen, die langsam um die Achse rotieren oder die sich auch ruckartig bewegen können, treten bei geringer Energiezufuhr zum Lichtbogen besonders dann auf, wenn lange Bögen und nackte Elektroden verwendet werden. Wie die schematische Abb. 117 nach SONDEREGGER [1] zeigt, geht der am Elektrodenende gebildete Tropfen nicht sofort zum Werkstück über, sondern stellt sich etwa senkrecht zur Elektrodenachse ein. Der Fußpunkt des Bogens setzt je nach Beschaffenheit der Tropfenoberfläche an beliebiger Stelle an. Beim Kreisen des Tropfens wandert oft der Lichtbogen mit. Der Tropfen wird schließlich durch Pincheffekt von der Elektrode abgetrennt und erreicht das werkstückseitige Schmelzbad. Mitunter werden *größere Stucke unregelmäßiger Form*, die noch mit der Elektrode zusammenhängen, in der gleichen Lage wie kreisende Tropfen beobachtet. Auch hier erfolgt eine Rotation um die Elektrodenachse und schließlich der Übergang zum Schweißbad.

Beim *Schweißen von Stahl mit Kohlendioxyd als Schutzgas* erhält man in der Regel kreisende Tropfen. Selbst bei Stromstärken bis zu 1000 A **tritt** kein meßbarer sprühregenartiger Übergang auf. Von neueren Untersuchungen zum Schweißen mit Kohlensäure als Schutzgas seien die Arbeiten von ROTHSCHILD [1] und v. D. WILLIGEN und DEFIZE [2] genannt, die Untersuchungen über den Werkstoffübergang enthalten, weitere Angaben in Ziff. 264. Einige Zeitlupenaufnahmen des kreisenden Tropfens sind nach v. D. WILLIGEN und DEFIZE [2] in Abb. 118 wiedergegeben. Bei diesen Versuchen wurde mit der sehr hohen Bogenspannung von 38 V gearbeitet, um eine große Bogenlänge und damit gute Aufnahmebedingungen für das Studium des Werkstoffüberganges zu erhalten. v. d. WILLIGEN und DEFIZE [2] weisen darauf hin, daß der schrage Abbrand der Elektrode wahrscheinlich auf Energiezufuhr durch Strahlung von der bereits niedergelegten Schweißraupe her beruht. Die Tropfen wachsen an der schrägen Fläche, wobei gleichzeitig die dem Werkstoffubergang entgegengesetzte Kraft den Tropfen anhebt.

Die Ausbildung von kreisenden Tropfen ist *unerwünscht*, da die lange Verweilzeit des flüssigen Metalls am Ende der Elektrode die *Aufnahme von Sauerstoff und Stickstoff* und den *Abbrand* von Legierungsbildnern, z. B. *Mangan*, begünstigt, somit die Qualität der Schweißung verschlechtert.

Man verwendet daher, wie bereits in Ziff. 46 erwähnt wurde, bei Kohlensäure als Schutzgas eine *sehr geringe Bogenlänge*, z. B. 1,6 mm, jedoch häufig auch eine erhebliche Länge des freien Elektrodenendes, z. B. 6 bis 35 mm,

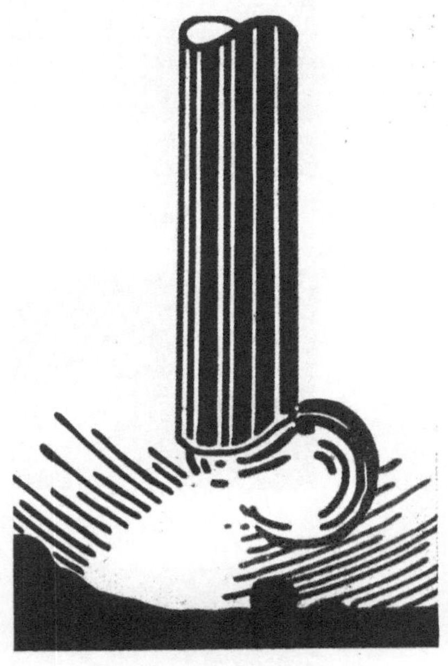

Abb. 117. Kreisender Tropfen

um die *Stromwärmeerhitzung* zur Erhöhung der Abschmelzleistung auszunutzen. Der Bogen brennt unterhalb der Blechoberflache. In dem entstehenden engen Einschnitt können sich keine großen kreisenden Tropfen ausbilden. Gleichzeitig werden *Spritzer* durch die steilen Wände des Bogenraumes abgefangen, vgl. Ziff. 179.

Die Rotation des Tropfens um die Elektrodenachse kann auf die elektromagnetischen Krafte zurückgeführt werden (Ziff. 137). ERDMANN-JESNITZER [5] beobachtete, daß bei Verlöschen des Bogens der kreisende Tropfen sofort zur Achse zurückschwingt. Er beruhrt das werkstoffseitige Schmelzbad und geht wie bei üblichem Kurzschluß über. Hieraus schließt ERDMANN-JESNITZER, daß das elektromagnetische Feld des Lichtbogens der Träger dieser Erscheinung sein muß, während ROTHSCHILD [1] glaubt, daß die Bildung des kreisenden Tropfens auf dem Gasdruck in der Bogensäule und Gasabgabe durch den Tropfen beruht.

Es wurde in Ziff. 149 gezeigt, daß die gleichförmige Ausbildung von Tropfen durch Bildung von *Unduloiden* (Instabilwerden der Flüssigkeitssäule) gestört werden kann, wenn *Rost* und *Verunreinigungen* auf der Elektrodenoberflache vorhanden sind. In diesem Falle wird der Tropfen nur teilweise ausgebildet sein und an der Elektrode einseitig haftenbleiben. Er wird dann weiter durch die konstanten, in der

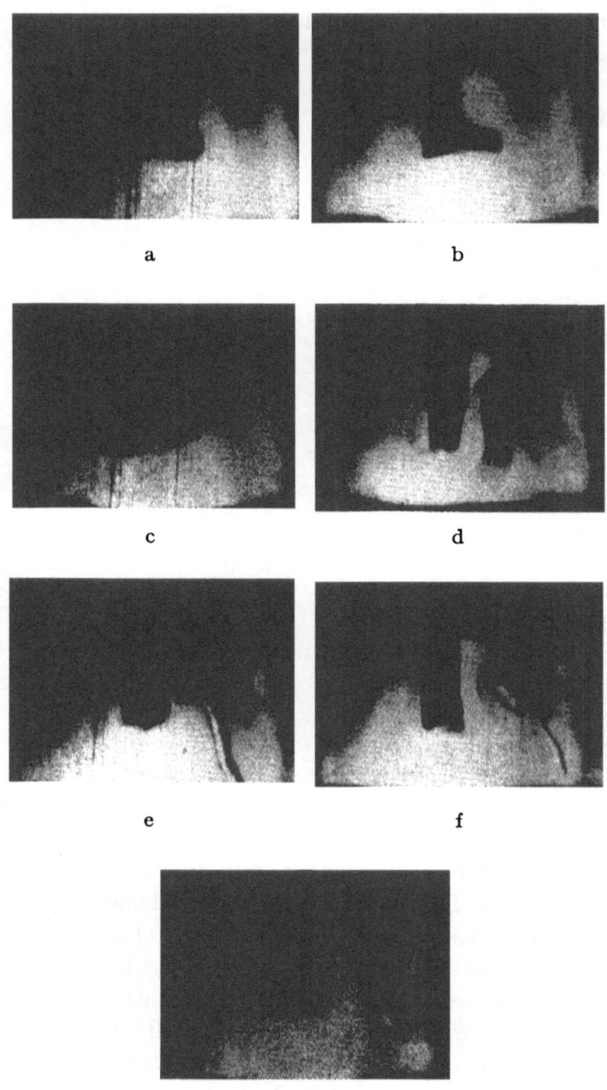

Abb. 118 a—g. Zeitlupenaufnahmen des Tropfenuberganges beim Kohlensaurelichtbogenschweißen von Stahl. Daten:

CO$_2$-Menge: 15 l/min, 400 A; 38 V Bogenspannung; Elektrodenvorschub 3,60 m/min; Maschinenvorschub 1,50 m/min. Der Draht von 2 mm Dmr. schmilzt an der zur Raupe gerichteten Seite schrag ab (nicht spitz wie bei Argon). Bei Ablosung des Tropfens springt Lichtbogen zur Elektrode. Bei mehreren Bildern ist Drehung des Tropfens erkenntlich

Achsenrichtung wirkenden mechanischen Kräfte, die vorwiegend von der Elektrode und in geringerem Maße vom Werkstück ausgehen (Ziff. 109), aus der Elektrodenachse herausgedrängt werden und kreisende Bewegung, entsprechend den elektromagnetischen Kräften, beginnen.

Auch diese Arbeitshypothese erklärt nicht alle bisher beobachteten Erscheinungen. Weiteres Beobachtungsmaterial ist nötig, um rechnerisch entscheiden zu können, welche Erklärung für den kreisenden Tropfen beste Übereinstimmung mit den Versuchsresultaten ergibt. Untersuchungen hierzu sind in mehreren Laboratorien im Gang, besonders mit Rücksicht auf die Schutzgasschweißung mit Kohlendioxyd und nackten Elektroden. Zur Vermeidung der in der Praxis unerwünschten kreisenden Tropfen kann man auch eine Kombination von CO_2-Schutzgas und Schlackenbildnern zum Schutz der Schweißnaht verwenden. Hierauf wird in Ziff. 194 näher eingegangen.

179. Übergang von Spritzern (spatter). Metalltropfen, die außerhalb der Schweißnaht deponiert werden, werden als „Spritzer" bezeichnet. Sie finden sich bei Schweißungen mit geringem Energieaufwand in beliebiger Atmosphäre, weiter bei Schweißungen mit hohem Energieaufwand in Kohlensäure. Spritzer sind meist leicht vom Werkstück zu entfernen, da sie den Kern des Bogens und die ihn umgebenden Aureolen hoher Temperatur (Ziff. 37) verlassen haben. Bei Erreichen des Werkstückes besitzen die Spritzer zu geringe Temperatur und Energie, um eine permanente Verbindung zu bewirken. Bei sprühregenartigem Werkstoffübergang treten Spritzer nur in sehr geringem Umfang auf. Spritzer gehen aus von a) der hocherhitzten Elektrode, b) dem sich bildenden oder übergehenden Tropfen, c) dem werkstückseitigen Schmelzbad und d) der durchbrennenden Brücke bei Wiederzündung des Bogens nach Kurzschlußübergang.

Spritzer stellen Materialverluste dar und sind als solche unerwünscht. Das Metall der Spritzer enthält meist mehr Sauerstoff und Stickstoff und weniger Legierungselemente als der im Lichtbogenplasma übergegangene Tropfen und kann daher die Festigkeit usw. der Schweißung nachteilig beeinflussen. Abb. 119 stellt nach GREEN und KRIEGER [1] Spritzverluste für nackte Elektroden in Luft und Edelgasen bei 170 und 300 A dar. Die größten Spritzerverluste ergeben sich für Nacktelektroden in Luft. Die Verluste nehmen bei konstant gehaltener Stromstärke sehr stark mit der Spannung zu (Ausnahme: Argon $+ 5\%$ Sauerstoff, gerade Polarität). Aus den Kurven folgt weiter, daß umgekehrte *Polarität* höhere Spritzerverluste als gerade Polarität ergibt.

Nach TUTHILL [3] erhalt man beste Resultate, wenn nackte Elektroden in Kohlensäure mit höherer Energie als in Edelgasen verschweißt werden. Weiter ergaben die Versuche, daß Metallteile unregelmäßiger Form, die von der Elektrode in das werkstückseitige Schmelzbad gelangen, bei Verwendung von Kohlensäure häufig in Spritzerform wieder fortgeschleudert werden. Bei Verwendung eines kurzen, tiefliegenden Lichtbogens, bei dem nach *röntgenographischen* Aufnahmen das Ende der Elektrode vielfach unterhalb der Blechoberfläche liegt, gelangen die Spritzer, die nicht durch die den Bogenraum bildenden Wände abgefangen werden, zum Elektrodenhalter, von dem sie häufig von Hand entfernt werden müssen. Vgl. Abb. 120 nach ROTHSCHILD [*1*].

Die in Zeitlupenaufnahmen beobachteten Spritzer können auf mehrere Ursachen zurückgeführt werden, insbesondere:

1. Bei geringer Energie bewirken *Rost* und *Verunreinigungen* auf der Oberfläche der Elektrode und des sich bildenden oder übergehenden Tropfens (einschließlich des kreisenden Tropfens), daß die explosive Wirkung durch Gase im Tropfen nach Ziff. 158 eine Beschleunigung der Tropfen nicht in Achsenrichtung, sondern unter beliebigem Winkel zur Achse hervorruft. Hierzu gehört auch das Auftreten von hohlen Spritzern, entsprechend den hohlen Tropfen in Ziff. 159, weiter die seit langem bekannte Erscheinung des „*Spratzens*" von Metallen, die bereits von ROSE [*1*] eingehend untersucht wurde. Auch hier nimmt das Metall beim Erhitzen Gas auf und gibt es plötzlich bei der Abkühlung explosionsartig unter Bildung von Spritzern ab. Literaturangaben für ähnliche Erscheinungen finden sich bei CONN [*12*].

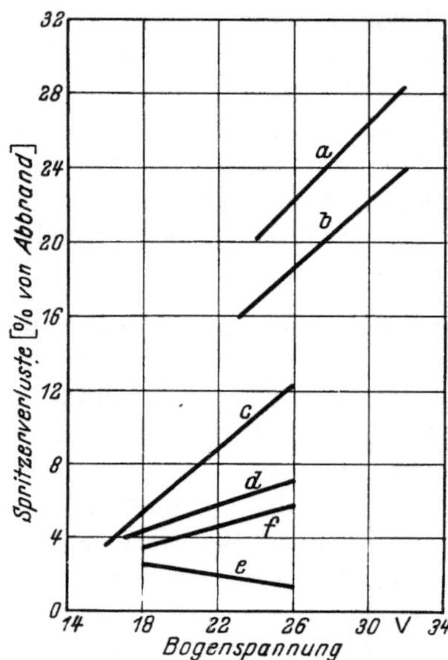

Abb. 119. Spritzerverluste bei wachsender Spannung und konstanter Stromstärke — in Luft 170 A, in Schutzgas 300 A
a Schweißung in Luft, umgekehrte Polarität, *b* Schweißung in Luft, gerade Polarität, *c* Schweißung in Argon, umgekehrte Polarität, *d* Schweißung in Argon + 5% Sauerstoff („Sigma-Argon"), umgekehrte Polarität; *e* Schweißung in Argon + 5% Sauerstoff („Sigma-Argon"), gerade Polarität; *f* Schweißung in Argon + Helium, umgekehrte Polarität

2. Gibt der *Tropfen*, etwa infolge lokaler Überhitzung durch den Bogen, bereits Gas ab, während er noch *mit der Elektrode verbunden* ist, so wird er ebenfalls aus der Achsenrichtung herausgeschleudert.

3. Weiter ist für hohen Energieaufwand und kurzen Bogen die *mechanische Kraftwirkung* auf das Schweißbad sehr groß, vgl. Abb. 99, die die Druckverteilung im Bogen zeigt. Tropfen werden daher mit sehr hoher Energie in das Schmelzbad geschleudert und häufig die Auslösung von Spritzern aus dem Bad bewirken.

4. Im gleichen Sinne wirken die bei Kohlendioxydverwendung auftretenden *exothermen Reaktionen*. Sie ergeben eine sehr hohe

Temperatur des Schmelzbades und führen zum „Kochen" des Bades; dadurch tritt plötzliches Erhitzen der ankommenden Tropfen, verbunden mit explosiver Gasabgabe und Spritzern, auf. Die von TUTHILL [4, 5] beobachtete Erhohung der Spritzerzahl bei Gegenwart von *Feuchtigkeit* im Bogenraum der Kohlensäure-Schutzgasschweißung dürfte ebenfalls auf die zusatzliche exotherme Reaktion zurückzuführen sein, vgl. Ziff. 83.

Nach ERDMANN-JESNITZER und PYSZ [1] entstehen Spritzer vorwiegend im Schmelzbad *W* am Werkstück (Ziff. 123, 204). Sie treten erst 0,01 bis 0,001 sec *nach* Beginn des Werkstoffüberganges auf. Ihre Zahl nimmt mit der Stromstarke zu. Sie werden auf die spontane Bildung von CO im Schmelzbad zuruckgefuhrt. Ihre Geschwindigkeit betragt z. B. bei nackten Elektroden etwa 2,6 m/sec fur 220 A.

c) Werkstoffubergang beim Schweißen unter Schlackenschutz

Schweißen unter Schlackenschutz umfaßt drei Verfahren:

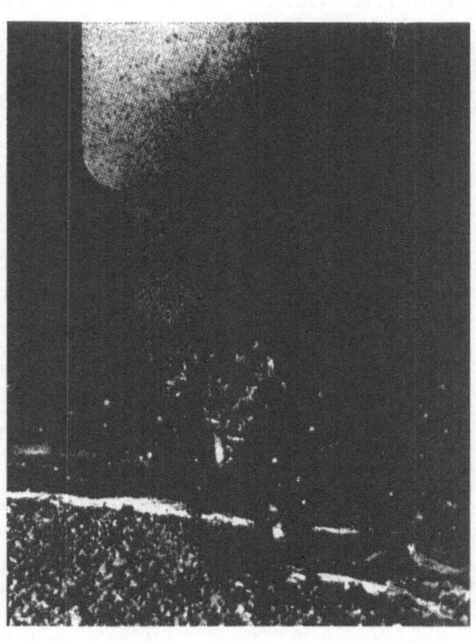

Abb 120 Spritzer an der Duse einer Schweißpistole nach einem Betrieb von 10 min

Verwendung von Mantelelektroden, Seelenelektroden und pulverförmigen Schweißmitteln für UP-Schweißung. In allen Fallen wird Schlacke erzeugt, die zum Schutz der Schmelzbäder am bogenseitigen Ende der Elektrode, im Tropfen und am Werkstuck dient. Wir behandeln jetzt die Gesichtspunkte, die von Interesse fur den Werkstoffubergang sind. Die ausfuhrlichere Behandlung erfolgt in Ziff. 271 ff.

α) *Mantelelektroden*

180. Übersicht zum Werkstoffubergang bei Mantelelektroden. Die Mehrzahl der fur Nacktelektroden im vorigen Abschnitt besprochenen Gesichtspunkte gilt auch für Mantelelektroden. Hinzu kommen jedoch der Einfluß der Bestandteile der Umhullung sowie ihr physikalischer und kristallographischer Aufbau. Es treten bei hohen Temperaturen Reaktionen zwischen Kerndraht bzw. Tropfen, Umhüllung und Gasen im Bogenraum auf, vgl. z. B. die Darstellung der *Thermodynamik* der chemischen Reaktionen und Gleichgewichte der Schweißprozesse von POGODIN-ALEXEJEW [1]. Reaktionen werden durch Bildung eines

Tiegels am bogenseitigen Ende der Mantelelektrode begünstigt, der nach Ziff. 113 gleichzeitig dazu dient, die übergehenden Werkstoffteilchen auf die gewünschte Breite der Schweißnaht zu leiten und Spritzerbildung möglichst zu vermeiden.

Der Werkstoffübergang erfolgt bei Mantelelektroden je nach Betriebsbedingungen, Zusammensetzung und Dicke der Umhüllung sprühregenartig oder in Form einzelner Tropfen, mitunter auch in der Nähe des *kritischen Wertes* als ein Gemisch feiner und grober Tropfen. Der kritische Wert stimmt mit den bei nackten Elektroden in Ziff. 169 mitgeteilten Zahlenangaben nahe überein.

I. Sprühregenartiger Übergang bei Mantelelektroden

181. Allgemeines zum Sprühregenübergang. Die Stabilität des Lichtbogens ist mit der des Bogens mit Schutzgasatmosphäre und Nacktelektrode nach Ziff. 172 vergleichbar. Es wird auch hier eine hohe Abschmelzleistung, insbesondere bei Verwendung von *„Hochleistungselektroden"*, erzielt. Je kleiner die Tropfen sind, um so gleichförmiger brennt der Bogen, besonders auch bei Wechselstrombetrieb, um so gleichförmiger ist die Oberfläche der Schweißnaht und um so besser ist die Qualität der Schweißung.

Der *Mechanismus der Tropfenbildung* wird für erzsaure Es Elektroden (Tab. 60) durch ERDMANN-JESNITZER [5] wie folgt angenommen: „Wesentlich für den Sprühtropfenübergang scheint die Voraussetzung zu sein, daß die Elektrode in einem tiefen Krater brennt und daß eine genügende, dem Es-Typ zugehörende Stromstärke vorhanden ist. Mit ziemlicher Stetigkeit werden dann aus dem Kraterinnern schubartig Tropfenserien ausgestoßen .... Es dürfen also als Ursache der Tröpfchenbildung bei genügend hoher Temperatur spontan einsetzende, sich zwischen flüssigem, hocherhitztem Kerndrahteisen und Hülle abspielende chemische Reaktionen angenommen werden." Der Tiegel am Elektrodenende wirkt als Isolierung gegen Wärmeverluste, so daß flüssiges Eisen geringer Viskosität vorliegt, das je nach Stärke der Reaktionen in kleineren und größeren Tröpfchen ausgestoßen wird. Weitere Angaben bei ERDMANN-JESNITZER [3].

Man kann weiter die in Ziff. 173 besprochenen Vorgänge heranziehen, insbesondere den Kollisionsmechanismus nach Abb. 112c, da der Trichter eine starke seitliche Streuung der Tropfen verhindert. Die Bildung der Schlackenhülle auf den übergehenden Tropfen wird in Ziff. 189 behandelt.

182. Zahlenwerte. Die schematische Abb. 121 gibt Versuchsergebnisse von LARSON [1] wieder. Der Bogen brannte mit etwa 300 A zwischen einer Stahlelektrode, deren Mantel Zellstoff enthielt, und dem Werkstück. Es trat sprühregenartiger Werkstoffübergang auf. Die

Bestimmung der übergehenden *Tropfengrößen* ergab Werte zwischen 0,25 und 0,025 mm Dmr. Die Verteilung der Tropfengrößen ist maßstäblich in Abb. 121 eingetragen. Es ist besonders interessant, daß die Tropfen weniger als 1 % des angedeuteten zylinderförmigen Raumes einnehmen,

doch liegt noch eine große Zahl kleinerer Teilchen von < 0,025 mm Dmr. vor, deren Größenverteilung nicht ermittelt werden konnte. Die *Geschwindigkeit* der Tropfen nimmt mit abnehmender Größe zu. Sie erstreckt sich von 2 bis 38 m/sec. Die Minimalgeschwindigkeit des *Eisendampfes* im Bogenraum wird auf 15 m/sec geschätzt. Weitere Zahlenangaben finden sich bei LE COMTE und ROLL [1], POGODIN-ALEXEJEW [1] und v. HOFE [2].

RAPATZ und HUMMITZSCH [1] bestimmten für eine Reihe von *einzelnen Bestandteilen*, die für die Umhüllung von Elektroden, für Seelenelektroden und UP-Schweißmittel verwendet werden, die in Tab. 21 aufgeführten

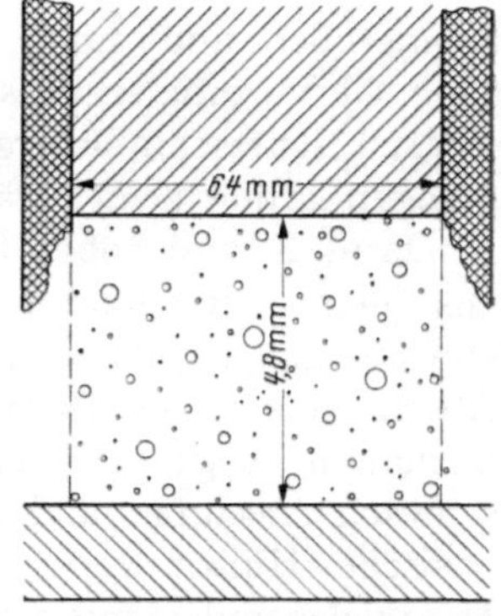

Abb. 121. Teilchenverteilung im Bogenraum bei zellulosehaltigen Mantelelektroden. Durchmesser der großen Tropfen 0,25 mm; untere Meßgrenze für die Tropfen 0,025 mm Dmr.

Tabelle 21. *Kennwerte von einzelnen Mantelstoffen (Kerndraht 4 mm Dmr)*

Mantelstoff		Stundliche Abschmelz-menge g/h	Schweiß-strom A	Schweiß-spannung V	Licht-bogen-spannung V	Tropfenzahl Kurzschlusse n/sec	Spruhregen n/sec
		Gleichstrom, Elektrode am Minuspol (gerade Polaritat)					
Erze	Magnetit	1200	157	21,5	22,9	8—10	35— 55
	Ilmenit.. .. .	1240	155	25,5	26,7	3— 8	40— 70
Sauren	Rutil	1350	160	21,5	23,0	10—15	40— 60
	Quarz	2000	136	37,0	37,0	—	80—150
Aluminium-silikate	Kali-Feldspat .	1910	137	31,5	31,5	—	80—150
	Mikro-Asbest .	1790	140	35,0	35,0	—	100—170
Basen	Kalkspat... ..	960	162	18,5	18,6	0— 2	60— 80
Flußmittel	Flußspat	1860	141	36,0	37,5	4— 8	90—130
Ferro-legierungen	FeMn affiné ...	1710	158	22,0	26,9	30—40	20— 50
	Hochofen-FeMn	1730	143	32,0	33,0	2— 5	70—100
	FeSi 45% . .	1810	148	34,0	34,8	0— 2	50—140
		Gleichstrom, Elektrode am Pluspol (umgekehrte Polaritat)					
Sauren	Quarz.... .	1770	142	36,5	36,5	—	90—130
Basen	Kalkspat . .	1490	151	22,0	22,2	1— 3	50—100
Flußmittel	Flußspat.... .	1580	149	26,5	27,8	1— 5	40— 90
Ferro-legierungen	FeMn affiné ...	1310	148	21,0	22,1	12—20	30— 60
	Hochofen-FeMn	1170	153	22,0	24,5	8—12	40—120

Kennwerte. Es wurden Kerndrahte aus Stahl von 4 mm Dmr. benutzt. Als Bindemittel für die einzelnen Mantelstoffe diente *Natronwasserglas*. Die Art des Tropfenüberganges und die Zahl der Tropfen wurden oszillographisch festgestellt.

Alle untersuchten Substanzen zeigen bei den gewählten elektrischen Kenngrößen und 4 mm Bogenlänge sprühregenartigen Tropfenübergang. Gleichzeitig ergibt sich bei der Mehrzahl der Mantelstoffe ($+$Wasserglas) Kurzschlußübergang, der besonders hohe Werte bei Ferromangan affiné zeigt, während Hochofen-Ferromangan nur geringen Kurzschluß- und hohen Sprühregenübergang ergibt. Elektrodenhüllen aus Quarz und Silikaten ergeben vorwiegend sprühregenartigen Werkstoffübergang. Quarz und Ferromangan ergeben am Minuspol höhere Abschmelzleistung als am Pluspol, während Kalkspat umgekehrtes Verhalten zeigt. Die erstgenannte Gruppe ist Träger der sauren, schwach erzsauren und erzsauren Hullen, die letztgenannte wird für basische Hüllen verwendet, vgl. Ziff. 316. In der Praxis können Mantelelektroden mit nur einem Hüllenbestandteil nicht angewendet werden, um allen Anforderungen zu genügen. Vielmehr werden meist getrocknete Mischungen aus Rohstoffen verwendet oder die Rohstoffe werden gebrannt, gesintert oder geschmolzen, bevor sie im Mantel, der Seelenelektrode oder dem UP-Schweißmittel verwendet werden.

183. Heißgehende Elektroden. Die in der Technik als „heißgehend" bezeichneten Elektroden enthalten Stoffe, die exotherme Reaktionen verursachen, vgl. Ziff. 77. Nach ERDMANN-JESNITZER [4] sollte man genau definieren, ob die Elektrode selbst oder das werkstuckseitige Schweißbad als heißgehend bezeichnet werden. Beispielsweise sind die Zellstoff enthaltenden *Tiefeinbrandelektroden* elektrodenseitig als kaltgehend, jedoch schweißbadseitig, wo die exothermen Reaktionen auftreten, als heißgehend anzusehen. Das gleiche gilt nach Ziff. 83 für feuchte Tiefeinbrand- und feuchte Standardelektroden.

Elektroden der *Typen Es* (erzsauer) und *Ox* (oxydisch) besitzen hohen Gehalt an Oxyden, Ferromangan usw. und sind als heißgehend an der Elektrode anzusprechen. Sie ergeben sprühregenartigen Werkstoffubergang. Eine bei diesen Elektroden gelegentlich beobachtete Bildung von *Schlackenbrücken* zwischen Elektrode und Werkstück, die etwa 0,1 sec bestehenbleiben, scheint keinen Einfluß auf den Lichtbogen zu haben, wenn Sprühregenübergang stattfindet.

RICHTER [2] findet bei seinen Untersuchungen über die Einführung von Legierungselementen in Form *metallischer Pulver* gegenüber der Einführung als *Oxyd*, vgl. Ziff. 85, daß bei Verwendung von metallischem *Nickel* neben metallischem Chrom in der Umhüllung keine homogene Schweißverbindung erhalten wird, da das Schmelzbad am Werkstück zu kalt ist. Wird jedoch *Nickeloxyd* anstelle von metallischem

Nickel eingeführt, so wird es durch die im Draht und im Mantel vorhandenen Anteile an Mangan und Silizium reduziert. Die nach Tabelle 11 hierbei exotherm verlaufenden Vorgänge erhöhen die Temperatur des bogenseitigen Endes der Elektrode, das auflegiert wird. Als Folge der hohen Temperatur des elektrodenseitigen Schmelzbades ergibt sich sprühregenartiger Tropfenübergang bei Verwendung von Nickeloxyd. Abb. 122 u. 123 geben Ausschnitte aus Zeitlupenaufnahmen des

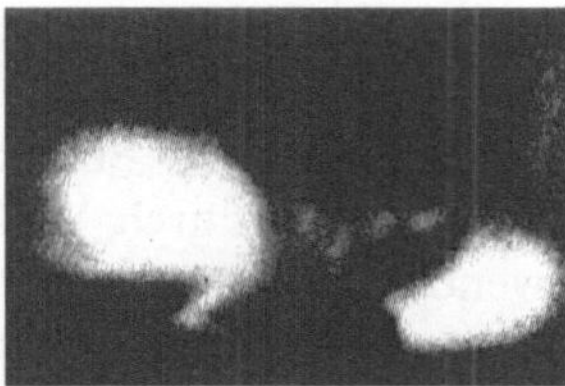 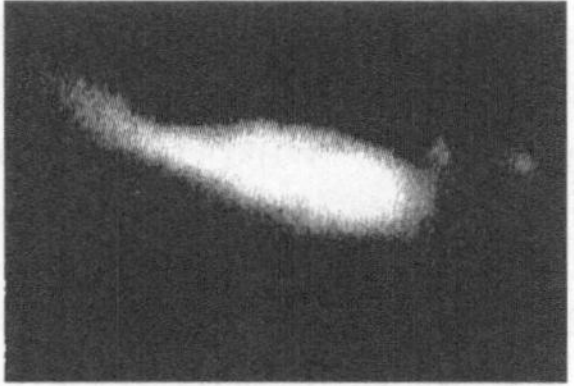

<table>
<tr><td>Abb. 122 Groß- bis mitteltropfiger Kurzschluß-
übergang einer Elektrode mit Ferrochrom in der
kalkbasischen Hülle,
Schweißgut 10,0 %Cr und 0,45% C</td><td>Abb 123 Sprühregenartiger Tropfenübergang
einer Elektrode mit Ferrochrom und Nickeloxyd
in der kalkbasischen Hülle,
Schweißgut 0,12% C, 20% Cr, 9,6% Ni</td></tr>
</table>

Schweißbogens bei Verwendung von Metallpulver bzw. Metalloxyd wieder, die von ERDMANN-JESNITZER aufgenommen und bei RICHTER [2] veröffentlicht sind.

184. Unterwasserschweißung. Es liegen mehrere neue Arbeiten über Unterwasserschweißung vor, die auch eine Übersicht über ältere Literatur geben; hierzu seien Veröffentlichungen von LINCOLN [1], LIEBIG und ANDERS [1], STRASBURGER [1], LEGGETT, JR. [1] und WAUGH und EBERLEIN [2] genannt.

Bei dieser physikalisch besonders interessanten Anwendung der Lichtbogenschweißung werden Mantelelektroden mit dicker Umhüllung und starker Gasentwicklung verwendet, z. B. Typ Es. Ein Überzug des Mantels mit einem Schutzmittel ist erforderlich, um Zersetzung durch Meerwasser oder dgl. zu vermeiden. Der Lichtbogen und das werkstückseitige Schmelzbad werden durch die beim Schweißen entstehenden Metalldämpfe und Gase vom umgebenden Wasser isoliert. Es wird im allgemeinen eine höhere Stromstärke als in Luft verwendet, so daß die Wärmeabsorption durch das umgebende Wasser ausgeglichen wird. Die Schutzmittel für die Elektrodenumhüllung enthalten entweder einen Übergang aus *Wasserglas* (Natriumsilikat) oder einem *organischen Lack*.

Man beobachtet nun, daß a) die Elektroden unter Wasser „heißer" laufen als die gleichen Elektroden in Luft; b) die mit Wasserglas hergestellten Schutzmittel verursachen einen *grobtropfigen Werkstoffübergang*, während c) die unter Verwendung von organischen Substanzen hergestellten Schutzmittel einen *sprühregenartigen* Übergang ergeben. Wir möchten diese Beobachtungen wie folgt erklären: a) Feuchtigkeit im Bogenraum, die hier trotz der starken Gasentwicklung unzweifelhaft vorliegt, veranlaßt exotherme Reaktionen; b) Verwendung von Silikaten in den Überzügen ergibt erhöhte Viskosität der Schmelze am Werkstück und an der Elektrode, vgl. Ziff. 208, somit Bildung von großen Einzeltropfen; c) Verwendung organischer Mittel in der Schutzschicht ergibt, ahnlich wie bei Zellulosegehalt der Elektrode, exotherme Vorgänge in den Schmelzbädern, und zusammen mit a) Sprühregenübergang. Eine gegenseitige Beeinflussung der verschiedenen Faktoren liegt auch dann vor, wenn nur sehr geringe Mengen des Schutzmittels in den Lichtbogenraum gelangen, vgl. Ziff. 200.

Neuerdings wird Unterwasserschweißung in *Argon* als Schutzgas durch AVILOV [1] vorgeschlagen. Zur Verringerung der durch Wasserstoff verursachten *Porosität* (Ziff. 223) verwendet NOVOŽILOV [1] oxydierende Atmosphäre durch Einführung von *Kohlendioxyd* oder Kohlendioxyd plus Sauerstoff. Bei den Versuchen ergeben sich gute Schweißresultate bei einem Sauerstoffgehalt bis zu 34%. (Auf die Einwirkung von Sauerstoff auf den Werkstoffübergang wurde bereits in Ziff. 128 eingegangen.)

II. Übergang einzelner Tropfen bei Mantelelektroden

185. Empirisches zum Übergang einzelner Tropfen. Auch hier sind wie bei den nackten Elektroden zu unterscheiden: Frei übergehende Tropfen, Kurzschlußübergang, kreisende Tropfen und Spritzerübergang. Die grundlegenden Erscheinungen sind identisch für nackte und umhüllte Elektroden, doch kommt bei den letzteren die Einwirkung des Mantels hinzu. Der Mantel liefert die Hauptmenge der *Schlacke*, die durch Reaktionen zwischen den vorliegenden festen, flüssigen und gasförmigen Phasen modifiziert ist.

186. Zahlenwerte. Die im vorigen Abschnitt besprochene Tab. 21 enthält Werte für die Anzahl der Kurzschlüsse bei Verwendung einzelner, durch Wasserglas gebundener Bestandteile der Umhüllung. Durch Steigerung der Stromdichte können bei Handschweißelektroden, Typ Es, nach HUMMITZSCH und MERSMANN [1] bis zu 130 Tropfen/sec erreicht werden.

Versuchsresultate für verschiedene Elektrodentypen werden in Tab. 22 nach V. D. WILLIGEN und DEFIZE [1] wiedergegeben. Zahl der Tropfen, Durchmesser d_c des metallischen Kernes der von Schlacke umgebenen Tropfen und das Verhältnis von d_c zum Durchmesser des Kerndrahtes D wurden bestimmt. Weiter werden einige Werte d_c/D' für *Kontaktelektroden* (vgl. Ziff. 318) mitgeteilt. Hierbei stellt D' den Kerndrahtdurchmesser für den Fall dar, daß alles im Mantel enthaltene Eisenpulver im Kerndraht eingeschlossen wäre (z. B. enthält Elektrode C–18–4 etwa 24% und C–20–4 etwa 41% Eisenpulver). Bei der Kontaktelektrode C–18 ergibt sich ein freier Übergang kleiner Tropfen. Der geringe Tropfendurchmesser der Philips 50–5 Elektrode beruht auf dem hohen Eisenoxyd- (FeO-) Gehalt des geschmolzenen Metalls, der Viskositat und Oberflachenspannung stark erniedrigt. Die Philips 56–5 Elektrode hat nur Spuren von FeO, und Viskosität und Oberflächenspannung sind im Metallbad entsprechend hoch.

Tabelle 22 *Durchmesser des Eisenkernes der Tropfen, d_c, von verschiedenen Elektrodentypen*

Elektrode Bezeichnung	Stromstarke in A	Bogenspannung in V	Bogenlange in mm	Tropfenzahl/sec	d_c mm	d_c/D	d_c/D' fur Kontaktelektroden
C 18-4	180	45	4,8	185	1,9	0,47	0,41
C 18-4	180	47	6,6	133	2,0	0,50	0,44
C 18-4	165	42	6,1	145	1,8	0,44	0,38
C 20-4	190	35	6,1	91	2,3	0,58	0,44
Philips 50-5	200	35	4,8	162	1,3	0,26	—
Philips 56-5	230	37	8,0	29	2,7	0,54	—
Philips 56-5	230	37	6,2	32	2,8	0,56	—
Philips 56-5	230	38	5,3	42	3,3	0,66	—
Philips 56-5	200	38	5,5	24	2,6	0,53	—

187. Schlackenhülle der übergehenden Einzeltropfen. Eine *röntgenographisch* aufgenommene Laufbildserie von SACK [1] ist in Abb. 124 wiedergegeben. Die Aufnahmen zeigen Abschmelzen und Übergang von großen Tropfen durch den Bogen zum Schweißbad. Jeder Tropfen ist völlig durch *Schlacke* eingeschlossen. Ähnliche Ergebnisse wurden z. B. durch V. D. WILLIGEN und DEFIZE [1] mittels *Zeitlupenaufnahmen,* durch WAUGH und EBERLEIN [1] auf *mechanischem Wege* erhalten.

Eingehende Untersuchungen des Werkstoffüberganges wurden mittels Zeitlupenaufnahmen durch ERDMANN-JESNITZER, PAXMANN und BRUCHMULLER [1] vorgenommen, die zum Teil bei ERDMANN-JESNITZER [1] wiedergegeben sind; neuere Zeitlupenaufnahmen werden bei ERDMANN-JESNITZER [5] und ERDMANN-JESNITZER und PYSZ [1] diskutiert. Es ergibt sich, daß Elektroden mit dünner Umhüllung sich ähnlich wie Nacktdrahtelektroden verhalten. Mittelstark umhüllte Elektroden vom Typ Ti (Titandioxydtyp) ergeben eine wesentlich bessere Bogenstabilität sowie geringere Tropfendurchmesser als die dunn umhüllten Elektroden.

In den Zeitlupenaufnahmen, die z. B. unter den folgenden Bedingungen aufgenommen wurden: Elektrode mittelstark umhüllt, Typ Ti, 5 mm Kerndrahtdurchmesser, 180 bis 200 A Stromstärke, sind Tropfen zu erkennen, die etwa den gleichen Durchmesser wie der Kerndraht besitzen. Der Mantel schmilzt durch Erwärmung des Kerndrahtes ab und verdampft teilweise. Die gebildete *Schlacke* überzieht den Tropfen, der sich vom Tiegel der Mantelelektrode aus bildet — vgl. die schematische Abb. 91. Bei den Zeitlupenfilmen beobachtet man oft anschließend ein Abfließen der Hülle von dem sich bildenden Tropfen, dann die Bildung einer neuen Hülle auf dem Tropfen und schließlich den Übergang des Tropfens zum werkstückseitigen Schmelzbad. Die flüssige Schlackenhülle der übergehenden Tropfen besitzt eine genügende Dicke, um den Tropfen während des Überganges zum Schweißbad gegen Sauerstoff- und Stickstoffaufnahme zu schützen.

Die Untersuchungen des Überganges einzelner Tropfen ergeben somit nicht nur Schlakkenschutz der Schmelzbäder am bogenseitigen Ende der Elektrode und am Werkstück, sondern auch Schutz jedes einzelnen, durch den Bogen übergehenden Tropfens durch eine Schlackenschicht.

188. Verfügbare Schlackenmenge. Die Länge des für einen Tropfen abgeschmolzenen Elektrodenmaterials von gegebenem Durchmesser und damit die für den Tropfen verfügbare Schlackenmenge nimmt mit der Größe der Tropfen ab. Gleichzeitig nimmt die Zahl der übergehenden Tropfen zu. Es ergibt sich somit eine starke Vergrößerung der Metalloberfläche, vgl. Tab. 16. Die für einen Tropfen *verfügbare Schlackenmenge* würde bei Auftreten des sprühregenartigen Überganges äußerst gering werden. Man steigert daher die *Dicke der Elektrodenumhüllung* von den „dünn umhüllten" zu den „mitteldick umhüllten" und zu den „dick umhüllten" Elektroden der Technik, bei denen die Manteldicken weniger als 15 %, 15 bis 40 % bzw. mehr als 40 % des Kerndrahtdurchmessers betragen, vgl. Ziff. 231. In der Regel übt — neben der Zusammensetzung — die Dicke der Umhüllung den folgenden Einfluß aus: Dünn umhüllte Elektroden ergeben einen großtropfigen, mitteldick umhüllte Elektroden einen mitteltropfigen und dick umhüllte Elektroden einen feintropfigen bzw. sprühregenartigen Übergang. Hierbei dürfte die Erhöhung der Elektrodentemperatur bei verbesserter Isolierung ausschlaggebend sein.

Weiter ist zu beachten, daß die Schlackenhülle eines hocherhitzten, flüssigen Tropfens infolge der bekannten *Wirbelbildung* in das Innere des Tropfens hereingezogen wird, vgl. Abb. 125 nach GARNER [1]. Wirbelbildung in den übergehenden Flüssigkeitstropfen führt zu inniger

Abb 124
Röntgenographische Zeitlupenaufnahmen des freien Werkstoffüberganges bei Mantelelektrode, 50 Aufnahmen/sec, Tropfen völlig von Schlacke umgeben

Durchmischung von Metall und Schlacke. Die Trennung von Metall und Schlacke infolge ihrer verschiedenen spezifischen Gewichte erfolgt, nachdem der Metall-Schlacke-Tropfen das werkstückseitige Schmelzbad erreicht hat. Bei der Abkuhlung verhindert das Schlackenbad den Zutritt von Luft zum Metallbad. Die Rolle der innigen Durchmischung bzw. des engen Kontaktes von Schlacke und Metall hinsichtlich der Übertragung von Legierungsbildnern, oberflächenaktiven Substanzen usw. von der Schlacke zum Metall wird in Ziff. 231 besprochen.

Der *Tiegel* am Ende der Elektrode übt einen erheblichen Einfluß auf die Schlackenhulle der Tropfen aus. Die Länge des Tiegels wird durch die Zusammensetzung und die physikalischen Parameter, z. B. Korngröße und Schmelzpunkt der Umhullungsbestand-

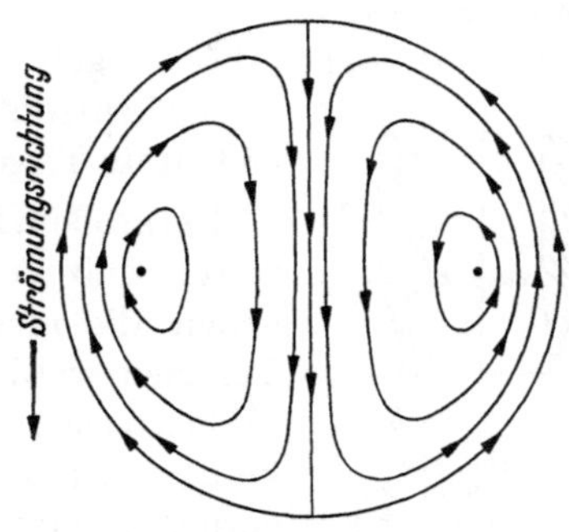

Abb 125 Durchwirbelung eines Tropfens

teile der Elektrode, stark beeinflußt. So fanden ERDMANN-JESNITZER und KLAAS [1], daß eine Umhüllung aus hochschmelzender *Tonerde mit oder ohne Aluminiumzusatz* bei umgekehrter Polarität (entsprechend Warmekonzentration an der Elektrode) einen ruhigen und feintropfigen Übergang ergibt. Sie kann jedoch nicht bei gerader Polaritat (im allgemeinen Warmekonzentration am Werkstuck) oder Wechselstrom verschweißt werden. CONN [6] verwendete *Aluminiumsilikate*, z. B. *Mullit*, fand jedoch, daß infolge des hohen Schmelzpunktes von $1810 \pm 10°$ C der Tiegel so tief wurde, daß der Lichtbogen abriß. Hingegen ergibt Mullit mit Zusatzen zur Erniedrigung des Schmelzpunktes gute Schweißungen.

189. Schlackenhülle bei Stromdurchgang durch den Mantel.

Solange der Werkstoffübergang in großen oder mittelgroßen Tropfen erfolgt, ist die Bildung eines Schlackenuberzuges auf dem sich bildenden Tropfen innerhalb des Tiegels oder nach teilweisem Austritt aus dem Tiegel nach Abb. 91 leicht verständlich. Nach Durchgang durch den kritischen Wert und bei spruhregenartigem Übergang liegen die Dinge jedoch anders. Hier kann man folgende Annahmen machen: Bei der hohen Elektrodentemperatur, insbesondere beim brennflecklosen Bogen, treten große Mengen der feinen und feinsten Tröpfchen aus der Elektrodenoberflache gleichzeitig aus, vgl. Ziff. 173, 181. Liegen nun Silikate oder andere Materialien in der Umhüllung vor, die bei hohen Temperaturen eine wesentliche erhöhte elektrische Leitfahigkeit gegenüber Zimmertemperatur besitzen, so wird bei hoher Temperatur auch *Stromdurchgang durch den Mantel* erfolgen. Als Resultat wird der *Pincheffekt* wirksam werden und einen zur Achse gerichteten Druck auf die Tiegelwände

senkrecht zur Achsenrichtung (vgl. Ziff. 145) ausüben. Der Pincheffekt wird in Bogennähe ein Maximum erreichen, da dort ein maximaler Stromanteil durch den Mantel fließt. Das Ende des Mantels wird
Kegelform annehmen. Die Kontraktion des Mantels wird dadurch
begünstigt, daß die Festigkeit des Tiegelmaterials in Nähe des Schmelzpunktes sehr niedrige Werte erreicht. Gleichzeitig findet eine *Erosion*
der Innenwand des Tiegels durch die übergehenden Metall- und
Schlackentropfen statt, so daß sich die in Abb. 126 an-
gedeutete Tiegelform ausbildet.

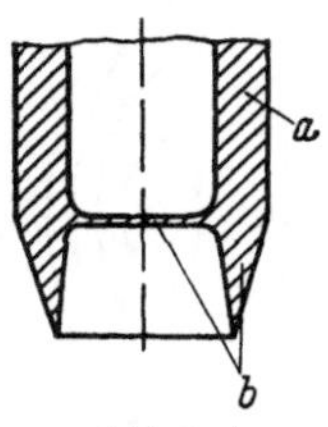

Abb 126
Tiegelform bei
hochschmelzendem
Elektrodenmantel
und spruhregen-
artigem Werkstoff-
ubergang

a Elektrodenman-
tel, *b* Schlacke

Bei großem Elektrodendurchmesser wird es leicht eintreten, daß metallische Teilchen zum Werkstück übergehen, die nicht mit Schlacke überzogen sind. Diese
Teilchen werden Oxydation, Verlust von Legierungsbildnern usw. zeigen und somit die Güte der Schweißnaht
herabsetzen können. Man wird daher einen möglichst
geringen Durchmesser des Kerndrahtes der Mantelelektrode (somit einen geringen inneren Durchmesser des Tiegels) verwenden, sowie Mantelbestandteile, die bei hoher
Temperatur stromleitend sind, um einen möglichst hohen
Prozentsatz von Tropfen mit Schlackenhülle zu erhalten.

Dies ist von besonderer Wichtigkeit bei den heutigen Bestrebungen,
unlegierte Kerndrähte zu verwenden, die durch Bestandteile der *Umhüllung auflegiert* werden sollen. Neuere Erkenntnisse zum Mechanismus
der Auflegierung werden in Ziff. 235 besprochen. Die hier gezogene
Folgerung, möglichst geringe Kerndrahtdurchmesser zu verwenden,
stimmt mit den Erfahrungen der Technik überein. Man verwendet
möglichst geringe Kerndrahtstärken, um hohe Güte der Schweißverbindungen und der Auftragschweißungen zu erhalten.

190. Kreisende Tropfen und Übergang von Spritzern. Kreisende
Tropfen und Spritzer treten bei Mantelelektroden in ähnlicher Weise
wie bei nackten Elektroden auf. LORENZ [6] berichtet über diese Vorgänge anhand von Zeitlupenaufnahmen von ERDMANN-JESNITZER, die
für mehrere Elektrodentypen erhalten wurden. Auch hier ergibt sich
häufig eine Unsymmetrie des Lichtbogenansatzes, die einen bestimmen-
den Einfluß auf den kreisenden Tropfen ausüben dürfte. Nach den
Beobachtungen von ERDMANN-JESNITZER [5] gehen mehr Spritzer bei
nackten und bei dünn umhüllten Elektroden vom werkstückseitigen
Schmelzbad als von der aufgeschmolzenen Elektrodenspitze aus. Bei
Mantelelektroden vom Typ Ti ist das Verhältnis etwa gleich, und beim
Elektrodentyp Es kommt der Hauptanteil der sehr geringen Zahl der
Spritzer aus dem Schmelzbad der Elektrode. Bei Übergang einzelner
Tropfen gehen nach ERDMANN-JESNITZER und PYSZ [1] die Spritzer
auch hier vom Bad *W* (Ziff. 179) aus, *nachdem* der Werkstoffübergang

eingesetzt hat. Die *Geschwindigkeit der Spritzer* beträgt nach LORENZ [6] etwa 1 bis 5 m/sec, gelegentlich bis zu 15 m/sec, nach ERDMANN-JES-NITZER und PYSZ [1] 0,6 bis 2,6 m/sec.

β) Seelenelektroden

191. Empirisches zum Werkstoffübergang bei Seelenelektroden. Die Aufgaben der Seelenelektroden wurden in Ziff. 54 kurz gekennzeichnet. Es werden unlegierte und legierte Seelenelektroden unterschieden. Legierungsbildner, Hartstoffe usw. können mit Hilfe von Seelenelektroden in Verbindungs- und Auftragschweißungen eingeführt werden, selbst wenn die Zusätze erhebliche Korngröße besitzen mussen und durch die ublichen Mantelelektroden nicht eingefuhrt werden können, vgl. Ziff. 326.

Seelenelektroden werden als *Hohldrähte* oder als *Falzdrähte* hergestellt, vgl. Abb. 127 fur einen Falzdraht nach DE ROP und SCHMIDT-BACH [2]. Die ersteren enthalten eine eingewalzte Fullung von etwa zylindrischer Form, die letzteren sind aus mehrfach gefalzten Stahlbandern hergestellt, in deren Zwischenraumen sich die Fullung befindet. In die Füllung können auch Substanzen zur Verbesserung des Leitvermögens im Bogenraum, somit zur Stabilisierung des Lichtbogens, eingefuhrt werden, vgl. Ziff. 51. Mit Rucksicht darauf, daß viele Legierungsbildner und Hart-metallzusätze gegen hohe Temperaturen empfindlich sind, wird meist mit niedriger Stromstarke, sehr ge-

Abb 127   Querschnitt durch eine Falzdraht-elektrode mit pulverformigen Zusatzstoffen

ringer Bogenlänge und gerader Polaritat gearbeitet. Die Folge ist, daß *großtropfiger Werkstoffubergang* mit Kurzschlußbildung erhalten wird, der häufig mit dem Auftreten von Spritzern verbunden ist. Andererseits bieten Zusatzmittel großen Durchmessers weniger Oberflache als kleine Teilchen dar, so daß sie weniger leicht oxydiert werden.

192. Seelenelektroden ohne Umhüllung. Die Verschweißung der nackten Seelenelektrode zeigt Ähnlichkeit mit der der nackten Vollelektrode: Das Äußere der Elektrode und die Oberflache des werkstückseitigen Schmelzbades sind der Luft ausgesetzt, so daß Sauerstoff und Stickstoff aus der Luft aufgenommen werden. Mitunter werden der Füllung gas-abgebende Substanzen beigefugt, die zusammen mit Metalldämpfen einen Schutz des übergehenden Werkstoffes und der Schmelzbäder an Elektrode und Werkstuck bewirken. Das auf hoher Temperatur befindliche Ende der Seelenelektrode wird durch *Pincheffekt* zusammengezogen werden, so daß bereits vor und während der Tropfenbildung die auflegierende Wirkung einsetzen kann (ähnlich Ziff. 231).

193. Seelenelektroden mit Umhüllung. Durch Aufbringen einer schlackenbildenden Umhüllung auf die Seelenelektrode werden Bedingungen ähnlich einer Mantelelektrode hergestellt. Insbesondere wird Sauerstoff- und Stickstoffaufnahme aus der Luft vermieden und die Zahl der Spritzer verringert. Die Elektrode „fließt" leichter als die nackte Seelenelektrode, d. h. die Viskosität wird durch die in die Umhüllung eingebrachten Flußmittel verringert. Es wird eine gleichförmigere, besser aussehende Schweißnaht erhalten, die porenfrei ist und bessere Festigkeit usw. ergibt.

194. Kombination von Seelenelektroden und Schutzgasschweißung. Es sind seit kurzem sehr interessante Schweißverfahren entwickelt

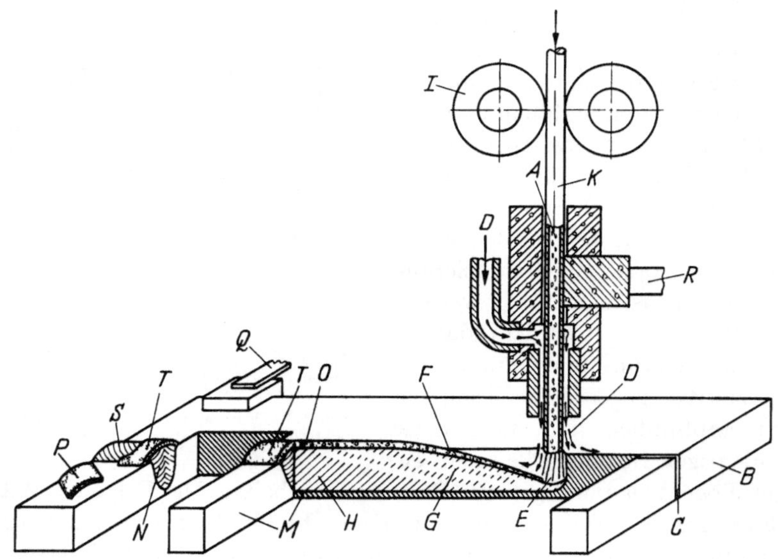

Abb. 128 Schweißen mit dem „Bernard-Verfahren" unter Verwendung von Seelenelektrode und Schutzgas

A Kern der Elektrode, *B* Blech, *C* Stoßfuge, *D* Schutzgas, *E* Lichtbogen, *F* Geschmolzene Schlackenschicht, *G* Geschmolzenes Metallbad; *H* Schweißgut, *I* Transportrollen, *K* Seelenelektrode vom Ring, *M* Grundmetall, *N* Schweißung, *O* Erstarrende Schlacke, *P* Abgelöste Schlacke; *Q* Erdleitung, *R* Gleichstrom- oder Wechselstromleitung, *S* Schweißraupe, *T* Erstarrte Schlacke

worden, bei denen Seelenelektroden zusammen mit Schutzgasatmosphäre, z. B. Kohlendioxyd, Helium oder Argon, zur Herstellung von Verbindungs- und Auftragschweißungen verwendet werden. Die Seelenelektrode enthält hierbei die schlackenbildenden und oberflächenaktiven Bestandteile. Die Schweißung wird somit gegen Luftzutritt geschützt, und es wird eine niedrige Oberflächenspannung der Schmelzbäder an Elektrode und Werkstück und des flüssigen Tropfens erreicht. Man kann daher mit hoher Energiezufuhr arbeiten und den großtropfigen Werkstoffübergang durch mittelgroße Tropfen und spruhregenartigen Übergang ersetzen.

Wenn sich der Lichtbogen und die ihn umgebende Schutzgashaube mit hoher Geschwindigkeit entlang der Schweißnaht fortbewegen, verhindert die auf der Schweißung verbleibende Schlacke den Luftzutritt zur Schweißung. Die Schlacke bewirkt auch eine langsamere Erstarrung des flüssigen Schweißbades und eine Verminderung der Abkühlungsgeschwindigkeit des erstarrten Schweißmetalls, die meist zur Verbesserung der Güte der Schweißung erwunscht sind.

Abb. 128 zeigt schematisch nach N. N. [3] das „BERNARD-*Verfahren*", und Abb. 129 gibt nach DE ROP und SCHMIDT-BACH [2] die Austrittsdüse des Schweißkopfes fur das „*Arcos-Verfahren*" wieder. Bei dem erstgenannten Verfahren wird ein Hohldraht, bei dem letzteren wird ein Falzdraht nach Abb. 127 als Elektrode benutzt. Beide Methoden ergeben bei hinreichender Energiezufuhr sprühregenartigen Werkstoffubergang, gute Bogenstabilität, praktisch keine Spritzer und hohe Abschmelzleistung. Von neueren Veröffentlichungen ist die Arbeit von CHOUINARD und MONRCE [1] zu erwahnen. Kombinationen von Schutzgasatmosphäre und *Mantelelektroden* finden sich z. B. bei N. N. [2] und LEDER [1].

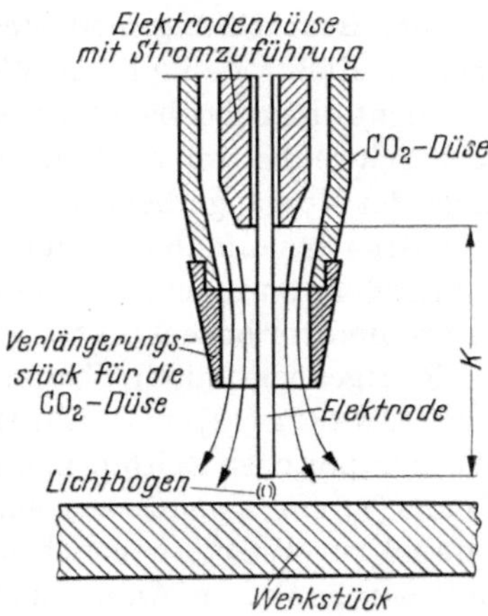

Abb. 129. Austrittsdüse für Kohlendioxyd beim „Arcos-Verfahren";

Verlängerungsansatz bei großer freier Länge K der Elektrode

195. Stromwärmeerhitzung bei Seelenelektroden. Durch Ausnutzung der Stromwarmeerhitzung (nach Ziff. 61) wird das freie Elektrodenende K zwischen Zuführungsklemme und Bogenansatz der Abb. 129 auf erhöhte Temperatur gebracht. Viskosität und Oberflächenspannung des elektrodenseitigen Schmelzbades werden

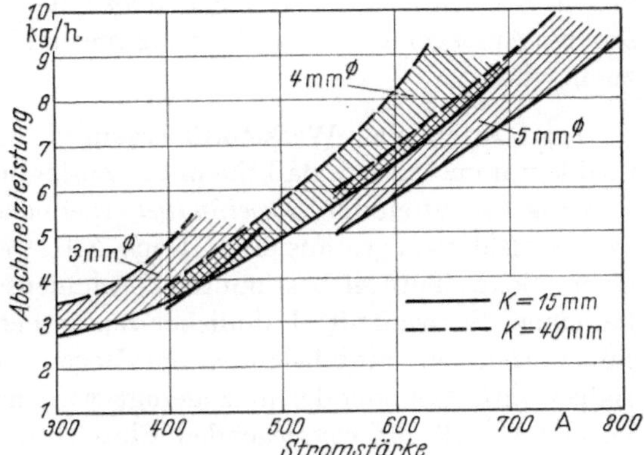

Abb. 130. Abschmelzleistung von Seelenelektroden in Abhängigkeit von Elektrodendurchmesser, Stromstärke und freier Länge der Elektrode bei Verwendung von Kohlendioxyd als Schutzgas

weiter erniedrigt, und die Bildungsdauer der Tropfen wird weiter verringert. Das Resultat ist eine weitere Erhöhung der Abschmelzleistung bei hoher Qualität der Schweißung. Abb. 130 gibt Betriebswerte nach De Rop und Schmidt-Bach [2] zwischen $K = 15$ und 40 mm Länge.

γ) Unterpulverschweißung

196. Beobachtungsmethoden. Der Werkstoffübergang zwischen der nackten Elektrode und dem Werkstück kann beim Unterpulverschweißen nicht direkt beobachtet werden, da der Lichtbogen durch das Fluß- oder Schweißmittel verdeckt wird. Man hat zwei Methoden zum Studium der Vorgänge beim UP-Schweißen herangezogen, *röntgenographische* Schattenaufnahmen durch das Pulver hindurch und Schweißen unmittelbar hinter einem *Fenster*, wobei der Bogen wie üblich durch das Schweißmittel bedeckt ist.

Röntgenographische Untersuchungen dieser Art liegen besonders von Tannheim [1] und Ostapenko und Medovar [1] vor. Für die photographischen Zeitlupenaufnahmen der UP-Schweißung verwendete Tybus [1] ein Fenster aus einer planparallelen Quarzglasscheibe, die parallel zur Wanderungsrichtung des Schweißbogens angeordnet war. In einer ähnlichen Anordnung führte der Verfasser [6] Versuche mit feststehendem Film und mit kinematographischen Aufnahmen durch, bei denen Borosilikatfenster („Pyrexglas"-Typ) verwendet wurden, nachdem mehrere Quarzglasfenster zersprungen waren.

Die bisherigen Resultate der Röntgenaufnahmen und der Fensterversuche zeigen das Verhalten des Bogens unter der Schlackendecke, geben jedoch nur wenige Anhaltspunkte zur Aufklärung der Art des Werkstoffüberganges; eine Verbesserung der Aufnahmetechnik sollte zum mindesten die Aufnahme des großtropfigen Überganges ermöglichen. Man ist daher auf *Oszillogramme* und Analogieschlüsse angewiesen, um Aussagen über den Übergangsmechanismus beim UP-Schweißen zu machen.

197. Arten des Werkstoffüberganges beim UP-Schweißen. Die Oszillogramme zeigen, daß chemische Zusammensetzung und physikalische Eigenschaften der *Schweißmittel* erheblichen Einfluß auf die Art des Werkstoffüberganges ausüben. Nach Ziff. 55 treten *Zündspitzen* bei einem Schweißmittel bestimmter Zusammensetzung auf, fehlen jedoch bei einem Schweißmittel ähnlicher Zusammensetzung, dem aber z. B. Substanzen zur Stabilisierung des Bogens, oberflächenaktive Materialien (Ziff. 200) oder dgl. hinzugefügt worden sind. Dieser Befund weist im ersten Fall auf vorwiegenden Einzeltropfenübergang, im letzteren Fall auf sprühregenartigen Übergang hin. Im ersten Fall brennt der Lichtbogen weniger stabil als im zweiten, vgl. die Versuche von Weinschenk [2] mit verschiedenen Pulvern. Weiter erlauben Oberfläche und

Querschnitt der Schweißung und der nach dem Schweißen auf der Schweißnaht verbleibenden Schlacke, Schlüsse auf das Vorliegen von Einzeltropfen- oder Sprühregenübergang zu ziehen.

Betriebswerte und Abschmelzleistung von *Schweißungen in Schutzgasatmosphäre und unter Pulver* zeigen in bezug auf den Umschlag von Einzeltropfen- zu Sprühregenübergang und umgekehrt weitgehend paralleles Verhalten. Man findet jedoch, daß die Strom-Spannungs-Werte für den kritischen Umschlag beim UP-Schweißen niedriger als bei entsprechenden Schweißungen in Edelgas liegen. Dieser Befund ist auf die wärmeisolierende Wirkung des pulverförmigen Schweißmittels und der Schlacken zurückzuführen. Für gegebene Strom-Spannungs-Werte wird sich für die UP-Schweißung *höhere Elektrodentemperatur* als bei Schweißungen in Luft und Schutzgasen einstellen, so daß sprühregenartiger Werkstoffübergang bereits bei verhältnismäßig niedrigen Energiewerten erhalten wird.

Viskosität und Oberflächenspannung der Schlacken spielen eine wesentliche Rolle beim Tropfenübergang im UP-Schweißen. Untersuchungen von CONN [*14*] an Flußmitteln, die auf den Systemen Kalzium-Magnesium-Quarz, Tonerde-Quarz usw. beruhen, ergeben für gleiche Zusammensetzung der Elektrode und des Werkstückes sowie für identische Betriebsbedingungen durchaus verschiedene Schweißresultate, je nachdem ob die gebildeten Schlacken bei gegebener Arbeitstemperatur hohe oder niedrige Viskosität und Oberflächenspannung zeigen. Der Schluß erscheint berechtigt, daß das Schweißmittel der Abb. 86, das mit der hocherhitzten Elektrode in Kontakt kommt und geschmolzen wird (wobei auch Strahlung vom Lichtbogen eine Rolle spielen dürfte), die Bildung von Tropfen in entsprechender Weise beeinflußt, wie in Ziff. 180 für Mantelelektroden diskutiert wurde. Auch hier dürften die übergehenden Tropfen des Werkstoffes von einer Schlackenhülle umgeben sein. Das Bestreben geht bei der UP-Schweißung dahin, möglichst bei allen Metallen mit sprühregenartigem Werkstoffübergang und einem stabilen, leicht kontrollierbaren Lichtbogen zu arbeiten, so daß große Abschmelzleistungen hoher Qualität erhalten werden.

d) Beeinflussung des Werkstoffüberganges

198. Allgemeine Gesichtspunkte. Die Einstellung des Werkstoffüberganges ist, wie bereits erwähnt, in erster Linie eine Funktion der zugeführten elektrischen Energie. Man kann nun den Werkstoffübergang auch durch Einführung fester Zusatzstoffe vermittels des Elektrodendrahtes und, falls vorhanden, der Schlackenbildner, weiter durch Einführung von Gasen in den Bogenraum, durch Stromwärmeerhitzung und durch exotherme Vorgänge beeinflussen.

Bei Beeinflussung des Werkstoffüberganges auf nicht-elektrischem Wege handelt es sich einerseits um *chemische Reaktionen* zwischen den vorliegenden Phasen, die durch Zunahme der Oberfläche bei der Tropfenbildung begünstigt werden, andererseits um Beeinflussung der *thermischen Eigenschaften* der Metall- und Schlackenbäder. Die wichtigsten thermischen Eigenschaften für ein Material gegebener Zusammensetzung sind Viskosität η und Oberflächenspannung v. Die erstere wird während der Erhitzung des Schmelzbades um mehrere Größenordnungen erniedrigt, die letztere nimmt ebenfalls, aber nur allmählich ab, vgl. Ziff. 208ff.

199. Einfluß der Energiezufuhr auf Größe und Entstehungsdauer der Tropfen. Oberflächenspannung und Viskosität des Schmelzbades an der Elektrode bestimmen die *Größe* der im Bogen übergehenden Tropfen wie folgt: Liegt z. B. sprühregenartiger Übergang vor, so besitzt das bogenseitige Ende der Elektrode eine sehr hohe Temperatur, die in der Nähe des Siedepunktes des Elektrodenmaterials liegt. Das zur Tropfenbildung benötigte Material wird aus dem Schmelzbad an der Elektrode entfernt und zeigt zunächst praktisch die gleiche Temperatur wie das Schmelzbad. Bei den geringen Werten von v werden sehr kleine Tropfen gebildet, die sofort mit hoher Geschwindigkeit durch die mechanischen Bogenkräfte zum werkstückseitigen Schweißbad befördert werden.

Neuerdings berichtet Lesnewich [2] über Untersuchungen bei sehr hoher Energiezufuhr. Der sprühregenartige Übergang, dessen Achse mit der Elektrodenachse zusammenfällt, schlägt in einen *„rotierenden sprühregenartigen Übergang"* um. Bei letzterem rotiert das Ende der Elektrode und die Achse des übergehenden Werkstoffes in einem Kegelmantel um die ursprüngliche Elektrodenachse. Es handelt sich somit um eine ähnliche Erscheinung wie die „kreisenden Tropfen". In beiden Fällen werden erhebliche Spritzermengen erzeugt.

Der rotierende Sprühregenübergang stellt eine Begrenzung für den axialen Sprühregenübergang dar. Als Beispiel sei erwähnt, daß der rotierende Sprühregenübergang für eine Elektrode von 1,6 mm Dmr., die eine freie Länge von 25 mm besitzt, bei mehr als 600 A auftritt. Bei 75 mm freier Länge wird er bereits bei mehr als 260 A erhalten. Beim rotierenden Sprühregenübergang dürften ähnliche Kraftwirkungen wie beim rotierenden Tropfen vorliegen. Nach Lesnewich [2] kann der rotierende Sprühregenübergang z. B. zur Erzeugung von breiten Schweißungen und zur Benetzung der Seitenwände der Naht bei einem tiefen Einbrand verwendet werden. Im allgemeinen arbeitet man jedoch mit dem axialen Sprühregenübergang, um beste Bogenstabilität und minimale Spritzermengen zu erhalten.

Für große Tropfen, die durch Instabilwerden einer Flüssigkeitssäule nach Ziff. 143 bei einer Temperatur in Nähe des Schmelzpunktes, d. h. bei höheren v-Werten als bei Sprühregenübergang, gebildet werden, bewirkt der verhältnismäßig langsame Abfall von v mit der Temperatur, daß Tropfengröße und -geschwindigkeit in jedem Temperaturbereich nicht völlig einheitlich sind, sondern um einen Mittelwert schwanken, mit anderen Worten MAXWELL-Verteilung zeigen. Die *Bildungsdauer* der kleinen Tropfen ist geringer als die der großen Tropfen. So werden nach POGODIN-ALEXEJEW [1] bei 0,5, 1,5 und 2,5 mm Tropfendurchmesser 147, 8,1 und 1,2 Tropfen/sec gebildet.

Beim *kritischen Wert* des Tropfenüberganges, bei dem der Brennfleckbogen in den brennflecklosen Bogen umschlägt, wächst die Temperatur des Schmelzbades nach Ziff. 26 und 39 erheblich. Die Werte von v und η verringern sich entsprechend, und die mittlere Tropfengröße nimmt ab. Abb. 131 zeigt nach MANTEL [2] den Einfluß der Stromstärke auf das mittlere Tropfenvolumen von Eisen und Aluminiumlegierungen in Argon-Schutzgasatmosphäre. Die Abnahme der Tropfengröße, besonders im Gebiet des brennflecklosen Bogens, der in Abb. 131 bei etwa 140 bzw. 220 A einsetzen dürfte, ist gut ersichtlich.

200. Zusatz von Fremdstoffen. Der Zusatz geringer Substanzmengen zur Beeinflussung des Werkstoffüberganges kann in ähnlicher Weise erfolgen, wie in Ziff. 49 ff. für Zusätze zur Kontrolle des Leit-

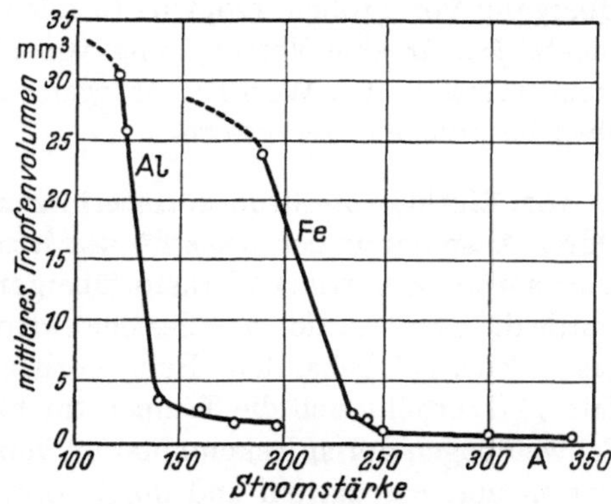

Abb. 131. Einfluß der Stromstärke auf das mittlere Tropfenvolumen des übergehenden Werkstoffes beim kritischen Wert für Aluminium- und Eisenlegierungen. Daten: Umgekehrte Polarität; 1,6 mm Dmr. der Elektrode; Argon als Schutzgas

vermögens im Bogenraum beschrieben wurde. In der Tat dienen häufig die eingebrachten Zusatzstoffe beiden Aufgaben. Als Beispiel für den Einfluß geringer Zusätze sei erwähnt, daß ein Anteil von nur 0,1 bis 1,0% *Antimon* nach DOAN [2] eine sehr erhebliche Verminderung der mittleren Tropfengröße des übergehenden Werkstoffes herbeiführt. Allgemein ergibt der Zusatz von *oberflächenaktiven* Substanzen eine starke Erniedrigung, der von *oberflächeninaktiven* Substanzen eine geringe Erhöhung der Oberflächenspannung, vgl. Ziff. 211.

201. Einfluß von Gasen. Der Einfluß des Gasgehaltes des Metall- und Schlackenbades auf η und v wurde bereits in Ziff. 126 und 128 erwähnt. Im ersteren Fall handelt es sich um Gas, das physikalisch im Bad gelöst bzw. chemisch gebunden ist, sowie um Gas, das durch Oxydation von Kohlenstoff und anderen Drahtbestandteilen gebildet wird. Der Zusatz von 1 bis 5% Sauerstoff ergibt für Schutzgasschweißung in *Argon* geringere mittlere Tropfengröße und erhöhte

Tropfenzahl und -geschwindigkeit gegenüber dem Betrieb mit reinem Argon. Man erhält z. B. beim Schweißen von Stahl bei gerader Polarität bessere Stabilität des Bogens und erhöhte Abschmelzleistung, die auf Verringerung der Tropfengröße und Erhöhung der Tropfenzahl und -geschwindigkeit zurückgeführt werden (Tab. 19 und 20). Allgemein wird man jedoch versuchen, den *Sauerstoffzusatz möglichst gering* zu halten, um Abbrandverluste der Legierungsbestandteile möglichst niedrig zu halten, vgl. Ziff. 234.

Andere interessante Kombinationen zur Verbesserung des Werkstoffüberganges bei umgekehrter oder gerader Polarität, z. B. der *Zusatz von Argon zu Helium*, werden in Ziff. 265 ff. besprochen. Die Zusätze begünstigen einen sprühregenartigen Werkstoffübergang gegenüber dem Übergang von großen Tropfen. In allen diesen Fällen ergibt der Gaszusatz *primär* eine Verringerung von v und η der Schmelzbäder, die dann ihrerseits den Werkstoffübergang und die Abschmelzleistung, wie oben besprochen, verbessern.

202. Einfluß von Stromwärmeerhitzung und exothermen Vorgängen. Durch Ausnutzung der *Stromwärmeerhitzung* der Elektrode nach Ziff. 61 kann sprühregenartiger Werkstoffübergang erhalten werden. Als Beispiel wurde die Kombination von Seelenelektrode mit Kohlensäure als Schutzgas in Ziff. 195 behandelt. Beim Vorliegen exothermer Vorgänge nach Ziff. 77ff. erhöht sich die Temperatur für alle drei Schmelzbäder beim Schweißbogen durch Rekombination von Ladungsträgern, durch Dissoziation und Assoziation und durch Bildungswärmen. Das Resultat ist hierbei durchweg die Verringerung von η und v mit den Einwirkungen auf Tropfengröße, -zahl und -geschwindigkeit wie oben. Vielfach ergibt sich dann der Umschlag von Einzeltropfen- zu Sprühregenübergang, ohne daß die zugeführte Energie erhöht zu werden braucht.

Werkstoffübergang und Abschmelzleistung werden anhand von Kurven und Tabellen in Ziff. 255 besprochen.

e) Überblick über den Werkstoffübergang

203. Sprühregen- als „Normaler Werkstoffübergang". Überblickt man den Stand der Entwicklung des Werkstoffüberganges in der modernen Schweißtechnik, so zeigt sich, daß der axiale sprühregenartige Werkstoffübergang immer neue Anwendungsgebiete in den wichtigsten Verfahren der Lichtbogenschweißung gefunden hat. Diese Entwicklung ist dadurch möglich geworden, daß wir gelernt haben, mit hohem Energieeinsatz, der durch die neu entwickelten Stromquellen nach Ziff. 42 ermöglicht wird, zu arbeiten. Hinzu tritt unser Erkennen der physikalisch und chemisch bedingten Wirkungsweise von festen und gasförmigen Zusätzen, das eine Kontrolle des Überganges ermöglicht.

Man verwendet heute in steigendem Umfang den axialen Sprühregenübergang beim Schweißen von Hand, bei halbautomatischen und vollautomatischen Verfahren mit dem Erfolg, daß gleichförmiger Betrieb, gleichförmige Geschwindigkeit des Bogens entlang dem Werkstück und hohe Abschmelzleistung erzielt werden. Der Übergang einzelner Tropfen wird heute mehr in speziellen Fällen, z. B. zum Überbrücken weiter Fugen, sowie in Fällen benutzt, bei denen mit geringer Energie gearbeitet werden muß.

Es wird daher vorgeschlagen, den axialen sprühregenartigen Werkstoffübergang als den „*Normalen Werkstoffübergang*" in vielen Anwendungsgebieten der Technik anzusehen. Der ruhige, störungsfreie Betrieb, die Abwesenheit von Spritzern und die Erzeugung einwandfreier, gut aussehender Schweißungen bei hoher Abschmelzleistung sind als Norm zu betrachten, von der die weitere Entwicklung auszugehen hat.

C. Schmelzbäder
bei der Lichtbogenschweißung

204. Allgemeine Gesichtspunkte. Die an einer Schweißstelle ablaufenden physikalischen und metallurgischen Teilvorgänge sind in übersichtlicher Weise in Abb. 132 nach KOCH [*1*] dargestellt (vgl. Abbildungsunterschrift).

Beim Schweißen mit Abschmelzelektrode unterscheidet man nach Ziff. 123 zweckmäßigerweise drei Schmelzbäder:

a) Das Schmelzbad an der Elektrode, das im folgenden als „*Bad E*" bezeichnet wird;

b) das Schmelzbad der übergehenden Werkstofftropfen, weiter als „*Bad T*" bezeichnet; und

c) das Schmelzbad am Werkstück, im folgenden als „*Bad W*" bezeichnet.

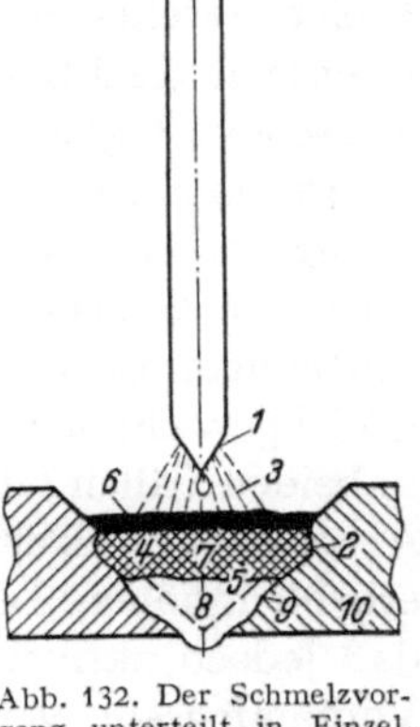

Abb. 132. Der Schmelzvorgang unterteilt in Einzelvorgänge:

1 Erhitzen und Schmelzen des Zusatzwerkstoffes; *2* Anschmelzen des Grundwerkstoffes; *3* Reaktion des übergehenden Zusatzstoffes mit der Atmosphäre; *4* Reaktion des übergegangenen Zusatzstoffes mit dem geschmolzenen Grundwerkstoff; *5* Wechselwirkung zwischen Zusatz- und festem Grundwerkstoff (und gegebenenfalls unteren Schweißlagen); *6* Reaktionen des Schweißbades (und der Schlackendecke) mit der Atmosphäre; *7* Erstarren des Schweißbades (und der Schlackendecke); *8* Abkühlung der Schweißverbindung (Schweiße, Übergangszonen und Grundwerkstoff im festen Zustand); *9* Gegebenenfalls Nachbehandlung der Schweißverbindung; *10* Langzeitige Änderungen der Werkstoffeigenschaften

Bei Verwendung einer permanenten Elektrode mit Zusatzdraht liegen entsprechende Verhältnisse wie bei der Abschmelzelektrode vor. Bei Verwendung einer permanenten Elektrode ohne Zusatzdraht liegt nur das Schmelzbad W am Werkstück vor. Die Schmelzbäder bestehen aus dem eigentlichen Metallbad und, falls vorhanden, dem Schlackenbad.

205. Schweißung und Stahlerzeugung. Ein unmittelbarer Vergleich der Vorgänge in den Schmelzbädern beim Schweißen mit den Vorgängen im hüttenmännischen Ofen, besonders im Siemens-Martin-Ofen oder dem elektrischen Ofen, erscheint zunächst nicht statthaft: Beim Schweißen wird nur ein kleiner Teil einer meist großen Metallmasse sehr schnell auf sehr hohe Temperatur erhitzt und dann innerhalb einer gewissen Zeit abgekühlt. Es findet ein ununterbrochener Übergang von frisch geschmolzenem Werkstoff und ein dauerndes Wandern der Schmelzbäder statt, so daß nicht genügend Zeit zur Einstellung eines wahren Gleichgewichtszustandes für die chemischen, physikalischen und metallurgischen Reaktionen zwischen den festen, flüssigen und gasförmigen Phasen verfügbar zu sein scheint.

In einer Reihe von Untersuchungen der letzten Jahre wurde nun nachgewiesen, daß das bei der Lichtbogenschweißung sehr schnell erreichbare Gleichgewicht sich dem bei der Metallherstellung in einem hüttenmännischen Ofen während einer längeren Zeitdauer erzielten Gleichgewicht so weit nähert, daß die thermodynamischen Beziehungen in beiden Fällen Gültigkeit besitzen, vgl. z. B. ZEYEN [2] und POGODIN-ALEXEJEW [1]. Der Grund dürfte darin liegen, daß beim Schweißen zwar erheblich höhere Temperaturen als bei hüttenmännischen Öfen erreicht, daß jedoch aktivere Reaktionsstoffe eingesetzt werden. So beträgt bei Vorhandensein von Schlacke die Kontaktdauer zwischen flüssigem Stahl und flüssiger Schlacke nach CLAUSSEN [1] nur 1 bis 5 sec, jedoch erfolgt innige Durchmischung bei sehr hoher Temperatur, die nach chemischen Analysen die kurze Kontaktdauer kompensiert.

Veröffentlichungen hierzu, bei denen auch ältere Arbeiten aufgeführt werden, liegen z. B. von PHILBROOK und BEVER [1], RYKALIN [1], LORENZ [2], RICHARDSON [1], POGODIN-ALEXEJEW [1], SÉFÉRIAN [1, 2], LYON [1] und CAMPBELL [1] vor.

Im folgenden wird versucht, eine Übersicht über die physikalisch und technologisch interessierenden Gesichtspunkte zu geben, die sich auf die Schmelzbäder beziehen. Fragen rein metallurgischer Art, die große Bedeutung für die Verwendung der Schweißungen besitzen, können hier nur gestreift werden.

1. Gleichförmig betriebener Schweißbogen

206. Quasigleichgewichtszustand. Zunächst sei angenommen, daß ein Schweißbogen unter konstanten Bedingungen, d. h. ruhig und störungsfrei, brennt. Stromstärke und Spannung seien konstant. Bei einer Abschmelzelektrode ist das Ende der abschmelzenden Elektrode, bei permanenter Elektrode mit Zusatzdraht das Ende des Zusatzdrahtes geschmolzen. Die Länge der Elektrode werde konstant gehalten, so daß Elektrodenverbrauch und Stromwärmeerhitzung gleichförmig erfolgen. Desgleichen werde vorausgesetzt, daß etwa vorhandene exotherme Reaktionen gleichförmig vor sich gehen. Als einfachster Fall erfolge sprühregenartiger Werkstoffübergang, der in Ziff. 203 als „normaler

Werkstoffübergang" bezeichnet wurde. Weiter sei die Wanderungsgeschwindigkeit des Bogens entlang der zu schweißenden Naht bei Verbindungsschweißung oder entlang dem Werkstück bei Auftragschweißung konstant. Es wird dann jedes der Schmelzbäder E, T und W konstante Größe besitzen und gleichförmig mit dem Bogen wandern. Man kann von einem „Quasigleichgewichtszustand" sprechen.

Dieser Gleichgewichtszustand bleibt erhalten, solange die Parameter unverändert bleiben. Wie z. B. in Ziff. 18 und 35 gezeigt, bewirkt die Änderung nur eines Parameters, daß der Gleichgewichtszustand gestört wird und daß sich die übrigen Parameter neu einstellen müssen, um einen neuen Gleichgewichtszustand herbeizuführen.

Die bei der Schweißung gebildete Schweißraupe wird in Abb. 133 nach ZEYEN [4] dargestellt. ZEYEN diskutiert die der Schweißraupe anliegenden Zonen wie folgt: „Es gibt keine Schweißverbindung, die als

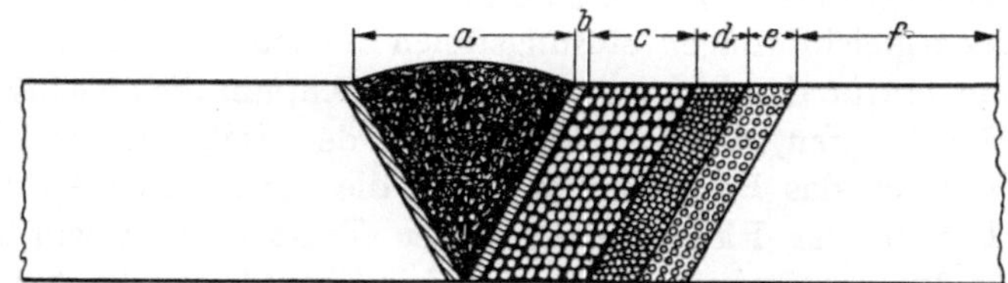

Abb. 133. Schematische Darstellung des Gefügeaufbaues einer nicht-wärmebehandelten Schmelzschweißung. Erklärung der Buchstaben im Text

homogener Körper angesehen werden kann, sondern es liegt stets eine Art Verbundkörper vor, der aus mehreren, nebeneinanderliegenden Zonen mit verschiedenen Eigenschaften besteht. Wenn auch angestrebt wird, eine Schweißverbindung dem geschweißten Werkstoff soweit wie möglich anzugleichen, so läßt sich dies schon aus metallurgischen Gründen nie ganz erreichen.

In der Abbildung wird eine schematische Darstellung der verschiedenen Zonen gegeben, aus denen eine Schmelzschweißung an Stahl besteht. Die Zonen a und b sind bei dem Schweißvorgang flüssig geworden. Sie bestehen aus einem mehr oder weniger homogenen Gemisch des niedergeschmolzenen Schweißzusatzwerkstoffes und des aufgeschmolzenen Grundwerkstoffes. Die an diese Zonen unmittelbar angrenzende Zone c wurde durch die Schweißhitze sehr hoch erhitzt (bis nahe an den A 4-Punkt im Eisen-Kohlenstoff-Zustandsschaubild). Dieser Umstand hat zu einer grobkörnigen Umkristallisation und außerdem zu einer Aufhärtung dieser Zone geführt. Neben Zone c liegt eine Zone d. Die dorthin noch gelangende Schweißhitze (die etwas oberhalb des A 3-Punktes im Eisen-Kohlenstoff-Zustandsschaubild lag) bewirkte eine feinkörnige Umkristallisation. Auch in der dann folgenden Zone e führte die Schweißhitze noch zu Änderungen des Grundwerkstoffes. Sie war zwar nicht mehr hoch genug, um eine Gefüge-Umkristallisation hervorzurufen, jedoch noch ausreichend, um Gefügeänderungen, wie z. B. Zusammenballungen des Perlits, bewirken zu können. An Zone e schließt sich dann der durch die Schweißhitze weder gefüge- noch eigenschaftsmäßig mehr beeinflußte Grundwerkstoff an."

2. Thermische Eigenschaften

Der wichtigste Parameter bei der Gleichgewichtseinstellung der Schmelzbäder ist die Temperatur. Als Einleitung zur Besprechung der thermischen Eigenschaften sei eine kurze Übersicht über die Temperaturen der Schmelzbäder gegeben.

207. Temperaturen der Schmelzbäder. Wärmephysikalische Eigenschaften von Metall und Schlacke sind bisher nur in verhältnismäßig wenigen Fällen bis zu den hohen, beim Lichtbogenschweißen erreichten Temperaturen ermittelt worden. Die Temperaturen der drei Schmelzbäder zeigen bei normalem Werkstoffübergang das folgende Bild:

Bei einem gleichförmigen, störungsfreien Betrieb des Schweißbogens ist die Temperatur der *Elektrode* genügend hoch, um die gleichförmige Bildung der Tropfen, deren Ablösung von der Elektrode und ihren Transport durch das Bogenplasma durch die verfügbaren Kräfte zu sichern. Die an der Elektrode erreichten Temperaturen wurden in Ziff. 38 für den physikalischen Bogen und in Ziff. 155 für den Schweißbogen besprochen. Tab. 5 und 6 geben Zahlenbeispiele für die bogenseitigen Elektrodentemperaturen.

Die Temperatur der *übergehenden Tropfen* wurde in Ziff. 68 in Verbindung mit Stromwärmeerhitzung, in Ziff. 80 in Verbindung mit Rekombinationserhitzung und in Ziff. 156 in Verbindung mit den Kräften im Bogen behandelt. Es ergab sich, daß bei Werkstoffübergang von der Elektrode zu Bad W der durch das Lichtbogenplasma übergehende Werkstoff auf praktisch konstanter Temperatur gehalten wird, die nur wenig oberhalb der Schmelzpunkte der übergehenden Materialien (Metall allein oder Metall plus Schlacke) liegt. Ist die Geschwindigkeit der Elektrodeneinführung in den Bogen zu groß, so ist die Zeit zur Erhitzung des bogenseitigen Elektrodenendes zu kurz und es ergibt sich eine zu geringe Tropfentemperatur.

Tropfen, die aus dem Lichtbogenplasma oder den Schmelzbädern als *Spritzer* entweichen, kühlen sich in der Regel so stark ab, daß sie nicht auf der Metalloberfläche einbrennen (Ziff. 179). *Exotherme Reaktionen* und *Stromwärmeerhitzung* der Elektrode verursachen, daß auch die Tropfentemperatur erhöht wird, während ein hoher Gehalt an *Eisenpulver* in Mantelelektroden leicht zur Herabsetzung der Temperatur der Schmelzbäder führt, es sei denn, daß die Stromdichte erheblich gesteigert wird, vgl. Ziff. 85.

Man arbeitet beim Lichtbogenschweißen mit Temperaturen der *Metallbäder*, die höher als der Schmelzpunkt der Werkstückslegierung liegen. Auf diese Weise werden hinreichend geringe Werte der Viskosität und Oberflächenspannung erreicht, die den Mechanismus des Werkstoffüberganges begünstigen. Die Schmelztemperatur der *Schlacke* (falls vorhanden) und die des Metalls wurde früher auf gleiche Werte eingestellt. Dies hat sich nach Versuchen des Verfassers [3, 5] als nicht nötig herausgestellt. Bei Verwendung hochschmelzender Substanzen als Schlackenbildner, z. B. tonerdehaltiger Schweißmittel bei der UP-Schweißung, werden nach Versuchen von CONN [14] Temperaturen von mehr als 2050°C im Schlackenbad erhalten. TANNHEIM [1] berichtet, daß Temperaturen bis zu 2400°C im Schweißbad auftreten. Nach POGODIN-ALEXEJEW [1] nähert sich bei der UP-Schweißung die Tropfentemperatur dem Wert von 2740°C, der Siedetemperatur des Eisens. FRUMIN und Mitarbeiter [1] ermittelten durch kalorimetrische Bestimmungen Durchschnittstemperaturen für Schmelzbad W von UP-Schweißungen, die je nach Stahlsorte und Schweißmittelzusammensetzung zwischen $1770 \pm 100°C$ und $1550 \pm 100°C$ lagen. RABKIN [1] erhielt bei automatischer Aluminiumschweißung einen starken Abfall der Temperatur von Bad W gegenüber der Brennflecktemperatur von etwa 2500°C.

Die durch den einfallenden Tropfen und den aufgeschmolzenen Grundstoff gebildeten viskosen Flüssigkeiten lösen sich im Bad W gegenseitig auf. Die mechanische Durchmischung wird durch die Kraftwirkungen des Bogens erreicht. Im Falle, daß Schlacke vorhanden ist, erfolgt die Trennung von Metall und Schlacke nach Abb. 86, Ziff. 101.

Bei Verwendung von nackten Elektroden und geringer Energiezufuhr fehlt mitunter die starke Durchwirbelung des Bades. Es wird dann häufig das „*Leidenfrost-Phänomen*" beobachtet: Tropfen, die eine geringere Temperatur als das Schmelzbad besitzen, werden nicht vom Metall aufgenommen, sondern „schweben" auf der Oberfläche. Es hat sich eine Dampfschicht zwischen Tropfen und Schmelzbad gebildet, die den Tropfen wie ein Kissen trägt. Die Wärmeleitung der Dampfschicht ist sehr gering und ergibt nur langsame Erhitzung des Tropfens. Abhilfe bei zu kaltem, übergehendem Werkstoff bringt Erhöhung der Stromstärke, damit Erhöhung der Plasmatemperatur, höhere Ausgangstemperatur des Tropfens und Verminderung seiner Abkühlung beim Durchgang durch die Bogensäule.

Die wichtigsten thermischen Eigenschaften, die für die Schmelzbäder eine Rolle spielen, seien im folgenden kurz besprochen. In erster Linie sind hier Viskosität η und Oberflächenspannung v zu nennen, die meist ausschlaggebende Bedeutung für den Ablauf der Schweißung besitzen. Weiter wird kurz auf Dichte, thermische Ausdehnung, Wärmeleitzahl und -ausbreitung sowie elektrisches Leitvermögen usw. eingegangen.

208. Viskosität. Regelung der Temperatur durch Energiezufuhr erlaubt Einstellung der gewünschten Viskositätswerte. Die Temperaturen der Schmelzbäder E, T und W brauchen keineswegs genau übereinzustimmen. Doch ist es wesentlich, daß die Temperaturen von Bad W (Metall- und Schlackenbad) und den entsprechenden einfallenden Tropfen, die durch das Lichtbogenplasma gegangen sind, annähernd übereinstimmen, um eine einwandfreie Aufnahme der Tropfen in Bad W zu ermöglichen.

Bei der Darstellung der Kräfte im Bogen und ihrer Wirkungen in Ziff. 92ff. und des Werkstoffüberganges in Ziff. 166 und 201 wurde

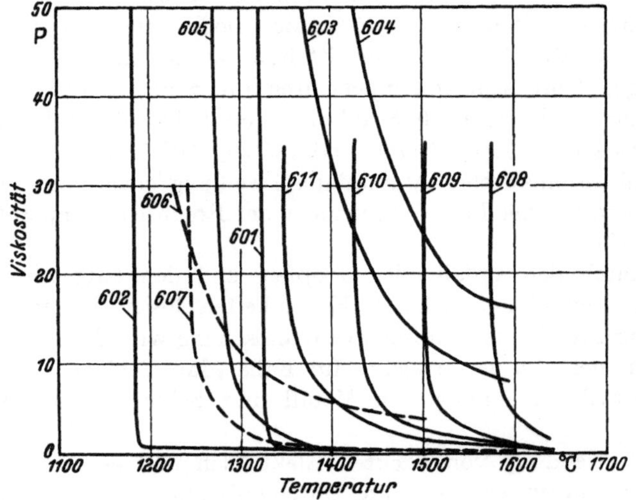

Abb. 134. Viskosität in Abhängigkeit von der Temperatur:
Kurven 601, 602, Fe-C-System mit 2,6 bzw. 3,4% C; 603 bis 605 metallurgische Schlacken (Zusammensetzung vgl. Tab. 23); 606, 607 Schweißmittel (Tab. 23); 608 bis 611 Schlacken ohne und mit Fluorzuschlag (Tab. 23)

bereits auf den Einfluß der Viskosität η hingewiesen. Auch die in Ziff. 219 zu besprechende Entfernung von Gasen, Dämpfen, flüchtigen Bestandteilen und nichtmetallischen Einschlüssen der *Metallbäder* hängt weitgehend von der Beherrschung der Viskosität ab. Sie spielt weiter eine wichtige Rolle in der Formgebung der Schweißraupe.

Die Viskosität der *Schlacke* muß einerseits hinreichend gering sein, damit die Schlacke das geschmolzene Metall der Naht überdeckt und gegen Oxydierung usw. schützt. Andererseits darf die Schlacke nicht zu dünnflüssig sein, denn sonst wird die von ihr auf dem Metall gebildete Schutzschicht nicht genügend stark sein, um ihre Aufgaben zu erfüllen. Auch würde die Schlacke leicht bei Schweißung in vertikaler usw. Zwangslage von der Metalloberfläche abfließen. Mitunter wird jedoch eine Schlacke hoher Viskosität verlangt, z. B. beim „KAELL-*Verfahren*", vgl. Ziff. 322; hierdurch soll die „Verwässerung" der Schlacke bei der erhöhten Wärmezufuhr der Doppelelektroden vermieden werden.

Angemerkt sei, daß flüssige Schlacken, die *nichtgelöste oder rekristallisierte Bestandteile* in zunehmender Menge enthalten, eine wachsende Viskosität gegenüber wahren Flüssigkeiten zeigen. Es kann sich hierbei um Kristalle, Keime oder ungeschmolzene Körner handeln.

Einige Versuchsergebnisse für die Temperaturabhängigkeit der Viskosität von Metall- und Schlackenbädern, die für uns Interesse besitzen, werden im folgenden zusammengestellt.

a) Metallbad. Die absoluten Viskositätswerte fallen bei der Liquidustemperatur plötzlich stark ab, sinken bei weiterer Temperaturerhöhung aber langsamer, wie an den Kurven Nr. 601 und 602 der Abb. 134 erkannt werden kann. Diese Kurven wurden von OBERHOFFER und WIMMER [1] bestimmt und durch ESSER, GREIS und BUNGARDT [1] bestätigt. SCHENCK [1] gab z. B. als Viskosität für Stahl einen Wert von etwa 0,01 Poise bei 1600° C an, der durch Extrapolierung der Werte von THIELMANN und WIMMER [1] erhalten worden war. PHILBROOK und

Tabelle 23 *Zusammensetzung von Schlacken und Schweißmitteln der Abb. 134, 137 und 140 in %*

Kurve Nr.	CaO	MgO	Al_2O_3	SiO_2	FeO	Weitere Bestandteile	Schrifttumsverzeichnis
603	32,61	—	36,97	30,42	—	—	McCAFFERY u. a. [1,2]
604	30,80	—	36,92	32,28	—	—	McCAFFERY u. a. [1,2]
605	53,00[1]	—	1,6	14,5	14,5[2]	—	ENDELL [1]
606	—	1,95	2,5	46,5	1,0	TiO_2 – 3,9 MnO – 36,1 Ca – 5,4[3]	LJUBAWSKIĬ [1]
607	—	18,2	11,0	13,0	0,33	Ca – 36,6[3]	LJUBAWSKIĬ [1]
608	54,68	5,81	5,34	33,88	—	F – 0,00	SCHWERIN [1]
609	54,92	5,98	5,88	32,84	—	F – 0,35	SCHWERIN [1]
610	53,72	5,38	5,30	34,78	—	F – 0,56	SCHWERIN [1]
611	55,30	5,32	5,42	32,20	—	F – 1,69	SCHWERIN [1]
706 808	42,02	8,39	12,44	35,43	1,72	—	SAUERWALD, SCHMIDT u. PELKA [1]
707 809	36,10	—	—	62,0	1,90	—	SAUERWALD, SCHMIDT u. PELKA [1]
708 810	40,66	7,28	47,66	2,8	1,55	—	SAUERWALD, SCHMIDT u. PELKA [1]
811	50,0	—	50,0	—	—	—	T. B. KING [1]
812	54,0	—	—	46,0	—	—	T. B. KING [1]
813	—	—	—	45,0	—	Na_2O – 55,0	T. B. KING [1]
814	—	—	16,8	33,2	—	—	CONN [14] vgl. Tab. 55, Nr. 98
815	—	—	50,0	50,0	—	—	CONN [14] vgl. Tab. 55, Nr. 40

[1] CaO + MgO　　　　[2] $FeO + Fe_2O_3$　　　　[3] $CaO + CaF_2$

Bever [1] gaben einen Wert von 0,025 Poise für Stahl bei 1595° C an.

b) *Schlackenbad.* Zusammenstellungen von Viskositätswerten für Schlacken finden sich z. B. bei Gledhill [1], Philbrook und Bever [1] und Eitel [1]. Beispiele für die Abnahme der Viskosität von Schlacken mit zunehmender Temperatur werden in Kurven 603 bis 605 der Abb. 134 nach McCaffery und Mitarbeitern [1, 2], Endell, Müllensiefen und Wengenmann [1] und Endell [1], Analysen hierzu in Tab. 23 gegeben. Neue Bestimmungen für das System $FeO–Al_2O_3–SiO_2$ finden sich z. B. bei Röntgen, Winterhager und Kammel [1], für Hochofenschlacken bis 1600° C bei Kozakevitch [1], vgl. auch die Zusammenstellung im Landolt-Börnstein [2]. Im allgemeinen liegen bei gegebener Temperatur die Viskositätswerte der Schlacke um eine bis zwei Größenordnungen höher als die für Stahl. Nur Saito und Matsukawa [1] und Matsukawa [1] erhielten gleiche Werte für die Viskosität von Metall und Schlacke, wenn sehr hohe Temperaturen, etwa 1650 bis 1700° C, erreicht wurden.

Beispiele für die Temperaturabhängigkeit der Viskositätswerte für *Schweißmittel* der UP-Schweißung werden in Abb. 134, Kurven 606 und 607 nach Ljubawskiǐ [1] gegeben. Kurve 606 bezieht sich auf ein Schweißmittel mit hohem Mangangehalt und Kurve 607 auf ein Mittel mit hohem Flußspatgehalt, vgl. Tab. 23 [1].

209. Nichtthermische Beeinflussung der Viskosität. Als Beispiele für die chemische Beeinflussung von η sei erwähnt, daß im Eisen-Kohlenstoff-System bei gegebener Temperatur mit abnehmendem *C-Gehalt des Metalls* η zunimmt, daß hingegen *Eisenoxyd* entsprechend der Stahlherstellung eine Abnahme der Viskosität verursacht, vgl. Washburn und Philbrook [1].

Beispiele zur Beeinflussung der Schlacken durch Zusätze:

a) Die Erhöhung des SiO_2-*Gehaltes* einer Schlacke ergibt eine Zunahme der Viskosität bei konstanter Temperatur. Bei der Abkühlung von Schlackenbädern wachsender Viskosität wird die Einordnung der Atome in ein geordnetes Kristallgitter schließlich so weit erschwert, daß nicht mehr Kristalle, sondern Gläser gebildet werden. Abb. 135 gibt nach Séférian [1, 2] Viskositäten für verschiedene Konzentrationen im System $CaO–SiO_2$; im Gebiet $CaO:SiO_2 < 1$ liegen die sauren, bei >1 die basischen Schlacken.

b) Zusatz von *Fluoriden* ergibt eine Abnahme der Viskosität bei gegebener Temperatur, Kurven 608 bis 611 der Abb. 134, die durch Schwerin [1] bestimmt wurden. So beträgt nach Kurve 611 die Viskosität der Schlacke 1,5 Poise bei 1550° C. Weitere Werte, die den Einfluß von Fluoriden zeigen, bei Kozakevitch [1].

---

[1] Neue η-Bestimmungen von UP-Schlacken durch Nixdorf und Mädicke [1] sollen in Kürze veröffentlicht werden.

c) *Alkalizusatz* verringert die Viskosität der Schlacke, während die Oxyde der *Erdalkalimetalle* Ca, Mg, Ba und Sr die Viskosität im allgemeinen erhöhen. Vgl. Abb. 136 nach HARTMANN [1] in der Darstellung von SÉFÉRIAN [1,2]. Auch hier ergibt Fluoridzusatz eine Abnahme von η bei hohen Temperaturen.

d) *Wasserdampf* erniedrigt nach DIETZEL [2] die Viskosität von Glasschmelzen und dürfte in entsprechender Weise auf das Schlackenbad einwirken, vgl. die Einführung geringer Feuchtigkeitsmengen durch die Schlackenbildner, z. B. Tiefeinbrandelektroden (Ziff. 83 und 86). Es werden auf diese Weise exotherme Reaktionen — Rekombination des atomaren Wasserstoffes usw. — erhalten, die zu Temperatursteigerungen und Viskositätserniedrigungen führen.

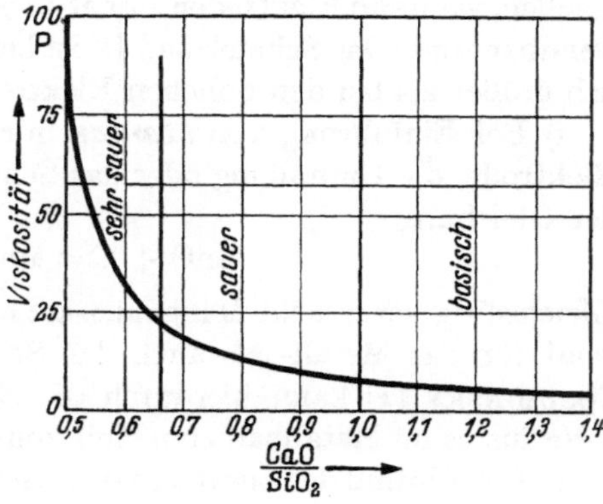

Abb. 135. Einfluß der Schlackenzusammensetzung auf die Viskosität

e) *Eisenpulver* in den Elektrodenumhüllungen nach Ziff. 207 u. 318 bewirkt, daß Elektroden, die bis zu etwa 30 Gewichtsprozent des Kern-

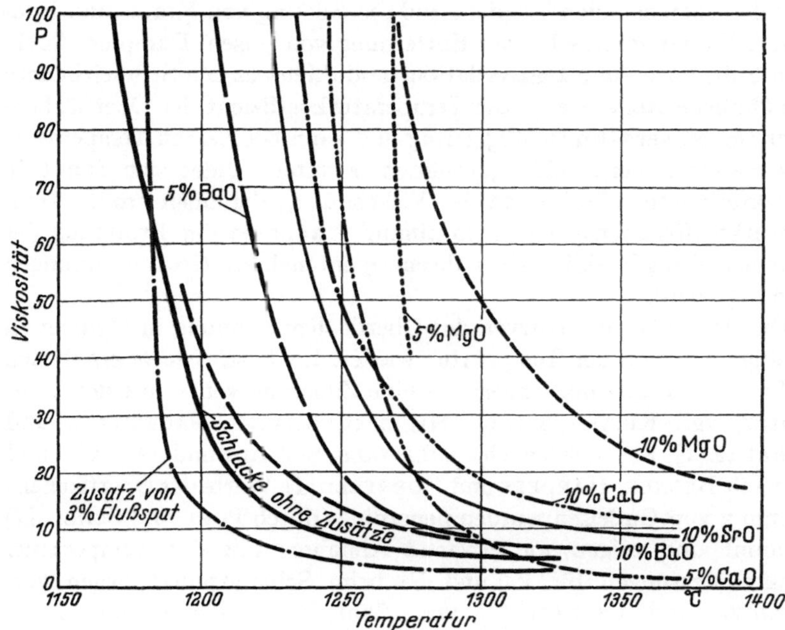

Abb. 136. Einfluß verschiedener Zuschläge auf die Viskosität von Eisenschlacken

drahtes als zusätzliches Eisenpulver in der Umhüllung enthalten, nach SMITH, RINEHART und HELTON [2] noch zum vertikalen Schweißen verwendbar sind, da sie bei genügender Energiezufuhr geringe Viskosität ergeben, während Elektroden mit etwa 50% Eisenpulver nicht mehr verwendbar sind. Das Schmelzbad W ist bei Eisenpulverelektroden wesentlich größer als bei den üblichen Elektroden, vgl. RICHTER [3].

f) Bei Einführung von *Mangan* in ein Schmelzbad, sei es durch die Elektrode, die Umhüllung oder das Schweißmittel, bildet sich CO nach der Gleichung

$$MnO + C \rightleftharpoons Mn + CO. \tag{31}$$

Gleichzeitig verursacht Manganzusatz eine Abnahme der Viskosität sowohl für das Metall- als auch das Schlackenbad; nach STUKEL und COCUBINSKY [1] kann hierdurch die Zunahme der Viskosität infolge C-Verlustes im Metallbad zum Teil kompensiert werden.

g) Der Einfluß des Zusatzes von *Gasen*, z. B. Sauerstoff, in den Bogenraum wurde bereits in Ziff. 128 u. 201 besprochen. Es ergibt sich eine Herabsetzung der Viskosität der Schmelzbäder, die ihrerseits Werkstoffübergang, Entgasung der Schmelzbäder usw. erleichtert, vgl. auch Ziff. 219.

210. Oberflächenspannung. Die Oberflächenspannung ν ist ähnlich der Viskosität von erheblicher Bedeutung für die Schmelzbäder. ν und η beeinflussen den Übergang des Werkstoffes, besonders die Größe und Zahl der übergehenden Tropfen, und die Bildung von Krater und Endkrater. Weiter spielt ν bei der Entfernung von Gasen, Dämpfen, flüchtigen Substanzen und Desoxydationsprodukten aus den Schmelzbädern eine ähnliche Rolle wie η. Der Temperaturkoeffizient der Oberflächenspannung ist verhältnismäßig gering und kann bei kleinen Temperaturschwankungen vernachlässigt werden. ν unterscheidet sich damit in charakteristischer Weise von der Viskosität η, die einen großen Temperaturkoeffizienten besitzt: So nimmt ν während der Erhitzung des Schmelzbades allmählich ab, während η um mehrere Größenordnungen erniedrigt wird.

Die Abb. 137 gibt Kurven der Oberflächenspannung in Dyn/cm in Abhängigkeit von der Temperatur wieder. Im *Fe–C-System* ergab sich häufig — entgegen der Theorie — eine Zunahme von ν mit der Temperatur, vgl. Kurven 801 bis 804 nach KRAUSE, SAUERWALD und MICHALKE [1], 805 u. 806 nach SAUERWALD, SCHMIDT und PELKA [1] und 807 nach BECKER, HARDERS und KORNFELD [1]. Werte der Oberflächenspannung von Gußeisen wurden neuerdings durch POHL und SCHEIL [1] bestimmt und zeigen wie erwartet Abnahme mit der Temperatur. Weitere Messungen für Fe und Ni beim Schmelzpunkt liegen von SMIRNOVA und ORMONT [1] vor. Zahlenwerte für ν sind z. B. 1300 Dyn/cm bei 1400° C im Fe–C-System mit 3,9% C. Beispiele für

Nichteisenmetalle: v-Werte für geschmolzene Ti, Zr und Hf betragen in der Nähe der Schmelzpunkte nach PETERSON, KEDESDY, KECK und SCHWARZ [1] 1407, 1410 und 1477 Dyn/cm.

Eine Zusammenstellung von v-Werten von Silikaten, die von metallurgischem, somit auch schweißtechnischem Interesse sind, wird von BONI und DERGE [1] gegeben. Einige Werte von v, die für übliche *Schlacken* wesentlich niedriger als für Metallbäder liegen, wurden von SAUERWALD, SCHMIDT und PELKA [1], Punkte 808 bis 810, Abb. 137,

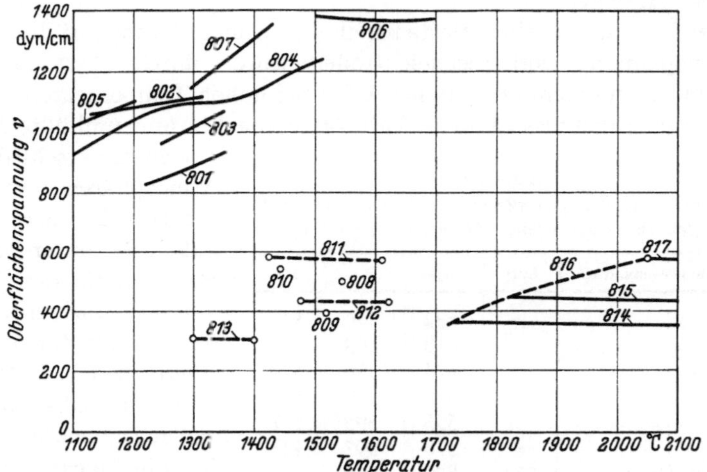

Abb 137. Oberflächenspannung in Abhängigkeit von der Temperatur.
Kurven Nr. 801 bis 804 Fe-C-System mit 3,3; 3,5; 1,4 bzw. 2,0% C, 805, 806 Fe-C-System mit 3,1% C und Karbonyleisen mit 0,00016% C; 807 Fe-C-System mit 3,9% C; 808 bis 813 metallurgische Schlacken (Tab. 23), 814, 815 Schweißmittel, errechnet (Tab. 23), 816 Al_2O_3-SiO_2-System nahe Liquidustemperaturen; 817 Al_2O_3-100%

erhalten. Die Kurven 811 bis 813 geben einige Resultate von T. B. KING [1]. Ein mittlerer Wert für Schlacken liegt z. B. bei 480 Dyn/cm bei 1400° C.

Wir *berechneten* für unsere *Schweißmittel* einfacher Zusammensetzung Näherungswerte für die *Oberflächenspannung* in der Nähe der Liquidustemperatur, wobei die von BABCOCK [1], DIETZEL [1], LYON [1] und PETZOLD und APPEN [1] gegebenen Faktoren verwendet wurden [14], vgl. Kurve 816. Es ergaben sich z. B. unter Vernachlässigung von Verunreinigungen 361,6 Dyn/cm bei 1713° C für ein Schweißmittel, das 16,8% Al_2O_3 und 83,2% SiO_2 enthielt. Schweißmittel mit höherem Tonerdegehalt ergaben höhere v-Werte, Kurven 814 und 815. Die Kurve 817 wurde für 100% Tonerde berechnet. Der durch v. WARTENBERG, WEHNER und SARAN [1] ermittelte Wert von v, den KINGERY [1] erwähnt, fällt auf diese Kurve. Die Oberflächenspannung der Schweißmittel nimmt also mit zunehmender Temperatur ab und mit zunehmendem Tonerdegehalt zu.

211. Einfluß von Zusatzstoffen auf die Oberflächenspannung. Die Erniedrigung der v-Werte durch oberflächenaktive Zusatzstoffe bzw. ihre Erhöhung durch oberflächeninaktive Zusatzstoffe wurde in Ziff. 200 erwähnt. Zur Erhöhung der *Benetzungsfähigkeit* des flüssigen Metallbades relativ zum festen Grundwerkstoff werden oberflächenaktive Stoffe verwendet, d. h. es wird die freie Oberflächenenergie des flüssigen Metalls vermindert, vgl. z. B. Ziff. 193 u. 194. In entsprechender Weise wird eine verbesserte Aufnahme von Tropten, Bad E, in der Schmelze, Bad W, erreicht.

Der Einfluß einzelner Bestandteile der Ummantelung auf die Oberflächenspannung von Eisenelektroden wurde durch HAZLETT und PARKER [1] in einem elektrischen Ofen bei hohen Temperaturen untersucht. Die Ergebnisse sind in Tab. 24 für nackte und umhüllte Elektroden in verschiedenen Atmosphären wiedergegeben. Es zeigt sich, daß alle untersuchten Bestandteile den Wert von v erheblich unter den des Wertes für nackte Elektroden in Luft herabsetzen. Obwohl die Oberflächenspannung für die Nacktelektrode in den Schutzgasen etwa

Tabelle 24

Mittlere Oberflächenspannung für nackte und umhüllte Elektroden in verschiedener Atmosphäre, in Dyn/cm

Umhullungsbestandteile	Luft	N_2	A	He
SiO_2	--	632	746	539
TiO_2	---	818	603	524
Na_2CO_3	—	624	496	579
MgO	—	533	776	526
Fe_2O_3	--	595	595	517
Al_2O_3	—	578	697	438
Nackter Draht ...	724	829	829	836

gleich ist, ist der Wert in Luft, die natürlich Sauerstoff enthält, niedriger. Der große Einfluß von *Tonerde* auf die Oberflächenspannung ist charakteristisch. Weiter wird häufig *Borsäure* verwendet, um eine bessere Benetzung zu erzielen; ihre Menge wird jedoch sehr gering gehalten, um einen ruhigen Lichtbogen zu sichern. v-Werte für die Umhüllungskomponenten der *Buntmetalle* werden von KLJATSCHKIN [1] mitgeteilt. Als weitere Materialien zur Herabsetzung von v dienen z. B. nach DOAN [2] und DOAN und SMITH [1] metallisches Antimon und nach STAERKER [1, 2] Vanadiumverbindungen, vgl. Ziff. 200.

Bei Verwendung von Schutzgas, z. B. reinem *Argon*, zeigt die Oberflächenspannung der Schmelzbäder hohe Werte, die Nahtform und Werkstoffübergang oft ungünstig beeinflussen. Durch Zugabe von 3 bis 5% Sauerstoff zu Argongas erreicht man eine erhebliche Verringerung der v-Werte bei den Schweißtemperaturen. Abb. 138 nach V. D. ESCHE und PETER [1] zeigt den Abfall von v bei reinem Eisen in Abhängigkeit vom Sauerstoffgehalt. Die Autoren bemerken hierzu: „Hierbei ist zu berücksichtigen, welche Schwierigkeiten einer genauen Bestimmung des Sauerstoffgehaltes entgegenstehen. Bei den entsprechenden Versuchen waren bei ungefähr 1550° C Aufnahmen gemacht worden. Um den Sauerstoffgehalt genau erfassen zu können, wäre es nötig, den Tropfen augenblicklich von der Versuchstemperatur auf Raumtemperatur abzukühlen. ... Es bestand keine Möglichkeit, die flüssigen Tropfen auf Raumtemperatur abzuschrecken. Die Proben kühlten jedoch bis zu 100° unterhalb des Schmelzpunktes ab und erstarrten dann schnell, so daß eine gewisse Genauigkeit der Sauerstoffgehalte dadurch gegeben ist."

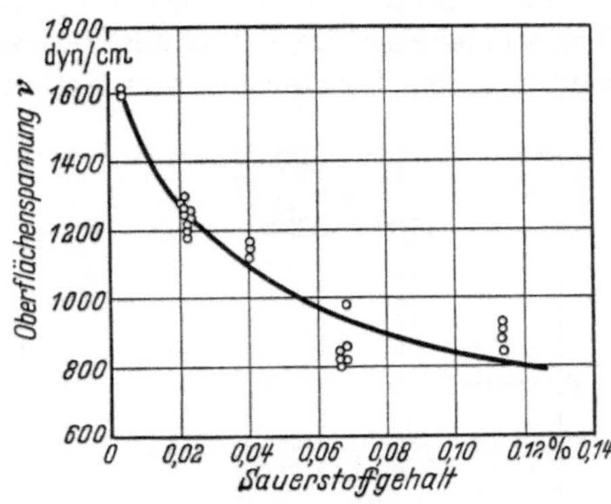

Abb. 138. Abhangigkeit der Oberflachenspannung reinen Eisens vom Sauerstoffgehalt bei etwa 1550° C

V. D. Esche und Peter [1] schlossen aus der starken Abnahme der Oberflächenspannung, daß sich das gelöste Eisenoxydul in der Oberfläche anreichert. Dieses ist der Grund dafür, daß geringe Sauerstoffgehalte einen so empfindlichen Einfluß auf die Oberflächenspannung ausüben. Der Zusatz von Sauerstoff hat andererseits einen ungünstigen Einfluß auf den *Abbrand* von Legierungsbestandteilen (Ziff. 234) und wird daher möglichst gering gehalten.

Beim Lichtbogenschweißen von Buntmetallen wird es oft notwendig, die Oberfläche des Werkstückes sorgfältig zu reinigen, weil ein Metallbad *schmutziges, festes Metall nicht benetzt.* Ohne Benetzung ist keine Schmelzschweißung möglich. Vielmehr wird sich das geschmolzene Metall, wie in der schematischen Abb. 139 nach Udin, Funk und Wulff [1] gezeigt wird, auf der Oberfläche in

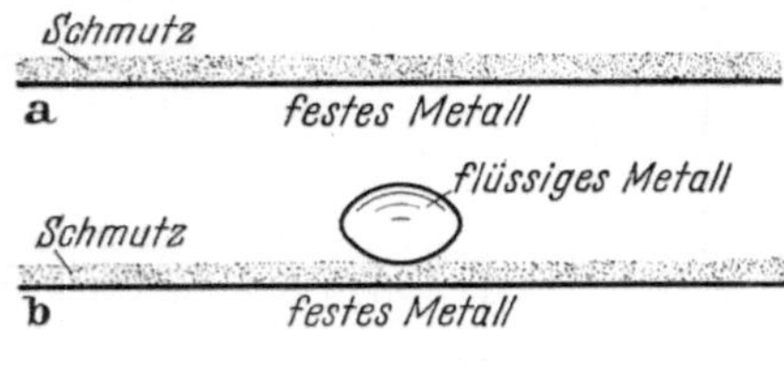

Abb. 139. Oberflächenchemie bei der Schmelzschweißung:

a) verunreinigte oder oxydierte Metalloberfläche; b) Nichtbenetzung dieser Oberfläche durch flüssiges Metall; c) Benetzung dieser Oberfläche durch flüssiges Flußmittel; das Flußmittel kann entweder die Verunreinigungen auflösen oder unter sie eindringen

Tropfenform ansammeln. Eine der Aufgaben des Schweißmittels ist die Entfernung von Schmutz, so daß Benetzung und Verschweißung stattfinden können. Die Benetzung soll weiter genügend schnell erfolgen, um eine hohe Schweißgeschwindigkeit zu ermöglichen. Man macht daher das Schweißmittel bei hohen Temperaturen nicht nur sehr flüssig, sondern auch oberflächenaktiv.

212. Dichte. Die Dichte des *Metallbades* nimmt mit zunehmender Temperatur und zunehmendem C-Gehalt ab, vgl. Kurven 701 bis 705

der Abb. 140, die von WIDAWSKI und SAUERWALD [1] ermittelt wurden. Ähnliche Werte wurden von BENEDICKS, ERICSSON und ERICSON [1] und BECKER, HARDERS und KORNFELD [1] erhalten, z. B. ergibt sich für die Dichte einer Fe–C-Legierung der Wert von 7,0 g/cm³. Für *Schlackenbäder* wurden einige Dichtewerte von SAUERWALD, SCHMIDT und PELKA [1] bestimmt, Werte 706 bis 708. Die Extrapolation für eine Schlacke der Zusammensetzung 1 $Al_2O_3 \cdot 2\ SiO_2$ aus den Werten von SAUERWALD und Mitarbeitern [1] und SAFFORD und SILVERMAN [1] ergab eine Dichte von 3,0 g/cm³ bei 1600° C. Zum Vergleich zeigen die Werte 709 und 710 die Dichten von SiO_2-Glas nach EITEL, PIRANI und SCHEEL [1] und von α-Al_2O_3 nach SULLY, HARDY und HEAL [1].

Tab. 25 nach APPS und MILNER [1] sowie Tab. 26 nach ROBERTS und WELLS [1] geben Dichtewerte sowie Werte für zusätzliche thermische Eigenschaften, die in den folgenden Paragraphen besprochen werden.

Die Trennung von Metall und Schlacke beim Lichtbogenschweißen, z. B. nach Abb. 86, beruht auf ihren verschiedenen Dichten. Während die Dichte des Metallbades im allgemeinen festliegt, kann die

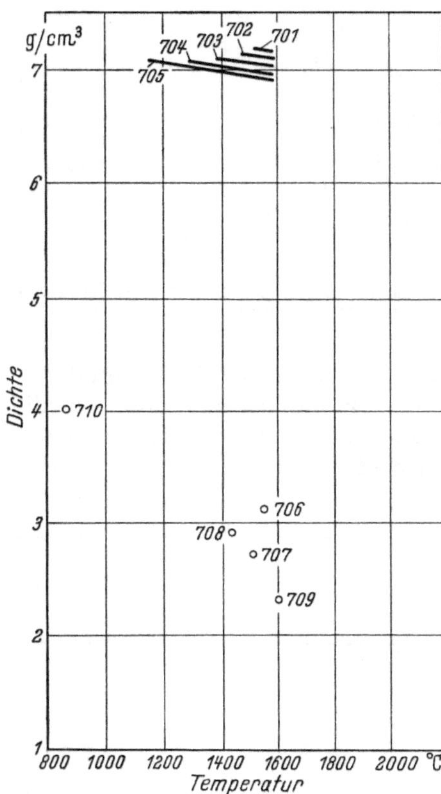

Abb. 140. Dichte in Abhängigkeit von der Temperatur. Kurven Nr. 701 bis 705 Fe-C-System mit 0; 1,0; 2,0; 3,0 bzw. 4,2% C; 706 bis 708 metallurgische Schlacken (Tab. 23), 709 SiO_2-Glas; 710 α-Al_2O_3

Tabelle 25. *Thermische Eigenschaften einiger Metalle*[1]

Metall	Dichte g/cm³	Wärmeleitzahl k in cal·sec⁻¹· ·cm⁻¹·°C⁻¹·cm	Temperaturleitzahl cm²·sec⁻¹	Spezifische Wärme cal/g °C
Aluminium	2,70	0,520	0,914	0,211
Armco-Eisen ..	7,87	0,170	0,199	0,109
Nickel	8,90	0,140	0,145	0,109
Kupfer	8,92	0,910	0,110	0,092
Blei	11,34	0,082	0,234	0,031

[1] Werte bei Zimmertemperatur

Dichte der Schlacken, die bei der UP-Schweißung, dem Schweißen mit Mantelelektroden und dem mit Seelenelektroden gebildet werden, innerhalb weiter Grenzen eingestellt werden, vgl. Ziff. 282. Eine Übersicht über die Dichten von Umhüllungskomponenten für die Schweißung von Aluminiumlegierungen findet sich bei KLJATSCHKIN [1].

213. Thermische Ausdehnung. Die Werte der thermischen Ausdehnung sind für die Metalle stark verschieden, vgl. Tab. 26. Es ergaben sich früher Schwierigkeiten, wenn z. B. legierte und unlegierte Stähle durch Verbindungs- oder Auftragschweißung verbunden werden sollten, zumal auch ihre metallurgischen Eigenschaften so stark verschieden sind (Beispiel: austenitischer Stahl gegenüber Kohlenstoffstahl). Man hat daher Zwischenschichten von mittlerer thermischer Ausdehnung usw. eingeführt, um allmähliche Übergänge zu erhalten, vgl. z. B. CONN [4] und THIELSCH [1].

Die thermische Ausdehnung der Schweißmittel bzw. der Ummantelung oder des Kerns der Seelenelektrode wird man derart einstellen, daß sich erhebliche Unterschiede der Ausdehnungskoeffizienten der gebildeten Schlacke und des Schweißgutes ergeben, z. B. 8 bis 10×10^{-6} gegenüber 16 bis 20×10^{-6}. Auf diese Weise ist es möglich, eine leichte *Ablösung der Schlacke* von der Schweißraupe nach dem Erkalten zu erreichen.

214. Wärmeleitzahl und Temperaturleitzahl. Grundlagen für die Berechnung der Wärmeleitung beim Schweißen werden z. B. von RYKALIN [1, 3] eingehend dargestellt. Zahlenwerte für die Wärmeleitzahlen einiger Metalle und Kohle finden sich in Tab. 1,25 und 26. Die

Tabelle 26. *Thermische Eigenschaften einiger Legierungen*

Material	Dichte g/cm^3	Spezifische Wärme $cal/g\,°C$	Wärmeleitzahl k in $cal \cdot sec^{-1} \cdot cm^{-2} \cdot °C^{-1} \cdot cm$				Temperaturleitzahl $cm^2 \cdot sec^{-1}$	Spezifischer Widerstand ϱ in $\Omega \cdot cm \cdot 10^6$				Ausdehnungskoeffizient $\cdot 10^6$
			Temperatur $°C$	k	Temperatur $°C$	k		Temperatur $°C$	ϱ	Temperatur $°C$	ϱ	
Rostbeständiger Stahl	7,92	0,11	100	0,038	1000	0,103	0,073	21	70	650	117	22
Stahl	7,86	0,16	0	0,141	1000	0,068	0,082	0	12,8	350	40	15
Nickel	8,9	0,11	40	0,212	500	0,148	0,129	0	6,84	100	10,3	16
70/30 Messing	8,38	0,09	20	0,26	200	0,32	0,43	20	6,4	200	8,2	20
Aluminiumlegierung	2,65	0,22	20	0,43	200	0,45	0,88	20	3,8	—	—	26
Kupfer	8,92	0,092	20	0,94	200	0,94	0,14	20	1,78	100	3,5	18

Abhängigkeit der Wärmeleitzahl von der Temperatur, bezogen auf 0°C, wird für mehrere Metalle in Abb. 141 nach APPS und MILNER [1] gegeben und die Wärmeleitfähigkeit für mehrere Kohlesorten in Abb. 142 nach WRIGHT [1]. Die Wärmeleitfähigkeit des Schmelzbades ist sehr viel geringer als die des festen Metalls und die des Dampfes wiederum geringer als die des Bades.

Je geringer die Wärmeleitfähigkeit der *Schlacke* ist, um so länger bleibt Bad *W* geschmolzen und um so vollständiger können Gase und Verunreinigungen aus dem erstarrenden Metallbad entweichen. Vergleiche hierzu auch die verschiedenen Wärmeleitzahlen von glasigen und porösen Schweißmitteln, auf die bereits in Ziff. 212 hingewiesen wurde, und ihre eingehendere Besprechung in Ziff. 294.

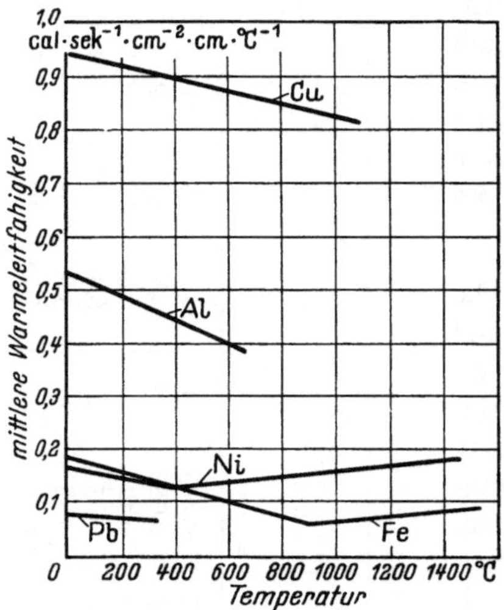

Abb. 141. Abhangigkeit der mittleren Warmeleitfahigkeit einiger Metalle von der Temperatur

Die Tab. 25 u. 26 von APPS und MILNER bzw. ROBERTS und WELLS geben auch Werte für die Temperaturleitzahl einiger Materialien.

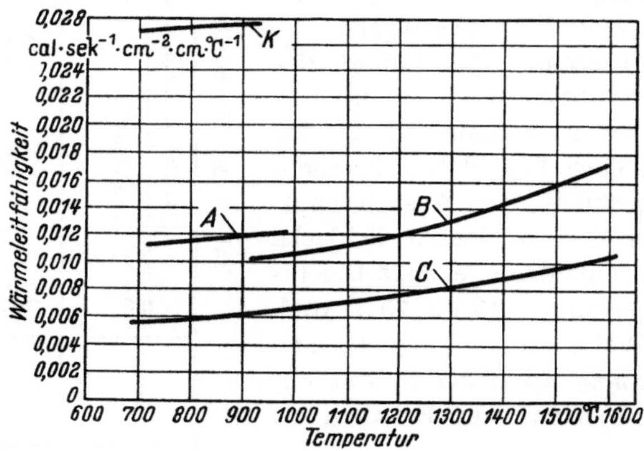

Abb. 142. Wärmeleitfähigkeit verschiedener Kohlesorten in Abhängigkeit von der Temperatur

215. Elektrisches Leitvermögen. Tab. 10 gibt den elektrischen Widerstand für verschiedene *Elektroden-Kerndrähte*. Weitere Angaben finden sich in Tab. 26 für verschiedene Metallegierungen, vgl. auch die Zusammenstellung bei LANDOLT-BÖRNSTEIN [2] (der spezifische Widerstand ist der reziproke Wert der spezifischen Leitfähigkeit). Das elektrische Leitvermögen sinkt für das feste Metall mit steigender Temperatur, fällt scharf ab beim Schmelzen, nimmt dann wieder langsamer ab für die flüssige Phase und sinkt schließlich bei der Verdampfung gegen Null. Als Anhalt diene, daß sich das elektrische Leitvermögen eines festen zu dem eines flüssigen Metalls etwa wie 2:1 verhält. Für *Kohle* nimmt das elektrische Leitvermögen mit zunehmender Temperatur zu, siehe Abb. 143 nach WRIGHT [1]. Der elektrische Widerstand

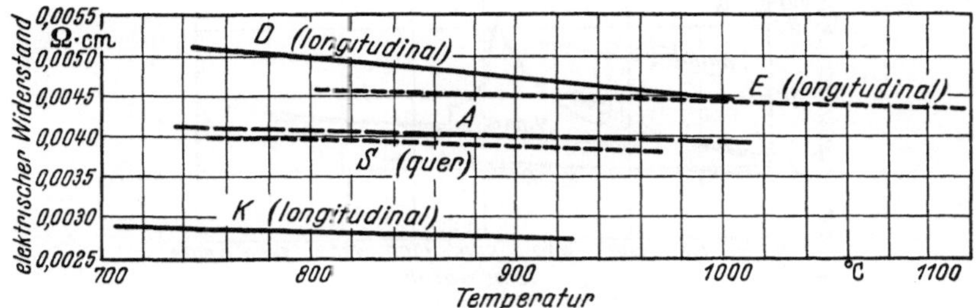

Abb. 143. Elektrischer Widerstand verschiedener Kohlen in Abhängigkeit von der Temperatur

sinkt bis zu Temperaturen von 1560° C; es besteht ein geringer Unterschied in den Werten, je nachdem ob die Proben quer zur Kohlenachse oder in der Achsenrichtung (longitudinal) entnommen werden.

Die *Schlacke* ist zunächst bei Zimmertemperatur praktisch nicht leitend. Die Leitfähigkeit nimmt mit der Temperatur zu und erreicht erhebliche Werte bei der üblichen Betriebstemperatur der Elektroden. Das elektrische Leitvermögen der Schlacke wird z. B. durch MnO-Zusatz verbessert, durch CaO und Al_2O_3 erniedrigt. Einige Anwendungen des elektrischen Leitvermögens von Schlacke wurden bereits in Ziff. 75, 76 u. 189 diskutiert.

216. Sonstige thermische Eigenschaften. a) *Spezifische Wärme.* Tab. 26 gibt die spezifischen Wärmen einiger Metalle nach ROBERTS und WELLS [1]. Die Temperaturabhängigkeit der *mittleren* spezifischen Wärmen einiger Metalle, bezogen auf 0° C, wird in Abb. 144 a und b nach APPS und MILNER [1] und für Graphit in Abb. 145 und 146 nach WRIGHT [1] wiedergegeben.

b) *Bildungswärmen.* Bildungswärmen einiger bei der Lichtbogenschweißung interessierender Verbindungen finden sich in Tab. 11.

c) *Reaktionswärmen.* Werte für einige Mantelelektroden werden in Tab. 12 gebracht.

d) *Schmelz-, Verdampfungs-, Verbrennungs- und Dissoziationswärmen,* die von verschiedenen Autoren ermittelt wurden, sind in Tab. 27 nach LORENZ [2] zusammengestellt. Weitere kalorische Daten finden sich in den bekannten Handbüchern und Tabellenwerken, z. B. bei D'ANS-LAX [1] und LANDOLT-BÖRNSTEIN [1,2]. Die Schmelzwärmen von Metallen liegen wesentlich niedriger als die Verdampfungswärmen.

Sie betragen z. B. für Eisen 3,7 bzw. 84,0 kcal · mol⁻¹; für Silber 2,7 bzw. 60,7 kcal · mol⁻¹.

e) Reaktionsgeschwindigkeit. Bei der Aufheizung von Metall und Schlacke haben Kontaktzeit und Reaktionsgeschwindigkeit großen Einfluß auf den Werkstoffübergang, auf die Entfernung von Gasen,

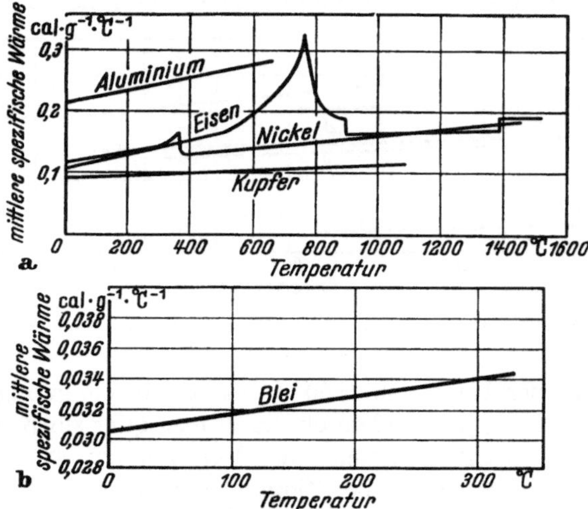

Abb. 144a u. b. Abhängigkeit der mittleren spezifischen Wärme einiger Metalle von der Temperatur

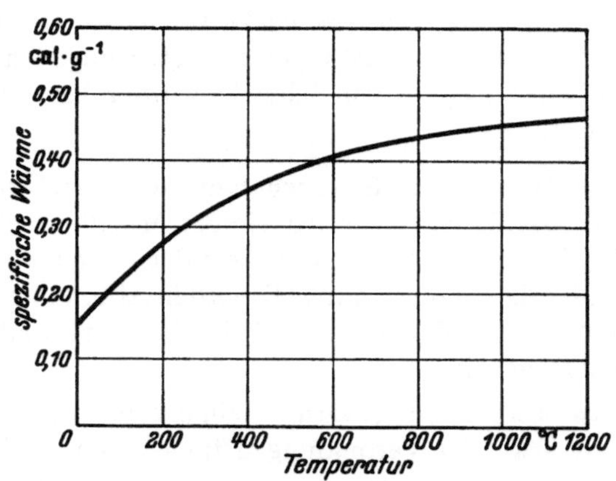

Abb. 145. Spezifische Wärme von Graphit nach verschiedenen Forschern

Dämpfen usw. aus den flüssigen Phasen beim Schweißen, vgl. Ziff. 220, und auf die Einführung von Legierungsbildnern in die Schweißraupe, vgl. Ziff. 229. Die hohe Temperatur und das Vorhandensein des elektromagnetischen Feldes schaffen günstige Bedingungen für hohe Reaktionsgeschwindigkeiten zwischen Schlacken- und Metallbädern. Vielfach erfolgt praktisch momentane Einstellung der Gleichgewichte.

Das *Eisen-Kohlenstoff-System* besitzt eine hohe Kristallisationsgeschwindigkeit, vgl. z. B. die zusammenfassenden Arbeiten von RICHARDSON [1], PHILBROOK und BEVER [1] und die Kurven 601 und 602 der Abb. 134. Die Reaktionsgeschwindigkeit nimmt ab, wenn Kohlenstoffverluste durch Oxydierung erfolgen und wenn die Temperatur der Metallbäder erniedrigt wird. Desgleichen nimmt die Reaktionsgeschwindigkeit beim

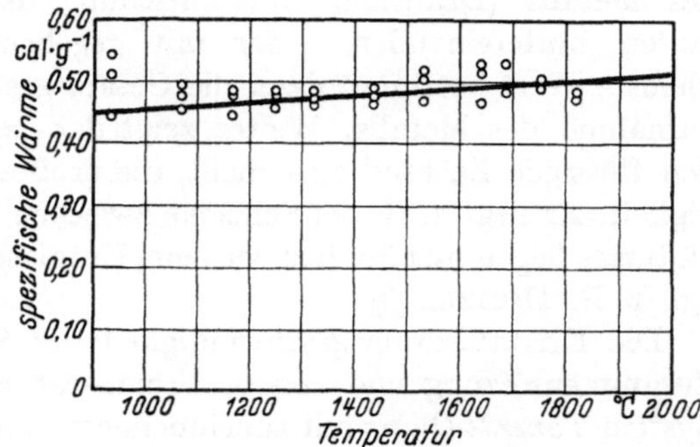

Abb. 146. Spezifische Wärme von Graphit oberhalb 1000° C

Übergang von Legierungselementen von Schlacke zu Metall mit fortschreitender Abkühlung ab.

Nach POGODIN-ALEXEJEW [1] besteht der *Sättigungsprozeß eines Metalls mit Gasen* aus 4 Stufen: a) Zuleitung des Gases an die Metalloberfläche; b) Adsorption an die Metalloberfläche; c) Dissoziation des adsorbierten

Tabelle 27. *Schmelz-, Verdampfungs-, Verbrennungs- und Dissoziationswärmen*

a) Schmelzwärmen	
Elektrolyteisen	66 cal g^{-1}
Eisen, 0,04 % C	69 cal g^{-1}
Eisen, 4,22 % C	47 cal g^{-1}
Schlackenbestandteile·	
Al_2O_3 ....·......	~250 cal g^{-1}
CaO	500 cal g^{-1}
$CaSiO_3$ (Ca-Metasilikat) ..	115 cal g^{-1}
$CaAl_2Si_2O_8$ (Anorthit)	95 cal g^{-1}
$MnSiO_3$ (Mn-Metasilikat) ..	~ 65 cal g^{-1}
SiO_2 (Quarz)	57 cal g^{-1}
SiO_2 (Cristobalit)	35 cal g^{-1}
TiO_2 (Rutil)	~140 cal g^{-1}
NaCl	123 cal g^{-1}
b) Verdampfungswärmen	
H_2O	539 cal g^{-1}
NaCl	~700 cal g^{-1}
c) Verbrennungswärmen	
Zellulose	~4000 cal g^{-1} *
d) Dissoziationswärmen	
H_2	102 700 cal Mol^{-1}
O_2	116 400 cal Mol^{-1}
H_2O	218 000 cal Mol^{-1}

* Nach Angaben über andere Kohlehydrate geschätzt

Gases und chemische Bindung durch die Oberflächenatome; und
d) Transport von chemisch gebundenen Molekülen in das Innere
des Metalls (Diffusion, Durchmischung usw.). Diese vier Prozesse
laufen hintereinander, jeder mit gegebener Geschwindigkeit. Der
kleinste Wert bestimmt dann die Gesamtgeschwindigkeit für die Gasaufnahme des Metalls. Weiter zeigt der „*zähe Zustand*", der sich an
den flüssigen Zustand anschließt, die größte Kristallisationsgeschwindigkeit. Er liegt z. B. bei Schlacke zwischen 800 und 1000° C. Die Verhältnisse liegen hier ähnlich wie beim Entglasen vieler Silikatschmelzen,
vgl. z. B. Dietzel [*3*].

Die Kristallisationsgeschwindigkeit der *Schlacken* hängt von ihrer
Zusammensetzung und von der Temperatur ab. Sie nimmt z. B. im
System *Tonerde-Quarz* mit zunehmendem Tonerdegehalt zu, vgl. Eitel,
Pirani und Scheel [*1*] und Eitel [*1*]. Wir beobachteten [*14*] fast augen-
blickliches Schmelzen und Erstarren — vergleichbar mit Metall-
proben — bei Schlacken, die einen hohen Tonerdegehalt besaßen. Die
Kristallisationsgeschwindigkeit silikathaltiger Schlacken spricht auf die
Struktur, insbesondere auf einen Koordinationswechsel, sehr empfind-
lich an, wie Dietzel und Flörke [*3*] anhand zahlreicher Beispiele nach-
weisen.

3. Weitere die Schmelzbäder beeinflussende Faktoren

Bei der hohen Temperatur der Schmelzbäder, deren thermische
Eigenschaften bisher behandelt wurden, wirkt eine Reihe weiterer
Faktoren mit, die den Ablauf des Schweißvorganges beeinflussen. Im
folgenden wird auf die wichtigsten dieser Parameter kurz eingegangen,
wobei die Einteilung in Schmelzbäder „*E*" an der Elektrode, „*T*" im
übergehenden Tropfen und „*W*" am Werkstück beibehalten wird.
Zusammenstellungen von physikalischen und metallurgischen Faktoren
finden sich in den Abb. 3 u. 132 nach Koch [*1*].

217. Schmelzbäder *E* und *T*. Auf die Bedeutung des Zeitfaktors,
d. h. die Erhitzungsdauer, Kontaktzeit und Reaktionsgeschwindigkeit,
wurde bereits in Ziff. 156, 157 u. 216 hingewiesen. Die Bildung eines
Tiegels am bogenseitigen Ende der Elektrode, die bei Mantelelektroden
beobachtet wird und die wahrscheinlich auch bei der Unterpulverschweißung auftritt, ist von erheblichem Einfluß auf Bad *E*, vgl.
Ziff. 113 u. 181.

Die Wanderung des geschmolzenen Metalltropfens, Schmelzbad *T*,
durch das Bogenplasma wird, besonders bei Verwendung nackter
Elektroden, von chemischen Reaktionen zwischen Metall und um-
gebender Atmosphäre begleitet, wobei die Reaktionsgeschwindigkeit
durch die Temperatur der Oberfläche des flüssigen Metalls bestimmt
wird. Die Durchwirbelung von Metall und Schlacke (falls vorhanden)
in dem übergehenden Tropfen wurde in Ziff. 188 besprochen, vgl.

Abb. 125. Die Durchwirbelung wird durch starke Gasabgabe unterstützt, falls sich der Tropfen abkühlt.

218. Schmelzbad W. Ein Querschnitt durch Metall- und Schlackenbader wurde in Abb. 86 für UP-Schweißung gebracht. Bad W muß der Elektrode mit hoher Geschwindigkeit folgen. Beim Einfallen von Tropfen in Bad W liegen, falls Schlacke vorhanden ist, vier flüssige Phasen vor. Im allgemeinen umhüllt oder durchsetzt die Schlacke den Tropfen, doch bilden sich vielfach auch aus Metall und Schlacke separate Tropfen. Viskosität und Oberflachenspannung der Metallbader und die der Schlackenbäder sollten dann nahe übereinstimmen,

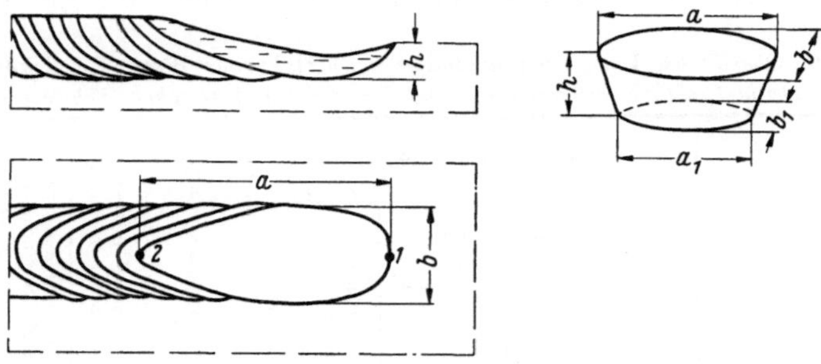

Abb. 147. Schmelzzone der Schweißraupe, Erklarung im Text

so daß gegenseitige Auflösung der beiden viskosen Flüssigkeitspaare erfolgen kann. Man würde dann nach der Erstarrung eine in Zusammensetzung und Eigenschaften über den ganzen Querschnitt *gleichförmige Schweißverbindung* erhalten. Leider ist es nur selten möglich, diesen Idealzustand zu erreichen. Meist treten nicht unerhebliche Güteunterschiede in der Höhe, Breite und den Randzonen des Schweißgutes auf.

Die *Kraterbildung* im Schmelzbad W wurde in Ziff. 117, die Bildung von *Endkratern* in Ziff. 119 besprochen. Man läßt möglichst, wie bereits ausgeführt, in der modernen Schweißtechnik den Krater nicht unterhalb von Elektrode und Lichtbogen, sondern hinter dem fortschreitenden Lichtbogen auftreten.

Die graphische Bestimmung der *Kraterform* auf Grund von Rechnungen, denen die Kräfte im Lichtbogen zugrunde liegen, wurde in Ziff. 139 dargelegt. Eine Zusammenstellung von Kraterdimensionen nach den Beobachtungen der Praxis wird von POGODIN-ALEXEJEW [1] gegeben: Abb. 147 gibt eine schematische Darstellung der Schmelzzone. Die Abmessungen der Schmelzzone betragen im Mittel bei Handschweißung $a = 20 - 30$ mm, $b = 8 - 12$ mm, $h = 2 - 3$ mm; bei automatischer Schweißung $a = 80 - 120$ mm, $b = 20 - 30$ mm und $h = 15 - 20$ mm. Tab. 28 gibt nach POGODIN-ALEXEJEW [1] Beispiele für die Existenzdauer der Schmelzzone in Abhängigkeit von der Schweißgeschwindigkeit. Die Zahlenwerte ändern sich mit der Schweißmethode, dem

Schweißplan und den physikalischen Eigenschaften der zu verschweißenden Materialien. Tab. 29 gibt nach dem gleichen Autor kennzeichnende Werte für die Abmessungen des Schmelzbades W und daraus berechnete Daten.

Tabelle 28. *Existenzdauer der Schmelzzone in Abhangigkeit von der Schweißgeschwindigkeit*

	Handschweißung					Automatenschweißung				
Schweißgeschwindigkeit in m/h	3	5	7	9	11	30	40	50	60	70
Zeitdauer der Schmelzzone in sec	30	18	13	10	8	12	9	7,2	6	5,2

Tabelle 29. *Oberflache, Volumen und andere kennzeichnende Werte der Schmelzzone bei der Hand-Lichtbogenschweißung und bei der automatischen Schweißung*

Schweißart	Abmessungen der Schmelzzone					Oberflache in cm²	Volumen in cm³	Gewicht des Metalls in g	Mittlere Zeitdauer der Schmelzzone in sec	Quotient aus Gewicht und Oberflache der Schmelzzone in g/cm²	Geschwindigkeit der Oberflachenbildung der Schmelzzone in cm²/sec
	angenommene Maße in cm										
	a	b	a_1	b_1	h						
Handschweißung ..	3,0	1,0	2,0	0,8	0,2	2,35	0,3	2,1	15	0,9	0,15
Automatenschweißung ..	10,0	2,0	6,0	1,0	1,0	15,7	9,7	6,8	7	4,5	2,25

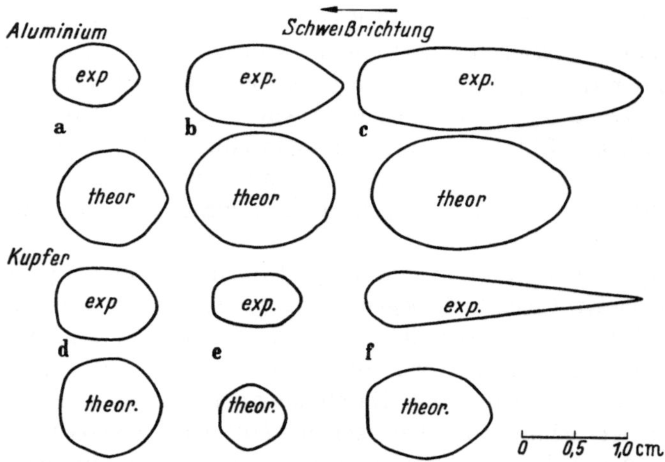

Abb 148 Gestalt des Schweißkraters nach theoretischen Uberlegungen und nach Versuchen·
a), b), c) Aluminium, d), e), f) Kupfer
Energiezufuhr in cal/sec/cm Schweißgeschwindigkeit in cm/sec:

a) 980	d) 2825	a) 0,583	d) 0,5
b) 1335	e) 4101	b) 0,840	e) 1,7
c) 2240	f) 4926	c) 1,9	f) 2,4

APPS und MILNER [1] berechneten mit Hilfe der ROSENTHALschen Gleichung, vgl. Ziff. 250, die Grenzen des Kraters beim Schweißen von *Aluminium* und *Kupfer* in Argon-Schutzgasatmosphäre. Abb. 148 gibt einen Vergleich der berechneten und der durch Versuche erhaltenen Formen. Im allgemeinen sind die Krater starker verlängert, als theoretisch vorausgesagt. Dies ist besonders ausgeprägt bei hoher Schweißgeschwindigkeit und kann vorläufig noch nicht rechnerisch erfaßt werden.

Der *Anteil des Grundwerkstoffes* im Schweißgut schwankt je nach Art der Legierung, Form der Naht und Schweißplan in weiten Grenzen. Handschweißungen von Stahl zeigen z. B. 20% Grund- und 80% Elektrodenwerkstoff, UP-Schweißungen 30 bis 85% Grundwerkstoff. Der Einfluß verschiedener Parameter auf den Werkstoffanteil wird in Ziff. 109 besprochen, vgl. Abb. 89.

Die Anordnung der *Kristallisationsschichten* bei einer Stumpfnaht wird in Abb. 149 nach POGODIN-ALEXE-

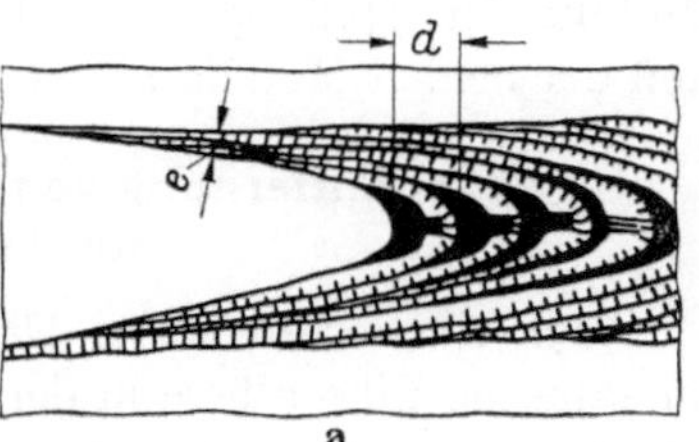
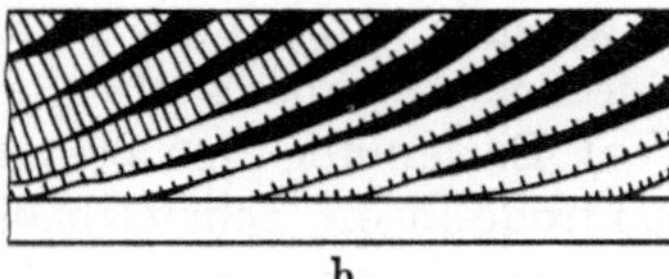
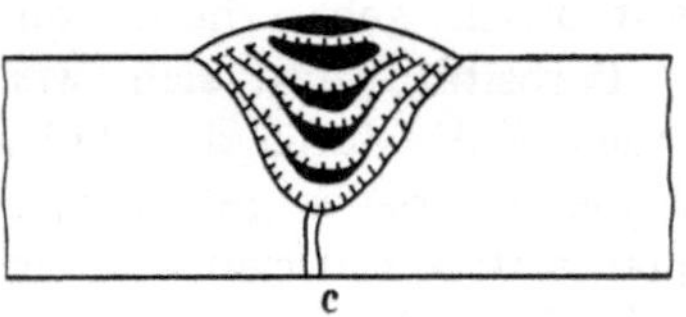

Abb 149 Anordnung der Zristallisations-schichten in einer Stumpfnaht

a) Ansicht von oben (Raupe entfernt),
b) Langsschnitt, c) Querschnitt der Naht,
d) und e) Schichtdicke

JEW [1] gezeigt. Die Form der Schichten wird durch die Isothermen des Temperaturfeldes (Ziff. 242), ihre Dicke durch die Abkuhlungsgeschwindigkeit bestimmt. Die Schichtdicke wird am größten im mittleren oberen Teil der Naht, wo die Wärmeableitung infolge der starken Schlackenschicht am geringsten ist. An den Nahtflanken liegt die größte Abkühlungsgeschwindigkeit vor mit dem Resultat, daß hier die geringste Schichtdicke auftritt, so daß $e < d$ ist. Weitere Angaben finden sich z. B. bei MANTAI [1].

Schmelzbad W nimmt gelegentlich sehr interessante Formen an, vgl. z. B. Abb. 150 nach

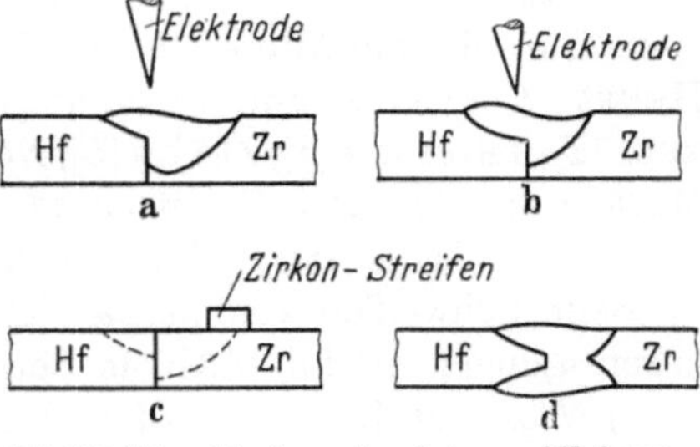

Abb 150 Schmelzbad zwischen Zirkon und Hafnium

a) Elektrode uber der zu schweißenden Naht,
b) Elektrode verschoben in Richtung des Hf,
c) Zirkonstreifen hinzugefugt ergibt gleichformige Schweißraupe, d)

THEILACKER und Mitarbeitern [1] für die Schweißung von *Hafnium*- und *Zirkonmetall* unter Verwendung von thorierten Wolframelektroden und Schutzgasatmosphäre. Die Unterschiede in der Form des Metallbades beruhen auf Unterschieden der spezifischen Wärme, der Wärmeleitfähigkeit und der Schmelztemperatur der zu verschweißenden Metalle. Die Stellung der Elektrode ist kritisch und beeinflußt den Anteil der beiden Metalle in der Schweißraupe.

4. Entfernung von Gasen und Verunreinigungen aus den Schmelzbädern

219. Übersicht. Gase, Dämpfe, flüchtige Substanzen und nichtmetallische Einschlüsse in den Metallbädern müssen sorgfältig entfernt werden, um *Porosität der Schweißraupe* zu vermeiden, die die Güte der Schweißung herabsetzen würde. Es handelt sich hierbei um zwei verschiedene Aufgaben:

a) Entfernung der beim *Aufschmelzen* des Werkstückes und der Elektrode in die Schmelzbäder gelangenden Einschlüsse und

b) um Entfernung der bei *Abkühlung* des Schmelzbades W abgestoßenen, sehr erheblichen Gasmengen.

Porosität ergibt sich, wenn bei rascher Abkühlung des Schmelzbades W die durch das Bad aufsteigenden Blasen nicht bis zur Oberfläche des Bades gelangen, sondern im Schmelzbad einfrieren. Eine quantitative Entfernung aller Gase und Einschlüsse ist kaum möglich, vielmehr enthält verschweißtes Metall immer Gase, die als chemische Verbindungen, als feste Lösungen oder in submikroskopischen Poren vorliegen. Wie in Ziff. 124 ausgeführt, ist eine völlige Gasentfernung auch nicht erwünscht, um den Werkstoffübergang nicht zu gefährden. Bei Schweißungen, bei denen es nur auf statische, nicht aber auf dynamische Festigkeit ankommt, ist eine geringe Zahl gleichförmig verteilter, sichtbarer Poren im Metall des Schweißgutes vielfach zulässig.

Die *Literatur* zur Porosität des Schweißgutes, insbesondere zur Rolle des Wasserstoffes, ist äußerst umfangreich. Von neueren Arbeiten, die auch Hinweise auf ältere Untersuchungen einschließen, seien erwähnt: HENRY, CLAUSSEN und LINNERT [1], ERDMANN-JESNITZER [1], COTTRELL [1], THIELSCH [3], ZEYEN [6], NORÉN [1], NELSON und EFFINGER [1], MUIR [1,2], ANDERS [1], MILLETT [1], SADOWSKI und RICHTER [1], BLAKE [1], VAUGHAN [1], FAST [4] und VAN DER WILLIGEN [3].

Beim Schweißen kommen als Quellen fur Gase, Dämpfe und Verunreinigungen die folgenden in Betracht:

a) Wasserstoff, Stickstoff und Sauerstoff aus der Luft;

b) Gasmengen, die aus dem Metall des Werkstückes, aus der Elektrode und aus den Schlackenbildnern beim Schmelzen frei werden;

c) gasförmige Produkte chemischer und metallurgischer Reaktionen;

d) flüchtige Reaktionsprodukte, die von Verunreinigungen der Elektroden- und Werkstuckoberflächen in die Schweißung gelangen;

e) nichtmetallische Desoxydationsprodukte; und

f) Schlacken aus dem Grundmetall usw.

220. Gasaufnahme und Porosität in Luft. Bei Verwendung von nackten Elektroden nehmen nach Ziff. 157 sowohl das Werkstück als auch das Elektrodenmetall bei Erhitzung sehr erhebliche Gasmengen auf. Abb. 151 zeigt nach PHILBROOK und BEVER [1] den Einfluß der Temperatur auf die Löslichkeit von Wasserstoff und Stickstoff im

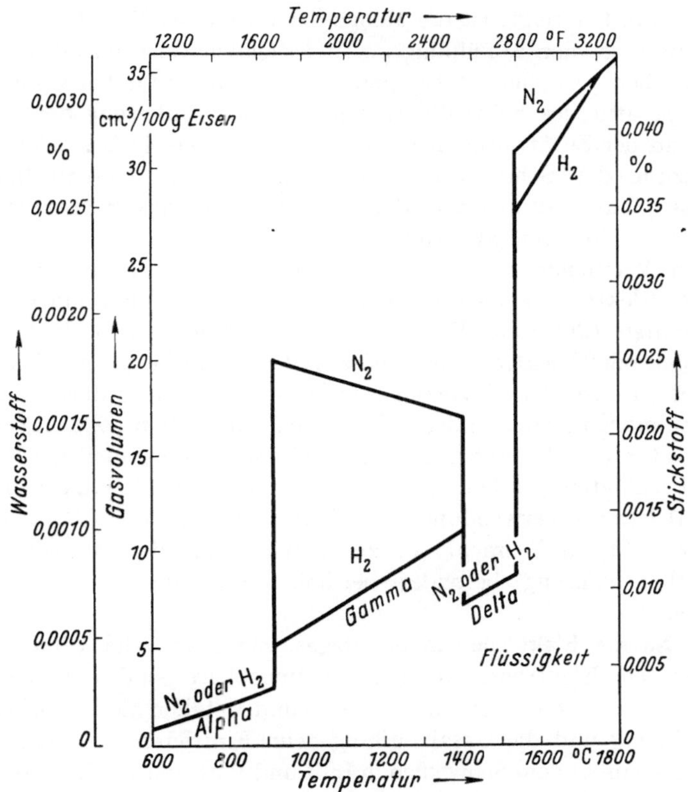

Abb. 151. Temperatureinfluß auf die Loslichkeit von Wasserstoff und Stickstoff im Eisen bei einem Druck von 1 Atm

Eisen bei Atmosphärendruck. Jede Unstetigkeit in den Kurven wird durch einen Schmelz- oder durch einen Transformationspunkt verursacht. Wesentlich ist es, daß die Lösbarkeit der Gase im flussigen erheblich höher als im festen Eisen ist. Zusatzliche Angaben zur Loslichkeit von Wasserstoff im Eisen werden von GILDE [2] gebracht.

Liegt bei der Abkühlung des Metallbades ein Überschuß von gelöstem Wasserstoff, Stickstoff usw. im Schweißgut vor, so erfolgt Ausstoßung der Gase, die so schnell wie möglich aus dem Schweißgut entfernt werden müssen. Solange die Viskosität des Bades gering ist, können die Gasblasen aus dem Metallbad entweichen. Mit zunehmender

Erstarrung wird es immer schwieriger, Gasblasen zu entfernen, besonders wenn die Oberfläche des Bades bereits erstarrt, bevor die vom Boden und den Rändern des Schweißgutes in Richtung auf die Badoberfläche fortschreitende *Erstarrungsisotherme* (Phasengrenze fest/flüssig) die Badoberfläche erreicht hat. Unter diesen Umständen werden zahlreiche Gasblasen einfrieren und Poren im Metall verursachen.

Wie Abb. 151 zeigt, ist die Menge der durch das Metall aufgenommenen und bei der Abkühlung zu entfernenden Gase im allgemeinen um so größer, je höher die Temperatur ist. Man wird daher versuchen, die Temperatur des Schweißvorganges durch Regulierung der Stromdichte und der Zusätze möglichst niedrig zu halten, insbesondere eine Überhitzung der Schmelzbäder zu vermeiden. Als Grenzbedingung ergibt sich das Auftreten von Porosität bei zu niedriger Stromstärke, zu langem Lichtbogen oder zu dünner Elektrode.

Nach Versuchen von WARREN und STOUT [1] ergibt eine *halbberuhigte* Elektrode etwa die doppelte bis dreifache Porenmenge wie eine *beruhigte* Elektrode. Porositätserhöhung findet auch statt, wenn Werkstück oder Elektrode aus *unberuhigtem* Stahl bestehen. Erniedrigung der Viskosität und Verringerung des C-Abbrandes durch Zugabe von Ferromangan oder anderen Desoxydationsmitteln (Ziff. 227) setzt die Porosität auch für unberuhigten Stahl auf etwa den gleichen Betrag wie für beruhigten Stahl herab. Als weiteres Mittel zur Verringerung der Porosität kommt Verwendung von Elektroden mit *hauchdünnen Überzügen* (Ziff. 51) in Betracht, die zur Verringerung der Viskosität und Oberflächenspannung besonders bei hohen Schweißgeschwindigkeiten beitragen.

221. Nackte Elektroden in Schutzgasatmosphäre. Bei Verwendung von nackten Elektroden in Edelgasatmosphäre sind entsprechend den Gleichgewichten zwischen den Gasen und Metallen die Gasaufnahme bei Erhitzung und die Gasabstoßung beim Einfrieren wesentlich verringert gegenüber dem Schweißen in Luft und Wasserstoff. Es werden — vorausgesetzt, daß sich der Gasschutz bis zur Erstarrung von Bad W erstreckt — praktisch porenfreie Verbindungs- und Auftragschweißungen erhalten. Nach Untersuchungen von LUDWIG [1, 2] ist es erwünscht, daß der *Stickstoffgehalt von Argon* weniger als 0,2% beträgt, um die Aufnahme von Stickstoff im Schweißgut und spätere Abgabe möglichst gering zu halten (Ziff. 263). Auch hier spielt die Stromdichte nach OYLER und STOUT [1] eine ähnliche Rolle wie bei nackten Elektroden in Luft.

Beim Schweißen von *Nickel* verursacht nach MILNER [1] Sauerstoff die Bildung poröser Nähte. Man vermeidet daher hier Sauerstoffzusatz zu Argon und arbeitet mit *Argon*, dem bis zu 20% *Wasserstoff* zugesetzt sind.

222. Schweißen mit Schlackenbildnern. Hierzu gehören Schweißungen, bei denen Mantel- oder Seelenelektroden oder pulverförmige

Schweißmittel verwendet werden. Eine wichtige Aufgabe der auf dem Schmelzbad *W* befindlichen Schlacke besteht bekanntlich in der Verzögerung der Abkühlung des Metallbades, die auf der geringen Warmeleitfahigkeit der Schlacke beruht (weitere Aufgaben in Ziff. 275 ff.). Je starker die Schlackendecke ist und je langer das Metallbad flussig bleibt, um so vollstandiger kann Entgasung und Gleichgewichtseinstellung der vorliegenden festen und flussigen Phasen mit den vorhandenen Gasen und Dampfen erfolgen. Hierdurch ergeben sich Strukturverbesserungen und bessere mechanische Gutewerte des Schweißgutes,

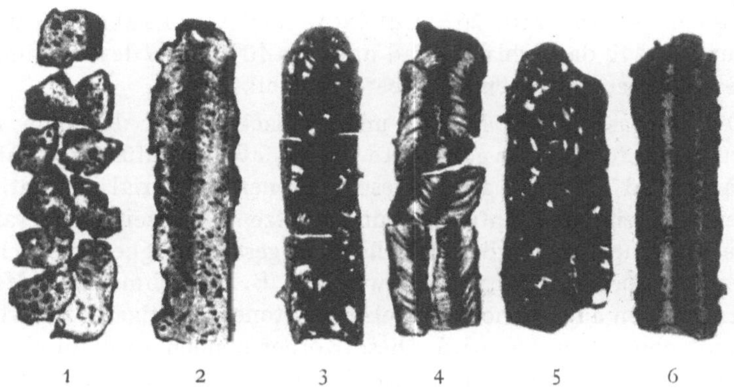

1   2   3   4   5   6

Abb 152 Ausbildung der Schlacke (Ruckseite) bei verschiedenen Mantelelektroden (Tab 60)
1 mitteldick titansauer umpreßte Elektrode, Typ Ti 13 *2* dick titansauer umpreßte Elektrode Ti 18, *3* dick erzsauer umpreßte Elektrode Es 33, *4* dick umpreßte Elektrode (Kontaktelektrode) So 81, *5* dick umpreßte Elektrode (Tiefeinbrandelektrode) So 85, *6* dick kalkbasisch umpreßte Elektrode Kb 52

da in dem durch flussige oder feste Schlacke geschutzten Metallbad nichtmetallische Einschlusse, Gase, Dampfe und flüchtige Verunreinigungen zur Oberflache des Metallbades aufsteigen und in die Schlacke eintreten können. Die im Schlackenbad gelösten Gase sind ebenfalls temperatur- und druckabhangig und werden bei der Erstarrung abgegeben. Eine starke Durchwirbelung der Bader vor Beginn der Erstarrungsperiode beschleunigt die Gasabgabe.

Abb. 152 zeigt nach ZEYEN [*3*] Schlacken fur verschiedene Typen von *Mantelelektroden*. Das Innere der Schlacken zeigt starken Porengehalt fur erzsauer umhullte und Tiefeinbrand-Elektroden, der von den bei der Erstarrung aufsteigenden Gasen herruhrt. Kalkbasisch umhüllte und Kontaktelektroden sind hingegen meist dicht. Allgemein laßt sich weiter aussagen, daß eine Schlacke um so dichter ist, je mehr das Schmelzbad vollberuhigten Stahl darstellt Beispiele fur die Zusammensetzung technischer Elektrodentypen werden in Ziff. 316 gebracht.

Zwischen dem ungeschmolzenen, ursprünglichen Schweißmittel der UP-Schweißung und dem geschmolzenen Schlackenbad liegt nach

Conn [14] eine als „F-Schicht" bezeichnete Zwischenlage. Es ist wesentlich, daß die F-Schicht für Gase, Dämpfe usw. durchlässig und nicht etwa gesintert oder glasig, d. h. undurchlässig ist — vgl. Abb. 86. Eine gesinterte oder glasige F-Schicht ergibt Stauungen im Fluß der Gase, die auf die Austrittsgeschwindigkeit der durch Metall- und Schlackenbäder emporsteigenden Gase zurückwirken und zu Blasenbildung im erstarrenden Schweißgut führen. Weiter sei erwähnt, daß nach Mantel und Wolff [1] der *Durchgang der Gase durch pulverförmige Schweißmittel* erschwert wird, wenn das Schweißmittel sehr geringe Korngröße besitzt oder wenn viel feines Material neben gröberen Bestandteilen vorhanden ist, vgl. Ziff. 267. Chrenow und Kuschnerew [1] weisen darauf hin, daß das Schlackenbad nur etwa 10 bis 20% des ursprünglich aufgeschütteten Schweißmittels betragen soll.

Die Entgasung der Metall- und Schlackenbäder W kann nach Conn [11, 13, 18] dadurch gefördert werden, daß man dafür sorgt, daß das Schlackenbad Partikel aus ungeschmolzenem Material enthält. Sie dienen als Keime zur Entgasung und besitzen gleichzeitig mineralisierende Wirkung, so daß die Kristallisationsgeschwindigkeit des Schlakkenbades verbessert wird. Man verwendet z. B. hochschmelzende *Mullitkörner* bzw. ein anderes hochschmelzendes, tonerdehaltiges Material, das auch oft porös gebrannt wird. Diese Körner können zwar durch einen Lichtbogen, der längere Zeit auf sie einwirkt, geschmolzen werden, doch werden sie in solcher Größe in das Schweißmittel eingeführt, daß sie nur an der Außenfläche während der kurzen Einwirkungsdauer des Lichtbogens schmelzen, während ihr Kern ungeschmolzen bleibt (Ziff. 283).

In den folgenden Ziffern werden die wichtigsten Gase und Dämpfe besprochen, die zur Porenbildung führen können. Es handelt sich um Wasserstoff, Kohlenoxyd, Schwefel- und Phosphorverbindungen sowie Gase und Dämpfe, die aus Rost und anderen Verunreinigungen gebildet werden; weiter wird Porenbildung durch Desoxydationsprodukte und Schlackeneinschlüsse im Grundmetall behandelt.

223. Wasserstoff. Nach dem heutigen Stand der Kenntnisse kann eine Porosität des Schweißgutes bei Eisen-Kohlenstoff-Legierungen in der Mehrzahl der Fälle auf das Vorhandensein von Wasserstoff zurückgeführt werden, vgl. die Übersicht von Zeyen [10]. Wasserstoff kann in das Schweißgut gelangen: a) aus dem Bogenraum (Luft bzw. beim *Arcatomverfahren* Wasserstoff), b) aus dem Gasgehalt des Werkstückes und des Elektrodendrahtes und c) aus etwaiger Feuchtigkeit der Schlackenbildner. Bei c) können physikalisch oder chemisch gebundenes Wasser der Elektrodenhülle, des Kernes der Seelenelektrode und der Schweißmittel der UP-Schweißung vorliegen, oder es können Reaktionen erfolgen, bei denen Wasserstoff oder Wasserdampf entwickelt werden.

Als Beispiele seien Zellulosegehalt des Elektrodenmantels, Wasserglasgehalt des Mantels bzw. der Schweißmittel für UP-Schweißung und feucht gewordene (auch hygroskopische) Mantelelektroden genannt.

Der bei Erstarrung der Schweißnaht in Poren, Rissen usw. verbleibende Wasserstoff steht unter sehr erheblichem *Druck*, der nach MILLETT [1] Werte von 4×10^3 Atm erreichen kann. Wasserstoff wird dann allmählich als Funktion der Zeit und Temperatur abgegeben; bei Raumtemperatur werden z. B. mehrere Wochen zum „*Altern*" erfordert, während bei 90 bis 105° C nur 24 bis 48 Stunden genügen, vgl. die neuen Untersuchungen von HUMMITZSCH [1].

Mittel zur Beschleunigung des Durchganges von Wasserstoff usw. durch die Bäder wurden in den vorhergehenden Ziffern besprochen. Vielfach werden *Elektroden mit geringem Wasserstoffgehalt*, die keine organischen Bestandteile enthalten und die bei hoher Temperatur getrocknet sind, verwendet, besonders auch wenn Legierungsbildner von der Umhüllung zur Schweißnaht zu übertragen sind, vgl. z. B. D. C. SMITH und Mitarbeiter [1, 3]. In anderen Fällen hat sich die Einführung von Kohlendioxyd mit oder ohne Sauerstoffzusatz z. B. bei der *Unterwasserschweißung* als zweckmäßig erwiesen, um die Porosität gering zu halten, vgl. Ziff. 184.

McELRATH und GORMAN [1] beobachteten, daß bei Schutzgasschweißung mit permanenter Elektrode in Argon mit etwa 15 % Wasserstoffzusatz ein *Niederschlag von Feuchtigkeit* auf den Werkstücken in geringer Entfernung vor dem vorwärtsschreitenden Bogen auftritt. Die Feuchtigkeit führt dann zu Porosität der Schweißnaht, Rißbildung und Rauhigkeit usw. der Oberfläche. Porosität aus dieser Quelle wird vermieden, wenn entweder die Werkstücke vorerhitzt werden, bis der Wasserniederschlag verdampft, oder wenn die zu verbindenden Werkstücke in einer Entfernung von z. B. 0,25 bis 0,40 mm voneinander eingespannt werden. Bei diesem „*Schweißen mit offener Naht*" hat der Bogen die Möglichkeit, die Ränder der Werkstücke vorzuerhitzen und etwaige Feuchtigkeitsniederschläge zu entfernen.

Beim Schweißen von sorgfältig gereinigten *Aluminiumlegierungen* wird nach neuen Untersuchungen von COLLINS [1] Porosität vorwiegend durch Wasserstoff, der sich bei der Reaktion von atmosphärischem Wasserdampf mit geschmolzenem Aluminium bildet, verursacht, während der Wasserstoffgehalt der Elektrode und des Grundwerkstoffes nur eine untergeordnete Rolle spielt. Bei Verwendung von Helium/Argon-Gemischen von 65/35 % wurde keine Porosität mehr erhalten. Dieses dürfte damit zusammenhängen, daß nach Ziff. 265 ein stabiler Lichtbogen mit sprühregenartigem Werkstoffübergang bei diesem Gemisch erhalten wird, der dazu führt, daß die Durchwirbelung von Schutzgas und der umgebenden, wasserdampfhaltigen Atmosphäre praktisch vermieden wird. Nach HULL und ADAMS [1] ist es weiterhin wesentlich, daß die beim Schweißen von Aluminiumlegierungen verwendeten Flußmittel kein Kristallwasser enthalten und daß eine Korrosion der Elektrodenoberfläche beim Lagern vermieden wird.

224. Kohlenmonoxyd. Porosität kann vielfach auch auf die Gegenwart von Kohlenoxyd zurückgeführt werden. CO ist ein Reaktionsprodukt des im Metall vorhandenen Kohlenstoffes. Es bildet sich z. B. beim Schmelzen des Metalls; hierbei werden die im Metall vorhandenen Oxyde reduziert und Kohlenstoff wird oxydiert. Bildung von Kohlenoxyd erfolgt beim Schweißen mit nackten Elektroden in Luft, bei der Schutzgasschweißung unter Verwendung von Argon mit Sauerstoffzusatz (Ziff. 201), und beim Schweißen mit Kohlendioxyd, das bei hoher Temperatur dissoziiert (Ziff. 264). Durch Einführung von *desoxydierenden Mitteln*, insbesondere Mn und Si, können die gasbildenden Reaktionen zum Stillstand gebracht werden. (Entfernung der Desoxydationsprodukte erfolgt nach Ziff. 227.) Weitere Abhilfe zur Verringerung der Porosität erfolgt entsprechend Ziff. 223.

225. Schwefel und Phosphor. Schwefel und Phosphor können aus dem Werkstück, dem Elektrodenmetall oder der Umhüllung der Elektrode stammen. Schwefel bildet Schwefeldioxyd (SO_2) oder Schwefelwasserstoff (H_2S) und Phosphor P_2O_5 oder $Ca_4P_2O_9$. Schwefel und Phosphor wirken schon in geringen Mengen als schädliche Beimengungen und rufen Poren und Risse hervor, so daß die mechanischen Eigenschaften des Schweißgutes herabgesetzt werden. Als Gegenmaßnahme werden Elektroden, die frei von Wasserstoff sind, verwendet. Man führt auch je nach Zusammensetzung der Werkstückslegierung verschiedene Legierungsbestandteile ein, doch kann auf die sehr interessanten Einzelheiten hier nicht eingegangen werden, insbesondere die Wirkung verschiedener Kombinationen von Legierungsbestandteilen, die Verzögerung der üblichen Entgasung durch „Schwefelvergiftung“ von Grenzflächen usw. Man hilft sich auch dadurch, daß man Schlackenbildner von geringerem SiO_2-Gehalt verwendet, d. h. sie stärker basisch macht. Hierdurch wird mehr Schwefel in der Schlacke absorbiert. Während sehr hohe Temperaturen die Entfernung von Phosphor erschweren, wird die SO_2-Abgabe durch Verwendung von hochschmelzenden Umhüllungen bzw. Schweißmitteln begünstigt (erwünscht, doch nicht immer erreichbar, ist ein Schwefelgehalt von weniger als 0,06%).

226. Oberflächenoxyde und andere Verunreinigungen. Rost, Zunder, Walzhaut, Öl, Farbe und andere Verunreinigungen auf dem Werkstück, der Elektrode oder dem Zusatzdraht verdampfen bei der hohen Bogentemperatur und dissoziieren zum Teil. Der hierbei gebildete atomare Wasserstoff wird im flüssigen Metall gelöst und später bei der Erstarrung des Metalls wieder ausgeschieden. Die übrigen Reaktionsprodukte steigen als Blasen durch die Metall- und (falls vorhanden) Schlackenbäder empor. Die Menge dieser Reaktionsprodukte ist häufig wesentlich größer als die Menge der Blasen aus den vorher besprochenen Quellen. Die Folge ist eine erhöhte Porosität der Schweißnaht, die unerwünscht ist. Gasausscheidung, die durch Rost usw. verursacht wird, ist besonders störend bei hoher Schweißgeschwindigkeit, bei der das Metallbad nur sehr kurze Zeit besteht, so daß häufig die Gasblasen nicht die Metall-oberfläche erreichen können und Porosität des Schweißgutes erhalten wird; vgl. auch den Einfluß der Verunreinigungen auf den Werkstoff-übergang nach Ziff. 149 u. 178ff.

Um Verunreinigungen als Quelle der Porosität auszuschalten, hilft man sich meist dadurch, daß man die zu verschweißenden Werkstücke entlang der Schweißnaht sorgfältig *säubert*, vgl. Ziff. 211. Man kann jedoch auch so vorgehen, daß man durch passende Einstellung der Zusammensetzung von Elektrode, Werkstück und Schlackenbildner dafür sorgt, daß Viskosität und Oberflächenspannung der Metall- und Schlak-kenbäder möglichst gering sind.

Weiter kann die Entgasung des Schlackenbades dadurch beschleunigt werden, daß sich nach Ziff. 222 kleine Gasblasen an festen Teilchen im flüssigen Bad ansammeln. Die entstehenden größeren Blasen können dann schnell die Schmelze verlassen. Schweißmittel dieser Art ermöglichen es, durch Rost und Verunreinigungen der Werkstücke hindurchzuschweißen, ohne die Porosität der Naht zu erhöhen.

227. Desoxydationsprodukte. Ein Werkstoff wird durch Schweißung in sauerstoff- und stickstoffhaltiger Atmosphäre, wie oben gezeigt wurde, verändert, wenn keine Schutzmaßnahmen getroffen werden. Man führt daher Desoxydationselemente ein, die sich mit dem vorhandenen Sauerstoff verbinden, d. h. ihre Affinität zum Sauerstoff ist unter gegebenen physikalisch-chemischen Bedingungen höher als die des Grundstoffes. So ergibt die Einführung von Silizium und Mangan SiO_2-Verbindungen mit Mangan oder Eisen bzw. FeO-MnO-Lösung als Desoxydationsprodukte. Desoxydationsprodukte sind zunächst in hoher Dispersion vorhanden, steigen dann an die Oberfläche des Metallbades und treten in die Schlacke ein. Tab. 30 gibt nach POGODIN-ALEXEJEW [1] eine Zusammenstellung der wichtigsten beim Schweißen von Stahl stattfindenden Verdrängungsreaktionen.

Je geringer die Viskosität des Metallbades ist und je größer die Differenz zwischen den Dichten der Desoxydationsprodukte und der Metallschmelze ist, um so schneller wird die Reinigung des Bades erfolgen. Wenn genügend Zeit vorhanden ist, kann die Entgasung bis zu einem sehr niedrigen Niveau gebracht werden. Fällt jedoch die Temperatur zu schnell ab, so frieren die Desoxydationsprodukte ein und verursachen Einschlüsse in der Schweißnaht. Nach den Untersuchungen von SEKIGUCHI [1] ist es erwünscht, daß die Desoxydationsprodukte

Kugelform und nicht, wie häufig beobachtet, Feder- oder Nadelform besitzen. Sie können dann leichter an die Oberfläche steigen und als Keime für die Entgasung dienen. Der Vorgang ist also sehr ähnlich dem Einfrieren von Gasblasen und dem Auftreten von Poren im Schweißgut.

Beim Vorliegen von *Schlackeneinschlüssen im Grundmetall* liegen ähnliche Verhältnisse wie bei den Desoxydationsprodukten vor. Auch

Tabelle 30. *Die wichtigsten Verdrängungsreaktionen beim Schweißen*
(Die Wärmetönung exothermischer Reaktionen ist mit $+$-Zeichen angeführt)

Nr. der Reaktion	Reaktion	Wärmetonung in cal
1	$3\,FeO + 2\,Al \rightleftarrows Al_2O_3 + 3\,Fe$	$+\,187\,300$
2	$3\,FeO + 2\,V \rightleftarrows V_2O_3 + 3\,Fe$	—
3	$3\,FeO + 2\,Cr \rightleftarrows Cr_2O_3 + 3\,Fe$	—
4	$2\,FeO + Si \rightleftarrows SiO_2 + 2\,Fe$	$+\,62\,994$
5	$2\,FeO + Ti \rightleftarrows TiO_2 + 2\,Fe$	—
6	$2\,Cr_2O_3 + 3\,Si \rightleftarrows 3\,SiO_2 + 4\,Cr$	$+\,55\,060$
7	$FeS + Mn \rightleftarrows MnS + Fe$	$+\,44\,101$
8	$5\,FeO + 2\,P \rightleftarrows P_2O_5 + 5\,Fe$	$+\,35\,835$
9	$FeO + Mn \rightleftarrows MnO + Fe$	$+\,24\,047$
10	$FeO + C \rightleftarrows CO + Fe$	$+\,37\,283$
11	$FeO + Fe_3C \rightleftarrows CO + 4\,Fe$	$-\,42\,400$
12	$MnO + C \rightleftarrows CO + Mn$	$-\,66\,330$
13	$SiO_2 + 2\,C \rightleftarrows 2\,CO + Si$	$-\,137\,500$
14	$Cr_2O_3 - 3\,C \rightleftarrows 3\,CO - 2\,Cr$	$-\,193\,810$
15	$P_2O_5 + 5\,C \rightleftarrows 5\,CO + 2\,P$	$-\,222\,300$

diese Schlacken müssen durch das Metallbad emporsteigen und in das Schlackenbad (falls vorhanden) überführt werden bzw. auf der Metalloberfläche verbleiben.

228. Bewegung von Gasblasen durch die Schmelzbäder. Beim Vorliegen von Metall- und Schlackenbädern wie in Abb. 86 herrscht nach Beendigung der Durchwirbelung infolge der Lichtbogenkräfte ein Quasigleichgewichtszustand: Die schematische Abb. 153 zeigt nach CONN [14] das flüssige Metallbad I hoher Dichte und das flüssige Schlackenbad H von geringer Dichte, die sich getrennt haben. Es liegt nun die folgende Schichtung vor: Fester Stahl K, flüssiges Bad I, flüssige Schlacke H, Zwischenschicht F und pulverförmiges Schweißmittel D.

SCHENCK [1] berechnete die Bewegung einer kugelförmigen Inklusion durch eine Metallschmelze, die beim Lichtbogenschweißen mit nackten Elektroden und bei Schutzgasschweißung gelten würde. Die Bewegung einer Gasblase durch Metall- und Schlackenbäder wurde von CONN [14] berechnet und sei hier kurz zusammengefaßt.

Es wurde davon ausgegangen, daß eine einzelne Gasblase von Kugelform an einer Verunreinigung, Pore oder einer Gasschicht an der Grenzfläche fester Stahl/Metallbad bzw. an einem Keim entsteht. Eine mikroskopische Gasblase erreicht nach PLESSET und ZWICK [1] bei sehr geringen Viskositätswerten in etwa 10 msec einen Radius von 1 mm. Die Blase löse sich ab und wandere durch das flüssige Metall, wie in Abb. 153 angedeutet.

Die Bewegung der Gasblase wird durch das STOKESsche Gesetz bestimmt:

$$c = \frac{2 g \, r^2 \, (s_1 - s_2)}{9 \eta}. \qquad (32)$$

Hierin bedeutet c = Geschwindigkeit in cm/sec, g = Schwerebeschleunigung von 980 cm/sec², r = Radius der Kugel in cm, s_1 = Dichte der Kugel, s_2 = Dichte der Flüssigkeit in g/cm³ und η = Viskosität der Flüssigkeit in Poise. Der Wert von s_1 ist hier im Vergleich zu s_2 sehr niedrig, z. B. besitzt Wasserstoffgas eine Dichte von $9 \cdot 10^{-5}$ g/cm³ bei 0°C und 760 Torr. Man kann daher s_1 in Formel (32) vernachlässigen.

Zum Vergleich der Bedingungen in den beiden flüssigen Phasen stellen wir das Verhältnis der Wanderungsgeschwindigkeit der Gaskugel im Metallbad und im Schlakkenbad auf, wobei für das Metall der Index m und für Schlacke der Index s gilt. Für eine Kugel von gleichem Radius in Bad und Schlacke ergibt sich

$$\frac{c_m}{c_s} = \frac{\eta_s \, (- s_m)}{\eta_m \, (- s_s)}. \qquad (33)$$

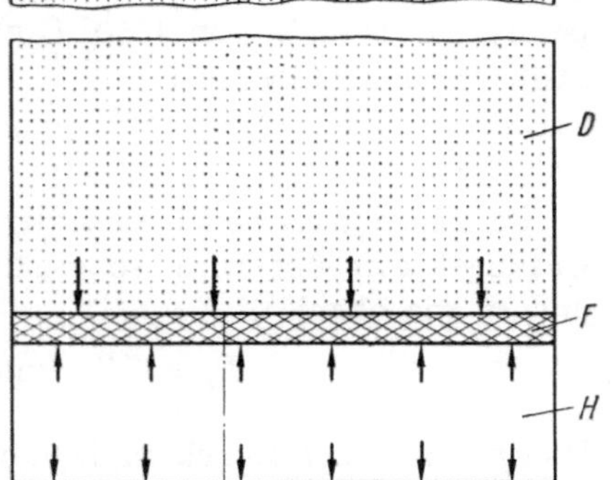

Abb. 153. Schweißbad nach Durchgang des Lichtbogens:

D pulverförmiges Schweißmittel; F Zwischenschicht; H flüssiges Schlackenbad; I flüssiges Metallbad; K fester Grundwerkstoff; L aufsteigende Gasblase

Das Minuszeichen deutet Aufwärtsbewegung der Gasblase an. Es sei angemerkt, daß infolge der Verhältnisbildung in Gl. (33) die bekannten Korrekturfaktoren für η nicht berücksichtigt zu werden brauchen.

Bei Einsatz der Zahlenwerte nach Ziff. 208 u. 212 ergibt sich als Verhältnis der Geschwindigkeit der Gaskugel in den beiden Bädern

$$\frac{c_m}{c_s} = \frac{1,3 \cdot (- 7,0)}{0,025 \cdot (- 3,0)} = \frac{121}{1}. \qquad (34)$$

Hiernach würde sich die Kugel im Metallbad geringer Viskosität etwa 100mal schneller bewegen als im Schlackenbad von höherer Viskosität. Im Betrieb würde eine starke Anhäufung von Gas unterhalb der Grenzfläche Metall/Schlacke auftreten, da das Gas nach einem schnellen Durchgang durch das Metallbad nur noch langsam durch die Schlacke fortschreiten kann. Unsere Versuchsresultate ergaben jedoch keine Anzeichen für eine derartige Gasansammlung.

Nimmt man nun mit SAITO und MATSUKAWA [1] und MATSUKAWA [1] an, daß die Viskositäten von Metall- und Schlackenbädern bei Temperaturen oberhalb von 1650° C gleich sind, so kann die Gl. (33) wie folgt vereinfacht werden:

$$\frac{c_m}{c_s} = \frac{s_m}{s_s}.$$ (35)

Berechnet man den Druck, der durch eine flüssige Phase auf eine Gaskugel ausgeübt wird, so erhält man die Beziehungen (Indizes s und m wie oben)

$$P_s = \frac{2\,v_s}{r_s} \quad \text{und} \quad P_m = \frac{2\,v_m}{r_m}.$$ (36)

Hierin ist P der Druck in Dyn/cm², v die Oberflächenspannung in Dyn/cm und r der Kugelradius in cm. Wird der Radius der Kugel im flüssigen Metall zu 1 mm angenommen, so ergibt sich für das Verhältnis der Drücke

$$\frac{P_s}{P_m} = \frac{v_s}{v_m\,r_s}.$$ (37)

Aus dem BOYLE-MARIOTTESCHEN Gesetz folgt bei konstanter Temperatur von Metall und Schlacke:

$$p_m\,v_m = p_s\,v_s.$$ (38)

Hier ist p der Druck in der Gasblase in Dyn/cm² und v ihr Volumen in cm³ (entsprechend $4/3\,\pi\,r^3$). Durch Gleichsetzung der Drücke p und P und durch Einsatz der Radien ergibt sich

$$\frac{P_s}{P_m} = \frac{r_m^3}{r_s^3}.$$ (39)

Durch Gleichsetzung von Gl. (37) und (39) wird für $r_m = 1$ mm

$$\frac{v_s}{v_m\,r_s} = \frac{1}{r_s^3}.$$ (40)

r_s kürzt sich in den Nennern, und man erhält unter Einsetzung der Zahlenwerte $r_s^2 = 1300/480 = 2{,}71$ mm²; hieraus $r_s = 1{,}65$ mm. Mit anderen Worten, eine Gasblase von 1 mm Radius im Metallbad besitzt einen Radius von 1,65 mm im Schlackenbad. Der erhöhte Durchmesser der Gasblase beeinflußt die Bewegungsgeschwindigkeit in der Schlacke, und Gl. (35) lautet nun:

$$\frac{c_m}{c_s} = \frac{r_m^2\,s_m}{r_s^2\,s_s}.$$ (41)

Beim Einsetzen von $r_m = 1$ mm und dem Wert von $1/r_s^2$ aus Gl. (40) ergibt sich schließlich als Resultat: $r_s = 1,2$ mm und

$$\frac{c_m}{c_s} = \frac{v_s\, s_m}{v_m\, s_s}.$$ (42)

Unter Einsatz von Zahlenwerten ergibt sich:

$$\frac{c_m}{c_s} = \frac{480 \cdot 7,0}{1\,300 \cdot 3,0} = \frac{1}{1,2}.$$ (43)

Die Geschwindigkeiten der Gasblase in den Metall- und Schlackenbädern verhalten sich wie $1:1,2$, weichen also nur wenig voneinander ab. Gleiche Resultate ergeben sich z. B. für die von SAUERWALD und Mitarbeitern [1] bei hohen Temperaturen untersuchten Schlacken.

Die Beziehung (42) ist unabhängig von der Temperatur und dem Viskositätskoeffizienten. Sie zeigt die Bedingungen für gleichförmigen Durchgang einer Gas- oder Dampfblase von Kugelform durch flüssiges Metall und flüssige Schlacke. Selbst wenn die Temperatur abnimmt, wird der gleichförmige Durchfluß von Gas und Dampf so lange andauern, als die Viskositäten der Bäder gleichbleiben (vgl. den Zusatz von Flußmitteln zur Einstellung der Schmelzbäder). Es sei nochmals betont, daß die Gl. (42) unter drei Voraussetzungen gilt: 1. Gleiche Temperaturen von Metall- und Schlackenbädern; 2. gleiche Viskositäten von Metall und Schlacke und 3. Radius der Kugel, die sich durch das Metallbad bewegt, gleich 1 mm.

Wir gehen nun zur Einführung von Legierungsbildnern in die Schmelzbäder über.

5. Einführung von Legierungsbildnern

229. Allgemeine Gesichtspunkte. Die Forderung, daß Grundwerkstoff und Schweißgut der Schweißverbindungen gleiche chemische Zusammensetzung und gleiche Struktur besitzen, ist nur sehr schwer zu erfüllen. Beim Schweißen mit nackten Elektroden in Luft ergeben sich Änderungen in der Zusammensetzung der Legierungen durch *Abbrand* und *Zubrand*. So kann Oxydation von Kohlenstoff, Silizium, Mangan usw. durch atmosphärischen Sauerstoff oder durch Dissoziation sauerstoffreicher Verbindungen erfolgen.

Gegenmaßnahmen sind:

a) Vornahme der Schweißung in Schutzgasatmosphäre (einschließlich Gasabgabe aus der Umhüllung von „Gasmantelelektroden") oder unter Schlackenschutz;

b) Einführung von Desoxydationselementen und Beseitigung der gebildeten Desoxydationsprodukte aus den Schmelzbädern, vgl. Ziff. 227;

c) Einführung von Legierungselementen in die Schmelzbäder, die zum Ersatz der aus dem Grundwerkstoff herausgebrannten Elemente dienen.

Hinzu tritt oft die Einführung von Legierungselementen, die Sonderzwecken dienen. Während die Desoxydationselemente zu Oxyden usw. im Metallbad nach Ziff. 227 führen, ergeben die Legierungsbildner, die in metallischer Form, gelegentlich auch als Oxyde usw., in das Schweißgut eingeführt werden, Änderungen des Gefüges und der Eigenschaften des Schweißgutes.

Die üblichen Elektroden für das Verbindungsschweißen sind niedrig legiert. Sie ergeben nach DIN 1913 (Beuth-Veilag [3]) z. B. bis 1,6% Mangan und bis 0,45% Molybdän im Schweißgut. Zur Vornahme von Auftrag- und Verbindungsschweißungen von Sonderstählen, bei denen ein höher oder hochlegiertes Schweißgut verlangt wird, werden zusätzliche Elemente in das Schweißgut eingeführt. Im folgenden wird kurz auf die thermodynamischen Grundlagen der Legierungsbildung, dann auf den Mechanismus der Einführung von Legierungselementen eingegangen.

230. Thermodynamische Beziehungen. Unterlagen zur Berechnung der metallurgisch wichtigen Reaktionen und Zusammenstellungen von Zahlenwerten finden sich z. B. in den grundlegenden Arbeiten von KELLEY [1] und den zusammenfassenden Darstellungen von LYMAN [1], PHILBROOK und BEVER [1], POGODIN-ALEXEJEW [1], RICHTER [2], GILDE [1] und JEROCHIN [1].

Die meisten der vorliegenden Zahlenangaben zur physikalischen Chemie der Reaktionen bei hohen Temperaturen erstrecken sich, entsprechend den in metallurgischen Öfen erreichten Temperaturen, bis zu etwa 1700° K. Sie umfassen vorwiegend Reaktionen zwischen flüssigem Metall und Schlacke. Beim Lichtbogenschweißen werden jedoch kurzzeitig wesentlich höhere Temperaturen erreicht, die höhere Reaktionsgeschwindigkeiten bedingen (Ziff. 216). Zur Berechnung der Reaktionen beim Lichtbogenschweißen wird in dem kurzen Aufschmelz-Erstarrungs-Zeitintervall ein Quasigleichgewicht angenommen, vgl. Ziff. 228. Man ist hierbei vielfach auf Extrapolation der bei niedrigeren Temperaturen gewonnenen Versuchswerte angewiesen. Bezüglich der Verlängerung des Zeitintervalls durch exotherme Vorgänge und Stromwärmeerhitzung sei auf Ziff. 61 u. 77 verwiesen.

Nach GILDE [1] kann man die metallurgischen Reaktionen beim Schweißen meist mit ausreichender Genauigkeit durch die folgenden Beziehungen beschreiben:

$$G = \Delta I - T \Delta S \tag{44}$$

und

$$\log K_p = - \frac{G}{4,573\,T}. \tag{45}$$

Hierin bedeuten G freie Enthalpie, ΔI Wärmetönung der Reaktion (Summe der Bildungsenthalpien der Reaktionsteilnehmer), T absolute

Temperatur, ΔS Entropieänderung bei der Reaktion und K_p Gleichgewichtskonstante des Massenwirkungsgesetzes. Da I und S temperaturabhängig sind, stellt Gl. (44) nur eine erste Näherung dar, die jedoch fur viele metallurgische Betrachtungen genügt. K_p läßt sich experimentell aus den Dampfdrucken der Reaktionspartner bestimmen und kann, falls sich die Zahl der Mole während der Umsetzung nicht ändert, gleich der Reaktionskonstanten K_c gesetzt werden. K_c ergibt sich aus den Analysendaten, wenn man Molprozente einsetzt. Man ist dadurch beim Schweißen in der Lage, aus der *Verteilung* der Elemente und Verbindungen zwischen Bad und Schlacke die Rechnungen zu uberprüfen.

Als Beispiel sei die Reaktion erwähnt

$$2Mn + SiO_2 \rightleftharpoons Si + 2MnO. \tag{46}$$

Diese Reaktion spielt beim Lichtbogenschweißen eine wichtige Rolle und stellt sich im Massenwirkungsgesetz in der Form dar:

$$K_c = \frac{(MnO)^2\,[Si]}{(SiO_2)\,[Mn]^2} \tag{47}$$

Hierin bedeuten die ()-Klammern die molare Konzentration in der Schlacke und die []-Klammern die molare Konzentration in der Metallphase.

Durch Einsetzen der Zahlenwerte, z. B. nach Tab. 11, kann man sich über die Möglichkeiten des Reaktionsverlaufes orientieren. Man kann z. B. feststellen, wieviel Nickel durch thermische Dissoziation in das Schweißgut und wieviel durch Reduktion des Nickeloxyds auf Kosten des Mangans in die Schlacke gelangt, vgl. Ziff. 85, Gl. (22) u. (23) nach RICHTER [2] und die Ausführungen in Ziff. 183.

Als weiteres Beispiel diene das *Mangan-Eisenoxydul-Gleichgewicht*, das theoretisch und experimentell eingehend untersucht ist. SÉFÉRIAN [1, 2] führt aus, daß die Gleichgewichtskonstante dieser Reaktion besonders empfindlich gegenuber der Basizitat der Schlacke ist. Für das Reaktionsgleichgewicht

$$FeO + Mn \rightleftharpoons Fe + MnO \tag{48}$$

wird die Gleichgewichtskonstante

$$K_{Mn} = \frac{(MnO)\,[Fe]}{(FeO)\,[Mn]}. \tag{49}$$

Für Elektroden, deren Basizitat zwischen 2,65 und 3,45 liegt, beträgt der Wert von [Mn]/(MnO) etwa 0,05 bis 0,13, für saure Elektroden 0,023 bis 0,040. Der Wert der Gleichgewichtskonstanten K andert sich in Abhängigkeit von der Zusammensetzung des Elektrodendrahtes, der Umhüllung und des Werkstuckes.

231. Methoden zur Einfuhrung von Legierungselementen. Es wurde früher angenommen, daß Legierungselemente nur über das Schmelzbad W in das Schweißgut gelangen. Nach neueren Untersuchungen kann jedoch eine Legierungsbildung bei Mantel- und Seelenelektroden und bei Schweißpulvern bereits in den Schmelzbädern E und T erfolgen. Wir stellen daher zunächst die verfügbaren Methoden zur Einführung der Legierungsbildner zusammen und behandeln im Anschluß die physikalisch sehr interessanten Vorgänge in den drei Schmelzbädern.

Zum Einbringen von Legierungselementen in die Schmelzbäder dienen die folgenden Methoden

a) Einführung durch Metallegierungen. Sie erfolgt durch den Elektrodendraht oder durch die hohl- oder falzdrahtförmige Seelenelektrode;

b) Einführung mittels Schlackenbildner. Hier kommen in Betracht: Mantelelektroden, deren Umhüllung Legierungselemente enthält, Kern und (falls vorhanden) Umhüllung der Seelenelektroden sowie Schweißpulver für UP-Schweißung;

c) Einführung mittels einer Kombination von a) und b).

Abb. 154 nach Tschorn [1] gibt schematische Skizzen verschiedener Kombinationen zur Herstellung legierter UP-Auftragschweißungen,

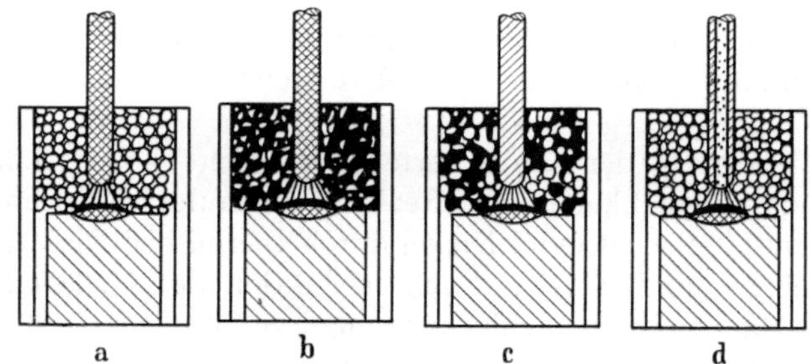

Abb. 154 Kombinationen zur Herstellung legierter UP-Auftragschweißungen
a) Legierter Schweißdraht, unlegiertes im Schmelzfluß erzeugtes, gebranntes oder sonstiges Schweißpulver, b) Legierter Schweißdraht, legiertes Schweißpulver, c) Unlegierter Schweißdraht, Pulvergemisch aus Legierungsmetallen, Metallverbindungen und Schlackenbildnern, d) Unlegierter Seelendraht mit Legierungsmetallen als Füllung; unlegiertes Schweißpulver

vgl. auch die zusammenfassende Darstellung von Mantai [1] für UP-Verfahren.

Man verwendete bis vor wenigen Jahren für Handschweißung, halbautomatische und automatische Maschinenschweißung ausschließlich legierte Kerndrähte, die die erwünschten Legierungselemente enthielten, während die Ummantelung bzw. das Schweißpulver keine oder nur wenige Legierungsbildner enthielten. Die Tendenz geht heute dahin, *durch die Kerndrähte keine oder nur sehr geringe Mengen von Legierungselementen in das Schweißgut einzuführen und die Auflegierung vorwiegend mit Hilfe der Umhüllung der Mantelelektroden, des Kernes der Seelenelektroden oder des Schweißpulvers* vorzunehmen. Hierbei ist es möglich, Legierungselemente, z. B. Kupfer und Nickel beim Stahlschweißen, als *Oxyde* einzuführen, da sie geringere Affinität zum Sauerstoff als zum

Grundmetall besitzen. Die Metalle gelangen nach Reduktion der Oxyde in das Schweißgut, vgl. Tab. 30.

Die *Dicke des Elektrodenmantels* richtet sich nach den Betriebsanforderungen und beträgt bei niedrig- und mittellegierten Elektroden 160 bis 170% des Kerndrahtdurchmessers, bei hochlegierten Elektroden 180 bis 225%.

232. Agglomerierte Schweißpulver. Die sog. agglomerierten Schweißpulver (und mitunter entsprechende Mantelelektroden), die zur Einführung von Legierungselementen dienen, werden in der Regel mit Elektroden aus unlegiertem Stahl verwendet. Sie werden in Ziff. 295 näher besprochen. Agglomerierte Schweißmittel werden auch für hochlegierte Stähle benutzt, die für Sonderaufgaben, z. B. Kontrolle des Erosions- und Korrosionsverhaltens des Schweißgutes durch Auftragschweißung (Ziff. 233) Verwendung finden.

233. Auftragschweißung. Neben der Auftragschweißung von gleichartigem Metall auf ein abgetragenes oder auszubesserndes Werkstuck werden zusätzliche Legierungselemente in die aufgetragenen Lagen zum Schutz des Werkstuckes und zur Aufrechterhaltung seiner Oberflachendimensionen trotz mechanischer und chemischer Korrosion eingefuhrt. Hierbei gelten für die Einfuhrung der Legierungselemente entsprechende Gesichtspunkte wie für die Verbindungsschweißung. Ein niedriglegierter Stahl kann z. B. durch Lichtbogenschweißung einen Belag in Stärken von 0,1 bis 3 mm erhalten. Auftragschweißungen sind für alle Stahlsorten und auch für andere Metalle verwendbar. Sie werden zum Teil in Verbindung mit *Vor-* und *Nacherhitzung* und Erhitzung zwischen Aufbringung der einzelnen Lagen ausgeführt, vgl. z. B. die Untersuchungen von JACKSON und SHRUBSALL [2].

Nach PILIA [1] werden beim Verschweißen von Metallegierungen verschiedener Zusammensetzung vorwiegend Gleichstrom, gerade Polarität und konstante Spannung verwendet. Hierdurch ergibt sich eine Vereinfachung der Kontrollen für die Bogenspannung und die Stromstarke. Die Bogenspannung wird automatisch auf $\pm\frac{1}{2}$ V konstant gehalten, vgl. Ziff. 45.

Physikalisch interessant ist es, daß der *Erosionswiderstand* einer legierten Auftragschweißung von zwei Veranderlichen abhängt, der *Analyse* des aufgetragenen Materials und der *Geschwindigkeit*, mit welcher sich dieses Material nach Verschweißung *abkuhlt*. Große Abkühlgeschwindigkeit und hoher Kohlenstoffgehalt des Schweißgutes ergeben für viele Anwendungsarten die besten Resultate. Nach McKEIGHAN [1] ergibt sich z. B. bei Abnutzungsprüfungen durch Schleifen als Materialverlust einer Legierung 23 g für ein schnell abgekühltes Material, wahrend das gleiche Material bei langsamer Abkuhlung einen Verlust von 38 g zeigt (je geringer der Verlust ist, um so größer ist der

Erosionswiderstand). Diese Resultate gelten sowohl für unlegierte als auch für mittel- und hochlegierte Stähle.

Weiter ergaben die Versuche, daß der Gehalt an Kohlenstoff und sonstigen Legierungselementen des aufgetragenen Materials zunimmt, wenn die Stromdichte verringert wird. Die Erklärung dürfte darin liegen, daß bei der sich ergebenden niedrigeren Temperatur des Bogens und der Elektroden weniger Abbrand der Legierungselemente nach Ziff. 234 erfolgt. Gleichzeitig ergibt eine Erhöhung der Schweißgeschwindigkeit eine erhöhte Kühlgeschwindigkeit. Eine weitere Verbesserung der Auftragschweißung wird durch die Verwendung von *mehreren Lichtbögen* erreicht, die in verschiedenen Anordnungen ausgeführt und in Ziff. 308 besprochen werden.

234. Abbrandverluste. Die Verteilung der Legierungselemente, z. B. Mn und Cr, zwischen Metall und Schlacke liegt beim Lichtbogenschweißen nach Ziff. 205 sehr nahe bei den theoretischen Werten. Dies wurde darauf zurückgeführt, daß bei den kurzen Reaktionszeiten der Lichtbogenschweißung *Quasigleichgewicht* dadurch erhalten wird, daß man bei erheblich höheren Temperaturen als bei der Stahlerzeugung arbeitet.

Die *Schlackenbasizität* wird unter Berücksichtigung der wichtigsten Schlackenbestandteile berechnet. Sie stellt den Quotienten aus der Summe der Basen, wie CaO, MgO usw., und der Säuren, wie SiO_2 und TiO_2, dar. Amphotere Oxyde, wie Al_2O_3, werden nur selten berücksichtigt, vgl. Ziff. 296. Die Basizität wird z. B. geschrieben

$$V = \frac{\% \; CaO + MgO + Na_2O}{\%_0 \; SiO_2} \tag{50}$$

V liegt für günstigste Manganrückgewinnung (recovery) bei etwa 2,2. Hierbei ist ein geringes Schlackenvolumen erwünscht, um die Verluste, die durch Aufnahme von Mangan und anderen Legierungselementen in die Schlacke entstehen, möglichst niedrig zu halten. Diese Forderung steht im Gegensatz zu Ziff. 222, wo eine dicke Schlackendecke für langsame Abkühlung und Strukturverbesserung des Schweißgutes erwünscht ist. Man muß auch hier eine Kompromißlösung zwischen den entgegengesetzten Forderungen vornehmen, die durch die jeweiligen Ansprüche an das Schweißgut bedingt ist. Der Verlust von Legierungselementen durch Abbrand läßt sich beim Schweißen nicht völlig vermeiden. Die folgenden Faktoren spielen beim Abbrand — neben der chemischen Zusammensetzung und der Struktur der vorliegenden Legierungen — eine Rolle:

a) Temperatur des Lichtbogens und der Elektrode. Mit zunehmender Temperatur des Lichtbogens infolge erhöhter Energiezufuhr und bei weiter erhöhter Elektrodentemperatur durch Stromwärmeerhitzung (Ziff. 61) und exotherme Reaktionen (Ziff. 77) wird der Abbrand für die meisten Legierungselemente vergrößert. Das Gefüge wird leicht grobkristallin; Überhitzungs- und Verbrennungserscheinungen des Schweißgutes treten auf.

Bei der UP-Schweißung ergibt sich nach persönlicher Mitteilung von Herrn Dr. MANTEL bei gerader *Polarität* ein geringerer Abbrandverlust als bei umgekehrter Polarität der Elektrode. Der Grund dürfte auch hier darin zu suchen sein, daß im ersteren Fall die Elektrodentemperatur niedriger als im letztgenannten Fall liegt.

b) Länge des Lichtbogens. Ein langer Lichtbogen ergibt einen stärkeren Abbrand von C, Mn, Si usw. als ein kurzer Bogen, der auch eine geringere Stickstoffaufnahme aus der Luft bewirkt. Beim Manganabbrand spielt neben der Oxydation auch die Verdampfung eine Rolle, während bei den meisten anderen Elementen die Verdampfungsverluste verhältnismäßig gering sind. Die Tab. 31 u. 32 geben nach ROTHSCHILD [1] Analysen der Ausgangsdrähte beim Schweißen mit unlegierten und legierten Elektroden wieder. Die Analysen des Schweißgutes zeigen den Einfluß der Verwendung verschiedener Bogenspannungen und Stromstärken (Schutzgasatmosphäre Argon mit 1% Sauerstoff sowie Kohlendioxyd). Die Abbrandverluste für Mangan und Silizium nehmen mit wachsender Bogenlänge zu, so daß die Analysen des Schweißgutes geringere Werte als die des Elektrodendrahtes ergeben. Für Mantelelektroden werden Abbrandwerte ähnlicher Größe erhalten, vgl. etwa Tab. 33 nach HENRY, CLAUSSEN und LINNERT [1], die eine Übersicht über die Rückgewinnung verschiedener Elemente der Mantelelektroden im Schweißgut bringt.

Tabelle 31 *Gehalt an Legierungselementen in % beim Schweißen mit Stahlelektrode von 1,6 mm Dmr., umgekehrte Polarität*

Element	Elektrode	Schweißgut, 300 A			Schweißgut, 450 A		
		$A + 1\% O_2$ 29 V	CO_2 28 V	CO_2 35 V	$A + 1\% O_2$ 35 V	CO_2 42 V	CO_2 49 V
C	0,11	0,082	0,094	0,082	0,092	0,090	0,062
Mn	1,09	0,93	0,68	0,34	0,99	0,59	0,22
Si	0,47	0,39	0,28	0,10	0,38	0,19	0,04

Tabelle 32. *Gehalt an Legierungselementen in % beim Schweißen mit einer Elektrode aus rostfreiem Stahl [Type 308] von 1,6 mm Dmr., umgekehrte Polarität*

Element	Elektrode	Schweißgut, 300 A			Schweißgut, 450 A		
		$A - 1\% O_2$ 29 V	CO_2 28 V	CO_2 35 V	$A + 1\% O_2$ 35 Volt	CO_2 40 V	CO_2 49 V
C	0,043	0,032	0,099	0,099	0,036	0,099	0,099
Mn	1,77	1,64	1,58	1,18	1,58	1,50	1,13
Si	0,40	0,38	0,34	0,21	0,41	0,35	0,23
Ni	9,80	9,82	10,00	10,18	9,80	9,76	10,10
Cr	21,20	21,50	20,50	19,85	20,32	20,75	19,67

Der Grund für den erhöhten Abbrand bei einem langen im Vergleich zu einem kurzen Bogen dürfte in der verschiedenen *Reaktionsdauer* zwischen den Gasen im Bogenraum und dem übergehenden, geschmol-

Tabelle 33 *Rückgewinnung von Elementen bei Mantelelektroden*

Legierungselement	Form des Materials in der Ummantelung	Wiedergewinnung des Elementes in %
Kohlenstoff	Graphit	75
Mangan	Ferromangan	75
Phosphor	Ferrophosphor	100
Silizium	Ferrosilizium	45
Chrom	Ferrochrom	95
Nickel	Elektrolyt Nickel	100
Kupfer	Kupfermetall	100
Niob	Ferroniob	70
Molybdän	Ferromolybdän	97
Vanadium	Ferrovanadium	80

zenen Tropfen liegen. Hinzu kommt die große Menge *Metalldampf*, der bei einem kurzen Bogen (besonders beim Schweißen mit Kohlendioxyd) das Schutzgas in der tiefen Aushöhlung, die durch den Bogen im Werkstück gebildet wird, verdrängt.

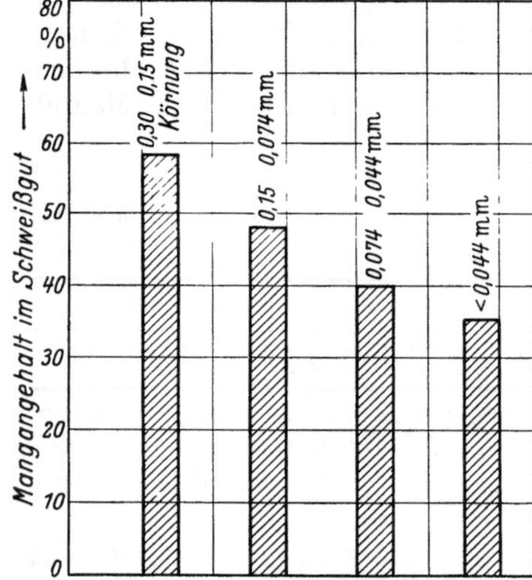

Abb 155. Einfluß der Teilchengröße von Ferromangan auf den Mangangehalt des Schweißgutes bei 325 A, Wechselstrom und einer Mantelelektrode von 6,2 mm Dmr.

c) *Teilchengröße*. Die Größenverteilung der durch den Lichtbogen übergehenden Legierungsbildner hat erheblichen Einfluß auf die Abbrandverluste. Je kleiner die Teilchen sind, um so stärker ist der Abbrand beim Schweißen in Luft ohne oder mit Schlackenbildnern. Andererseits versucht man, möglichst kleine Teilchen für agglomerierte usw. Schweißmittel zu verwenden. Auch hier ergibt sich die Notwendigkeit einer Kompromißlösung. Als Beispiel für die Abnahme der Rückgewinnung der Legierungselemente mit abnehmender Teilchengröße wird Abb. 155 nach MATHIAS [1] wiedergegeben. Die Begründung für den Einfluß der Teilchengröße auf Verluste von Legierungselementen dürfte in der starken Vergrößerung der Oberfläche liegen, die für Reaktionen bei Teilchen geringen Durchmessers verfügbar ist.

Andererseits ergaben Versuche von MULLER, GREENE und ROTHSCHILD [*1*] mit verschiedenen Arten des Werkstoffüberganges in Edelgasatmosphäre, daß bei *sprühregenartigem Übergang* der Werkstoffteilchen und kurzem Bogen weniger Legierungsbestandteile verlorengehen als bei *Übergang von Einzeltropfen.* Der Grund durfte in der hohen Geschwindigkeit der Teilchen bei Spruhregenübergang, vgl. Ziff. 182, der geringen Reaktionsdauer und der Gegenwart von Metalldampf beim Schweißen zu suchen sein.

d) Stromloser Zusatzdraht. Man kann Abbrandverluste von Mangan und anderen Legierungselementen dadurch verringern, daß ein stromloser Zusatzdraht in das Schmelzbad W in einiger Entfernung vom Lichtbogen nach Abb. 156 eingebracht wird, der durch das hocherhitzte Bad G und durch Strahlung vom Lichtbogen und von der hocherhitzten, stromführenden Elektrode aufgeheizt wird, vgl. z. B. ERDMANN-JESNITZER [*1*]. Die von dem stromlosen Draht erreichte Temperatur wird niedriger als die Elektrodentemperatur eingestellt, so daß Legierungselemente, die durch den stromlosen Zusatzdraht eingeführt werden, geringeren Abbrand zeigen, als wenn sie durch die höher erhitzte, stromfuhrende Elektrode eingeführt werden, vgl. auch Ziff. 310.

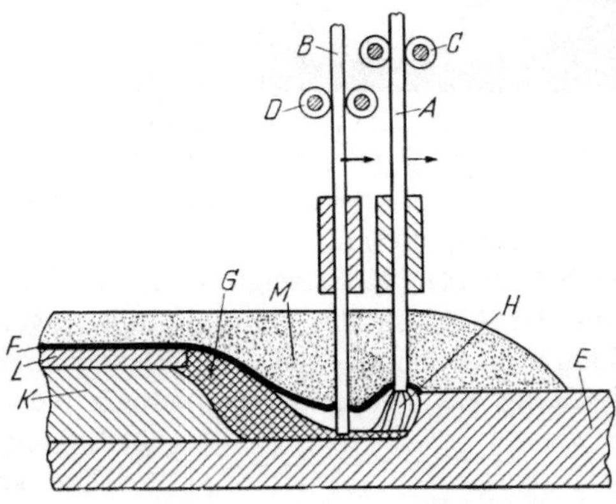

Abb. 156. Unterpulverschweißung mit stromlosem Zusatzdraht:

A stromführende Elektrode mit bogenseitigem Schmelzbad; B stromloser Zusatzdraht; C und D Führungen; E Werkstück; F F-Schicht; G Schweißbad; H Lichtbogen; K Schweißgut; L Schlacke; M pulverförmiges Schweißmittel

235. Auflegierung in Bädern E und T beim Schweißen mit Schlackenbildnern. Der Tropfenubergang beim Lichtbogenschweißen wurde in Ziff. 162ff. dargestellt. Man betrachte etwa eine Mantelelektrode, die einen unlegierten Kerndraht und einen Mantel mit Legierungselementen enthält (Ziff. 189). Beim Schweißen ergibt sich an ihrem bogenseitigen Ende in gleicher Weise ein Tiegel wie bei den üblichen Mantelelektroden, vgl. Abb. 90 u. 126. Es hat sich nun herausgestellt, insbesondere durch Untersuchungen von LAPIDUS [*1*], RICHTER [*2*], ERDMANN-JESNITZER [*1*] und ERDMANN-JESNITZER und PYSZ [*1*], daß eine *Auflegierung* des auf hoher Temperatur befindlichen Kerndrahtendes durch die Legierungselemente des Mantels *bereits im Tiegel* erfolgt.

RICHTER [*2*] und ERDMANN-JESNITZER [*1*] stellten zunächst fest, daß die Analyse des Schweißgutes bei horizontaler Lage des Werkstückes mit der Analyse übereinstimmt, die bei vertikaler Zwangslage, bei der die Schlacke nach vorn abfloß, erhalten wurde. Im ersteren Falle wurde somit unter einer Schlackendecke geschweißt, während bei vertikaler Zwangslage im wesentlichen *ohne* Schlackendecke gearbeitet wurde. Hieraus wurde geschlossen, daß die Auflegierung des Metallbades W durch das Schlackenbad W — im Gegensatz zu metallurgischen Schmelzprozessen — beim Lichtbogenschweißen nur eine untergeordnete Rolle spielen kann.

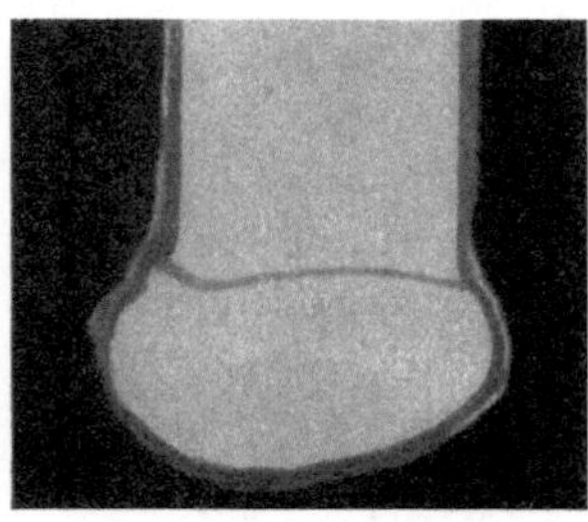

Abb 157. Makroschliffbild eines an der Elektrodenspitze haftenden Metalltropfens

Weiter wurde an Elektroden mit unlegiertem Kerndraht, die z. B. ein Schweißgut mit 10% Cr und 0,45% C ergaben und bei denen Übergang von Einzeltropfen erfolgte, der Abschmelzvorgang zu verschiedenen Zeiten unterbrochen. Bei Abschalten der Energiezufuhr entstanden Metalltropfen verschiedener Größe im Elektrodentiegel, die am Ende des Kerndrahtes verblieben, vgl. Abb. 157 nach RICHTER [2]. Es zeigte sich, daß die Analyse eines Tropfens kaum von der Analyse des normal aufgetragenen Schweißgutes abweicht. Somit muß bereits an der Elektrodenspitze eine *vollständige Auflegierung des Tropfens*, unabhängig von den gewählten Abschmelzbedingungen, stattgefunden haben.

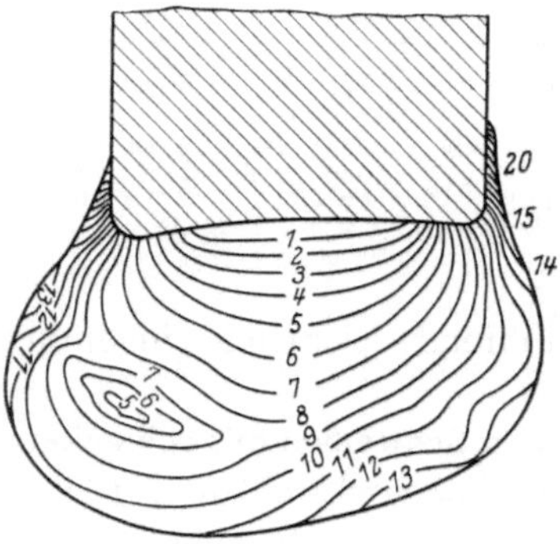

Die schematische Abb. 158 zeigt nach RICHTER [2] die Konzentration von Cr in einem Metalltropfen innerhalb des Elektrodentiegels. Aus der Dichte der Konzentrationslinien der Abb. 158 ist zu erkennen, daß das Gebiet der höchsten Cr-Konzentration in unmittelbarer Nähe des Kerndrahtendes liegt. In diesem „Zwickel" (Hülle-Kerndraht-Tropfen) von Ringform herrschte anscheinend die höchste Temperatur, und hier erfolgte die Hauptdiffusion der aus der Hülle stammenden Legierungselemente in den sich bildenden Metalltropfen. Die schematische Abb. 159 nach RICHTER [2] zeigt den Auflegierungsvorgang aus der Hülle.

Abb. 158. Konzentrationszonen für Chrom in einem Metalltropfen im Elektrodentiegel; Bereich 1 · · · 20% Cr; Schweißgutanalyse 10 % Cr

Die Tropfen, die sich normalerweise von der Elektrode ablösen, werden stark durchgewirbelt, vgl. Ziff. 188, Abb. 125. Hierbei ist auch der Übergang von verbleibenden Legierungselementen von der Schlacke zum Tropfen, entsprechend den Gleichgewichtskonstanten, anzunehmen und gleichzeitig die Einstellung einer gleichförmigen Zusammensetzung über das gesamte Tropfenvolumen. Die Tropfen erreichen daher das Schmelzbad W vollständig auflegiert. Die Homogenisierung von Bad W ist dann nur noch eine Frage genügend hoher Bogen- bzw. Schmelzbad-temperatur und der entsprechenden Bogenkräfte. Auch hier ergibt sich,

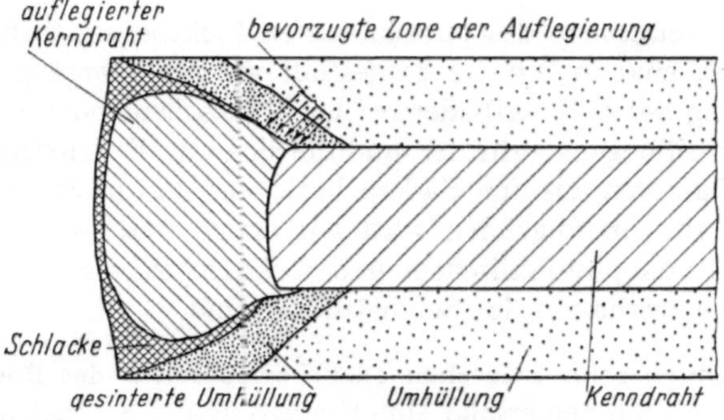

Abb. 159. Schema des Auflegierungsvorganges im Tropfen aus der Hülle

daß eine Nachlegierung des Metallbades aus dem Schlackenbad W nur noch eine geringe Rolle spielen dürfte.

Tab. 34 gibt Untersuchungsergebnisse von ELISTRATOW, die bei POGODIN-ALEXEJEW [1] erwähnt werden. Ein Vergleich der chemischen Zusammensetzung der Umhüllung, des Tropfens und des Schweiß-gutes zeigt, daß der Gehalt des Tropfens an Legierungselementen etwa gleich, manchmal auch höher als im Schweißgut liegt.

Tabelle 34. *Chemische Zusammensetzung der Umhullung, des Schweiß-tropfens und des Schweißgutes*

| Chemische Zusammensetzung in % | | | | | | | | |
| Umhullung des Schweißstabes | | | Tropfen | | | Schweißgut | | |
C	Si	Ni	C	Si	Ni	C	Si	Ni
0,09	1,75	12,2	0,06	1,74	6,43	1,45	0,53	4,24
0,09	0,02	14,0	0,09	0,036	12,4	1,06	0,56	6,08
20,0	4,40	—	2,85	1,47	—	3,95	2,05	—
10,0	12,0	—	2,30	5,20	—	3,37	4,50	—
3,9	17,5	—	1,38	6,70	—	2,97	6,32	—

Bei sprühregenartigem Übergang werden nach ERDMANN-JES-NITZER [1] ähnliche Verhältnisse angenommen, und zwar sollen sich zu-nächst große Tropfen im Elektrodentiegel auflegieren, die dann explo-sionsartig unter Zerstäubung in kleine Tropfen zerteilt werden — vgl. hierzu die Diskussion in Ziff. 181.

Bei der *UP-Schweißung* dürften nach Untersuchungen des Verfas-sers [6] ähnliche Vorgänge vorliegen, wenn mit unlegierter Elektrode und Einführung der Legierungselemente durch das Schweißpulver gearbeitet wird. Auch hier ergibt sich eine Tiegelbildung beim Schweißen, die dann zur Auflegierung im übergehenden Tropfen in ähnlicher Weise wie bei Mantelelektroden führen dürfte.

6. Abkühlungsverhalten der Schmelzbäder

Die beim Verlöschen des physikalischen Lichtbogens auftretenden Erscheinungen sind in Ziff. 32 dargestellt worden. Vorgänge, die bei der Abkühlung der Schmelzbäder infolge Verlöschens oder Fortschreitens des Schweißbogens auftreten und die sich auf die Entfernung von Gasen und Dämpfen aus den Bädern beziehen, sind in Ziff. 219ff. behandelt worden. Im folgenden wird auf einige weitere Punkte hingewiesen, die von physikalischem und technologischem Interesse für das Abkühlungsverhalten der Schmelzbäder sind.

236. Vorgänge beim Erlöschen oder Fortschreiten des Bogens. Mit zunehmender Abkühlung erfolgt eine Erstarrung der Schmelzbäder. Sie verläuft innerhalb eines Temperaturintervalls, das sich von der *Liquidus-* bis zur *Solidustemperatur* erstreckt. Beim Abschalten der Energiezufuhr wird z. B. bei horizontaler Schweißlage das flüssige Metall des *Schmelzbades E* nicht mehr durch die Bogenkräfte usw. als Tropfen abgetrennt und zum Bad W befördert. Vielmehr sammelt sich das flüssige Metall am Ende der Elektrode an und bildet einen *Tropfen*. Bei unlegiertem Stahl beobachtet man, daß der erstarrte Tropfen mit dem Rest der Elektrode verbunden bleibt. Bei der Auflegierung des Elektrodenendes nach Ziff. 235 reißt der Tropfen nach Abb. 157 vom Rest der Elektrode ab. Der Grund dürfte darin liegen, daß sich die thermischen Eigenschaften des unlegierten und des legierten Stahles nach den Tab. 25 u. 26 erheblich voneinander unterscheiden.

Die *Kristallisation* der Schmelzbäder geht von *Keimen* aus. Fehlen die Keime, dann verbleibt die Schmelze im *unterkühlten Zustand*, jedoch ist die Unterkühlbarkeit von Metallschmelzen gering. Die Keimbildung erfolgt spontan oder wird in der Mehrzahl der Fälle durch Impfstoffe beliebiger Art eingeleitet, vgl. z. B. die zusammenfassenden Arbeiten von FROST [1] und SCHEIL [1]. Die Keimbildner müssen genügende Größe besitzen, da sie sonst im Schmelzbad gelöst werden — vgl. die Einführung von größeren Teilchen in das Schlackenbad nach Ziff. 222.

Die Erstarrung der Schmelzbäder der *Buntmetalle* erfolgt sehr schnell, entsprechend der geringen Tiefe des Schmelzbades W, vgl. KLJATSCHKIN [1]. Hierbei werden Gasblasen leicht in der erstarrenden Naht festgehalten.

Während Abb. 153 die Schmelzbäder W bei konstanter Temperatur zeigt, ergibt sich bei Erstarren des Schweißgutes ein *Fortschreiten der Phasengrenze* fest/flüssig nach der Oberfläche hin, vgl. die Abb. 160 nach FAST [3]. Gasblasen bilden sich vorwiegend an dieser Grenzfläche:

a) Wenn die Blasen genügend schnell wachsen, können sie von der Grenzfläche losbrechen und zur Oberfläche fortschreiten. *b*) Wenn sie zu langsam wachsen, werden sie von dem erstarrenden Metall eingeschlossen

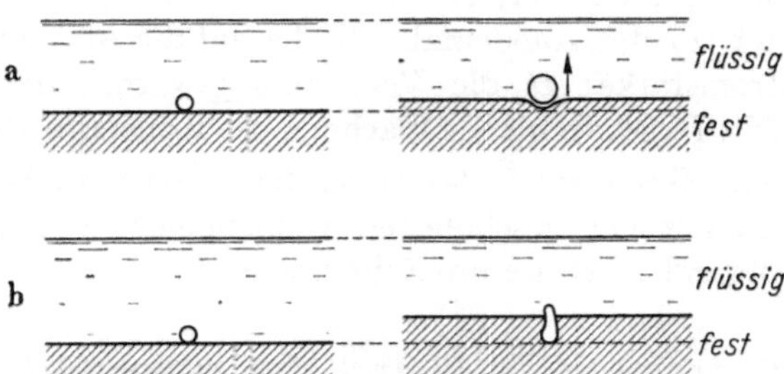

Abb. 160. Verhalten von Gasblasen bei fortschreitender Phasengrenze, Erklarung im Text

und ergeben *Poren*. Zusätzliche Störungen der Blasenbewegung werden durch die schnell wachsenden Kristalle (Dendriten) verursacht.

In den folgenden Kapiteln wird auf die Energiebilanz der Lichtbogenschweißung und die Ausbreitung und Verteilung der dem Werkstück zugeführten Wärme eingegangen.

D. Energiebilanz

Zunächst werden kurz die Versuche zur Aufstellung einer Energiebilanz beim physikalischen Lichtbogen, dann die beim Schweißbogen
besprochen.

237. Physikalischer Lichtbogen. Bei einem stationär brennenden
Bogen, den wir wieder bei unseren Überlegungen voraussetzen wollen,
ist die dem Bogen pro Zeiteinheit zugeführte Energie gleich der von ihm
abgegebenen. Versuche, die Energiebilanz des physikalischen Lichtbogens aus den thermischen Eigenschaften der Elektrodenwerkstoffe,
den Reaktionswärmen und den für das Plasma geltenden Parametern
aufzustellen, liegen aus den letzten Jahren z. B. von COBINE und
BURGER [1], DZIMIANSKI und JONES [1], BEZ und HÖCKER [3], BUSZ-
PEUCKERT und FINKELNBURG [2,3] und FINKELNBURG und MAECKER [1]
vor.

WIENECKE [3] bestimmte ähnlich den in Ziff. 32 dargestellten
Untersuchungen den Abkühlungsverlauf der Bogensäule und der Elek-
troden bei plötzlichem Abschalten des Stromes. Er kommt zu dem
Schluß, daß für eine befriedigende, quantitative Behandlung der
Energiebilanz heute noch zu viele Unterlagen fehlen. Auch BUSZ-
PEUCKERT und FINKELNBURG [3] stellen fest, daß eine vollständige
Energiebilanz der Bogensäule wegen der Vielzahl der ineinanderspielen-
den Einzelvorgänge und der vielen unbekannten Daten noch nicht auf-
gestellt und durchgerechnet werden kann. Man kann jedoch einige

qualitative Aussagen machen, die für Niederstrom- bzw. Hochstrombögen gelten.

Die Energiebilanz für die *positive Kraterfläche* eines Niederstromkohlebogens stellte EULER [1] auf. Sie ist in Tab. 35 wiedergegeben. Hierin bedeutet U_A den Anodenfall; J_F die auf die Anodenstirnfläche mündende Stromstärke; H die Verbrennungswärme der Reaktion $C + \frac{1}{2} O_2 \rightarrow CO$; F die strahlende Fläche; σ die Konstante des STEFAN-BOLTZMANNschen Gesetzes; $\bar{E}$ das Gesamtemissionsvermögen; Q_T die zum Erwärmen der nachgeschobenen Kohlenmenge nötige Leistung und m den Abbrand an Masse pro Zeiteinheit.

Tabelle 35. *Energiebilanz für die Anode eines Niederstromkohlebogens nach* EULER *[1]*

Energiezufuhr in W

1. Anodenfall-Leistung $U_A J_F$ ($U_A = 27$ V; $J_F = 10$ A) . . .   270
2. Eintrittsarbeit der Elektronen $U_E = 4,5$ V   45
3. Verbrennungswärme
   $H m$ ($H = 26,64$ kcal/Mol $= 9,4$ kWsec/g; $m = 1,5$ mg/sec)   13
4. Energieeinstrahlung von der Säule her S   3
5. Wärmeleitung L von der Säule her . . . . (zu vernachl.)

zusammen 331 W

Energieverbrauch in W

6. Abstrahlung $F \sigma \bar{E} T^4$ ($F = 12,5$ mm^2; $T = 4000°$ K; $\bar{E} = 0,75$;
   $\sigma = 5,67 \cdot 10^{-12}$ W/cm^2 Grad^4) 136
7. **Erwärmung der nachgelieferten Kohle** $Q_T = m \Delta T c$ (spez.
   Wärme zwischen 3000 und 4000° K $c < 0,5$ cal/g Grad;
   Abtragung 1,5 mg/sec; $\Delta T \approx 600°$ K) 2
8. Sublimationswärme entfällt nach STEINLE [1] . . . . . . —
9. Konvektionsverluste . . . . 85 $\pm$ 20
10. Wärmestrom, der in die Kohle eintritt . . . . 108 $\pm$ 20

zusammen 331 W

Zu Tab. 35 sei angemerkt, daß der wichtigste, Energie liefernde Summand die Anodenfall-Leistung ist. Aus einer kritischen Übersicht über die in der Literatur vorliegenden Zahlenangaben kommt EULER auf einen Wert von 27 V für den Anodenfall (vgl. auch Ziff. 27).

238. Schweißbogen. Die beim Lichtbogenschweißen zugeführte Energie dient für die folgenden Aufgaben: Betrieb des Lichtbogenplasmas bei hoher Temperatur; Erhitzung und Schmelzen des bogenseitigen Endes der Elektrode oder des Zusatzwerkstoffes; Erwärmung des Schmelzbades W am Werkstück auf hohe Temperatur und Übertragung des Werkstoffes auf das Werkstück. Andere Parameter, die von geringerer Bedeutung für die Lichtbogenschweißung sind, umfassen z. B. sichtbare und ultraviolette Strahlung des Bogens, Schallschwingungen usw.

Als *Wärmewirkungsgrad* einer Lichtbogenschweißung wird das Verhältnis der zum Schmelzen und Übertragen des Metalls verwendeten Wärmeenergie im Vergleich zu der zugeführten Gesamtenergie angesehen. Ein hoher Wirkungsgrad wird erreicht, wenn der größte Teil der zugeführten Energie zum Aufschmelzen benutzt wird, etwa bei einer Schweißung hoher Geschwindigkeit, bei der eine enge Schweißraupe erhalten wird. Ein niedriger Wirkungsgrad ergibt sich z. B. in den Fällen, in denen ein großes Werkstück erhitzt, jedoch nur ein kleiner Teil des Werkstückes, etwa beim Schweißen von mehreren Lagen, aufgeschmolzen wird.

Der *effektive Wirkungsgrad* hängt mit der Heizleistung des Schweißlichtbogens wie folgt zusammen:

$$q = 0{,}239\, U\, I\, \eta_e. \tag{51}$$

Hierbei bedeutet q die effektive Wärmeleistung des Schweißbogens in cal/sec, U die mittlere Lichtbogenspannung in Volt und I die mittlere Stromstärke in Ampere, η_e ist der effektive Wirkungsgrad der Erhitzung des Werkstückes durch den Lichtbogen.

Nach Untersuchungen, die bei RYKALIN [1, 3] zusammengefaßt sind, ergab sich, daß der effektive Wirkungsgrad a) praktisch unabhängig von der Stromstärke ist; b) mit zunehmender Spannung etwas abnimmt und c) unter gleichen Schweißbedingungen nur in engen Grenzen schwankt. Er beträgt nach theoretischen Ableitungen von RYKALIN, die bei POGODIN-ALEXEJEW [1] erwähnt werden, bei Handschweißung 70 bis 80%, bei automatischer UP-Schweißung 80 bis 90%.

Bei Bestimmung der Lichtbogenspannung U und der Stromstärke I zeigen die Augenblickswerte vielfach Schwankungen, entsprechend dem Werkstoffübergang (Übergang einzelner Tropfen), den Temperaturschwankungen des Bogens und der Schmelzbäder, der Änderung der Ionisationsverhältnisse im Bogenraum usw., vgl. die Oszillogramme der Abb. 109 u. 110. Die Aufstellung der Energiebilanz beim Schweißen kann nach zwei Methoden erfolgen: a) mit Hilfe von bekannten Größen und b) auf kalorimetrischem Wege.

239. Aufstellung der Energiebilanz mit Hilfe bekannter Größen. Eine der auch heute noch wertvollsten Arbeiten auf diesem Gebiet ist die Untersuchung von DOAN [1], auf die bereits hingewiesen wurde. DOAN stellte die Energiebilanz für die *Kathode* eines in *Luft* betriebenen Schweißlichtbogens auf. Tab. 36 gibt die Energiezufuhr und den Energieverbrauch für einen Lichtbogen, der mit 150 A brennt.

Man kann in erster Annäherung annehmen, daß auf Anode und Kathode je etwa 50% der Gesamtenergie fallen. In Tab. 36 stellt Ionenbombardement die größte Wärmequelle dar. Die Verbrennung von Eisendampf ergibt zwar einen erheblichen Wärmebetrag, jedoch kehrt nur ein Bruchteil dieser Wärme zur Kathode zurück, vgl. Ziff. 77

bezüglich exothermer Vorgänge. Ein Wärmeverlust vom Bogen durch Wärmeleitung durch die Kathode spielt in der Energiebilanz keine Rolle, da die Geschwindigkeit des Abbrennens größer ist als die der Wärmeleitung durch die Kathode. Das Schmelzen des bogenseitigen Endes der Elektrode erfordert hier den größten Wärmebetrag, während die Parameter 10 und 11 vernachlässigt werden können.

Tabelle 36. *Energiebilanz für die Kathode eines Eisenbogens in Luft nach* DOAN *[1]*
Energiezufuhr in cal/sec

1. Durch Ionenbombardement usw. erzeugte Wärme in cal/sec . .	121,0
2. Durch Ohmschen Widerstand erzeugte Wärme, vgl. Ziff. 61 . .	3,20
3. Strahlung von der Anode	9,65
4. Verbrennung von Eisendampf usw.	9,70
	zusammen 143,55

Energieverbrauch in cal/sec

5. Schmelzen des Elektrodenendes	161
6. Verdampfung von Atomen	12,6
7. Abgabe von Elektronen	95,5
8. Dissoziation von Eisendampf und Luft	—
9. Strahlung zur Anode 9,65 und zur umgebenden Luft 8,55 . .	18,20
10. Wärmeverlust vom Bogen durch Wärmeleitung durch die Elektrode	—
11. Verluste durch Gasleitung und Konvektion	—
	zusammen 287,3

Für *umhüllte Elektroden* wurde eine Energiebilanz der Lichtbogenkathode durch LORENZ *[2]* aufgestellt, deren Resultate in Tab. 37 für einen mit 180 A betriebenen Eisenbogen wiedergegeben werden.

Die Energiebilanzen geben wohl eine recht gute allgemeine Übersicht über Energiezufuhr und -verbrauch, doch fehlen noch zahlreiche thermophysikalische Unterlagen, insbesondere die Temperaturabhängigkeit der thermischen Eigenschaften bis zu den hohen Temperaturen des Schweißvorganges, desgleichen genaue Werte für die Reaktionswärmen der Schweißmittel und Schlacken sowie Einfluß der Stromwärmeerhitzung und der exothermen Reaktionen unter gegebenen Versuchsbedingungen.

Der bei einer vollständigen Energiebilanz zu berücksichtigende Wärmeübergang durch natürliche *Konvektion* ergibt sich experimentell nach GREENBERG [1] gleich der 1,25. Potenz der Temperaturdifferenz zwischen der erhitzten Oberfläche und dem benachbarten Raum. Es gilt die Beziehung:

$$q = B(\Delta T)^{1,25}. \qquad (52)$$

Hierin bedeutet q den Wärmefluß pro Flächeneinheit und pro Zeiteinheit, ΔT die Temperaturdifferenz und B eine Konstante, die sich nach den Versuchsbedingungen richtet. Bei erzwungener Konvektion ergibt sich, daß der Wärmeverlust proportional $\sqrt{v}$ für kleine und proportional v für große Werkstücke ist, wobei v die Geschwindigkeit des Mediums darstellt.

Zur Bestimmung der Verluste durch *Strahlung* dient das STEFAN-BOLTZMANNsche Gesetz, Tab. 35, das die Gesamtstrahlung senkrecht zur Oberfläche eines schwarzen Körpers ergibt. Für einen nichtschwarzen Körper ergibt sich unter Zuhilfenahme des KIRCHHOFFschen Gesetzes

$$q = C\,A\,\varepsilon\,(T_1^4 - T_2^4). \tag{53}$$

Hierin bedeutet q den Gesamtwärmeverlust durch senkrechte Strahlung in cal/sec; C die Konstante $1{,}37 \cdot 10^{-12}$ cal/cm²/sec/°K; ε das Emissionsvermögen; T_1 und T_2 die Temperaturen in °K der strahlenden bzw.

Tabelle 37. *Energiebilanz für Schweißung mit Mantelelektroden nach* LORENZ *[2]*

Energiezufuhr in cal/sec

1.	Überschuß der beim Ionenaufprall im Kathodenbrennfleck frei werdenden Energie über die zur Überwindung der Elektronenaustrittsarbeit des Elektronenstromanteiles aufzuwendende Energie	100—200
2.	Wärmeleitung aus der hocherhitzten Lichtbogensäule an die Kathode	100
3.	Absorption von Lichtbogenstrahlung	50
4.	Reaktionswärmen exothermer Umhüllungsreaktionen, wobei die zum Abschmelzen von 1 cm Elektrode nötige Zeit $t = 1{,}2$ bis $1{,}5$ sec beträgt	$10/t$—$100/t$
5.	Verbrennungswärmen brennbarer Umhüllungsbestandteile	—

Energieverbrauch in cal/sec

6.	Differenz des Wärmeinhaltes der Elektrode zwischen Raumtemperatur und Schmelztemperatur	$190/t$
7.	Schmelzwärme des Eisens	$70/t$
8.	Schmelzwärmen der Umhüllungsstoffe	$15/t$
9.	Verdampfungswärmen verdampfbarer Umhüllungsbestandteile	$20/t$
10.	Reaktionswärmen endothermer Umhüllungsreaktionen . .	vgl (4)
11.	Abstrahlung	0—100

der bestrahlten Oberfläche. Weiter läßt sich dann mit Hilfe des LAMBERTschen Strahlungsgesetzes der Strahlungsverlust in beliebiger Richtung zur Oberfläche ermitteln. Die Oberflächenbeschaffenheit des Körpers, z. B. rauhe Oberfläche, Politur usw., hat erheblichen Einfluß auf das Emissionsvermögen des Körpers: ε wird um so geringer, je vollkommener die Oberfläche poliert ist.

Wir gehen jetzt auf die Aufstellung der Energiebilanz der Lichtbogenschweißung auf kalorimetrischem Wege über.

240. Schweißkalorimetrie. In der Kalorimetrie werden aufgewendete oder gewonnene Wärmemengen bei physikalischen oder chemischen

Änderungen eines Körpers ermittelt. Einerseits bestimmt man beim Schweißen die pro Zeiteinheit und pro Gramm aufgenommene Gesamtwärme. Sie wird, wie oben besprochen, vorwiegend aus der Umwandlung der elektrischen Energie in Wärmeenergie und aus Reaktionen, die exotherm verlaufen, gewonnen. Andererseits bestimmt man die Einzelbeträge, z. B. den Wärmebetrag zur Erhitzung von Stahl bis zur Schmelztemperatur; die bei metallurgischen Vorgängen verbrauchte

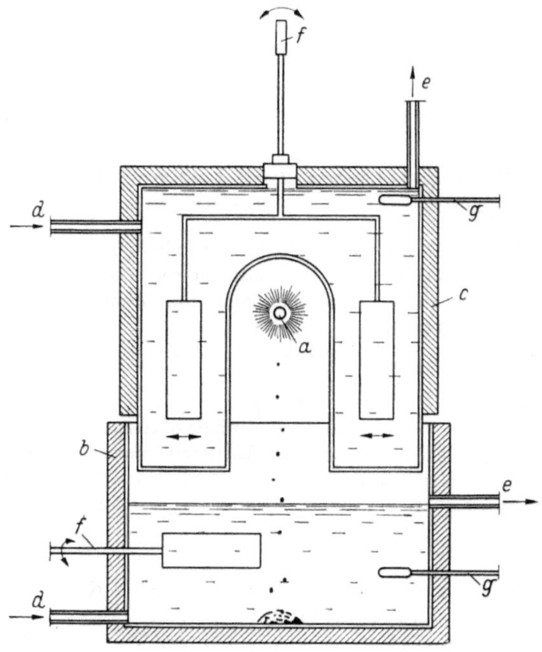

Abb. 161. Querschnitt durch ein Schweißkalorimeter:
a Lichtbogen zwischen horizontalen Elektroden; b Unterer Kalorimeterbehälter; c Oberer Kalorimeterbehälter; d Wassereintritt; e Wasseraustritt f Rührer; g Thermometer

Wärmemenge; die durch Wärmeleitung verlorene Wärmemenge und schließlich die durch Konvektion, Strahlung usw. verlorene Wärmemenge.

Mit Rücksicht auf die große Bedeutung der Ausbreitung der dem Werkstück zugeführten Wärmeenergie wird diese gesondert im folgenden Kapitel behandelt.

Zur Aufstellung von Wärmebilanzen für die Lichtbogenschweißung seien die Arbeiten von ALEXANDER [2], GILLETTE und BREYMEIER [1], LORENZ [2], TER BERG und LARIGALDIE [1, 2], APPS und MILNER [1] und MORRIS und GORE [1] erwähnt.

Bei der Schweißkalorimetrie ist es physikalisch von grundlegender Bedeutung, Bestimmungen erst dann durchzuführen, wenn sich im Lichtbogen *Gleichgewichtsbedingungen* eingestellt haben. Dieses dauert z. B. 1 bis 10 min.

Die Nichtbeachtung dieser Regel läßt die Resultate von manchen älteren Untersuchungen als unsicher erscheinen. Abb. 161 zeigt schematisch das von TER BERG und LARIGALDIE [2] für Untersuchungen von *Mantelelektroden* verwendete Schweißkalorimeter. In den unteren Behälter, der ein konstantes Wasservolumen enthält, fallen die durch den Lichtbogen konstanter Länge geschmolzenen Metalltropfen, die Schlackenhüllen besitzen. Der obere Behälter sammelt die heißen Gase und absorbiert die Strahlungsenergie des Bogens. Beide Behälter sind wärmeisoliert und mit Rührern versehen, so daß sich in kurzer Zeit Temperaturkonstanz, gemessen mit BECKMANN-Thermometern, ergibt.

Die zugeführte Leistung wird mit Wattmeter gemessen, Spannung und Stromstärke mit Präzisionsinstrumenten. Die im unteren Behälter gemessenen Energiewerte schließen die latente Wärme der

Tabelle 38. *Energiebilanz für einige käufliche und einige Versuchselektroden mit Umhüllung, Stahldraht, Drahtdurchmesser 4 mm*

	Endothermisch			Neutral	Exothermisch		
	A	B	C	D	E	F	G
	Zusammensetzung des Mantels						
	Kaolin-10 MgCO$_3$-90	Oxydierter Typ	Basischer Typ	Kalzinierter Kaolin-90 CaCO$_3$-10	Saurer Typ	Organischer Typ	Mg-15, Fe$_3$O$_4$-35 Kaolin-50
Durchmesser des Mantels mm	5,0	6,0	6,5	6,5	4,7	6,3	5,7	6,0
Gewicht/cm des Mantels g	0,05	0,12	0,58	0,43	0,06	0,55	0,40	0,26
Wärmeaufnahme durch Metall %[1]	40	42	39	36	49	44	49	35
Wärmeaufnahme durch Umhüllung % ...	2	6	23	16	3	20	20	13
Konvektionsverluste %	23	17	18	18	17	19	12	32
Strahlungsverluste %	30	26	16	25	30	24	23	28
Reaktionswärme	−5	−9	−4	−5	−1	+7	+4	+8

[1] Prozentwerte beziehen sich auf die zugeführte elektrische Energie

Metall-Schlacke-Tropfen und einen Teil der Energieverluste in Form von Konvektion und Strahlung ein. Beim Einsatz von Kohleelektroden anstelle von Abschmelzelektroden wird im unteren Behälter nur noch 5% der Wärmeenergie des oberen Behälters erhalten. Aus dem Gewicht des Elektrodenmetalls und dem der Umhüllung bei Abschmelzelektroden sowie aus den spezifischen Gewichten des Stahles und der Schlacke wird dann die übertragene Wärmemenge berechnet.

Die Strahlungsverluste werden mittels einer Thermosäule, die Reaktionswärmen aus der Differenz zwischen der zugeführten elektrischen und der im Kalorimeter erfaßten Energie bestimmt. Bei einer positiven Differenz liegen exotherme, bei negativer Differenz endotherme Elektroden vor. Der maximale Verlust durch Reaktionswärmen beträgt 10%. Eine Zusammenstellung der Resultate von TER BERG und LARIGALDIE [1, 2] ist in Tab. 38 enthalten. Nach Spalte A der Tabelle nehmen die Verluste durch Strahlung und Konvektion mit zunehmender Dicke der Umhüllung ab. Als Grund hierfür ist die Vertiefung und bessere Isolierung des Tiegels am Elektrodenende anzusehen, wodurch die Verluste verringert werden.

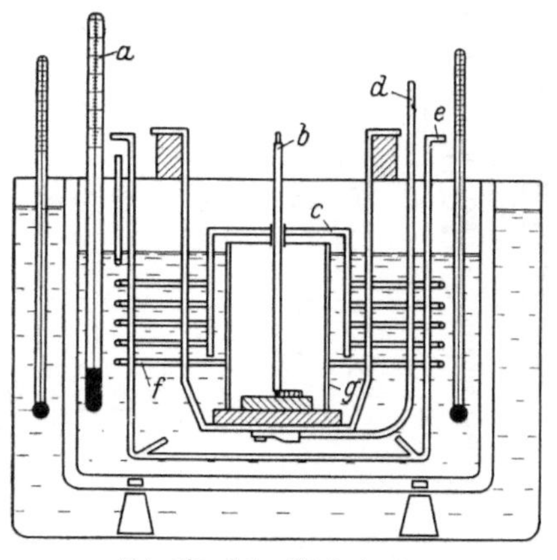

Abb. 162. Schweißkalorimeter:

a BECKMANN-Thermometer; b Elektrode; c Schweißglocke; d Erdleitung; e Rührer; f Kupferspirale; g Einsatzgefäß

Die Spalten B und C zeigen, daß Umhüllungen mit hohem Gehalt von Eisenoxyd oder Karbonaten der Erdalkalimetalle negative Reaktionswärmen infolge Zersetzung dieser Verbindungen aufweisen. Spalten E, F und G zeigen exotherme Elektrodentypen, die größere Mengen von Ferrolegierungen oder organische Materialien enthalten.

Bei allen Elektrodentypen der Tab. 38 werden nur etwa 50% der elektrisch zugeführten Energie zum Schmelzen des Metalls verwendet. Selbst durch Einführung von stark exotherm wirkenden Materialien, wie Magnesium oder Eisenoxyd, ergibt sich keine Verbesserung des Nutzeffektes. Durch Einführung von *Eisenpulver* in die Umhüllung der Elektroden kann eine Erhöhung, die mehr als 50% betragen kann, erreicht werden (vgl. jedoch Ziff. 85 hinsichtlich der Abkühlungswirkung einer großen Menge von Eisenpulver bei unveränderter Energiezufuhr).

BECKER und RIEGER [2, 3, 4] benutzten das Kalorimeter der Abb. 162, bei dem mit einem Wassermantel konstanter Temperatur gearbeitet wird. Um die Verschweißung einer 200 bis 325 mm langen Elektrode zu ermöglichen, werden die Dimensionen des Kalorimeters verhältnismäßig groß gewählt. Sie betragen z. B. 50 × 30 × 40 cm Höhe. Das eigentliche Kalorimeter ist von einem Luftmantel und außerdem von einem Wassermantel umgeben. Die Zündung des Bogens erfolgt im Kalorimeter mittels Zündpille oder Zündpulver, um sicheres Zünden und genaue Zeitmessung zu ermöglichen. Stromstärke, Spannung und Wasserwert werden wie üblich bestimmt.

Zur Messung der Gesamtwärmebilanz für Schweißelektroden wird im Einsatzgefäß g, das zunächst etwas über das Niveau der Kalorimeterflüssigkeit herausragt, geschweißt. Die Elektrode wird durch eine Gummidichtung in die Schweißglocke c eingeführt. Bei der Vorperiode verbleibt das Einsatzgefäß in der gezeichneten Lage.

Die Hauptperiode beginnt mit der Zündung der Elektrode. Die entwickelten Gase entweichen durch die Kupferspirale f und geben ihre Wärme an die Kalorimeterflüssigkeit ab. Nach Beendigung der Schweißung werden g und c versenkt, um die Wärmeanteile in der Gasphase, im Werkstück, in der Schlacke und etwaigen Spritzern zu erfassen. Die Nachperiode wird mit versenktem Einsatz aufgenommen. Durch Übergießen des Elektrodenstummels mit Kalorimeterflüssigkeit nach Beenden der Schweißung wird die geringe Restwärme im Stummel — etwa 1% — erhalten.

Zur Bestimmung der Wärme, die von Schweißraupe, Werkstück, Schlacke und Spritzern aufgenommen wird, wird eine ringförmige Einsatzplatte verwendet, die in die Kalorimeterflüssigkeit eintaucht. Beim Schweißen innerhalb des Ringes fallen Spritzer in das Gefäß und in die Kalorimeterflüssigkeit. Weiter erfolgt Versenken des Gefäßes wie oben.

Zur Bestimmung der Wärmebilanz von Schlacke und Spritzern wird zunächst oberhalb des Kalorimeters geschweißt. Die Spritzer fallen in das Kalorimeter, während die Schlacke ebenfalls hereingestoßen wird. Die Wärmemenge im Schweißgut und Werkstoff folgt dann aus der Differenz der obigen Versuche.

Wärmebilanzen für verschiedene *Mantelelektroden* werden in Abb. 163 u. 164 nach BECKER und RIEGER [*3*] dargestellt. Es werden elektrische Arbeit, Gesamtwärme und Anteile der Einzelkomponenten gebracht. Interessant ist es, daß bei der *Tiefeinbrandelektrode Tf (TiEs VIIIs, ZIS Berlin)* eine zusätzliche Wärmeentwicklung im Vergleich mit der aufgewandten elektrischen Energie erhalten wird, vgl. Ziff. 83. Nach Abbildung 163 beträgt sie 8,6%, d. h., die Gesamtsumme der Reaktions-, Umwandlungs-, Schmelz- und Verdampfungswärmen ist um diesen Betrag höher als die in Wärme umgesetzte elektrische Energie. Die Ergebnisse von BECKER und RIEGER [*3*] stimmen größenordnungsmäßig mit den oben erwähnten theoretischen Ableitungen des Wirkungsgrades von RYKALIN für Handschweißung und automatische UP-Schweißung überein. Weitere Wärmebilanzen für Elektroden von 5 sowie 4 und

3,25 mm Dmr. finden sich bei BECKER und RIEGER [4]. Beispiele für die Zusammensetzung technischer Elektrodentypen werden in Ziff. 316 gebracht.

Kalorimetrische Untersuchungen des *UP-Lichtbogens* wurden von HAVALDA [1] mit Hilfe eines Wasserkalorimeters durchgeführt. Die

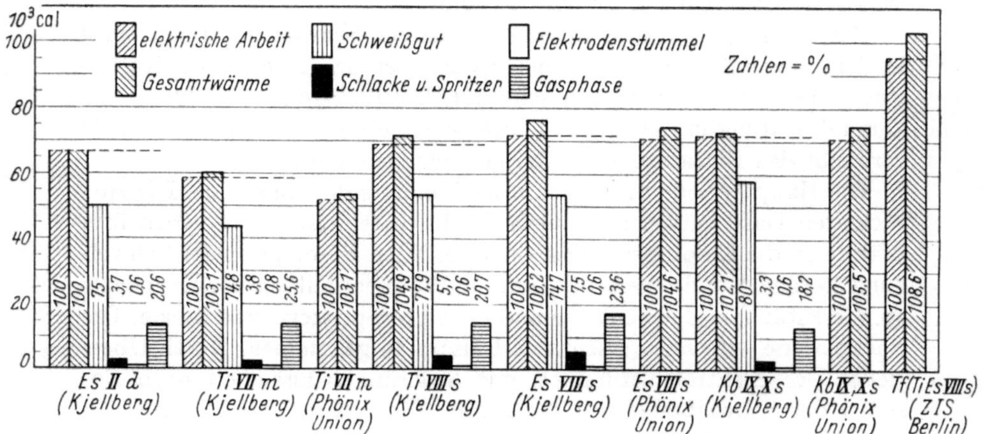

Abb. 163. Wärmebilanzen verschiedener Elektroden von 4 mm Dmr. im prozentualen Verhältnis zur aufgewendeten elektrischen Arbeit in cal

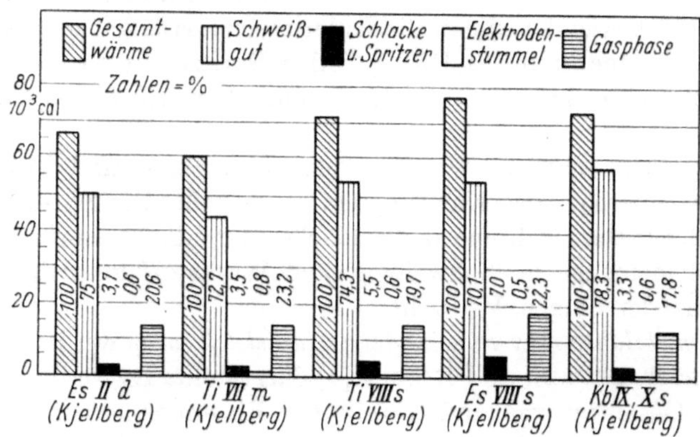

Abb. 164. Wärmebilanzen verschiedener Elektroden von 4 mm Dmr. im prozentualen Verhältnis zur Gesamtwärme

Abb. 165 u. 166 geben Wirkungsgrade η in Abhängigkeit von der Schweißgeschwindigkeit v und der Materialdicke d bzw. von der Materialdicke und der Stromstärke wieder. Der Wirkungsgrad erhöht sich mit Vergrößerung der Schweißgeschwindigkeit bzw. der Materialdicke und strebt in beiden Abbildungen konstanten Werten zu.

Als Beispiel für die *elektrische Kalorimetrie* seien die Untersuchungen von MORRIS [1] und MORRIS und GORE [1] erwähnt. Diese Autoren führten kalorimetrische Untersuchungen der *Schutzgasschweißung* mit Hochfrequenzzündung in den Schutzgasen Helium und Argon mit gerader Polarität durch. Es wurden Wolframelektroden und Kupfer- oder Nickelzylinder als Anoden benutzt. Man kann dann die an eine Elektrode überführte Energie nach der Beziehung bestimmen

$$P = 4{,}19(T_u - T_i)\,v. \quad (54)$$

Hierin bedeutet P die Energiezufuhr in W, $T_u - T_i$ die Temperaturdifferenz zwischen Ein- und Ausfluß des Kühlwassers in °C, v die Durchflußgeschwindigkeit in cm³/sec.

Nach Anbringen von Korrekturen für Wärmeverluste wurde die Wärme-

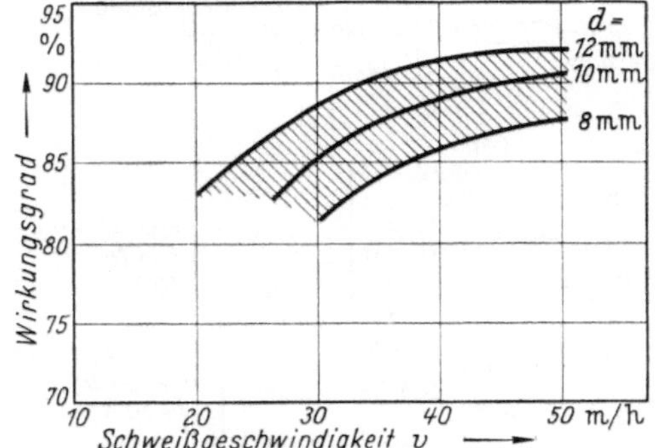

Abb. 165. Wirkungsgrad in Abhängigkeit von Schweißgeschwindigkeit und Materialdicke;
Stromstärke 600 A; Aufschweißlänge 150 mm

energie an den Elektroden in Abhängigkeit von der zugeführten. elektrischen Energie, der Länge des Bogens, des Elektrodenmaterials und des Schutzgases bestimmt. Abb. 167 gibt die Energiebilanz nach MORRIS und GORE [1] für einen Wolfram/ Kupfer-Bogen wieder, dessen Länge schrittweise vergrößert wird. In Abb. 167a werden von den verfügbaren 570 W (entsprechend 9,5 V) an der Anode 380 und im Kühlwasser der Kathode 98 W verbraucht. Die sonstigen Verluste an der Kathode (Ionisierung des Gases, Strahlung, Konvektion usw.) betragen somit 92 W. In Abb. 167b ist der Abstand der Elek-

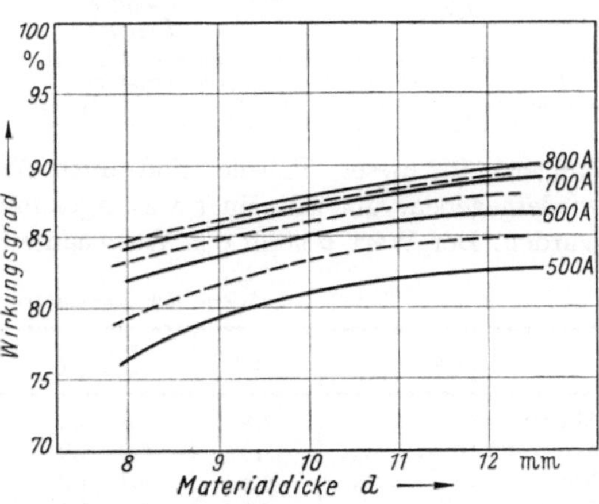

Abb. 166. Wirkungsgrad in Abhängigkeit von Materialdicke und Stromstärke

trode auf 1 mm erhöht. Der Spannungszuwachs von 0,4 V entspricht einem Energieverbrauch im *Plasma* von 0,4 × 60 = 25 W. Hiervon gehen 20 W zur Anode und 5 W stellen Plasmaverluste dar. Die Abb. 167c und d geben entsprechende Werte bei Verlängerung des

Abstandes der Elektroden auf 2 und 3 mm wieder. Beim Schweißen in Argonatmosphäre ergab sich ein Nutzwert von 74 und in Heliumatmosphäre von 85%.

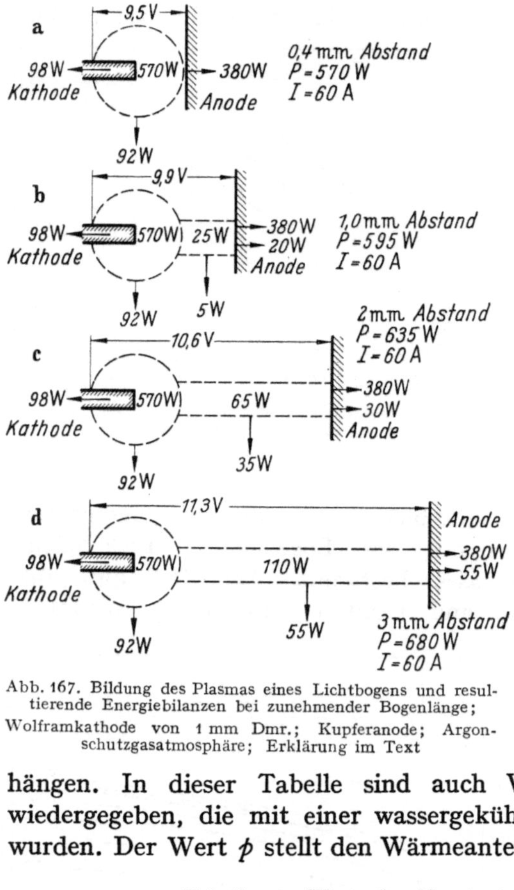

Untersuchungen von APPS und MILNER [1] in *Argon-Schutzgasatmosphäre*, bei denen eine Wolframelektrode dem zu untersuchenden Metall — Al, Armco-Eisen, Ni, Cu, Pb — gegenüberstand, wurden mit Wechselstrom für Al und mit Gleichstrom gerader Polarität für die übrigen Metalle durchgeführt. Für verschiedene *Bogenlängen* ergibt sich die zugeführte Wärme gemäß:

$$q = aI + bLI. \quad (55)$$

Hierin bedeuten q den Wärmeeintrag in das Werkstück; L die Bogenlänge; I die Stromstärke; a und b Konstanten, die von dem untersuchten Metall nach Tab. 39 abhängen. In dieser Tabelle sind auch Werte von LANCASTER [1] wiedergegeben, die mit einer wassergekühlten Kupferanode erhalten wurden. Der Wert p stellt den Wärmeanteil dar, der durch die Anode

Abb. 167. Bildung des Plasmas eines Lichtbogens und resultierende Energiebilanzen bei zunehmender Bogenlänge; Wolframkathode von 1 mm Dmr.; Kupferanode; Argonschutzgasatmosphäre; Erklärung im Text

Tabelle 39. *Werte der Konstanten in Gl.* (55)

Metall	a in V	Bereich von b in V	Mittelwert für b in V	p
Aluminium	7,1	1,8—2,5	2,2	0,31—0,44
Armco-Eisen	7,3	4,2—4,9	4,6	0,60—0,78
Nickel	6,6	3,4—4,2	3,7	0,44—0,56
Kupfer	7,6	4,2—5,2	4,5	0,43—0,67
Blei	6,7	2,3—2,9	2,7	0,46—0,56
Kupfer, wassergekühlt nach LANCASTER [1]	8,0	4,4—4,8	—	0,50—0,75

nach der Beziehung $p = b/E$ absorbiert wird, wobei E der Spannungsgradient der positiven Säule ist. Versuchsergebnisse für Kupfer werden in Abb. 168 nach APPS und MILNER [1] gebracht. Die zugeführte

Wärme wird in cal/sec in Abb. 168a als Funktion des Bogenstromes und in Abb. 168b als Funktion der Bogenlänge dargestellt. Gleichzeitig wird die Extrapolation der Kurven auf die *Bogenlänge Null* angedeutet, die zur Festlegung der Grenzbedingungen erwünscht ist.

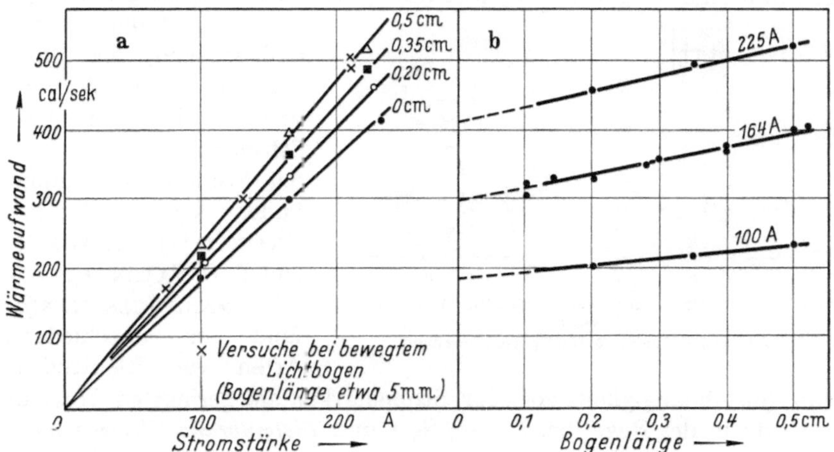

Abb. 168. Verhaltnis zwischen Energieaufwand und a) Bogenstromstarke fur verschiedene Bogenlangen; b) Bogenlange fur verschiedene Stromstarken des Bogens

V. ENGEL [2] erwähnt, daß nach kalorimetrischen Untersuchungen mit *Kohleelektroden* und kurzen Bögen geringer Stromstärke 42% der gesamten elektrischen Energie zur Kathode und etwa 37% zur Anode fließen. Der Restbetrag geht durch Konvektion, Strahlung, chemische Reaktionen usw. verloren.

JACKSON und SHRUBSALL [1] bestimmten die Energieaufnahme auf elektrischem Wege und stellten angenäherte Energiebilanzen für *UP-Schweißung* und *Mantelelektroden* auf. Sie berechneten die zum Schmelzen der Elektrode und des Grundmetalls erforderlichen Wärmemengen und hieraus den zum Schmelzen des Schweißgutes erforderlichen Betrag. Dann konnte die Wärmemenge zum Schmelzen des Schweißpulvers abgeschätzt werden. Das Restglied ihrer Aufstellung umfaßte eine Reihe von unbekannten oder wenig bekannten Größen, wie Erwärmung des Bleches, Konvektion und Strahlung sowie Schmelzung der Elektrodenumhüllung. Tab. 40 u. 41 geben einige Resultate von JACKSON und SHRUBSALL [1] wieder. Die Wärmeverluste betragen für diese Beispiele 48 bzw. 70%.

In Abb. 169 wird die Verteilung der im Lichtbogen zugeführten Energie nach GUREWITSCH [1] in der Darstellung von WOLFF [1] und GÜNTHER [3] gebracht. Diagramm (*a*) gilt für Mantelelektroden und (*b*) für die UP-Schweißung. Obwohl der Anteil zum Schmelzen der Umhüllung wesentlich geringer als der zum Schmelzen des Schweißmittels in Pulverform ist, ist die Wärmebilanz für das UP-Verfahren auch hier wesentlich günstiger und ergibt einen wesentlich höheren Gesamtwirkungsgrad als die Handschweißung, 68 % gegenüber 25 %. Bei diesem Resultat sind die geringe Wärmeleitfähigkeit und Temperaturleitfähigkeit des Pulvers ausschlaggebend, die dazu beitragen, die Wärmeverluste bei der UP-Schweißung gering zu halten. Weitere Diagramme finden sich z. B. bei KRAINER [1], ZITTER [1] und E. O. PATON [1].

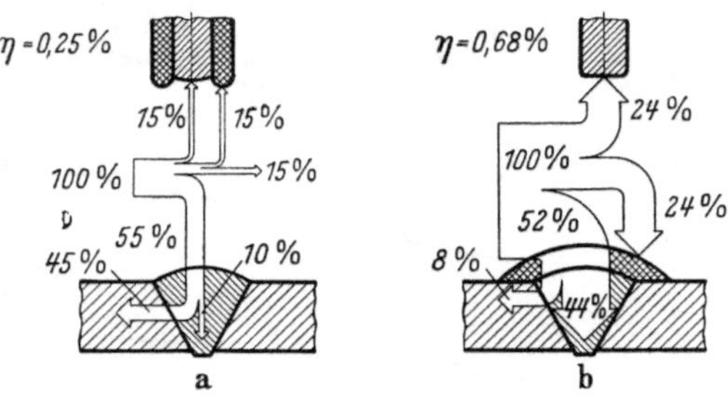

Abb. 169. Verteilung der beim Schweißen aufgewendeten Energie:
a Mantelelektrode; b Unterpulverschweißung

ERDMANN-JESNITZER[6] fand für verschiedene Arten von Elektroden, daß (in Abhängigkeit von der Stromstärke) die geringsten Wärmeverluste in der Regel bei *feintropfigen* und *Tiefeinbrand-Elektroden* erhalten werden, während die Verluste für *mitteltropfige* und *großtropfige* Elektroden zunehmen. Die dickumhüllten Elektroden verhalten sich wärmetechnisch am günstigsten.

Tabelle 40. *Wärmeverteilung bei der UP-Schweißung; Stahl; 51 mm Blechdicke; 2100 A, 41 V, 15,2 cm/min Geschwindigkeit; 9,6 mm Elektrodendurchmesser*

	Kalorien	% Gesamtenergie
Wärmeverbrauch zum Schmelzen der Elektrode ..	181 200	14
Wärmeverbrauch zum Schmelzen des Grundmetalls	460 550	38
Gesamter Wärmeverbrauch zum Schmelzen des Schweißgutes	641 750	52
Wärmeverbrauch zum Schmelzen des Schweißpulvers	428 070	34
Wärmeverluste durch Erhitzen des Bleches, Strahlung usw.	170 030	14

Tabelle 41. *Wärmeverteilung bei Handschweißung mit Mantelelektrode; 350 A, 25 V, 15,2 cm/min Geschwindigkeit; 5,6 mm Elektrodendurchmesser*

	Kalorien	% Gesamtenergie
Wärmeverbrauch zum Schmelzen der Elektrode ..	17 670	14
Wärmeverbrauch zum Schmelzen des Grundmetalls	19 930	16
Gesamter Wärmeverbrauch zum Schmelzen des Schweißgutes	37 600	30
Wärmeverluste durch Erhitzen des Bleches, Schmelzen der Umhüllung, Strahlung, Konvektion usw.	88 400	70

E. Ausbreitung der dem Werkstück zugeführten Wärmeenergie

241. Übersicht. Beim Lichtbogenschweißen laufen drei Prozesse parallel: Schmelzen von Elektrode und Grundmetall, Kristallisierung des flüssigen Metalls und Bildung der Naht sowie Wärmewirkung des Lichtbogens auf benachbarte Zonen des Grundmetalls. Die hohe Temperatur des Bogens bewirkt, daß das Werkstück auch *außerhalb* des Schweißbades erhitzt wird. Hierbei spielen Wärmeleitung, Temperaturleitfähigkeit, Konvektion und Strahlung erhebliche Rollen. Vielfach werden hierdurch Gefüge- und Volumenänderungen veranlaßt, die zu Eigenspannungen und Verformungen führen können.

In diesem Kapitel wird auf die physikalisch und technisch interessante Ausbreitung und Abfuhr der dem Werkstück zugeführten Wärmeenergie eingegangen. Zunächst wird die Messung der Temperatur des Werkstückes, dann ihre rechnerische Auswertung dargestellt. Gemessen werden z. B. Erhitzungsgeschwindigkeit, maximal erreichte Temperatur, Verweildauer auf der hohen Temperatur und Abkühlungsgeschwindigkeit des Werkstückes. Diese Größen besitzen erhebliche Bedeutung für die metallurgischen und physikalischen Eigenschaften der Schweißnaht und der angrenzenden Gebiete.

Man ist heute in der Lage, für gegebene Parameter die zu erwartende Abkühlgeschwindigkeit, die Mikrostruktur, die Härte und die verbleibenden Spannungszustände des Werkstückes vorauszusagen. Kennt man den Verlauf dieser Größen, so kann man die Zeit vorausbestimmen, die ein gegebener Punkt zur Abkühlung von einer höheren auf eine geringere Temperatur braucht. Derartige Bestimmungen sind z. B. von besonderer Bedeutung für die Schweißbarkeit von legierten Stählen.

Von Autoren, die sich mit der Wärmeausbreitung im Werkstück beim Lichtbogenschweißen befassen und Hinweise auf die ältere Literatur bringen, seien erwähnt SPRARAGEN und CLAUSSEN [1], HESS, MERRILL, NIPPES, JR. und BUNK [1, 2], HAGEN [1], SMITH, FUNK und UDIN [1], RYKALIN [1, 2, 3], ZEYEN [4], HAVALDA [1], MASTERS [1] und ADAMS, JR. [1].

1. Empirisches zur Wärmeausbreitung

242. Messung der Temperaturverteilung im Werkstück. Temperaturmessungen werden während des Schweißvorganges vorgenommen, um den Einfluß elektrischer und mechanischer Parameter auf die maximale Temperatur des Bleches und sein Abkühlungsverhalten zu untersuchen. Man betrachtet am besten den Lichtbogen als eine *punktförmige, konzentrierte Wärmequelle*, die das Blech erhitzt. Kurven gleicher Temperatur, die die Wärmequelle umgeben, werden als „*Isothermen*" und Kurven, die die Temperaturverteilung zu einem gegebenen Zeitpunkt darstellen, werden als „*Isochronen*" bezeichnet. Für einen *stillstehenden* Lichtbogen ergibt sich ein Temperaturfeld, das symmetrisch zum Bogen verläuft, so daß die Isothermen konzentrische Kreise bilden, vgl. Ziff. 269.

Bewegt sich der Lichtbogen entlang der zu schweißenden Naht oder entlang der Auftragschweißung, so können zwei Fälle eintreten: Der Bogen kann sich mit konstanter oder mit veränderlicher Geschwindigkeit bewegen. Beim Lichtbogenschweißen bewegt sich die Wärmequelle meist mit konstanter Geschwindigkeit. Das zu schweißende Werkstück besitze praktisch unbegrenzte Dimensionen, so daß Randeffekte vernachlässigt werden können, vgl. Ziff. 246. Man kann daher von einem „*quasistationären Zustand*" der Wärmeübertragung an das Werkstück sprechen. Es besteht Gleichgewicht zwischen zugeführter und abgeführter Wärme.

Zur Bestimmung des Temperaturabfalles zwischen Wärmequelle und kaltem Werkstück und der Geschwindigkeit der Temperaturänderung werden z. B. *Nickelchrom/Nickel-Thermoelemente* verwendet. Sie sind in verschiedenen Entfernungen von der Schweißraupe dicht unterhalb der Oberfläche des Werkstückes eingebettet bzw. eingelötet oder angeschweißt. Maximal ablesbare Temperaturen betragen bei den verwendeten Thermoelementen etwa 1250° C; diese Temperatur ist ausreichend, da sich die metallurgisch interessierenden Transformationen bei niedrigeren Temperaturen abspielen. Vielfach werden anstelle von Thermoelementen für niedrige Temperaturen die sog. *Temperaturmeßfarben* angewendet, deren charakteristische Farbe bei ein, zwei oder vier Temperaturen umschlägt.

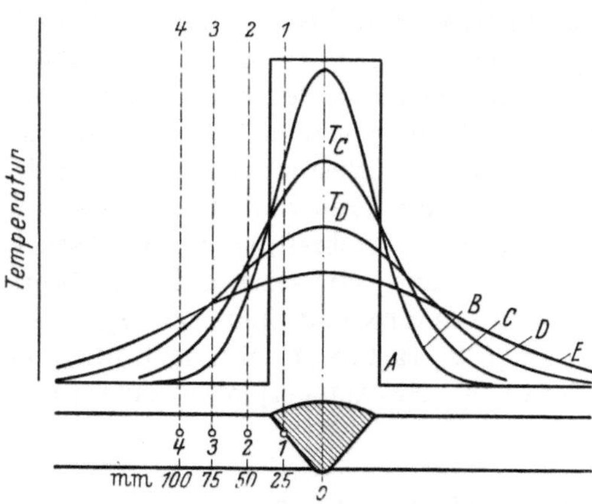

Abb. 170. Temperaturen in der Nähe einer Schweißnaht zu verschiedenen Zeiten; Erklärung der Buchstaben und Zahlen im Text

243. Resultate der Temperaturmessungen.

Bei den Messungen soll die Stromquelle gleichförmige Geschwindigkeit erreicht haben, so daß der quasistationäre Zustand angenommen werden kann. Es wird in den zur Schweißachse parallelen Ebenen, die verschiedenen Abstand von der Achse besitzen, gemessen.

Die schematische Abb. 170 zeigt nach HENRY, CLAUSSEN und LINNERT [*1*] *Isochronen* und Kurven für die zu verschiedenen Zeiten vorliegenden Temperaturmaxima, die von CARSLAW berechnet wurden. Bei trägheitslosem Temperaturausgleich würde sich Kurve *A* bei Einwirken des Lichtbogens auf diesen Punkt ergeben; nach Entfernung des Bogens würde ein erheblicher Temperaturgradient zwischen der Schweißung und dem kalten Werkstück bestehen. Kurve *B* zeigt die Temperaturverteilung nach einer kurzen Zeit, etwa 1 sec, nachdem der Bogen vorgeschritten oder erloschen ist: Die Temperatur der Schweißung hat sich verringert, die des Bleches in Nähe der Schweißraupe erhöht.

Kurven *C*, *D* und *E* geben die Verhältnisse nach 2, 3 und 4 sec wieder. Die Temperatur in der Mitte des Schweißgutes fällt in 1 sec z. B. von T_C auf T_D ab. Bei *E* ist die Schweißnaht stark abgekühlt, während die wärmebeeinflußte Zone in der Nähe der Schweiße die maximale Temperatur erreicht hat und sich jetzt abkühlt. Nach einiger Zeit ergibt sich eine Horizontale für die Temperaturverteilung.

Abb. 171 zeigt nach den gleichen Autoren den Verlauf der Temperatur für Punkte *1, 2* usw. der Abb. 170. Kurve *1*, die sich auf das Schmelzbad bezieht, ergibt zunächst schnellen Temperaturabfall bei hohen Temperaturgradienten; dann wird der Abfall geringer und die Temperaturgradienten nehmen

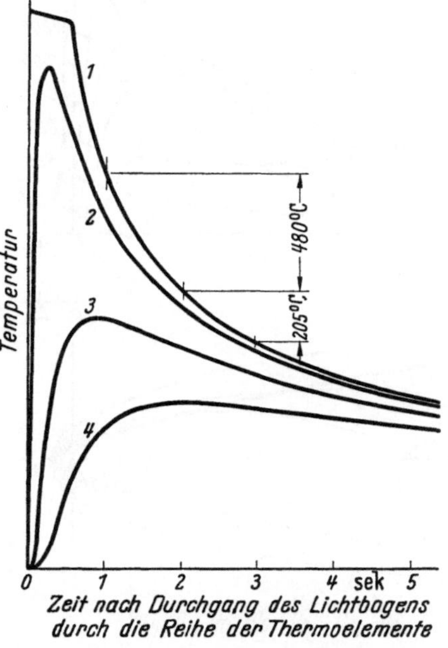

Abb. 171. Umzeichnung der Temperaturen der Abbildung 170 in Abhängigkeit von der Zeit in verschiedenen Abständen von der Elektrodenachse

ab. Temperaturgradienten zwischen der 1. und 2. sowie zwischen der 2. und 3. Sekunde sind eingezeichnet. Sie betragen 480 bzw. 205 °C/sec. Bei Kurve *2* ergibt sich zunächst ein schneller Temperaturanstieg, während Wärme von der Schweißnaht zu Punkt *2* geleitet wird. Dann erfolgt zunächst ein steiler, dann ein schwächerer Temperaturabfall. Die Abkühlungsgeschwindigkeit ist für Punkt *2* immer geringer als die der Schweißraupe. Mit zunehmender Entfernung von der Schweißnaht werden die Abkühlungsgeschwindigkeiten geringer, vgl. die Kurven *3* und *4*.

Stellt man die Temperaturverteilung um die Quelle durch einen „Hügel" dar, bei dem die *Isothermen* die Höhenlinien bilden, so wird sich beim quasistationären Zustand der Hügel wie ein fester Körper über die Blechoberfläche bewegen, ohne sich in Größe oder Form zu verändern. In Abb. 172 ist nach ROSENTHAL [2] in der Darstellung von

GREENBERG [1] die Temperaturverteilung für zwei Bleche aus kohlenstoffarmem Stahl, die verschiedene Dicke besitzen, dargestellt. Weiter ist für jeden Hügel die topographische Projektion eingezeichnet. Die Isothermen ergeben bei Bewegung des Bogens (hier von links nach rechts) auf der Oberfläche des Bleches geradlinige Spuren, die parallel zur Schweißnaht verlaufen. Sie können z. B. durch Politur der

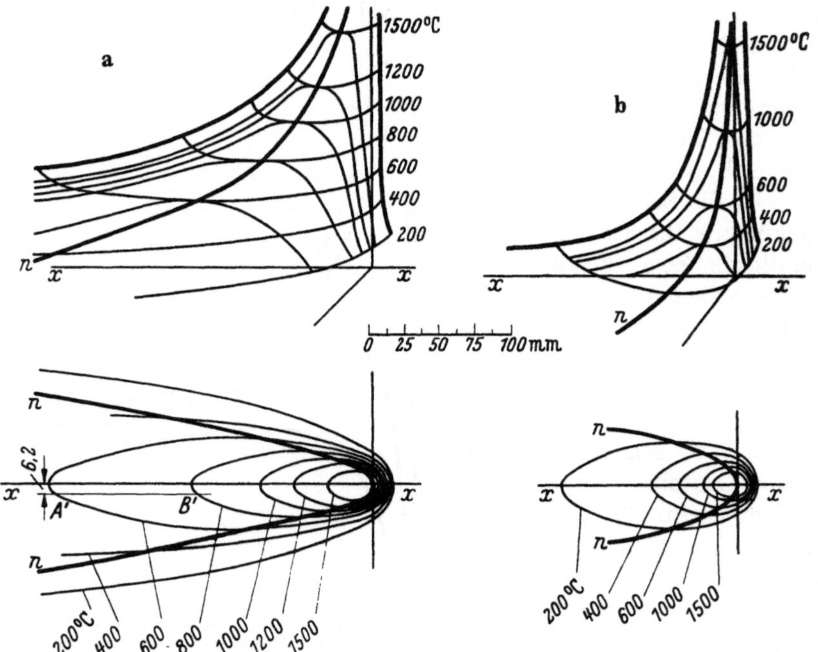

Abb. 172. Temperaturverteilung um wandernde, punktförmige Wärmequellen
a) dünnes Blech, 5 mm Stärke; b) sehr dickes Blech, mehr als 102 mm Stärke
Oben, Darstellung in Form eines Hügels; unten, Darstellung in topographischer Projektion;
$n-n$ Ort der höchsten Temperatur; 200 Amp Stromstärke; 200 mm/min Schweißgeschwindigkeit

Blechoberfläche als Zonen verschiedener Farbe oder wie oben mittels Farbstiften, die auf verschiedene Temperaturen ansprechen, sichtbar gemacht werden. Verbindet man die Punkte auf dem Blech, die zur gleichen Zeit maximale Temperatur besitzen, so ergibt sich nicht eine zur Schweißrichtung senkrechte Gerade, sondern die Kurve $n-n$. Die Ursache für die Form der Kurve ist die beschränkte Ausbreitungsgeschwindigkeit der Wärme nach Tab. 25 u. 26, so daß in den weiter vom Lichtbogen entfernten Teilen das Auftreten maximaler Temperatur verzögert wird. In Abb. 172 betrage der Abstand der Punkte A' und B' 100 mm und ihre Entfernung von der Mittellinie der Schweißung 6,2 mm. Bei der Schweißgeschwindigkeit von 200 mm/min wird es daher 0,50 min dauern, bis Punkt B' von 800 auf 600° C gekühlt wird. Somit beträgt die Abkühlgeschwindigkeit 400° C/min.

244. Einfluß der Stromstärke. Abb. 173 u. 174 zeigen nach HAVALDA [1] *Temperaturfelder*, die durch Messungen in zur Schweißachse parallelen Ebenen in Abständen von 8, 13, 18 und 23 mm von der Achse erhalten wurden. Die Blechstärke betrug 10 mm, die Schweißgeschwindigkeit 40 m/h, die Stromstärken und Spannungen 400 bzw. 600 A und 36

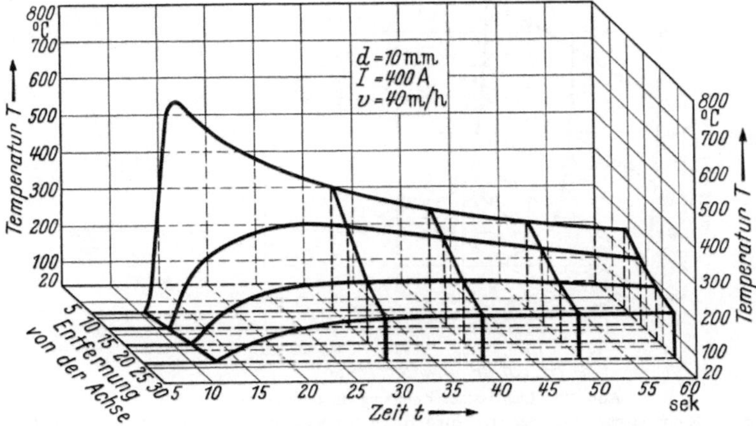

Abb. 173. Temperaturfeldschaubild für 400 A Stromstärke; Stahlblech

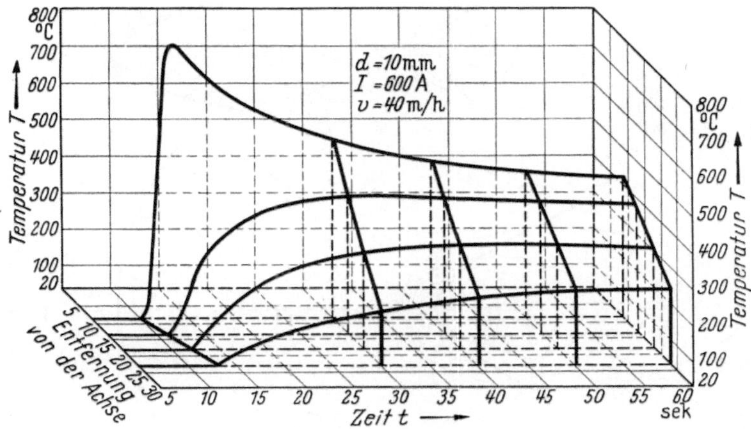

Abb. 174. Temperaturfeldschaubild für 600 A Stromstärke; Stahlblech

bzw. 38 V. Mit wachsender Stromstärke wird die maximale Temperatur T zu einer gegebenen Zeit besonders in der Nähe der Schweißnaht erhöht. In größerer Entfernung von der Naht wird nur ein geringerer Einfluß auf die maximale Temperatur erhalten.

Abb. 175 zeigt nach MATTING [1] das Temperaturfeld bei Lichtbogenschweißung an einer *vertikalen Wand*. Grundsätzliche Unterschiede gegenüber horizontaler Schweißlage wurden nicht gefunden.

In Abb. 176 nach ROSENTHAL [2] in der Darstellung von GREEN-
BERG [1] zeigen die Isothermenscharen *a* und *c*, daß sich bei Zunahme

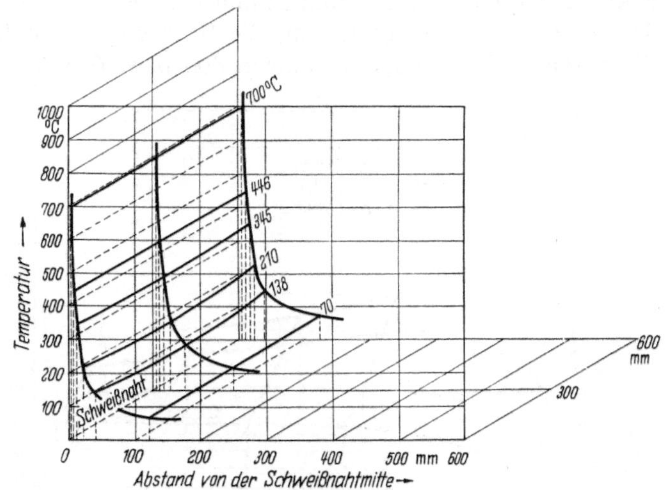

Abb. 175. Lichtbogenschweißung an senkrechter Wand;
3 mm dicke Kupferbleche; Feld der erreichten Höchsttemperaturen, ermittelt unter Verwendung von Meßfarben

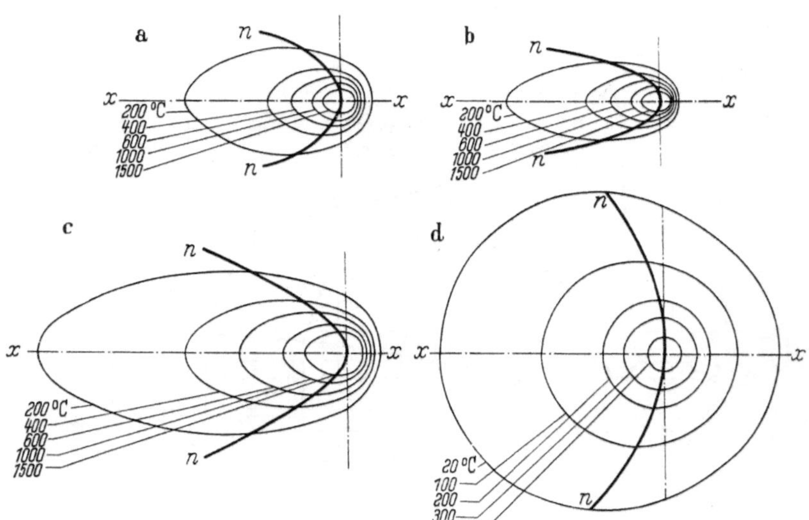

Abb. 176. Temperaturverteilung in Abhängigkeit von der Stromstärke, Schweißgeschwindigkeit und Art des Werkstucks; sehr dickes Blech:
a) Stahl, 200 A, 100 mm/min; b) Stahl, 200 A, 200 mm/min; c) Stahl, 400 A, 100 mm/min; d Aluminium, 400 A, 100 mm/min

der Stromstärke von 200 auf 400 A die Zone verbreitert, die durch die
Wärme beeinflußt wird, daß jedoch die Form der Isothermen sich nur
wenig ändert.

245. Einfluß des Materials. Chemische Zusammensetzung und physikalische Eigenschaften des Materials des Werkstückes und des Zusatzmaterials üben erheblichen Einfluß auf die Isothermen aus, vgl. die Isophoten c und d der Abb. 176, die für Stahl und Aluminium ermittelt wurden. Die höhere Wärmeleitfähigkeit von Al, vgl. Tab. 25, führt dazu, daß sich die Isothermen des Al mehr der Kreisform nähern. Gleichzeitig nähert sich Kurve $n—n$ mehr einer Geraden. Ähnliche Kurven ergeben sich für Kupfer.

246. Einfluß der Blechstärke und der Blechgröße. Die Isothermen von Blechen geringer bzw. praktisch unendlicher Dicke (5 bzw. >102 mm) der Abb. 172 ergeben für das dünne Blech eine größere durch die Wärme beeinflußte Zone als für das dicke Blech. Entsprechend ist der Temperaturgradient des dünnen Bleches weniger steil als der des dicken Bleches. Weiter ist das Nachhinken der Kurven $n—n$ bei dem geringeren Querschnitt, der dem Wärmefluß größeren Widerstand entgegensetzt, größer. (In ähnlicher Weise besitzen nach HESS und Mitarbeitern [1, 2] Elektroden großen Durchmessers eine geringere Abkühlgeschwindigkeit als die Elektroden kleinen Durchmessers.) Der bei der Lichtbogenschweißung entstehende „*lokale Wärmestau*" fließt um so rascher in das Grundmetall ab, je größer dessen Querschnitt ist und je niedriger die Temperatur der zu verschweißenden Werkstücke ist. Nach APPS und MILNER [1] ist bei einem Blech, das minimal 20mal so breit wie die Schweißnaht (erstarrtes Schweißgut) ist, die Temperaturverteilung praktisch die gleiche wie für ein unendlich ausgedehntes Blech.

247. Einfluß der Erhitzungs- und Abkühlungsgeschwindigkeiten. Die maximalen Erhitzungs- und Abkühlungsgeschwindigkeiten zwischen Lichtbogen und Werkstück liegen in unmittelbarer Nähe des Bogens. Sie sind durch Zusammendrängen der Isothermenscharen z. B. in Abb. 172 angedeutet. Die Temperatur des erhitzten Bleches nähert sich dann asymptotisch der Raumtemperatur. Der Temperaturanstieg ist vor der Wärmequelle (in Bewegungsrichtung) steiler als der Temperaturabfall hinter der Quelle. Aus den Isothermen ergibt sich weiter, daß die Erhitzungsgeschwindigkeit des Metalls auf eine gegebene Temperatur größer ist als seine Abkühlgeschwindigkeit. Der größte Unterschied von Erhitzungs- und Abkühlungsgeschwindigkeiten liegt in der Naht vor. Er vermindert sich für die weiter entfernt liegenden Teile des Bleches.

Bei der Abkühlgeschwindigkeit spielt also nicht nur der Betrag der zugeführten Wärmeenergie, sondern auch die Geschwindigkeit der Einführung eine Rolle. Erwähnt seien z. B. die Untersuchungen von PASCHKIS [1], die den erheblichen Einfluß der Abkühlgeschwindigkeit auf die Eigenschaften des Schweißgutes, das in Form von flachen Blechen, Zylindern und Kugeln vorlag, zeigen.

248. Einfluß der Schweißgeschwindigkeit. Abb. 177 zeigt nach HA-
VALDA [1] den Einfluß der Schweißgeschwindigkeit v auf die maximale
Temperatur in einer Ebene, die parallel zur Achse der Schweißnaht in
8 mm Abstand verläuft. Mit erhöhter Wanderungsgeschwindigkeit des
Schweißbogens nimmt die Temperatur ab. Der Grund dürfte darin
liegen, daß bei erhöhter Geschwindigkeit weniger Wärmeenergie an das

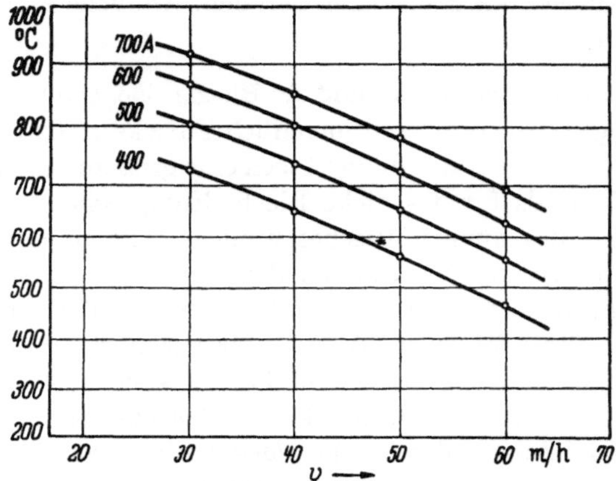

Abb. 177. Einfluß der Schweißgeschwindigkeit v auf die maximale Temperatur des Bleches

Grundmaterial abgegeben wird, so daß eine geringere Aufschmelzung
der Nahtkanten und eine schmalere Schweißraupe entsteht.

Bei erhöhter Schweißgeschwindigkeit, die identisch mit erhöhter Geschwindigkeit der Isothermen ist, werden die Isothermenscharen a und b
der Abb. 176 verengert, und Kurve $n-n$ ergibt stärkeres Nachhinken.

NEHL und ROSE [1] untersuchten den Temperaturverlauf in der
Schweiße und den Nachbarzonen und seinen Einfluß auf die Umwandlungen. Dies führte zu den sog. Zeit-Temperatur-Umwandlungs-
oder „ZTU-Schaubildern", die einen schnellen Überblick über die Betriebsbedingungen gestatten, so daß Maßnahmen zu ihrer Kontrolle
getroffen werden können.

249. Einfluß der Stromart und der Vorerhitzung. Ein Einfluß der
Verwendung von Gleich- und Wechselstrom auf die Abkühlungsgeschwindigkeit konnte nicht festgestellt werden, solange gute Schweißresultate mit beiden Stromarten erhalten wurden.

Durch *Vorwärmung* oder eine nachträgliche *Wärmebehandlung* ist
es nach MANTEL [1] möglich, die Güte von Schweißverbindungen wesentlich zu verbessern. Eine ausführliche Literaturzusammenstellung zur
Vorwärmung beim Schweißen wird z. B. von EHRENBERG [1] gegeben.
Vorerhitzung kann etwa durch Induktionsspulen, elektrische Band-
heizer oder Öfen erfolgen. Durch Vorerhitzung des Werkstückes wird
die Differenz zwischen der Anfangstemperatur und einer z. B. für

metallurgische Gesichtspunkte erwünschten Temperatur verringert. Vorerhitzung bewirkt oft eine erhöhte Temperatur des Schmelzbades, somit bessere Entgasung der Bader und verminderte Porosität des Schweißgutes, vgl. z. B. die Zusammenstellung der für die Vorerhitzung der Eisenlegierungen zweckmäßigen Temperaturen durch TESMEN [1]. Vorerhitzung der Bleche vor dem Schweißen verringert weiter die Temperaturunterschiede zwischen der Naht und dem Rest des zu schweißenden Bleches und vermindert den Wärmefluß aus der Schweißzone, so daß mit erhöhter Schweißgeschwindigkeit gearbeitet werden kann.

Nach PHILBROOK und BEVER [1] empfiehlt sich Vorerhitzung des Werkstückes bei 0,30 bis 0,50% C-Gehalt, wobei Temperaturen zwischen 150 und 260° C empfohlen werden. Fur legierte Stahle und unlegierte Stahle großer Dicke werden Temperaturen von mehr als 250° C angewendet. Nach Möglichkeit wird nicht nur die Schweißkante selbst, sondern eine möglichst breite Zone zu beiden Seiten von ihr erhitzt. Oft hat das Aufbringen von mehreren Schweißlagen die gleiche Wirkung wie eine Vorerhitzung.

Durch Vorerhitzung wird weder die Form noch die Größe der Isothermen geändert, jedoch entspricht jetzt die gleiche Isotherme einer hoheren Temperatur. Die Schmelzzone, d. h. die in der Isotherme des Schmelzpunktes eingeschlossene Zone, wird als Resultat erweitert.

Abb. 178 zeigt nach WOODING [1] Abkuhlungskurven, die fur einen Stahl hoher Zugfestigkeit durch Vorerhitzung auf Temperaturen von

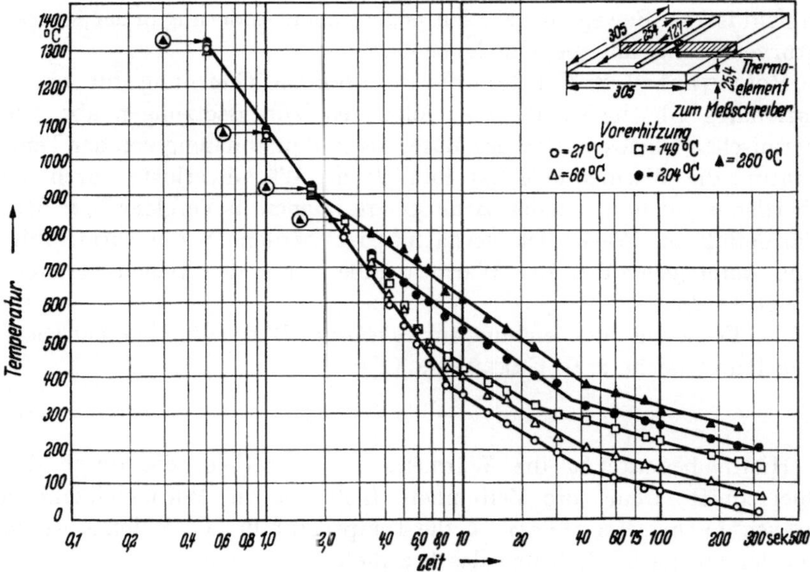

Abb 178 Abkuhlungskurven fur verschiedene Vorerhitzungstemperaturen nach Schweißungen von einer Lage, Blech hoher Zugfestigkeit, Elektrode 4,8 mm Dmr , Bogenspannung 24 V, Stromstarke 180 A, umgekehrte Polaritat, Geschwindigkeit 150 mm/min

21 bis 260° C erhalten werden. Die Kurven bestehen aus 3 Teilen, die sich metallurgisch erklären lassen. Beste Resultate wurden hier bei einer Vorerhitzung von >260° C erhalten.

Auf die Versuche und Überlegungen von JACKSON und SHRUBSALL [2] zur Vorausbestimmung der günstigsten Vor- und Nacherhitzung bei UP-Auftragschweißungen wurde bereits in Ziff. 233 hingewiesen. Über neue Untersuchungen des Einflusses der Vorwarmung beim Schweißen von Blechen verschiedener Stärke berichtet MROSKO [1], der eine Tabelle der optimalen Werte zusammenstellt.

2. Theorien der Wärmeausbreitung

Man unterscheidet hier zweckmäßigerweise a) die Ableitung vermittels der FOURIERschen Gleichungen; b) die Aufstellung einer elektrischen Analogiemethode und c) die Ableitung der in den letzten Jahren entwickelten Superpositionsmethode.

250. Fouriersche Gleichungen. Die Abführung der Warme vom Erzeugungsort beruht in erster Linie auf Warmeleitung; hinzu treten Konvektion und Strahlung. Die Warmeleitung kann stationär oder nichtstationar verlaufen. Bei stationärer Warmeleitung sind Warmefluß und Temperaturen innerhalb des Werkstückes zeitlich konstant, während sie bei nichtstationärer Wärmeleitung Funktionen der Zeit sind. Bei der Anwendung der Theorie der Warmeausbreitung auf den Schweißvorgang wird angennommen, daß sich ein *Beobachter in der Wärmequelle* befindet. Der Beobachter wird, wenn der quasistationäre Zustand erreicht ist, bei Bewegung des Lichtbogens keine Änderung in der Temperaturverteilung um die Quelle beobachten.

ROSENTHAL [1, 2, 3] leitete die FOURIERsche Gleichung fur quasistationäres Gleichgewicht unter folgenden Voraussetzungen ab· Die thermischen Eigenschaften des Materials sind unabhangig von der Temperatur; die Warmequelle hat Punktform; Wärmeverluste durch die Oberfläche zur umgebenden Atmosphäre können in Vergleich mit dem Wärmefluß im Werkstück vernachlässigt werden; Stromwärmeerhitzung kann gegenüber der Warmeabgabe durch den Bogen vernachlässigt werden.

Die FOURIERsche Gleichung für *konstanten Wärmefluß* in einer Richtung lautet (siehe z. B. GREENBERG [1]):

$$q = - k A \frac{dT}{dx}. \tag{56}$$

Hierin bedeutet q die Wärmemenge in cal/sec, die durch den Querschnitt A cm² pro Zeiteinheit fließt; k die Wärmeleitzahl in cal · sec⁻¹ · cm⁻² · °C⁻¹ · cm; T die Temperatur in °C; x den Abstand von der Quelle in Richtung des Wärmeflusses in cm.

Die Wärmeleitzahl k in Gl. (56) hangt von der Temperatur ab. Sie nimmt für hochlegierten Stahl mit der Temperatur zu, für unlegierten oder niedriglegierten Stahl mit der Temperatur ab, vgl. Tab. 26. Auch die *thermische Vorgeschichte* einer Legierung beeinflußt ihre Wärmeleitfähigkeit, selbst wenn ihre chemische Zusammensetzung unverandert bleibt.

Fur die am haufigsten vorliegenden Formen ergeben sich fur den Wärmefluß pro Zeiteinheit die folgenden Beziehungen·

Für ein rechteckiges Parallelepiped, in dem senkrecht zum Querschnitt A ein Temperaturunterschied ΔT herrscht und dessen Seitenflachen adiabatisch isoliert sind ($x =$ Koordinate senkrecht zum Querschnitt A):

$$q = k A \frac{\Delta T}{\Delta x} \, . \tag{57}$$

Fur einen Zylinder (radialer Warmefluß)

$$q = 2{,}73 \, \frac{k \, L \, \Delta T}{\log_{10}(b/a)} \, . \tag{58}$$

Hierin bedeutet L die Lange des Zylinders in cm; b und a den außeren und den inneren Zylinderdurchmesser in cm.

Die Fourierschen Gleichungen fur konstanten Warmefluß geben vielfach gute Übereinstimmung zwischen Versuch und Rechnung, besonders, seitdem zusatzliche Daten uber den Temperaturgang der thermophysikalischen Werte verfugbar werden.

Fur *nichtstationären Wärmefluß* liegen die Dinge komplizierter als fur konstanten Warmefluß. Die allgemeine Differentialgleichung für dreidimensionalen Wärmefluß lautet wie folgt (siehe z. B. Rosenthal [1, 2, 3] oder Greenberg [1]).

$$\frac{\partial T}{\partial t} = \frac{k}{C \varrho} \left(\frac{\partial^2 T}{\partial x^2} + \frac{\partial^2 T}{\partial y^2} + \frac{\partial^2 T}{\partial z^2} \right). \tag{59}$$

Hierin bedeutet t die Zeit in sec; C die spezifische Warme in cal/g; ϱ die Dichte in g/cm³; x, y und z sind rechtwinklige Koordinaten.

Der Ausdruck $k/C\varrho$ der Beziehung (59) stellt die *Temperaturleitzahl* dar. Die *spezifische Wärme* nimmt fur das Eisen-Kohlenstoff-System im allgemeinen mit der Temperatur zu; eine Ausnahme bildet das Temperaturintervall zwischen der magnetischen und der γ-Eisentransformation, vgl. Abb. 144. Die *Dichte* nimmt mit der Temperatur ab. Hohe Warmeleitfahigkeit, geringe spezifische Warme und geringe Dichte ergeben somit einen schnellen Wärmeabfluß.

Mit Hilfe der obigen Gleichungen kann man z. B. bei bekannten thermischen Eigenschaften berechnen, wieviel Zeit nach Unterbrechung oder Fortbewegung des Bogens benötigt wird, um einen gegebenen Punkt im Werkstück auf eine bestimmte Temperatur zu bringen. Die Untersuchungen ergeben vielfach gute Übereinstimmung zwischen der berechneten und der tatsachlich gemessenen Temperaturverteilung in den Werkstücken.

251. Analogiemethode. Ein Zeit-Temperatur-Kontrollinstrument, das auf einer elektrischen Analogiemethode beruht, wurde von NIPPES und Mitarbeitern [1, 2, 4] im Rensselaer Polytechnic Institute (,,RPI''), Troy, N. Y., entwickelt. Das Instrument gestattet z. B. die Wiedergabe des Erhitzungs- und Abkühlungsverlaufes in Zonen des Werkstückes,

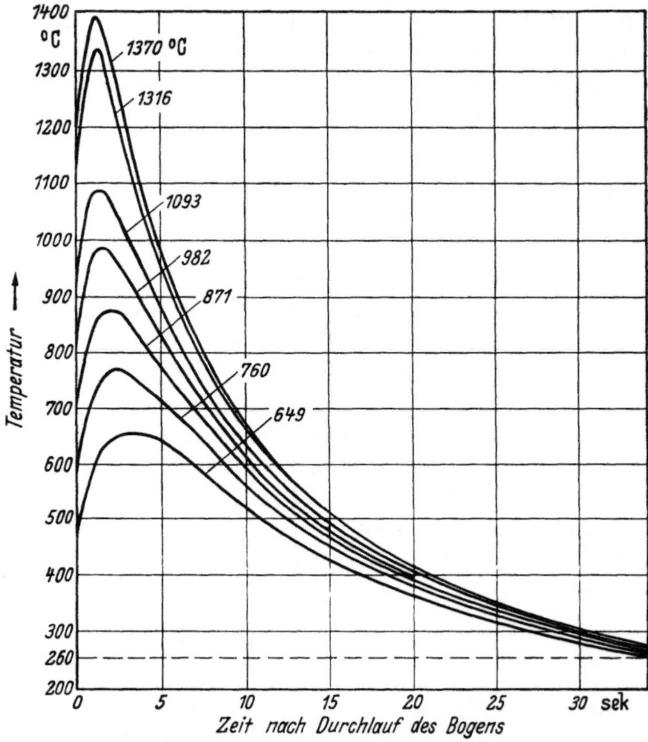

Abb 179. Temperatur-Zeit-Kurven in unmittelbarer Nachbarschaft zum Lichtbogen bei 37 mm rostbestandigem Stahl; keine Vorerhitzung, bestimmt mittels der Analogiemethode

die an die Schweißnaht angrenzen. Die Apparatur beruht auf Differentialgleichungen, die die Temperaturverteilung in der Nähe von Lichtbogenschweißungen als Funktion der Zeit, des Abstandes von der Mitte der Schweißnaht, der Schweißparameter, der Wärmezufuhr und der Vorerhitzungstemperatur ausdrücken. Diese Gleichungen haben die allgemeine Form

$$T - T_0 = \frac{F(s, d)}{1\,000} \times \text{Energiezufuhr} \times \text{Vorerhitzungsfaktor.} \qquad (60)$$

Hierin bedeutet T die Anfangstemperatur des Werkstückes; T_0 die Temperatur eines Punktes im Abstand d von der Mittellinie der Schweißung zur Zeit s; $F(s, d)$ die Funktion des Abstandes d und der

Zeit s, nachdem der Lichtbogen vorbeigegangen ist; die Zufuhr der Schweißenergie wird in Joule/cm ausgedrückt; der Vorerhitzungsfaktor bezieht sich auf den Einfluß der Vorerhitzungstemperatur, beträgt 1 bei 22° C und ist kleiner als 1 für Blechtemperaturen, die über Zimmertemperatur liegen.

Zur graphischen Lösung der Beziehung (60) werden $F(s, d)$-Werte für konstante Zeit in Abhängigkeit von d dargestellt. Die Versuchswerte zeigen für verschiedene Schweißparameter erhebliche Streuung. Durch Angleichung der berechneten und der Versuchswerte können z. B. für eine gegebene Maximaltemperatur die tatsächlichen Erhitzungs- und Abkühlungsvorgänge in der Schweißraupe und in den benachbarten Zonen zahlenmäßig in gute Übereinstimmung mit den Werten gebracht werden, die aus Messungen mit Thermoelementen gewonnen sind.

Auf Grund der Lösung kann dann eine Kurvenscheibe zur Führung des „RPI-Zeit-Temperatur-Kontrollgerätes" hergestellt werden. Abb. 179 zeigt als Beispiel eine synthetische Kurvenschar für einen hochlegierten Stahl nach NIPPES und Mitarbeitern [3].

Einige weitere Anwendungen der Vorausbestimmung der Parameter mit Hilfe dieses Gerätes sind z. B.: Bestimmung der mittleren Breite der Schweißraupe in Verbindungsschweißungen nach WELLS [1]; Einfluß der thermischen Vorgeschichte von Einzelpunkten beim Schweißen von Aluminiumlegierungen, die zu Änderungen in der Harte usw. nach SMITH, FUNK und UDIN [1] führt; Vorausbestimmung der Form des Schweißkraters nach Ziff. 218; Untersuchung des Wärmeflusses für Al, Cu, Ni, Armco-Eisen und Pb durch APPS und MILNER [1] und Vorausbestimmung der Mikrostruktur der Schweißnaht und der Nachbarzonen nach NIPPES und NELSON [5]. Weiter sei auf die Arbeit von GROSH und TRABANT [1] verwiesen, die unter Zugrundelegung von bewegten ebenen, linienförmigen und punktförmigen Energiequellen quasistationäre Bedingungen für rostbeständige Stähle untersuchten.

252. Superpositionsmethode. Diese Methode, die zur Vorausbestimmung des Erhitzungs- und Abkühlungsverhaltens von Punkten in dem geschweißten Blech dient, geht auf die Ausführungen von W. THOMSON (LORD KELVIN) zurück. Es wird angenommen, daß Warme durch eine Elementarquelle zugeführt wird, der sich dann für praktische Aufgaben zeitlich und raumlich verteilte Quellen überlagern. Auf diese Weise werden die verwickelten Gleichungen der FOURIER-Analyse vermieden. Eine ausführliche Darstellung dieser Theorie findet sich bei RYKALIN [1, 2, 3], dessen Definition hier auszugsweise wiedergegeben sei.

„Durch das Unabhängigkeitsprinzip der Quellenwirkung ist es möglich, Gleichungen der von einer ununterbrochen wirkenden, konzentrierten, beweglichen Quelle — nämlich einem Lichtbogen — eingeleiteten Warmeausbreitungsvorgänge durch Superposition der Elementarlösungen zu konstruieren und die wichtigsten Etappen dieses Prozesses — die Warmesättigung zu Beginn der Lichtbogenwirkung, den sich einstellenden quasistationären Zustand sowie den Temperaturausgleich nach Beendigung des Schweißens — zu untersuchen. Der Verteilungscharakter der Lichtbogenwärme über die Oberfläche bzw. im Raum des Werkstoffes wird durch die Superposition der Quellen im Raum berücksichtigt. Die Konstruktion der Lösungen wird durch Anwendung des Gegenseitigkeitsprinzips der Quellenwirkung vereinfacht.

Das Prinzip der örtlichen Wirkung der Wärmequellen stellt fest, daß der Warmeausbreitungsvorgang in der Nähe des Lichtbogens vorwiegend von den Eigenarten bei der Verteilung der Lichtbogenwärme über das Werkstück und in einer gewissen Entfernung vom Lichtbogen von der Gestalt des Werkstückes abhängt. Bei durch Ebenen begrenzten Körpern einfacherer Form wird der Einfluß der Gestalt und der Abmessungen des Werkstückes auf die Warmeausbreitung durch die Reflexionsmethode berücksichtigt. Die Warmeabgabe an der Oberfläche dünner Werkstücke wird durch elementare Korrekturbeiwerte und die der Werkstücke von beträchtlicher Dicke nach dem Erweiterungsverfahren berücksichtigt. Die stärkste Einschrankung der auf dem Quellenverfahren beruhenden Theorie der Wärmeausbreitung besteht darin, daß es unmöglich ist, die Abhängigkeit der thermophysikalischen Eigenschaften der Werkstoffe von den im Bereich der Erwärmung durch den Schweißvorgang sehr erheblichen Temperaturen zu berücksichtigen.''

Die Vorgange der Warmeausbreitung im Temperaturbereich bis zu etwa 1000° C werden nach Vergleich der theoretisch ermittelten und der mit Hilfe von Thermoelementen erhaltenen Werte sehr gut durch diese Theorie dargestellt. Auch hier können Voraussagen von Strukturanderungen und anderen metallurgisch und physikalisch interessanten Erscheinungen entsprechend Ziff. 250 und 251 unternommen werden.

III. Ausgewählte Kapitel
aus der Technik des Lichtbogenschweißens

253. Allgemeines. In diesem Abschnitt werden einige zusätzliche Aufgaben, die sich bei der technischen Durchführung der Lichtbogenschweißung ergeben, besprochen. Einleitend wird auf die verschiedenen Methoden der Lichtbogenschweißung, die sich von Handarbeit bis zur völligen Automatisierung des Schweißvorganges erstrecken, hingewiesen. Es folgt eine Übersicht über Faktoren, die die für den praktischen Betrieb so wichtige Abschmelzleistung bei den verschiedenen Verfahren der Lichtbogenschweißung beeinflussen. Weiter wird an ausgewählten Beispielen für die Methoden der Lichtbogenschweißung — nackte Elektroden in Luft, in Schutzgas und unter Pulver, Mantel- und Seelenelektroden — die Anwendung der in den vorhergehenden Abschnitten besprochenen physikalischen Grundlagen der Lichtbogenschweißung gezeigt. Um Wiederholungen und einen zu großen Umfang des Buches zu vermeiden, wird jeweils jedem Unterabschnitt eine Übersicht über die wichtigsten Abschnittsziffern, in denen die Grundlagen behandelt werden, in tabellarischer Form vorangestellt.

A. Einleitung

254. Schweißmethoden. Beim Lichtbogenschweißen sind im Betrieb die Parameter Stromstärke, Spannung und Schweißgeschwindigkeit ausschlaggebend. Bei der Handschweißung kontrolliert der Schweißer die Spannung und die Vorschubgeschwindigkeit des Bogens, nicht aber die Stromstärke. Bei der halbautomatischen Schweißung wird nur die Schweißgeschwindigkeit durch den Schweißer kontrolliert. Bei der vollautomatischen Schweißung werden alle drei Parameter an der Maschine eingestellt, so daß der Schweißer nur die Überwachung der Maschine (vielfach gleichzeitige Überwachung von mehreren Maschinen) zu besorgen hat. Die Aufgaben der Schweißmethoden lassen sich wie folgt kennzeichnen:

a) Handschweißung. Sie erfolgt unter Verwendung permanenter oder abschmelzender, stabformiger Elektroden oder Zusatzdrähte in allen Zwangslagen. Sie wird für kurze Schweißungen, Reparatur- und Montageschweißungen, die sich nicht oder nur gelegentlich wiederholen, sowie für Schweißaufgaben, bei denen eine genaue Ausrichtung der Werkstücke nicht wesentlich ist, verwendet, vgl. z. B. HESSE [1]

Abb 18ᵇ Schweißkopf für halbautomatische Schweißung, Fabrikat ELLIRA

A Schweißkopf, *B* Kontrollmechanismus

b) Halbautomatische Schweißung. Hierbei wird ein Schweißkopf z. B. nach Abb. 180 angewendet, der auch häufig als „Russel" bezeichnet wird. Die Elektrode wird zur Beschleunigung des Arbeitsganges von einer Ringspule dem Schweißgerät kontinuierlich zugeführt. Gleichzeitig werden Schutzgas oder Schweißpulver eingeführt. Der halbautomatische Schweißkopf stellt einen Übergang von der Anpassungsfähigkeit des Schweißens von Hand zu der hohen Abschmelzgeschwindigkeit des Vollautomaten (s. u.) dar. Die halbautomatische Schweißung ermöglicht gegenüber der Handschweißung die Verwendung von höheren Stromstärken und erhöhten Schmelzgeschwindigkeiten; sie ergibt besseres Aussehen und höhere Festigkeitswerte der Schweißnaht als die Handschweißung. Bei Aufgaben, die sich genügend oft wiederholen, können optimale Arbeitsverfahren und Schweißpläne ausgearbeitet werden. Die halbautomatische Methode wird in allen Fällen eingesetzt, bei denen komplizierte, sich oft wiederholende Schweißaufgaben die

Abb 181. Vollautomatische, fahrbare Schweißapparatur, Fabrikat Siemens-Schuckert
A Schweißkopf, *B* Fuhrung des Elektrodendrahtes, *C* Halter fur Spule aus Elektrodendraht; *D* Einfulltrichter fur Schweißpulver

Verwendung von Vollautomaten zu schwierig machen, desgleichen bei Werkstücken, deren Zusammenpassung nicht genügend genau für Vollautomaten erfolgen kann.

c) Vollautomatische Schweißung. In Abb. 181 wird ein Beispiel für einen der hierbei verwendeten Schweißköpfe (eingerichtet für Unterpulverschweißung, fahrbar) wiedergegeben. Die Schweißköpfe für vollautomatische Schweißung werden stationär oder fahrbar gebaut, je nachdem, ob mit beweglichem oder stationärem Werkstück gearbeitet wird. Die Schweißzusatzwerkstoffe haben die Form von Ringen oder Spulen großer Länge, vgl. DIN 8555 (Beuth-Verlag [4]), Vollautomatenbetrieb wird in allen Fällen vorgezogen, in denen er praktisch und wirtschaftlich ist, besonders beim Vorliegen von vielen, sich wiederholenden Schweißungen. Bei vollständiger Automation erfolgt automatische Zündung des Lichtbogens und Aufrechterhaltung derjenigen Stromstärke, Spannung und Länge des Bogens, die jeweils zur Verschweißung von dünnen bis zu sehr starken Blechen am günstigsten ist. Die Vorschubgeschwindigkeit der Elektrode ist praktisch gleich ihrer Abschmelzgeschwindigkeit. Falls erwünscht, können hohe Stromstärken und/oder hohe Schweißgeschwindigkeiten verwendet werden. Unter diesen Umständen werden sehr erhebliche Abschmelzleistungen erzielt. Stromdichten von z. B. 250 A/mm² sind erreichbar, während bei modernen Handschweißungen nur selten 25 A/mm² überschritten werden.

255. Abschmelzleistung. Das Gewicht des Metalls, das während der Lichtbogenschweißung mit Abschmelzelektrode oder mit permanenter Elektrode und Zusatzdraht erschmolzen und als Schweißgut niedergelegt wird, stellt einen der grundlegenden Werte dar, der die *Wirtschaftlichkeit* eines Schweißverfahrens bestimmt. Für eine gegebene Elektrode und bestimmte Polarität kann nach TER BERG und LARIGALDIE [*1*] das Gewicht des während des Schweißens niedergelegten Metalls durch die folgende Beziehung im üblichen Schweißbereich ausgedrückt werden:

$$P = (a\,I + b)\,t. \tag{61}$$

Hierin bedeutet P das Gewicht des niedergelegten Metalls in mg; I die Stromstärke in Ampere; t die Dauer des Schweißvorganges in sec; a und b sind Konstanten, und zwar kann b meist gegenüber a vernachlässigt werden. Somit ergibt sich

$$a = \frac{P}{I\,t} = \text{const.} \tag{62}$$

a wird als die „*spezifische Abschmelzleistung*" bezeichnet.

Weiter wird als „*Abschmelzleistung*" S das Gewicht des pro sec niedergelegten Metalls definiert. Es gilt dann

$$S = \frac{P}{t} = a\,I. \tag{63}$$

S ist somit abhängig von der Stromstärke. (Die Abschmelzleistung wird häufig auch in kg/h oder kg/min unter Angabe der Stromstärke ausgedrückt.) Für technische Zwecke wird meist die *maximale Abschmelzleistung* angegeben:

$$S_{\max} = a\,I_{\max}. \tag{64}$$

Hierin bedeutet $I_{\max}$ die höchste Stromstärke für die gegebene Aufgabe.

Eine Elektrode, die einen niedrigen a-Wert besitzt, kann eine hohe Abschmelzleistung ergeben, wenn $I_{\max}$ genügend hohe Werte erreicht. Hier sei betont, daß es bei Untersuchungen der Abschmelzleistung wesentlich ist, stets unter gleichen Versuchsbedingungen zu arbeiten, um *reproduzierbare Werte* zu erhalten.

Die Abschmelzleistung steht in engem Zusammenhang mit dem oben eingehend besprochenen Werkstoffübergang durch den Lichtbogen, vgl. Ziff. 162ff. Die Abschmelzleistungen, die bei der Lichtbogenschweißung erreicht werden können, werden durch eine Reihe von Faktoren beeinflußt. Nach Untersuchungen von MARTIN, RIEPPEL und VOLDRICH [1], HUMMITZSCH und MERSMANN [1] und MANTEL [2] sind insbesondere die folgenden Punkte ausschlaggebend: Die Stromdichte, die Kenngrößen des Stromkreises, die Zusammensetzung und das Leitvermögen des Bogenraumes, die Zusammensetzung und die physikalischen und metallurgischen Eigenschaften der Elektrode und des Werkstückes. Weiter spielen Form der Naht, Zwangslage, Schweißgeschwindigkeit, Durchmesser und Neigung der Elektrode und Änderung der Bogenlänge beim Abschmelzen der Elektrode wichtige Rollen.

Ein erhöhter *Wasserdampfgehalt* der Bogenatmosphäre oder eine erhöhte *Feuchtigkeit der Schlackenbildner* ergeben bei allen Schweißmethoden erhöhte Abschmelzgeschwindigkeit (und leicht Porosität der Naht). BENNER und JONES [1] untersuchten kürzlich die Verschweißung von Nacktelektroden aus Stahl, Kupfer usw. bei 0,15 bis 16% Wasserdampfgehalt des Bogenraumes. Es ergab sich durchweg erhöhte Abschmelzleistung mit wachsendem Feuchtigkeitsgehalt, vgl. die Diskussion in Ziff. 83.

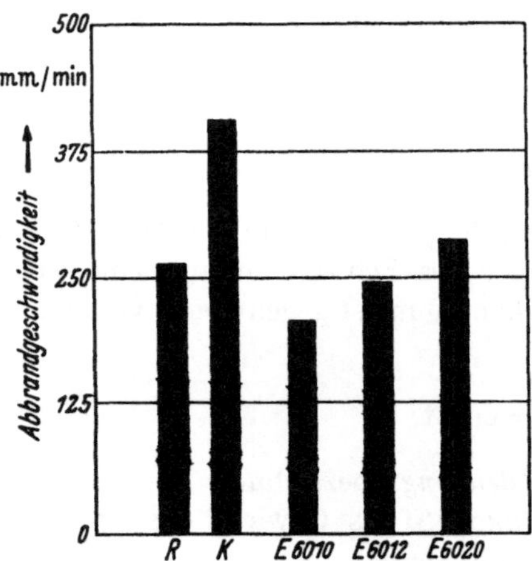

Abb. 182. Maximale Abbrandgeschwindigkeit von nackten und umhüllten Elektroden von 4,8 mm Dmr.: *R* und *K* nackte Elektroden; *E* 6010, 6012, 6020 Mantelelektroden mit hohem Zellulose- bzw. hohem TiO₂- bzw. hohem Eisenoxydgehalt

a) Nackte Elektroden in Luft. Die Abschmelzgeschwindigkeit ist, wie oben erwähnt, der Stromstärke proportional. Sie hängt weiter von der *Polung* der Elektrode bei Gleichstrombetrieb ab, und zwar beträgt die Abschmelzleistung bei gerader Polarität das 1- bis 3fache der umgekehrten Polarität. Abb. 182 zeigt nach MARTIN, RIEPPEL und VOLDRICH [1] die Abbrandgeschwindigkeit von einigen USA-Elektroden gleicher Durchmessers, die unter ähnlichen Bedingungen untersucht wurden. Hierbei ergaben sich vielfach höhere Werte für die nackten als für die umhüllten Elektroden, bei denen ein Teil der Energiezufuhr zum Schmelzen usw. der Umhüllung dient. Auch ergaben sich Unterschiede der Abschmelzgeschwindigkeit innerhalb beider Gruppen.

Die Abschmelzgeschwindigkeit von nackten Elektroden kann durch *Oberflächenbehandlung*, entsprechend Ziff. 49 u. Ziff. 200, wesentlich erhöht werden. Der Einfluß einer derartigen Behandlung ist besonders stark bei unberuhigten und geringer bei beruhigten Stählen.

Die *thermischen Eigenschaften* des Werkstoffes, z. B. seine Schmelztemperatur, Wärmeleitfähigkeit und andere wärmephysikalische
Eigenschaften, weiter die *Form der Elektrode* nach Ziff. 173 besitzen
erheblichen Einfluß auf die Abschmelzleistung. Schließlich ist die *Stromwärmeerhitzung* des freien Elektrodenendes wesentlich, vgl. die Darstellung in Ziff. 62ff.

b) *Schutzgasatmosphäre.* Wenn bei der Lichtbogenschweißung in
Schutzgasatmosphäre die Elektrode am Pluspol liegt (umgekehrte Pola-

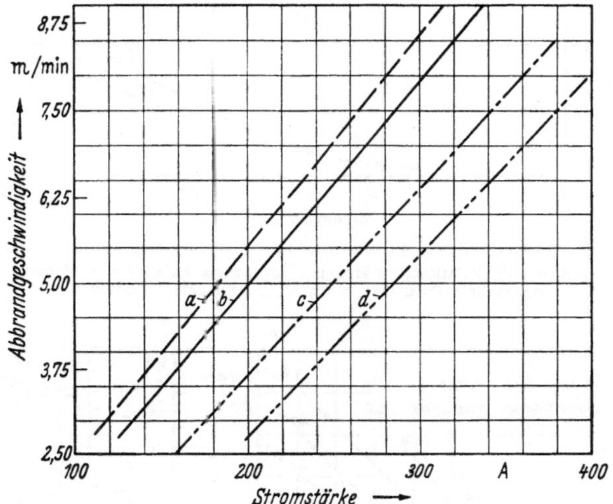

Abb. 183. Abbrandgeschwindigkeit von 1,6 mm Dmr. Stahlelektroden in verschiedenen Gasmischungen
bei Gleichstrom von umgekehrter und gerader Polarität; halbautomatischer Betrieb:

a Helium + 5% Sauerstoff, gerade Polarität;   *b* Argon + 5% Sauerstoff, gerade Polarität;
c 100% Helium oder 80% Helium + 20% Argon, umgekehrte Polarität;   *d* Argon + 1% Sauerstoff,
umgekehrte Polarität

rität), ergibt sich in der Regel guter Einbrand und eine ausgezeichnete
Schweißnaht. Wenn die Elektrode am Minuspol (gerade Polarität) liegt,
ergeben sich geringere Einbrandtiefe und rauhere Oberfläche der
Schweißraupe. Hingegen ist die Abschmelzleistung bei gerader Polarität
wesentlich höher als bei umgekehrter Polarität, vgl. z. B. die Untersuchungen von Stahl- und Aluminiumelektroden bei halbautomati-
schem Betrieb durch CUNNINGHAM und COOK [1], deren Resultate in den
Abb. 183 u. 184 wiedergegeben sind. Hierbei wurden Elektroden von
1,6 mm Dmr. in verschiedenen Gasmischungen, die zum Teil Sauerstoff enthielten, verschweißt. Polung der Elektrode am Minuspol
ergibt auch hier erhöhte Abschmelzleistung.

In der Technik werden Schweißungen mit gerader Polarität z. B. für
die Auftragschweißung von legierten Elektroden, für das Auftragen auf
härtende Stähle und für Schweißung von Kehlnähten verwendet. Umgekehrte Polarität oder Wechselstromschweißung werden, wie wieder-

holt erwähnt, für Aluminium und andere Metalle, die hochschmelzende Oxyde bilden, zum Aufbrechen der Oxydschichten vorgezogen. Abb. 185 gibt nach WOLFF [2] die Abschmelzleistung in Argon mit 3 % Sauer-

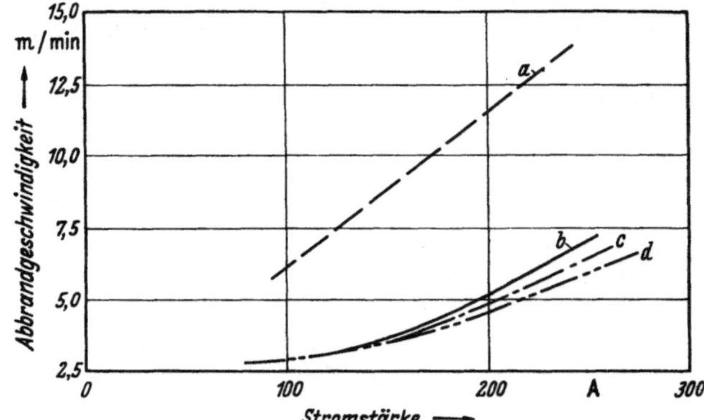

Abb. 184. Abbrandgeschwindigkeit von 1,6 mm Dmr. für Aluminium 43-S, halbautomatischer Betrieb: a Helium oder Argon, gerade Polarität; b Helium, umgekehrte Polarität; c Helium + 20% Argon umgekehrte Polaritat; d Argon, umgekehrte Polarität

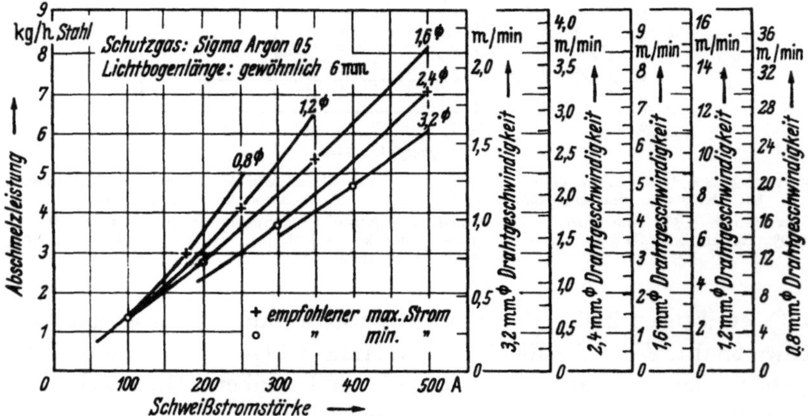

Abb. 185. Drahtabschmelzschaubild für unlegierte Stahle

stoffgehalt und umgekehrter Polarität für unlegierte Stähle für verschiedene Elektrodendurchmesser und -geschwindigkeiten wieder. Mindest- und Höchststromstärken sind jeweils eingezeichnet.

Als *Grund* für die Beobachtungen bei verschiedener Polung der Elektrode dürfte vor allem die verhältnismäßig *geringe Temperatur der Elektrode* bei gerader Polarität anzusehen sein, die, im Gegensatz zu umgekehrter Polarität, zu hoher Viskosität und Oberflächenspannung der Schmelzbäder führt. Der übergehende Werkstoff wird in Form großer Tropfen und grober Stücke zum Schmelzbad am Werkstück übergehen, das bei der Auftragschweißung eine verhältnismäßig niedrige Temperatur besitzt.

Grenzwerte für die Abschmelzleistung in Argon mit Sauerstoffgehalt werden in Tab. 42 nach WOLFF [2] gebracht, der Zahlenwerte für niedrig gekohlten Stahl, rostbeständigen Stahl, Aluminium und Kupfer bringt. Für die gleichen Drahtdurchmesser treten sehr erhebliche Steigerungen der Abschmelzleistung mit zunehmender Stromdichte auf.

Tabelle 42. *Grenzwerte der Abschmelzleistung in Abhangigkeit vom Drahtdurchmesser fur verschiedene Werkstoffe in Argon mit 3% Sauerstoffgehalt*

Draht-durch-messer	Werkstoff							
	C-Stahl niedrig gekohlt		Rostbestandiger Stahl		Al		Cu [1]	
	Strom-dichte	Abschmelz-leistung	Strom-dichte	Abschmelz-leistung	Strom-dichte	Abschmelz-leistung	Strom-dichte	Abschmelz-leistung
mm	A/mm^2	kg/h	A/mm^2	kg/h	A/mm^2	kg/h	A/mm^2	kg/h
1,6	100	2,8	70	2,3	65	1,0	—	—
	175	5,2	200	7,2	148	2,2	155	5,3
2,4	71	3,9	—	—	40	1,4	89	7,2
	111	6,8	—	—	84	3,0	115	8,7
3,2	50	4,8	—	—	32	2,2	—	—
	89	7,0	—	—	50	3,5	—	—

[1] Die fur Cu angegebenen Werte konnen nicht als Grenzwerte angesehen werden

Ein *langer Bogen* ergibt nach neuen Untersuchungen von ORTON und NEEDHAM [1] eine geringere Abschmelzleistung als ein kurzer Bogen gleicher Stromstärke. Dies gilt sowohl bei Gleichstrom- als auch bei Wechselstromschweißung. Als Begründung wären beim langen Lichtbogen insbesondere erhöhte Strahlungsverluste, erhöhte Reaktionsdauer, Verluste von Ladungsträgern, Spritzerbildung und verringerte freie Länge der Elektrode anzuführen. Angemerkt sei, daß bei der Lichtbogenschweißung in Schutzgasatmosphäre, ähnlich wie bei der UP-Schweißung, der Stromübergang vom Elektrodenhalter zur Elektrode in konstanter Entfernung vom Schweißbogen erfolgen sollte, so daß die *Stromwärmeerhitzung* der Elektrode während der Schweißung möglichst konstant bleibt.

c) UP-Schweißung. Die Abschmelzleistung der schlackenbildenden Schweißverfahren — UP-Schweißung, Schweißung mit Mantel- und Seelenelektroden — zeigt, entsprechend der verschiedenartigen Zusammensetzung der Schlackenbildner, erhebliche Unterschiede. Doch ist die Einwirkung der physikalischen Faktoren auf die Abschmelzleistung im allgemeinen identisch.

Der Einfluß der Stromstärke auf die Schmelzgeschwindigkeit der Elektrode wurde für die UP-Schweißung durch JACKSON und

SHRUBSALL [2] untersucht. Abb. 186 gibt ihre Resultate bei Verwendung eines handelsüblichen Schweißpulvers wieder. Die beim UP-Schweißen verwendeten *Stromdichten* betragen z. B. bei modernen Anlagen 50 bis 250 A/mm², liegen somit wesentlich höher als bei der Handschweißung. Als Beispiel seien einige Versuche von DEMYANTSEVICH [1] erwähnt, der bei der UP-Schweißung unter einer tiefen Pulverlage Elektroden von 2 mm Dmr. und Stromstärken zwischen 600 und 800 A verwendete. Beim Schweißen mit einem sehr kurzen Bogen ergeben sich ein tiefer Einbrand und eine hohe Abschmelzleistung, wenn bei genügender Schweißgeschwindigkeit gearbeitet wird.

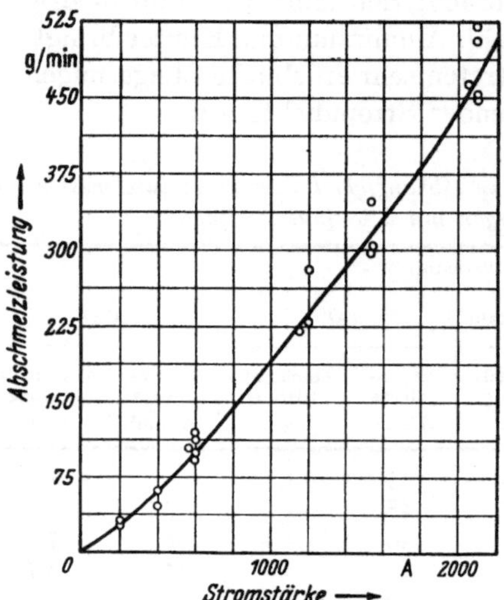

Abb. 186. Einfluß der Stromstärke auf die Abschmelzleistung bei der Unterpulverschweißung

Nach CONN [6] hängt die Abschmelzleistung nicht nur vom Energieaufwand und der Zusammensetzung der Schweißmittel, insbesondere ihrem Gehalt an Halogenen (Chlor, Fluor usw.) ab, sondern auch von physikalischen Faktoren, z. B. der Korngrößenverteilung der Schweißmittel, vgl. Ziff. 281.

Der Einfluß der *Polarität* bei halbautomatischer UP-Schweißung wurde z. B. durch FRITSCHE [1] untersucht. Auch hier ergab sich für

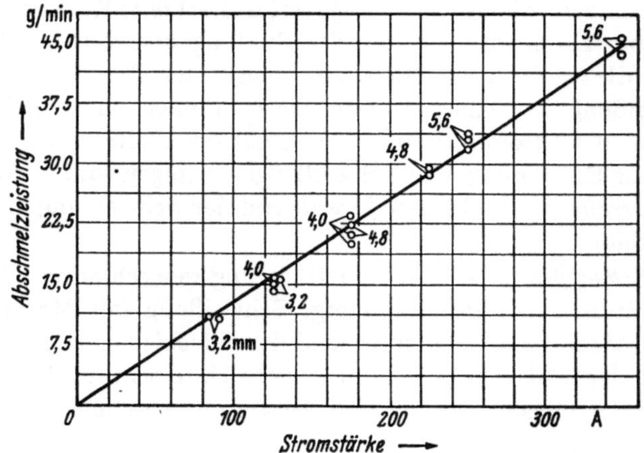

Abb. 187. Einfluß der Stromstärke auf die Abschmelzleistung von Mantelelektroden: Stromstärke 85 bis 350 A; Schweißgeschwindigkeit 150 bis 450 mm/min; Spannung 23 bis 25 V; Elektrodendurchmesser 3,2 bis 5,6 mm; Typ E-6015-Elektrode; Gleichstrom; Elektrode positiv

umgekehrte Polarität ein tiefer Einbrand beim Schweißen. Bei gerader Polarität wird geringere Einbrandtiefe erhalten, jedoch eine bis zu 56% erhöhte Abschmelzleistung. Bei Wechselstromschweißung ergeben sich Werte der Einbrandtiefe und der Abschmelzleistung, die zwischen den Werten bei gerader und umgekehrter Polarität liegen.

d) Mantelelektroden. Abb. 182 zeigt, daß die Abschmelzgeschwindigkeit für Mantelelektroden von der Zusammensetzung der Umhüllung abhängt. Die Abschmelzleistung einzelner Hüllenbestandteile wurde von RAPATZ und HUMMITZSCH [1] ermittelt, vgl. Ziff. 182, Tab. 21. Eine Zusammenstellung der Abschmelzleistung verschiedener Elektrodentypen findet sich bei ZEYEN [1]. Daten liegen auch für die Abhängigkeit der Abschmelzleistung von der Stromstärke vor, wie sie von JACKSON und SHRUBSALL [2] bestimmt wurden, vgl. Abb. 187, die für die wasserstoffarme Mantelelektrode E-6015 gilt.

TER BERG und LARIGALDIE [1] bestimmten auch für Mantelelektroden in entsprechender Weise wie für nackte Elektroden die Faktoren, die die Abschmelzleistung beeinflussen. Unter-

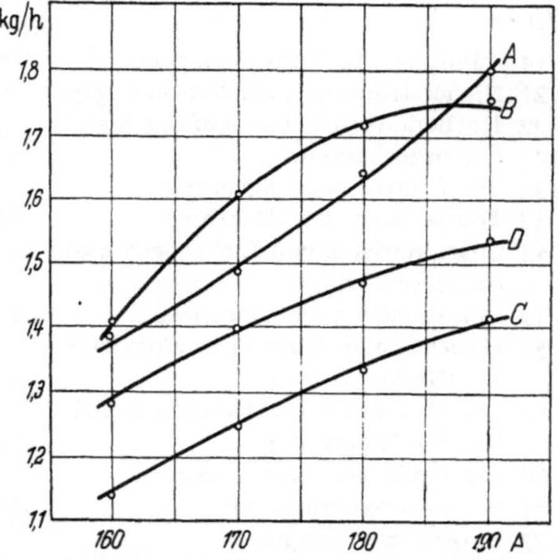

Abb. 188. Abschmelzleistung in kg/h einer Elektrode bei Betrieb mit:

A Querfeldumformer; B Streufeldumformer; C Transformator; D Gleichrichter

suchungen von FRANKENBUSCH [1] ergaben einen Einfluß der Art der *Stromquelle* auf die Abschmelzleistung einer Elektrode. Abb. 188 zeigt schematisch die Verhältnisse bei gerader Polarität für Umformer- und Gleichrichterbetrieb sowie bei Transformatorenbetrieb.

B. Nackte Elektroden in Luft

256. Übersicht. Mit Rücksicht auf die leicht zu übersehenden Zusammenhänge wurden die Schweißungen mit nackten Elektroden in Luft am eingehendsten von den verschiedenen, möglichen Anordnungen für Lichtbogenschweißung untersucht. Die Vorteile sind, daß einfache Apparaturen und betriebsmäßige Bedingungen benutzt werden können. Der Nachteil ist die Bildung von Oxyden und Nitriden im Bogenraum und in den der Atmosphäre ausgesetzten Schmelzbädern, die die Güte der Schweißungen verringern. Vielfach dienen die Untersuchungen nackter Elektroden in Luft als Ausgangspunkt für die Untersuchung der in den übrigen Abschnitten dieses Teiles besprochenen Schweißmethoden. Die bei den hier besprochenen Verfahren der Lichtbogen-schweißung verwendeten Elektrodentypen werden in permanente und abschmelzende Elektroden eingeteilt und im folgenden getrennt besprochen.

In den folgenden Abschnittsziffern sind die wichtigsten bisher besprochenen und nach Möglichkeit zahlenmäßig belegten Grundlagen der Lichtbogenschweißung mit nackten Elektroden in Luft zusammengestellt (bei Behandlung des Gegenstandes in mehreren Ziffern wird nur jeweils die erste Ziffer erwähnt).

Ziffer

14 Zündung des Schweißbogens
21 Niederstrom- und Hochstrombogen
22 Kathoden- und Anodenfallgebiete
24 Brennfleckbogen
35 Temperatur der Bogensäule
38 Temperatur der Elektrode
43 Charakteristik von Lichtbögen und Stromquellen
47 Leitvermögen im Bogenraum
51 Hauchdünne Überzüge, aktivierte Elektroden
57 Unbehinderter Lichtbogen, Polarität der Elektroden
60 Stabilität des Lichtbogens
61 Stromwärmeerhitzung
77 Exotherme Vorgänge

Ziffer

84 Reaktionswärmen
93 Steifheit des Bogens, Kraftwirkung
97 Magnetische Blaswirkung
103 Mechanische Kräfte bei der Lichtbogenschweißung
121 Schweißung in Zwangslagen
142 Mechanismus der Tropfenbildung für Werkstoffübergang
156 Temperatur der abgeschnürten Tropfen
166 Werkstoffübergang
204 Drei Schmelzbäder
220 Gasaufnahme und Porosität
237 Energiebilanz
241 Temperaturverteilung im Werkstoff
255 Abschmelzleistung

257. Permanente Elektroden in Luft. Hier kommen nur *Graphit-* oder *Kohleelektroden* in Betracht, da die hochschmelzenden Metalle, wie Wolfram usw., zu schnell oxydiert werden. Schweißungen zwischen Kohleelektrode und metallischem Werkstück wurden in früheren Jahren in sehr großem Umfang verwendet; sie werden auch heute noch, besonders für automatische Schweißung, neben den neueren Schweißmethoden benutzt. Aluminiumoxyd und andere *hochschmelzende Oxyde*, die von Metallen mit niedrigem Schmelzpunkt gebildet werden, zeigen ein ähnliches Verhalten wie die permanenten Elektroden, vgl. Ziff. 57. Der Verbrauch der Kohle erfolgt durch eine Kombination von Zerstäubung, Verdampfung, Oxydierung, CN-Bildung usw. Hierbei ergibt der Abbrand der Kohle verbessertes Leitvermögen im Bogenraum und günstige Beeinflussung der Ionisation besonders in den äußeren Zonen des Bogenplasmas.

Beim Schweißen von Metallen mit Kohleelektroden ist die *Polarität* der Elektrode im allgemeinen negativ. Auf diese Weise kann ein Schmelzbad, am Werkstück von hinreichend hoher Temperatur erschmolzen werden. Gleichzeitig werden Metalldämpfe gebildet, die, besonders bei kurzen Lichtbögen, das Schweißgut gegen den Einfluß der Atmosphäre schützen. Die Elektroden können bei verhältnismäßig niedriger Temperatur betrieben werden, so daß ihr Abbrand gering gehalten und die Aufkohlung des Werkstückes praktisch vermieden wird. Bei gerader Polarität findet man nicht über 0,6% C-Aufnahme im Schweißgut.

Kohlebögen können über einen weiten Bereich betrieben werden, beginnend bei sehr geringen Stromdichten bis zu den hohen Werten der Hochstromkohlebögen, vgl. z. B. Ziff. 21. Hohe Schweißgeschwindigkeiten und hohe Abschmelzleistungen werden, besonders bei Wasserkühlung der Elektrode, erzielt. Permanente Elektroden finden mit oder ohne Zusatzdraht, z. B. beim Schweißen von Eisen-, Aluminium-, Kupfer- und Nickellegierungen, Verwendung. Hierbei bestehen die *Zusatzdrähte* meist aus unlegierten oder legierten, nackten Elektrodendrähten. Ihre Zusammensetzung kann mit der Analyse der beim Schweißen mit Metallelektrode benutzten Drähte übereinstimmen, oder es werden Drähte besonderer Zusammensetzung, Drähte für die Gasschmelzschweißung, mitunter auch umhüllte Zusatzdrähte (z. B. bei der Aluminiumschweißung) verwendet. Es ist auch hier zweckmäßig, die *freie Länge der Elektrode* möglichst konstant zu halten, da sonst hohe, ungleichförmige Erhitzung durch Stromwärme auftreten kann, die zu Kohleverlusten durch Verdampfung und schnelles Abbrennen führt.

Beim Betrieb von Kohleelektroden mit *umgekehrter Polarität* ergibt sich leicht Überhitzung der Elektrode und erhebliche Kohlenstoffaufnahme des Werkstückes, die z. B. 3% betragen kann. Weiter ergeben sich Schwierigkeiten bei der Zündung und Aufrechterhaltung des Bogens.

258. Schwingelektrode und Schweißgriffel. Auf die Wichtigkeit des *Zeitfaktors* beim Lichtbogenschweißen wurde wiederholt hingewiesen. Hier seien kurz zwei Methoden besprochen, mit denen Lichtbogenschweißungen innerhalb sehr kurzer Zeitintervalle durchgeführt werden. Diese Verfahren werden z. B. von SCHIMPKE und HORN [1] und BEJACH [1] erwähnt. Bei ihnen brennt der Lichtbogen zwischen einer Kohleelektrode und dem zu schweißenden Werkstück nur etwa 0,25 bis 2 sec.

Die als „Schwingelektrode" bezeichnete Apparatur verwendet eine schwingende Kohlescheibe, die synchron mit der Frequenz eines Wechselstromes von 100 Hz schwingt. Der Lichtbogen wird zwischen der Kohleelektrode und beispielsweise zwei miteinander verdrillten Drähten, die verschweißt werden sollen, gebildet. Der Durchmesser der Drähte und ihre Zusammensetzung können hierbei voneinander völlig verschieden sein. Abb. 189 zeigt nach BEJACH [1] schematisch den Verlauf einer Schweißung mit der Schwingelektrode. Dünnste Drähte und

Litzen bis zu etwa 3 mm Dmr. sowie kleine Werkstücke kön-
nen verschweißt werden. Bei Lichtbogenschweißung unter üblichen
Bedingungen würden die zu verbindenden Drähte in unerwünschter
Weise reagieren sowie zu heiß werden und Gase aus der Luft aufnehmen,
die dann bei der Abkühlung nur teilweise wieder abgegeben und zu
Porosität und geringen Festigkeitswerten führen würden.

Bei der Schwingelektrode wird zunächst Kontakt zwischen den
zu verschweißenden Drähten und der Kohlescheibe hergestellt. Der
Lichtbogen wird dann
kurzfristig beim Zurück-
schwingen der Kohle-
elektrode gebildet, wo-
bei die Drahtenden an
ihren Stoßstellen ge-
schmolzen werden. Der
Bogen verlöscht nun
wieder, bevor die Drähte
auf höhere Temperatur,
als etwa ihren Schmelz-
punkten entspricht, er-
hitzt werden. Nach
Abkühlung des Werk-
stückes kann der Vor-

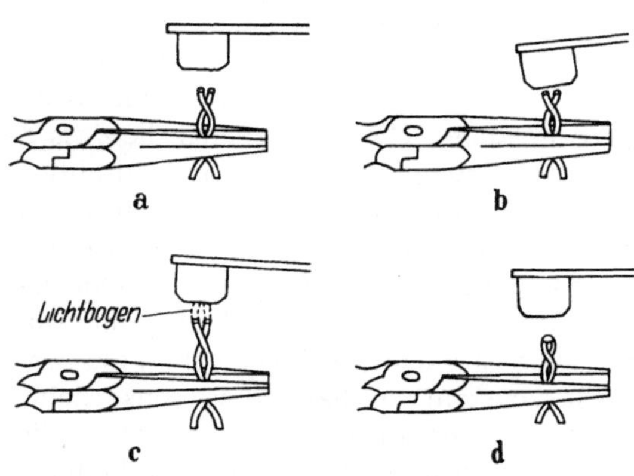

Abb 189 a—d. Schweißfolge bei der Schwingelektrode

gang wiederholt werden, falls weitere Schweißstellen erwünscht sind.
Hierbei beträgt die Leerlaufspannung meist weniger als 40 V.

Beim *Schweißgriffel* wird eine Kohleelektrode, z. B. von 2 bis 4 mm
Dmr., gegen das Werkstuck gepreßt, dann magnetisch zurückgezogen, wobei sich ein Lichtbogen bildet. Dieser Arbeitsgang findet
innerhalb eines Behälters statt. Die sich entwickelnden Dämpfe und
Gase werden auf diese Weise zusammengehalten, und die Schweißung
wird vor Einwirkung der Atmosphäre geschützt, ohne daß Schweißmittel oder andere Zusätze benötigt werden.

259. Abschmelzelektroden in Luft. Es wurde dargelegt, daß die
geringeren Schmelz- und Siedetemperaturen der Metallelektroden, z. B.
der Legierungen von Eisen, Aluminium, Nickel und Kupfer, im Vergleich mit Kohleelektroden dazu führen, daß sowohl thermische als
auch Feldelektronen die Entladung aufrechterhalten. Der Bogen besitzt
die für Niederstrom- bzw. Hochstrombogen charakteristischen Formen,
die oben besprochen wurden. Die Gegenwart von feinverteilten Schlacken
im erschmolzenen Metall sowie die Gegenwart von Gasen und dünnen
Oberflächenschichten verschiedener Art auf Elektrode und Werkstück
(Ziff. 48, 161) wirken oft lichtbogenstabilisierend und bestimmen die
Schweißeigenschaften der nackten Elektroden. Eine weitere Verbesserung kann durch Zusatze von C, Mn, Ni, Co usw. erreicht werden.

Hier sei angemerkt, daß die Oberflächen von Werkstück und Elektrode selbst nach gründlicher Reinigung weder völlig gleichförmig noch völlig frei von *Verunreinigungen* zu sein pflegen: Bringt man eine z. B. durch Vakuumdestillation frisch hergestellte Metalloberfläche mit Luft in Berührung, so reagieren die in der Oberfläche befindlichen Metallatome mit atmosphärischem Sauerstoff unter Bildung einer dünnen Oxydhaut. Die Oxydhaut absorbiert ihrerseits wieder Wassermoleküle. Die Dicke dieser ,,Verunreinigungsschicht'' beträgt einige 10^{-7} cm.

Die Schmelzbäder am Werkstück, an der Elektrode und in den übergehenden Tropfen reagieren mit Sauerstoff und Stickstoff aus der Atmosphäre. Es ergeben sich ungünstige Wirkungen auf die Eigenschaften des Werkstuckes sowie Verluste von Legierungselementen, z. B. C, Mn und Si, die sich ebenfalls ungünstig auf die Festigkeitswerte auswirken. Die Bildung von Oxyden und Nitriden tritt besonders stark bei Elektroden auf, die keine gas- und schlackenbildende Bestandteile enthalten, vergleiche etwa die Untersuchungen von SOWA, TRUCKENMILLER und WAGNER [1].

Der Werkstoffubergang von der Elektrode zum Werkstuck und die hierbei wirksamen Kräfte wurden bereits diskutiert. Bei nackten Elektroden in Luft wird meist Übergang in Form von Einzeltropfen und größeren Stucken und nur selten in Form feiner Tropfen verwendet. Die Begrundung ist hierbei, daß bei sprühregenartigem Werkstoffübergang sehr große *Oberflachen* den atmosphärischen Gasen ausgesetzt würden, die eine weitere Herabminderung der Festigkeitseigenschaften ergeben würden. Beste Resultate werden nach VOLDRICH, MARTIN und RIEPPEL [1] mit unberuhigtem Stahl erhalten, während der Bogen sehr leicht abreißt, wenn halbberuhigter oder beruhigter Stahl verwendet werden, vgl. Ziff. 220.

Nackte Metallelektroden werden entsprechend den permanenten Elektroden meist am *Minuspol* verwendet, wenn der Bogen in Luft brennt. Bei Verwendung der Elektrode am *Pluspol* zündet der Bogen schwerer als am Minuspol. Der Bogen ist empfindlicher gegen Längenänderungen als bei gerader Polarität. Die Schweißung mit *Wechselstrom*, die früher als undurchführbar angesehen wurde, erfolgt heute mit Hilfe einer überlagerten hochfrequenten Spannung, so daß Wiederzünden nach jeder Halbperiode gesichert ist.

Nackte Elektroden werden auch heute noch für Verbindungsschweißungen in Luft verwendet, an die keine allzu großen Ansprüche gestellt werden und bei denen gutes Aussehen der Nahtoberfläche nicht wesentlich ist. Sie sind auch verwendbar für Auftragschweißungen, bei denen eine geringe Porosität zulässig ist. Ein häufig ausschlaggebender Vorteil für die Verwendung von Nacktelektroden in Luft ist der Befund, daß sie bei gerader Polarität in allen *Zwangslagen* gut verschweißbar sind.

Die obigen Ausführungen gelten sinngemäß auch für das Lichtbogenschweißen von *Buntmetallegierungen*, vgl. z. B. die Darstellung bei KLJATSCHKIN [1], der auch die hierbei zu verwendenden Elektroden bespricht.

Spezialfälle der Lichtbogenschweißung mit Abschmelzelektroden in Luft sind die Schweißmethoden, bei denen Kondensatorstoßentladungen verwendet werden. Sie werden im folgenden besprochen.

260. Lichtbogenschweißung mit Kondensatorstoßentladung. Die Apparatur für diese Schweißmethode ist ähnlich der für eine Form der Widerstandsschweißung verwendeten Anordnung. Sie wird daher häufig als Widerstandsschweißung angesehen, ist aber in Wirklichkeit eine Lichtbogenschweißung. Ältere Darstellungen finden sich bei SKINNER und CHUBB [1, 2], A. J. NEUMANN [1], ZDRALEK und WRANA [1], WRANA [1] und HÖHME [1].

Beim Schweißen mit Kondensatorstoßentladung werden nackte Metallelektroden verwendet, und es wird mit hoher zeitlicher und räumlicher Energiedichte gearbeitet. Es liegen hier zwei Methoden vor:

a) Bei der Methode nach CHUBB [1] werden die zu verschweißenden Stücke zusammengebracht, dann auseinandergezogen, während sich der Kondensator durch das Werkstück und das Zusatzmaterial entlädt. Der beim Auseinanderziehen gebildete Lichtbogen erhitzt und schmilzt nur die Oberflächen der zu verschweißenden Teile. Die Teile werden dann zusammengebracht und, falls nötig, durch Druck oder einen Schlag verbunden.

b) Bei der Methode von F. C. VANG werden je nach der vorliegenden Aufgabe Kondensatoren für 500 bis 5000 V verwendet. Abb. 190 zeigt die Anordnung nach HOFMANN und SCHUHMACHER [1]. Die zu verschweißenden Teile werden einander in *M* mit hoher Geschwindigkeit genähert. Wenn ihre Entfernung nur noch 1 bis 2 mm beträgt, erfolgt Überschlag. Ein Lichtbogen großer Stromstärke brennt z. B. 2 bis 80 μsec, so daß nur eine dünne Oberflächenschicht der Teile schmilzt, bevor Kontakt der Teile erfolgt.

Die Kondensatorstoßentladung gibt die Möglichkeit, Blättchen, Stifte und Drähte zu verschweißen, die mit Hilfe üblicher Methoden

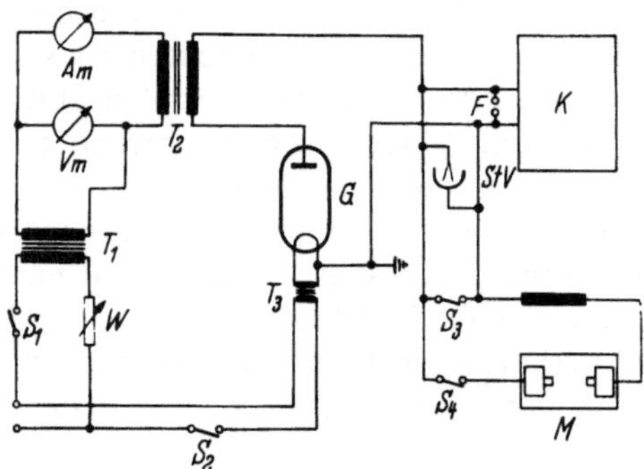

Abb. 190. Schaltbild der elektrischen Anordnung bei der Methode von VANG

T_1 Regeltransformator, 220/0—75 V; T_2 Hochspannungstransformator, 110/7000 V; T_3 Heiztransformator; *G* Gleichrichterrohre Typ VH 3, *K* Kondensatorbatterie, 40 bis 500 μF; St. V. Statisches Voltmeter, Meßbereich 0 bis 6000 V; *M* Schweißvorrichtung, $S_1, S_2, S_3,$ S_4 Schalter; *W* Widerstand; Am Amperemeter; Vm Voltmeter; F Funkenstrecke

nicht verschweißbar sind. Die geschweißten Teile können miteinander übereinstimmen oder sich unterscheiden in Zusammensetzung, Durchmesser, Schmelzpunkt, Wärmeleitfähigkeit, elektrischem Widerstand und Härte (vgl. auch die Schwingelektrode und den Schweißgriffel in Ziff. 258). Die folgenden Metalle können z. B. verschweißt werden: Wolfram mit Konstantan, Neusilber, Kupfer, Blei, Aluminium und Wismut, Aluminium mit Kupfer, Hartmetall oder Blei mit Stahl und rostbeständiger Stahl mit Kupfer oder Aluminium. Die Schweißungen zeigen hohe Güte, selbst bei den verschiedenartigsten Legierungen. Der Durchmesser der zu verschweißenden Oberflächen soll maximal 1 cm² betragen. Über die Verwendung von Kondensatorstoßentladungen zum Anschweißen von Thermoelementen an die zu untersuchenden Werkstücke (bei Ermittlung der Temperaturverteilung in Blechen nach Ziff. 242) berichtet RYKALIN [1]. Dabei wurde die Apparatur von A. I. PUGIN benutzt, die elektrolytische Kondensatoren von 2500 μF Kapazität enthält.

QUINLAN [1, 2, 3] benutzte die VANG-Methode für die *Massenproduktion von Relais* usw. Charakteristische Betriebsdaten sind z. B. für das Zusammenschweißen von Palladiumteilen und 1 mm SiCu-Draht oder 0,6 mm NiAg-Draht, wobei die Geschwindigkeit der Drahtbewegung 760 mm/sec beträgt: Spannung 900 bis 1800 V; Kondensator

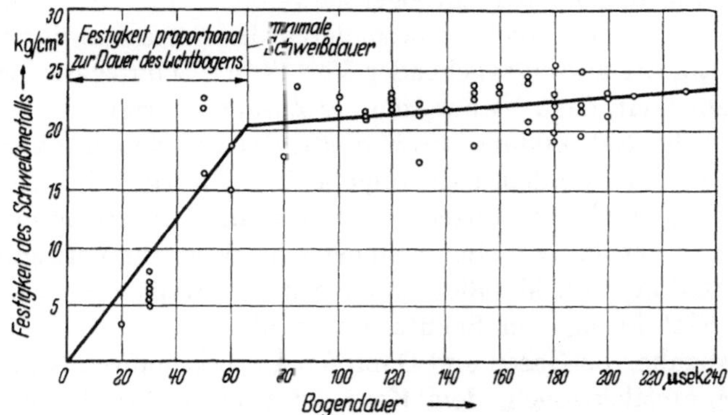

Abb 191. Festigkeit der Schweißung in Abhängigkeit von der Brenndauer des Lichtbogens

350 bis 75 μF; Dauer des Lichtbogens 20 bis 230 μsec; Stärke des erschmolzenen Schmelzbades 0,13 bis 0,26 mm. Die Einstellung erfordert hohe Präzision, um eine gute Verschweißung zu erzielen, ergibt dann jedoch ausgezeichnete Festigkeitswerte. Abb. 191 gibt einige Versuchsergebnisse nach QUINLAN [2] wieder. Bis zu 65 μsec ergibt sich stark wachsende Festigkeit der Schweißung mit zunehmender Lebensdauer des Lichtbogens; darüber hinaus ist die Zunahme der Festigkeit nur noch gering. Im Betrieb werden daher nur Schweißungen von $\geq$ 65 μsec vorgenommen. Die oben erwähnten mannigfachen Unterschiede in den

verschweißten Metallen ergeben praktisch keinen Einfluß auf die Güte der Schweißung.

C. Schutzgasschweißung

261. Übersicht. Grundlagen für die Lichtbogenschweißung unter Verwendung von Schutzgasen finden sich z. B. in den folgenden Abschnittsziffern:

24	Bogenformen	71	Stromwarmeerhitzung
32	Lichtbogen in Schutzgasen	82	„Arcatom-Verfahren"
35	Einfluß von Schutzgasatmosphare auf Bogentemperatur	93	Steifheit des Bogens, Kraftwirkung
37	Radiale Temperaturverteilung im Lichtbogen	139	Berechnung der Kraterform
40	Charakteristik von Bogen in verschiedenen Gasen	169	Werkstoffubergang
		179	Spritzerverluste
46	Charakteristik von Lichtbogen und Stromquelle	211	Schmelzbäder
		220	Gasaufnahme und Porositat
47	Leitvermogen im Bogenraum	229	Einfuhrung von Legierungselementen
48	Einfuhrung von Metalldampf	240	Energiebilanz
56	Einfluß des Ionisationsgrades auf die Bogentemperatur	255	Abschmelzleistung

262. Allgemeines zur Schutzgasschweißung. In Ergänzung der bisherigen Ausführungen zur Lichtbogenschweißung unter Gasschutz werden nun einige Punkte, die von besonderem Interesse sein dürften, besprochen. Ein oft ausschlaggebender Vorteil der Schutzgasschweißung ist die Möglichkeit, das Abschmelzen des Zusatzmaterials, die Form des Bogens und die Nahtbildung *direkt beobachten* zu können, ohne durch Schlacke gestört zu werden. Die Aufgabe der Schutzgase besteht darin, den Zutritt von Luft zum Bogenraum und seiner Umgebung möglichst weitgehend zu verhindern. Hierzu stehen drei Wege zur Verfügung:

a) die Bildung von Metalldämpfen beim Schweißen;

b) die Einführung von Schutzgasen und

c) die Abgabe von Gasen und Dämpfen aus bestimmten Komponenten von Mantelelektroden, dem Kern der Seelenelektroden oder den Schweißmitteln der UP-Schweißung.

Wir befassen uns hier im wesentlichen mit dem direkten Zusatz von Gasen zur Schweißstelle nach b). Die Überlegungen gelten dann auch sinngemäß für die Fälle a) und c).

Im Gegensatz zum Schweißen mit Schlackenbildnern, bei dem das Schweißgut auch nach Verlassen der Schweißzone durch eine Schlackenschicht geschützt wird, erstreckt sich die Einwirkung des Schutzgases nur auf eine *räumlich beschränkte Zone*. Wenn das Schweißgut die Schutzgaszone verläßt, muß es hinreichend abgekühlt sein, um Reaktionen mit den Bestandteilen der Atmosphäre zu vermeiden. Weiter ist eine Gasabgabe aus dem Schweißgut nicht mehr möglich.

Von neueren zusammenfassenden Arbeiten auf dem Gebiet der Schutzgasschweißung seien genannt: WOODING [1], ROCKEFELLER und SCARR [1], LA VELLE [1], PUFAHL [1], DZIMIANSKI und JONES [1], MALISIUS [2], SKINNER und YENNI [1], MANTEL und WOLFF [2], HELMBRECHT und OYLER [1], HEBOLD [1], VAN DER WILLIGEN und DEFIZE [2] und PETROV [2].

Es wird zunächst ein Überblick über die Eigenschaften der Schutzgase und über ihren Einfluß auf den Verlauf und die Güte der Schweißung gegeben. Dann folgen die Behandlung der Lichtbogenformen und ihr Einfluß auf den Einbrand in das Werkstück, einige Ausführungen zur Schutzgasschweißung mit permanenten und abschmelzenden Elektroden und schließlich einige spezielle Anwendungen.

1. Gase für die Schutzgasschweißung

In erster Linie sind die Edelgase Argon und Helium von Interesse. Hinzu kommen Kohlendioxyd und Gasgemische verschiedener Zusammensetzung. Die Verwendung von *Wasserstoff* als Schutzgas für das „Arcatom-Verfahren" wurde bereits behandelt, desgleichen wurde auf das Schweißen in *Stickstoff* hingewiesen, das z. B. für Kupferlegierungen viel angewendet wird. Wir befassen uns hier im wesentlichen mit der Lichtbogenschweißung in Edelgasen und in Kohlendioxyd, die mit permanenten oder mit nackten, abschmelzenden Elektroden ausgeführt wird.

263. Edelgase. Von den Edelgasen wird heute in Europa meist Argon verwendet, das den Vorteil besitzt, überall ohne besondere Schwierigkeiten erzeugt werden zu können. In den amerikanischen Staaten steht neben Argon auch Helium zur Verfügung, das aus Erdgasquellen gewonnen wird. Die Kosten der Schweißung mit Argon und Helium sind dort, bezogen auf die Längeneinheit einer Schweißnaht, etwa gleich.

Die *thermischen Daten* für die bei der Lichtbogenschweißung in Schutzgasatmosphäre verwendeten Gase finden sich in den bekannten Handbüchern, auch bei OBURGER [1], jedoch liegen nur wenige Messungen bis zu den hohen, hier interessierenden Temperaturen vor. Einige Werte der *spezifischen Wärme, Viskosität, Wärmeleitzahl* und *Dichte* von Luft, Argon, Helium und Kohlendioxyd sind in Tab. 43 zusammengestellt. Hervorzuheben sind die hohe spezifische Wärme und die hohe Wärmeleitzahl von Helium gegenüber Argon und die große Dichte und Viskosität von Argon im Vergleich mit Helium. Die Abb. 30 gibt den Verlauf der Wärmeleitfähigkeit von Stickstoff und Abb. 31 den des elektrischen Leitvermögens von Stickstoff wieder. Die Werte der thermischen Eigenschaften der Gase sind stark temperaturabhängig.

Das *Strömungsverhalten* von Helium, Argon und einem 80/20 Helium/ Argon-Gemisch wird in Abb. 192 nach CUNNINGHAM und COOK [1]

Tabelle 43. *Thermische Daten für Luft, Argon, Helium und Kohlendioxyd*

	Luft	Argon	Helium	Kohlendioxyd
Spez. Warme c_P bei 20° C, cal/g Grad	0,240	0,125	1,25	0,200
Viskositat in μPoise bei 20° C, 1 atm	180,8	221,0	196,2	148,0
Wärmeleitzahl $10^3 \lambda$ bei 1 atm, 20° C in kcal/m h Grad	22,1	14,9	130	13,6
Dichte in g/l bei 0° C und 1 atm	1,293	1,784	0,179	1,977

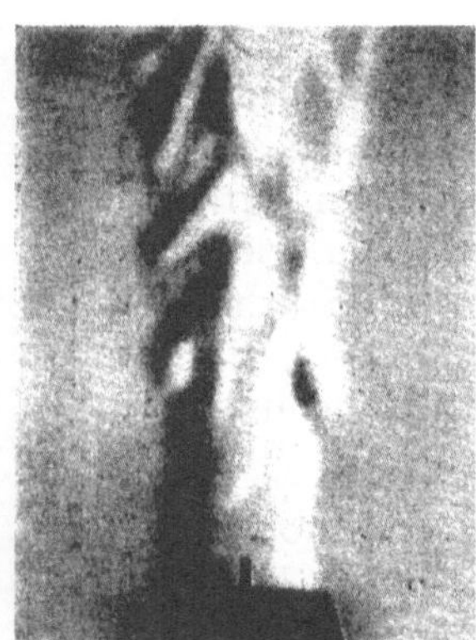 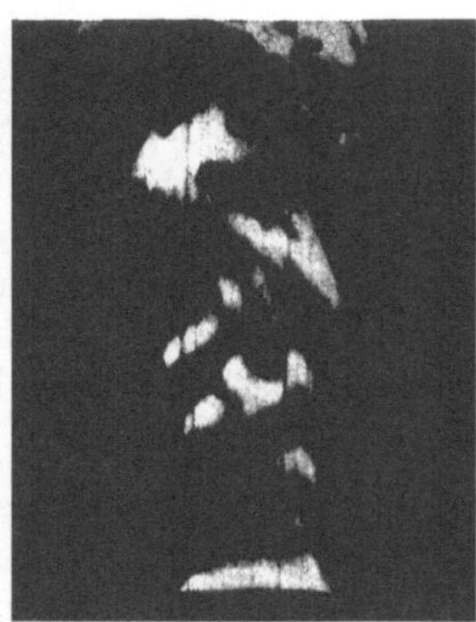 

a   b   c

Abb 192 a—c. Schlierenaufnahmen des Stromungsverhaltens von Gasen und Gasgemischen bei einer Dusenoffnung von 20 mm Dmr. und den Ausstromwerten
a) Argon, 2,12 m³/h, b) 80 20 Helium Argon, 2,83 m³/h; c) Helium, 4,25 m³/h

dargestellt (man beachte, daß das ausströmende Volumen von Helium doppelt so groß wie das von Argon sein muß, um ähnliche Bilder zu ergeben). Argon hat dann den längsten, ungestörten Ausfluß und Helium die größte Steifheit. In der Nähe der Ausströmöffnungen, wo sich der Lichtbogen befinden würde, herrscht ungestörte, laminare Strömung. Für Kohlendioxyd werden ähnliche Ergebnisse erhalten; auch hier ergibt sich erhebliche Steifheit des ausströmenden Gases.

Nach Ziff. 221 soll das beim Schweißen verwendete Argon von „Schweißqualität" $< 0,2\%$ *Verunreinigungen* enthalten. So werden für Stahl und Mg-, Al-, Cu-Legierungen 99,9 +, für Al-Mg-Legierungen, Ti und Zr 99,99 + % Argon gefordert, vgl. die neuen, eingehenden Untersuchungen von CRESSWELL [1].

Die Ausbildung des Lichtbogens in je drei *Zwangslagen* wird in Abb. 193 nach MOEN und GIBSON [*1*] wiedergegeben. Bei diesen Versuchen wurden gleiche Volumina von Argon und Helium, gleiche Stromstärken und gleiche Düsengrößen verwendet. Sowohl bei Argon als auch bei Helium ergibt sich wieder anschließend an den Gasmantel die *Turbulenz* der Atmosphäre ähnlich Abb. 192, auf die sogleich noch etwas näher eingegangen wird.

Bei gleichem Ausströmungsvolumen fällt die Temperatur von Argon infolge seiner geringen Warmeleitzahl von Bogennähe zum äußeren Rand des Gasmantels erheblich ab, während bei Helium mit hoher Wärmeleitzahl die radiale Temperaturverteilung nur einen geringen Abfall ergibt. Es wird daher bei Helium starke *Turbulenz* der umgebenden, kalten Atmosphare auftreten, die zu einer starken Beimischung von Luft zu Helium fuhrt. Verwendet man, entsprechend den Erfahrungen des Betriebes, zwei- bis dreimal soviel Helium wie Argon pro Zeiteinheit, so wird die Außenseite des strömenden Gases weniger stark aufgeheizt und die Turbulenz verringert.

Der Einfluß der *Dichte* macht sich wie folgt geltend: a) Während Argon bei seiner im Vergleich mit Luft größeren Dichte die Tendenz hat, zum Werkstück herunterzusinken, hat Helium, dessen Dichte kleiner ist als die der Luft, die Tendenz, beim Schweißen in horizontaler Lage von der Schweißstelle emporzusteigen. Um dies zu vermeiden, wird eine erhöhte Geschwindigkeit des Gasstromes bei Helium verwendet. Tatsächlich zeigen die Abbildungen von Bögen bei vertikaler und Überkopfschweißung keine derartigen Effekte. Auch hier dürften Richtungseffekte durch die magnetischen Felder auf die gebildeten Ladungsträger, vgl. Ziff. 92, bestimmend sein. b) Die *Reynoldssche Zahl* für das strömende Argon ist wegen seiner großen Dichte bei wenig verschiedener Zähigkeit wesentlich höher als die von Helium. Deshalb wird bei Argon unter sonst gleichen Bedingungen in geringerer Entfernung vom Düsenaustrittsende Turbulenz auftreten als bei Helium. Als Gegenmittel werden möglichst kurze Lichtbögen verwendet.

Beim Schweißen in Edelgasatmosphäre beobachtet man, daß Helium einen „*heißeren Bogen*", d. h. eine stärkere Wärmeentwicklung als Argon ergibt. Es zeigt sich hierbei, daß Helium fur eine gegebene Stromstärke eine *höhere Spannung* als Argon erfordert, um eine bestimmte Schweißaufgabe durchzuführen. Zum Beispiel erhielt THIELSCH [*2*] bei gerader Polarität und konstanter Bogenlange eine um 40% höhere Bogenspannung bei Helium als bei Argon. Zur Erklärung der Beobachtungen sei darauf hingewiesen, daß Helium nach Tab. 43 eine hohe spezifische Wärme besitzt. Es ist mehr Energie nötig, um die beim Schweißen erforderlichen Temperaturen zu erreichen, als z. B. für Argon erforderlich ist. Man wird daher bei gleicher Stromstärke eine höhere Spannung verwenden, die gleichzeitig zur Kompensierung von Verlusten an Ladungs-

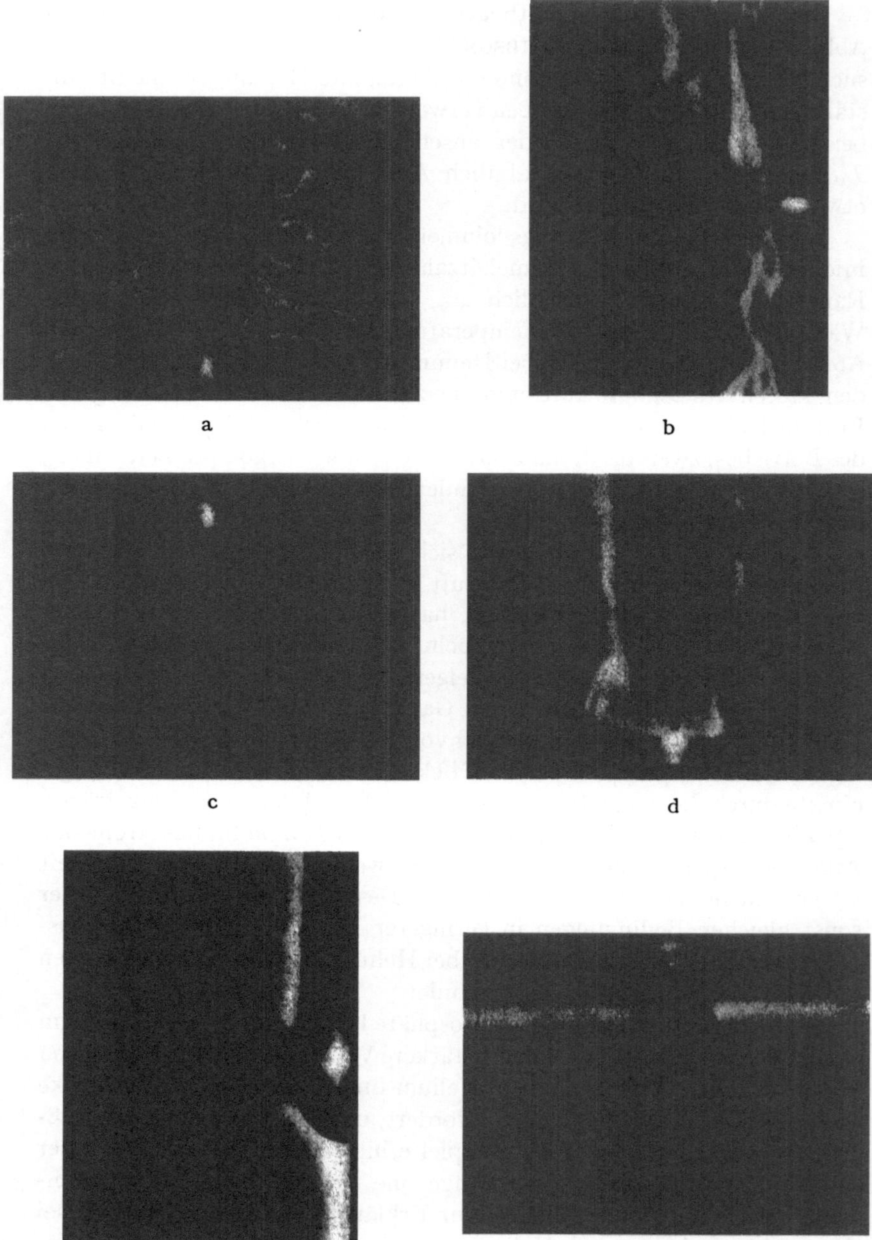

Abb. 193 a—f. Einfluß verschiedener Zwangslagen auf das Ausstromen von Argon und Helium bei einer Ausstrommenge von 0,28 m³/h, 9,6 mm Düsenöffnung; 75 A:

a) Argon, horizontal   d) Helium, horizontal
b) Argon, vertikal   e) Helium, vertikal
c) Argon, überkopf   f) Helium, überkopf

trägern bei der hohen Diffusionsgeschwindigkeit der Ladungsträger (vgl. Ziff. 266) in Helium beiträgt. Entsprechend der größeren verfügbaren Energie kann in Heliumatmosphäre eine größere Schweißgeschwindigkeit als in Argon erzielt werden; so werden für rostfreien Stahl eine um 40% erhöhte Schweißgeschwindigkeit bei Gleichstrom und eine um 50% erhöhte Geschwindigkeit bei Wechselstrom erhalten.

Schweißen mit *hoher Geschwindigkeit* ergibt auch hier eine bessere Einbrandtiefe in das Werkstuck. Unterhalb des Bogens ergibt sich dann nur ein minimales Schmelzbad, so daß die *grabende* Wirkung des Bogens voll zur Geltung kommen kann, vgl. Ziff. 105. Eine zu geringe Schweißgeschwindigkeit fuhrt nach GILDE und MAUSHAKE [1] leicht zu einer Porenbildung im Schweißgut.

Einige weitere Beobachtungsergebnisse beim Schweißen mit Argon und Helium seien hier zusammengestellt, die sich mit Hilfe der thermischen Eigenschaften und der Diffusionsgeschwindigkeit der Ladungsträger erklären lassen:

a) Der *Spannungsgradient* betragt unter gleichen Bedingungen z. B. in Helium etwa 42, in Argon jedoch nur 6 V/cm Bogenlange.

b) Bei Helium ändert sich die Spannung, wenn sich die Lange des Lichtbogens andert, während sie für Argon praktisch konstant bleibt. Man spricht daher von einem ,,weicheren Bogen'' in Argon als in Helium. Dies ist darauf zurückzufuhren, daß sich mit wachsender Bogenlange eine geringere Temperatur des Schweißbades am Werkstück ergibt. Die Wärmeabfuhr in die Umgebung wächst sehr schnell mit der Bogenlänge für Helium, das geringe Dichte und hohe Warmeleitfähigkeit besitzt. Dazu kommt die hohe Diffusionsgeschwindigkeit der Ladungsträger in Helium.

c) Die bessere *Stabilität* des Lichtbogens in Argon ermöglicht eine bessere Kontrolle des Bogens; im gleichen Sinne wirkt die geringere *Spritzerbildung* als in Helium.

d) Eine geringe Zunahme in der *Menge des zugefuhrten Gases* verursacht eine Spannungserhöhung um mehrere Volt bei Helium, hat jedoch nur geringen Einfluß bei Argon. Dies gilt sowohl fur Gleich- als auch für Wechselstrom. Angemerkt sei, daß ein Lichtbogen in Argon stabiler als in Luft brennt.

e) Das schwere Argon ergibt bei Aluminium, Magnesium, Beryllium-Kupfer-Legierungen usw. eine bessere *Reinigung* der Oberflache der Metalle als Helium. Die Metalle überziehen sich beim Lagern in Luft mit dichten, schwer schmelzbaren Oxydschichten, die das Zusammenfließen der Schmelzbäder leicht stören. Bei Verwendung von umgekehrter Polaritat treffen positive Ionen auf die Oberflache des Werkstückes mit genugender Energie auf, um die Oxydschichten aufzubrechen. Dann brechen aus dem Werkstück Metalldampfstrahlen explosionsartig heraus, wie dies in ähnlicher Weise beim Wandern des Brennfleckes auf der Kathode geschieht. Dieser Vorgang erfolgt besonders heftig, wenn der Schmelzpunkt der Oxyde, z. B. bei Aluminium, nahe dem Siedepunkt des reinen Metalls liegt (2320 bzw. 2770° K). Der gleiche Vorgang erfolgt bei jeder zweiten Halbperiode bei Verwendung von Wechselstrom. Zeitlupenaufnahmen mit 3000 Aufnahmen/sec zu dieser „Reinigungswirkung" liegen z. B. von LOSTY [1] vor.

f) *Feuchtigkeit* im Bogenraum muß vermieden werden, da sonst der Lichtbogen instabil wird und unerwünschte Reaktionen stattfinden. Man wird daher nur trockene Edelgase von Schweißqualität (vgl. GORMAN [1]) verwenden. Auf diese Weise wird eine Dissoziation von Wasserdampf vermieden, die, wie oben besprochen, zur Bildung von Oxyden führen würde. Hierdurch wird das Auftreten von Schlacken-einschlüssen und Porosität im Schweißgut begünstigt, und die Festig-keitswerte werden entsprechend ungünstig beeinflußt.

g) Zahlreiche Untersuchungen liegen zum Schweißen von *Nicht-eisenmetallen* in Schutzgasatmosphäre vor, vgl. z. B. Tab. 44 nach MANTEL und WOLFF [2] für Schweißen in Edelgasen mit permanenter Elektrode („TIG-Verfahren", entsprechend *t*ungsten *i*nert *g*as) und mit Abschmelzelektrode („MIG-Verfahren", entsprechend *m*etal *i*nert *g*as). Zum Schweißen von *Titan* liegen z. B. neue Untersuchungen von RÜDINGER [1, 2], HOEFER [1] und ADAMSON und LEONARD [1] vor. Über Elektroden, die aus *verdrillten Drähten verschiedener Metalle* zusammen-gesetzt sind, berichten ROBINSON und COOK [1]. So ergeben Elektroden, die gleichzeitig dünne Drähte aus Aluminium, Stahl und Kupfer ent-

Tabelle 44 *Zusammenstellung einiger wichtiger Werkstoffe und der zum Schweißen benötigten Stromart*

Werkstoff	empfohlene Stromart	
	TIG	MIG
Al, Al-Legierungen	Wechselstrom [Gleichstrom (+)]	Gleichstrom (+)
Mg, Mg-Legierungen	Wechselstrom [Gleichstrom (+)]	Gleichstrom (+)
Cu; CuSn und CuZn, Cu-Ni-Legierungen	Gleichstrom (—)	Gleichstrom (+)
Cu-Si-Legierungen.	Gleichstrom (—)	Gleichstrom (+)
CuAl-Legierungen	Wechselstrom	
Ni, Ni-Legierungen, Ag	Gleichstrom (—)	Gleichstrom (+)
Mo, Mo-Legierungen	Gleichstrom (—)	Gleichstrom (+)
Ti; Ti-Legierungen	Gleichstrom (—)	Gleichstrom (+)
Stahl	Gleichstrom (—)	Gleichstrom (+, —)
Korrosions- und hitzebeständige Stahllegierungen	Gleichstrom (—)	Gleichstrom (+, —)
Hartmetalle	Gleichstrom (—)	

Die in eckige Klammern gesetzten Stromarten werden nur in Ausnahmefällen benutzt.

halten, ein Schweißgut, das dank der Durchwirbelung durch den Bogen aus Aluminiumbronze besteht.

264. Kohlendioxyd. Die Entwicklung auf diesem Gebiet geht sehr schnell voran, so daß — man mochte sagen glücklicherweise — zusammenfassende Darstellungen sehr schnell veralten. Tab. 43 gibt einige thermische Eigenschaften von Kohlendioxyd im Vergleich mit Argon und Helium. Es zeigt sich, daß Kohlendioxyd eine größere Dichte als Argon und Helium und eine verhaltnismaßig geringe Warmeleitzahl besitzt. Bei der Lichtbogenschweißung unter Kohlendioxyd als Schutzgas wird wohl die Einwirkung des Stickstoffes der Luft auf die übergehenden Tropfen des Zusatzwerkstoffes abgeschirmt, jedoch

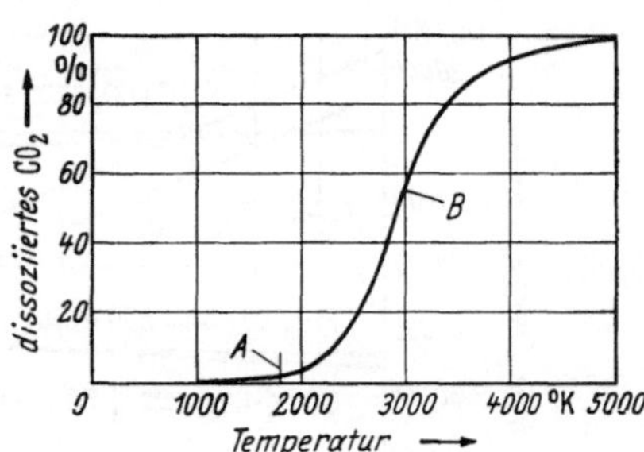

Abb 194 Dissoziation von Kohlendioxyd in Abhangigkeit von der Temperatur, Druck 1 Atm
A Schmelzpunkt von Eisen, *B* Siedepunkt von Eisen

wird die Einwirkung des Luftsauerstoffes verstarkt, da Dissoziation von Kohlendioxyd erfolgt. Weiter wird oft ein Zubrand von Kohlenstoff erhalten, der nur selten erwunscht ist, vgl. Tab. 45 nach ROTHSCHILD [1]. In praktisch allen Fallen erfolgt starke *Spritzerwirkung*, die eine haufige Reinigung der Dusen erfordert, vgl. Abb. 120.

Tabelle 45 *Abbrand und Zubrand von Legierungselementen in % beim Schweißen mit einer Elektrode aus rostbestandigem Stahl von 1,6 mm Dmr., 300 A, umgekehrte Polaritat*

		Schweißgut		
Element	Elektrode %	A + 1% O₂ 29 V	CO₂ 26 V	CO₂ 36 V
C	0,047	0,045	0,100	0,11
Mn	1,64	1,55	1,42	1,23
Si	0,51	0,54	0,46	0,37
Ni	9,43	9,45	9,18	9,78
Cr	21,5	21,2	21,2	20,27
Ti	0,33	0,41	0,31	0,18

Bei Verwendung von Kohlendioxyd erfolgt bei hoher Temperatur zunächst Dissoziation nach der Gleichung

$$CO_2 \rightleftharpoons CO + O. \qquad (65)$$

Abb. 194 nach ROTHSCHILD [1] gibt den Verlauf der thermischen Dissoziation von CO_2 in Abhängigkeit von der Temperatur wieder. Auch CO dissoziiert in geringerem Maße. Die Rekombination findet unter Wärmeabgabe besonders an der Werkstückoberfläche statt. Weitere Gleichgewichte, die bei der Kohlendioxydschweißung auftreten können, sind in Tab. 46 nach GILDE [2] zusammengestellt. Die freie Energie G der möglichen Umsetzungen bei der Kohlendioxydschweißung ergibt sich nach Gl. (44) in Ziff. 230. Die Abb. 195 nach GILDE [2] zeigt die freie Energie der Umsetzung bei der Kohlendioxydschweißung, bezogen auf

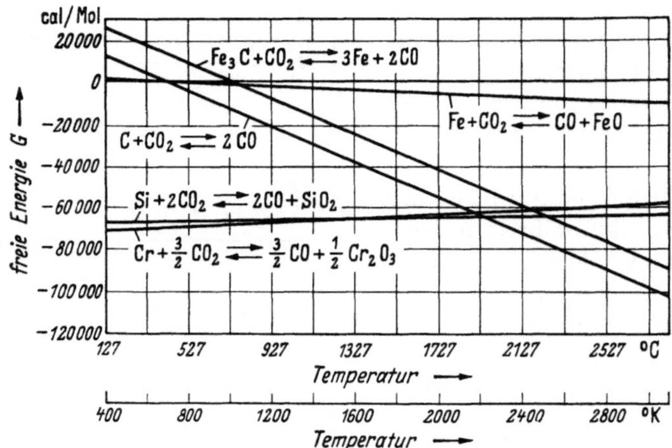

Abb 195. Freie Energie der Umsetzungen bei der CO₂-Schweißung, bezogen auf ein Metall oder Kohlenstoff oder Eisenkarbid

je ein Metall, auf Kohlenstoff oder auf Eisenkarbid in Abhängigkeit von der Temperatur. Einige weitere Punkte zur Lichtbogenschweißung mit Kohlensaure seien hier kurz zusammengestellt:

Tabelle 46   *Mogliche Gleichgewichte bei der CO₂-Schweißung*

1	Fe $-$ CO₂	$\rightleftarrows$ CO $+$ FeO
2	Si $+$ 2 CO₂	$\rightleftarrows$ 2 CO $+$ SiO₂
3	Mn $+$ CO₂	$\rightleftarrows$ CO $+$ MnO
4	2 Cr $+$ 3 CO₂	$\rightleftarrows$ 3 CO $+$ Cr₂O₃
5	Ni $+$ CO₂	$\rightleftarrows$ CO $+$ NiO
6	Fe₃C $+$ CO₂	$\rightleftarrows$ 2 CO $+$ 3 Fe
7	C $+$ CO₂	$\rightleftarrows$ 2 CO

a) Die *Abschmelzgeschwindigkeit* einer Stahlelektrode ist in Kohlendioxyd niedriger als in Argon oder Helium. Somit muß zur Erreichung eines bestimmten Abschmelzwertes für eine gegebene Aufgabe bei Kohlendioxyd mehr Energie zugeführt werden. Man verwendet meist eine *höhere* *Spannung* als in Edelgas, z. B. 30 gegenüber 24 V in Argon. Entsprechend erzeugt der mit hoher Stromdichte betriebene Kohlendioxydbogen mehr Wärme als der Edelgasbogen. Die zusätzliche Energiezufuhr ergibt für Kohlendioxydschweißung einen tiefen, gleichförmigen Einbrand in das Werkstück, vgl. Ziff. 266. Man verwendet für Kohlendioxyd Stromdichten von 150 bis 300 A/mm². Bei einer Elektrode von 1,2 mm Dmr. werden z. B. 350 A und 13 m/min Einführgeschwindigkeit des Elektrodendrahtes verwendet. Die gleiche Abschmelzleistung kann unter sonst gleichen Bedingungen in Argon bereits bei 280 A erreicht werden. Bei Arbeiten dieser Art hat es sich am günstigsten erwiesen, einen *kurzen Bogen* zu halten, der meist unterhalb der Oberkante des Bleches brennt. Hierdurch wird die Zahl der Spritzer, die aus der engen Schweißnaht herausgelangen, stark verringert, und die Porosität des Schweißgutes wird auf das zulässige Maß herabgedrückt. Bei der Schweißung mit Kohlendioxyd stellen sich die Abschmelzgeschwindigkeit der Elektrode im Bogen und die Zuführungsgeschwindigkeit der Elektrode zum Bogen automatisch aufeinander ein. Auf diese Weise wird *konstante Länge* des Bogens erreicht, vgl. Ziff. 46, Abb. 58.

b) Bei Verwendung eines *kurzen Bogens* werden weiter die Sauerstoffaufnahme und der Kohlenstoffzubrand gering gehalten. Zur Kompensierung des Zu- und Abbrandes wird die *Zusammensetzung der Elektroden* entsprechend eingestellt, d. h. sie enthält eine größere Menge der dem Abbrand ausgesetzten Legierungselemente, z. B. Mangan und Silizium, und geringeren Kohlenstoffgehalt als eine Elektrode für die Schweißung unter Edelgasschutz.

c) Bei Kohlendioxyd wird nach Tab. 2 ein *Hochstrombogen* bereits bei sehr geringen Energiewerten im Vergleich mit anderen zweiatomigen Gasen gebildet. Man arbeitet daher im allgemeinen im ansteigenden Teil der Charakteristik der Abb. 38.

d) Bei Gegenwart von *Feuchtigkeit* ergibt sich auch hier Spritzerbildung und Porosität. Die Bildung von Poren wird bei zu geringer *Schweißgeschwindigkeit* verstärkt.

e) Die Form des *Einbrandes* beim Schweißen unter Kohlendioxyd (vgl. Ziff. 266) ist für die Entfernung der Gase aus dem Schmelzbad sehr günstig, da die Blasen leicht zur Oberfläche steigen können, so daß die Porosität aus dieser Quelle gering ist. Die sich bildenden Desoxydationsprodukte wirken als Keime und beschleunigen die Gasabgabe.

f) Eine Schwierigkeit, die bei der Kohlendioxydschweißung durch sorgfältige Vorbereitung der zu schweißenden Nähte vermieden werden kann, ist ihre große Empfindlichkeit gegen *Verunreinigungen* des Werkstückes. Die starke Gasentwicklung beim Schweißen mit Kohlendioxyd dürfte bei Entwicklung zusätzlicher Gase und Dämpfe ihre völlige Entfernung aus den Schmelzbädern verhindern, so daß leicht Porosität erhalten wird.

g) Bei der Kohlendioxydschweißung ergibt sich durch die Bildung nichtmetallischer Desoxydationsprodukte leicht eine geringe *Schlackenmenge* auf der Schweißung. Neue Verfahren, die auf einer *Kombination von Kohlendioxydschweißung und Schlackenbildnern* beruhen, werden in Ziff. 194 diskutiert, vgl. auch Abb. 128 u. 129. Bei diesen Verfahren ergeben sich wesentliche Verbesserungen in der Stabilität des Bogens und im Werkstoffübergang, der nicht mehr in einzelnen, verhältnismäßig großen Tropfen, sondern als sprühregenartiger Übergang erfolgt. Gleichzeitig wird die Spritzerzahl stark verringert und die Abschmelzleistung wesentlich erhöht.

h) Schweißen mit Kohlendioxyd wird wegen der geringen Kosten im Vergleich mit Argon usw. in großem Umfang für *Nichteisenmetalle*, z. B. Aluminiumlegierungen, desgleichen für Magnesium-, Kupfer-, Nickel-, Titan- usw. Legierungen, weiter auch für rostfreie und niedriglegierte Stähle verwendet.

265. Gasgemische. Man versucht hierbei, die Eigenschaften von Gasen durch Zusätze zu verbessern oder die Vorteile verschiedener Gase durch Mischung zu kombinieren. Die wichtigsten Beispiele sind:

a) *Argon mit Sauerstoff.* Bei der Schutzgasschweißung mit Argon hat sich zur Stabilisierung des Bogens ein Zusatz von 1 bis 5% Sauerstoff als zweckmäßig erwiesen. Man erhält dann auch einen verbesserten Einbrand und verbesserten Werkstoffübergang. Der Zusatz von Sauerstoff beträgt üblicherweise bis zu 3% in Europa und 5% in den amerikanischen Staaten. Durch den Sauerstoffzusatz wird erreicht, daß das Zusatzmaterial von der Elektrode zum Schweißbad nicht mehr in verhältnismäßig großen Einzeltropfen wie bei reinem Argon übergeht. Vielmehr erfolgt *sprühregenartiger Übergang*, vgl. die Tab. 19 u. 20. Gleichzeitig ergibt sich eine Verbesserung der Bogenstabilität, eine Abnahme der Spritzerbildung und eine erhöhte Abschmelzleistung. Dieser günstige Einfluß des Sauerstoffes wurde in Ziff. 126 und 201 vorwiegend auf die Erniedrigung der Viskosität und der Oberflächenspannung der Schmelzbäder an der Elektrode und am Werkstück sowie im übergehenden Tropfen zurückgeführt.

Der Sauerstoffzusatz führt andererseits leicht zu Oxydierung. So darf Sauerstoff nicht für Wolframelektroden verwendet werden. Man wird den Sauerstoffzusatz bei Abschmelzelektroden möglichst gering halten, um die *Abbrandverluste* von Legierungsbestandteilen möglichst gering zu halten. Die Abb. 196 gibt einige Versuchsresultate von CHRISTOPHER und BECKER [1] in der Darstellung von WOLFF [2] wieder, die den Verlust von Legierungsbestandteilen in Abhängigkeit vom Sauerstoffgehalt zeigen.

Der Abbrand ist besonders beim Schweißen *rostbeständiger Stähle* erheblich; bei ihnen ist maximal ein Zusatz von 1% Sauerstoff zulässig. Beim Schweißen *unlegierter Stähle* beeinflußt der Abbrand die Festigkeitseigenschaften, kann jedoch auch den Desoxydationsgrad des Stahles so vermindern, daß Porengefahr besteht. In der Regel empfiehlt es sich, den Sauerstoffgehalt nicht über 3% zu steigern.

Der Sauerstoffzusatz zum Argon ist besonders wirksam bei beruhigten und halbberuhigten Stählen. Die Verluste von Mangan und Silizium

liegen zwischen den Verlusten, die bei kurzen bzw. langen Bögen in
Kohlendioxydatmosphäre erhalten werden. Bei Verwendung von 5%
Sauerstoff kann man z. B. bei einer 30fach erhöhten Tropfenzahl gegen-
über reinem Argon ohne Änderung der Stromdichte arbeiten. Auf diese
Weise kann mit größerer Geschwindigkeit geschweißt werden. Die
untere Grenze für die Ausführung von Schweißungen verschiebt sich

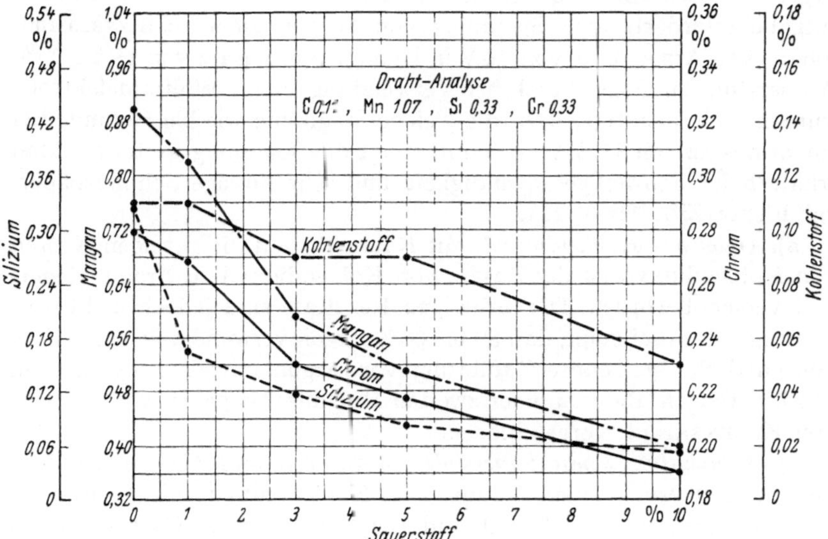

Abb. 196. Einfluß des Sauerstoffgehaltes im Schweißargon auf den Abbrand
von Legierungsbestandteilen

andererseits bei Gegenwart von Sauerstoff zu geringeren Stromdichten,
als bei reinem Argon möglich wäre.

  b) *Argon mit Helium.* Als Gasmischungen zur Kombination der Vorteile beider Gase dienen z. B. 50 bis 80% Helium, Rest Argon, vgl. auch
die Abb. 192 für ein 80/20-Gemisch. Mit diesen Gemischen werden ausgezeichnete Resultate beim Schweißen von Aluminiumlegierungen usw.
mit permanenten und abschmelzenden Elektroden erhalten. Bei Erhöhung des Heliumgehaltes ergibt sich eine verringerte Bogenstabilität
und das Auftreten von Spritzern, ähnlich wie bei Verwendung von
reinem Helium. Die Abschmelzleistungen liegen zwischen den Ergebnissen für reines Argon und reines Helium, Abb. 183 ff. Die Gemische von
50/50 bzw. 80/20 Helium/Argon ergeben gute, porenfreie Schweißnähte
über ein weites Gebiet von Blechdicken, Stromstärken, Spannungen und
Schweißgeschwindigkeiten. Die *Benetzung* des Bleches war bei Versuchen
von DOWD [1] und COLLINS [1] ebensogut wie bei der Verwendung von
reinem Helium und besser als bei reinem Argon. Die Einbrandtiefe in
das Werkstück ist bei derartigen Gemischen größer als bei reinem

Argon. Dies ist im allgemeinen erwünscht, es sei denn, daß es sich um Dünnbleche handelt. Bei Verwendung von Stahl und verschiedenen Mischungsverhältnissen von Argon und Helium ergibt sich auch hier für gerade Polarität eine höhere Abschmelzleistung als für umgekehrte Polarität.

c) Argon mit Wasserstoff. Der Einfluß von Wasserstoffzusatz zu Argon läßt sich am folgenden Beispiel zeigen: Eine bestimmte Schweißaufgabe erforderte eine Spannung von 11 V in einer Schutzgasatmosphäre von Argon und von 16 V in Helium. Bei Zusatz von 15 bis 20% Wasserstoff zu Argon und bei Verwendung einer Wolframelektrode wurden 16 V benötigt, d. h. die gleiche Spannung wie bei Helium. Bei einem Zusatz von 35% Wasserstoff steigt die Spannung weiter an. Man erhält hohe Schweißgeschwindigkeit und sehr flüssige Schmelzbäder, vgl. hierzu Ziff. 221 u. 223.

d) Argon mit Kohlendioxyd. Mit Rücksicht auf die geringen Kosten von Kohlendioxyd ist der Zusatz von Kohlendioxyd zu Argon wiederholt versucht worden. Die bisherigen Resultate sind jedoch nicht sehr ermutigend, es sei denn, daß 80 bis 90% Argon verwendet werden. Eine konzentrische, getrennte Zuführung von Argon mittels Ringdüse um den Lichtbogen, die von einer zweiten Ringdüse umgeben wird, wurde von KALENSKIĬ [1] vorgeschlagen.

e) Kohlendioxyd mit Sauerstoff. SEKIGUCHI und MASUMOTO [1, 2] berichten über die Verwendung von Kohlendioxyd mit Sauerstoff, z. B. im Verhältnis 72,5% CO_2 und 27,5% O_2. Um die Oxydation von Grund- und Zusatzwerkstoff zu kompensieren, werden Abschmelzelektroden verwendet, die erhebliche Mengen von Desoxydationselementen, z. B. Si, Mn, Ti, enthalten. Als Vorteile bei diesem Verfahren werden hohe Abschmelzleistung, tiefer Einbrand, Bildung einer Schlacke aus Desoxydationsprodukten, sehr geringer Wasserstoffgehalt des Schweißgutes und entsprechend günstige Festigkeitswerte angeführt. Dies wird darauf zurückgeführt, daß exotherme Reaktionen zwischen Sauerstoff und den Desoxydationselementen stattfinden, die zu einer Temperaturerhöhung des Bades führen.

2. Einbrandverhalten bei der Schutzgasschweißung

Die Bogenformen für den physikalischen Lichtbogen und für den Schweißbogen sind in den bisherigen Kapiteln wiederholt erwähnt worden. Es soll nun der Zusammenhang der Bogenform mit dem Einbrand in das Werkstück klargestellt werden.

266. Bogenform und Einbrand. Der Einbrand in das Werkstück und die Ausbildungsform der Naht beim Schweißen in Schutzgasatmosphäre hängen von mehreren Faktoren ab. Zu nennen sind (unter Voraussetzung eines quasineutralen, thermischen Plasmas) a) die Schmelzpunkte des Elektrodenmaterials (bzw. des Zusatzdrahtes) und des Werkstückes, b) die Verdampfungstemperatur der Metalle, c) die beim Lichtbogenschweißen auftretenden Kräfte und d) die Diffusionsgeschwindigkeit der vorliegenden Ionen.

Die *Diffusionsgeschwindigkeit* kann bei konstantem Druck dadurch geändert werden, daß verschiedene Gase in den Bogenraum eingeführt werden. Die relativen Diffusionsgeschwindigkeiten ergeben in Edelgasatmosphären: Helium : Neon : Argon : Krypton : Xenon $= 28,2 : 8,9 : 3,2 : 1,7 : 1,0$. Sie nehmen also mit steigendem Atomgewicht ab. Die Plasmaform ändert sich mit der Diffusionsgeschwindigkeit wie folgt: Helium zeigt ein breites, diffuses Plasma, Neon ein engeres Plasma und Xenon das Plasma von geringstem Querschnitt.

Der Durchmesser des Fußpunktes des Schweißbogens bestimmt den Durchmesser des am Werkstück aufgeschmolzenen Schmelzbades, die

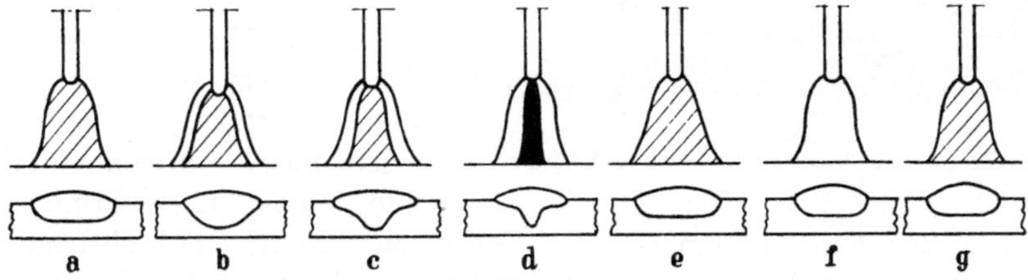

Abb. 197 a—g Bogenformen und Einbrandverhalten bei verschiedenen Schutzgasen und Elektroden
a) Argon, Magnesium, Abschmelzelektrode, b) Argon, Aluminium, Abschmelzelektrode, c) Argon, Kupfer, Abschmelzelektrode, d) Argon, Stahl, Abschmelzelektrode, e) Helium, Stahl, Abschmelzelektrode, f) Argon, Stahl, permanente Elektrode, g) CO_2, Stahl, Abschmelzelektrode

Tiefe des Schmelzbades und damit den Querschnitt der Schweißnaht. Der Querschnitt der Schweißnaht wird weiter vom Vorhandensein oder Fehlen eines Kernes im Lichtbogen bestimmt. Die Abb. 197 gibt nach den Untersuchungen insbesondere von GREENE [1] und CUNNINGHAM und COOK [1] eine Zusammenstellung der unter verschiedenen Bedingungen auftretenden Bogenformen und des resultierenden Einbrandverhaltens für abschmelzende und permanente Elektroden.

Bei einem Schweißbogen mit *abschmelzender Elektrode*, der in einem Schutzgas brennt, werden im allgemeinsten Fall drei Teile unterschieden: Das in Tropfenform übergehende Metall, der ionisierte Metalldampf und das ionisierte Gas. Das Ganze wird durch nichtionisiertes Schutzgas und Luft umgeben. Das übergehende Metall bildet häufig einen aus kleinen Tropfen geschmolzenen Metalls bestehenden Kern. Die Tropfen gehen dabei von der angespitzten Elektrode, wie früher besprochen, aus. Verdampftes Material der Elektrode, des Grundmetalls und der Tropfen wird im Bogenraum ionisiert und mischt sich mit den Ladungsträgern im Bogenraum. Der Bogenraum wird häufig gefärbt. Auf die Bildung von Kratern im Schweißbad wurde bereits oben eingegangen, vgl. Ziff. 137. Beim Schweißen mit *permanenten Elektroden* (ohne

Zusatzdraht) werden nur Metalldämpfe aus dem Werkstück abgegeben. Daneben ergeben sich ionisierte Gase.

Beispiele für Schweißbögen, die zwischen verschiedenen Metallen in *Argon* brennen, werden in den Abb. 197a bis d gebracht. Beim Magnesium mit der niedrigsten Siedetemperatur erfüllt der Metalldampf das ganze Plasma. Der Einbrand ist gleichförmig und besitzt etwa Linsenform. Beim Verschweißen von Stahl mit höherer Siedetemperatur ergibt sich in Argon ein Bogen mit wohl ausgeprägtem, hell leuchtendem Kern, der zu einem Einbrand führt, der aus zwei Teilen zu bestehen scheint, nämlich einem linsenförmigen Anteil und einem fingerförmigen

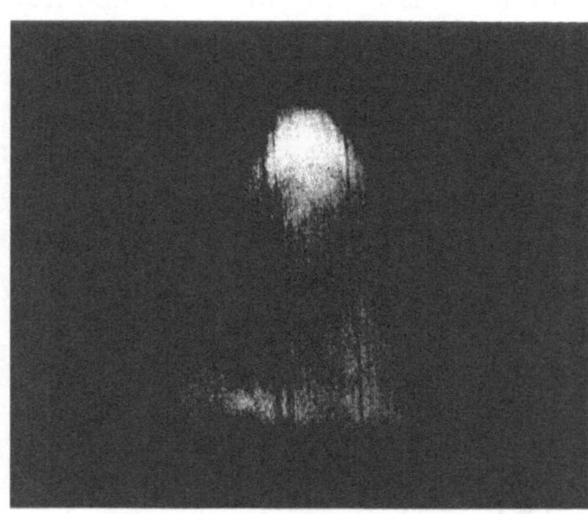
Abb. 198
Lichtbogenschweißen von Aluminium in Schutzgas

Ansatz, der dem Durchmesser des Kernes entspricht. Die Lichtbögen zeigen beim Verschweißen von Aluminium und Kupfer Zwischenformen zwischen Abb. 197a und d. Beim Aluminium ergibt sich wegen seines höheren Siedepunktes und seiner geringeren Diffusionsgeschwindigkeit weniger Metalldampf als beim Magnesium. Der Kern ist angedeutet. Die Abb. 198 und 199 zeigen Aluminium- und Eisenbögen nach GREENE [1]. Beim Verschweißen von Kupfer erhält man bereits einen deutlichen Kern und einen entsprechenden fingerförmigen Einbrand.

Bei Verwendung von *Helium* trägt die höhere Temperatur des Plasmas gegenuber Argon und die höhere Diffusionsgeschwin-

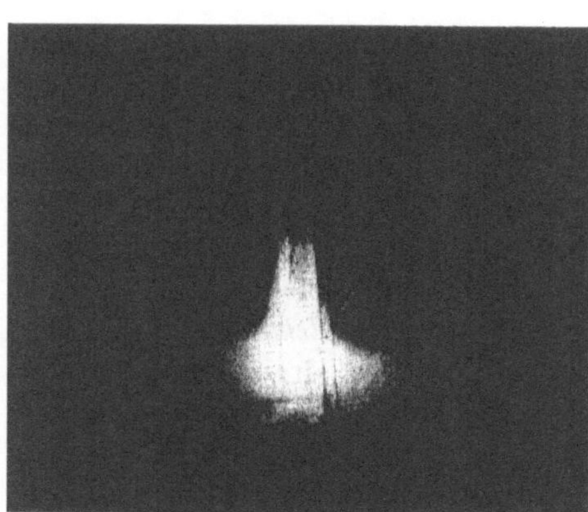
Abb. 199. Lichtbogenschweißen von Stahl in Schutzgas

digkeit der Eisenionen dazu bei, das ganze Plasma mit Eisendampf zu füllen und einen „Metalldampfbogen" zu bilden, Abb. 197e. Der Bogen ist somit kernlos und gibt einen gleichförmigen linsenförmigen Einbrand, der leichter zu entgasen ist als ein fingerförmiger Einbrand. Bei *Zusatz*

von 3 bis 5% Sauerstoff zu Argon ergibt sich ebenfalls ein Kernbogen mit
fingerförmigem Einbrand entsprechend Abb. 197 d. Bei Verwendung
von gerader Polarität wird häufig ein Wandern und Klettern des
Bogens an der Elektrode beobachtet, die nach Ludwig [2] schematisch
in Abb. 200 wiedergegeben sind. Bei umgekehrter Polarität beobachtet
man die Ausbreitung des Bogens auf dem Werkstück. Das Wandern
des Kathodenfleckes wird verringert, wenn
man den Sauerstoffzusatz erhöht.

Beim Schweißen von Stahl unter *Kohlen-*
dioxyd als Schutzgas ergibt sich ein kernloser
Bogen, Farbung des ganzen Bogens und linsen-
förmiger Einbrand nach Abb. 197g. Beim
Schweißen von Stahl mit einer *Wolframelek-*
trode in Argon ergibt sich die Bogenform nach
Abb. 197f. Hier liegen zwar gunstige Bedingungen fur einen Kernbogen vor, jedoch ist
praktisch kein Metalltransport vorhanden, der

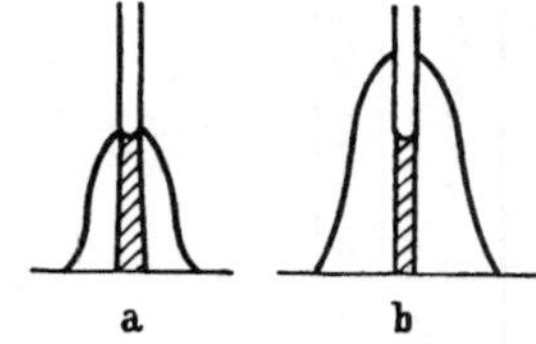

Abb. 200 a u. b Einfluß der Verringerung des Sauerstoffzusatzes
zum Argon auf das Verhalten
des Bogens

a) 3,5% Sauerstoff;
b) 0,9% Sauerstoff

Kernbildung bewirken würde. Der Einbrand ist daher gleichförmig. Bei
Verwendung eines *Kohlebogens* in Luft zeigt sich ein Kern, vgl. die Zeitlupenaufnahmen des Verlöschens von Kohlebögen, die in Ziff. 32 diskutiert wurden. Weiter ergaben der Bogen mit permanenter Metallelektrode in Stickstoff einen Kern und der Bogen mit permanenter
Metallelektrode in Argon keinen Kern.

3. Permanente Elektroden

In Argon und Helium werden Kohleelektroden bzw. hochschmelzende Metalle oder Legierungen verwendet. Auch für die CO_2-
Schweißung dünner Bleche empfehlen Kirdo, Lebedev und Berzin [1]
neuerdings Kohleelektroden.

In Ergänzung von Ziff. 49 sei nun etwas eingehender auf den
Elektronenaustritt aus Metallen und Oxyden eingegangen. Die Flächendichte für den aus einem Metall, Metalloxyd usw. austretenden Elektronenstrom folgt der Beziehung

$$\frac{n\,e}{t\,F} = \frac{I_{th}}{F}.$$ (66)

Hierbei bedeutet n die Zahl der in der Zeit t austretenden Elektronen;
e die Elementarladung; F die Metalloberfläche und I_{th} den Elektronenstrom. Die Flächendichte des Elektronenstromes steigt steil mit
der Temperatur gemäß der *Richardsonschen Gleichung* für die Emission
von Elektronen an:

$$\frac{I_{th}}{F} = A_0\,T^2 \exp\left(-\frac{b}{k\,T}\right).$$ (67)

Tabelle 47. *Rechnungsunterlagen und thermische Elektronenemission einiger Metalle und Metalloxyde*

Metall	Konstante der RICHARDSONSchen Gleichung in $A/cm^2/°K^2$	Elektronen-austritts-potential in V	Schmelzpunkt °K	Siedepunkt °K	Thermische Elektronenemission in A/cm^2	
					am Schmelzpunkt	am Siedepunkt
Gerade Polarität (thermionische Kathode)						
Wolfram .	60	4,54	3650 ± 20	5950	456	467,000
Molybdän	55	4,15	2900 ± 50	5077	27,7	4,660
Tantal	34	4,04	3300 ± 50	4373	361	21,800
Thorium .	6	3,35	2100 ± 50	3273	2,88	6,640
Umgekehrte Polarität						
Aluminium	60	4,25	930	2770	$4,68 \times 10^{-15}$	0,46
Eisen	26	4,48	1800	3008	$4,45 \times 10^{-6}$	33,3
Kupfer	60	4,33	1360	2868	$9,3 \times 10^{-9}$	1,36
Magnesium	60	3,78	926	1375	$1,28 \times 10^{-13}$	$1,4 \times 10^{-6}$
Emission von Metalloxyden						
Magnesiumoxyd (MgO)	60	3,31	3073	3070	$2,13 \times 10^3$	$4,34 \times 10^4$
Aluminiumoxyd (Al_2O_3)	60	3,90	2323	2970	1,13	4,5

Hierin bedeutet A_0 eine Materialkonstante; T die absolute Temperatur; b die Abtrennungsarbeit und k die BOLTZMANNsche Konstante.

Tab. 47 gibt nach GREENE [1] eine Zusammenstellung der Rechnungsunterlagen und der thermischen Elektronenemission für eine Reihe von Metallen und Metalloxyden, die beim Schweißen in Schutzgasatmosphäre von Interesse sind, vgl. auch Tab. 1 u. 6. Bei Gegenwart von Thorium wird das Elektronenaustrittspotential des reinen Wolframs erheblich erniedrigt. Thoriertes Wolfram braucht daher nicht so hoch erhitzt zu werden wie reines Wolfram, um die erwünschte Elektronenemission zu erhalten.

267. TIG-Verfahren. Gesichtspunkte für die Verwendung von Elektroden aus Wolfram oder anderen hochschmelzenden Metallen und Legierungen lassen sich wie folgt zusammenfassen:

a) Ein möglichst hoher *Schmelzpunkt* des Elektrodenmaterials ergibt einen langsamen Verbrauch der Elektrode im Betrieb. URBAIN [1] fand z. B. für Wolfram mit Hilfe von radioaktivem W-187 bei rostbeständigem Stahl einen Verbrauch von 50 μ g/cm

Schweißraupenlänge und 25 μg/cm bei Aluminiumlegierungen; die Elektrodenverluste setzten sich aus Material zusammen, das sich auf dem Blech ansammelte, in das Schweißgut ging oder verdampfte. Die Schmelzpunkte nehmen in der Reihenfolge Wolfram, thoriertes Wolfram (1 bis 2 % Thoriumgehalt), Tantal und Molybdän ab.

b) Der *Strombelastbarkeit* der Elektroden ist eine praktische Grenze gesetzt, da kein Elektrodenmaterial in das Werkstück gelangen darf. Tab. 48 zeigt vorwiegend nach MANTEL [2] die Stromhöchstbelastung von Wolframelektroden unter Argonschutz, die große Unterschiede für gerade und umgekehrte Polarität zeigt. Eine höhere Belastung würde ein Abschmelzen der Elektroden verursachen, vgl. auch Tab. 8.

Tabelle 48. *Stromhöchstbelastung von Wolfram-Elektroden unter Argonschutz*

Elektroden-durchmesser mm	Stromart und Polung		
	Wechselstrom A	Gleichstrom (−) A	Gleichstrom (+) A
0,5	15	20	—
1,0	60	80	—
1,6	120	150	20
2,5	160	300	30
3,2	210	400	40
4,0	275	500	55
4,8	350	800	80
6,5	490	1100	125

c) Eine *Kurzschlußzündung* ist bei Verwendung von Wolfram usw. nicht möglich, da eine Verunreinigung des Schweißgutes vermieden werden soll. Darum wird jetzt meist mit Hochfrequenzzündung gearbeitet.

d) Die *Stromdichte* soll so groß sein, daß in der Nähe der maximalen Kapazität der Elektrode gearbeitet wird. Auf diese Weise wird die Bogenwärme gut konzentriert und es werden eine gute Einbrandtiefe, ein stabiler Bogen und eine große Schweißgeschwindigkeit erreicht. Hierbei soll die freie Länge der Elektrode nach Möglichkeit weniger als 8 bis 10 mm betragen, um die Stromwärmeerhitzung niedrig zu halten.

e) Die Bildung *hochschmelzender Oxyde*, z. B. bei Aluminium, Magnesium und Kupfer erschwert die Wiederzündung bei Wechselstrombetrieb, vgl. die neuen Untersuchungen von NOSKE [1]. Der Bogen hat weiter, z. B. beim Schweißen von Aluminium, die Tendenz, den Wechselstrom gleichzurichten. Wenn etwa eine Elektrode aus Wolfram gegenüber Aluminium verwendet wird, wird bei Polwechsel zu Aluminium eine wesentlich geringere Elektronenabgabe während der nächsten Halbperiode erfolgen. Das Resultat ist nicht nur ein dauerndes Verlöschen des Bogens, sondern auch eine Gleichrichtung des Wechselstromes, die unerwünschte Folgeerscheinungen in der Schweißapparatur, der Einbrandtiefe der Schweißung usw. ergibt. Zur Stabilisierung des Bogens und zur Vermeidung der Gleichrichtung kann hochfrequente Energie überlagert werden, die die Bogenstrecke ionisiert erhält, oder es kann mit höherer Periodenzahl gearbeitet werden. Man kann auch Kondensatoren einschalten, die zur Erhöhung der Spannungsspitzen usw. nach Ziff. 16 dienen.

f) Neben dem Zusatz von Thorium werden auch Zusätze von *Zirkon, Cäsium* oder *Barium* zur Verringerung des Elektronenaustrittspotentials verwendet, die zu erleichterter Bogenzündung, Stabilisierung

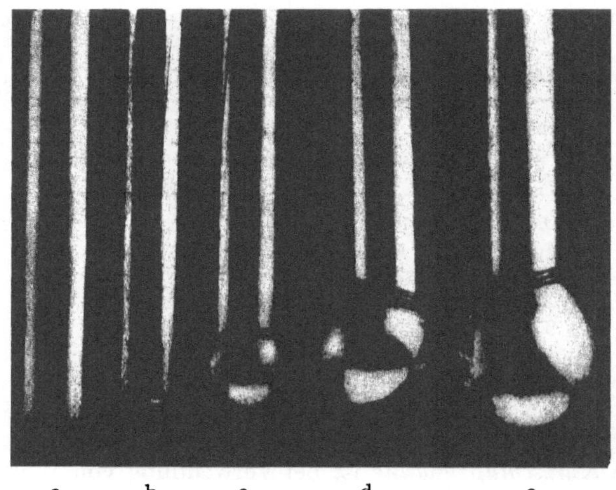

a   b   c   d   e

Abb. 201 a—e. Bildung eines kugelförmigen Ansatzes an einer Wolframelektrode bei Wechselstromschweißung

a) Ursprüngliche Elektrode,   b) Elektrode zu Beginn der Lichtbogenschweißung;   c) Nach 1 sec;   d) Nach 2 sec;   e) Nach 4 sec

des Bogens und verbesserter Belastungsmöglichkeit führen. Man erhält somit bei einer bestimmten Temperatur eine größere thermische Elektronenemission als bei Verwendung von reinem Wolframdraht, und der bei einer Wolframkathode sehr unruhige Kathodenfleck, der auch häufig an der Elektrode heraufklettert, wird bei Verwendung von Wolfram mit Zusätzen von Thorium usw. beruhigt. Hierbei ergibt sich das Auftreten eines Brennfleckbogens nach Ziff. 24 und erhöhte Elektronenemission. Über zahlreiche Anwendungen thorierter Wolframelektroden im Betrieb berichtet z. B. PILIA [1]. Verbindungs- und Auftragschweißungen werden von Hand, halb- und vollautomatisch unter Verwendung von Stromquellen konstanter Spannung und Argon als Schutzgas ausgeführt.

g) Bei vergleichenden Untersuchungen von WINSOR und TURK [1] von Elektroden aus reinem Wolfram und aus thoriertem und zirkoniertem Wolfram konnte die Bildung eines *kugelförmigen Ansatzes* am bogenseitigen Ende der Elektrode, besonders bei Wechselstrom, gut verfolgt werden, vgl. Abb. 201. Man erschwert dadurch die Verunreinigung des Werkstückes durch Elektrodenmetall (erhöhte Oberflächenspannung und verringerte Elektrodenzerstäubung infolge der größeren Fläche für den Ansatz des Bogens) und verlangsamt die Abkühlung während des Periodenwechsels. Besonders günstig sind Elektroden mit Zirkonzusatz, die den größten Kugeldurchmesser ergeben. Als Betriebsbeispiel mögen die folgenden Zahlenangaben dienen: Bei einer thorierten Wolframelektrode von 1,6 mm Dmr. ergibt sich in Argonatmosphäre im Abstand von 0,8 mm von der Elektrodenspitze eine Temperatur von 2925 °C, wenn 100 A und 250 mm/min Schweißgeschwindigkeit verwendet werden.

4. Abschmelzelektrode

Beim Schweißen mit Abschmelzelektroden unter Gasschutz tritt im Vergleich zum Schweißen mit permanenten Elektroden als zusätzlicher Faktor der durch die Lichtbogenkräfte bedingte Übergang des Elektrodenwerkstoffes auf. Er wird vom Schmelzbad E an der Elektrode in Form geschmolzener Tropfen T zum Schmelzbad W am Werkstück übertragen, vgl. die eingehende Diskussion in Ziff. 121, 162 und 204. Man verwendet die Abschmelzelektroden sowohl beim Schweißen mit Edelgasen als auch in Kohlendioxydatmosphäre.

268. MIG-Verfahren und Kohlendioxydschweißung. Man kann für Abschmelzelektroden unter Edelgasschutz etwa doppelt so hohe *Stromdichte* als für permanente Elektroden anwenden, da die Stromdichte nicht mehr durch die Schmelztemperatur der Wolframelektrode begrenzt wird. Bei der Elektrode am Pluspol wird eine starke Wärmekonzentration am Blech ermöglicht. Sie bewirkt einen tiefen Einbrand in das Werkstück und eine enge Schweißung. Die wärmebeeinflußten Zonen erhalten geringe Ausdehnung, und die Verwerfung des Bleches wird sehr gering gehalten. Die Schweißung mit Abschmelzelektroden kann für *dickere Bleche* verwendet werden, als mit permanenter Elektrode erreichbar.

Beim Schweißen unter Edelgasschutz erfolgt der Werkstoffübergang sprühregenartig und ergibt bei umgekehrter Polarität weniger Spritzer. Bei gerader Polarität erfolgt der Werkstoffübergang in Form einzelner Tropfen und größerer Stücke der Elektrode, so daß die Abschmelzleistung höher als bei der permanenten Elektrode ist, vgl. die Abb. 183 und 184. Entsprechend wird für Verbindungsschweißungen meist umgekehrte und für Auftragschweißungen gerade Polarität verwendet. Im letzteren Fall kann man eine sehr geringe *Auftraglegierung* (dilution) erreichen, so daß das Schweißgut vorwiegend aus Zusatzwerkstoff besteht. Gleichzeitig ergibt sich bei der geringeren Überhitzung ein verringerter Abbrand von Legierungselementen.

Verbessert man das *Leitvermögen im Bogenraum* durch Zusatz von Spurenelementen bei der Elektrode, so erhält man beim Schweißen von Stahl in Argonatmosphäre die in Abb. 202 nach CAMERON und BAESLACK [1] wiedergegebenen Resultate. Bei der Elektrode am Minuspol ergeben sich auch hier eine höhere Abschmelzleistung und eine geringere Einbrandtiefe als bei umgekehrter Polarität. Die schematische Abb. 203 nach CAMERON und BAESLACK [1] zeigt den Einfluß von 5 % Sauerstoffzusatz zu Argon und weiter den Einfluß des Zusatzes von Spurenelementen bei Anwendung einer stabilisierten Stahlelektrode. Das Wandern des Brennfleckes auf der Elektrodenoberfläche und das Klettern des Bogens an der Elektrode werden beseitigt, und die Bogenlänge nimmt ab. Gleichzeitig wird die Ansatzfläche des Lichtbogens an der Elektrode verkleinert. Das bogenseitige Ende der Stahlelektrode, das zunächst unregelmäßige Gestalt besaß, erhält bei *c* Kegelform, vgl. Abb. 79, während bei *d* der Durchmesser der Elektrode bis zur Ansatzstelle des Bogens unverändert bleibt. Der Sauerstoffzusatz ergibt zwar einen verbesserten Einbrand, jedoch muß mit erhöhter Spannung gearbeitet werden. Bei Verwendung von Spuren metallischer Oxyde auf der Elektrodenoberfläche kann selbst bei gerader Polarität ein kurzer Bogen mit geringer Spannung verwendet werden, wobei der sprühregenartige Werkstoffübergang und das Minimum an Spritzern erhalten werden. Der Bogen brennt nun sehr ruhig, praktisch ohne Turbulenz, so daß auch der Verbrauch an Schutzgas wesentlich verringert wird. Das MIG-Verfahren eignet sich, wie wiederholt ausgeführt, für die Schweißung von Metallen mit hohen Schmelzpunkten, z. B. *Zirkon, Hafnium, Titan* usw. Über neue Untersuchungen zur Verschweißung von *Molybdän* berichten WEARE, MONROE und MARTIN [1]. Eine Übersicht über Vorsichtsmaßnahmen beim Verschweißen einiger hochfeuerfester und korrosionswiderstehender Metalle, z. B. Schweißen im *Vakuum* oder in Behältern mit Schutzgas, wird von WEARE und MONROE [1] gegeben.

Das Schweißen unter *Kohlendioxyd*, das ausschließlich mit Abschmelzelektrode vorgenommen wird, wurde bereits in Ziff. 264 diskutiert. Der Unruhe des Bogens im Kohlendioxyd unter starker Sprit-

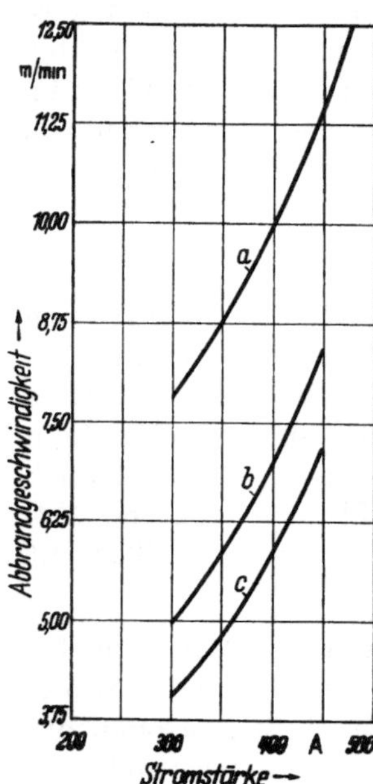

Abb. 202. Einfluß von Spurenelementen auf die Abbrandgeschwindigkeit von nackten Abschmelzelektroden; Stahl; 1,6 mm Dmr.; 99,8% Argon *a* Nichtstabilisierte Elektrode, gerade Polarität; *b* Stabilisierte Elektrode, gerade Polarität; *c* Nichtstabilisierte Elektrode, umgekehrte Polarität

zerbildung kann durch hohe Stromdichte und geringe Bogenlänge entgegengewirkt werden. Auf die Bedeutung einer konstanten Bogenlänge wurde bereits hingewiesen, desgleichen auf die Einstellung der

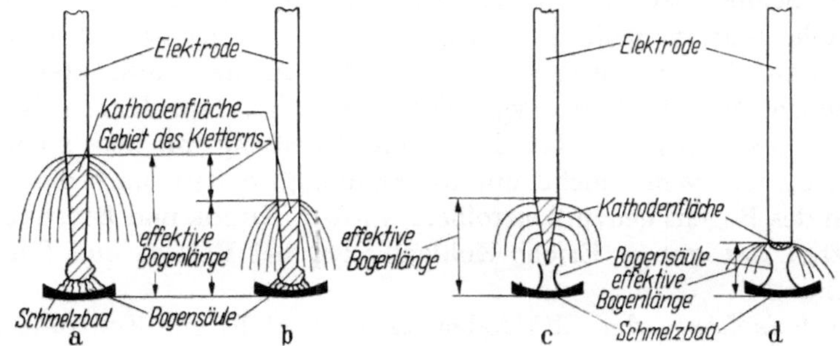

Abb. 203 a—d. Bogenformen und Kathodenansatz für Stahlelektroden bei verschiedenen Schweißbedingungen; Minuspolung

a), b) Grenzwerte für das Klettern des Lichtbogenansatzes bei nichtstabilisierter, nackter Elektrode, 100% Argon, c) Zusatz von 5% Sauerstoff zu Argon, d) Stabilisierte Elektrode in reinem Argon

Zusammensetzung der Elektrode entsprechend dem Abbrand von Legierungselementen. Die Kombination von Kohlendioxydschweißung mit Schlackenbildnern wurde in Ziff. 194 besprochen.

5. Spezielle Anwendungen

Hier werden die Lichtbogen-Punktschweißung unter Schutzgas und die gleichzeitige Verwendung von zwei Lichtbögen bei der Auftragschweißung kurz behandelt.

269. Punktschweißung und Verwendung von zwei Lichtbögen. Die *Punktschweißung* unter Schutzgas wird z. B. von PILIA [1], BOLLENRATH [1], BRAGARD [1] und COPLESTON und GOURD [1] besprochen. Sie kann mit permanenter und mit abschmelzender Elektrode vorgenommen werden. Im ersteren Fall wird häufig ein Zusatzdraht verwendet. Wesentlich ist, daß die Schweißung nur von einer Seite des Werkstückes aus durchgeführt wird, d. h. daß keine Gegenelektrode wie bei der Widerstandsschweißung benötigt wird.

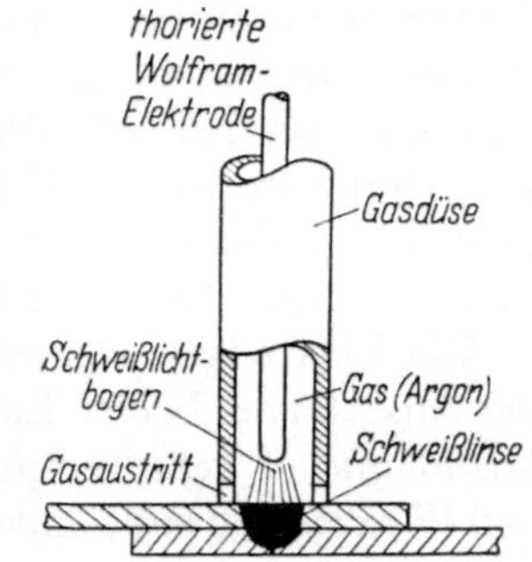

Abb. 204. Lichtbogenpunktschweißung mit permanenter Elektrode

Auf diese Weise besteht die Möglichkeit, Materialien verschiedener Dicke, sperrige Teile und auch verschiedenartige Metalle miteinander zu verbinden. Abb. 204 zeigt nach BRAGARD [1], daß der unter Schutzgas brennende Bogen die zu verbindenden Teile von oben aufschmilzt und so die erwünschte Verbindung herstellt. Die Punktschweißung findet Verwendung z. B. für rostbeständige Stähle, niedriglegierte

Stähle und beruhigtvergossene Kohlenstoffstähle sowie Aluminium und Messing. Bei der Argonpunktschweißung arbeitet man mit konstanter Spannung und sehr kurzer Brenndauer des Lichtbogens.

Das Schmelzbad W am Werkstück bildet sich bei stillstehender Elektrode sehr schnell. Es entwickelt sich momentan ein starker Wärmestau, der zu schneller Erhitzung des an die Schweißstelle angrenzenden Metalls führt, vgl. Ziff. 243, Abb. 170. HACKMAN [1] erreichte beste Resultate bei der Punktschweißung mit abschmelzender Elektrode, wenn nicht nur die Zündung, sondern auch das Verlöschen des Bogens genau kontrolliert wurden. KEHOE und BICHSEL [1] benutzten mit gutem Erfolg Kohlendioxyd bei Bolzen- und Punktschweißungen.

Die *freie Länge* der Elektroden kann ebenfalls zur Kontrolle der Auftraglegierung verwendet werden: So ergibt sich bei Erhöhung der freien Elektrodenlänge von 18 auf 37 mm eine Erhöhung des von der Elektrode sekundlich abgeschmolzenen Materials um 35%. Gleichzeitig werden dabei eine Abnahme der Auftraglegierung und der Einbrandtiefe erreicht. Andererseits treten leicht eine weniger vollkommene Benetzung und eine größere Überhöhung der Schweißnaht auf.

Die Verwendung von *zwei Lichtbögen*, die gleichzeitig brennen, erfolgt häufig bei *Auftragschweißungen*. Auf diese Weise wird erreicht, daß das Schmelzbad W am Werkstück eine große Ausdehnung, jedoch nur geringe Tiefe besitzt. Die Eigenschaften des Auftragmetalls werden dann nur wenig durch die Vermischung mit dem aufgeschmolzenen Grundwerkstoff verändert. Eine Auftraglegierung ist besonders dann unerwünscht, wenn das Auftragmaterial nur in sehr dünner Schicht verwendet werden soll. Die Auftraglegierung nimmt in der Reihenfolge der Schutzgase Argon, Helium, Kohlendioxyd zu. Beste Resultate für die Auftragschweißung ergeben sich mit gerader Polarität oder Wechselstrom, geringer Stromstärke und langen Lichtbögen.

Die Lichtbögen können z. B. in Serienschaltung betrieben werden. Der Abstand der beiden Lichtbögen voneinander wird dadurch begrenzt, daß möglichst kein Temperaturabfall zwischen ihren Fußpunkten am Bad W auftreten soll; andererseits soll der Abstand zwischen den Bögen hinreichend groß sein, um Überhitzung des Bades W und damit Verluste von Legierungselementen und wechselnde Festigkeitswerte zu vermeiden. Die *Oszillierung* der Schweißköpfe senkrecht zur Schweißrichtung oder eine ähnliche Anordnung ergibt eine größere Breite und größere Gleichförmigkeit der Schweißung. Es werden dann minimale Auftraglegierung und Einbrandtiefe bei sehr hohen Abschmelzleistungen sowohl in Argon als auch in Kohlendioxyd erhalten, vgl. z. B. TYBUS [2]. Verschiedene Anordnungen der beiden Lichtbögen werden in Ziff. 308 besprochen.

D. Unterpulverschweißung

270. Übersicht. Es sei auf die folgenden Abschnittsziffern verwiesen, die sich mit der Grundlagenforschung zur Unterpulverschweißung befassen:

35	Erhöhung der Bogentemperatur bei UP-Schweißung	121	Kräfte beim Übergang des Werkstoffes
55	Schweißmittel	196	Werkstoffübergang
61	Stromwärmeerhitzung (Elektrode)	207	Metall- und Schlackenbäder
75	Widerstandserwärmung (Schlacke)	222	Entgasung und Porosität
76	Elektro-Schlacke-Schweißung	229	Einführung von Legierungselementen
87	Exotherme Reaktionen		
101	Blaswirkung	240	Energiebilanz
110	Grabende Wirkung des Bogens	255	Abschmelzleistung
111	Stabilisierung des Bogens		

271. Allgemeine Gesichtspunkte. Es wurde bereits gezeigt, daß bei der Unterpulverschweißung der Lichtbogen zwischen einer nackten Elektrode und dem Werkstück brennt und daß die Zündung des Bogens unter einem pulverförmigen Schweißmittel erfolgt, das auf die zu schweißenden Werkstücke aufgebracht wird. Das Schweißpulver schmilzt in Bogennähe und bindet oder löst unerwünschte Materialien. Es wird eine Schlacke auf den Schmelzbädern gebildet. Gleichzeitig werden der Bogenraum und die Schmelzbäder der Einwirkung der Atmosphäre entzogen, vgl. Abb. 86. Bei der UP-Schweißung treten weder Rauch noch Spritzer auf, und der Schweißer wird vor der Strahlung des Lichtbogens geschützt.

Wenn die *Beobachtung des Lichtbogens* und des Schweißvorganges gewünscht werden, so arbeitet man mit Verfahren, bei denen anstelle einer starken Pulverschicht nur eine dünne Schweißmittelschicht verwendet wird. Die Schwierigkeit ist, daß die Schlackendecke sehr dünn wird und verhältnismäßig schnell erstarrt.

UP-Schweißungen werden überwiegend mit Hilfe von Vollautomaten oder Halbautomaten, vereinzelt auch von Hand, durchgeführt. Eine Zusammenstellung von halbautomatischen Apparaturen findet sich z. B. bei GÜNTHER und Mitarbeitern [1]. Abb. 205 zeigt nach WILSON [1] die Verwendungsbereiche verschiedener Unterpulvermethoden für das Schweißen von Stahl. Man benutzt für die UP-Schweißung Gleich- oder Wechselstrom. Bei Verwendung von Gleichstrom und umgekehrter Polarität wird auch hier ein tieferer *Einbrand* als bei gerader Polarität erhalten. Die größte *Abschmelzleistung* ergibt sich auch hier bei der Elektrode am Minuspol, vgl. Ziff. 255c.

272. Zur Geschichte der Unterpulverschweißung. Es seien hier in Ergänzung der Ausführungen in der Einleitung einige Angaben aus der persönlichen Erfahrung des Verfassers zur Entwicklung der UP-Schweißung in den USA mitgeteilt. ROBINOFF, PAINE und QUILLEN [1]

beschreiben in ihrem Patent das Verfahren, das heute als „UP-Schweißung" bezeichnet wird: Die nackte Elektrode wird in das Pulver eingeführt, das sich auf der zu schweißenden Naht befindet, und der
Lichtbogen brennt unterhalb des Pulvers. Die Zusammensetzung des

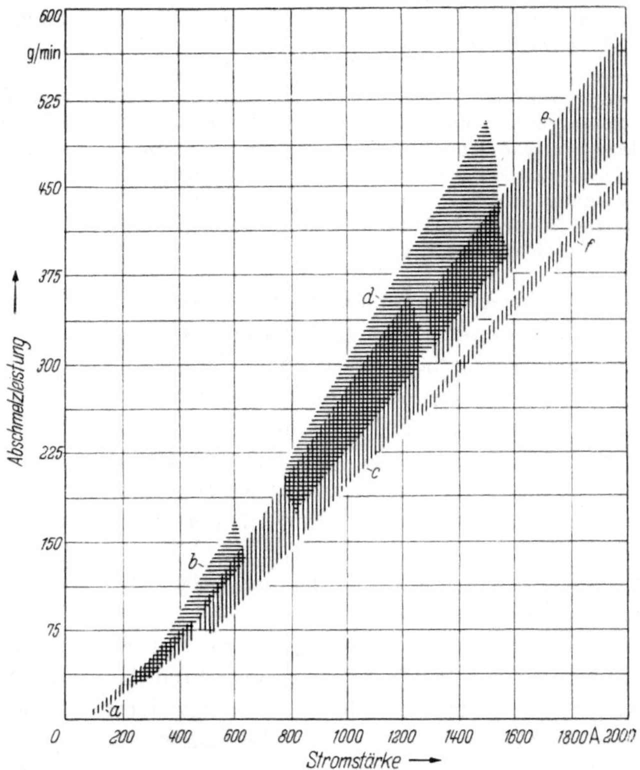

Abb. 205. Schematische Darstellung der Abschmelzleistung bei verschiedenen Formen der UP-
Schweißung von Stahl; die niedrigeren Werte in jedem Einzelbereich beziehen sich auf umgekehrte,
die höheren Werte auf gerade Polarität; einzelne Elektroden besitzen für Wechselstrom bei hoher
Stromstärke großen Durchmesser; die Tandemanordnung der Lichtbogen (Ziff. 308) bei Wechselstrom gilt für großen und kleinen Durchmesser

a Handschweißung, alle Größen und Methoden;   b Halbautomatische Schweißung, Gleichstrom,
2,0 bis 2,4 mm Dmr.;   c Eine Elektrode, Gleichstrom, 2,0 bis 5,6 mm Dmr.;   d Doppelkopf-
schweißung, Gleichstrom, 2,4 bis 3,2 mm Dmr.;   e Lichtbogen in Tandemanordnung, Wechselstrom,
3,2 bis 4,8 mm Dmr ;   f Einzelne Elektrode, Wechselstrom, 8,0 bis 9,6 mm Dmr.

Schweißpulvers wird im Patent von ROBINOFF, PAINE und QUILLEN
nicht angegeben. Alle Interessenten auf diesem Gebiet mußten Lizenzen
unter diesem Patent bzw. entsprechenden Auslandspatenten nehmen,
z. B. Western Pipe & Steel Co., Linde Air Products Co., Lincoln Electric Co. und der Verfasser. In der Zwischenzeit hat es sich, wie hier
in der Einleitung erwähnt, herausgestellt, daß SLAWJANOW [1, 2]
bereits unter Glaspulver geschweißt hatte, somit als Vorläufer des
ROBINOFF-Patentes gelten kann. Leider war dieser Umstand damals

in den USA nicht bekannt und verursachte erhebliche Kosten für alle Beteiligten.

Das Vorhandensein eines Lichtbogens unter dem Pulver ist beim Schweißen nach ROBINOFF, PAINE und QUILLEN klar erkennbar, da Dampf und Spritzer, gelegentlich auch ein Lichtbogen, oberhalb der Pulverschicht in Erscheinung treten. Eine Verbesserung der Schweißmittel für das ROBINOFF-Verfahren wurde auf Anregung von Herrn Direktor L. W. DELHI der Western Pipe & Steel Co. durch JONES, KENNEDY und ROTERMUND im Betrieb der Western Pipe & Steel Co. in South San Francisco, Calif., USA, ausgearbeitet, die zu einer Patentanmeldung führte. Nachdem Western Pipe & Steel Co. und die Erfinder sich nicht einigen konnten, wurde die Patentanmeldung von Union Carbide and Carbon Research Laboratories, Inc., New York, einem Zweigbetrieb der „Linde Air Products Co.", New York, erworben.

Etwa zur gleichen Zeit brachte der Verfasser ein von ihm entwickeltes, praktisch glasfreies, auf Tonerdesilikaten beruhendes Schweißmittel für Unterpulverschweißung zur Western Pipe & Steel Co., das zu einem Patent führte [1]. Dieses Schweißmittel wurde in großem Umfang zunächst in den Vereinigten Staaten verwendet, z. B. beim Bau des Grand Coulee-Dammes, beim Shasta-Damm, bei der Herstellung von Rohrleitungen, Flugzeugträgern usw., vgl. Ziff. 293.

Die erstgenannte, von LINDE erworbene Patentanmeldung von JONES, KENNEDY und ROTERMUND führte zu dem USA-Patent [1] und Auslandspatenten, z. B. [2, 3]. Wesentlich ist die Angabe von JONES und Mitarbeitern, daß beim UP-Schweißen *nicht der übliche Lichtbogen* auftritt, sondern daß die Erhitzung des Schweißmittels, des Elektrodenendes und des Werkstückes gegenüber der Elektrode vorwiegend durch *Widerstandserhitzung* erfolgt. Das Patent von JONES zusammen mit der Lizenz unter dem ROBINOFF-Patent sowie eine Reihe von Zusatzpatenten, die sich auf Apparaturen zur praktischen Durchführung dieses Verfahrens beziehen, wurden unter den Handelsnamen „UNIONMELT"- bzw. „ELLIRA"-Verfahren zusammengefaßt, unter denen Lizenzen erteilt wurden.

Die Frage, ob ein Lichtbogen bei der Unterpulverschweißung vorliegt, wurde (wie bereits in Ziff. 75 und 196 erwähnt) in dem Sinne entschieden, daß beim UP-Schweißen tatsächlich ein Schweißlichtbogen vorhanden ist. Untersuchungen hierzu liegen z. B. von TANNHEIM [1] vor, in denen gezeigt wird, daß bei der UP-Schweißung nur wenige Prozent der Stromleitung durch die flüssige Schlacke erfolgen. Die Ergebnisse von TANNHEIM wurden durch eingehende, neuere Untersuchungen, zu denen auch der Verfasser [6] beitragen konnte, bestätigt. B. E. PATON gibt nach POGODIN-ALEXEJEW [1] auf Grund seiner Untersuchungen einen Wert von etwa 1% als den Anteil der Stromwärmeerhitzung der geschmolzenen Schlacke während der UP-Schweißung an, vgl. auch E. O. Paton [1]. In Abb. 206 wird ein schematischer Querschnitt durch ein Schmelzbad nach Mantel und Wolff [3] wiedergegeben, bei dem der bei hoher Temperatur neben dem Lichtbogen auftretende *Nebenschlußstrom* durch die Schlacke angedeutet ist, der zum Anschmelzen der Nahtränder durch Widerstandserhitzung führt. Die Schweißnaht wird dadurch verbreitert und ihre Einbrandform erhält eine Mittelstellung zwischen den Einbrandformen bei Helium- und Argonbögen der Abb. 197.

Die Literatur zur UP-Schweißung ist sehr umfangreich. Von neueren zusammenfassenden Arbeiten seien die Veröffentlichungen von Erdmann-Jesnitzer [1], Wolff [1], Komers [2], Mantai [1], Mantel und Wolff [1, 4], Pogodin-Alexejew [1], B. E. Paton [1], Wilson [1], Malisius [2], Mantel [2], E. O. Paton [1] und Zeyen [9] genannt.

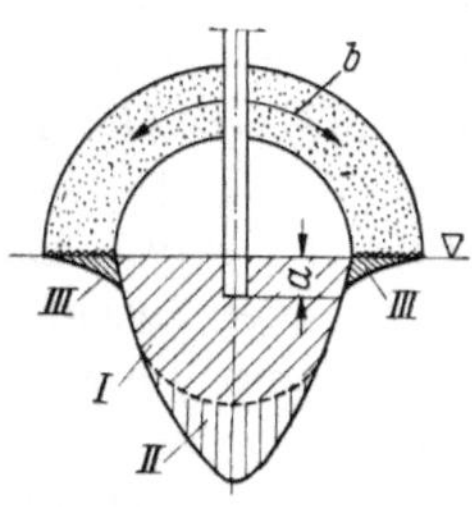

Abb. 206. Einbrandformen des Lichtbogens:

I Primärer Einbrand; *II* Sekundärer Einbrand; *a* Zwangslenkung der Lichtbogenwirkung; *b* Stromkomponente über die Schlacke; *III* Anschmelzen der Einbrandränder durch den Schlackenstrom

1. Durchführung der UP-Schweißung

Die UP-Schweißung wird vorwiegend mit abschmelzender Elektrode vorgenommen, doch spielt auch heute noch die Kohleelektrode eine erhebliche Rolle. Man kann daher die UP-Schweißung nach Art der Elektroden wie folgt einteilen:

273. Permanente Elektroden. Man verwendet in der Hauptsache vollautomatischen Betrieb mit einer Kohleelektrode zum Schweißen von Stahl und Nichteisenmetallen, wie Legierungen von Aluminium, Kupfer, Nickel und Molybdän. Hierbei gelten ebenfalls die in Ziff. 257 und 267 besprochenen Gesichtspunkte für das Schweißen mit nackten Kohleelektroden und mit Kohleelektroden in Schutzgasatmosphäre, jedoch wird beim UP-Schweißen eine vollkommenere Schutzwirkung ermöglicht, so daß Bleche bis zu 20 mm Stärke mit dem Kohlebogen verschweißt werden können. Die Zusammensetzung der Schweißmittel richtet sich nach der chemischen Analyse der Metalle. Sie ähnelt nach Olschanski [1] der Zusammensetzung der Schweißmittel für abschmelzende Elektroden, Ziff. 296, und wird daher hier nicht gesondert behandelt. Häufig wird neben einem pulverförmigen Schweißmittel bzw. anstelle des Pulvers ein faserartiges Schweißmittel oder eine Paste verwendet, je nachdem, ob mit dicker oder dünner. Schlacke gearbeitet werden soll.

Die Schweißung mit dem Kohlebogen erfolgt mit der Elektrode am Minuspol oder mit Wechselstrom bei etwa 19 bis 25 V. Vielfach werden Zusatzwicklungen zur magnetischen Stabilisierung des

Lichtbogens eingeschaltet. Das freie Elektrodenende hat nur etwa 35 bis 50 mm Länge, so daß mit hoher Stromdichte gearbeitet werden kann. Auch hier werden mitunter Schweißmittel eingesetzt, die zur Übertragung von Legierungselementen in das Schweißgut dienen.

Ein Vorteil des Kohlebogens unter Pulver ist seine hohe Stabilität, die besonders bei Wechselstromschweißung in Erscheinung tritt: Die Kohle kühlt sich beim Periodenwechsel nur langsam ab. Hierdurch bleibt die Ionisation des Lichtbogenraumes längere Zeit bestehen, so daß Wiederzündung leicht erfolgt, vgl. z. B. die Untersuchungen von OLSCHANSKI [1]. Die Wärmeleitzahl der flüssigen Schlacke ist sehr gering, so daß ihre Temperatur während des Periodenwechsels nur langsam abnimmt. Weiter ist die elektrische Leitfähigkeit des Schlackenbades nur gering, so daß der durch die Schlacke nach Abb. 206 geleitete Strom im Vergleich mit dem Strom durch den Lichtbogen praktisch keine Rolle spielt.

Hochschmelzende Metalle, wie Wolfram usw., lassen sich bisher nicht als Elektroden für die Unterpulverschweißung verwenden, weil die im Schweißmittel vorhandenen Oxyde zu einer schnellen Zerstörung der Elektrode führen würden. Es sind Arbeiten im Gange, um *Schweißmittel* zu entwickeln, die *frei von Sauerstoff* sind und bei denen genügend Metalldampf entwickelt wird, um auch hochschmelzende Metalle als permanente Elektroden verwenden zu können. Interessant ist auch ein Vorschlag von TSCHELNOKOW [1], die Vorteile der permanenten und der abschmelzenden Elektroden dadurch zu *kombinieren*, daß durch eine Bohrung in der Achse der Kohle ein Metalldraht eingeführt wird.

274. Abschmelzelektroden. Als ein Hauptvorteil des Unterpulverschweißens mit Abschmelzelektrode ist seine Anpassungsfähigkeit an verschiedenartige Schweißbedingungen zu nennen. Man kann mit hoher Geschwindigkeit und hoher Stromstärke sowohl Stahl als auch Nichteisenmetalle verschweißen, ohne die Stabilität des Bogens zu verschlechtern. Abb. 207 zeigt nach PHILLIPS [1] schematisch die technische Durchführung des Schweißens mit Abschmelzelektroden. Wie bereits diskutiert, lassen sich für gegebene Bedingungen in den meisten Fällen sehr gut aussehende und leicht reproduzierbare Schweißungen erzielen, die ausgezeichnete Festigkeitswerte ergeben. Eine vollautomatische, ortsfeste Anlage besitzt ein großes Gewicht und einen erheblichen Umfang. Fahrbare Spezialapparaturen für vollautomatisches UP-Schweißen sowie Apparaturen zum halbautomatischen Schweißen (gelegentlich auch zum Handschweißen) können für die meisten Werkstückteile verwendet werden, desgleichen für Werkstücke, bei denen die Naht eine unregelmäßige Form besitzt, vgl. die Abb. 180 und 181.

· Die Spannungen beim UP-Schweißen betragen im allgemeinen 20 bis 25 V (mitunter bis zu 70 V), die Stromstärke beträgt bis zu 5000 A,

die Stromdichte bis zu 250 A/mm², der Elektrodendurchmesser bis
15 mm und die Schweißgeschwindigkeit bis etwa 8 m/min. Die Lichtbogenzündung erfolgt durch Kurzschluß von Elektrode und Werkstück
bzw. durch Einbringen von etwas Stahlwolle oder einem Metalldraht
zwischen Elektrode und Werkstück. Beim Einschalten des Stromes
schmelzen die Stahlwolle oder der Draht, und es werden genügend
Ladungsträger in den Bogenraum eingeführt, um den Lichtbogen einzuleiten und aufrechtzuerhalten. In gleicher Weise wirkt die *Verkupferung des Elektrodendrahtes*, die gleichzeitig als Schutz gegen Rost

Abb 207. Herstellung einer V-Naht durch UP-Schweißung, Bewegung in Pfeilrichtung
A Elektrode; *B* Werkstuck, *C* Zufuhr von Schweißmittel, *D* Granuliertes Schweißmittel, *E* Blech;
F Schweißnaht, *G* Schlacke und fertige Naht, *H* V-formige Schweißfuge (falls notig), *I* Kupferschiene (falls notig), *K* Erdleitung, *L* Stromzufuhrung zur Elektrode

und zur Verbesserung des Kontaktes bei der Stromzufuhr dient. Andere
Methoden der Zufuhr von Ladungsträgern in den Bogenraum und die
Überlagerung von Hochfrequenz wurden bereits oben besprochen, vgl.
auch die neuen Untersuchungen von LESKOW [1] zur Zündung von
Wechselstrombögen.

Eine direkte Beobachtung des *Werkstoffüberganges* ist nach Ziff. 196
bei der UP-Schweißung bisher nicht möglich gewesen. Es liegen nur
vereinzelte Beobachtungen des Schweißlichtbogens und Oszillogramme
vor, die darauf schließen lassen, daß auch hier Kurzschlußübergang,
Übergang in Einzeltropfen und sprühregenartiger Übergang auftreten.
Auch bei der UP-Schweißung dürfte für den Werkstoffübergang mit
wachsender Energiezufuhr ein *kritischer Wert* erreicht werden, bei dem
ein Umschlag vom großtropfigen Werkstoffübergang zum sprühregenartigen Übergang bzw. umgekehrt stattfindet. Der kritische Wert wird
jedoch bei der UP-Schweißung bei geringeren Strom- und Spannungswerten als beim Schweißen mit nackter Elektrode und in Schutzgasatmosphäre beobachtet. Die Ursache dürfte darin zu suchen sein, daß
beim Schweißen unter Pulver die Verluste der zugeführten Energie

durch Strahlung, Leitung usw. wesentlich geringer sind als bei anderen
Verfahren der Lichtbogenschweißung, vgl. die Diskussion der Energiebilanz in Ziff. 240. Das Bestreben geht heute bei der UP-Schweißung
dahin, hohe Stromdichte bei geringem Elektrodendurchmesser (ähnlich, wie bei der Schutzgasschweißung dargestellt) zu verwenden, um
einen brennflecklosen Bogen, einen sprühregenartigen Werkstoffubergang und eine hohe Abschmelzleistung zu erzielen.

Die *Polung* der Elektrode spielt bei der UP-Schweißung eine ahnliche Rolle wie bei der Schutzgasschweißung. Abb. 208 zeigt nach MANTEL [2] die Abschmelzleistung bei verschiedener Polung der Elektroden. Bei gerader Polaritat ergibt sich zunachst bei gerin-

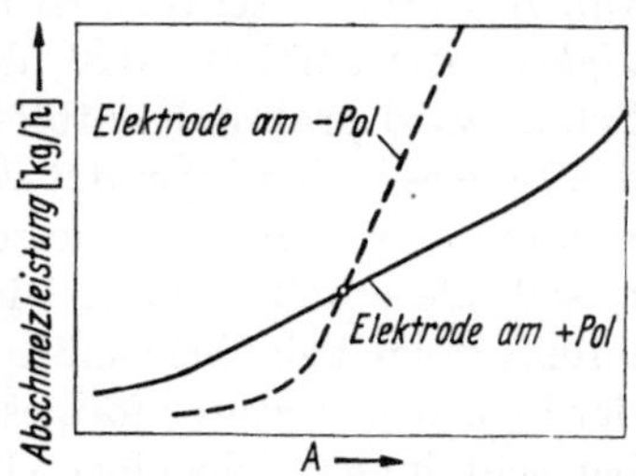

Abb 208 Abschmelzleistung und Polung
beim UP-Lichtbogenschweißen

gen Stromstarken ein langsamer Anstieg der Abschmelzleistung, der
erst bei höheren Stromstarken, bei denen große Brocken von der Elektrode abschmelzen können, wesentlich steiler ansteigt als bei umgekehrter Polarität.

Die *freie Länge der Elektrode* zwischen Lichtbogen und Strom-
zufuhrungsbacken und die *Hohe der Schweißmittelschicht* über dem Blech
werden konstant gehalten, um Schwankungen in der Stromwärmeerhitzung auszuschließen. Nach WOLFF [1] ergibt eine Zunahme der *Stromstärke* von 10 A eine um 2,5 % größere Abschmelzmenge und eine um
2 % stärkere Aufschmelzung des Grundwerkstoffes. Tab. 49 zeigt nach
MANTAI [1] den Einfluß der *Spannung* des Lichtbogens auf die Einbrandtiefe, die Breite und Überhöhung der Naht und den Anteil des
Grundmaterials im Schweißgut. Bei Erhöhung der Spannung wächst

Tabelle 49. *Einfluß der Lichtbogenspannung auf die Form und Zusammensetzung
der Naht, Elektrode kohlenstoffarmer Draht, 5 mm Dmr , 700 A, Schweißgeschwindigkeit 20 m/h, Schweißmittel AN-3, bimssteinartig*

Lichtbogen-spannung U in V	Einbrand-tiefe h_n in mm	Nahtbreite b in mm	Nahtuber-wolbung h_b in mm	$\dfrac{b}{h_n}$	$\dfrac{b}{h_b}$	Flache der Auf-schmelzung F_o in mm²	Anteil des Grund-materials im Schweißgut in %
20—22	6,5	15	4	2.3	3,7	—	—
24—26	7	18	3,5	2,6	5,1	62	58
28—30	7	19	3	2,7	6,3	—	—
30—32	8	21	3	2,6	7,0	63	58
36—38	8	22	3	2,7	7,3	64	57
40—42	6,5	23	3	3,5	7,7	66	60
46—48	6	23	2,5	3,8	9,2	68	61
48—50	5	27	2,5	5,4	10,8	73	62
52—54	4,5	30	2	6,7	15	77	63

19a*

die Breite der Naht, während die Einbrandtiefe zunächst noch zu-, dann jedoch abnimmt. Der Anteil des Grundmaterials im Schweißgut bleibt hierbei praktisch unverändert.

Die Bewegung der Schmelzbäder am Ort des Lichtbogens, die entgegen der Bewegungsrichtung des Bogens erfolgt, wurde oben diskutiert, vgl. Abb. 86. Wesentlich ist es, daß der Bogen mit so hoher *Geschwindigkeit* fortschreitet, daß der Standort des Bogens von flüssigem Schmelzbad praktisch entblößt wird. Dann kann die *grabende Wirkung* des Bogens voll ausgenutzt werden, die dazu führt, daß immer frisches Grundmaterial aufgeschmolzen werden kann und daß eine große Einbrandtiefe erhalten wird. Die Erstarrung des geschmolzenen Schweißgutes erfolgt beim Schweißen mit hoher Geschwindigkeit erst, nachdem der Lichtbogen weiter fortgeschritten ist. Andererseits erhöht sich leicht bei sehr hoher Schweißgeschwindigkeit und engen, flachen Schweißnähten der Anteil an sichtbaren Poren im Schweißgut, da die Gase und Dämpfe nicht genügend Zeit haben, um aus dem Schmelzbad zu entweichen. Hingegen vergrößert sich bei einer sehr geringen Schweißgeschwindigkeit, wie oben erwähnt, die Menge des aufgeschmolzenen Zusatz- und Grundmaterials derart, daß die Bogenkräfte nicht mehr das flüssige Schmelzbad aus dem Grunde der Naht entfernen können; die Folge ist, daß die Einbrandtiefe abnimmt.

2. Anforderungen an die Schweißmittel und die Schlacken

275. Allgemeines. Man versuchte in früheren Jahren, mit einem einzigen Schweißmittel, das bestimmte chemische Zusammensetzung und physikalische Eigenschaften besaß, alle vorkommenden UP-Schweißungen auszuführen. Heute ist man dazu übergegangen, die Schweißmittel den jeweils vorliegenden Aufgaben anzupassen. Es handelt sich hierbei um die chemische Zusammensetzung der Schweißmittel und der Schlacken, die meist Metalloxyde und -silikate, zu denen je nach Verwendungszweck verschiedene Zusätze treten, einschließt sowie um die physikalischen Eigenschaften der Schweißmittel. Man kann für die UP-Schweißung die Aufgaben der Schweißmittel und der aus ihnen gebildeten Schlacken unter chemischen und physikalischen Gesichtspunkten zusammenfassen:

a) *Chemische Anforderungen.* Hierzu gehören:

276. Schutz gegen atmosphärische Gase. Die Reaktion von *Sauerstoff* und *Stickstoff* der Luft mit dem übergehenden Werkstoff T und mit dem flüssigen Metall der Schmelzbäder E und W soll verhindert werden.

277. Schutz gegen Feuchtigkeitsaufnahme. Die Einführung von *Feuchtigkeit* in den Bogenraum soll entsprechend Ziff. 83, 255 und 263

vermieden werden. Für ein übliches, geschmolzenes Schweißmittel soll
nach MANTAI [1] die Feuchtigkeit weniger als 0,3, besser weniger als
0,1% betragen; für ein bimssteinartiges Schweißmittel nach FICHTE [1]
weniger als 1,15%. Hierzu gehört auch, daß das Schweißmittel nicht
hygroskopisch sein darf, so daß es auch im Freien. z. B. beim Schiffbau, gelagert werden kann.

278. Einführung von Legierungselementen. Der Übergang von
Legierungselementen aus der Elektrode und/oder dem Schweißmittel in
das Schweißgut soll unter möglichst geringem Abbrand und Zubrand
begünstigt werden. Es wurde bereits darauf hingewiesen, daß man
auch beim UP-Schweißen in immer größerem Maßstab dazu übergeht,
unlegierten Elektrodendraht zu verwenden und die Legierungselemente,
Desoxydationsmittel usw. als Bestandteile des Schweißpulvers in die
Schweißung einzuführen.

279. Wiederverwendung der Schlacke. Die beim UP-Schweißen gebildete Schlacke soll nach *Zerkleinerung* wieder in gleicher Weise wie
das ursprüngliche Schweißpulver verwendbar sein, chemische Zusätze
(Halogene usw.) zur Schlacke bzw. eine Mischung der Schlacke mit
ungebrauchtem Schweißmittel bzw. Schweißen mit herabgesetztem
Energieaufwand und damit verringerter Abschmelzleistung sollen vermieden werden. Die Körner des Schweißmittels sollen genügende *Festigkeit* besitzen, so daß sie wiederholt verwendet werden können, ohne
viel Staub zu bilden.

280. Hohe Reaktionsgeschwindigkeit. Die Zusammensetzung der
Schweißmittel soll derart sein, daß hohe *Reaktionsgeschwindigkeit*
zwischen festen, flüssigen und gasförmigen Phasen erreicht wird, vgl.
z. B. CONN [14]. Die Reaktionen mussen während der geringen Zeitdauer, die für die Bildung der Schmelzbäder und die Erstarrung des
Schweißgutes zur Verfügung steht, möglichst vollendet sein.

b) Physikalische und metallurgische Anforderungen. Hierzu gehören·
281. Korngrößenverteilung. Das Schweißmittel, das sich beim UP-
Schweißen oberhalb der Schweißnaht befindet und von dem der dem
Lichtbogen ausgesetzte Anteil geschmolzen wird, soll einen ungestörten
Durchgang von Gasen und Dämpfen ermöglichen, die beim Schweißen
auftreten. Die Gase treten aus dem Schlackenbad nach Abb. 153
aus und durchwandern das darüberliegende Schweißpulver. Besteht
das Pulver vorwiegend aus sehr *feinkörnigen* Bestandteilen, so wird
dem Durchgang der Gase und Dämpfe ein starker Widerstand
entgegengesetzt. Aus einem feinkörnigen Schweißpulver bildet sich
weiter eine dicke Schlacke, die ebenfalls den Gasdurchgang behindert.
Andererseits besitzt das vorwiegend feinkörnige Pulver eine sehr geringe
Wärmeleitfähigkeit und ergibt nach der Abkühlung eine ausgezeichnete,

wärmeisolierende Wirkung für das Schweißgut. Weiter fand der Verf. [6], daß für ein bestimmtes Schweißmittel die Abschmelzleistung mit abnehmender Korngröße zunimmt. Dies entspricht dem abnehmenden Wärmeanteil, der zum Schmelzen des Mittels erforderlich ist.

Besteht hingegen das Pulver vorwiegend aus *grobkörnigen* Teilchen, so ergibt sich eine wesentlich verbesserte Gasdurchlässigkeit, jedoch ist die Schlacke, die sich aus einem derartigen Pulver bildet, sehr dünn, und der angestrebte Wärmeschutz des Schweißgutes ist gering. Die Naht ist enger und weniger glatt und die Einbrandtiefe größer als bei einem feinkörnigen Pulver. Andererseits sind grobkörnige Pulver weniger empfindlich gegen Verunreinigungen als die vorwiegend feinkörnigen Schweißmittel.

Man verwendet daher in der Technik ein *Gemisch verschiedener Korngrößen* für das Schweißmittel, z. B. eine Körnung zwischen 0,8 und 0,07 mm (USA: „20 × 200 mesh") bzw. 4,8 bis 2,0 mm (4 × 10 mesh).

Tabelle 50. *Siebanalysen von Schweißmitteln verschiedener Zusammensetzung in %*

Kornung mm	A	B	C
2,00 + [1]	2,6	14,1	0,3
1,41 +	15,3	13,9	4,2
0,84 +	39,2	20,4	51,7
0,177 +	36,2	35,8	38,5
0,074 +	4,9	11,7	4,1
0,074 −	1,8	4,2	1,2
	100,0	100,1	100,0

[1] Das Pluszeichen deutet darauf hin, daß dieser Anteil auf einem Sieb dieser Maschengröße bleibt, das Minuszeichen, daß dieser Anteil durch das Sieb hindurchgeht.

Das Pulver 0,8 × 0,07 enthält keine feineren Bestandteile als 0,07 mm Dmr. und keine gröberen Bestandteile als 0,8 mm. Die vom schweißtechnischen Standpunkt erwünschte Korngrößenverteilung richtet sich nach dem Verwendungszweck des Pulvers, und zwar sind die folgenden Faktoren zu berücksichtigen:
Stärke der zu verschweißenden Bleche,
Form der Naht,
Volumenverhältnis der Schlacken- und Metallbäder,
Einführung von keimbildenden Substanzen in die Schmelzbäder und Schweißgeschwindigkeit.
Tabelle 50 gibt einige *Siebanalysen* des Verfassers [6] für Schweißmittel wieder, die verschiedenen Aufgaben dienen und starke Unterschiede in der Korngrößenverteilung zeigen.
Für das Schweißen *dicker Bleche* verwendet man Pulver mit einem erheblichen Anteil geringer Korngröße und für *dünne Bleche* meist

Pulver mit vorwiegend größeren Teilchen. Die Begrundung dürfte darin zu suchen sein, daß in letzterem Falle ein größerer Anteil der im Lichtbogen verfügbaren Energie zum Schmelzen der groben Bestandteile verwendet, somit Überhitzung des Bleches vermieden wird. Dazu kommt, daß sich für hohe Geschwindigkeit fur ein vorwiegend grobkörniges Pulver eine bessere Nahtform als bei vorwiegend feinem Pulver ergibt: Bei grobkörnigem Pulver erhöht sich die Spannung, und die Breite der Naht nimmt zu, während sich die Einbrandtiefe verringert. Man wird dann mit einer tiefen Pulverschicht schweißen, so daß der Lichtbogen nicht aus dem groben Pulver herausbricht. Weiter beobachtet man, daß mehr Pulver geschmolzen wird, was ebenfalls auf die größere Lange des Bogens zuruckzuführen ist. Hierbei kann eine gründliche Entgasung der Schmelzbader nur dann stattfinden, wenn das Schweißpulver gute Durchlässigkeit fur die Gase besitzt. Bei großen Blechstarken werden hohe Stromstarken und geringe Schweißgeschwindigkeiten verwendet, so daß die Gase und Dampfe genugend Zeit und freie Oberfläche zum Entweichen haben. Hierbei ist es wesentlich, daß die Viskosität der Schlacken gering ist.

282. Abkühlung der Metall- und Schlackenbäder. Die Abkuhlung der Schmelzbäder W soll zumeist so weit verzögert werden, daß eine Strukturverbesserung des Schweißgutes durch eine möglichst weitgehende Entgasung und einen vollständigeren Verlauf der Reaktionen zwischen Metall, Schlacke und Gas erzeugt wird, vgl. Ziff. 236. Als besonders günstig erweisen sich nach unseren Untersuchungen gebrannte Schweißmittel, die eine *poröse Struktur* besitzen und die Schlacken ergeben, die ein porös-kristallines Gefüge besitzen, vgl. Ziff. 294. In ähnlicher Weise wirken die in Ziff. 293 besprochenen bimssteinartigen Schweißmittel. Je größer der Porengehalt des Schweißmittels und der Schlacke ist, um so geringer werden die Warmeleitfahigkeit und die Temperaturleitfahigkeit des Schweißmittels, vgl. Ziff. 74.

Bei gleicher Zusammensetzung zeigt ein glasiges Schweißmittel eine höhere *Dichte* als ein porös gebranntes oder ein bimssteinartiges Schweißmittel. Die *Schüttgewichte* glasiger Schweißmittel sind ebenfalls höher als die von porösen Schweißmitteln, vgl. Ziff 294. Die *Abkühlungsdauer* nach dem Schweißen ist für ein poröses Schweißmittel oft um 30 bis 120 sec größer als für glasige Mittel gleicher Korngrößenverteilung.

283. Verunreinigungen. Die aus den Schweißmitteln gebildeten Schlackenbäder sollen unempfindlich gegen die beim Schweißen zusätzlich gebildeten Gase und Dampfe sein, die durch Zunder, Öl, Feuchtigkeit, Rost und andere Verunreinigungen auf den Blechen oder der Elektrode verursacht werden, vgl. Ziff. 226. Die entstehenden Gase und Dämpfe sollen durch die Schmelzbäder und die Zwischenschicht zwischen Schlacke und Schweißpulver, die in Ziff. 222 als „*F-Schicht*" bezeichnet wurde, möglichst störungsfrei hindurchgeleitet werden. Es wurde bereits oben ausgeführt, daß die „F-Schicht" nicht etwa völlig gesintert oder glasig, sondern für die Gase und Dämpfe durchlässig sein soll. Auf diese Weise wird Porosität des Schweißgutes verhindert. Dem gleichen Zweck dient die Verkupferung der Elektrode, die dort eine Rostbildung verhindert.

Eine andere Methode zur Erleichterung des Gasdurchganges durch die Schmelzbäder stellt die Einführung von Substanzen in das Schlakkenbad dar, die beim Durchgang des Lichtbogens nicht oder nur teilweise schmelzen. Diese Substanzen dienen als *Keimbildner* in den Schmelzbädern. Sie erlauben nach Ziff. 222 eine gründliche Entfernung von Gasen, Dämpfen und Desoxydationsprodukten. Man kann z. B. bei einem Schweißmittel von $0,8 \times 0,07$ mm Körnung zur Keimbildung einen Anteil von etwa 3 bis 4 mm Korngröße hinzufügen.

284. Oberflächenspannung, Viskosität und Benetzungsfähigkeit. Diese Eigenschaften des Schlackenbades sollen den vorliegenden Aufgaben entsprechen; dies wird durch geeignete Wahl der Betriebsbedingungen und der Bestandteile der Schweißmittel erreicht. Man erzielt damit eine Einstellung der Viskosität usw. des Schmelzbades auf Werte, die den Durchgang von Gasen und Dämpfen und die Entfernung von Desoxydationsprodukten und Schlackeneinschlüssen im Metall begünstigen; vgl. hierzu die Besprechung der Methoden zur Beeinflussung der wärmephysikalischen Eigenschaften in Ziff. 207 ff. Man arbeitet z. B. beim Schweißen einer Längsnaht von einem Kesselblech mit höherer Energiezufuhr, somit einem Schmelzbad von geringerer Viskosität als bei einer Rundnaht für ein Werkstück geringen Durchmessers. POGODIN-ALEXEJEW [*1*] gibt als Viskositätswerte für Längsnähte etwa 2, für Rundnähte etwa 7 bis 10 Poise an.

285. Bogenlänge. Die physikalischen Eigenschaften und die chemische Zusammensetzung des Schweißmittels sollen so beschaffen sein, daß man die *Länge des Lichtbogens* je nach der vorliegenden Aufgabe einstellen kann. Eine große Bogenlänge ergibt im allgemeinen eine *dicke Schlackendecke*, die mitunter erwünscht ist. Eine dicke Schlackendecke stört andererseits, wie oben erwähnt, den Verlauf der Entgasung der Schmelzbäder. In anderen Fällen, bei denen die resultierende Verminderung der Wärmeisolation des Schweißgutes keine Rolle spielt, wird eine sehr dünne Schlackendecke gewünscht.

Die Änderung der Bogenlänge durch Einstellung der elektrischen Parameter ist allgemein bekannt. Weiter stellen die Verbesserung des Leitvermögens im Bogenraum durch eine oder mehrere der oben beschriebenen Maßnahmen und der Zusatz von Fluorverbindungen Mittel zur Kontrolle der Bogenlänge dar. Die Verbesserung des Leitvermögens bzw. die Verringerung des Flußspatzusatzes ergeben bei sonst gleichen Schweißdaten einen längeren, stabileren Bogen.

286. Vermeidung von Gesundheitsstörungen. Die Einführung von Materialien, die zur Erniedrigung der Viskosität und der Oberflächenspannung dienen, soll, insbesondere bei Verwendung von langen Lichtbögen, möglichst gering gehalten werden, um die Entwicklung von *gesundheitsschädlichen Dämpfen* aus den Halogenen möglichst gering zu halten.

287. Dichteunterschiede der Schmelzbäder. Die Trennung der auf hoher Temperatur befindlichen Schlacken- und Metallbäder, die verschiedene spezifische Gewichte besitzen, soll möglichst schnell und vollkommen erfolgen, so daß keine Schlacke im erstarrenden Metallbad zurückbleibt.

288. Thermische Ausdehnungskoeffizienten. Auch hier sollen Schlacke und Schweißgut verschiedene Werte besitzen, um ihre leichte Trennung nach Abkühlung der Schweißung zu ermöglichen. Entsprechend soll nur eine geringe *Kohäsion* von Schlacke und Schweißgut bestehen. Beim Vorliegen einer glatten, gleichmäßigen Schweißraupe kann die Schlacke leichter vom Schweißgut entfernt werden als bei einer rauhen, ungleichförmigen Naht. Einige Zahlenwerte für die thermischen Ausdehnungskoeffizienten finden sich in Ziff. 213.

289. Schmelztemperatur. Die früher häufig gestellte Forderung, daß die *Schmelztemperatur des Schweißmittels* etwa 200 bis 300° C niedriger als die der Grund- und Zusatzmaterialien sein soll, kann heute nicht mehr vertreten werden, seitdem der Verfasser [*2, 3, 7*] gezeigt hat, daß Schweißmittel mit gleicher oder höherer Schmelztemperatur als das Metall ausgezeichnete Schweißungen ergeben.

Der Schmelzpunkt des Schweißmittels spielt insofern eine Rolle, als bei gegebenen Schweißbedingungen, wie Dimensionen der Naht, Energiezufuhr usw., eine geringere Menge eines Schweißmittels mit hohem Schmelzpunkt geschmolzen wird, als bei einem niedriger schmelzenden Mittel erhalten wird. Man findet z. B. bei gebrannten Schweißmitteln nach Ziff. 294 eine dünnere Schlackendecke und einen geringeren Schweißmittelverbrauch als bei vorgeschmolzenen Schweißmitteln gleicher Korngrößenverteilung.

290. Klassifizierung der Schweißmittel. Es ist wiederholt vorgeschlagen worden, die große Mannigfaltigkeit der heute verwendeten Schweißpulver zu klassifizieren. Einer der besten Vorschläge rührt von BECKER und RIEGER [*1*] her. Sie schlagen vor, zur *Kennzeichnung von unlegierten Schweißpulvern* drei Komplexe zu verwenden, die Angaben über die Schweißeigenschaften des Pulvers, die Legierungseffekte auf

Kohlenstoff, Mangan und Silizium und die Anwendbarkeit für Stromart und den Stromstärkenbereich geben. Die Definition der Schweißeigenschaften des Pulvers wird im folgenden auszugsweise wiedergegeben. Es werden vier Pulvertypen unterschieden:

„Tiefbrandpulver sind charakterisiert durch die Bildung einer stark viskosen Schlacke, die auch bei höheren Stromstärken genügend zäh bleibt und nicht vorläuft, wodurch der Einbrand verringert würde. Diese Pulver kommen im wesentlichen bei höheren Stromstärken zur Anwendung, wobei gute Passungen und exakte Nahtvorbereitungen Voraussetzungen sind, um ein Durchbrechen des Schmelzbades zu verhindern. Tiefbrandpulver sind in ihrem chemischen Grundcharakter neutral bis schwach sauer. Sie sind nicht oder nur schwach MnO-haltig, dafür aber in verschiedenen Abstufungen tonerdehaltig, um nicht generell auf hochmanganlegierte Schweißdrähte angewiesen zu sein. Gegen Rost, Feuchtigkeit und organische Verunreinigungen sind derartige Pulver sehr empfindlich. Ein Tiefbrandpulver könnte als ein Schweißpulver definiert werden, das unter normalen Schweißbedingungen mit Wechselstrom bei 800 A, 36 V und bei einer Schweißgeschwindigkeit von 30 cm/min mindestens einen Einbrand von 10 mm Tiefe erreicht.

Füllpulver sind charakterisiert durch eine weniger viskose Schlacke, die es nicht erlaubt, mit höheren Stromstärken zu schweißen. Füllpulver können im Gegensatz zu Tiefbrandpulvern meist auch für Mehrlagenschweißungen Verwendung finden und sind so auch für Dickblechschweißungen geeignet. Ihr Hauptanwendungsgebiet liegt im Bereich mittlerer Stromstärke von 500 bis 1000 bzw. 1500 A, je nach Pulverart und Schweißstromcharakteristik. Wird beiderseits als Stumpfschweißung UP-geschweißt, so können kleine Unregelmäßigkeiten auch in der Passung überbrückt werden. Füllpulver können in ihrem chemischen Charakter basisch, neutral und schwach sauer sein. Sie sind meist mittel-MnO-haltig, als basische auch schwach-MnO-haltig und als schwach saure oder neutrale auch stark-MnO-haltig. Der Vorteil in der Anwendung besteht darin, daß sie normal nur mittelmanganlegierte Schweißdrähte (1 bis 2% Mn) benötigen, in Sonderfällen als hoch-MnO- oder höher tonerdehaltig sogar einen normalen unlegierten Draht. Ihre Empfindlichkeit gegen Rost und Feuchtigkeit ist geringer als bei Tiefbrandpulvern. Werkstoffseitig ist die Anwendung nicht so eingeschränkt wie bei Tiefbrandpulvern. Je nach der Aktivität auf C, Mn und Si im Schweißgut können sie an schweißbaren unlegierten Stählen verschiedener Qualitäten angewendet werden. Zu den Füllpulvern könnten etwa alle diejenigen gerechnet werden, die bei Wechselstromschweißung bei 800 A, 36 V und bei 30 cm Schweißgeschwindigkeit in der Minute einen Einbrand von weniger als 10 mm ergeben (4 mm Draht, verkupfert).

Spaltüberbrückungspulver sind im Prinzip nach ihrem Charakter auch Füllpulver, aber mit der besonderen Eigenschaft, daß durch

Hilfssubstanzen im Schweißpulver auch die Möglichkeit der Spalt-
überbrückung größerer Art gegeben ist. Mit diesem Pulver kann man besonders Stumpfschweißungen (I-Stöße) ohne Nahtvorbereitung durch-
führen, auch bei Dickblechen. Die Größe des Luftspaltes hängt von
den angewendeten Schweißdaten und von der metallurgischen Eigenart
des Pulvers ab. Ein Pulver könnte als Spaltüberbrückungspulver gelten, wenn unter Normalbedingungen mit Wechselstrom bei 800 A,
36 V und bei 30 cm Schweißgeschwindigkeit in der Minute an einem
20 mm starken Blech mindestens 4 mm Luft überbrückt werden
können.

Dünnblechpulver sind durch besonders dünnflüssige Schweißschlak-
ken gekennzeichnet. Die Schlacke muß gut gasdurchlässig sein, da sonst
die Schweißnaht ungleichmäßig wird. Als Dünnblechpulver sind sie
normal nur geeignet bei Stromstärken bis zu 500 A, in anderem Falle
ist die Schlackenmenge zu groß und bricht beim Schweißen unter der
Pulverschicht aus. Es handelt sich meist um neutrale Sonderpulver
mit höherem MnO-Gehalt. Die Empfindlichkeit auf Oberflächeneinfluß
von Zunder aus dem Werkstoff muß gering sein."

3. Herstellung der Schweißmittel

291. Erhitzungskurven. Das Verhalten der beim Lichtbogenschweißen
verwendeten Schweißmittel hängt wesentlich davon ab, ob sie aus
einem Gemisch von Rohmaterialien bestehen oder ob sie bereits bei der

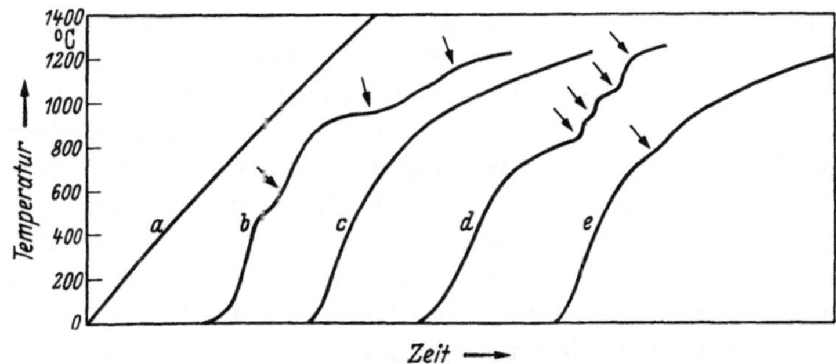

Abb. 209. Erhitzungskurven; Temperatur in Abhängigkeit von der Zeit für:
a Ofenkurve; *b* Gemenge mit rohem Ton; *c* Gebranntes Schweißmittel; *d* Glasgemenge, *e* Glas
(geschmolzenes Schweißmittel)

Herstellung erhitzt wurden. Abb. 209 gibt einige schematische *Erhitzungs-*
kurven von Materialien wieder, die zunächst auf 150° C zur Trocknung
vorerhitzt waren. Die Kurven zeigen den Verlauf der Temperatur der
Proben in Abhängigkeit von der Zeit.

Kurve *a* stellt den Temperaturverlauf für den bei den Versuchen
benutzten Ofen dar. Sie verläuft gleichförmig und gilt als Norm. Kurve *b*
zeigt das Verhalten eines Schweißmittelgemenges beim Brennen,

d. h. bei der Erhitzung auf hohe Temperaturen; das Gemenge enthält einen hohen Anteil an natürlich vorkommendem, rohem Ton. Kurve *c* bringt das Verhalten eines vorgebrannten Schweißmittels bei der Wiedererhitzung, Kurve *d* das eines Glasversatzes und Kurve *e* das eines Glases.

Die Kurve *b* für das *Ton* enthaltende Mittel zeigt einen ungleichförmigen Verlauf: Zwischen 450 und 600° C und zwischen 900 und 1150° C treten, wie durch Pfeile angedeutet, Abweichungen vom Verlauf der Kurve *a* auf, die auf endotherme bzw. exotherme Vorgänge im Ton zurückgeführt werden, vgl. z. B. DEEG [1] und WEST und GRAY [1]. Es handelt sich hierbei zunächst um die langsame, d. h. sich über eine erhebliche Zeitspanne erstreckende Abgabe des chemisch gebundenen Wassers und die Umwandlung der SiO_2-Modifikationen, dann um den allmählichen Zerfall des verbleibenden Tonteilchens und um die Neubildung von Kristallen, insbesondere Mullit, mitunter auch um die Bildung von Cristobalit, Gammatonerde usw., die je nach dem Mengenverhältnis der Ausgangsmaterialien erfolgen. Alle diese Vorgänge sind mit Reaktionen verbunden, bei denen die *Zeitdauer* neben der *Temperatur* von Wichtigkeit ist. Die Reaktionen führen zur Bildung von Gasen und Dämpfen und haben daher eine erhebliche Bedeutung für die Verwendung von ungebranntem Ton beim Lichtbogenschweißen.

Ein *gebrannter Ton*, der Mullitkristalle, mit oder ohne zusätzlichen Kristallen, enthält, zeigt keine meßbaren Unstetigkeiten bei der Erhitzung. Entsprechend zeigt Kurve *c* einen gleichförmigen Verlauf. Es werden daher auch praktisch keine Gase oder Dämpfe abgegeben. Der Schmelzpunkt des gebrannten Tones wurde bei den Versuchen nicht erreicht. Er liegt z. B. oberhalb von 1850° C, d. h. erheblich höher als der Schmelzpunkt von Stahl, 1410 bis 1520° C nach Tab. 10. Trotz des hohen Schmelzpunktes von Mullit wird ein Körnchen von z. B. 3 bis 4 mm Dmr. bei genügend langer Einwirkung durch den Lichtbogen geschmolzen. Wird es jedoch wie beim Lichtbogenschweißen nur kurze Zeit im Bogen erhitzt, so wird nur seine Oberfläche schmelzen. Der Rest verbleibt in fester Form im flüssigen, sich abkühlenden Schlackenbad, wirkt als *Keimbildner*, vgl. Ziff. 222, und geht dann in die Schlacke.

Kurve *d* für den *Glasversatz* ergibt mehrere Unstetigkeiten in der Erhitzungskurve, die auf die chemischen und physikalischen Vorgänge beim Schmelzen des Versatzes deuten, vgl. z. B. KITAIGORODSKI [1]. Sie sind daher ebenfalls mit Gas- und Dampfabgabe, entsprechend der Kurve *b*, verbunden. Bei Annäherung an den Schmelzbereich des Glases, der in der Regel bei etwa 600 bis 800° C, somit unterhalb der Schmelztemperatur des zu verschweißenden Stahles liegt, findet erhöhte Verdampfung statt.

Kurve *e*, die für ein *vorerhitztes, glasiges Material*, z. B. ein glasförmiges Schweißmittel, gilt, ergibt einen gleichförmigen Anstieg der Temperatur in Abhängigkeit von der Zeit. Die Verdampfung beginnt in stärkerem Maße erst oberhalb des Transformationsbereiches, d. h. bei der Annäherung an das Schmelzintervall (angedeutet durch den Pfeil in Abb. 209).

Zur Erkenntnis und zur Kontrolle der Vorgänge bei der erstmaligen oder wiederholten Erhitzung der Schweißmittel werden weiter *röntgenographische* Untersuchungen durch Pulver-, Rückstrahl- usw. Aufnahmeverfahren und *optische Methoden* herangezogen. Es ergibt sich insgesamt das folgende Bild für die Herstellung von Schweißmitteln aus nicht vorerhitzten oder „rohen" Gemengen, aus geschmolzenen Gemengen, aus gebrannten Gemengen und aus agglomerierten Materialien:

292. Schweißmittel aus rohen Gemengen. Hierzu gehört das Schweißmittel, das heute bei dem Verfahren von ROBINOFF, PAINE und QUILLEN [*1*] nur noch vereinzelt verwendet wird. Die Bestandteile des Schweißmittels, das rohen, getrockneten Ton enthält (vgl. Ziff. 297), werden mittels Mischzylinder, Kugelmühle oder Kollergang und anschließendes Sieben gemischt und auf die erwünschte Korngrößenverteilung gebracht, für die die Gesichtspunkte nach Ziff. 281 maßgebend sind. Das erhaltene Produkt wird unmittelbar auf der Schweißmaschine verwendet.

293. Geschmolzene Schweißmittel. Zur Herstellung von Schweißmitteln aus geschmolzenem Gemenge werden die Rohmaterialien wie oben gemischt, dann in einen Elektroofen oder einen Wannenofen gebracht. Die verwendeten Öfen zur Schweißmittelherstellung stimmen im allgemeinen mit den Öfen der Stahl- bzw. Glasindustrie überein. Einzelheiten der verschiedenen Ofentypen finden sich z. B. bei WOLFF [*1*], POGODIN-ALEXEJEW [*1*], MANTAI [*1*] und E. O. PATON [*1*]. Für Versuchszwecke kann man einen schwenkbaren oder rotierenden Röhrenofen verwenden, vgl. Abb. 210, oder eine Versuchswanne. Zum Schmelzen von sehr hoch schmelzenden Bestandteilen, z. B. Tonerdesilikaten, werden Converteröfen verwendet, die z. B. CURTIS [*1*] beschreibt und die zur Herstellung von Mullit aus dem geschmolzenen Material dienen. Vgl. auch die kürzlich veröffentlichten Untersuchungen von MARANTS und KAMENCHICK [*1*].

Die Rohmaterialien für die Schweißmittel, für die die Qualitätsbestimmungen der Technik durch MANTAI [*1*] zusammengestellt wurden, werden in dem Ofen erschmolzen, bis sich eine blasenfreie Schmelze ergibt. Die Temperaturen zum Erschmelzen von Schweißmitteln liegen höher als die Schmelztemperatur des Eutektikums bzw. des am schwersten schmelzenden Anteiles, so daß ein Schmelzbad geringer Viskosität erhalten wird. Auf diese Weise wird die Entgasung der Schmelze begünstigt. Die Temperaturen betrugen bei Versuchen des Verfassers 1300 bis 1500° C in einem Versuchsofen nach Abb. 210, während nach MANTAI [1] in einem technischen Glasofen bei maximal 1200 bis 1250 °C gearbeitet wird. Die Schmelzdauer beträgt im Elektroofen etwa 2 bis 3 Stunden, im Glasofen etwa 24 Stunden, in einem Versuchsofen etwa 5 bis 6 Stunden.

Das geschmolzene und geläuterte Bad wird abgestochen bzw. der Versuchsofen zur Entleerung gedreht. Zur Erleichterung der Zerkleinerung des geschmolzenen Versatzes wird er abgeschreckt (schnell abgekühlt), wobei Risse in dem gebildeten Produkt entstehen, die zum Zerspringen des Materials führen. Bei dieser *Granulierung* wird ein Wasserstrahl oder -bad, gelegentlich ein Luftstrom, zur Kühlung verwendet, oder die Schmelze trifft auf eine gekühlte Metallplatte auf. Anschließend wird das erschmolzene Schweißmittel fertig zerkleinert und gesiebt.

Wenn das ursprüngliche Gemenge Glasbildner, z. B. Kieselsäure, SiO_2, in genügender Menge enthält, wird bei der Abkühlung Glas er-

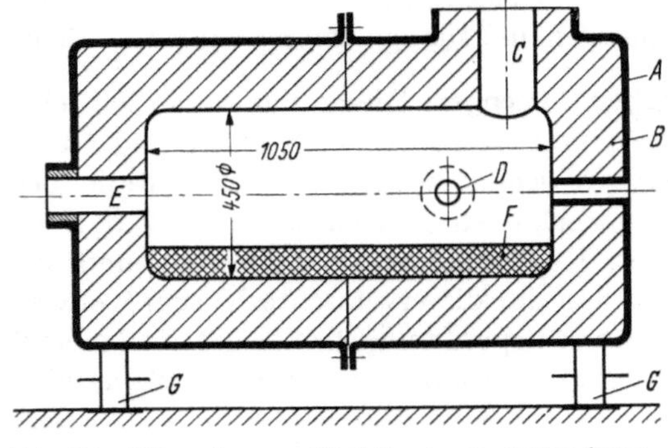

Abb. 210. Röhrenofen zur Herstellung von geschmolzenen Schweißmitteln:

A Stahlmantel; *B* Feuerfeste Ausfütterung; *C* Einfüllöffnung für Gemenge und Verbindung zum Schornstein; *D* Ausflußöffnung für die Schmelze; *E* Brenneröffnung; *F* Schmelzbad; *G* Schwenkrollen

halten. Durch Kontrolle der Zusammensetzung des Gemenges, besonders der Menge der Glasbildner, kann man auch erreichen, daß mehr oder weniger entglastes oder völlig kristallines Material erhalten wird, vgl. z. B. die Versuche des Verfassers [14] im System Tonerde-Quarz sowie die Ausführungen von BEYERSDORFER [1] zur Zusammensetzung von Schweißmitteln.

Bei der Zustellung der Mischung für das zu schmelzende Schweißmittel muß die *Verdampfung von Bestandteilen* in ähnlicher Weise, wie in der Glasindustrie üblich, eingerechnet werden, insbesondere die der Zuschläge von Fluoriden und Legierungselementen, deren Verluste mit wachsender Temperatur und Erhitzungsdauer zunehmen. Vielfach werden daher die Halogene erst gegen Ende des Schmelzprozesses eingeführt, oft jedoch erst nach Abkühlung der Schmelze zugesetzt, vgl. Ziff. 302. Wenn im letzteren Falle kein Arbeitsgang zum Einbinden der Halogene usw. vor oder nach der Zerkleinerung eingeschaltet wird, besteht die Möglichkeit einer Entmischung der Bestandteile der Schweißmittel mit ihren unerwünschten Folgen auf das Schweißgut.

In der UdSSR werden vielfach *„bimssteinartige"* Schweißmittel für Auftragschweißungen, Schweißen bei hoher Geschwindigkeit usw. dadurch hergestellt, daß die im Elektroofen, gelegentlich auch im Wannenofen, hergestellte Schmelze nach MANTAI [*1*] auf eine Temperatur von 1300 bis 1350° C überhitzt wird. Es ergibt sich dann beim Abschrecken eine schwammige Struktur, die wahrscheinlich durch die schaumbildende Wirkung der Wasserdämpfe auf das dünnflüssige Material zu erklären ist. Dieses bimssteinartige Schweißpulver besitzt die geringe *Dichte* von 0,7 bis 0,9 g/cm³, während bei den üblichen, glasigen Schweißpulvern gleicher Zusammensetzung (z. B. Pulver „AN-3") 1,4 bis 1,6 g/cm³ erreicht werden, vgl. auch MANSUROW, SOKOLENKO und MANSUROW [*1*].

Durch das Vorschmelzen des Gemenges vor seiner Verwendung beim UP-Schweißen erreicht man, daß das Schweißmittel während des Schweißens keine Dämpfe und Gase abgibt, die zur Porosität im Schweißgut führen könnten. Die mit diesem Schweißmittel erzeugten Schweißungen sind wesentlich verbessert gegenüber Handschweißungen und Schweißungen mit rohem Gemenge. Man kann starke Bleche in einem einzigen Durchgang des Bogens oder dünnere Bleche mit sehr hoher Geschwindigkeit schweißen.

294. Gebrannte Schweißmittel. Die Herstellung der gebrannten Schweißmittel[1] kann nach CONN [*7*] nach dem „feuchten" oder dem „trockenen" Verfahren erfolgen: Beim *feuchten Verfahren* wird unter Benutzung der üblichen Öfen und der üblichen Arbeitsverfahren der keramischen Industrie gearbeitet. Ein roher Ton wird mit den erwünschten Zusätzen durch Mischen in einer Kugelmühle, einem Kollergang oder einem Betonmischer innig vermengt. Die Masse wird dann auf einer Strangpresse unter Zusatz von Feuchtigkeit zu Ziegeln geformt. Diese werden in Trockenkammern oder über dem Ofen getrocknet. Sie gelangen dann in einen keramischen Rundofen, einen Tunnelofen oder einen ähnlichen Ofentyp. Dort werden sie zunächst langsam erhitzt, um etwa noch vorhandene Feuchtigkeitsreste auszutreiben; dann erfolgt schnellere Erhitzung bis zu der erwünschten Brenntemperatur, die z. B. 900 bis 1100° C beträgt, um wohl ausgebildeten *Mullit* zu erhalten. Wesentlich hierbei ist es, daß das Material nicht geschmolzen wird. Die maximale Brenntemperatur im Ofen wird so lange gehalten, bis die gesamte Beschickung auf gleichförmige Temperatur gebracht ist. Es erfolgt dann Abkühlung bis Zimmertemperatur. Die Dauer des

---

[1] Gebrannte Schweißmittel werden auch vielfach als *„keramische Schweißmittel"* bezeichnet, während in der UdSSR als „keramische Schweißmittel" die Materialien bezeichnet werden, die hier „agglomerierte Schweißmittel" genannt werden. Zur Vermeidung von Mißverständnissen schlagen wir daher vor, den Ausdruck „keramische Schweißmittel" durch „gebrannte Schweißmittel" oder durch „agglomerierte Schweißmittel" je nach Herstellungsart zu ersetzen.

Brennens schwankt je nach der Größe des Ofens und dem Ofentyp: Ein kleiner Versuchsofen kann z. B. innerhalb von 16 Stunden erhitzt und abgekühlt werden, während der Durchgang durch den Tunnelofen z. B. 10 Stunden bis 3 Tage je nach Größe erfordert.

Beim sog. *trockenen Verfahren* erfolgt das Brennen des Gemisches ebenfalls in keramischen Öfen, jedoch in *Pulverform*. Das Pulver wird auf Schamotteunterlagen, in Schamottekapseln, auf einem laufenden Band oder in einem Drehofen gebrannt. Man kann auch zur Vermeidung von Feuchtigkeit das Gemenge trocken pressen.

Einer der Vorteile des trockenen Verfahrens gegenüber dem feuchten Verfahren zur Herstellung gebrannter Schweißmittel ist die Vermeidung von *Fluorverlusten*, die leicht beim Brennen eintritt, wenn das Gemenge selbst noch sehr geringe Spuren von Feuchtigkeit enthält, vgl. CONN [7]. In diesem Fall muß Flußspat, Natriumfluorid oder Kryolith dem gebrannten Schweißmittel nachträglich in ähnlicher Weise wie bei vielen Schweißmitteln aus geschmolzenem Gemenge hinzugefügt werden. Beim trockenen Verfahren ist eine nachträgliche Zugabe einer Fluorverbindung nicht erforderlich, da nur geringe Fluorverluste beim Brennen eintreten.

Die gebrannten Schweißpulver, die in Ziegel- oder Pulverform erhalten werden, werden zerkleinert und auf die gewünschte Korngrößenverteilung wie oben gebracht. Die auf diesem Wege hergestellten Schweißpulver, die *ohne* Schmelzen oder Sintern des Tones hergestellt sind, sind vorwiegend *kristallin*. Sie besitzen eine poröse, offene Struktur, eine geringere Dichte und ein geringeres Schüttgewicht als die geschmolzenen Schweißmittel glasiger Form. Das Schüttgewicht der gebrannten Schweißmittel beträgt z. B. 1,0 g/cm³, das eines glasigen Schweißmittels 1,9 g/cm³. Die Dichte ist von der gleichen Größenordnung wie die der bimssteinartigen Schweißmittel. Gebrannte und bimssteinartige Schweißmittel unterscheiden sich in ihrer Struktur. Die zuerst genannten sind durchweg porös, selbst wenn sie nur niedrig gebrannt sind; die letztgenannten besitzen Lufteinschlüsse zwischen glasigen, d. h. dichten Anteilen.

Es ist oft ökonomischer, den Ton zunächst allein, wie in der feuerfesten Industrie üblich, zu brennen, um Schamotte, die Mullit enthält, herzustellen. Die Schamotte wird dann mit den Zusatzmaterialien, deren Art und Menge durch den Verwendungszweck des Schweißmittels bestimmt werden und die aus Legierungselementen, Schmelzpunktserniedrigern, Desoxydationselementen usw. bestehen, nochmals erhitzt. Die Erhitzungstemperatur braucht nur so hoch zu sein, daß organische und andere Verunreinigungen, Feuchtigkeit usw. herausgebrannt und etwaige Reaktionen, die Gase oder Dämpfe entwickeln, beendet werden, bevor die Schweißmittel nach der Zerkleinerung und dem Sieben bei der UP-Schweißung verwendet werden.

295. Agglomerierte Schweißmittel. Zur Herstellung der agglomerierten Schweißmittel und ihrer Anwendungen seien die Arbeiten von LANDIS und PETERS [1], CHRENOW und KUSCHNEREW [1], CHRENOW [1], STRINGHAM [1, 2], SMITH und JERABEK [1], E. O. PATON [1] und WILSON [2] erwähnt.

Das physikalisch interessante Problem der Vermeidung einer Entmischung von Pulverbestandteilen, die verschiedene Dichten besitzen, wird wie folgt gelöst: Alle Bestandteile der Pulver, z. B. Silikate, Fluoride, Eisenoxyde usw., die zur Verschlackung, zur Ionisation des Lichtbogenraumes, zur Desoxydation, zur Legierungsbildung usw. dienen, werden auf möglichst gleiche Korngrößenverteilung, gleiche Form und gleiches Gewicht gebracht. Die Teilchen werden z. B. in einer Mischtrommel oder einer Walzenmühle gemischt und vielfach mit Hilfe von Wasserglas, Lithiumverbindungen oder Ton zusammengehalten, oder sie werden brikettiert. Das entstehende Agglomerat wird getrocknet und entweder bis zu einer Temperatur von 150° C (um Feuchtigkeitsreste zu entfernen und die mechanische Festigkeit zu verbessern) oder bis zu einer Temperatur erhitzt, die niedriger als die geringste Reaktionstemperatur der Gemengebestandteile bzw. geringer als der Schmelzpunkt des niedrigst schmelzenden Pulveranteiles liegt. Nach der Kühlung wird das Material auf die gewünschte Korngrößenverteilung gemahlen und gesiebt. Zum Schweißen von legierten Stählen, bei denen die Einführung von Verbindungselementen, Desoxydationsmitteln usw., die temperaturempfindlich sind, erwünscht ist, verwenden CAMPBELL und JOHNSON [1, 2] *„eingebundene Schweißmittel"*, deren Herstellung bei niedriger Temperatur erfolgt. Hierdurch wird, ähnlich wie bei der Herstellung von wasserstoffarmen Mantelelektroden (Ziff. 317), eine Oxydierung der eingeführten Verbindungselemente usw. verhindert.

Erwähnt sei, daß oft geschmolzene bzw. gebrannte Bestandteile in die agglomerierten Schweißmittel eingebaut werden.

4. Zusammensetzung der Schweißmittel

296. Allgemeine Gesichtspunkte. Man versuchte ursprünglich, für die UP-Schweißung Schweißpulver zu verwenden, die eine ähnliche Zusammensetzung wie metallurgische Schlacken besaßen. Der Verfasser erhielt z. B. gelegentlich gute Schweißresultate mit *Schlacken aus einem Elektroofen*, jedoch wechselte die Zusammensetzung dieser Schlacken zu stark, um laufend gleichförmige Schweißresultate zu ergeben. Es wurde daher die Selbstherstellung der Schweißmittel unternommen. Zunächst wurden die einzelnen, in ein Schweißmittel eingehenden Bestandteile gesondert dadurch untersucht, daß unter reproduzierbaren Bedingungen Schweißungen mit ihnen hergestellt wurden.

Es ergab sich auch bei diesen Versuchen, daß nicht nur die chemische Zusammensetzung der Schweißmittel, sondern auch die oben dargestellten physikalischen und metallurgischen Faktoren und die Herstellungsmethode einen großen Einfluß auf die Schweißresultate besitzen. Hierzu gehören z. B. die Korngrößenverteilung, die Dichte und die thermischen Eigenschaften, wie Viskosität, Oberflächenspannung, Reaktionsgeschwindigkeit usw., sowie die bei der Herstellung der Schweißmittel nach Ziff. 291 ff. erreichten Schmelz- bzw. Brenntemperaturen. Im folgenden wird die Zusammensetzung der Schweißmittel besprochen, die erforderlich ist, um eine möglichst große Zahl der in Ziff. 275 ff. genannten Anforderungen, die an die modernen Schweißmittel gestellt werden, zu erfüllen.

Die Zusammensetzung der Schweißmittel und der Schlacken schließt meist Metalloxyde und -silikate ein, zu denen (wie oben dargelegt) je nach Verwendungszweck Fluorverbindungen, Legierungselemente usw. treten. Häufig werden auch Bestandteile hinzugefügt, die exotherme Reaktionen bei der Abkühlung von Schlacke und Schweißnaht begünstigen. Andere Bestandteile dienen dazu, das Leitvermögen des Bogenraumes zu regulieren (meist zu erhöhen), um die Stabilität des Lichtbogens zu verbessern.

Es sei angemerkt, daß sich der Verfasser zur Übersicht über die Schweißmittel der sog. *„empirischen"* oder „SEGER-*Formel"* bedient, die das gegenseitige Verhältnis der die Schweißmittel aufbauenden Oxyde erkennen läßt. Hierbei werden die basischen, die amphoteren (vielfach auch als neutral angesehenen) und die sauren Bestandteile des Schweißmittels wie folgt angeordnet, wobei R das vorhandene Element bezeichnet:

$$\text{Basen} - RO,\ R_2O;$$
$$\text{Amphotere Oxyde} - R_2O_3;$$
$$\text{Säuren} - RO_2.$$

Dividiert man dann die Prozentwerte der chemischen Analyse durch die zugehörigen Molekulargewichte, so kann ein Material z. B. die folgende Formel annehmen:

$$\left.\begin{array}{l} 0{,}3\ CaO \\ 0{,}4\ MgO \\ 0{,}3\ Na_2O \end{array}\right\} 0{,}8\ Al_2O_3 \left\{\begin{array}{l} 2{,}6\ SiO_2 \\[1ex] 0{,}3\ TiO_2. \end{array}\right. \tag{68}$$

(Bei der SEGER-Formel wird die Summe der RO und $R_2O = 1$ gesetzt.)

Mit Hilfe der SEGER-Formel läßt sich leicht darstellen, in welcher Weise Änderungen in der Zusammensetzung des Schweißmittels die Schweißresultate beeinflussen. Hierzu sei die Veröffentlichung von BEYERSDORFER [1] erwähnt, der insbesondere die amphotere Natur der Tonerde, die gegenüber Basen als Säure und gegenüber Säuren als Base auftreten kann, diskutiert und einen interessanten Vergleich der SEGER-Formel mit der „Basizität" bzw. „Azidität" (Ziff. 234) gibt.

Weiter gibt BEYERSDORFER [1] einen Überblick über die wichtigsten, während des Schweißvorganges eintretenden Reaktionen, der mit den Erfahrungen des Verfassers im allgemeinen gut übereinstimmt und auszugsweise wiedergegeben sei. Die Schweißpulver enthalten „als wesentliche, also nicht akzessorische Beimengungen variable Mengen (0 bis etwa 50%) von

$$MgO, \ CaO, \ MnO, \ Al_2O_3, \ SiO_2, \ TiO_2, \ CaF_2.$$

MgO, CaO, Al_2O_3 und CaF_2 erfahren keine chemische Veränderung. CaF_2 geht ... in die Schlacke ein.

MnO reagiert zum kleinen Teil mit dem Eisen nach $MnO + Fe = FeO + Mn$.

FeO geht — in MnO äquivalenter Menge — in die Schlacke und Mn in das Schweißgut ein.

SiO_2 reagiert mit dem Fe nach

a) $SiO_2 + 2 Fe = 2 FeO + Si$;
b) $3 SiO_2 + 4 Fe = 2 Fe_2O_3 + 3 Si$.

Die Eisenoxyde gehen in die Schlacke, das Silizium ins Schweißgut. Je kieselsäurereicher ein Schweißpulver ist, desto mehr wird das Schweißgut mit Si auflegiert.“

Al_2O_3 bildet beim Vorhandensein von SiO_2 nach den Versuchen des Verfassers Aluminiumsilikate, insbesondere Mullit, daneben je nach Mengenverhältnis freie Tonerde oder freie Kieselsäure.

297. Schweißmittel aus rohen Gemengen. Als wesentliche Rohmaterialien für die Schweißmittel nach ROBINOFF, PAINE und QUILLEN [1]

Tabelle 51. *Zusammensetzung in % von einigen Schweißmitteln aus mechanischen Gemengen*

Bezeichnung	R-1	C-1	M-1
Al_2O_3	20,9	45,8	9,7
SiO_2	55,6	22,7	35,1
CaO	5,5	2,0	0,1
MgO	—	3,2	—
MnO	8,5	5,0	—
Fe_2O	9,5	—	—
TiO_2	—	2,5	18,0
Cr_2O_3	—	5,5	—
$Na_2O + K_2O$ . . .	—	8,0	13,3
B_2O_3	—	5,3	—
H_2O	—	—	23,8
	100,0	100,0	100,0

dienen ungebrannter Töpferton, Kalkstein und Ferromangan, neuerdings unter Zusatz einer Fluorverbindung. Die prozentuale Zusammensetzung ist in Tab. 51 unter R-1 wiedergegeben. Wenn ein Lichtbogen hoher Stromstärke unter diesem Schweißpulver brennt, werden gemäß

Abb. 209 große Mengen von Gasen und Dämpfen entwickelt, die leicht zu einer Porosität des Schweißgutes führen. Nur wenn die Elektrode und der Lichtbogen sehr langsam fortschreiten, so daß genügend Zeit verfügbar ist, um die Metall- und Schlackenbäder zu entgasen, ergibt sich eine gute Bogenstabilität und eine glatte, porenfreie Schweißnaht.

Ein Schweißmittel des Verfassers [6], bei dem ein *vorgebrannter Ton*, der Mullit enthält, sowie ungebrannte Zusätze verwendet werden, ist in Tab. 51 unter C-1 angeführt. Mit diesem Mittel sind infolge der geringen Gas- und Dampfbildung höhere Schweißgeschwindigkeiten erzielbar als mit einem Schweißpulver, das nur rohen Ton enthält.

Schweißmittel aus rohen Gemengen werden zum Verbindungsschweißen von Blechen bis zu 20 mm Stärke in einmaligem Durchgang verwendet. Diese Mittel können nur einen Teil der obigen Anforderungen an die Schweißmittel und die Schlacken erfüllen und werden daher nur noch in Fällen verwendet, bei denen die Kostenfrage eine erhebliche Rolle spielt und an die Güte der Schweißnaht nicht die höchsten Anforderungen gestellt werden.

V. MILLER [1] entwickelte eine *Paste*, die als Schweißmittel diente. Ihre Zusammensetzung ist in Tab. 51 unter M-1 wiedergegeben. Auch hier liegt ein Gemisch von Rohmaterialien vor, das nur eine geringe Schweißgeschwindigkeit erlaubt.

298. Geschmolzene Schweißmittel. Die Zusammensetzung des von SLAWJANOW [1, 2] benutzten Glases ist nicht bekannt. Borosilikatgläser wurden von W. B. MILLER [1, 2] als Schweißmittel vorgeschlagen,

Tabelle 52. *Zusammensetzung in % von geschmolzenen Schweißpulvern für automatisches Schweißen*

Bezeichnung	Zusammensetzung in %								
	SiO_2	Al_2O_3	CaO	CaF_2	MgO	MnO	Alkalien	FeO	Sonstige
JONES u. a.	49,5	3,9	33,4	2,7	10,4	—	—	0,1	—
UM 20	50	4	30	6	10	—	—	0,5	—
UM 30	54	5	28	5	8	—	—	0,5	—
UM 90	33	20	7	5	2	28	2	2	1 TiO_2
UM 80	38	15	22	6	10	7	—	1,5	—
UM 70	49	6	27	—	7	10	—	1,0	—
Blau	50	5	30	5	9	—	—	0,5	—
Rot	35	20	31	3	10	—	—	1,0	—
Grün	32	16	29	4	9	6	2	0,5	1 TiO_2

fanden jedoch keine große Verbreitung. JONES, KENNEDY und ROTERMUND [1, 2, 3] entwickelten Schweißmittel, die infolge des hohen Kieselsäuregehaltes Gläser bilden. Das Gemenge besteht z. B. aus Sand, Kalkstein, Magnesit und Ferromangan mit Zusatz einer geringen Menge Flußspat. Beim Schmelzen ergeben sich Kalzium-Magnesium-Metasilikate, die meist Verunreinigungen enthalten, z. B. geringe Mengen von Tonerde.

Tabelle 53. *Zusammensetzung von Gemengen und geschmolzenen Schweißpulvern für automatisches Schweißen in %*

Marke des Schweißpulvers	SiO_2	MnO	TiO_2	CaF_2	$K_2O +$ Na_2O	CaO	MgO	Al_2O_3	FeO	S	P	Sonstiges
1	2	3	4	5	6	7	8	9	10	11	12	13
AN-3 (Fertigprodukt)	48,0 bis 50,0	15,5 bis 18,5	—	2,0 bis 3,5	—	15,0 bis 18,0	8,5 bis 10,5	bis zu 2,5	bis zu 1,5	bis zu 0,15	bis zu 0,20	—
AN-348-A (Fertigprodukt)	41,0 bis 43,5	34,5 bis 37,5	—	3,5 bis 5,5	—	bis zu 5,5	5,5 bis 7,5	bis zu 3,0	bis zu 1,5	bis zu 0,15	bis zu 0,12	Mn_2O_3 0,10—0,30
OSZ-45 (Gemenge)	$41,0\ ^{+0,5}_{-1,5}$	$45,0\ ^{+0,5}_{-1,5}$	—	$9,5^{+0,5}$	—	bis zu 3,5	bis zu 1,0	bis zu 1,5	bis zu 1,5	bis zu 0,15	bis zu 0,15	bis zu 0,5
(Fertigprodukt)	43—45	38 bis 43,0	—	6,0 bis 8,0	—	bis zu 5,0	bis zu 1,0	bis zu 2,5	1,5	bis zu 0,15	bis zu 0,15	bis zu 0,5
OSZ-45-A (Gemenge)	$40,0\ ^{+0,5}_{-1,5}$	$45,0^{+0,5}_{-1,5}$	—	$7,0^{+0,3}$	$2,0^{+0,1}$	$3,5\ ^{+1,0}$	bis zu 1,0	bis zu 1,5	bis zu 1,5	bis zu 0,15	bis zu 0,15	bis zu 0,5
(Fertigprodukt)	42—45	38 bis 43,0	—	5,5 bis 6	0,6 bis 0,8	bis zu 5,0	bis zu 1,0	bis zu 2,5	bis zu 1,5	bis zu 0,15	bis zu 0,15 (0,10)(2+)	bis zu 0,5
FZ-3 (Gemenge)	$41,0^{-2,0}$	$44,0^{-2,0}$	$3,5^{+0,2}$	$3,0^{+0,2}$	0,5	$4,0\ ^{-1,0}_{+1,5}$	bis zu 1,5	bis zu 2,0	bis zu 2,0			bis zu 0,5

Tabelle 54. *Eigenschaften und Verwendungsmöglichkeiten technischer Schweißmittel*

Pulverbezeichnung	UM 20	Ell. Rot	UM 80	UM 90	UM 50	UM 55
Zusammensetzung	52% SiO_2 35% Erdalkali	42% SiO_2 35% Erdalkali + Al_2O_3	35% SiO_2 35% Erdalkali + Al_2O_3 + MnO	33% SiO_2 28% MnO + Erdalkali + Al_2O_3	42% SiO_2 42% MnO	
Mögliche Schweißstromart	(~) (=)	(~) (=)	(~) (=)	(~) (=)	(=)	(=)
Strombelastbarkeit	bis 4000 A	bis 2000 A	bis 1500 A	bis 1000 A	bis 1000 A	bis 850 A
Viskosität der Schweißschlacke	hoch	hoch	mittel	gering	gering	gering
Empfindlichkeit gegen Schmutz und Wasser	Bei Nahtverschmutzung und in Anwesenheit von Feuchtigkeit Neigung zu Porigkeit			Verminderte Schmutz-empfindlichkeit	Stark herabgesetzte Neigung zur Porenanfälligkeit	
Legierungsabbrände	C; Mn	C; Mn	C; (Mn)*	C	C	C .
Legierungszubrände	Si	Si	Si	(Mn)*; Si	Mn; Si	Mn; (Si)*

* geringe Veränderungen

Alle Pulver sind für jede Art von Horizontal-Schweißungen brauchbar, für die ihre Strombelastbarkeit ausreicht

Allgemeine Eignungskennzeichen

Besondere Forderungen an den Grundwerkstoff werden nur gestellt, wenn Gütevorschriften für Stahlbau, Schiffbau, Druckbehälter- oder Rohrleitungsbau einzuhalten sind

Pulver sind im Glasfluß erschmolzen, homogen in ihrer Zusammensetzung, lagerbeständig, nicht hygroskopisch

<table>
<tr>
<td rowspan="3">Besondere Vorzüge</td>
<td colspan="2">Für Grobbleche und Profile bis 120 mm Dicke

bevorzugt Wechselstrom</td>
<td>Grob- u. Mittelbleche bis max. 30 mm</td>
<td colspan="3">Mittel- und insbesondere Feinbleche ab
2,0 mm   1,5 mm   1,0 mm
bevorzugt Gleichstrom Pluspol
Schnellschweißung in Einspannvorrichtungen und Maschinen</td>
</tr>
<tr>
<td>Für höchste Strom-belastungen</td>
<td>Für hohe Strom-belastungen

Bei Mn-legierten Kesselguten</td>
<td>Für alle legierten Stähle

Für Mehr-lagen-schweißung</td>
<td>$v < 1,2$ m/min</td>
<td>$v < 1,75$ m/min</td>
<td>$v > 1,75$ m/min</td>
</tr>
<tr>
<td></td>
<td></td>
<td></td>
<td colspan="3">Erhöhte Rißunempfindlichkeit bei Auftragschweißungen, insbesondere (=) Minuspol

Mehrlagenschweißung von warmfesten Stählen und sonstigen legierten Stählen, insbesondere für rißempfindliche Wurzelnähte</td>
</tr>
</table>

Beim Schmelzen der meisten Schweißpulver der Technik finden Reaktionen zwischen den Gemengebestandteilen statt, die jedoch wegen der großen Zahl der meist vorhandenen Komponenten nur zum Teil der Rechnung zugänglich sind. Das beim Schmelzen erhaltene Schmelzbad und das daraus hergestellte Schweißmittel sind *homogen*. Der Schmelzpunkt des Mittels kann durch Veränderung des Mengenverhältnisses der Komponenten bzw. durch Hinzufügen weiterer Komponenten kontrolliert werden.

Die Zusammensetzung geschmolzener Schweißmittel nach den ursprünglichen Angaben von JONES, KENNEDY und ROTERMUND [1] wird in Tab. 52 wiedergegeben. Andere Schweißmittel dieser Art werden dann nach WOLFF [1] gebracht. Erwähnt sei, daß der *Basizitätsgrad*

$$V = \frac{\Sigma(\mathrm{RO} + \mathrm{R_2O})}{\Sigma(\mathrm{RO_2})}$$

für Schweißpulver der Tab. 52 nach BISCHOF [1] zwischen 1,56 und 0,83 liegt, d. h. die Pulver sind basisch ($V > 1,0$), bis schwach sauer ($< 1,0$).

Die Unterpulverschweißung hat weite Verbreitung in der UdSSR gefunden. Zahlreiche Angaben über die Zusammensetzung der ursprünglichen Gemenge und der geschmolzenen Schweißmittel sind verfügbar. Die folgenden Veröffentlichungen seien erwähnt: AZARENKO [1], MANTAI [1], BEYERS-

DORFER [1], FRUMIN und Mitarbeiter [2], ANDERS [1, 2], RYKALIN [4] und E. O. PATON [1].

Tab. 53 gibt eine Zusammenstellung von Analysen geschmolzener Schweißmittel, zum Teil auch ihrer Gemenge, nach den Zusammenstellungen von MANTAI [1] und E. O. PATON [1]. Von Interesse ist der hohe Gehalt von Mangan bei den meisten Schweißmitteln der Tabelle, der oft darauf zurückgeführt wird, daß in der UdSSR große Manganvorkommen zur Verfügung stehen.

Der Einfluß der Zusammensetzung verschiedener geschmolzener Schweißpulver und der Polung auf die *Abschmelzleistung* findet sich in Abb. 211 nach MANTEL [2]. Tab. 54, die mir freundlicherweise von Herrn Dr. MANTEL von der ELLIRA-Abteilung, Gesellschaft für LINDES Eismaschinen AG., Höllriegelskreuth,

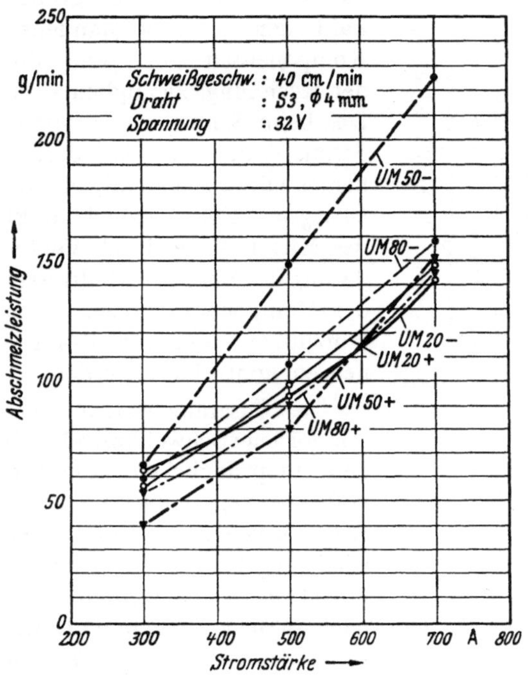

Abb. 211. Abhängigkeit der Abschmelzleistung von Pulversorte und Polung

zur Verfügung gestellt wurde, gibt einen Überblick über neue Untersuchungen der Eigenschaften und Verwendungsmöglichkeiten einiger Schweißmittel. Zur vorgeschlagenen Einteilung der Schweißmittel, entsprechend ihrem Verwendungszweck, sei auf Ziff. 290 verwiesen.

299. Gebrannte Schweißmittel. Eine Übersicht über eine Versuchsreihe mit Schweißmitteln, die neben einer Fluorverbindung nur die Komponenten Tonerde und Kieselsäure enthielten, findet sich in Tab. 55 nach CONN [14]. Das Verhältnis von Al_2O_3 und SiO_2 wurde in weiten Grenzen verändert, und die Proben wurden bei verschiedenen Temperaturen gebrannt. Ausgezeichnete Schweißresultate ergaben sich für Verhältnisse von Al_2O_3 und SiO_2, die dem des gebrannten *Mullits* und benachbarter Zusammensetzung entsprechen. Mullit bildet sich, wie in Ziff. 291 gezeigt wurde, allgemein beim Brennen von Tonen, wenn die Erhitzung auf wenigstens 900 bis 1050° C erfolgt.

Tabelle 55. *Zusammensetzung, Brenntemperatur und Ergebnisse der Schweißversuche mit gebrannten Schweißmitteln*

Lfd. Nummer	Brenntemperatur der Probe; pyrometrischer Kegel bzw. °C	Chemische Zusammensetzung (1) analytisch bestimmt nach dem Brennen, (2) errechnet ohne Verunreinigungen		Verhältnis $Al_2O_3 \cdot SiO_2$ unter Vernachlässigung v. Verunreinigungen 1 :	Liquidustemperatur in °C	Bewertung der mit verdecktem Lichtbogen hergestellten Schweißungen[1]	Aussehen der erstarrten Schlacke[2]	Bemerkungen
		Al_2O_3 in %	SiO_2 in %					
1	2	3	4	5	6	7	8	9
2	10 (1260° C)	99,6	0,02 (1)	0,0003	2048	C	K	
4	10	85,46	12,16 (1)	0,243	2002	P	K	
6	10	82,6	17,4 (2)	0,357	1976	P	K	
12	10	70,28	28,36 (1)	0,686	1921	C	K	
14	10	69,4	30,6 (2)	0,750	1912	C	K	
16	10	69,3	30,7 (2)	0,752	1908	C	K	
24	10	58,62	39,36 (1)	1,140	1863	P	K	
26	10	59,7	40,3 (2)	1,147	1862	E	K	
30	10	56,64	39,64 (1)	1,182	1858	A	K	
32	8 (1225° C)	57,7	42,3 (2)	1,248	1854	A	K/G	
36	1 (1125° C)	43,24	41,84 (1)	1,641	1826	E	K/G	
40	10 (1260° C)	48,32	48,34 (1)	1,697	1824	A	K/G	
44	10	47,04	51,40 (1)	1,859	1815	A	K/G	
50	5 (1180° C)	46,2	53,8 (2)	1,982	1810	A	K	mittel gebrannt
54	13 (1350° C)	46,1	53,9 (2)	1,986	1810	E	K/G	hoch gebrannt
64	10 (1260° C)	45,8	54,2 (2)	2,008	1808	A	K	
70	10	39,6	60,4 (2)	2,592	1789	C	G	
72	10	38,2	61,8 (2)	2,748	1784	C	G	
74	10	37,5	62,5 (2)	2,826	1781	P	G	
78	10	23,84	62,74 (1)	4,463	1748	C	G	
80	015 (770° C)	28,0	72,0 (2)	4,360	1749	P	G	wenig gebrannt
82	10 (1260° C)	23,82	70,86 (1)	5,033	1741	P	G	
84	1 (1125° C)	22,64	68,44 (1)	5,114	1740	P	G	mittel gebrannt
86	10 (1260° C)	20,84	67,78 (1)	5,532	1735	C	G	
88	10	20,68	69,90 (1)	5,741	1733	P	K/G	
90	10	22,24	76,80 (1)	5,855	1732	C	G	
92	10	20,8	79,2 (2)	6,440	1727	P	G	
94	10	16,98	74,48 (1)	7,420	1719	P	G	
96	10	17,08	78,76 (1)	7,830	1716	P	G	
98	10	15,64	77,52 (1)	8,397	1713	P	G	
100	10	5,5	94,5 (2)	29,14	1545	P	K/G	
102	10	0,2	99,8 (2)	846,8	1712	P	G	

[1] E = ausgezeichnete Schweißnaht, A = gute Schweißnaht, C = ausreichende Schweißnaht, P = schlechte Schweißnaht

[2] K = kristalline Struktur, G = glasige Struktur

Conn, Lichtbogenschweißung

Mullit ist ein Aluminiumsilikat, vorwiegend von der Formel $3\,Al_2O_3 \cdot 2\,SiO_2$. Mullit ist kristallin und frei von Kristallwasser. Er enthält in der Regel 71,8 Gew.-% Al_2O_3 und 28,2 SiO_2. Das Schmelzintervall beginnt nach NEUHAUS und RICHARTZ [1] bei 1800 bis 1830° C. Seine Liquidustemperatur liegt bei etwa 1945° C. Bei der Verwendung von Tonerdesilikaten mit hohem Al_2O_3-Gehalt als Schweißmittel sind die hohe Reaktionsgeschwindigkeit und die geringe Viskosität des Schlackenbades besonders wertvoll. Bei hohem SiO_2-Gehalt hingegen ergeben sich geringe Reaktionsgeschwindigkeit und hohe Viskosität.

Tabelle 56. *Zusammensetzung von Tonen und Tonerdesilikaten nach Trocknung bei 150°C in %*

Be-zeichnung	Nr. 802 Ton	Nr. 801 Ton	Nr. 891 Ton	Nr. 812 Ton	Nr. 840 Ton	Nr. 808 Kaolin	Nr. 804 Anda-lusit	Nr. 837 Kyanıt Indien	Nr. 38 Semi-bauxit
Al_2O_3	24,10	35,23	35,46	43,88	44,05	47,33	58,10	68,50	78,2
SiO_2	72,63	57,11	61,89	51,39	51,50	50,59	39,40	30,28	16,5
TiO_2	1,40	0,89	—	1,59	1,80	0,94	0,35	0,67	3,4
Fe_2O_3	1,01	2,51	1,28	1,99	1,85	0,15	0,32	0,28	1,2
CaO	0,33	0,48	0,79	0,22	0,23	0,53	0,64	0,17	—
MgO	0,40	1,25	Spuren	0,19	0,17	0,47	0,12	0,10	0,1
MnO	Spuren	—	—	—	—	—	—	—	—
B_2O_3	—	—	—	0,02	—	—	—	—	—
Alkalien	0,14	2,57	0,58	0,72	0,25	—	1,09	—	0,5
Summe	100,01	100,04	100,00	100,00	99,85	100,01	100,02	100,00	99,9

Es zeigte sich, daß *hochfeuerfeste Tone* vielfach bessere Schweißmittel als die mittleren feuerfesten Tone und die niedrigschmelzenden Tone ergeben. Die Erklärung dürfte darin liegen, daß der Mullitgehalt von den hochfeuerfesten zu den niedrigschmelzenden Tonen abnimmt. Bei der verfügbaren Energie wird bei einem Ton mit niedrigem Schmelzintervall beim Schweißen eine gesinterte oder geschmolzene „F-Schicht" erhalten und damit verringerte Gasdurchlässigkeit gegenüber einem hochschmelzenden Ton, der eine poröse F-Schicht ergibt, die den unbehinderten Durchgang von Gasen und Dämpfen von der Schlacke zum Schweißpulver erlaubt, vgl. Ziff. 228.

Einige Analysen von Tonen, deren Eignung als Schweißmittel untersucht wurde, werden in Tab. 56 nach CONN [14] wiedergegeben. Beste Resultate ergaben sich für einen Al_2O_3-Gehalt von $\geq$ 40%. Die Zusätze bei den gebrannten Schweißmitteln richten sich nach dem Verwendungszweck, auch nach der Herstellungsmethode der Schweißmittel, insbesondere danach, ob das „feuchte" oder das „trockene" Herstellungsverfahren (Ziff. 294) verwendet wird. Die Tab. 57 gibt nach dem Verfasser [7, 13, 14] und nach KOMERS [3] Beispiele für die Zusammensetzung von gebrannten Schweißmitteln, die verschiedene Zusätze enthalten. So wurde auf den Einfluß von Elementen mit niedrigem *Ionisationspotential* in Ziff. 55 und 71 und auf die Beeinflussung der Bogenstabilität in Tab. 9 hingewiesen.

„*Heterogene, gebrannte Schweißmittel*" bestehen nach CONN [*11, 18*] aus einem oder mehreren Materialien mit einem hohen Schmelzpunkt, z. B. mehr als 1600° C (Mullit, Zirkonoxyd usw.), denen niedrigerschmelzende Materialien hinzugefügt sind. Schweißpulver dieser Art werden besonders dann angewendet, wenn große Mengen von Gasen und Dämpfen durch die Metall- und Schlackenbäder hin-

Tabelle 57. *Zusammensetzung gebrannter und agglomerierter Schweißmittel in %* [1]

Bezeichnung	C-2	C-4	C-6	LINCOLN-WELD
Al_2O_3	42,0 [2]	59,6	27,9 [2]	8,8 [2]
SiO_2	33,5	23,3	41,3	48,2
TiO_2	3,4	1,4	4,3	—
Fe_2O_3	—	0,8	—	—
CaO	4,7	4,6	5,8	2,1
MgO . ..	—	5,3	0,4	0,7
MnO	8,5	4,9	20,2	40,3
Alkalien ...	7,9	—	—	—
Summe	100,0	99,9	100,0	100,1

[1] Den Schweißmitteln werden meist noch 2 bis 7% Fluoride hinzugefügt
[2] $Al_2O_3 + Fe_2O_3$, wobei $Fe_2O_3 \leq 4\%$ ist

durchgeführt werden müssen, wobei die oben erwähnte *Keimbildung* durch den hochschmelzenden Bestandteil zur Entgasung der Bäder und Vermeidung der Porosität des Schweißgutes herangezogen wird.

300. Agglomerierte Schweißmittel. Die oben besprochene Herstellungsmethode der agglomerierten Schweißmittel führt dazu, daß jedes Korn des agglomerierten Schweißpulvers eine große Zahl feinkörniger Teilchen enthält, so daß eine gleichförmige Zusammensetzung des Pulvers und eine hohe Reaktionsgeschwindigkeit, entsprechend der sehr großen Oberfläche, gesichert sind. Die agglomerierten Schweißpulver besitzen geringere Dichte und Wärmeleitfähigkeit als die aus Glas bestehenden Schweißmittel. Die letzte Spalte der Tab. 57 gibt nach KOMERS [*3*] ein Beispiel für ihre Zusammensetzung.

Agglomerierte Pulver werden auch hergestellt, bei denen jedes

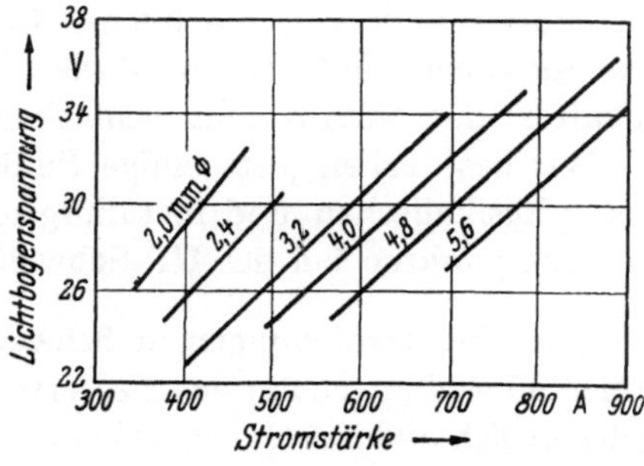

Abb 212. Stromspannungskurven für verschiedene Elektrodendurchmesser bei Gleichstrom, umgekehrte Polarität

„*primäre Schweißpulver*" nur je ein Legierungselement enthält, z. B. Mo, Cr, V oder Ni. Diese Pulver werden jetzt nach Wunsch allein oder in Kombination verwendet, wobei ein Pulver, das keine Legierungselemente enthält, zur Kompensierung der Einstellung verwendet wird.

Bei den primären Schweißmitteln kommt es darauf an, daß die Energiezufuhr, insbesondere die Stromdichte, innerhalb bestimmter Grenzen gehalten wird, um eine gleichförmige Einführung der Legierungselemente zu erhalten. Abb. 212 nach Smith und Jerabek [1] zeigt Stromspannungswerte für verschiedene Elektrodendurchmesser für Gleichstrom und umgekehrte Polarität, die für ein bestimmtes Schweißmittel und für einen gegebenen Stahl gelten. Die Zusammensetzung der *eingebundenen Mittel* ähnelt der von entsprechenden Mantelelektroden.

Nach Becker [3] geht, in Übereinstimmung mit unseren Erfahrungen, die Entwicklung der Schweißmittel für das UP-Verfahren vom sauren Schweißpulver über Metasilikat, Orthosilikat, basisches Schweißpulver zum reinen Aluminat (z. B. Spinell bzw. Mullit). In der gleichen Reihenfolge nehmen Manganabbrand und Siliziumzubrand ab.

Im folgenden werden einige weitere Punkte besprochen, die von besonderem Interesse für die UP-Schweißung sein dürften.

5. Ausgewählte Punkte zur UP-Schweißung

301. Allgemeines. Die technische Durchführung der Unterpulverschweißung stellt eine große Zahl von Aufgaben, z. B. in bezug auf die Methode der Aufspannung der Werkstücke, die Anordnung von Schweißpulverkissen, wobei die üblichen Schweißmittel oder Sonderpulver verwendet werden können (auch Kombinationen von geschmolzenen und gebrannten Schweißpulvern), auf die wir hier nicht eingehen können. Weiter versucht man, nach dem Durchgang des Bogens die *Schlacke nicht zu entfernen*, sondern durch die Schlacke bei der nächsten Lage *hindurchzuschweißen*. Diese und ähnliche Aufgaben sind für die Technik von erheblicher Bedeutung, vgl. z. B. Günther [3]. Die Aufgaben sind oft nur lösbar, weil man die thermischen Eigenschaften der Metall- und Schlackenbäder hinreichend genau kennt.

Wir besprechen jetzt einige Punkte, die weiterhin die Anwendung von physikalischen und metallurgischen — neben den chemischen — Gesichtspunkten bei der UP-Schweißung aufzeigen.

302. Fluorverbindungen in Schweißmitteln. Zur Erzielung einwandfreier Schweißungen hat sich die Verwendung von Fluorverbindungen und gelegentlich anderer Halogene in den Schweißmitteln des UP-Verfahrens in den meisten Fällen als zweckmäßig erwiesen, es sei denn, daß besondere Umstände, z. B. das Vorhandensein großer Lager von Manganerzen, die Einführung von größeren Mengen von Mangan in das Schweißmittel erwünscht machen; Manganerze wirken praktisch in gleicher Weise wie die Fluoride. Bei der Herstellung von Schweißmitteln haben die Fluoride die folgenden Aufgaben, vgl. die Ausführungen in Ziff. 293 und 294:

a) Wird das fluorhaltige Material in einen Ofen zur Herstellung von geschmolzenen Schweißmitteln eingeführt, so werden Viskosität und Oberflächenspannung des Versatzes bei gegebener Temperatur des Bades erniedrigt bzw. wird die Schmelztemperatur um 120 bis 150° C nach unseren Untersuchungen [*14*] herabgesetzt. Es hat jedoch keinen Zweck, den Fluorzusatz beliebig zu erhöhen: Aus der Fabrikation von Glas und Email ist bekannt, daß der Fluorgehalt während des Schmelzens einem Grenzwert zustrebt, der im allgemeinen wesentlich niedriger als der ursprünglich zugefügte Betrag ist. Hieruber sind zahlreiche Untersuchungen erfolgt und verschiedene Theorien für den Fluorverlust wahrend des Heizintervalls vorgeschlagen worden, vgl. z. B. die Arbeit von CALLOW [*1*].

Bei den Versuchen zur Herstellung von Schweißmitteln durch *Schmelzen* der Bestandteile betrug der Verlust an Fluor bis zu 70% der dem Bad zugesetzten Menge. Das Ergebnis war, daß schlechte Schweißungen erhalten wurden. Um einwandfreie Resultate zu erhalten, war es notig, die Gesamtmenge oder wenigstens einen Teil des Fluors unmittelbar vor Entleerung des Ofens oder erst nach der Abkuhlung der Schmelze hinzuzufugen. Weiter wird man, um den Fluorverlust eines Gemenges möglichst gering zu halten, zunachst den Ofen leer anheizen und den Versatz erst dann in den Ofen bringen, nachdem der Oten hoch erhitzt ist. Dem gleichen Zweck dient eine möglichste Verkürzung der Schmelz- bzw. Brenndauer.

b) Wird eine Fluorverbindung in ein Gemenge eingefuhrt, das *gebrannt* wird, so wirkt sie zunachst einmal als Mineralisator und befördert die Bildung von kristallinem Mullit aus den Rohmaterialien. Wesentlich ist hierbei nach Ziff. 294, daß das Gemenge keine Feuchtigkeit enthält, um einen Verlust von Fluor zu vermeiden. Arbeitet man andererseits mit einem feuchten Gemenge, so wird es auch hier notwendig, Fluor erst nach dem Brennen hinzuzufügen. Zusammenfassend ist zu sagen, daß ein fluorhaltiges Schweißpulver eine glattere und porenfreiere Naht ergibt als ein Schweißmittel, das ohne Zusatz von Fluor hergestellt wurde, vgl. z. B. die Ausführungen von CONN [*7, 14*]. Als Nachteil des Fluorzusatzes ist seine große Empfindlichkeit gegen Feuchtigkeit zu nennen und die Verringerung der Lichtbogenstabilitat infolge seiner hohen Ionisierungsenergie von 17,4 eV (Tab. 7). Man halt den Fluorzusatz in den Schweißmitteln möglichst gering, um das Auftreten fluorhaltiger Dampfe möglichst zu vermeiden, da beim Einatmen größerer Mengen dieser Dampfe, die sich über lange Zeit erstreckt, eine gesundheitliche Schädigung auftreten kann.

303. Schweißmittel für Nichteisenmetalle. Beim Schweißen von Aluminium, Magnesium usw. besteht die Schwierigkeit, daß sich infolge

Tabelle 58. *Zusammensetzung von Schweißpulvern für die Elektro-Schlacke-Schweißung in %*

Bezeichnung	SiO_2	Al_2O_3	MnO	CaO	MgO	Na_2O/K_2O	FeO	CaF_2	S	P
AN 8 ……	33—36	11—15	21—26	4 - 7	5 — 7	—	—1,5	13—19	unter 0,15	unter 0,15
AN 22 ……	18—21,5	19—23	7—9	12 -15	11,5—15	1,3—1,7	—1,0	20—24	unter 0,15	unter 0,15
FZ 7 …	46—48	— 3	24—26	3	16 —18	0,6—0,8	—1,5	5— 6	unter 0,15	unter 0,15

der hohen Reaktionsgeschwindigkeit sehr schnell auf dem Metall festhaftende Oxyde, wie AlO, Al_2O und Al_2O_3, bilden. Die Wirkung der Flußmittel, z. B. für die Aluminiumschweißung, beruht entweder darauf, daß mit Hilfe von Fluorverbindungen, z. B. Kryolith, die Oxydschicht verflüssigt und entfernt wird oder darauf, daß das Flußmittel *zwischen* die Aluminiumlegierung und die Al_2O_3-Schicht, die sich auf der Oberfläche des Metalls befindet, eindringt. Die Voraussetzung ist in letzterem Fall, daß die *Grenzflächenspannungen* Al/Schweißmittel und Al_2O_3/Schweißmittel geringer sind als die Werte für Al_2O_3/Al. Ein Mittel dieser Art besteht nach Untersuchungen von SULLY, HARDY und HEAL [1] z. B. aus Alkalichlorid und Flußspat im Mengenverhältnis 90 NaCl:10 CaF_2. *Uran* wird nach HANKS, TAUB und BRUNDIGE [1] mittels eines vorgeschmolzenen Schweißpulvers aus 75 % Flußspat und 25 % Kryolith verschweißt, das bei Verwendung einer Uranelektrode mit Silberüberzug Schweißungen guter Festigkeit usw. ergibt.

304. Schweißpulver für die Elektro-Schlacke-Schweißung. Für die in Ziff. 76 besprochene Elektro-Schlacke-Schweißung werden nach ANDERS [3] die folgenden Anforderungen gestellt: Der Schmelzpunkt des Pulvers soll niedrig sein, und der Siedepunkt des Schlakkenbades soll hoch liegen. Es soll nur eine *geringe Lichtbogenstabilisierung* erfolgen, um einen schnellen Übergang von der Lichtbogenschweißung beim Beginn des Schweißprozesses zum lichtbogenlosen Schmelzschweißen zu erreichen.

Einige Pulverzusammensetzungen werden in Tab. 58 nach ANDERS [3] wiedergegeben. Das Schweißpulver AN 22 kann nach ANDERS als Standardschweißpulver für die Elektro-Schlacke-Schweißung an unlegierten und legierten Stählen angesehen werden. Es gehört zur Gruppe der niedrigsilizierten Pulver mit niedrigem MnO- und hohem Flußspatgehalt. Damit wird ein sehr geringer Einfluß auf das Schmelzbad ausgeübt, und die Aufnahme von Silizium in das Schweißgut sehr gering gehalten. Das Schweißpulver verhält sich also neutral; es wird vor allem auch für die Schweißung legierter Stähle verwendet. Der Schmelzpunkt des Pulvers liegt bei etwa 1060° C.

Die Schweißpulver AN 8 und FZ 7 weisen einen höheren SiO_2-Gehalt auf, während der MnO-Anteil als mittlerer Gehalt bezeichnet werden kann. Der hohe Gehalt an Flußspat von AN 8 und AN 22 soll dazu dienen, beim Schweißen unberuhigter Stähle eine Porenbildung durch Bildung von Fluorwasserstoffverbindungen zu verhindern und die Stabilität des Bogens zu verringern. Weitere Angaben bei GOTALSKIJ [1], BRUSNICYN [1] und R. MULLER [1]. Über den Einfluß des Zusatzes von Legierungselementen berichten neuerdings ERDMANN-JESNITZER und KAMMLER [1].

305. Magnetische Schweißpulver. Die Verwendung von Schweißmitteln, die *Eisenpulver* enthalten, machen dieses Verfahren möglich:

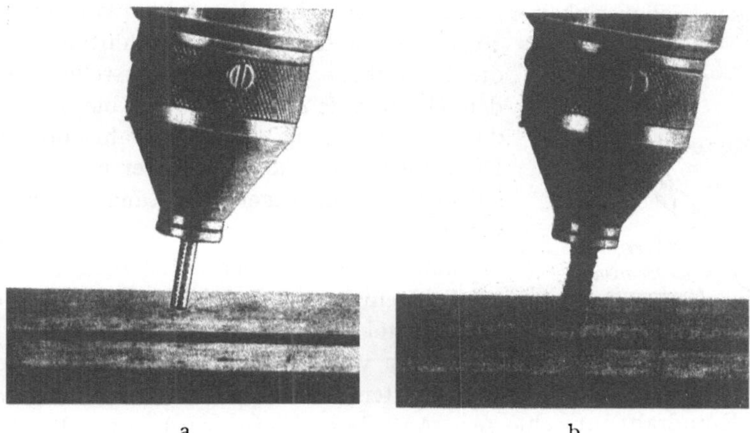

a   b

Abb 213 a und b Austritt der Elektrode aus dem Schweißkopf
a) mit nackter Elektrode, b) mit der gleichen Elektrode, die jetzt gleichformig mit magnetischem Schweißpulver umkleidet ist

Das bei Durchgang des Stromes durch eine nackte Stahlelektrode auftretende Magnetfeld zieht das eisenhaltige, konzentrisch zur Elektrode eingeführte Schweißpulver an. Es bildet sich daher eine Pulverschicht um die Elektrode, die entsprechend einer Mantelelektrode das übergehende Metall gegen Oxyd- und Nitrid-Bildung schützt, vgl. Abb. 213 nach KOCHER [1]. Als Vorteile gegenüber dem üblichen Unterpulverschweißen werden genannt: Es wird nicht mehr eine große Menge Schweißpulver oberhalb der Naht benötigt, das nur zum Teil geschmolzen wird; der Lichtbogen kann beobachtet werden; sehr kleine Gerate für Verbindungs- und Auftragschweißungen können verwendet werden, und die Dicke des Pulvers auf der Elektrode kann leicht geregelt werden. Als Nachteil sei erwähnt, daß vor Einschalten des Stromes kein Pulver angezogen wird, so daß zunächst für etwa 1 bis 2 sec unter ahnlichen Bedingungen gearbeitet werden muß wie beim Schweißen mit nackten Elektroden. Dadurch wird der Anfang einer Schweißnaht leicht porös. Zur Abhilfe bringt man zu Beginn der

21a*

Schweißung eine lose Pulverschicht an die Anfangsstelle der Naht. Einzelheiten zu diesem Verfahren finden sich z. B. bei KOCHER [1], AVERY und Mitarbeitern [1] und HAND [1, 2]. Über die gleichzeitige Einführung von magnetischem Pulver und Schutzgas (CO_2) berichten DAVIS und TELFORD [1] und TELFORD und STANCHUS [1].

306. Netzmantelelektroden. Die Netzmantelelektrode („Fusarc") hat sich aus früheren Anordnungen, bei denen ein endloser Kerndraht wie bei der üblichen Unterpulverschweißung verwendet wurde, entwickelt. Der Draht besaß einen Mantel, dessen Zusammensetzung mit der der üblichen Mantelelektroden übereinstimmte. Bei dieser Anordnung bestanden Schwierigkeiten, guten elektrischen Kontakt zwischen dem Kerndraht und der Stromzuführung durch die Umhüllung hindurch herzustellen sowie den Draht aufzurollen oder zu biegen, ohne daß die Umhüllung vom Kerndraht abplatzte. Diese Elektroden konnten daher nur bei verhältnismäßig niedriger Belastung verwendet werden.

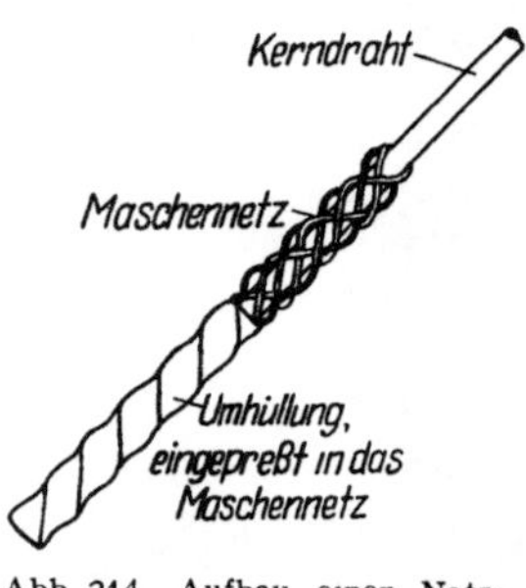

Abb 214 Aufbau einer Netzmantelelektrode

Man benutzt bei der Netzmantelelektrode ein Schweißpulver, das den Kerndraht ohne Bindemittel umgibt. Draht und Pulver werden außen von einem weitmaschigen Geflecht aus Drähten gleicher Zusammensetzung wie der Kerndraht umschlossen. Auf diese Weise wird guter Kontakt zwischen der Stromzuführung, dem metallischen Mantel und dem mit ihm elektrisch verbundenen Kerndraht beim Schweißen erreicht, vgl. Abb. 214 nach DE ROP und SCHMIDT-BACH [1]. Bei der Netzmantelelektrode besteht ebenso wie bei der üblichen UP-Schweißung die Möglichkeit, die freie Länge der Elektrode konstant zu halten und damit hohe Strombelastbarkeit bzw. hohe Abschmelzleistung zu erreichen. Beim Schweißen mit einer Netzmantelelektrode kann der Lichtbogen beobachtet werden, und es können Nähte beliebiger Form geschweißt werden.

Das Pulver bildet eine Schlacke wie beim UP-Schweißen. Kerndrähte bis etwa 7 mm Dmr. können verwendet werden. Die Zusammensetzung des Pulvers der Netzmantelelektroden wird den vorliegenden Anforderungen, entsprechend den Schweißmitteln beim UP-Schweißen bzw. den Umhüllungstypen der Mantelelektroden (kalkbasisch, erzsauer usw.), angepaßt. Eine Kombination von Netzmantelelektroden und Schutzgas wird seit kurzem verwendet, die die Vorteile beider Methoden in ähnlicher Weise verbinden soll wie die Kombination einer Seelenelektrode mit Schutzgas, die in Ziff. 194 besprochen wurde.

An neueren Veroffentlichungen zur Schweißung mit Netzmantelelektroden seien erwähnt: Zeyen [3], de Rop und Schmidt-Bach [1], Bargiel [1] und Malisius [2].

307. Schweißen an vertikaler Wand. Die Verwendung des Unterpulver-Verfahrens zum Schweißen an vertikalen Wanden fuhrt sich heute

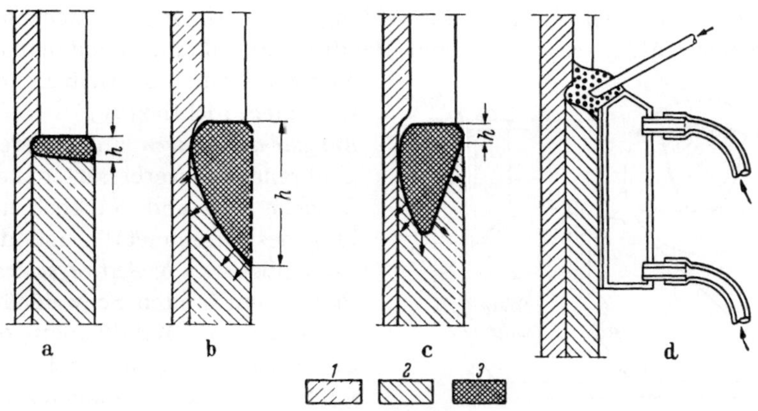

Abb 215 a—d Schweißung an senkrechter Wand, $h =$ Hohe der exponierten Badoberflache, Verwendung von

a) Tropfenweise abschmelzender Einzelelektrodc, b) UP-Schweißung, c) UP-Schweißung mit Kuhlung der Schweißbadoberflache, 1 Grundwerkstoff, 2 Erstarrtes Schweißgut, 3 Flussiges Schmelzbad; d) Durchfuhrung der Schweißung mit Wasserkuhlung der Naht- und Schlackenoberflachen

allmahlich ein, nachdem bis vor kurzem die UP-Schweißung nur fur horizontale oder schwach geneigte Nahte verwendet wurde. Die Schweißung von vertikalen Nahten ist erst möglich geworden, seitdem man gelernt hat, die physikalischen Eigenschaften der Schmelzbader, insbesondere ihre Viskositat und Oberflachenspannung, besser zu beherrschen. Abb. 215 zeigt nach Čabelka [1] eine Ausfuhrungsform.

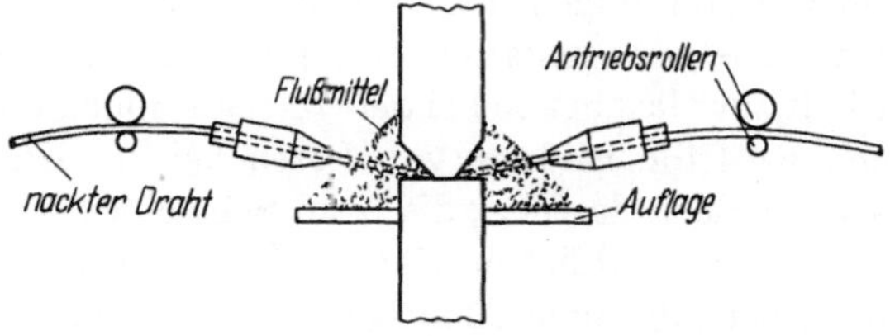

Abb 216 Schema des Schweißens an senkrechter Wand, „3-Uhr-Schweißen"

Hierbei ist es wesentlich, zu verhindern, daß das flussige Metall und die flussige Schlacke aus dem Schweißbad herauslaufen. Man verwendet daher eine nicht zu flussige Schlacke und fuhrt Wärme von der Außenflache des Schweißgutes durch ein gut leitendes Metall fort, so daß eine schnelle Erstarrung der Außenflache der Schweißbader erfolgt, während ihr Inneres und ihre Oberfläche noch flussig bleiben. Das Schweißbad nimmt dann die in der Abbildung wiedergegebene Form an.

Eine Methode der Schweißung an vertikalen Wänden wird in Abb. 216 nach MANTEL [1] wiedergegeben. Weitere Angaben hierzu finden sich z. B. bei MEYER [1], GÜNTHER [3] und ANDERS [2].

308. Gleichzeitige Verwendung von mehreren Lichtbögen bei der Unterpulver-Schweißung.

Bei der UP-Schweißung werden in ähnlicher Weise wie bei der Schutzgasschweißung nach Ziff. 269 vielfach zwei Lichtbögen gleichzeitig verwendet. Bei dieser Anordnung erzielt man im Vergleich zum Schweißen mit nur einem Lichtbogen a) *Verbindungsschweißungen* mit tieferem Einbrand und verbesserter thermischer Vor- und Nachbehandlung des Grundmetalls und des Schweißgutes; b) *Auftragschweißungen* mit breiten Schweißnähten und flachen Metallbädern, die die Vermischung des Schweißgutes durch den geschmolzenen Grundwerkstoff sehr gering halten.

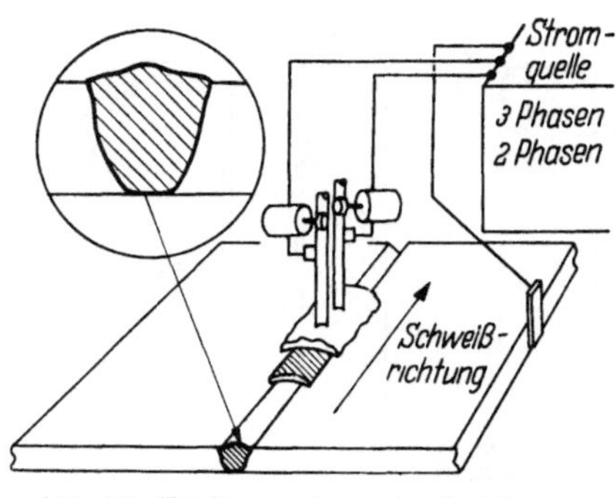

Abb 217. Tandemanordnung der Lichtbogen

Die Anordnung der Lichtbögen kann in verschiedener Weise erfolgen, wobei die Grenzbedingungen für den Abstand der Lichtbögen und für die freie Länge der Elektroden nach Ziff. 269 auch hier gelten. Es werden unterschieden:

α) Bei der *Tandem-Anordnung* der beiden Lichtbögen, die in Abb. 217 nach KNIGHT [1] dargestellt ist, dient der erste Lichtbogen insbesondere zum tiefen Einbrand in das Werkstück. Hierbei können nach GÜNTHER [3] Stromstärken bis zu 5000 A verwendet werden. Dem ersten Bogen folgt ein weiterer Bogen mit verhältnismäßig hoher Spannung, um die Nahtform günstig zu gestalten. Es ergibt sich ein langes Schmelzbad und mehr Zeit zur Gasabgabe bei der Verschweißung dicker Bleche. Auf diese Weise wird die Bildung von Poren bei der Erstarrung des Schweißbades verhindert, da Gase, die beim Schweißen mit dem ersten Bogen im Schweißgut verblieben sind, beim teilweisen Wiederaufschmelzen durch den folgenden Lichtbogen entweichen können.

β) Beim *Doppelkopfverfahren* der Abb. 218a und b nach KNIGHT [1] werden die Elektroden parallel angeordnet oder sie bilden einen Winkel miteinander. Die Elektroden werden hierbei parallel- oder hintereinandergeschaltet, wobei im ersteren Fall nur ein Schweißkopf benötigt wird. In der zweiten Anordnung durchläuft der Schweißstrom eine Elektrode, geht dann zum Schweißbad und dann zur zweiten Elektrode über. In beiden Fällen wirken die beiden Lichtbögen auf das gleiche Schweißbad ein. Hierdurch wird es möglich, die Zeitdauer für das Bestehen der Metall-

und Schlackenbäder so weit zu erhohen, daß sichere Gasabgabe erfolgen kann. Es können bei einem geeigneten Schweißmittel selbst feuchte und verunreinigte Bleche verschweißt werden, ohne daß sich Porosität ergibt. Die beiden Lichtbögen können mit Gleich- oder Wechselstrom betrieben werden.

γ) Bei Verwendung von *Dreiphasenstrom* nach CLAPP und SCHREINER [1, 2] ergibt sich eine gunstigere Warmeverteilung im Blech als bei nur einer Elektrode, die es ermoglicht, auch schwierig zu verschweißende Stahlsorten oder Fugentypen zu verschweißen.

δ) Beim Schweißen der *Ränder einer Naht* mit zwei Lichtbögen können erhebliche Blechabstande uberbrückt und starke Bleche verschweißt werden.

Bei allen diesen Anordnungen folgen den Lichtbögen Schweißbäder, die für die beiden Bögen der jeweiligen Anordnung gemeinsam sind, wie TSCHORN [1] auch röntgenographisch wahrend des Schweißens bestatigen konnte. Eine Schweißung mit mehreren Elektroden erfolgt nur selten von Hand. Meist werden hierzu automatische oder halbautomatische Apparaturen verwendet, die hohe Geschwindigkeiten und große Abschmelzleistungen erlauben.

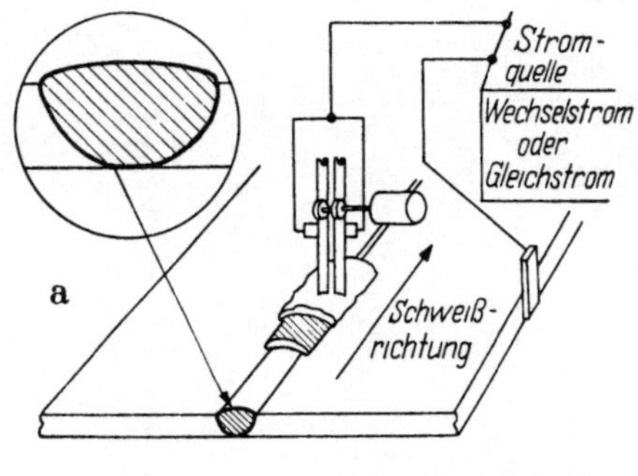

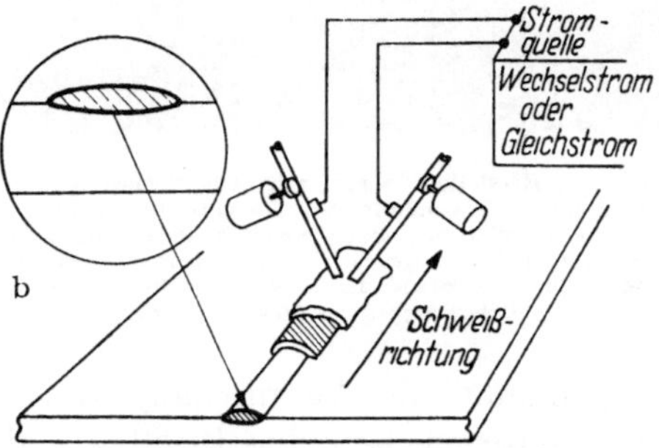

Abb 218 a u b Doppelkopfverfahren
a) Parallelschaltung der Lichtbogen, b) Hintereinanderschaltung der Lichtbogen

Oft erhoht sich nach MEDOVAR [1] die Abschmelzleistung um 20% und nach ASHTON [1] die Schweißgeschwindigkeit um 50% gegenuber dem Einzelbogen.

Für die Auftragschweißung (Ziff. 309) verwendet man meist die Anordnung nach Abb. 218a. Es werden zwei Elektroden nebeneinander angeordnet, die vielfach senkrecht zur Schweißrichtung oszillieren. Die beiden Elektroden werden mit gleicher Geschwindigkeit durch den Schweißkopf eingefuhrt und von der gleichen Stromquelle gespeist. Der Elektrodenabstand betragt hier z. B. 10 bis 16 mm, die Stromstärke 600 bis 1500 A. Die Abb. 219 nach ASHTON [1] gibt ein Beispiel fur eine Auftragschweißung mit Doppelelektrode. Die Verwendung von zwei dunnen Elektroden anstelle einer dicken Elektrode begunstigt auch hier eine hohe Stromdichte und einen sprühregenartigen Übergang des Zusatzmaterials, wie oben besprochen, somit auch eine erhöhte Abschmelzleistung. Bei Verringerung des Abstandes der beiden Elektroden verringert sich die Einbrandtiefe, die Nahtbreite nimmt zu und der Anteil des Grundwerkstoffes im Schweißgut wird geringer. Auch eine Tandem-Anordnung ergibt in diesem Fall die gleichen Resultate. Eine gleiche Anordnung der Lichtbögen wie für die Auftragschweißung nach Abb. 219 wird auch zum Verbindungsschweißen *dünner Bleche* verwendet.

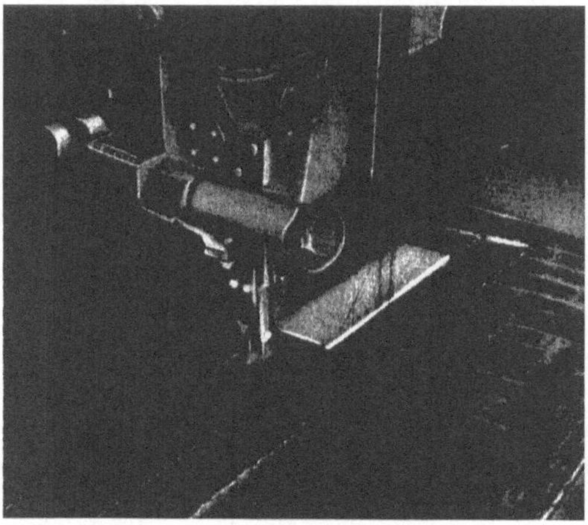

Die Anwendung eines stromlosen Zusatzdrahtes, der gelegentlich beim Schweißen mit zwei Lichtbögen verwendet wird, wird in Ziff. 310 besprochen.

309. Auftragschweißung. Die wesentlichen Gesichtspunkte zur Auftragschweißung sind bereits diskutiert worden. Hier seien noch einige ergänzende Angaben gebracht: Wenn mehrere *Lagen* geschweißt werden, nimmt die Vermischung des Schweißgutes durch den aufgeschmolzenen Grundwerkstoff ab, da das Schweißgut der vorhergehenden Lage jeweils die Rolle des Grundwerkstoffes übernimmt. Mit zunehmender Lagenzahl nähert sich nach KOCH und BERNHOLZ [1] die Zusammensetzung asymptotisch der des unvermischten Schweißgutes.

Für die Auftragschweißung werden Hand- und maschinelle Schweißung verwendet. Bei der letzteren setzt sich die soeben besprochene Anordnung von zwei Lichtbögen immer allgemeiner durch, die es ermöglicht, z. B. 100 mm breite Schweißungen mit einem Durchgang zu erzielen. Bei der Minuspolschweißung kann mit verhältnismäßig niedriger Temperatur der Schmelzbäder gearbeitet werden. Dadurch erfolgt ein geringer Kohlenstoffabbrand und eine schnelle Erstarrung des Metallbades. Die Schweißnähte entstehen ohne Überhitzung und ergeben günstige metallurgische Eigenschaften des Schweißgutes.

Legierungselemente und Zusatzstoffe werden durch die Elektrode und/oder das Pulver bzw. durch eine Seelenelektrode eingeführt. Man

Abb. 219. Herstellung einer harten Oberflachenlage von 90 mm Breite unter Verwendung des Doppelkopfverfahrens und der Elektrodenoszillation, Betriebsbedingungen 700 Amp, 32 V, 125 mm/min Schweißgeschwindigkeit, Durchmesser jeder Elektrode 3,2 mm; Abstand der Elektrodenachsen 15 mm; gerade Polarität; 18 bis 20 Oszillationen/min

kann auch z. B. *Wolframkarbidpulver direkt in das Schmelzbad,* bevor dieses erstarrt, einführen, wobei verhältnismäßig große Teilchen, z. B. nach Zuchowski und Neely [1] von 0,6 bis 0,8 mm Körnung, verwendet werden.

Die *relative Schlackenmenge* (das Verhältnis des deponierten Schlackengewichtes zum abgeschmolzenen Schweißdraht) wird in Abb. 220 nach Mantel und Wolff [1] für die Auftragschweißung mit verschiedenen

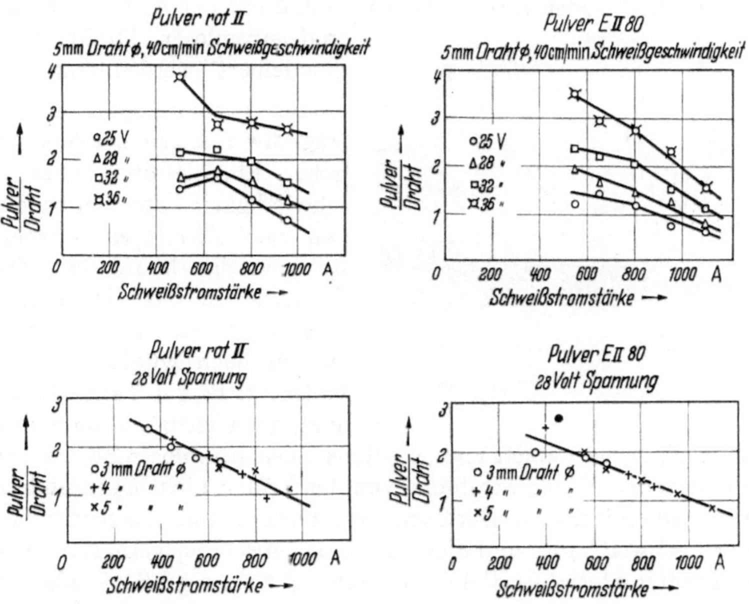

Abb. 220. Relativer Schweißpulververbrauch (Gewichtsverhältnis des Pulver- und Elektrodenverbrauchs) für Auftragschweißung (bei Verbindungsschweißung um 30% geringer)

Pulversorten und für verschiedene Drahtstärken dargestellt. Bei Stromstärken von mehr als 1000 A sinkt das Verhältnis des geschmolzenen Pulvers zum geschmolzenen Draht auf weniger als 1 : 1. Gleichzeitig wird die Viskosität der Schlacke zu gering. Man hat bei der Auftragschweißung darauf zu achten, daß die Bogenspannung nicht zu hoch steigt und eine sehr dicke Schlackendecke herbeiführt, die dem Durchgang der Gase und Dämpfe, wie oben ausgeführt, Schwierigkeiten bereiten würde.

310. Stromloser Zusatzdraht. Die Verwendung eines stromlosen Zusatzdrahtes zur Verringerung der Abbrandverluste der Legierungselemente wurde in Ziff. 234 besprochen. Meist steht nach Versuchen des Verfassers [6] genügend Strahlungsenergie zur Verfügung, um beim Arbeiten mit einem Bogen und einem Zusatzdraht die Abschmelzmenge des Zusatzdrahtes so weit zu erhöhen, daß sie gleich oder höher als die des Elektrodendrahtes wird, bzw. um die Schweißgeschwindigkeit erheblich zu steigern. Die Regulierung erfolgt hierbei durch die Wahl des Durchmessers des Zusatzdrahtes und seiner Einführgeschwindigkeit in den Bogenraum, vgl. Abb. 156. Bei Verwendung eines Zusatzdrahtes für die Auftragschweißung, z. B. für stark abgenutzte Spurkränze, hat es sich nach WOLFF [1] gezeigt, daß sich mit einem stromlosen Zusatzdraht neben der stromführenden Elektrode eine geringere Einbrandtiefe, eine engere Raupe und eine größere Auftraghöhe gegenüber zwei stromführenden Elektroden erzielen lassen, so daß mit der Anordnung Elektrode/stromloser Draht besser „modelliert" werden kann.

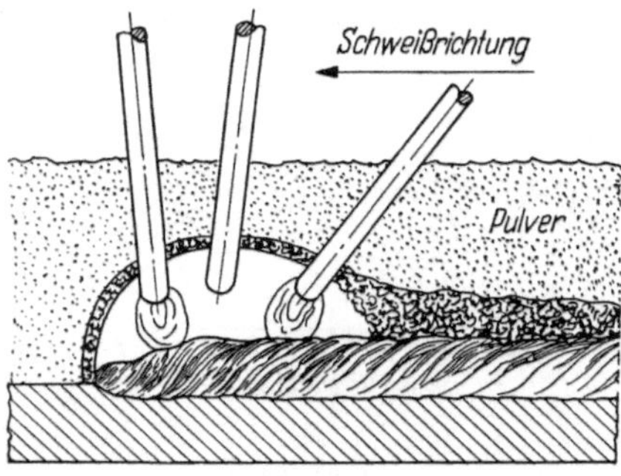

Abb. 221. Zuführung eines stromlosen Zusatzdrahtes bei Doppelelektroden („Schnellschweißung")

Bei Verbindungs- und Auftragschweißungen, bei denen mit hoher Energie und hoher Geschwindigkeit unter Verwendung von *zwei Lichtbögen* gearbeitet wird, erfolgt häufig ein tiefer Einbrand in das Grundmetall, so daß sein Anteil im Schweißgut zu hoch würde. In diesen Fällen, z. B. bei Tandemanordnung der Lichtbögen im Schwermaschinenbau, verwendet man ebenfalls einen stromlosen Zusatzdraht, der insbesondere durch Strahlung von den beiden Lichtbögen und dem Schweißbad erhitzt wird. Der Zusatzdraht schmilzt oberhalb oder innerhalb des Schweißbades und dient dazu, das Mischungsverhältnis Werkstoff : Zusatzmaterial + Elektrodenmaterial ebenso groß zu halten wie beim üblichen Unterpulverschweißen. Abb. 221 zeigt nach KOMERS [1] in der Darstellung von GÜNTHER [1] eine Anordnung dieser Art. Als Betriebsbedingungen seien nach ANDERS [2] genannt: Stromstärke 1500 A, Elektrodendurchmesser 3 bis 5 mm, Schweißgeschwindigkeit bis 220 m/h. Erwähnt sei, daß bei gleichzeitiger Verwendung von zwei Lichtbögen mitunter auch zwei oder mehr stromlose Zusatzdrähte notwendig sind, vgl. auch Ziff. 321.

311. Elektrodenbündel. In weiterer Entwicklung der Unterpulvermethode für Auftragschweißungen mit zwei Elektroden ordnet WOLODIN [1] mehrere dünne, nackte Drähte in verschiedenen Kombinationen an. Die Elektroden besitzen hierbei gleiche Polarität, und ihr Abstand voneinander beträgt 0 bis 10 mm. Die Abb. 222 zeigt einige typische Elektrodenanordnungen nach der WOLODIN-Methode, bei denen alle Elektroden Strom führen. Von besonderem Interesse ist die Beobachtung beim WOLODIN-Verfahren, daß in der Regel nicht mehrere Lichtbögen zwischen den Elektroden und dem Werkstück gleichzeitig brennen, sondern daß jeweils nur ein Lichtbogen zwischen einem der

Drähte und dem Werkstück auftritt. Nach teilweisem Abbrennen der Elektrode springt der Lichtbogen zu einer anderen Elektrode über, die bisher im wesentlichen durch Strahlung von dem Tiegel der benutzten Elektrode, dem Schweißbad und dem Lichtbogen vorerhitzt wurde.

Bei dieser Methode können hohe Stromdichten und erhebliche Abschmelzleistungen erreicht werden. Eine Überhitzung der Schmelzbäder wird jedoch vermieden, und die Elektroden werden bei geringeren Temperaturen als bei vergleichbaren Abschmelzleistungen betrieben.

Durch eine Kombination von unlegierten und legierten Elektroden kann man beliebige *Legierungskombinationen* erreichen, da am Werkstück nur ein einziges Schmelzbad gebildet wird. Dies ist wesentlich günstiger für viele Aufgaben als die Verwendung von Mantelelektroden mit Eisenpulverzusatz in der Umhüllung (Ziff. 318); vgl. auch die zusammenfassenden Darstellungen von

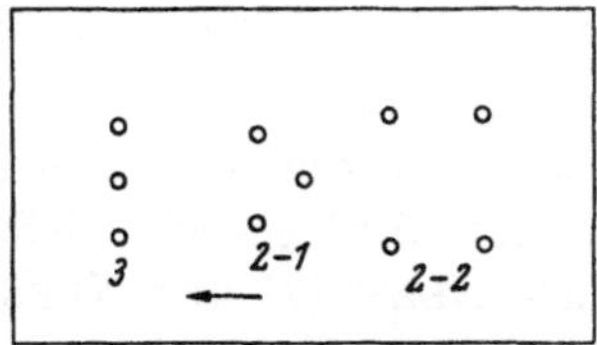

Abb. 222. Elektrodenbundelanordnung nach WOLODIN; Bewegung in Pfeilrichtung

GÜNTHER [3, 4]. Weiter sei auf Ziff. 263 g bzw. 321 verwiesen, wo die Verwendung von verdrillten Drähten bzw. von umhüllten Elektroden bei Bündelelektroden besprochen wird.

312. Flachbandelektroden.

Hierbei sind zwei Methoden zu unterscheiden, die von MANTEL [3] bzw. von NEESE und ERDMANN-JESNITZER [1] und GÜNTHER [3] besprochen werden. Der Zweck beider Methoden ist die Erhöhung der Belastung und Abschmelzleistung beim UP-Schweißen dadurch, daß mehrere dünne Elektroden durch eine Flachbandelektrode ersetzt werden. MANTEL verwendet anstelle der üblichen Elektroden von kreisförmigem Querschnitt Bänder von z. B. 0,48 × 16 mm. NEESE und ERDMANN-JESNITZER benutzen ein Blech als Elektrode von z. B. 5 bis 10 mm Stärke, mehr als 500 mm Länge und mehr als 100 mm Höhe. Die erstgenannte Elektrode bewegt sich mit dem Lichtbogen mit, während die Elektrode nach NEESE und ERDMANN-JESNITZER feststeht und der Bogen an ihr entlangwandert und Zusatzwerkstoff unter Pulverschutz abschmilzt (vgl. das ESS-Verfahren, das anschließend besprochen wird). Die Korngrößenverteilung des Pulvers beträgt 1 bis 3 mm; das Elektrodenblech brennt etwa 7 bis 11 mm ab. Das Elektrodenblech kann auch, je nach dem Verlauf der Schweißnaht, die Form eines Ringes oder dgl. besitzen. Als Vorteil dieser Methode wird darauf hingewiesen, daß trotz der hohen Belastung von 1100 bis 1300 A Gleich-, Wechsel- oder Drehstrom bei 35 bis 40 V ausgezeichnete Schweißungen erhalten werden sowie daß die Schweißköpfe wesentlich vereinfacht werden.

Der Mechanismus des unbehinderten Lichtbogens, der zwischen zwei flachen Platten brennt, wurde in Ziff. 57 besprochen. Die Anordnung von NEESE und ERDMANN-JESNITZER erscheint als eine praktische Anwendung der dort gewonnenen physikalischen Erkenntnisse. Das Bogenplasma dürfte, wie in Ziff. 135 ausgeführt, durch magnetohydrodynamische Kräfte zusammengehalten werden, wenn eine Flachbandelektrode verwendet wird. Das Abschmelzen des Elektrodenbleches gegenüber dem Fußpunkt des Bogens an der Elektrode verlängert den Bogen, z. B. nach den obigen Angaben um 7 bis 11 mm, so daß er — ähnlich wie bei einer Bündelelektrode — zum anstoßenden Blechteil überspringt, der noch die ursprüngliche Länge besitzt bzw. nur wenig abgeschmolzen ist. Auch hier erscheint das „Kleben" des Bogens an einem Fußpunkt und das *sprunghafte Fortschreiten*, wie in Ziff. 57 gezeigt wurde, sehr wahrscheinlich.

313. Einlage-Schnell-Schweißverfahren.

Das ESS-Verfahren wird nach NEESE [1] und NEESE und ERDMANN-JESNITZER [1] derart ausgeführt, daß ein nackter Elektrodendraht, der z. B. 25 mm Dmr. bei einer Blechstärke von 25 mm besitzen kann, horizontal in die zu schweißende Naht oder Kehle eingelegt wird. Unterhalb des Drahtes befindet sich Schweißpulver, das ihn von dem Werkstück isoliert, vgl. Abb. 223 nach KREKELER[1]. Der Draht ist allseitig von Pulver umgeben, die Stromzuführung zum Draht erfolgt durch eine Rolle oder durch Kontakt-

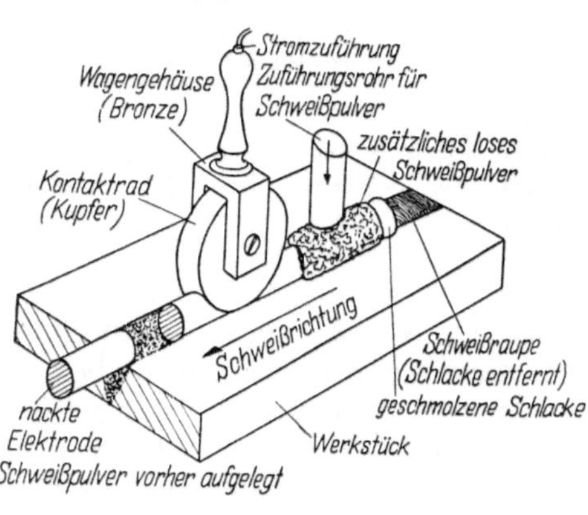

Abb. 223. Einlageschnellschweißverfahren (ESS-Verfahren)

stücke. Ein Lichtbogen zum Werkstück wird an einem Ende des Drahtes gezündet. Der Draht brennt ab und ergibt, wenn die Kontakte entlang dem Draht fortbewegt werden, die erwünschte Schweißung. Schweißungen nach dem ESS-Verfahren ähneln den üblichen UP-Schweißungen. Im allgemeinen können wegen der Notwendigkeit guter Zentrierung nur gerade Drähte verwendet werden, die erhebliche Länge besitzen können. Als Vorteil dieses Verfahrens gegenüber den UP-Schweißungen mit vertikal stehender oder geneigter Elektrode wird die Möglichkeit angesehen, daß die flachliegenden Drähte auch Stellen zum Schweißen erreichen, die mit üblichen Apparaturen nicht erreichbar sind. Als Verwendungsgebiet kommt weiter die Auftragschweißung in Betracht, wenn mit gerader Polarität gearbeitet wird. Der Lichtbogen dürfte auch bei diesem Verfahren durch den Gradienten des *Pinch-Effektes* in Zylinder- oder Kegelform erhalten werden. Nach den Beobachtungen der Technik schmilzt die

Elektrode bogenseitig unter 45° ab; der Bogen dürfte dabei die Tendenz haben, bei einer hohen Stromdichte an der dem Werkstück gegenüberliegenden Elektrodenseite, die eine höhere Temperatur besitzen dürfte, wie oben besprochen, emporzuklettern. Bei Vergrößerung der Bogenlänge durch das Abschmelzen der Elektrode wird der Bogen, ähnlich wie bei den Flachbandelektroden, zum angrenzenden Elektrodenmetall möglicherweise sprunghaft fortschreiten.

Neben den Arbeiten von NEESE und NEESE und ERDMANN-JESNITZER, die soeben erwähnt wurden, seien die folgenden Veröffentlichungen zum ESS-Verfahren genannt: KREKELER [1], WOLFF [1], KOMERS und KRUG [1] und GÜNTHER [3].

314. Einige spezielle Anwendungen der Unterpulver-Methode. Hierzu gehören die Punktschweißung, die Bolzenschweißung, die Herstellung von Nieten und die Schweißung verschiedener Typen von Gußstücken, die mit Hilfe der UP-Schweißung durchgeführt werden können. Schweißungen dieser Art werden in vielen Veröffentlichungen diskutiert, insbesondere sei auf die zusammenfassenden Darstellungen von MANTAI [1], ZEYEN [5], V. D. BLINK und Mitarbeitern [1] und GÜNTHER [3] verwiesen. So erfolgt die *Punktschweißung* entsprechend der Punktschweißung unter Schutzgas nach Ziff. 269. Auch hier wird gelegentlich mit permanenter, meist jedoch mit Abschmelzelektrode gearbeitet.

Von besonderem physikalischem Interesse erscheint die kurzzeitige *Bolzenschweißung* (stud welding). Beim Verfahren von NELSON werden Bolzen auf ein Blech automatisch aufgeschweißt: Die Bolzen besitzen an dem zu verschweißenden Ende einen mit Schweißpulver gefüllten Hohlraum, der mit einer dünnen Metallplatte verschlossen ist. Das Ende des Bolzens mit dem Pulver wird auf das Blech aufgesetzt. Der Bolzen wird mit einem Ring aus Porzellan oder einem anderen keramischen Material umgeben. Mit Hilfe einer „Schweißpistole" wird der Strom eingeschaltet, dann ein Bogen zwischen dem Werkstück und dem Bolzen gezogen. Hierbei werden das Schweißmittel, das Bolzenende und das gegenüberliegende Metall flüssig. Der Bolzen wird dann in das Schweißbad hineingedrückt und der Strom abgeschaltet. Die Arbeitsgänge finden automatisch statt. Diese Methode stellt eine Anwendung der gleichen physikalischen Gesichtspunkte bezüglich der Schmelzbäder usw. wie beim Lichtbogenschweißen unter einer Pulverschicht dar. Die Bolzenschweißung wird auch für Aluminium, rostfreien Stahl usw. verwendet. Die Gesamtdauer einer Schweißung beträgt nur einige Millisekunden.

Die Stabilisierung des Lichtbogens durch eine verbesserte Leitfähigkeit des Bogenraumes kann bei der Bolzenschweißung auch durch einen Aluminiumüberzug der dem Lichtbogen ausgesetzten Teile nach dem „CYS-ARC-Verfahren" bzw. durch das Aufsetzen einer Patrone auf den Bolzen, die nach v. D. BLINK und Mitarbeitern [1] vorwiegend Titandioxyd und Eisenpulver enthält, erreicht werden. Diese Methoden können in allen Schweißlagen bis etwa 12,7 mm Bolzendurchmesser verwendet werden.

Weiter benutzt man auch bei der Bolzenschweißung in horizontaler Schweißlage eine Kondensatorstoßentladung in ähnlicher Weise wie in Ziff. 260, jedoch arbeitet man nicht mit nackten Elektroden in Luft, sondern verwendet die UP-Methode.

E. Mantelelektroden

315. Übersicht. Von besonderem Interesse sind die folgenden Abschnittsziffern, die auf die Grundlagen der Lichtbogenschweißung mit Mantelelektroden eingehen:

<table>
<tr><td>53</td><td>Mantelelektrode — Leitvermogen im Bogenraum (Ionisation)</td><td>113</td><td>Tiegelbildung</td></tr>
<tr><td></td><td></td><td>123</td><td>Drei Schmelzbäder</td></tr>
<tr><td>73</td><td>Stromwärmeerhitzung und deren Vermeidung</td><td>180</td><td>Werkstoffubergang</td></tr>
<tr><td></td><td></td><td>207</td><td>Metall- und Schlackenbäder</td></tr>
<tr><td>83</td><td>Feuchte Mantelelektroden, Tiefeinbrandelektroden</td><td>222</td><td>Gasaufnahme und Porosität</td></tr>
<tr><td></td><td></td><td>229</td><td>Einführung von Legierungselementen</td></tr>
<tr><td>85</td><td>Eisenpulver im Mantel</td><td></td><td></td></tr>
<tr><td>101</td><td>Blaswirkung des Lichtbogens</td><td>239</td><td>Energiebilanz</td></tr>
<tr><td>111</td><td>Stabilisierung des Bogens</td><td>255</td><td>Abschmelzleistung</td></tr>
</table>

Ausgewählte Aufgaben zur Herstellung und Verwendung von Mantelelektroden

316. Allgemeine Gesichtspunkte. Als Ergänzung der bisherigen Besprechung der Mantelelektroden seien im folgenden einige interessante Gesichtspunkte aus diesem großen Gebiet ausgewählt und an ihnen die Anwendung von physikalischen und metallurgischen Überlegungen — neben den chemischen Gesichtspunkten — gezeigt.

Die Mantelelektroden wurden ursprünglich entwickelt, um die Nachteile des Schweißens mit nackten Elektroden auszuschalten, wobei die Entwicklung rein empirisch erfolgte. Unsere Kenntnisse sind heute erweitert, jedoch ist es auch heute noch nicht möglich, eine befriedigende rechnerische Behandlung der Umhüllungen durchzuführen, da die Vielzahl der gleichzeitig vorhandenen Komponenten und ihrer Reaktionen sehr erhebliche Schwierigkeiten verursacht. Die Elektrodenumhüllungen gehören zur Gruppe der Schlackenbildner, die auch die Schweißmittel der Unterpulverschweißung und die Seelenelektroden umfaßt. Die Wahl der Zusatzelemente, die für bestimmte Zwecke den eigentlichen Schlackenbildnern hinzugesetzt werden, zeigt bei den drei Gruppen große Ähnlichkeit, wenn auch in den physikalischen Anforderungen und in ihrer Herstellung charakteristische Unterschiede bestehen.

Die in Ziff. 275 ff. besprochenen chemischen, physikalischen und metallurgischen Anforderungen an die Schweißmittel und die Schlacken gelten auch sinngemäß für die Umhüllungen der Mantelelektroden.

Eine Übersicht über die Zusammensetzung, die Dimensionen usw. der Elektroden der Technik und ihre Verwendung findet sich in den Normblättern DIN 1913 und DIN 8555 (BEUTH-Verlag [3, 4]). In Tab. 59 sind nach GREENBERG [1] die Aufgaben der Umhüllungsbestandteile zusammengestellt. Die Tab. 60 nach HUMMITZSCH und RAPATZ [1] gibt eine Übersicht über die chemische Zusammensetzung der Hüllen einiger Mantelelektroden.

Tabelle 59 *Aufgaben der Umhüllungsbestandteile*

Bestandteil	Bogen-stabili-sierung	Schlacken-bildner	Reduzie-rendes Mittel	Binde-mittel	Erhöhung der Festigkeit des Mantels	Oxydie-rendes Mittel	Schutz-gas-bildner	Legierungs-bildner
Gummi oder Harz	—	—	B	A	—	—	—	—
Zellulose .	—	—	B	—	B	—	B	—
Feldspat	B	A	—	—	—	—	—	—
Ton	B	A	—	—	—	—	—	—
Talk	B	A	—	—	—	—	—	—
Titanverbindungen	A	A	—	—	—	—	—	—
Eisenoxyde .. .	B	A	—	—	—	A	—	—
Kalziumkarbonat	A	B	—	—	—	B	B	—
Asbest	B	A	—	—	A	—	—	—
Ferromangan	—	A	A	—	—	—	—	B
Kaliumsilikate oder -salze	A	A	—	A	—	—	—	—
Natriumsilikate (Wasserglas) ..	B	A	—	A	—	—	—	—

A = Hauptaufgabe; B = Nebenaufgabe

Von zusammenfassenden Darstellungen, die sich mit Mantelelektroden befassen, sei hier auf die Arbeiten von ERDMANN-JESNITZER [1], MATHIAS [1], POGODIN-ALEXEJEW [1] (besonders auch die Darstellung der Methodik der Auswahl und Berechnung der Komponenten durch Herrn Doz. P. S. ELISTRATOW) und ZEYEN [9] verwiesen, die die Literatur bis Mitte 1957 umfassen. Weiter sei die Veröffentlichung von SCHNADT [1] erwähnt, in der die Entwicklung von Mantelelektroden, entsprechend den neuen Erkenntnissen von SCHNADT, besprochen wird.

317. Herstellung von Mantelelektroden. Die Herstellung der Umhüllung einer Mantelelektrode unterscheidet sich erheblich von der Herstellung der geschmolzenen und gebrannten Schweißmittel der Unterpulverschweißung, weist jedoch Ähnlichkeit mit der Herstellung der rohen und der agglomerierten Schweißmittel sowie der Seelenelektroden

Tabelle 60. *Chemische Zusammensetzung der Hüllen von handelsüblichen Mantelelektroden*

Nr.	Mantelart	Manteldicke %[2]	Polung	SiO_2 %	TiO_2 %	Silikate %	Erze %	Basen %	CaF_2 %	Ferro-legierungen[1] %	Organ. Bestandteile %	Alkalien %
1	dick, erzsauer	>40	= + ~	25—35	—	5—10	30—35	5—15	—	20—25	—	0—5
2	mitteldick, sauer	>15,<40	= + ~	5—10	50—65	10—15	—	0—5	—	10—15	0—5	0—5
3	dick, sauer	>40	= + ~	5—10	30—40	15—25	—	15—25	—	10—15	2—8	0—5
4	dick, kalkbasisch	>40	= + ~	10—20	—	—	—	35—40	35—40	3—8	—	0—3
5	dunn, Erzmantel	<15	~	10—25	—	—	60—70	—	—	5—15	—	—
6	dick, Erzmantel	>40	= + ~	0—5	—	10—20	70—80	—	—	10—15	—	—
7	dick, sauer; Tiefeinbrand	>75	= + ~	15—20	18—35	2—8	—	0—5	—	20—40[1]	0—8	0—3

[1] Eisen- oder Stahlpulver   [2] bezogen auf den Kerndraht-Dmr

auf. Die in die Umhüllung einer Mantelelektrode eingehenden Materialien werden, nachdem sie sorgfältig auf die gewünschte Korngrößenverteilung gebracht sind, z. B. durch einen Kollergang, eine Kugelmühle oder dgl. gemischt. Sie werden in teigigem Zustand mit Hilfe einer Elektrodenpresse auf den Elektrodendraht aufgebracht. Der aus der Presse austretende Strang von Kerndraht und Umhüllung, wobei der Kerndraht genau zentriert liegen muß, wird auf die gewünschte Länge geschnitten. An den Enden der Elektroden wird die Umhüllung entfernt. Dabei bleiben jedoch Spurenelemente aus der Umhüllung auf den freigelegten Enden der Elektroden, die zur Verbesserung der Zündung dienen. Die Herstellung kann auch durch ein- oder mehrmaliges Tauchen der Elektroden in eine wäßrige Suspension der Umhüllungsbestandteile, die durch Rühren bzw. durch chemische Zusätze am Sedimentieren verhindert wird, erfolgen. Man verwendet auch Elektroden, die mit Asbest oder Papier umwickelt und getaucht oder gepreßt sind.

Die Mantelelektroden werden im allgemeinen in Trockenapparaten oder an der Luft getrocknet (bei mehrfachem Tauchen ist jedesmalige Trocknung zwischen den Tauchungen erforderlich). Die Elektroden sind nach dem Trocknen fertig zum Gebrauch. In den meisten Fällen werden Wasserglas, Lithiumverbindungen oder Asbestfasern dem Gemenge hinzugefügt, um eine einwandfreie Bindung zu ermöglichen. Auf den Einfluß der Feuchtigkeit im Bogenraum wurde wiederholt hingewiesen.

Über die Feuchtigkeitsaufnahme hygroskopischer Mantelelektroden, die mit der Luftfeuchtigkeit schwankt, liegen z. B. Untersuchungen von FICHTE [1] vor. Durch Wahl von nichthygroskopischen Rohmaterialien und durch Verwendung von hohen Drücken beim Pressen der Elektroden kann man erreichen, daß die Elektroden weniger als 1,4% Feuchtigkeitsgehalt — der oberen zulässigen Grenzwert — besitzen.

Die Legierungselemente werden auch bei Mantelelektroden mit Hilfe der Kerndrähte oder der Umhüllung sowohl bei Verbindungs- als auch bei Auftragschweißungen eingeführt.

Entwicklungsarbeiten sind im Gange, die Elektroden durch *metallkeramische Verfahren* (powder metallurgy) herzustellen: Trockenes Eisenpulver bestimmter Korngrößenform und -verteilung wird unter hohem Druck verdichtet. Durch Sintern werden dem Preßling dann hohe Festigkeit und Verformbarkeit verliehen. Einige Zahlenwerte sind nach MATTING [1]: Korngröße 0,01 bis 0,3 mm; Preßdruck 3000 bis 6000 atü; Verdichtungsverhältnis 2 : 1 bis 3 : 1; Sinterungstemperatur für das Eisenpulver 1050 bis 1200° C; Dauer des Sinterns in neutraler oder reduzierender Atmosphäre eine bis zwei Stunden. Die Vorteile sind: α) In die auf diese Weise hergestellten „*Sinterelektroden*" können Legierungselemente eingebaut werden, die sich sonst technisch nicht in Drahform herstellen lassen; β) weiter können Metalle und Schweißmittel in den Elektroden gemischt werden, so daß sie engsten Kontakt während des Sinterns und Schmelzens besitzen; γ) durch Abstimmen der metallischen Ausgangssubstanz und der Beimengungen können der elektrische Widerstand und andere physikalische Parameter dem Verwendungszweck, z. B. bei der Auftrag- und der Leichtmetallschweißung, angepaßt werden.

Als Beispiel sei die Herstellung einer Sinterelektrode folgender Zusammensetzung beschrieben: 20 Gew.-% Schlackenbildner, wie Rutil, Feldspat, Asbest und Ferromangan; der Rest sei Eisenpulver. Beim Verpressen und Sintern dieses Gemenges in einer Wasserstoffatmosphäre ergeben sich beste Resultate bei 1200° C (beim Sintern bei geringeren Temperaturen wird der spez. elektrische Widerstand der Elektroden zu hoch). Bei 1200° C ergibt sich ein spez. Widerstand von 4 Ω mm²/m. Dieser Widerstand ist von ausschlaggebender Bedeutung für das Schweißen. Er soll möglichst niedrig sein, damit sich die Elektrode durch Stromwärme nicht zu stark erhitzt und damit ein gleichförmiger Werkstoffübergang erfolgt. Wenn ein spez. Widerstand von weniger als 4 Ω mm²/m verlangt wird, ist der Gehalt an Eisenpulver z. B. auf 85% zu erhöhen. Es werden dann nur noch 2 Ω mm²/m erhalten.

318. Hochleistungselektroden. Die Tiefeinbrandelektroden (Typ „Tf") und die Elektroden mit einem eisenpulverhaltigen Mantel (Typ „Fe") werden als „Hochleistungs-" oder „Sonderelektroden" bezeichnet. Ihre Umhüllungen lassen sich im allgemeinen in die Umhüllungsbezeichnungen Titandioxydtyp, erzsaurer Typ, oxydischer Typ und kalkbasischer Typ einordnen; für die Tiefeinbrandelektroden tritt noch der Zellulosetyp hinzu. Verschiedene Beobachtungen beim Arbeiten mit Hochleistungselektroden und ihre Bedeutung wurden oben besprochen. Zur Ergänzung mögen die folgenden Anmerkungen dienen:

a) *Tiefeinbrandelektroden.* Von zusammenfassenden Darstellungen über Tiefeinbrandelektroden seien die Arbeiten von ANDERS und KOHLHAUPT [*1*], H. NEUMANN [*1, 2*], ZEYEN [*2, 7*], ERDMANN-JESNITZER [*6*] und RICHTER [*3*] erwähnt. Bei diesen Elektroden wird ein tieferer Einbrand erhalten als bei den normalen Elektroden des gleichen Typs, wenn mit gleichen Stromstärken und erhöhter Spannung gegenüber den normalen Elektroden gearbeitet wird, z. B. 40 bis 50 V gegenüber 25 bis 30 V. Die Zündspannung beträgt bis zu 100 V, vgl. auch unsere früheren Ausführungen zur Wahl der Stromquelle bei Schweißungen mit Tf-Elektroden.

Der Gehalt an Zellulose kann bis 30% betragen; es können aber auch z. B. 5% Zellulose mit größeren Zusätzen von Titandioxyd und Eisenspat verwendet werden. Das Schweißen erfolgt mit Gleichstrom gerader Polarität oder mit Wechselstrom, z. B. wird bei Blechdicken von 3 bis 7 mm bzw. 11 bis 14 mm als Elektrodendurchmesser 3,25 bzw. 6 mm und als Stromstärke 150 bis 170 bzw. 340 bis 400 A verwendet.

Das freie Ende der Elektrode soll nicht durch Stromwärmeerhitzung zum Glühen gebracht werden, da sonst Verluste von Bestandteilen des Mantels auftreten würden. Das Schweißen soll möglichst in horizontaler Lage erfolgen, da ein bei einem langen Bogen gebildetes großes Schmelzbad leicht bei Schrägstellung der Bleche auslaufen würde. Entsprechend wird für Kehlnähte die Wannenlage verwendet. Tf-Elektroden werden z. B. zum Schweißen von Wurzelnähten bei Stumpfschweißungen, zu Kontakt- und zu Überbrückungsschweißungen von Luftspalten zwischen zwei Blechen verwendet. Bei den Tf-Elektroden wird nicht so sehr eine Steigerung der Abschmelzleistung als eine Verminderung der Zahl der Schweißlagen bei dicken Blechen, d. h. eine Verkürzung der Zeit zur Erfüllung einer gegebenen Aufgabe, erreicht.

Auf die chemischen und physikalischen Vorgänge bei Verwendung von Tiefeinbrandelektroden wurde wiederholt hingewiesen. Sie umfassen z. B. die Bildung eines langen Tiegels am bogenseitigen Ende der Elektrode, die Bildung eines Lichtbogens großer Länge und die bei der Dissoziation von molekularem Wasserstoff und der Rekombination des atomaren Wasserstoffes auftretenden exothermen Prozesse. Weiter wurde die Verwendung von feuchten Elektroden, die eine erhöhte, jedoch nicht reproduzierbare Abschmelzleistung gegenüber trockenen Elektroden ergeben, diskutiert.

b) Eisenpulverhaltige Elektroden. Von zahlreichen Veröffentlichungen auf diesem Gebiet seien die Arbeiten von V. D. WILLIGEN [1], MATHIAS [2], RICHTER [3], KELLER und KOSS [1], D. C. SMITH und Mitarbeitern [2], SHUTT [1], TER BERG und LARIGALDIE [2], TER BERG [1], NEUMANN [3], ZEYEN [8] und SHAW und TAIT [1] genannt.

Elektroden, deren Mantel Eisenpulver enthält, ergeben stark erhöhte Abschmelzleistungen gegenüber den Standardelektroden. Sie werden häufig als Elektroden für „schleppendes Schweißen", „Elektroden für berührendes Schweißen", „Kontaktelektroden" oder „Hochleistungselektroden" bezeichnet. Nach ZEYEN [2] unterscheidet man zweckmäßigerweise drei Typen: (1) stromleitende, (2) halbleitende und (3) Hohlkehlelektroden. Hiervon zündet (1) sofort bei Berührung des Mantels mit dem Blech, während bei (2) und (3) Zündung wie bei den üblichen Mantelelektroden erfolgen muß, jedoch können (2) und (3) aufgelegt und berührend verschweißt werden, vgl. Abb. 88.

Die Wirkung von Elektroden des Typs Fe, die etwa 20 bis 50% des Mantelgewichtes als Eisenpulver enthalten, kann auf die Metallbäder sehr erwünscht sein: Die Überhitzung der Metallbäder wird vermieden, wenn geringe Mengen Eisenpulver in die Bäder gelangen. Das aus der Umhüllung eingebrachte zusätzliche Eisenpulver

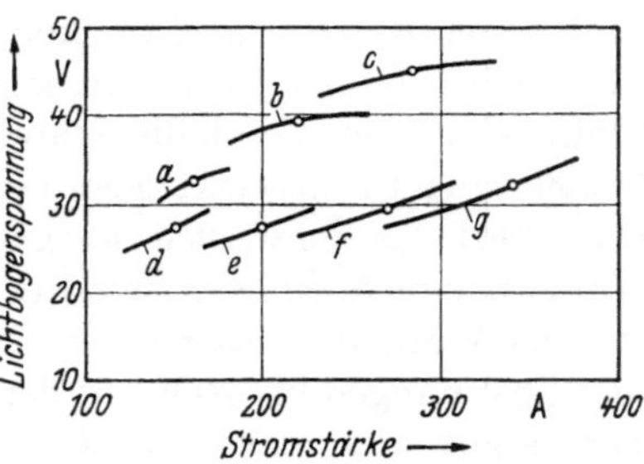

Abb. 224 Lichtbogenspannung in Abhängigkeit von der Stromstärke für erzsauerumhüllte Hochleistungs- und Standard-Elektroden:

a, b, c Hochleistungselektroden mit 3,25, 4, 5 mm Dmr., d, e, f, g Standardelektroden mit 3,25, 4, 5, 6 mm Dmr.

ergibt zusätzlichen, leicht ionisierbaren Metalldampf im Bogenraum und verbesserte Stabilität des Bogens, die zur Verringerung der Spritzerwirkung führt.

Andererseits ergibt eine sehr große Menge von Eisenpulver in der Ummantelung leicht eine zu starke Abkühlung der Schmelzbäder, die die Viskosität, Oberflächenspannung usw. der Bäder ungünstig beeinflußt und Porosität des Schweißgutes verursachen kann (Ziff. 207). Man ist daher dazu übergegangen, für Elektrodentyp Fe wesentlich höhere Stromstärken und höhere Spannungen als für Standardelektroden des gleichen Kerndrahtdurchmessers zu verwenden. In Abb. 224 nach NEUMANN [3] in der Darstellung von ZEYEN [8] werden charakteristische Kurven für erzsaure Mantelelektroden hoher Leistung und verschiedenen Durchmessers mit den Kurven üblicher Elektroden gleicher Art verglichen. Man erkennt den Einfluß des Zusatzes von Eisenpulver. Das Ausbringen liegt bei Typ Fe-Elektroden z. B. bei 110 bis 200%, bezogen auf das Gewicht des Kerndrahtes, und bei 90 bis 95% bei Standardelektroden. Angemerkt sei, daß entsprechend dem hohen Energiebedarf auch beim Schweißen mit Typ Fe-Elektroden stärkere Stromquellen als für Standardelektroden gleichen Kerndrahtdurchmessers verwendet werden müssen.

319. Schweißen von Stahlguß, Grauguß und Temperguß. Die Aufgabe der Reparaturschweißung liegt in der Herstellung eines poren- und rissefreien Schweißgutes, das selbst durch hohe mechanische und chemische Beanspruchung möglichst wenig beeinflußt wird. Es werden z. B. beim Schweißen von Gußeisen *Kalt-* und *Warmschweißen* unterschieden. Bei dem letzteren werden die zu schweißenden Stücke auf 500 bis 700° C langsam vorerwärmt. Die Anwendung der Kalt- und Warmschweißung wird durch metallurgische Gesichtspunkte bedingt, vgl. z. B. die Darstellungen von GREENBERG [1], POGODIN-ALEXEJEW [1] und STIELER [1].

Bei der Reparaturschweißung von Grauguß mit mehr als 1,7% C werden bei der Kaltschweißung meist leicht umhüllte Elektroden aus Stahl verwendet. Wenn die Schweißstelle nicht zu hart sein soll, werden Monel- oder Bronzeelektroden benutzt bzw. Kombinationen derselben. Man führt das Schweißen der Lagen in schmalen Raupen aus, um das Werkstück nicht zu hoch zu erhitzen und um Rißbildung zu vermeiden. Bei der Warmschweißung von Grauguß werden Graugußschweißstäbe und Spannungen bis 70 V mit der Elektrode am Pluspol verwendet. Bei Temperguß kommt es darauf an, die Schweißstelle so kalt wie möglich zu halten, z. B. mittels Verwendung von möglichst dünnen, leicht umhüllten Stahlelektroden. Auf die verschiedenen Arten und Güten von Temperguß nach DIN 1692 (BEUTH-Verlag [1]) und die Temperaturbehandlung derselben kann hier nicht eingegangen werden.

Die Reparaturschweißung mit Buntmetallen wird z. B. von KLJATSCHKIN [1] eingehend besprochen. Die oben entwickelten Gesichtspunkte zur Physik der Schmelzbäder und ihrer Beeinflussung, zum Übergang des Werkstoffes usw. gelten auch beim Schweißen von Gußstücken.

320. Elin-Hafergut-Verfahren. Das EHG-Verfahren zeigt große Ähnlichkeit mit dem in Ziff. 313 besprochenen ESS-Verfahren, jedoch wird hier mit einer ummantelten Elektrode gearbeitet, die selbsttätig abschmelzen kann, wenn sie der Länge nach auf die Naht gelegt wird. Abb. 225 gibt eine schematische Darstellung nach SCHIMPKE und HORN [1].

Beim EHG-Verfahren wird ein Ende der Elektrode mit der Stromquelle verbunden, an dem anderen Ende wird der Lichtbogen gezündet. Zur Vermeidung des Verbiegens des Drahtes und des Abreißens des Lichtbogens wird die profilierte Kupferschiene *1* auf die Elektrode gelegt. Weiter wird meist ein Papierstreifen, der nach den Beobachtungen der Technik das Schweißergebnis verbessert, verwendet. Es dürfte sich hierbei in der Hauptsache um die Verbesserung des Leitvermögens im Bogenraum und die Kontrolle der Ableitung der sich entwickelnden Gase und Dämpfe sowie um eine Abdichtung des Raumes zwischen der Kupferschiene und dem Werkstück handeln, während die Vorwärmung des Elektrodendrahtes und -mantels sowie exotherme Reaktionen beim Verzehren des Papiers kaum eine Rolle spielen dürften.

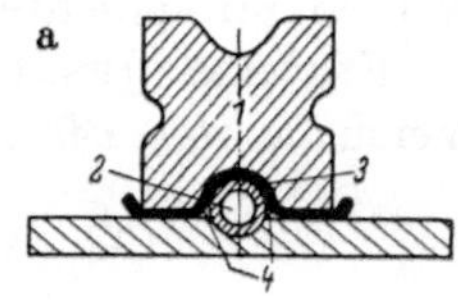

Die Hohlraume 4 zwischen Elektrodenmantel und Blech dienen zur Aufnahme der beim Schmelzen anfallenden Schlackenmenge. Beste Resultate ergeben sich bei Wechselstrombetrieb, bei dem die Blaswirkung des Lichtbogens am geringsten ist. Es werden Elektroden bis zu 2 m Lange bei 2 bis 10 mm Dmr. verwendet. Die Abschmelzleistung ist ahnlich wie bei einer Handschweißung, jedoch liegt der Vorteil des EHG-Verfahrens darin, daß ein Schweißer, vielfach auch ein angelernter Helfer, mehrere Schweißungen gleichzeitig durchfuhren kann. Desgleichen können mit diesem Verfahren schwer zugangliche Stellen geschweißt werden. Von vielen Arbeiten zum EHG-Verfahren seien die Veroffentlichungen von BECKER [1], TURCKE [1], ZEYEN [3], GUNTHER [2] und SCHNEIDER [1] genannt.

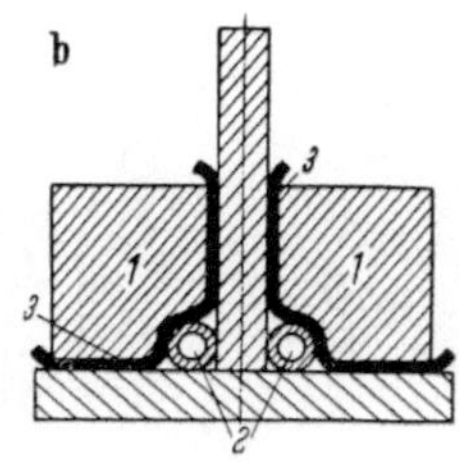

Abb. 225 a u. b
ELIN-HAFERGUT-Verfahren:
a) Verbindungsschweißung
b) Kehlnahtschweißung

1 profilierte Kupferschiene; 2 Mantelelektrode; 3 Packpapier; 4 Hohlräume für die Schlacken

Eine Weiterentwicklung des EHG-Verfahrens durch KORMOSZ wird nach RAIDT [1] in Abb. 226 wiedergegeben. Hierbei wird mit Vielfachelektroden gearbeitet. Es werden mehrere Mantelelektroden gleichen

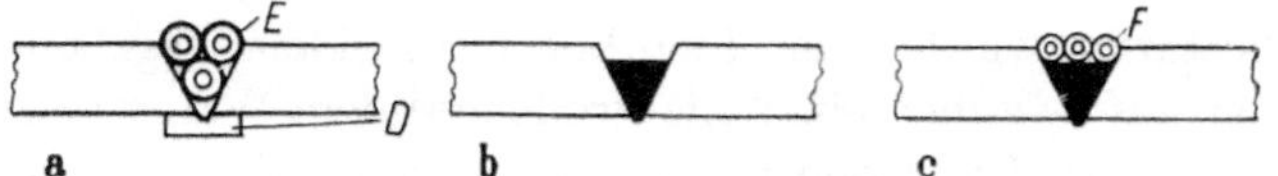

a   b   c

Abb 226 a—c. Selbstschweißverfahren mit Vielfachelektroden
a) vor dem Schweißen, b) nach Schweißen der ersten Lage; c) Anordnung der zweiten Lage
D Kupferschiene, E Erste Lage aus drei gleich dicken oder aus einer dunnen und zwei dicken Elektroden, F Mehrere nebeneinander angeordnete aufgelegte Elektroden

oder verschiedenen Durchmessers verwendet, die gleichzeitig bzw. abwechselnd abgeschmolzen werden. Auf diesem Wege wird eine erhebliche Steigerung der Abschmelzleistung erreicht. Die bei jedem Durchgang gebildeten Lichtbögen dürften sich ähnlich verhalten wie bei den Bündelelektroden beobachtet, die im folgenden Absatz behandelt werden. Es wird nur ein Schmelzbad am Werkstück gebildet.

321. Bündelelektroden. Zur Erhöhung des Elektrodenquerschnittes und zur Vergrößerung der Abschmelzleistung dienen Bündelelektroden, bei denen z. B. zwei bis sechs Mantelelektroden gleichzeitig verwendet werden. Sie sind mit dem gleichen Pol der Stromquelle verbunden und werden in einen gemeinsamen Elektrodenhalter eingespannt. Die Ummantelung verhindert hierbei einen Kurzschluß zwischen den Elektrodendrähten. Abb. 227 gibt nach SNYDER [1] verschiedene Anordnungsmöglichkeiten der Drähte. Bezogen auf eine einzelne Elektrode werden Stromdichten von beispielsweise 40 A/mm² verwendet.

ERDMANN-JESNITZER [1] diskutiert, wie bereits in Ziff. 53 erwähnt, Versuche mit Bündelelektroden. Er fand, daß die Elektroden vom

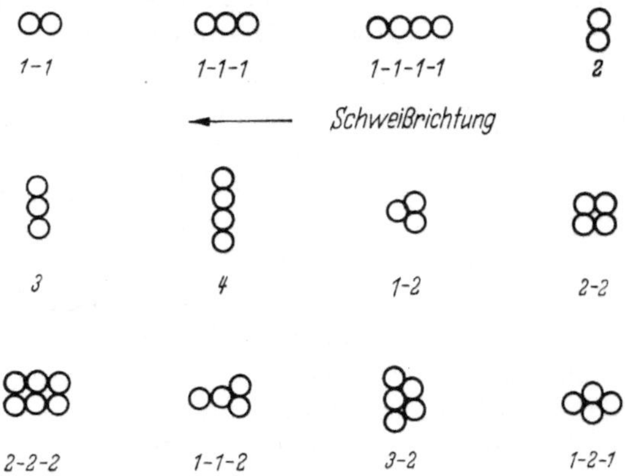

Abb. 227. Bündelelektroden verschiedener Anordnung; Bewegung in Pfeilrichtung

Typ Kb mit starker Umhüllung, die die hohe Zündspannung von 60 bis 90 V benötigen und nur eine sehr geringe Glühemission nach Abreißen des Bogens zeigen, bessere Resultate als Ti- und Es-Typ-Elektroden ergeben, bei denen leicht Wiederzündung des Bogens erfolgt. Dies dürfte damit zusammenhängen, daß (wie durch Zeitlupenaufnahmen bestätigt wurde), der Lichtbogen zu einem gegebenen Zeitpunkt meist nur zwischen einer Elektrode und dem Werkstück brennt, dann zur nächsten Elektrode von größerer Länge als die abgebrannte Elektrode überspringt, vgl. Ziff. 311. Gelegentlich scheinen auch während der Übergangsperiode des Lichtbogens zwei Bögen gleichzeitig aufzutreten.

Abb. 228 gibt zwei charakteristische Zeitlupenaufnahmen von ERDMANN-JESNITZER [4] wieder, die den Lichtbogenwechsel zwischen zwei Elektroden zeigen. Der Bogenstrom folgt dem Weg, der den geringsten Widerstand bietet. Während der Bogen brennt, erhöht sich die Temperatur der stromdurchflossenen Elektrode und der elektrische Widerstand nimmt zu. Das verhältnismäßig geringe Leitvermögen des Bogenraumes bei Verwendung von Kb-Elektroden bewirkt, daß der Bogen erst dann zu einer längeren Elektrode überspringt, wenn die abschmelzende Elektrode die maximale Abschmelzmenge geliefert hat.

Im Gegensatz zu WOLODIN [1] (Ziff. 311) geht SCHULZE [1] von der Beobachtung aus, daß die Wärme des Schmelzbades am Werkstück nicht voll ausgenutzt wird. Er ordnet daher um eine zentrale, stromführende Mantelelektrode, die als Kern dient und als „Stammdraht" bezeichnet wird, eine Reihe von dünnen „Beidrähten" an, die keine Umhüllung besitzen und stromlos sind. Auf diese Weise wird die Überschußwärme zur Erhöhung der Abschmelzleistung ausgenutzt. Die Zusatz- oder Kühlelektroden, deren Anordnung und Zusammensetzung sich nach der vorliegenden Aufgabe richten, werden in mannigfacher Form verwendet. Vielfach werden auch umhüllte Elektroden sowohl als zentraler Stammdraht als auch als Beidraht verwendet. Man versuchte auch, eine gemeinsame Ummantelung für die Bündelelektroden herzustellen sowie Kombinationen der Verfahren von WOLODIN und SCHULZE vorzunehmen.

Von den vielen Veröffentlichungen auf diesem Gebiet seien weiter die Arbeiten von SNYDER [1], BECKER [2], LEBRUN [1], MEINHARDT [1], NEESE [1], RICHTER [1] und RICHTER und MEINHARDT [1] genannt; vgl. auch die Diskussion der Wirtschaftlichkeitsfragen bei MALISIUS [2].

Die Verwendung von Bündelelektroden ist ebenfalls im Laufe der letzten Jahre zurückgegangen, seitdem die Elektrodenmäntel mit Eisenpulver in großem Maße angewendet werden. Andererseits gibt die Verwendung von Elektrodenkombinationen mit unlegierten bzw. niedrig- und hochlegierten Mantelelektroden die Möglichkeit — in ähnlicher Weise wie bei dem Verfahren von WOLODIN — erwünschte Zusätze zum Schweißgut in einfacher Weise zu erreichen.

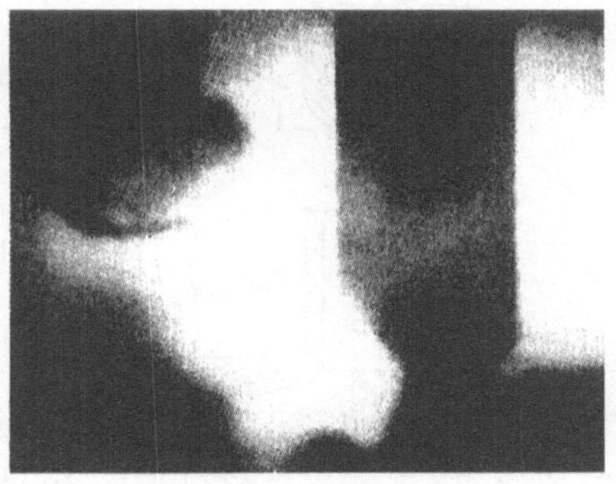

a

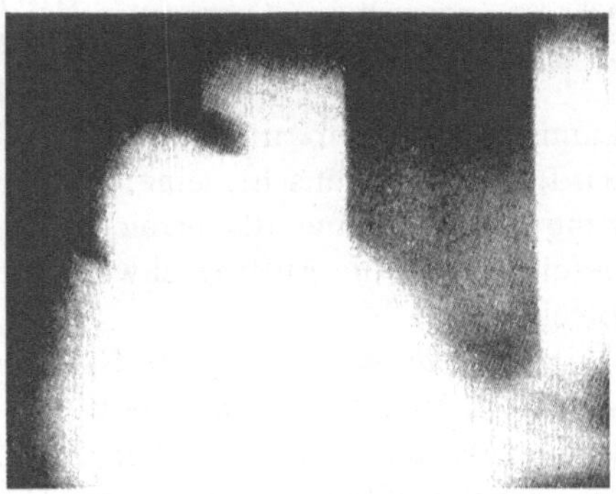

b

Abb 228 a u. b Auftragschweißung mit Gleichstrom, Zweierbundel in Schweißrichtung, Lichtbogenwechsel zur Elektrode mit dem geringeren Abstand vom Werkstuck, nachdem sie genügend durch Strahlung erhitzt ist (Zeitfolge a, b)

322. Das Kaell-Verfahren. Bei diesem Verfahren nach KJELLBERG-LUNDIN wird eine *Doppelelektrode* in Tandemanordnung verwendet, die aus zwei parallelverlaufenden Kerndrähten in einer gemeinsamen Umhüllung besteht, vgl. die Abb. 229 nach BISCHOF [2]. An weiteren Veröffentlichungen hierzu seien die Arbeiten von KOMERS und KRUG [*1*], BECKER [*1, 2*] und KRUSCHE, SPRINGER und MACZEK [*1*] erwähnt. Die KAELL-Elektroden werden für automatischen Betrieb unter Verwendung von Dreiphasenstrom benutzt. Die Kerndrähte besitzen 4 bis 10 mm Dmr. und eine Länge von 500 bis 700 mm. Größere Elektrodenlängen können nicht verwendet werden, da die Stromzuführung am oberen Ende der Elektroden erfolgt und man eine zu starke Erhitzung der Elektroden mit einem resultierenden Verlust von Bestandteilen des Mantels vermeiden will.

Der Vorteil der Verwendung von Dreiphasenstrom beim KAELL-Verfahren, bei dem sich je ein Bogen zwischen den beiden Kerndrähten und dem Werkstück und ein Bogen zwischen den beiden Kerndrähten bildet, liegt darin, daß durch Einstellen des Abstandes der Elektroden vom Werkstück und durch Einstellung der elektrischen Daten die *Wärmeverteilung an Elektroden und Werkstück* im Verhältnis 1:1 bis 1:20 verändert werden

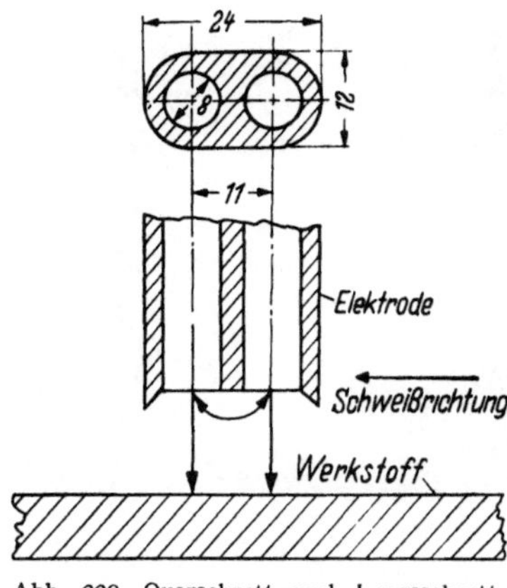

Abb 229. Querschnitt und Längsschnitt einer Doppelelektrode, drei Lichtbogen wie angedeutet; Bewegung in Pfeilrichtung

kann. Durch Konzentrierung der Wärme an den Elektrodenspitzen wird, wenn erwünscht, eine große Abschmelzleistung ohne Überhitzung des Grundmetalls erreicht. Dieses Verfahren eignet sich daher besonders für die Auftragschweißung und die Schweißung von dünnen Blechen.

Die *Zusammensetzung der Umhüllung* der KAELL-Elektroden findet sich nach BISCHOF [*2*] in Tab. 61. Es wird eine saure Umhüllung verwendet, so daß, wie bereits in Ziff. 208 erwähnt, ein langes, gemeinsames Schweißbad erhalten wird. Die Flüssigkeit (reziproker Wert der

Tabelle 61. *Analyse der Umhüllung und Schlacke einer KAELL-Elektrode in %*

Bezeichnung	CaO	MgO	SiO_2	Al_2O_3	FeO	MnO	TiO_2
Umhullung	0,35	6,02	18,60	1,38	21,37	21,39	10,00
Schlacke	0,41	5,55	25,00	2,86	9,38	32,67	17,76

Viskosität) der entstehenden Schlacke soll bei diesem Verfahren, um günstigste Betriebsbedingungen zu erhalten, verhältnismäßig gering sein, selbst wenn mit erhöhter Temperatur der Schmelzbäder gearbeitet wird. (Im Gegensatz hierzu werden bei der Verwendung von zwei Lichtbögen in Tandemanordnung nach Ziff. 308 sowie bei entsprechend angeordneten Elektrodenbündeln die Elektroden unabhängig voneinander betrieben oder sie werden parallelgeschaltet.)

Man hat versucht, die Abschmelzleistung bei dem KAELL-Verfahren durch Einführung von *Eisenpulver* in die Ummantelung zu erhöhen, jedoch ist ein hoher Eisenpulverzusatz nicht möglich, da die Isolierung zwischen den beiden Elektroden aufrechterhalten bleiben muß. Nach Abb. 229 beträgt die Dicke der Isolierschicht nur etwa 2,7 mm.

KAELL-Elektroden mit mittlerem Eisenpulvergehalt in der Umhüllung werden mit gutem Erfolg für *Handschweißung* nach der Kontaktmethode verwendet. Auch erzielt man mit ihnen bei Verbindungsschweißungen erheblich erhöhte Abschmelzleistung. Die besten Resultate ergeben sich nach KRUSCHE, SPRINGER und MACZEK [1], wenn die Elektroden unter einem Winkel von 60 bis 70° gegen das Blech geneigt werden. Hierbei wird offenbar von der Blaswirkung des Bogens Gebrauch gemacht, die — wie oben besprochen — zum Fortschleudern des flüssigen Zusatz- und des Grundmetalls zusammen mit der flüssigen Schlacke aus der unmittelbaren Nähe des Bogens führt. Die grabenden Kräfte des Bogens können dadurch voll zur Wirkung gelangen, und es können hohe Schweißgeschwindigkeiten erhalten werden.

F. Seelenelektroden

323. Übersicht. Die Grundlagen zur Lichtbogenschweißung mit Seelenelektroden finden sich insbesondere in den folgenden Abschnittsziffern:

54 Einführung von Boriden usw	222 Gasaufnahme und Porosität
101 Blaswirkung des Lichtbogens	229 Einführung von Legierungsele
191 Werkstoffübergang	menten
194 Kombination Seelenelektrode und	255 Abschmelzleistung
Schutzgasschweißung	316 Mantelelektroden
207 Metall- und Schlackenbäder	

Ausgewählte Kapitel zur Herstellung und Verwendung von Seelenelektroden

324. Allgemeine Gesichtspunkte. Von den zahlreichen Veröffentlichungen auf dem Gebiet der Anwendung von Seelenelektroden seien die folgenden Arbeiten erwähnt: SHARP [1, 2], GREENBERG [1], SCHIMPKE und HORN [1], DAWIHL [1], AVERY [1], HUMMITZSCH und RAPATZ [1], CULBERTSON [1] und ANDERS [2].

In den vorhergehenden Kapiteln sind Gesichtspunkte zum Schweißen mit Seelenelektroden wiederholt diskutiert worden. Hier seien einige ergänzende Punkte besprochen, die für die Herstellung und Verwendung der Seelenelektroden von Interesse erscheinen.

Während in früheren Jahren die Seelenelektroden ein in sich abgeschlossenes Gebiet darstellten, ist man heute dazu übergegangen, die Seelenelektroden nicht nur allein, sondern häufig anstelle von Vollelektroden bei den übrigen Methoden der Lichtbogenschweißung anzuwenden. So findet man die Kombination von Seelenelektroden mit

Schutzgasen, für die mehrere Verfahren besprochen wurden, und die Verwendung von Seelenelektroden bei der Unterpulverschweißung. Weiter erhalten die Seelenelektroden für die Lichtbogenschweißung häufig Umhüllungen ähnlich den üblichen Mantelelektroden.

325. Herstellung der Seelenelektroden.

a) *Nackte Seelenelektroden.* Seelenelektroden werden in Form von Röhren oder als Falzdrähte nach Abb. 127 hergestellt. Hierbei wird von einem Stahl- oder Eisenstreifen ausgegangen, auf den das pulverförmige Füllmaterial kontinuierlich durch Spezialmaschinen aufgebracht wird. Der Streifen wird zu einem Röhrchen geformt oder er wird gefalzt. Die Seelenelektrode ist meist so biegsam, daß sie zu einer Rolle für automatisches oder halbautomatisches Schweißen gewickelt werden kann.

Die Seelenelektroden können die für viele Aufgaben erforderlichen Legierungselemente, Hartstoffe usw. in das Schweißgut einbringen, die mit Rücksicht auf ihre *Zusammensetzung* nicht durch die üblichen gezogenen oder gewalzten Elektroden eingeführt werden können. Weiter können Seelenelektroden auch Substanzen enthalten, die wegen ihrer *Korngröße* nicht in die üblichen Mantelelektroden eingebaut werden können. Man arbeitet im allgemeinen mit möglichst niedrigen Stromstärken, z. B. bei Elektroden von 3,2 bis 6,4 mm Dmr. mit 100 bis 250 A, wobei je nach der vorliegenden Aufgabe und dem zu schweißenden Material gerade oder umgekehrte Polarität oder Wechselstrom verwendet werden. Der Gehalt an Zusätzen beträgt z. B. bei Seelenelektroden für Handschweißung 5 bis 10 Gew.-%, bei automatischer Schweißung bis zu 80%.

Die Korngrößenverteilung der Legierungs-, Hartstoff- usw. Zusätze kontrolliert z. B. die für einen verbesserten Widerstand gegen Abnutzung gewünschte Rauhigkeit der Oberfläche des Schweißgutes. Abb. 230 gibt nach AVERY [1] eine schematische Darstellung des Schweißens mit einer Seelenelektrode wieder, die vorwiegend grobkörnige Wolframkarbidteilchen enthält. Man erkennt im Schweißgut die nur wenig abgeschmolzenen Teilchen. Sie sind in Wolframstahl oder -eisen eingebettet. (Bei Verwendung eines feinkörnigen Wolframkarbidpulvers in einer Seelenelektrode kann bei hoher Stromstärke und bei genügend lang dauernder Einwirkung des Lichtbogens ein homogenes Schweißgut gleicher Zusammensetzung wie der Wolframstahl in der Abbildung erhalten werden.)

Die Korngröße der in das Schweißgut nach Abb. 230 einzuführenden Karbide, Boride usw. umfaßt z. B. bei einer Seelenelektrode von 10 mm Dmr. Teilchen von 2,4 bis 4,8 mm und bei einer Elektrode von 3,2 mm Dmr. Teilchen von 0,4 bis 0,6 oder 0,07 bis 0,15 mm Dmr. Man versucht häufig, jedes Körnchen der Füllstoffe mechanisch in eine

Schutzmasse einzuhüllen, so daß der Abbrand beim Werkstoffübergang möglichst gering gehalten wird.

b) *Umhüllte Seelenelektroden.* Die in zunehmendem Maße verwendeten Seelenelektroden, die eine Umhüllung nach Abb. 231 erhalten, werden zunächst in gleicher Weise wie die nackten Seelenelektroden hergestellt.

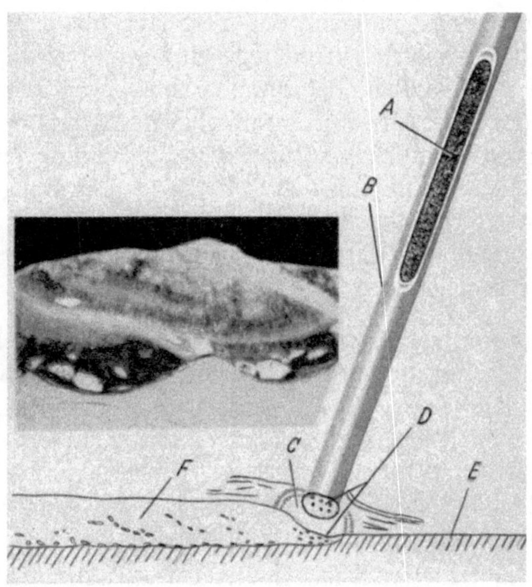

Abb. 230 Auftragschweißung mit wolframkarbidhaltiger Seelenelektrode
A Wolframkarbidkörner, 60 Gew.-%, *B* Stahlrohr, 40 Gew.-%, *C* Lichtbogen, *D* Wolframkarbidkörner in den geschmolzenen Schmelzbädern, *E* Werkstück, *F* Schweißgut großer Härte

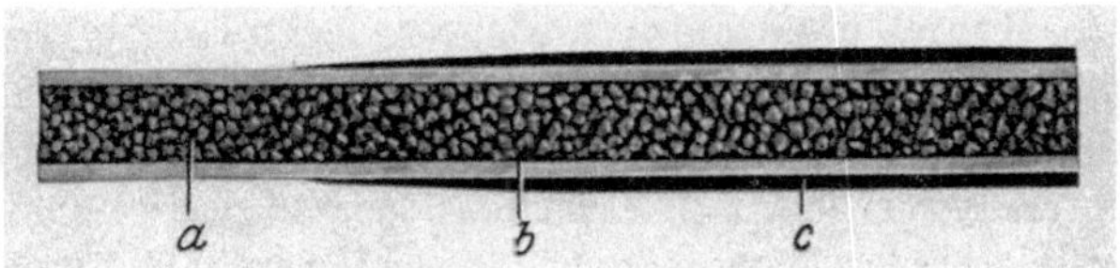

Abb 231　Lufthärtende Seelenelektrode mit Mantel (Werkfoto Stoody Co, Whittier, Calif)
a Legierungsbestandteile, *b* Stahlmantel, *c* Umhüllung

Dann wird die Umhüllung wie bei den Mantelelektroden aufgepreßt oder durch Tauchen aufgetragen.

Der Werkstoffübergang vom Schmelzbad *E* an nackten und umhüllten Seelenelektroden zum Schmelzbad *W* am Werkstück wurde in Ziff. 191 ff. besprochen. Beim Abschmelzen im Lichtbogen wird das Material des Kernes nicht nur von Kapillarkräften in der Elektrode gehalten und am frühzeitigen Abtropfen gehindert, sondern das Ende des Röhrchens oder des Falzes wird durch *Pincheffekt* ähnlich Abb. 126 eingeschnürt. Auf diese Weise wird eine gleichförmige Verteilung der Hartstoffe usw. über die Gesamtlänge der Schweißnaht erreicht.

Weiter führt die Ummantelung der Seelenelektroden dazu, daß selbst die kleinsten übergehenden Werkstofftröpfchen in eine *Schlackenhülle* eingeschlossen werden, die einen ausgezeichneten Schutz gegen Reaktionen mit den Gasen des Bogenraumes gewährt.

Durch Bildung eines genügend tiefen Schlackenbades wird die große Empfindlichkeit der Seelenelektroden gegen *Verunreinigungen* der Werkstoffoberfläche überwunden, da nunmehr eine gründliche Entgasung der Schmelzbäder durch die oben besprochenen Maßnahmen vorgenommen werden kann. Endlich gewährleistet die Bildung einer Schlacke genügender Dicke eine *langsame Abkühlung* des Schweißgutes, die insbesondere beim Verschweißen von Stahlsorten, die eine Vorerhitzung vor dem Schweißen und ein langsames Abkühlen des Schweißgutes erfordern, unerläßlich ist.

326. Zusammensetzung von Seelenelektroden. Seelenelektroden können für Tiefbrand- und für Auftragschweißung verwendet werden: Elektroden, deren Kern vorwiegend aus Oxyden der Erdalkalimetalle besteht, die den Lichtbogen „ionisieren" und die einen *tiefen Einbrand* ermöglichen, werden z. B. von HUMMITZSCH und RAPATZ [1] besprochen. Diese Elektroden sind sehr widerstandsfähig gegen Witterungseinflüsse und können mit Wechselstrom verschweißt werden.

Der Kern der nackten Seelenelektroden enthält nicht nur Legierungs- und Desoxydationselemente sowie Zusatzstoffe zur Lichtbogenstabilisierung und Bindemittel, sondern auch Schlackenbildner und gasbildende Substanzen. Bei Anordnung eines Mantels für die Seelenelektrode wird eine Trennung der Aufgaben des Kernes und des Mantels möglich. Der Mantel übernimmt z. B. vorwiegend die Funktion des Schlackenbildners, d. h. die Aufgabe, den Elektrodendraht und die Schmelzbäder gegen die Einwirkung der Atmosphärengase zu schützen, während der Kern vorwiegend Legierungselemente und Füllmassen zum Einbetten in das Schweißgut, jedoch nur wenige oder keine Schlackenbildner enthält. Die Beobachtung zeigt, daß bei Verwendung umhüllter Seelenelektroden eine geringere Spritzerbildung, eine höhere Abschmelzleistung und eine glattere Schweißnaht erhalten werden als bei nackten Seelenelektroden.

Die große Mannigfaltigkeit der Seelenelektroden, mit oder ohne Umhüllung, die der Technik für *Auftragschweißungen* mit einem oder mehreren Lichtbögen zur Verfügung steht, läßt sich z. B. nach DIN 8555 (BEUTH-Verlag [4]) wie folgt einteilen: Seelenelektroden, die ein Schweißgut ergeben, das nicht nur Härte, sondern auch Beständigkeit gegen eine oder mehrere der folgenden Einwirkungen besitzt: Hitze, Rost, mechanische oder chemische Korrosion. Das Schweißgut wird

durch Warm- oder Temperaturfestigkeit, Schneidhaltigkeit (Schnell-
arbeitsstähle usw.) oder durch Kaltverfestigungsfähigkeit charakterisiert.

Tabelle 62. *Vergleichende Bewertung von Auftraglegierungen*
(beste Resultate sind gleich 100, unbefriedigende Resultate gleich 10 gesetzt)

	Harte	Korrosions-festigkeit in Luft	Verschleiß-widerstand bei Erdarbeit	Warm-festig-keit	Verwend-barkeit bei verschlei-ßender Ab-nutzung	Verwendbar-keit bei glei-tender und rollender Abnutzung[1]
Eisenlegierungen.						
A. Hartbare Legierungen						
1 Kohlenstoffstähle						
a) Niedrig	10	10	10	10	10	20
b) Mittel . .	10—40	10	10	10	10	50
c) Hoch	20—60	10	20	10	10	50
2 Niedriglegierte Stähle						
a) Geringer Kohlenstoff . .	10	10	10	10	10	30
b) Mittlerer Kohlenstoff . .	20—40	10	10	10	20	50
c) Hoher Kohlenstoff	20—60	10	20	20	20	50
d) Gußeisentyp	20—60	10	40	20	20	40
3 Mittellegierte Stähle						
a) Mittlerer Kohlenstoff . .	20—40	20	20	30	50	60
b) Hoher Kohlenstoff	30—50	20	40	50	80	60
c) Gußeisentyp	30—70	20	50	60	50	40
4. Mittel/hochlegierte Stähle						
a) Niedriger Kohlenstoff .	20—40	20—50	20	40	30	40
b) Mittlerer Kohlenstoff . .	30—60	20—30	40	50	70	60
c) Hoher Kohlenstoff	40—80	20—30	60	50	80	40
d) Gußeisentyp	40—80	20—30	70	50	50	40
5. Schnellarbeits-Stähle	80	20	40	70	40	40
B. Austenitische Stähle						
1. Chrom und Cr-Ni						
a) Niedriger Kohlenstoff .	30	90—100	20	20	30	30
b) Hoher Kohlenstoff, niedriger Ni	40	90—100	20	40	50	30
c) Hoher Kohlenstoff, hoher Ni	40	90—100	30	40	50	30
2. Hoher Mangan	40	50	20	20	80	50
C. Austenitisch, meist nicht warmebehandelt						
1. Eisen mit hohem Cr-Gehalt	60	60—80		80	80	80
2. Hochlegiertes Eisen			70			
a) 1,7 % Kohlenstoff	70	60—80	60	60	70	70
b) 2,5 % Kohlenstoff	70	60—80	70	60	60	80—90
c) Sehr hoch legiert	80	60—80	80	60	50	90—100

[1] In Kombinierung mit geeigneter Zusatzlegierung

Die Auswahl der Elektroden und der Schweißpulver der Lichtbogenschweißung für eine bestimmte technologische Aufgabe wird auch heute noch häufig auf einer empirischen Grundlage vorgenommen, bei der Hersteller und Verbraucher oft zu Kompromißlösungen auf Grund ihrer Erfahrungen gezwungen werden. Dies hängt oft damit zusammen, daß man bei vielen legierten Stählen aus Untersuchungen einer Eigenschaft einer Schweißung nicht auf andere Eigenschaften schließen kann. Beispielsweise erlaubt die Prüfung einer Auftragschweißung hinsichtlich des Härteverlaufes keineswegs Schlüsse auf die Güte der Schweißverbindung gegenüber mechanischer oder chemischer Korrosion, vgl. Tab. 62 für Eisenlegierungen nach GREENBERG [1]. Nach der Tabelle zeigt z. B. ein austenitischer Chromnickelstahl einen sehr guten Korrosionswiderstand, jedoch eine geringe Warmfestigkeit usw. Aufstellungen für Sonderstähle und Nichteisenmetalle finden sich z. B. bei HOUDREMONT [1] und GREENBERG [1]. Die im Gang befindliche *Normalisierung der Untersuchungsmethoden* wird den unmittelbaren Vergleich der in verschiedenen Versuchsanstalten und Betrieben gewonnenen Resultate für neue Verfahren, neue Elektrodentypen usw. ermöglichen. Die theoretischen und experimentellen Erkenntnisse können dann einheitlich auf die Aufgaben der Technik übertragen werden.

Die Entwicklung geht zweifellos dahin, die sich immer mehr erweiternden physikalischen, metallurgischen und chemischen Einzelerkenntnisse für die verschiedenen Gebiete der Lichtbogenschweißung auf *morphologischer Basis*, d. h. durch Studium der Grundlagen der wesentlichen Erscheinungen, weiter auszuwerten, wie es hier für die physikalischen Gesetzmäßigkeiten, die bei der Lichtbogenschweißung eine Rolle spielen, versucht wurde. Hierbei zieht man bereits die im Vorwort erwähnten maschinellen Rechenverfahren weitgehend heran.

Namen- und Literaturverzeichnis

Seite

Seite

Erdmann-Jesnitzer, F.: [4] Schweissen u. Schneiden 5, 106-S (1953)
(Sonderheft) 72, 166, 346
— [5] Schweisstechnik Bln. 3, 164 (1953) 147, 157, 159, 164, 169, 172
— [6] Schweisstechnik Wien 10, 40 (1956) 240, 342
Erdmann-Jesnitzer s. Neese
Erdmann-Jesnitzer, F., u. G. Kämmler: [1] Schweisstechnik Bln. 8, 288
(1958) 327
Erdmann-Jesnitzer, F., u. H. Klaas: [1] Schweisstechnik Bln. 5, 193
(1955) 68, 70, 77, 78, 171
Erdmann-Jesnitzer, F., H. Paxmann u. Bruchmüller: [1] In Erdmann-
Jesnitzer [1], S. 576 169
Erdmann-Jesnitzer, F., u. K. Primke: [1] Schweisstechnik Bln. 6, 321, 353
(1956) 98, 124, 126, 127, 128
Erdmann-Jesnitzer, F., u. G. Pysz: [1] Schweissen u. Schneiden 10, 303
(1958) 11, 191 (1959) 163, 169, 172, 173, 223
Ericson s. Benedicks
Ericsson s. Benedicks
v. d. Esche, W., u. O. Peter: [1] Arch. Eisenhüttenwes. 27, 355 (1956) ... 192, 193
Esser, H., F. Greis u. W. Bungardt: [1] Arch. Eisenhüttenwes. 7, 385
(1934) 187
Ettema s. v. d. Blink
Euler, J.: [1] Ann. Physik 18, 345 (1956) 49, 228
Euler 140

Fast, J. D.: [1] Philips Technical Rev. 10, 26 (1948) 121, 123
— [2] Philips Technical Rev 10, 114 (1948) 121
— [3] Philips Technical Rev 11, 101 (1949) 121, 226
— [4] Schweissen u. Schneiden 9, 512 (1957) 204
Fichte, A.: [1] Schweisstechnik Bln. 6, 115 (1956) 301, 341
Fink, W.: [1] Z. VDI 74, 1557 (1930) 57
Finkelnburg, W.: [1] Z. Phys. 112, 305 (1939) 54
— [2] Hochstromkohlebogen. Berlin/Göttingen/Heidelberg: Springer 1948
                                        III, 18, 22, 42, 72, 103
— [3] Trans. AIEE 70, 800 (1951) 46
— s. Busz; Busz-Peuckert
Finkelnburg, W., u. W. Humbach: [1] Naturwissenschaften 42, 35 (1955) 14
Finkelnburg, W., u. H. Maecker: [1] Handbuch der Physik, 22, 254.
Berlin/Göttingen/Heidelberg: Springer 1956 ... 1, 20, 25, 26, 30, 32, 33,
                                        44, 45, 49, 51, 72, 103, 124, 129, 227

Fischer s. Conn; Morris
Fleischmann s. Nippes
Flintham, E.: [1] Brit. Welding J. 1, 3 (1954)...................... 1
Flörke s. Dietzel
Förster s. Komers
Fourier 250
Fowler, R. G.: [1] Handbuch der Physik, Bd. 22, S. 209. Berlin/Göttingen/
Heidelberg: Springer 1956 93
Frankenbusch, H.: [1] Schweissen u. Schneiden 7, 140 (1955) 263
Fritsche, M. H.: [1] Welding J. 36, 466 (1957) 262
Frost, B. R. T.: [1] Progr. Metal Phys. 5, 96 (1954) 226
Frumin, I. I., u. I. K. Pochodnja: [1] Avtomat. Svarka 8 (1955) Nr. 4, S. 13;
Schweisstechnik Bln. 6, 160 (1956) 185
Frumin, I. I., D. M. Rabkin, V. V. Pogaetskii, I. K. Pochodnja u. E. I.
Leinachuk: [2] Avtomat. Svarka 9 (1956) Nr. 1, S. 3; Brutcher Trans. 320

Seite

FÜNFER, E., M. KEILHACKER u. G. LEHNER: [1] Z. angew. Physik 10, 157
   (1958) 142
FUNK s. SMITH, C. O.; UDIN

GALLAGHER s. CHAPIN
GÄNGER, B.: [1] Der elektrische Durchschlag von Gasen Berlin/Gottingen/
   Heidelberg· Springer 1953 74
GARNER, F. H.: [1] Chem.-Ing -Techn. 29, 28 (1957) 170
GERMER, L H. [1] J. appl. Physics 29, 1067 (1958) 15
GERMESHAUSEN s EDGERTON
GIBSON s. MOEN; MULLER
GILDE, W.: [1] Schweisstechnik Bln. 4, 99 (1954) .... .19, 216; Tab. 1
— [2] Schweisstechnik Bln. 6, 164 (1956) 205, 278
GILDE, W, u. W. MAUSHAKE· [1] Schweisstechnik Bln 6, 167 (1956).... 275
GILL, E. T, u. E N. SIMONS [1] Modern Welding Technique. London
   Pitman 1950 1
GILLETTE, R. H, u. R. T. BREYMEIER [1] Welding J 30, 146-S (1951) 232
GLAGE s. BEJACH
GLEDHILL, P. K.: [1] Symposium on Metallurgy of Steel Welding. Brit.
   Welding Res. Assoc. (1948) S. 88. Herausgeber D. S. WATT 188
GLENN s. HEADAPOHL
GORDON s. HAZLETT
GORDON, J. M., O. A COTTER u. E. R. PARKER [1] Welding J. 35, 109-S (1956)   42
GORE s. MORRIS
GORMAN, E. F. [1] Welding J. 37, 882 (1958) 276
GORMAN s. MCELRATH
GOTALSKIJ, J. N.: [1] Schweissfertigung 3 (1957) Nr. 3, S. 1; Schweisstechnik
   Bln. 8, 250 (1958) 327
GOURD s. COPLESTON
GRANT s. WALSH
GRAY s. WEST
GREEN, W. L., u. R. J. KRIEGER· [1] Welding J. 31, 582-S (1952) 161
GREENBERG, S. E. (Herausgeber): [1] Welding Handbook, Amer. Welding
   Soc., 3. Aufl. 1950; 4. Aufl. erscheint in Jahresbeiträgen 1957 u. folgende
   Jahre (Herausgeber A. L. PHILLIPS) 3, 58, 97, 230, 244, 246, 250,
                                 251, 297, 339, 344, 349, 354; Abb. 77
GREENE, W. J.: [1] Physical Phenomena in Inert-gas-shielded Arcs. Vortrag
   M 38.0985 vor Air Reduction Co., Inc, Murray Hill, N. J., USA, 1951
GREENE s. MULLER   [64, 104, 129, 131, 132, 138, 283, 284, 286
GREIS s. ESSER
GROSH, R. J., u. E. A. TRABANT: [1] Welding J. 35, 396-S (1956) 253
GÜNTHER, H.: [1] Schweissen u. Schneiden 10, 385 (1958) 110
GUNTHER, P. s. THOURET
GUNTHER, W.: [1] Schweisstechnik Bln. 4, 169 (1954) 334
— [2] Schweissen u. Schneiden 4, 366 (1954) 345
— [3] Arbeitsbestverfahren durch Unterpulverschweißung. Berlin: Technik
   1955 .... 92, 239, 324, 330, 335, 337
— [4] Schweisstechnik Bln. 6, 344 (1956) 92, 335
GÜNTHER, W., W. SCHATZ, W. MAUSHAKE u. A. WEISSELBERG· [1] Schweisstechnik Bln. 6, 295 (1956) 293
GUREWITSCH, S. M : [1] Avtogennoe Delo 12 (1941) Nr. 2 (zitiert nach
   WOLFF [1]) 239

HACKMAN, R. L.: [1] Welding J. 34, 839 (1955) 292
HACKMAN s. HELMBRECHT

Seite

HAGELBARGER s. PFANN

HAGEN, H.: [1] In ERDMANN-JESNITZER, F.: Werkstoff und Schweißung,
Bd. I, S. 247. Berlin: Akademie-Verlag 1951 .... IV, 241

HAGENBACH, A.: [1] Der elektrische Lichtbogen. Leipzig 1924 57

HAND, R. A.: [1] Welding Engr. 39 (1954) Nr. 2, 57 328

— [2] Welding J. 33, 573 (1954) 328

HANKS, G. S., J. M. TAUB u. E. L. BRUNDIGE: [1] Welding J. 37, 890
(1958) 326

HARDERS s. BECKER

HARDY s. SULLY

HARTMANN, F.: [1] Stahl u. Eisen 54, 564 (1934)...................... 189

HARVEY, D. (CHAIRMAN): [1] Bibliography and Abstracts on Electrical Contacts. ASTM, Committee B-4, Philadelphia 1952 15

HAVALDA, A.: [1] Schweisstechnik Bln. 6, 7 (1956) 236, 241, 245, 248

HAZLETT, T. H.: [1] Welding J. 36, 18-S (1957) 78

HAZLETT, T. H., u. G. M. GORDON: [1] Welding J. 36, 382-S (1957) 58

HAZLETT, T. H., u. E. R. PARKER: [1] Welding J. 35, 113-S (1956) 192

HEADAPOHL, J. H., R. A. WILSON u. G. G. GLENN: [1] Welding Engr. 42
(1957) Nr. 10, S. 34.. 58

HEAL s. SULLY

HEBOLD, G.: [1] Schweisstechnik Bln. 7, 334, 407 (1957)............... 271

HELLER s. ELENBAAS

HELMBRECHT, W. H., u. R. L. HACKMAN: [1] Welding J. 33, 531 (1954) 62

HELMBRECHT, W. H., u. G. W. OYLER: [1] Welding J. 36, 969 (1957) 271

HELTON s. SMITH, D. C.

HENRY, O. H., G. E. CLAUSSEN u. G. E. LINNERT: [1] Welding Metallurgy,
Amer. Welding Soc., 2. Aufl. New York: 1949 .... 204, 221, 242, 243

HENSCHKE, E. B.: [1] Physic. Rev. 106, 737 (1957) 152

HESS, W. F., L. L. MERRILL, E. F. NIPPES, Jr. u. A. P. BUNK: [1] Welding J. 22, 377-S (1943).. 241, 247

— [2] Welding J. 23, 376-S (1944) 241, 247

HESSE, R.: [1] Praktische Regeln für den Elektroschweißer. Berlin/Göt-
tingen/Heidelberg: Springer 1958 255

HILPERT, A.: [1] VDI-Z. 73, 798 (1929) 157

HOCH, FR.: [1] Schweissen u. Schneiden 2, 102 (1950) 17

HÖCKER, K. H.: [1] Appl. sci. Res. 5 B, 219 (1955) .... 33, 35; Tab. 3

HÖCKER s. BEZ

HÖCKER, K. H., u. W. BEZ: [1] Z. Naturforsch. 10a, 706 (1955)......... 33

HÖCKER u. BEZ 30

HOEFER, H. W.: [1] Welding J. 37, 467 (1958)........................ 276

v. HOFE, H.: [1] Schweissen u. Schneiden 6, 180-S (1954) (Sonderheft) .. 117

— [2] Schweissen u. Schneiden 8, 182 (1956) 92, 165

— [3] VDI-Z. 99, 425 (1957) 117

— [4] Schweisstechnik Bln. 7, 107 (1957)........................... 117

HOFMANN, W., u. G. SCHUHMACHER: [1] Abh. Braunschweig. Wiss. Ges. 5,
122 (1953) 268

HÖHME, G.: [1] Arch. Elektrotechn. 34, 425 (1940) 268

HOLM, R.: [1] Die Technische Physik der elektrischen Kontakte. Berlin:
Springer 1941; Electric Contacts Handbook, 3. Aufl. Berlin/Göttingen/
Heidelberg: Springer 1958 .... III, 14, 15, 36, 39

— [2] Bull. Amer. Phys. Soc. 2, 81 (1957) 51

HOPKINS, M. R.: [1] Z. Physik 147, 148 (1957) 15

HORN s. SCHIMPKE

Seite

SMITH, C. O., E. R. FUNK u. H. UDIN: [1] An Analytical Study of Aluminum Welding. Engng. Foundat. Welding Res. Council Bull. (1952) Nr. 12   241, 253
SMITH, D. C., u. W. G. RINEHART: [1] Welding J. 31, 296 (1952) 209
SMITH, D. C., W. G. RINEHART u. D. C. HELTON: [2] Welding J. 35, 341 (1956) 190, 343
SMITH, D. C., W. G. RINEHART u. K. P JOHANNES. [3] Welding J. 35, 313-S (1956) 209
SMITH, E., u. P. JERABEK· [1] Welding J. 35, 244 (1956) 313, 324
SMITH, M C.: [1] J. Amer. Welding Soc. 24, 226-S (1945) 121
SMITH, M C s. DOAN
SNYDER, W. A.: [1] Welding J. 30, 557-S (1951) 346, 347
SOLENKO s MANSUROW
SONDEREGGER, A [1] Schweiz Arch. angew Wiss Techn 6, 325 (1940)
SORDON s. CREEDY   [127, 146, 158
SOWA, J. W., W. C. TRUCKENMILLER u L E. WAGNER [1] Welding J. 32, 619-S (1953) 267
SPITZER, L , Jr . [1] Physics of Fully Ionized Gases New York Intersci. Publ. 1956 95
SPRARAGEN, W , u. G. E. CLAUSSEN. [1] Welding J. 16, 4-S (1937) .. . 241
SPRARAGEN, W., u. B. A. LENGYEL· [1] Welding J. 22, 2-S, 222-S (1943)
SPRINGER s KRUSCHE   [1, 42, 49, 52, 55, 103, 107, 121, 127, 146
STAERKER, A · [1] TIZ 75, 33 (1951). 192
— [2] Ber. DKG 29, 122 (1952) 192
STANCHUS s. TELFORD
STEENBECK, M.: [1] Physikal. Z 33, 809 (1932) 22
STEENBECK s. v. ENGEL
STEINBERG, J. A.: [1] Elektrichestvo Moskau (1953) Nr. 11, 71; Schweiss-technik Bln. 4, 176a (1954) 1
STEINLE, H.: [1] Z. angew. Mineralog. 2, 28, 617 (1939) . . .. .. 228; Tab. 35
STERMON s. THEILACKER
STERN, I. L.: [1] Welding J. 27, 522 (1948) 79, 90
STIELER, C.: [1] In ERDMANN-JESNITZER, F.: Werkstoff und Schweißung, Bd. II, S. 1112. Berlin: Akademie-Verlag 1954.. 344
STOODY 351
STOUT s. WARREN
STOUT, R. D., u. W. D'O. DOTY [1] Weldability of Steels New York. Welding Res. Council 1953 3
STOUT s. OYLER
STRASBURGER, E.: [1] Schweisstechnik Bln. 2, 206 (1952) 167
STRINGHAM, L. K.: [1] Welding J. 33, 133 (1954) 313
— [2] Z. Schweisstechnik 45, 212 (1955) 313
STUKEL, J. E., u. J. COCUBINSKY: [1] J. Metals 6, 353 (1954) 190
SUDASCH, E.: [1] Schweisstechnik Munchen. Hanser-Verlag 1950 58
SUDASCH s. KOMERS
SUITS, C. G.: [1] Physic. Rev. 55, 561 (1939)..... 53
SULLY, A H., H. K. HARDY u. T. J. HEAL:[1] J. Inst. Met. 82, 49 (1953) 194, 326

TAIT s. SHAW
TANBERG, R.: [1] Physic. Rev. 35, 1080 (1930) 111
TANNHEIM, H.: [1] Elektroschweiss. 13, 17 (1942) 176, 185, 295
TAUB s. HANKS
TAYLOR s. MOORE
TELFORD, R. T., u. F. T. STANCHUS: [1] Welding J. 37, 771 (1958) 328
TELFORD s. DAVIS

Seite

Tesmen, A. B.: [1] Welding J. 31, 306 (1952) 249
Theilacker, J. S., E. D. Baugh, A. H. Kasberg u. R. B. Stermon: [1] J. Metals 8, 646 (1956) 203
Thielemann, H., u. A. Wimmer: [1] Stahl u. Eisen 47, 389 (1927) 187
Thielsch, H.: [1] Welding J. 31, 37-S (1952) 195
— [2] Welding Res. Council Bull. (1952) Nr. 14 273
— [3] Welding Engr. 39 (1954) Nr. 12, 33 204
Thiemer, E.: [1] In Erdmann-Jesnitzer, F.: Werkstoff und Schweißung, Bd. I, S. 176. Berlin: Akademie-Verlag 1951 93
Thoma s. Komers
Thomas s. Wisniewski
Thomson (Lord Kelvin) 253
Thouret s. Weizel
Thouret, W., W. Weizel u. P. Günther: [1] Z. Physik 130, 621 (1951)... 28
Tichodeev, G. M.: [1] J. Amer. Welding Soc. 15, (1936) Nr. 2, 13; Nr. 3, 26 [67, 70
Timoshenko, G.: [1] Z. Physik 84, 783 (1933).................... 39
Todd, F. C., u. T. E. Browne, Jr.: [1] Physical Rev. 36, 732 (1930) 39
Townsend s. Sachverzeichnis: Zundmechanismus
Trabant s. Grosh
Truckenmiller s. Sowa
Tschelnokow, N. M.: [1] Avtogennoe Delo 23 (1952) Nr. 6, 15; Schweiss-technik Bln. 3, 42 (1953).. 297
Tschorn, G.: [1] Schweisstechnik Bln. 4, 229 (1954) 218, 331
Türcke, H.: [1] Schweißtechnik Bln. 2, 41 (1952) 345
Turk s. Winsor
Turnbull s. Seitz
Tuthill, R. W.: [1] Welding J. 32, 703 (1953) 62
— [2] Welding J. 33, 128 (1954) 62
— [3] Welding J. 34, 137 (1955) 63, 161
— [4] Welding J. 35, 330 (1956) 163
— [5] Welding Engr. 41 (1956) Nr. 5, 50 163
Tybus, G.: [1] Schweisstechnik Bln. 7, 68 (1957).................. 176
— [2] Schweisstechnik Bln. 8, 101 (1958)....................... 292
Tyndall, A. M.: [1] Philos. Mag. [6] 42, 972 (1921)................ 122
Tyndall s. Beer
Tyrner, J. M.: [1] Welding J. 25, 437 (1946) 15

Udin, H., E. R. Funk u. J. Wulff: [1] Welding for Engineers. New York: Wiley 1954 .... 1, 70, 193
Udin s. Smith, C. O.
Urbain, G.: [1] Welding J. 30, 260-S (1951) 286

Vang 268
Vanyukow, M. P., V. I. Isaenko u. L. D. Khazow: [1] Zh. Tekh. Fiz. 25, 1248 (1955); Sci. Abstr. 59 A, 222 (1956) 12
Vaughan, H. G., u. M. E. de Morton: [1] Brit. Welding J. 4, 40 (1957) 204
La Velle, E. B.: [1] Welding J. 33, 553 (1954) 271
Vogel, J. K.: [1] Z. Physik 148, 355 (1957)..................... 13
Vogel, J. K., u. H. Raether: [1] Z. Physik 147, 141 (1957) 13
Voldrich, C. B., D. C. Martin u. P. G. Rieppel: [1] Welding J. 29, 265-S (1950) 267
Voldrich s. Martin

Sachverzeichnis